海军优秀教材

高等学校计算机教育规划教材

离散数学

（第3版）

贲可荣 袁景凌 谢茜 编著

清華大学出版社
北京

内 容 简 介

离散数学是研究离散对象的数量和空间关系的数学，是计算机科学与技术专业的一门重要基础课。本书共10章，主要包含数理逻辑、集合与关系、函数、组合计数、图和树、代数系统、自动机与初等数论等内容。本书中的"历史注记"可以帮助读者理解数学，洞察内在本质。新增应用案例说明了离散数学可以解决的现实问题。

本书体系严谨，选材精炼，讲解翔实，例题丰富，注重理论与计算机科学技术的实际问题相结合，书中选配了大量难度适当的习题，并有配套的解题指导，适合教学。

本书可作为计算机专业和相关专业本科生离散数学的教学用书，也可以作为对离散数学感兴趣读者的参考书。

图书在版编目(CIP)数据

离散数学/贲可荣，袁景凌，谢茜编著. —3版. —北京：清华大学出版社，2021.1(2025.2重印)
高等学校计算机教育规划教材
ISBN 978-7-302-57104-9

Ⅰ.①离… Ⅱ.①贲… ②袁… ③谢… Ⅲ.①离散数学—高等学校—教材 Ⅳ.①O158

中国版本图书馆CIP数据核字(2020)第251130号

责任编辑：张瑞庆 常建丽
封面设计：常雪影
责任校对：李建庄
责任印制：杨 艳

出版发行：清华大学出版社
网 址：https://www.tup.com.cn，https://www.wqxuetang.com
地 址：北京清华大学学研大厦A座 **邮 编**：100084
社 总 机：010-83470000 **邮 购**：010 62786544
投稿与读者服务：010-62776969，c-service@tup.tsinghua.edu.cn
质量反馈：010-62772015，zhiliang@tup.tsinghua.edu.cn
课件下载：https://www.tup.com.cn，010-83470236
印 装 者：三河市龙大印装有限公司
经 销：全国新华书店
开 本：185mm×260mm **印 张**：22.5 **字 数**：529千字
版 次：2007年3月第1版 2021年2月第3版 **印 次**：2025年2月第4次印刷
定 价：59.99元

产品编号：084440-01

第3版序

PREFACE

没有数学，我们无法看透哲学的深度；没有哲学，人们也无法看透数学的深度；而若没有两者，人们就什么也看不透。

数学家　B. 德莫林斯

1. 数学学科的地位和作用

美国数学家柯朗在《数学是什么》一书中提出："数学，作为人类智慧的一种表达形式，反映生动活泼的意念，深入细致的思考，以及完美和谐的愿望，它的基础是逻辑和直觉，分析和推理，共性和个性。"

从数学学科本身来讲，数学是一门科学，这门科学有它的相对独立性，既不属于自然科学，也不属于人文、社会或艺术类科学；从它的学科结构看，数学是模型；从它的过程看，数学是推理与计算；从它的表现形式看，数学是符号；从对人的指导看，数学是方法论；从它的社会价值看，数学是工具。用一句话概括：数学是研究现实世界中数与形之间各种形式模型之结构的一门科学。

数学在人类文明的进步和发展中一直发挥着重要作用。过去，人们习惯把科学分为自然科学、社会科学两大类，数、理、化、天、地、生都归属自然科学。但是，现在科学家更倾向于把自然科学界定为以研究物质的某一运动形态为特征的科学，如物理学、化学、生物学。数学是忽略了物质的具体运动形态和属性，纯粹从数量关系和空间形式的角度研究现实世界的，具有超越具体科学和普遍适用的特征，且具有公共基础的地位，与理、化、生等学科不属于同一层次，因此不是自然科学的一种。把科学分为数学、自然科学、社会科学三大类，这种观点更为学术界所认可。

数学的许多高深理论与方法正广泛深入地渗透到自然科学的各个领域中，当代科学的研究正日益呈现出数学化的趋势。

无论是电子计算机的发明，还是它的广泛应用，都是以数学为基础的。在电子计算机发明史上，里程碑式的人物艾伦·图灵（Alan Turing）和冯·诺依曼(von Neumann)都是数学家，而在当今计算机的重大应用中也无不包含着数学。信息技术已被广泛应用于方方面面，一项高科技成果常常对应一种或几种数学方法的应用。事实上，从医学上的CT技术到印刷排版的自动化，从飞行器的模拟设计到指纹的识别，从石油地震勘探的数据处理到信息安全技术，从天气预报到航天技术等，在形形色色的技术背后，数学都扮演着十分重要的角色，常常成为解决问题的关键。

王梓坤院士说过，“数学的贡献在于对整个科学技术（尤其是高新科技）水平的推进与提高，对科技人才的培育和滋润，对经济建设的繁荣，对全体人民的科学思维与文化素质的哺育，这四方面的作用是极为巨大的，也是其他学科所不能全面比拟的。”

2. 用模糊性、矛盾和悖论创造数学

拜尔斯（William Byers）在《数学家如何思考》（*How Mathematicians Think*）一书中指出：数学的核心并非如大多数人所认为的那样是依靠逻辑和规则的。

他通过许多例子指出，在逻辑非常重要的话题中，矛盾和悖论发挥了至关重要的作用。矛盾就像驾驶人在转错弯时遇到的禁入标志，而悖论就像四面八方都禁入的交叉路口。公路工程师从这些交叉点学到一些东西，或许会想出新的解决方案，如地下通道或立交桥。因此，深思熟虑后，不应该惊奇像数学这样有“公路交规”的学科不得不处理矛盾的情形。而且在这个过程中学到的经验教训可能在将来发挥基本的作用。

在清晰度和准确度要求很高的领域，拜尔斯被那些清晰性失效的情形吸引了。拜尔斯不但不把这种模糊性(ambiguity)看作系统的弱点、失败，反而认为它们是创造过程的催化剂。既然不同的结果是可能的，就存在灵活性和开放性。仔细研究模糊性能展示隐藏的含义，打开通往新旅程的大门。

3. 数学教育的地位和作用

数学是人类社会进步的产物，也是推动社会发展的动力之一。数学与人类文明、人类文化有着密切的关系。数学在人类文明的进步和发展中，一直在文化层面上发挥着重要作用。

数学不仅是一种重要的“工具”或“方法”，也是一种思维模式，即“数学方式的理性思维”；数学不仅是一门科学，也是一种文化，即“数学文化”；数学不仅是一些知识，也是一种素质，即“数学素质”。数学训练在提高人的推理能力、抽象能力、分析能力，是其他训练难以替代的。

数学素质是人的文化素质的一个重要方面。数学的思想、精神、方法，从数学角度看问题的着眼点、处理问题的条理性、思考问题的严密性，对人的综合素质的提高都有不可或缺的作用。“胸中有数”中的“数”，不仅包含事务的数量方面，还应包含数学的思想、精神、方法等方面。

数学教育将在以下5个方面对大学生的培养发挥作用：①掌握必要的数学工具，用来处理和解决本学科中普遍存在的数量与逻辑推理问题；②了解数学文化，提高数学素质，将使人终身受益；③培养数学方式的理性思维，如抽象思维、逻辑思维等，会潜移默化地在人们日后的工作中起到作用；④培养全面的审美情操，体会数学是与史

诗、音乐、造型并列的美学中心构架；⑤为学生的终身学习打基础、做准备。

对每个人来说，为了更好地投身于建设事业，提高自身素质，必须以数学为立身之本。对于理工科学人来说，应掌握数学精髓，而且，掌握得越深入、越广泛越好。

4. 关于编程和数学

虽然数学是计算机的工具，在思维的本源上有相似性和共同性——编程语言与数学语言，但编程和数学不同的思维模型，说明了它们在上层需要构建各自不同的技能树。而学习和掌握一个技能点需要花时间练习，从而在大脑中训练出特定的结构。

所以，编程与数学不可能做到学一个另一个就自然而然地掌握了。它们两者的依赖关系是: 编程需要数学，数学则不需要编程。

另外，纵然数学是工具、是基础、是上层的依赖，但并不是说数学就高于一切，优于一切，是最强大的。因为最基础是必要的最开始，但不一定就是最强大的。例如，沙子是建筑的基础，但不能代表建筑的价值；无机物是有机物的基础，有机物是生命的基础，但生命的价值必然是高于无机物的。

可见，发展的过程环环相扣，关系的道路上谁也少不了谁，基础代表必要，发展则代表了未来。

5. 数学学习方法要点

通过数学学习培养类比、分析、归纳、抽象、联想、演绎推理、准确计算、学习新知识、运用数学软件、应用数学 10 种基本数学能力。

通过数学学习增强如下 5 种基本数学素养: 主动探寻并善于抓住数学问题中的背景和本质；熟练地用准确简明规范的数学语言表达自己的数学思想；具有良好的科学态度和创新精神，合理地提出新思想、新概念、新方法；对各种问题以“数学方式”的理性思维，从多角度探寻解决问题的道路；善于对现实世界中的现象和过程进行合理的简化和量化，建立数学模型。

数学学习需要循序渐进、逐步进步，不能一蹴而就、中间跳跃，要耐住性子积累知识和能力。培养个性化学习和研究能力、独立思考能力，课后多思考、多动手，通过与人讨论、研读文献提高数学素养与能力。

数学学习的特点使得习题训练在数学学习中有特别重要的作用，理解各部分知识的联系、明确解决问题的思路、数学思维的培养、书面表达能力的训练，很大程度上依靠做习题完成，不可以抄解答代替做题。

用简洁、严谨、规范的数学语言表达自己的数学思想，并有组织地书写，对培养数学素养极为重要。因此，解答数学问题要先思考，再组织语言，最后写到本子上。计算题最重要的不是答案是否准确，而是要注意到每一步计算的理由和算法是否表达得清楚。

除了做基础性的习题外，要在后续课程和综合课程中发现基础课程的实际应用，注重数学建模中各种知识的应用。

通过课程学习、小组讨论、教师交流、课外学习，对数学已有结论进行反思，提出进一步讨论的话题，并在老师的帮助下进行力所能及的探索、整理、发现，培养创新能力。对本科生而言，在校期间按需要翻阅一些科普文章，阅读普及性的书籍，以学习研究论文的研究方式，保持对数学的爱好和敏感。

6. 第3版修订的主要内容

2019年11月，教育部高等学校计算机类专业教学指导委员会计算机科学与技术专业数学类课程建设论证小组在西北工业大学召开了研讨会，会议由周兴社教授召集，马殿富教授起草了数学类课程的总体方案，具体包括4部分内容: 数学分析及高等数学、线性代数、概率论与数理统计、离散数学。鉴于此，本次修订删除了原第5章中的“离散概率”内容。

与本教材配套的教学辅导用书《离散数学解题指导》(第2版)于2016年出版，新增了应用案例。本次教材的修订也增加了相应的案例题目，采用二维码扫描方式给出每章一个案例的答案。新增应用案例24个:“命题逻辑”一章中的应用案例包括: 克雷格探长案卷录，忘却林中的艾丽丝(狮子与独角兽);“谓词逻辑”一章中的应用案例包括: 电路领域的知识工程，基于逻辑的财务顾问;“集合与关系”一章中的应用案例包括: 同余关系在出版业中的应用，拓扑排序在建筑工序中的应用，等价关系在软件测试等价类划分中的应用;“函数”一章中的应用案例包括: 逢黑必反魔术，生成函数在解决汉诺塔问题中的应用;“组合计数”一章中的应用案例包括: 大使馆通信的码字数，条条道路通罗马;“图论”一章中的应用案例包括: 网络爬虫，读心术魔术，高度互联世界的行为原理;“树及其应用”一章中的应用案例包括: 哈夫曼压缩算法的基本原理，决策树在风险决策中的应用，一字棋博弈的极大极小过程;“代数系统”一章中的应用案例包括: 组合电路物理世界中群的应用，群码及纠错能力;“自动机、文法和语言”一章中的应用案例包括: 奇偶校验机、识别地址的有限状态机、语音识别;“数论与密码学”一章中的应用案例包括: 密码系统与公开密钥，单向陷门函数在公开密钥密码系统中的应用。

在这次修订工作中认真地审阅了原书，对其中的部分内容做了调整，更正了某些错误和疏漏之处。为控制篇幅，将可以作为课外读物的部分内容，如第2版的历史注记，一些定理证明，采用二维码扫描方式给出。

参考国防科技大学毛晓光教授、北京航空航天大学马殿富教授在离散数学实践教学中积累的经验，结合我们自身的做法，每章增加了约5道“计算机编程题”，并采用二维码扫描方式给出其中一道题的程序。

本书第5、7、10章由袁景凌编写，其余章节由贲可荣负责编写，其中的计算机编程题及程序由谢茜编写。贲可荣组织了本书的编写并统稿。在撰写本书过程中，参考了许多资料，特别感谢参考文献中的相关作者。同时，也欢迎读者对本书提出修改建议。

贲可荣
2020年10月

第2版序

PREFACE

离散数学是计算机科学与技术专业的核心基础课，在计算机科学与技术专业课程体系中起到重要的基础理论支撑作用。学习离散数学不仅能够帮助学生更好地理解与掌握专业课程的教学内容，同时也为学生在将来的计算机科学与技术的研究和工程应用中打下坚实的理论基础。随着计算机科学与技术的日益成熟，越来越完善的分析技术被用于实践，为了更好地理解将来的计算机科学与技术，学生需要对离散结构有深入的理解。

离散数学用数学语言描述离散系统的状态、关系和变化过程，是计算机科学与技术专业的形式化描述语言，也是进行数量分析和逻辑推理的工具。通过离散数学的学习，有利于培养学生的学科素质，进一步强化对计算机科学与技术学科方法的训练。通过离散数学的教学，对培养学生获取知识、应用知识的能力，对创新思维的培养有重要的作用。

依据《高等学校计算机科学与技术专业核心课程教学实施方案》，离散数学的教学实施方案按照3种类型设计，即科学型（计算机科学专业方向）、工程型（计算机工程与软件工程专业方向）、应用型（信息技术专业方向）。

根据科学型、工程型和应用型3种不同类型人才的专业素养与能力要求，以及其他相关专业课程的教学需要，离散数学课程的教学内容和教学要求也具有不同的定位，参见表1。科学型人才的培养目标要求学生具有坚实的数学基础，较强的抽象思维、形式化描述、推理和分析能力；工程型人才培养目标要求学生具有坚实的数学基础，能够综合应用相关的理论分析和解决实际问题；应用型人才培养目标要求学生能够熟练运用典型的离散模型进行系统的建模和集成。基于不同的教学内容和教学要求，完成教学计划的学时也不一样。表1列出的学时均指课上教学时间，其中最低学时是指完成本课程核心教学内容所需要的最少学时，建议学时是完成本课程中等教学要求所需要的学时，包含部分推荐知识单元和可选知识单元的教学。

表1 面向不同培养目标的离散数学定位

培养类型	科学型	工程型	应用型
培养要求	基础理论和核心技术研究原始创新	基本理论与原理的综合应用(创新性应用)	计算机应用人才
人才定位	学术研究	IT企事业	应用领域信息化人才
培养人数	少	较多	多
离散数学的基础	熟练掌握形式描述、变换、推理和证明方法;熟练掌握离散系统的描述与分析方法;了解实际离散系统的建模	熟悉形式描述、变换、推理和证明方法;熟练掌握离散系统的描述与分析方法;了解实际离散系统的建模	简要了解形式描述、变换、推理和证明方法;掌握离散系统描述与分析方法;熟悉常用的实际离散系统模型
涉及其他专业课	算法与数据结构、数据库系统原理、操作系统、编译原理、软件工程、人工智能、数字逻辑、计算机网络	算法与数据结构、数据库系统原理、操作系统、编译原理、软件工程、数字逻辑、计算机网络	数据结构与算法、数据库与信息管理技术、计算机网络与互联网
学时安排	建议学时:72～108	建议学时:72～90	建议学时:51～72

除培养目标外，实施方案还须考虑不同学校计算机专业的整体课程体系设计及离散数学在其中的作用，因为各学校重点建设的专业方向或研究方向是不一样的。例如，信息安全需要较多的数理逻辑和代数知识；网络需要较多的图论和组合数学知识；算法设计与分析需要较多的图论和组合数学知识；数据库和数据挖掘需要较多的集合论、数理逻辑的知识；软件工程与可信计算需要较多的集合论、逻辑知识等。因此，在确定教学内容和最低学时时，需要有一定的灵活性，以便适应大多数学校的基本教学要求，鼓励各学校创建自己的专业特色和优势发展方向。

本书涵盖集合论、数理逻辑、组合论、图论、抽象代数的基础知识，可满足计算机科学技术工程领域（工程型）高层次人才用离散结构的理论和方法对实际系统进行描述、分析的基本数学需求。

在这个知识框架中，离散数学课程划分为10个知识单元，分成3个层次：第1层的4个核心知识单元与科学型一样，即集合关系与函数、基本逻辑、图与树、基本计数，分别包含通常离散数学中的集合论、数理逻辑、图论、组合数学的基础部分；第2层的2个推荐知识单元是特殊的图、代数结构，分别包含图论、代数结构中的重要内容，这些知识单元之间相互比较独立；第3层的3个可选知识单元是形式系统、高级计数、初等数论，包含了数理逻辑、组合学和初等数论中的部分内容，这些知识单元之间也是比较独立的。从知识结构上，还需要1个关于证明技术的单元，包含离散数学中经常使用的证明方法，如数学归纳法、逻辑演算、构造性证明、反证法、归约证明等。但在教学安排上，可以将证明技术分散到有关的知识单元中讲授。

按科学型人才培养目标，本书包括了集合基数，但缺少一阶逻辑形式系统的一致性、合理性、完备性证明，计算理论（递归函数、原始递归函数、图灵机、图灵可计算函数）等内容。本书涵盖应用型人才培养目标的全部内容：集合、关系与函数，基本逻辑，图与树，特殊的图，证明技术，基本计数，代数系统简介，初等数论。

与第 1 版相比，本书减少了博弈树的部分内容，增加了命题逻辑和谓词逻辑的归结原理（消解原理），命题逻辑形式系统的一致性、合理性、完备性定理及证明，在初等数论中增加了“欧拉定理与费马小定理”，在递推关系中增加了“生成函数”等。

本书第 1～4、6、8、9 章及附录由贲可荣、高志华撰写，第 5、7、10 章由袁景凌撰写，贲可荣对全书进行了统一修订。 高志华、袁景凌给出本书奇数题的答案。

贲可荣

2011 年 3 月

第1版序

PREFACE

数学源于实践汇于实践

回顾过去的一个世纪，数学科学的巨大发展，比以往任何时代都更牢固地确立了它作为整个科学技术的基础的地位。数学正突破传统的应用范围向几乎所有的人类知识领域渗透，并越来越直接地为人类物质生产与日常生活做出贡献。同时，数学作为一种文化，已成为人类进步的标志。因此，对于当今社会每一个有文化的人士而言，不论他从事何种职业，都需要学习数学，了解数学和运用数学。现代社会对数学的这种需要，在新的世纪中无疑将更加与日俱增。20世纪数学思想的深刻变革，已将数学这门科学的核心部分引向高度抽象化的道路。面对各种深奥的数学理论和复杂的数学方法，门外汉往往只好望而却步。

一个本质上简单的学科却难于学习。有些困难是表面的，其一是词汇。数学家用一些对普通人很生僻的词表达从实际事物中抽象出来的概念。如“四边形”和“平行四边形”有一些在其他领域遇不到的特定的精确含意，要研究数学就得学着用。另一个看得见的，但同样是表面的困难是使用符号。我们要解决问题，以某些给定的信息为基础决定一个未知数。设此未知数是某一个长度为尺计的数字。用 x 代表这个长度，以后就只用符号 x，而不去说这么长一句话，肯定是有利的。然而，使用符号不会产生任何概念上的困难。

人们设想到的第三个困难是抽象性。但是，由于基本的抽象或概念是直接来自日常经验的，人们心中很容易保存它们的含义。事实上，数学家不断地诉诸物理对象和物理图像，以便不忘记这些抽象概念的含义。古希腊数学家用小石子代表各类对象，用小石子学会了自然数的基本事实。顺便说一下，“计算”一词，广义地表示任一个算术或代数过程，它的英文Calculus的拉丁语源就是小石子。甚至，更高级的数学抽象如微积分学中所学的导数和积分，说到底离这些初等概念仅一步之隔，甚至微积分的概念也有图像的物理的意义。要学会这些抽象概念，比学习初等概念并不要求更高的智力。

数学的完全的形式是一系列概念和程序，例如求解某种类型方程的方法。还有一系列事实，例如定理。当然，程序和定理都要通过证明确认。要想教会人这些数学的元素，最容易的方法似乎莫过于用这些概念、过程、定理与证明的最终的、确定的形式教学生。但是，数学是一门老学科，它的某些重大的成就可以追溯到公元前3000年。过去5000多年里，数学家不仅极大地扩大了这个学科的领域，当他们不断认识了新的客体和现象，不断改进了自己的理解，他们也就重塑了这些概念、程序与证明来把这些成就组合起来。这些订正了的版本有许多就不再清晰易懂了。

此外，数学的分量在增加，最好把它组织起来，使关于同一主题的许多定理有合乎逻辑的次序。每一门学科的基础是公理，后面就是一串定理，每一个定理都用公理和前面已证的定理证明。把结果按这样的合于逻辑的次序安排，这种需要就要迫使数学家找出新的、不甚自然、不甚明白的证明。结果是许多证明都被除去了它们的直观、透明和易于理解的面貌，而被十分人为的证明代替了。

表述上的有效性似乎导致忽视数学的另一个特点，而这个特点对于理解数学却是至关重要的。数学本身是一副骨骼。数学的血肉和生命在于用数学做什么。有意义的数学要为一种目的服务，这种目的用笛卡儿的话来说，就是使人成为大自然的主人和占有者。数学的意义在于数学本身之外，正如好的文学作品的意义在于纸面上文字的堆积之外。要懂得数学，就要知道为什么需要这个结果，它和其他结果关系如何，用它可以做一些什么事。

学校由于它的目的和义务繁多，有时能够，有时又不能够给数学一种更有启发性的讲法。有志于此的学生必须走得远一些，寻求一种完全的知识。要对数学有较彻底的理解与领会，就必须去掉那些纤巧的细节，深入其深层的思想之中；要知道它的目的和用处，知道创造它的人们的动机，以及这些概念和结构的创生背景。

创造性的活动，对学生来说则是再创造的活动，是数学的心脏。正是在这种活动中，数学家创造了最高成就，克服了最大的困难并使数学这门学科取得了最有意义的进展。创造过程在解决已有问题时必不可少。没有新观点、新研究方法和新目标的创造，数学就会反反复复重新组织老的证明，使它们更加严格，在这样的过程中日趋枯竭，丧失生命力。对已经得到的知识，重新排列其步骤，安排其定理的次序构成一个演绎的组织，这时常需要创意，但总体上说，这更像把书本重新排一个次序，而创造的活动可以比作写书。数学给人的满足——获得猎物时的兴奋，发现的激动，成就的感觉，以及成功时的欢乐——更多、更强烈的是在创造性的工作之中，而不是在最后按演绎的模式重写论证之中。

数学中有许多美的篇章。无疑，数学家从事数学活动也能获得其他创造活动提供的满足感，但是伟大的数学家情愿把数学的美作为一种额外报偿，激励他们奋斗的最深层的动力则是以数学为媒介在人类的探索活动中理解宇宙，也理解人类自身在其中的角色，并且探求如何利用自然现象和自然的力量为人类服务。那些做出巨大贡献的数学家们，像阿基米德、牛顿、拉格朗日、拉普拉斯、高斯、哈密顿、庞加莱，或者是一流的物理学家，或者在科学史中占据显要地位。这绝不是偶然的。几乎所有数学的目的和意义并不在于对一堆符号做一系列的逻辑阐述，而在于这些符号告诉我们关于外部世界的一些知识。

离散数学是计算机科学的基础

离散数学是计算机专业最重要的必修课程之一，它是许多计算机专业课程的基础。

离散数学是研究离散对象的数量和空间关系的数学，它包括多个数学分支，如本书所涉及的集合论、图论、组合数学、古典概率、自动机理论等，是计算机科学的理论基础，也是计算机应用的有力工具。另一方面，计算机科学的发展又促进了离散数学的发展。18 世纪以前的数学基本上都属于离散数学的范畴，18 世纪以后，天文学、物理学等的发展极大地推动了连续数学(如微积分)的发展，直到 20 世纪中期，尤其是 20 世纪 80 年代以后，随着计算机日益渗透到现代社会的各个方面，离散数学又重新受到高度重视。当然，离散数学涉及的内容极其广泛，其应用全然不是仅局限于计算机科学及其应用，而是涉及人们生活的方方面面。

由于数字计算机软硬件结构决定了它仅适于处理离散型信息的存储与计算，因此离散数学便成为计算机科学与技术的基本数学工具。某些理论上的“先见之明”，将会给以后学科的发展带来巨大的影响。例如，对可计算的研究所建立的图灵机是计算机的理论模型，随后这种理念导致了计算机的诞生。布尔的逻辑代数已成功地用于计算机的硬件分析与设计。谓词逻辑演算为人工智能学科提供了一种重要的知识表示方法和推理方法。这些都体现了离散数学的重要作用。对于离散数学的原理和方法，经常要求其在计算机上的可实现性；而一般的数学理论和方法有时仅给出存在性的结论，并不给出构造性的问题解答，因此难于满足实用性的要求。现代数字计算机的理论模型依然是 20 世纪 30 年代提出的图灵机，这是一种“离散”的机器，可用来处理“离散”的对象。当然，正如大多数计算机的早期应用，通过近似计算等手段，计算机也可以处理“连续”的对象，但现代的数字计算机仍然是一种“离散”的机器。事实上，目前计算机已经越来越多地用于处理各种“离散”的对象。

随着计算机技术的发展，离散数学作为计算机科学的一种数学工具，其作用显得更加重要。对于一种程序设计语言来说，我们需要了解一些相关的问题：为什么会提出这种语言？它能解决什么问题？优势是什么？存在什么问题？它的语法、语义怎么样？利用该语言编写的程序必然是正确的吗？更深入的分析是，计算机到底能做些什么？不能做些什么？什么是可计算的，什么是不可计算的，以及计算的复杂性又怎样？只有懂得一些深刻的基础性数学知识，才能对这些问题给出较为准确的回答。

离散数学为什么作为计算机专业学生的基础课？美国数学会主席 Lynn A. Steen 回答了该问题：…But today's growth industries are dominated by information, which is abstract and immaterial. Where the material world is modeled by calculus, the language of continuous change, the immaterial world of information requires discontinuous discrete mathematics. Both genetic codes and computer codes are intrinsically discrete. Discrete mathematics basically deals with fancy ways of arranging and counting. It can be used to enumerate genetic patterns and to count the branches in computer algorithms; it can be used to analyze the treelike branching of arteries and nerves, as well as the cascading options in a succession of either-or decisions. It can tell us how many things are there as well as help us find what we want among a bewildering morass of possibilities.

离散数学的主要内容

由于数字电子计算机是一个离散结构，它只能处理离散的或离散化了的数量关系，因此无论是计算机科学本身，还是与计算机科学及其应用密切相关的现代科学研究领域，都面临如何对离散结构建立数学模型；又如何将已经用连续数量关系建立起来的数学模型离散化，从而可以用计算机加工处理。离散数学是数学里专门用来研究离散对象的一个数学分支，是计算机专业的一门重要的基础课。它所研究的对象是离散的数量关系和离散的数学结构模型。

20 世纪 70 年代，国外开始将离散数学作为一门大学课程。当时，有一些计算机科学家根据自己对计算机科学的理解，与一些数学家一起圈定了一些他们认为对计算机科学是必需的数学专题，结合计算机科学中的一些实例主要编著了一些命名为“离散数学结构和方法”或“离散数学基础”之类的书籍，开设相应的课程供大学里学习计算机专业和其他一些相关工程专业的学生选修。由于反映很好，渐渐在计算机专业中，“离散数学”即作为必修课开设。中国是在大约 20 世纪 80 年代初期，从翻译国外离散数学专著开始，逐渐编写了一些适合中国教学情况的离散数学的教材，并在计算机系中开设了相应的课程。

如上所述，由于各专家主攻计算机的方向和他们对计算机教学的理解不尽相同，因此，在“离散数学”名下的内容也不完全一样。本书根据 ACM 和 IEEE/CS 最新推出的 *Computing Curricula 2004*，以及教育部高等教育司组织评审通过的《中国计算机科学与技术学科教程 2002》中制定的关于“离散数学”的知识结构和体系撰写。全书共 10 章，主要包含数理逻辑、集合与关系、函数、图和树、组合计数、数论与递归关系、代数系统、自动机、文法和语言等内容，基本上涵盖了计算机专业所需的数学内容。离散数学这门课程主要介绍各分支的基本概念、基本理论和基本方法，这些知识将应用于数字电路、编译原理、数据结构、操作系统、数据库原理、算法分析与设计、人工智能、软件工程、计算机网络等专业课程之中。

学习离散数学的方法

离散数学是计算机科学系所有专业的基础数学课程，一方面有其实用性（应用数学的特征），另一方面有其本身作为数学基础课的理论的严谨性。所以，学习任何一个专题时，首先要精确严格地掌握好概念和术语，正确理解它们的内涵和外延。因为公理、定理或定律的基石都是概念。只有正确地理解了概念，才能把握定理的实质，熟练地将公理、定理应用于解决问题。完全地、精确地掌握一个概念的好主意是，首先深刻理解概念的内涵，然后举一些属于和不属于该概念外延的正反两方面的实例。如果对一些似是而非的例子也能辨别的话，应该说就真正理解了这个概念。对一些重要的概念，能记住一两个实例也很管用。这对牢固掌握一个概念是很有好处的。

读者应养成一种自觉的学习习惯，就是首先掌握好基本概念和术语，在此基础上理解每个基本定理的本质，最后通过学习和借鉴书中提供的例题独立完成每一次作业，并且在每次作业完成之后能自觉地归纳出其中用到的基本解题方法。注意，千万不要在完全理解相关概念和基本定理之前就匆忙做相应的习题。

学习数学的唯一途径是实践。仅看别人怎么做，是不可能学会弹吉他或投篮的，也不可能仅靠阅读本书或听课就会学好离散数学。必须积极主动地思考，在阅读数学书时，应该随时备好笔和纸，以便进行详细的推导和计算。在听数学课前，最好先阅读有关内容，这样就可以专注于自己对内容的理解是否与教授的理解相一致，还可以就一些难点提问。本书中有很多习题，有些是纯粹的计算题，有些测试对概念的理解，有些要求给出论证，建议读者多做习题。

学习和理解术语也很重要。在数学中，传统的做法是对一些简单、常见的词汇赋予特殊的含义，如集合、函数、关系、图、树、网络。这些词都有严格的定义，必须认真学习，否则就不能理解在书中读到的内容和教授讲述的课程。这些术语对有效的交流是必需的。术语能帮助你有效地与别人共享信息。在现实生活中，仅简单地计算出某些东西往往不够，还必须能够向别人解释，使别人确信你的解是正确的。

我们期待你成功地学好离散数学，并从中学到许多技术和观点，你将会发现它们在许多地方都是有用的。

我对数学和逻辑的感悟得益于我的老师们，他们是陈火旺先生、莫绍揆先生、王世强先生、康宏逵先生、齐治昌先生、丁德成老师、胡静婉老师，也获益于我的同学们，包括沈恩绍、宋方敏、王怀民、王戟、王献昌、王公宝。如果本书有什么新意的地方，首先归功于他们，错误和疏漏由我负责。

本书第 1～4、6、8、9 章及附录由贲可荣、高志华撰写，第 5、7、10 章由袁景凌撰写，全书由贲可荣统稿。武汉大学计算机学院院长何炎祥教授对全书进行了审校，特此致谢。

贲可荣

2007 年 1 月

目录 CONTENTS

第7章 树及其应用 …… 230

第8章 代数系统 …… 259

第1章 命题逻辑

逻辑学(logic)是研究思维规律和思维的形式结构的一门学科。数理逻辑是用数学方法研究逻辑学中形式逻辑的一种分支学科。这里的数学方法其主要特点是引进了一套符号体系作为重要的手段,因此数理逻辑又称为符号逻辑。

数理逻辑主要是研究推理的科学,是运用数学的方法研究思维形式和规律,特别是研究数学中的思维形式和规律。所谓数学方法,主要指采用数学符号化的方法给出推理规则来建立推理体系,使得对形式逻辑的研究归结为对由一整套符号所组成的推理体系的研究。本课程只介绍数理逻辑的两个主要部分,分别是命题逻辑和谓词逻辑。数理逻辑的其他内容,如证明论、模型论、递归论、公理集合论不在本课程的范围。

1.1 现代逻辑学的基本研究方法

逻辑学是研究人类思维规律的科学,而现代逻辑学则是用数学(符号化、公理化、形式化)的方法研究这些规律。

1. 思维:感知的概念化和理性化

思维实体处于一个客观世界,称为该实体的环境,通过对环境的感知形成概念。这些概念以自然语言(包括文字、图像、声音等)为载体,在思维实体中记忆、交流,从而又成为这些思维实体的环境的一部分。通过对概念外延的拓广和对概念内涵的修正,完成思维的最基础的功能——概念化。这一过程将物理对象抽象为思维对象(语言化了的概念),包括对象本身的表示、对象性质的表示、对象间关系的表示等。

在概念化的基础之上,思维进入更加高级的层次——理性化思维,即对概念的思维:判断与推理。判断包括:概念对个体的适用性判断(特称判断、全称判断及其否定),个体对多个概念同时满足或选择地满足的判断(合取判断或析取判断),概念对概念的蕴涵的判断(条件判断),等等。推理可说是对概念、判断的思维,即由已知的判断根据一定的准则导出另一些判断的过程。

这些准则是思维主体对自身思维属性感知并概念化的产物。它们中包括"三段论"、假言推理等。

因此,思维是感知的概念化和理性化。现代逻辑学的宗旨是用符号化、公理化、形式化的方法研究这种概念化、理性化过程的规律与本质。

2. 现代逻辑学求助数学——符号化

所谓符号化,即用"一种只作整体认读的记号(signs)"——符号(symbols)表示量、数及数量关系。

思维的概念化过程离开语言显然是难以完成的,语言是一种符号体系,语言化是符号化的初级阶段,但若要对思维作深入的讨论和研究,这种初级的符号化是不够充分的,现代逻辑除求助数学对思维过程作符号化的探讨之外,别无他路。我们知道,数字0、1、2、3……是由基数、序数概念符号化而来的,但只是在有了"字母表示数""符号表示数的运算、关系"之后才有代数理论,才有人们对数的概念的深刻认识。现代逻辑学对思维的研究,需要更加彻底的符号化过程。我们也用字母、符号表示思维的物理对象、概念对象、判断对象等。

3. 现代逻辑学追随数学——公理化

在欧几里得几何中,原始概念是现实世界中空间形态基础成分的概念化,公理和逻辑推理规则是对空间形态最基本属性以及人类思维规律概念化、理性化的结果,因而系统推演所得的定理继承它们的客观性和正确性。欧几里得几何公理系统中的所有概念都有鲜明的直观背景,其公理、定理也都有强烈的客观意义。像欧几里得几何这样的公理系统,常被称为具体公理系统。

始于亚里士多德(Aristotle)的逻辑学被符号化、公理化,逐步演化为现代逻辑学。例如,众所周知的思维法则"一个条件命题等价于它的逆否命题""全称判断蕴涵特称判断"可以表示为如下的公理模式:

$$(A \to B) \leftrightarrow (\neg B \to \neg A)$$

$$\forall x A(x) \to A(t)$$

其中,$\leftrightarrow$表示"等价",$\forall x A(x)$表示"一切对象皆满足性质A",而$A(t)$表示"对象t满足性质A"。

事实上,现代逻辑学的公理化也更为彻底,它将人们的推理规则符号化和模式化,它们本质上和公理相同,但为了突出它们在形式上和应用上与公理的区别,称它们为推理规则模式。例如,假言推理规则可以表示为如下的规则模式:

$$\frac{A \to B, A}{B}$$

4. 现代逻辑学改造数学——形式化

19世纪末,开始抽象公理系统的研究。在抽象公理系统中,原始概念的直觉意义被忽略,甚至没有任何预先设定的意义。不加证明而接受的断言——公理,也不需要以任何实际意义为背景,它们无非是一些形式约定——一些符号串,约定系统一开始便要接受为定理的是哪些语句。对原始概念和公理,人们甚至可以不知所云,唯一可识别的是它们的表示形式,这也是它们唯一有意义的东西。

抽象公理系统的提出往往是有客观背景的,常常是因为现实世界的某些对象及其性质需精确地刻画、深入地探究。但是，抽象公理系统一旦建成，它便应当是超脱客观背景的，它可刻画的对象已不限于原来考虑的那些对象，而是与它们有（公理所规定的）共同结构的相当广泛的一类对象，因而对它们性质的讨论也必定深刻得多。因此，对一个抽象公理系统，一般有多种解释。例如，布尔代数抽象公理系统可以解释为有关命题真值的命题代数，有关电路设计研究的开关代数也可以解释为讨论集合的集合代数。

所谓形式化，就是彻头彻尾的"符号化＋抽象公理化"。因此，现代逻辑学在形式化数学的同时，完成了自身的形式化。综上所述，现代逻辑学形式系统的组成如下：

(1) 用于将概念符号化的符号语言，通常为一形式语言（formal languages），包括一符号表Σ及语言的文法，可生成表示对象的语言成分项（terms），表示概念、判断的公式（formulas）。

(2) 表示思维规律的逻辑学公理模式和推理规则模式（抽象公理系统），及依据它们推演可得到的全部定理组成的理论体系。

基于现代逻辑学可构成形式化的数学系统或其他理论系统，它们与现代逻辑学系统不同的只是

(1) 表示对象更为广泛的形式语言。

(2) 抽象公理系统中还包括对象理论（如数论）的公理——非逻辑学公理。

因此，可以说：形式化是现代逻辑学的基本特性，形式系统（formal systems）是现代逻辑学的重要工具，借助形式化过程和对形式系统的研讨完成对思维规律或其他对象理论的研究。

对形式系统的研究包括如下 3 方面：

(1) 对系统内定理推演的研究。这类研究被看作对形式系统的语构（syntax）的研究。

(2) 语义（semantic）研究。公理系统、形式系统并不一定针对某一特定的问题范畴，但可以对它做出种种解释——赋予它一定的个体域，赋予它一定的结构，即用个体域中的个体、个体上的运算、个体间的关系解释系统中的抽象符号。这一过程赋予形式系统一个语义结构。在给定语义结构中可以讨论形式系统中项所对应的个体，公式所对应判断具有的真值（真，假）。对语义的规定及对形式系统在给定语义下的讨论，便是对形式系统语义的研究。

(3) 语构与语义关系的研究。一个好的形式系统中的定理，应当是在所有相关语义中的真命题；反之，所有这些真命题所对应的形式表示，应当都是形式系统的定理。

1.2　命题及其表示法

1.2.1　命题的概念

命题是研究思维规律的科学中的一项基本要素，是一个判断的语言表达。

定义 1.1　命题是一个可以判断真假的陈述句。

作为命题的陈述句所表达的判断结果称为命题的真值，真值只取两个值：真或假。

真值为真的命题称为真命题,真值为假的命题称为假命题。真命题表达的判断正确,假命题表达的判断错误。任何命题的真值都是唯一的。

判断给定句子是否为命题,应该分两步:首先判定它是否为陈述句;其次判断它是否有唯一的真值。

例 1.1 判断下列句子是否为命题。

(1) 6 是素数。

(2) $\sqrt{3}$是无理数。

(3) x 大于 y。

(4) 土星上有冰。

(5) 2100 年元旦是晴天。

(6) π 大于$\sqrt{2}$吗?

(7) 请不要吸烟!

(8) 这朵花真美丽啊!

(9) 我正在说假话。

解:本题的 9 个句子中,(6)是疑问句,(7)是祈使句,(8)是感叹句,因而这 3 个句子都不是命题。剩下的 6 个句子都是陈述句,但(3)无确定的真值,根据 x、y 的不同取值情况,它可真可假,即无唯一的真值,因而不是命题。若(9)的真值为真,即"我正在说假话"为真,也就是"我正在说真话",则又推出(9)的真值应为假;反之,若(9)的真值为假,即"我正在说假话"为假,也就是"我正在说假话",则又推出(9)的真值应为真。于是,(9)既不为真,也不为假,因此它不是命题。像(9)这样由真推出假,又由假推出真的陈述句称为**悖论**。凡是悖论,都不是命题。本例中,只有(1)、(2)、(4)、(5)是命题。(1)为假命题,(2)为真命题。虽然今天我们不知道(4)、(5)的真值,但它们的真值客观存在,而且是唯一的,将来总会知道(4)的真值,到 2100 年元旦,(5)的真值就真相大白了。

命题一般用英文字母表示,如 p: 6 是素数。q: 土星上有冰。

1.2.2 联结词

现实生活中的各种论述和推理,出现的命题多数比例 1.1 中的命题更加复杂。例如下列的命题:

(1) 4 是偶数且是 2 的倍数。

(2) 武汉不是一个小城市。

(3) 小王或小李考试得第一名。

(4) 如果你努力,则你能成功。

(5) 三角形是等边三角形,当且仅当三边相等。

上述命题都是通过诸如"或""且""如果……,则……"等连词联结而成的。我们将命题中没有联结词的陈述句称为简单命题或原子命题。把由简单命题通过联结词联结而成的陈述句称为复合命题。

日常生活中的联结词可以是"不""或者""并且""当且仅当"等,在命题逻辑中,我们用真值表给出这些联结词的严格定义,使其表达的意义准确,不会产生歧义,这样的联结词称为命题联结词。

例 1.2 $\sqrt{2}$是有理数是不对的；2 是偶素数；2 或 4 是素数；如果 2 是素数，则 3 也是素数；2 是素数，当且仅当 3 也是素数。

要表示例 1.2 中的命题，通常通过下列的"联结词"构成复合命题。

方式一：例 1.2 中"$\sqrt{2}$是有理数是不对的"是"$\sqrt{2}$是有理数"的否定。

定义 1.2 设 p 为命题，复合命题"非 p"(或"p 的否定")称为 p 的否定式，记作 $\neg p$，符号 $\neg$ 称作否定联结词。并规定 $\neg p$ 为真，当且仅当 p 为假。

$\neg p$ 的真值表见表 1.1。

表 1.1 $\neg p$ 的真值表

p	$\neg p$
T	F
F	T

方式二：例 1.2 中"2 是偶素数"是"2 是偶数"且"2 是素数"的复合。

定义 1.3 设 p、q 为二命题，复合命题"p 并且 q"(或"p 与 q")称为 p 与 q 的合取式，记作 $p \wedge q$，$\wedge$ 称作合取联结词，并规定 $p \wedge q$ 为真，当且仅当 p 与 q 同时为真。

$p \wedge q$ 的真值表见表 1.2。

表 1.2 $p \wedge q$ 的真值表

p	q	$p \wedge q$
T	T	T
T	F	F
F	T	F
F	F	F

逻辑学里讨论的联结词"并且"，以及汉语的"并且"，英语的 and，俄语的 и 等词义仅关于真假关系的抽象。它必须用某种语言表达出来，或者说它必须用某个符号表达出来，但它又不专用于任何民族语言里有关的词，如汉语中的"并且"。"甲和乙有了孩子，并且结婚了"不等价于"甲和乙结婚了，并且有了孩子"。"并且"作为联结词往往有递进的意思。

请思考"既……又……""不但……而且……""虽然……但是……""一面……一面……""不但……还是……""是……又是……"等联结而成的复合命题是否仍为合取式？还有哪些"合取词"？

方式三：例 1.2 中"2 或 4 是素数"为"2 是素数"与"4 是素数"通过"或"复合而成。

定义 1.4 设 p、q 为二命题，复合命题"p 或 q"称作 p 与 q 的析取式，记作 $p \vee q$，$\vee$ 称作析取联结词，并规定 $p \vee q$ 为假，当且仅当 p 与 q 同时为假。

$p \vee q$ 的真值表见表 1.3。

表 1.3 $p \vee q$ 的真值表

p	q	$p \vee q$
T	T	T
T	F	T
F	T	T
F	F	F

注意：按定义 1.4，在析取式 $p \vee q$ 中，若 p、q 都为真，则 $p \vee q$ 为真。“或”还有另外一种用法：当 p、q 都为真时，析取起来为假。前者称为**相容或**，后者称为**排斥或**(**排异或**)。

例 1.3 试将下列复合命题符号化。

(1) 张薇爱唱歌或爱听音乐。

(2) 张薇要嫁王杰或李涛。

解：在解题时，先将原子命题符号化。

(1) p：张薇爱唱歌。q：张薇爱听音乐。

显然，(1)中的“或”为相容或，即 p 与 q 可以同时为真，符号化为 $p \vee q$。

(2) r：张薇嫁王杰。s：张薇嫁李涛。

由题意可知，(2)中的“或”应为排斥或。r、s 的联合取值情况有 4 种：同真、同假、一真一假(两种情况)。如果也符号化为 $r \vee s$，这违背题意。因而，不能符号化为 $r \vee s$，可以符号化为 $(r \wedge \neg s) \vee (\neg r \wedge s)$。此复合命题为真，当且仅当 r、s 中一个为真，一个为假，它准确地表达了(2)的要求。

可见，相斥或可由相容或表示出来。

思考题：相容或能否由相斥或表示出来呢？

方式四：例 1.2 中“如果 2 是素数，则 3 也是素数”是“2 是素数”与“3 是素数”通过“如果……，则……”复合而成的。

定义 1.5 设 p、q 为二命题，复合命题“如果 p，则 q”称作 p 与 q 的蕴涵式，记作 $p \to q$，$\to$ 称作蕴涵联结词，并规定 $p \to q$ 为假，当且仅当 p 为真 q 为假。$p \to q$ 的逻辑关系表示 q 是 p 的必要条件。

$p \to q$ 的真值表见表 1.4。

表 1.4 $p \to q$ 的真值表

p	q	$p \to q$
T	T	T
T	F	F
F	T	T
F	F	T

条件命题通常有 3 种形式：

(1) 因果关系。如“如果天下雨，则地湿”。

(2) 推理关系。如“如果有人见过飞碟，那么飞碟就被人见过”“假如语言能够生产物质资料，那么夸夸其谈的人就成为世界上最富有的人了”。

(3) 打赌。如“如果他能办成这件事，太阳就要从西边升起来了”。

“如果 A，则 B”的其他表示形式：“如果不 B，则不 A”“只有 B 才 A”“B 仅当 A”“除非 B，否则不 A”。

注意：使用联结词→时，要特别注意以下几点：

(1) 在自然语言里，特别是在数学中，q 是 p 的必要条件有许多不同的叙述方式。例如，“只要 p，就 q”，“因为 p，所以 q”，“p 仅当 q”，“只有 q 才 p”，“除非 q 才 p”，“除非 q，否则非 p”，等等。以上各种叙述方式表面看起来有所不同，但表达的都是 q 是 p 的必要条件，因而所用联结词均应符号化为→，上述各种叙述方式都应符号化为 $p \to q$。

(2) 在自然语言中，“如果 p，则 q”中的前件 p 与后件 q 往往具有某种内在联系。而在数理逻辑中，p 与 q 可以无任何内在联系。

(3) 在数学或其他自然科学中，“如果 p，则 q”往往表达的是前件 p 为真，后件 q 也为真的推理关系。但在数理逻辑中，作为一种规定，当 p 为假时，无论 q 是真是假，$p \to q$ 均为真。也就是说，只有 p 为真 q 为假这一种情况使得复合命题 $p \to q$ 为假。

方式五：例 1.2 中“2 是素数，当且仅当 3 也是素数”是“2 是素数”与“3 也是素数”通过“当且仅当”复合而成的。

定义 1.6　设 p、q 为二命题，复合命题“p 当且仅当 q”称作 p 与 q 的等值式，记作 $p \leftrightarrow q$，↔称作等价联结词，并规定 $p \leftrightarrow q$ 为真，当且仅当 p 与 q 同时为真或同时为假。$p \leftrightarrow q$ 的逻辑关系为 p 与 q 互为充分必要条件。

$p \leftrightarrow q$ 的真值表见表 1.5。

表 1.5　$p \leftrightarrow q$ 的真值表

p	q	$p \leftrightarrow q$
T	T	T
T	F	F
F	T	F
F	F	T

以上定义了 5 种最基本的联结词¬，∧，∨，→，↔，由它们组成的集合{¬，∧，∨，→，↔}称为联结词集。其中¬为一元联结词，其余的都是二元联结词。

使用这些联结词可以将复杂命题表示成简单的符号公式。

例 1.4　将下列命题符号化。

(1) 梁玥既用功，又聪明。

(2) 梁玥不仅用功，而且聪明。

(3) 梁玥虽然聪明，但不用功。

(4) 张宇和王丽都是三好学生。

(5) 张宇与王丽是同学。

解：首先将原子命题符号化：

p：梁玥用功；q：梁玥聪明；r：张宇是三好学生。

s：王丽是三好学生；t：张宇与王丽是同学。

(1)～(4)都是复合命题，它们使用的联结词表面看来各不相同，但都是合取联结词，都应符号化为∧，(1)～(4)分别符号化为：$p \wedge q$，$p \wedge q$，$q \wedge \neg p$，$r \wedge s$。

在(5)中，虽然也使用了联结词"与"，但这个联结词"与"是联结该句主语的，而整个句子仍是简单陈述句，所以(5)是原子命题，符号化为 t。

1.3 命题公式与语句形式化

1.3.1 命题公式的定义

由于简单命题是真值唯一确定的命题逻辑中最基本的研究单位，所以也称简单命题为命题常项或命题常元。从本节开始对命题进一步抽象，首先称真值可以变化的陈述句为命题变项或命题变元，也用 $p,q,r,\cdots$ 表示命题变项。当 $p,q,r,\cdots$ 表示命题变项时，它们就成了取值 T 或 F 的变项，因而命题变项已不是命题。这样一来，$p,q,r,\cdots$ 既可以表示命题常项，也可以表示命题变项。在使用中，需要由上下文确定它们表示的是常项，还是变项。下面给出命题公式的定义。

定义 1.7 (1) 单个命题常项和命题变项是合式公式，并称为原子命题公式。

(2) 若 A 是合式公式，则$(\neg A)$也是合式公式。

(3) 若 A、B 是合式公式，则$(A \wedge B)$，$(A \vee B)$，$(A \rightarrow B)$，$(A \leftrightarrow B)$也是合式公式。

(4) 只有有限次地应用(1)～(3)形式的符号串，才是合式公式。

合式公式也称为命题公式或命题形式，并简称为公式。

如$((p \rightarrow q) \wedge (q \leftrightarrow r))$，$((p \wedge q) \wedge (\neg r))$，$(p \wedge (q \wedge (\neg r)))$等都是合式公式，而 $pq \rightarrow r$，$p \rightarrow (r \rightarrow q)$等不是合式公式。

说明：(1)定义 1.7 给出的合式公式的定义方式称为归纳定义方式，以后将多次出现这种定义方式；(2)在不引起歧义时，最外层括号及$(\neg r)$中的括号可以省略。

1.3.2 公式的层次

为描述公式构造的复杂性，可引入下列的"层次"定义。

定义 1.8 (1) 若公式 A 是单个的命题变项，则称 A 为 0 层公式。

(2) 称 A 是 $n+1(n \geqslant 0)$层公式，是指下列情况之一：

① $A=\neg B$，B 是 n 层公式；

② $A=B \wedge C$，其中 B、C 分别为 i 层和 j 层公式，且 $n=\max(i,j)$；

③ $A=B \vee C$，其中 B、C 的层次及 n 同②；

④ $A=B \rightarrow C$，其中 B、C 的层次及 n 同②；

⑤ $A=B\leftrightarrow C$,其中 B、C 的层次及 n 同②。

(3) 若公式 A 的层次为 k,则称 A 是 k 层公式。易知,$(\neg p\wedge q)\rightarrow r$,$(\neg(p\rightarrow\neg q))\wedge((r\vee s)\leftrightarrow\neg p)$分别为 3 层公式和 4 层公式。

1.3.3 语句形式化

用符号语言可以将许多自然语言语句符号化,也称形式化,是使计算机能理解自然语言,进而帮助人们思维推理的必要基础。语句形式化可按如下步骤进行:

① 找出复合命题中的原子命题;

② 用小写英文字母或带下标的小写英文字母表示这些原子命题;

③ 使用命题联结词将这些小写英文字母或带下标的小写英文字母连接起来。

例 1.5 试将下列语句形式化。

(1) 这些内容无趣,习题也不难,而且这门课程也不使人喜欢。

(2) 如果这些内容无趣,或者习题难,那么这门课程就不使人喜欢。

(3) 这些内容有趣,意味着习题难,反之亦然。

(4) 或者这些内容有趣,或者习题难,二者恰具其一。

解:设 p 表示"这些内容有趣",q 表示"这些习题难",r 表示"这门课程使人喜欢",则

(1) $\neg p\wedge\neg q\wedge\neg r$

(2) $(\neg p\vee q)\rightarrow\neg r$

(3) $p\leftrightarrow q$

(4) $(p\vee q)\wedge\neg(p\wedge q)$,或为$(p\wedge\neg q)\vee(\neg p\wedge q)$

注意:*使用上述逻辑联结词,并不能表达自然语言中的所有连词。例如,"与其说他是将军,不如说他是院士""李丽爱她的孩子胜过爱她的丈夫""父在母先亡""即使将地球上的氧气全部拿来也救不了他"。*

1.3.4 复合命题真假值

数理逻辑从形式结构方面研究命题,在处理复合命题时,要考虑的是复合命题的原子命题之间在结构上的最一般的联系。一百多年来,数理逻辑科学发展的历史证明,这样的最一般的联系就是原子命题之间的真假关系。将原子命题之间的真假关系抽象地概括出来,即从原子命题的真假考虑复合命题的真假。

通常把与复合命题相当的由命题联结词构成的形式结构称为真值形式,命题逻辑中的公式都是表达真值形式的。

例 1.6 将下列语句形式化,并指出各复合命题的真值。

(1) 如果 3+3=6,则雪是白色的。

(2) 如果 3+3≠6,则雪是白色的。

(3) 如果 3+3=6,则雪不是白色的。

(4) 如果 3+3≠6,则雪不是白色的。

以下命题中出现的 a 是一个给定的正整数:

(5) 只要 a 能被 4 整除,则 a 一定能被 2 整除。

(6) a 能被 4 整除,仅当 a 能被 2 整除。

(7) 除非 a 能被 2 整除,a 才能被 4 整除。

(8) 除非 a 能被 2 整除,否则 a 不能被 4 整除。

(9) 只有 a 能被 2 整除,a 才能被 4 整除。

(10) 只有 a 能被 4 整除,a 才能被 2 整除。

解:令 p:$3+3=6$,p 的真值为 T。

q:雪是白色的,q 的真值也为 T。

(1)~(4)的符号化形式分别为 $p\rightarrow q$,$\neg p\rightarrow q$,$p\rightarrow\neg q$,$\neg p\rightarrow\neg q$。这 4 个复合命题的真值分别为 T、T、F、T。

以上 4 个蕴涵式的前件 p 与后件 q 没有内在的联系。

令 r:a 能被 4 整除;s:a 能被 2 整除。

仔细分析可知,(5)~(9)5 个命题叙述的都是 a 能被 2 整除是 a 能被 4 整除的必要条件,只是叙述方式有所不同,因而都符号化为 $r\rightarrow s$。由于 a 是给定的正整数,因而 r 与 s 的真值是客观存在的,但是我们不知道。可是,r 与 s 是有内在联系的,当 r 为真(a 能被 4 整除)时,s 必为真(a 能被 2 整除),于是 $r\rightarrow s$ 不会出现前件真后件假的情况,因而 $r\rightarrow s$ 的真值为 T。

而在(10)中,将 a 能被 4 整除看成了 a 能被 2 整除的必要条件,因而应符号化为 $s\rightarrow r$。由于 a 能被 2 整除不保证 a 一定能被 4 整除,所以当不知道给定的 a 为何值时,也不能知道 $s\rightarrow r$ 会不会出现前件为假的情况,因而也不知道 $s\rightarrow r$ 的真值。

例 1.7 将下列语句形式化,并讨论它们的真值。

(1) $\sqrt{6}$是无理数,当且仅当加拿大位于亚洲。

(2) $2+3=5$ 的充要条件是$\sqrt{6}$是无理数。

(3) 若两圆 A、B 的面积相等,则它们的半径相等;反之亦然。

(4) 当王红心情愉快时,她就唱歌;反之,当她唱歌时,一定心情愉快。

解:令 p:$\sqrt{6}$是无理数,真值为 T,

q:加拿大位于亚洲,真值为 F,

则将(1)符号化为 $p\leftrightarrow q$,其真值为 F。

令 r:$2+3=5$,其真值为 T,则将(2)符号化为 $r\leftrightarrow p$,真值为 T。

令 s:两圆 A、B 的面积相等,t:两圆 A、B 的半径相等,

则将(3)符号化为 $s\leftrightarrow t$,虽然不知道 s、t 的真值,但由 s 与 t 的内在联系可知,$s\leftrightarrow t$ 的真值为 T。

令 u:王红心情愉快,v:王红唱歌,

则将(4)符号化为 $u\leftrightarrow v$。其真值要由具体情况而定。

例 1.8 假设 p、q、r 的真值分别为 T、T、F,求下列复合命题的真值。

(1) $((\neg p\wedge q)\vee(p\wedge\neg q))\rightarrow r$

(2) $(q \lor r) \to (p \to \neg r)$

(3) $(\neg p \lor r) \leftrightarrow (p \land \neg r)$

解：容易算出(1)、(2)、(3)的真值分别为 T、T、F。

1.3.5　真值表

在命题公式中，由于有命题符号的出现，因而真值是不确定的。当将公式中出现的全部命题符号都解释成具体的命题之后，公式就成了真值确定的命题了。例如，在公式 $(p \lor q) \to r$ 中，若将 p 解释成：2 是素数，将 q 解释成：3 是偶数，将 r 解释成：$\sqrt{2}$ 是无理数，则 p 与 r 被解释成真命题，q 被解释成假命题了，此时公式 $(p \lor q) \to r$ 被解释成：若 2 是素数或 3 是偶数，则 $\sqrt{2}$ 是无理数，这是一个真命题。其实，将命题符号 p 解释成真命题，相当于指定 p 的真值为 T；解释成假命题，相当于指定 p 的真值为 F。下面的问题是，指定 p、q、r 的真值为何值时，$(p \lor q) \to r$ 的真值为 T；指定 p、q、r 的真值为何值时，$(p \lor q) \to r$ 的真值为 F。

定义 1.9　设 $p_1, p_2, \cdots, p_n$ 是出现在公式 A 中的全部命题符号，给 $p_1, p_2, \cdots, p_n$ 各指定一个真值，称为对 A 的一个**赋值**或**解释**。若指定的一组值使 A 的真值为 T，则称这组值为 A 的**成真赋值**；若使 A 的真值为 F，则称这组值为 A 的**成假赋值**。

在本书中，对含 n 个命题变项的公式 A 的赋值情况做如下规定：若 A 中出现的命题符号为 $p_1, p_2, \cdots, p_n$，给定 A 的赋值 $\alpha_1, \alpha_2, \cdots, \alpha_n$ 是指 $p_1 = \alpha_1, p_2 = \alpha_2, \cdots, p_n = \alpha_n$。

上述 α_i 的取值为 T 或 F，$i = 1, 2, \cdots, n$。

例如，在公式 $(\neg p_1 \land \neg p_2 \land \neg p_3) \lor (p_1 \land p_2)$ 中，FFF$(p_1 = \mathrm{F}, p_2 = \mathrm{F}, p_3 = \mathrm{F})$，TTF$(p_1 = \mathrm{T}, p_2 = \mathrm{T}, p_3 = \mathrm{F})$ 都是成真赋值，而 FFT$(p_1 = \mathrm{F}, p_2 = \mathrm{F}, p_3 = \mathrm{T})$，FTT$(p_1 = \mathrm{F}, p_2 = \mathrm{T}, p_3 = \mathrm{T})$ 都是成假赋值。

不难看出，含 $n(n \geqslant 1)$ 个命题变项的公式共有 2^n 个不同的赋值。例如，若公式中共有 p、q、r 3 个不同命题变项，则共有 $2^3 = 8$ 个指派，分别是

(T,T,T)，(T,T,F)，(T,F,T)，(T,F,F)，(F,T,T)，(F,T,F)，(F,F,T)，(F,F,F)。

命题逻辑里的公式都是表达真值形式的，真值形式也可以用图表说明，这种表就是真值表。

定义 1.10　命题公式 A 在所有赋值下取值情况列成表，称作命题公式 A 的**真值表**。

构造真值表的具体步骤如下：

(1) 找出公式中所含的全体命题变项，列出 2^n 个赋值。本书规定从 TT…T 开始，直到 FF…F 为止，依次写出各赋值，见表 1.6。

(2) 对应各个赋值计算出公式的真值。

按照以上步骤，可以构造出任何含 $n(n \geqslant 1)$ 个命题变项的公式的真值表。

例 1.9　求公式 $(\neg p \land q) \to \neg r$ 的真值表，并求成真赋值和成假赋值。

解：该公式是含 3 个命题变项的合式公式，它的真值表见表 1.6。

表 1.6 $(\neg p\wedge q)\rightarrow\neg r$ 的真值表

$p\ q\ r$	$\neg p$	$\neg r$	$\neg p\wedge q$	$(\neg p\wedge q)\rightarrow\neg r$
T T T	F	F	F	T
T T F	F	T	F	T
T F T	F	F	F	T
T F F	F	T	F	T
F T T	T	F	T	F
F T F	T	T	T	T
F F T	T	F	F	T
F F F	T	T	F	T

从表 1.6 可知，该公式的成假赋值为 FTT，其余 7 个赋值都是成真赋值。

表 1.6 是按构造真值表的步骤一步一步地构造出来的，这样构造真值表不易出错。如果构造的思路比较清楚，则有些层次可以省略。

由 5 个命题联结词构成的复合命题的真值总结见表 1.7。

表 1.7 基本复合命题的真值

$p\ q$	$\neg p$	$p\wedge q$	$p\vee q$	$p\rightarrow q$	$p\leftrightarrow q$
T T	F	T	T	T	T
T F	F	F	T	F	F
F T	T	F	T	T	F
F F	T	F	F	T	T

联结词可以嵌套使用，在嵌套使用时，规定如下优先顺序：()，$\neg$，$\wedge$，$\vee$，$\rightarrow$，$\leftrightarrow$，对于同一优先级的联结词，先出现者先运算。

1.4 重言式

1.4.1 重言式概述

由 1.3 节可知，一般命题公式的真值是随其所含的命题变项的赋值变化而变化的，但有一类特殊的命题公式，对于命题变项的任何赋值，它的真值都是 T。先考虑这类重要的命题公式——重言式。

定义 1.11 设 A 为任一命题公式。

(1) 若 A 在它的各种赋值下取值均为真，则称 A 是**重言式**(tautology)或**永真式**。

(2) 若 A 在它的各种赋值下取值均为假，则称 A 是**矛盾式**(falsity)或**永假式**。

(3) 若至少有一种赋值使得 A 为真，则称 A 是**可满足式**。

从定义不难看出以下几点：

(1) 重言式一定是可满足式，但反之不真。因而，若公式 A 是可满足式，且它至少存在一个成假赋值，则称 A 为非重言式的可满足式。

(2) 真值表可用来判断公式的类型：

① 若真值表最后一列全为 T，则公式为重言式；

② 若真值表最后一列全为 F，则公式为矛盾式；

③ 若真值表最后一列中至少有一个 T，则公式为可满足式。

注意，关于 n 个命题变元 $p_1,p_2,\cdots,p_n$，可以构造多少个真值表呢？n 个命题变元共产生 2^n 个不同赋值，在每个赋值下，公式只有 T 和 F 两个值。于是 n 个命题变元的真值表共有 2^{2^n} 种不同的情况。

例 1.10　下列各公式均含两个命题变项 p 与 q，它们中哪些具有相同的真值表？

(1) $p\rightarrow q$

(2) $p\leftrightarrow q$

(3) $\neg(p\wedge\neg q)$

(4) $(p\rightarrow q)\wedge(q\rightarrow p)$

(5) $\neg q\vee p$

解：表 1.8 给出了这 5 个公式的真值表。从表中可看出，(1)、(3)具有相同的真值表，(2)、(4)具有相同的真值表。

表 1.8　5 个公式的真值表

p q	$p\rightarrow q$	$p\leftrightarrow q$	$\neg(p\wedge\neg q)$	$(p\rightarrow q)\wedge(q\rightarrow p)$	$\neg q\vee p$
T T	T	T	T	T	T
T F	F	F	F	F	T
F T	T	F	T	F	F
F F	T	T	T	T	T

例 1.11　判断下列各组公式是否等价。

(1) $p\rightarrow(q\rightarrow r)$与$(p\wedge q)\rightarrow r$

(2) $(p\rightarrow q)\rightarrow r$ 与$(p\wedge q)\rightarrow r$

例 1.11 解答

1.4.2　逻辑等价式

定义 1.12　设 $A=A(p_1,p_2,\cdots,p_n)$，$B=B(p_1,p_2,\cdots,p_n)$是两个命题公式，这里 $p_i(i=1,2,\cdots,n)$不一定在两公式中同时出现，如果 $A\leftrightarrow B$ 是重言式，即 A 与 B 对任何指派都有相同的真值，则称 A 与 B 逻辑等价(等值)，记为 $A\Leftrightarrow B$，也称为**逻辑等价式**。

判断两个命题公式是否等价可以用真值表方法，也可以采用等价演算和范式方法(后面再介绍)。

根据定义，可以用真值表证明命题公式是等价的。

说明：等值与等价不是一回事，等值是命题联结词，即 $A\leftrightarrow B$ 是公式，在某些指派下为真，在某些指派下为假。等价不是逻辑联结词，而是公式关系符，$A\Leftrightarrow B$ 描述的是 A、B

两公式之间的关系,只有“成立”“不成立”的区别。

例如,公式 A 为 $\neg(p \wedge q)$,公式 B 为 $\neg p \vee \neg q$。公式 A 与公式 B 的真值表见表 1.9。

表 1.9 公式 A 与公式 B 的真值表

p q	$\neg(p \wedge q)$	$\neg p \vee \neg q$
T T	F	F
T T	F	F
T F	T	T
T F	T	T
F T	T	T
F T	T	T
F F	T	T
F F	T	T

由真值表可见,公式 A 与公式 B 在 2^n 个不同的指派下,两公式的真值均相同,因此可判定“公式 A 与公式 B 等价”。

虽然用真值法可以判断任何两个命题公式是否等价,但当命题变项较多时,工作量很大。可以先用真值表验证一组基本的又是重要的重言式,以它们为基础进行公式之间的演算,判断公式之间是否等价。这里给出 16 组重要的等价式。下面公式中出现的 A、B、C 为命题变元。

(1) 双重否定律

$$A \Leftrightarrow \neg\neg A \tag{1.1}$$

(2) 幂等律

$$A \Leftrightarrow A \vee A, A \Leftrightarrow A \wedge A \tag{1.2}$$

(3) 交换律

$$A \vee B \Leftrightarrow B \vee A, A \wedge B \Leftrightarrow B \wedge A \tag{1.3}$$

(4) 结合律

$$(A \vee B) \vee C \Leftrightarrow A \vee (B \vee C)$$

$$(A \wedge B) \wedge C \Leftrightarrow A \wedge (B \wedge C) \tag{1.4}$$

(5) 分配律

$A \vee (B \wedge C) \Leftrightarrow (A \vee B) \wedge (A \vee C)$($\vee$ 对 $\wedge$ 的分配律)

$A \wedge (B \vee C) \Leftrightarrow (A \wedge B) \vee (A \wedge C)$($\wedge$ 对 $\vee$ 的分配律) (1.5)

(6) 德摩根律

$$\neg(A \vee B) \Leftrightarrow \neg A \wedge \neg B, \neg(A \wedge B) \Leftrightarrow \neg A \vee \neg B \tag{1.6}$$

(7) 吸收律

$$A \vee (A \wedge B) \Leftrightarrow A, A \wedge (A \vee B) \Leftrightarrow A \tag{1.7}$$

(8) 零律

$$A \vee \mathrm{T} \Leftrightarrow \mathrm{T}, A \wedge \mathrm{F} \Leftrightarrow \mathrm{F} \tag{1.8}$$

(9) 同一律

$$A \vee \mathrm{F} \Leftrightarrow A, A \wedge \mathrm{T} \Leftrightarrow A \tag{1.9}$$

(10) 排中律

$$A \vee \neg A \Leftrightarrow \mathrm{T} \tag{1.10}$$

(11) 矛盾律

$$A \wedge \neg A \Leftrightarrow \mathrm{F} \tag{1.11}$$

(12) 蕴涵等价式

$$A \rightarrow B \Leftrightarrow \neg A \vee B \tag{1.12}$$

(13) 等价等价式

$$(A \leftrightarrow B) \Leftrightarrow (A \rightarrow B) \wedge (B \rightarrow A) \tag{1.13}$$

(14) 假言易位

$$A \rightarrow B \Leftrightarrow \neg B \rightarrow \neg A \tag{1.14}$$

(15) 等价否定等价式

$$A \leftrightarrow B \Leftrightarrow \neg A \leftrightarrow \neg B \tag{1.15}$$

(16) 归谬论

$$(A \rightarrow B) \wedge (A \rightarrow \neg B) \Leftrightarrow \neg A \tag{1.16}$$

以上 16 组等价式包含了 24 个重要等价式。A、B、C 可以代表任意公式。例如，在蕴涵等价式(1.12)中，取 $A=p$，$B=q$ 时，得等价式

$$p \rightarrow q \Leftrightarrow \neg p \vee q$$

当取 $A=p \vee q \vee r$，$B=p \wedge q$ 时，得等价式

$$(p \vee q \vee r) \rightarrow (p \wedge q) \Leftrightarrow \neg(p \vee q \vee r) \vee (p \wedge q)$$

这些具体的等价式都被称为原来的等价式模式的代入实例。每个具体的代入实例的正确性都可以用真值表证明，而每个等价式模式可用归纳法证明。

由已知的等价式可以推演出更多的等价式，若要简单快速地推理，还需要一些保持等价性的规则。

置换规则　设 $\Phi(A)$是含公式 A 的命题公式，$\Phi(B)$是用公式 B 置换了 $\Phi(A)$中所有的 A 后得到的命题公式，若 $B \Leftrightarrow A$，则 $\Phi(B) \Leftrightarrow \Phi(A)$。

此置换规则的正确性可用归纳法证明。

例如，在公式$(p \rightarrow q) \rightarrow r$ 中，可用 $\neg p \vee q$ 置换其中的 $p \rightarrow q$，由蕴涵等价式可知，$p \rightarrow q \Leftrightarrow \neg p \vee q$，所以，$(p \rightarrow q) \rightarrow r \Leftrightarrow \neg(\neg p \vee q) \vee r$。

在这里使用了置换规则。如果再一次用蕴涵等价式及置换规则，又会得到

$$(\neg p \vee q) \rightarrow r \Leftrightarrow \neg(\neg p \vee q) \vee r$$

如果再用德摩根律及置换规则，又会得到

$$\neg(\neg p \vee q) \vee r \Leftrightarrow (p \wedge \neg q) \vee r$$

再用分配律及置换规则，又会得到

$$(p \wedge \neg q) \vee r \Leftrightarrow (p \vee r) \wedge (\neg q \vee r)$$

所以，上述演算中得到的 5 个公式彼此之间都是等价的。在演算的每一步都用到置换规则，因而在以下的演算中，置换规则均不标出。

1.4.3 等值演算

上述用等价式及置换规则进行推演的过程称为**等值演算**。

例 1.12 用等值演算判断下列公式的类型。

(1) $(p\to q)\wedge p\to q$

(2) $\neg(p\to(p\vee q))\wedge r$

(3) $p\wedge(((p\vee q)\wedge\neg p)\to q)$

解：(1) $(p\to q)\wedge p\to q\Leftrightarrow(\neg p\vee q)\wedge p\to q$

$\Leftrightarrow(\neg p\wedge p)\vee(q\wedge p)\to q\Leftrightarrow \mathrm{F}\vee(q\wedge p)\to q$

$\Leftrightarrow(q\wedge p)\to q\Leftrightarrow\neg(q\wedge p)\vee q$

$\Leftrightarrow(\neg q\vee\neg p)\vee q\Leftrightarrow(\neg q\vee q)\vee\neg p$

$\Leftrightarrow \mathrm{T}\vee\neg p\Leftrightarrow \mathrm{T}$

最后的结果说明(1)中公式是**重言式**。

(2) $\neg(p\to(p\vee q))\wedge r\Leftrightarrow\neg(\neg p\vee(p\vee q))\wedge r$

$\Leftrightarrow(p\wedge\neg(p\vee q))\wedge r\Leftrightarrow(p\wedge\neg p\wedge\neg q)\wedge r$

$\Leftrightarrow \mathrm{F}\wedge r\Leftrightarrow \mathrm{F}$

最后的结果说明(2)中公式是**矛盾式**。

(3) $p\wedge(((p\vee q)\wedge\neg p)\to q)\Leftrightarrow p\wedge(\neg((p\vee q)\wedge\neg p)\vee q)$

$\Leftrightarrow p\wedge(\neg(p\vee q)\vee p)\vee q\Leftrightarrow p\wedge((\neg p\wedge\neg q)\vee p)\vee q$

$\Leftrightarrow(p\wedge((\neg p\wedge\neg q)\vee p))\vee(p\wedge q)\Leftrightarrow p\vee(p\wedge q)\Leftrightarrow p$

最后的结果说明(3)中公式是**可满足式**。

等价演算中各步得出的等价式所含命题变项可能不一样多，如(3)中最后一步不含q，此时将q看成它的哑元，考虑赋值时将哑元也算在内，因而赋值的长度为2，这样，可将(3)中各步的公式都看成含命题变项p、q的公式，在写真值表时已经讨论过类似的问题。

从例1.12可知，用等价演算判断公式的类型式是不太方便的，特别是判断非重言式的可满足式就更不方便了。1.5节将给出更简单的方法。

1.5 对偶与范式

1.5.1 对偶

定义 1.13 在仅含有联结词$\neg$、$\vee$、$\wedge$的命题公式A中，将$\vee$换成$\wedge$，将$\wedge$换成$\vee$，同时T和F互相替代，所得公式A^*称为A的对偶式。显然，A是A的对偶式A^*的对偶式。

例 1.13 试写出下列命题公式的对偶式。

(1) $A1$：$(p\wedge q)\vee r$

(2) $A2$：$(p\wedge q)\vee(p\wedge\neg(q\vee\neg s))$

(3) $A3$：$((p\vee q)\wedge \mathrm{F})\wedge(\mathrm{T}\wedge\neg(r\vee\neg p))$

解：$A1^*$ 为 $(p \lor q) \land r$

$A2^*$ 为 $(p \lor q) \land (p \lor \neg(q \land \neg s))$

$A3^*$ 为 $((p \land q) \lor \mathrm{T}) \lor (\mathrm{F} \lor \neg(r \land \neg p))$

下面给出的两个定理是对偶定理。

定理 1.1 A 和 A^* 互为对偶式，$p_1, p_2, \cdots, p_n$ 是出现在 A 和 A^* 的原子变元，则

$$\neg A(p_1, p_2, \cdots, p_n) \Leftrightarrow A^*(\neg p_1, \neg p_2, \cdots, \neg p_n)$$

$$A(\neg p_1, p_2, \cdots, \neg p_n) \Leftrightarrow \neg A^*(p_1, p_2, \cdots, p_n)$$

即公式的否定等值于其变元否定的对偶式。

例如，A 为 $p \lor q$，则 A^* 为 $p \land q$，$\neg(p \lor q) \Leftrightarrow \neg p \land \neg q$，这就是德摩根律。

定理 1.2 设 A^*、B^* 分别是 A 和 B 的对偶式，如果 $A \Leftrightarrow B$，则 $A^* \Leftrightarrow B^*$。

这就是对偶原理。如果证明了一个等值公式，其对偶式的等值式同时也成立。

例如，假设 $A \Leftrightarrow (p \land q) \lor (\neg p \lor (\neg p \lor q))$ 且 $B \Leftrightarrow \neg p \lor q$，可以证明 $A \Leftrightarrow B$。而 A 的对偶式为 $A^* \Leftrightarrow (p \lor q) \land (\neg p \land (\neg p \land q))$，$B$ 的对偶式为 $B^* \Leftrightarrow \neg p \lor q$。根据对偶原理，则 $A^* \Leftrightarrow B^*$ 也成立。

说明：(1)含有其他联结词(如$\leftrightarrow$，$\rightarrow$)的公式，必须将其转化为只含联结词 $\neg$、$\lor$、$\land$ 的公式，然后再化为对偶式。例如，$p \leftrightarrow q \Leftrightarrow (\neg p \lor q) \land (p \lor \neg q)$。(2)对偶原理不是说 A 与其对偶式 A^* 等值，一般公式与其对偶式不是等值的。

1.5.2 简单合取式和简单析取式

命题真假的判定问题总是可解的，我们已有两种判定方法：真值表技术和等价演算法。但当命题变元 n 的数目较大时，上述两种方法需要的工作量都相当大，因而显得不方便。我们知道，含有 n 个命题变元的公式有 2^n 组不同的真值指派，每个指派有真、假两种可能，即共有 2^2 个不同的真值函数。每种真值函数都可以用无穷多种命题公式表示。很多从形式上看不尽相同的命题公式，实质上是等价的。为了解决上述问题，引入主范式的概念，把命题公式规范(标准)化。

n 个命题变项所能组成的具有不同真值的命题公式仅有 2^n 个，然而，与任何一个命题公式等值而形式不同的命题公式可以有无穷多个。这样，首先要问凡与命题公式 A 等值的公式，能否都可以化为某一个统一的标准形式。希望这种标准形能为我们的讨论带来一些方便，如借助标准形对任意两个形式上不同的公式，可判断它们是否等值。借助标准形容易判断任一公式是否为重言式或矛盾式。

一个命题公式可以表示为多种形式，例如，$p \lor q$ 可表示为 $\neg p \rightarrow q$ 或 $\neg(\neg p \land \neg q)$ 等形式，这些不利于对命题公式的研究，因此命题公式需要有一种标准形式。每种数字标准形都能提供很多信息，如代数式的因式分解可判断代数式的根情况。逻辑公式在等值演算下也有标准形——范式。范式有两种：析取范式和合取范式。

定义 1.14 命题变项及其否定统称作文字。仅有有限个文字构成的析取式称作简单析取式。仅有有限个文字构成的合取式称作简单合取式。

p，$\neg q$ 等为一个文字构成的简单析取式，$p \lor \neg p$，$\neg p \lor q$ 等为 2 个文字构成的简单析取式，$\neg p \lor \neg q \lor r$，$p \lor \neg q \lor r$ 等为 3 个文字构成的简单析取式。

$\neg p, q$ 等为一个文字构成的简单合取式，$\neg p \wedge p, p \wedge \neg q$ 等为 2 个文字构成的简单合取式，$p \wedge q \wedge \neg r, \neg p \wedge p \wedge q$ 等为 3 个文字构成的简单合取式。

注意，一个文字既是简单析取式，又是简单合取式。为方便起见，有时用 $A_1, A_2, \cdots, A_s$ 表示 s 个简单析取式或 s 个简单合取式。

定理 1.3 (1) 一个简单析取式是重言式，当且仅当它同时含有某个命题变项及它的否定式。

(2) 一个简单合取式是矛盾式，当且仅当它同时含有某个命题变项及它的否定式。

证明：设 A_i 是含 n 个文字的简单析取式，若 A_i 中既含有某个命题变项 p_j，又含有它的否定式 $\neg p_j$，由交换律、排中律和零律可知，A_i 为重言式。反之，若 A_i 为重言式，则它必同时含有某个命题变项及它的否定式，否则，若 A_i 中的不带否定号的命题变项都取 F，带否定号的命题变项都取 T，此赋值为 A_i 的成假赋值，这与 A_i 是重言式相矛盾。类似的讨论可知，若 A_i 是含 n 个命题变项的简单合取式，且 A_i 为矛盾式，则 A_i 中必同时含有某个命题变项及它的否定式，反之亦然。

如 $p \vee \neg p, p \vee \neg p \vee r$ 都是重言式。$\neg p \vee q, \neg p \vee \neg q \vee r$ 都不是重言式。

1.5.3 范式

定义 1.15 (1) 由有限个简单合取式构成的析取式称为析取范式。

(2) 由有限个简单析取式构成的合取式称为合取范式。

(3) 析取范式与合取范式统称为范式。

设 $A_i(i=1,2,\cdots,s)$ 为简单合取式，则 $A=A_1 \vee A_2 \vee \cdots \vee A_s$ 为析取范式。例如，$A_1=p \wedge \neg q, A_2=\neg q \wedge \neg r, A_3=p$，则由 A_1、A_2、A_3 构造的析取范式为

$$A=A_1 \vee A_2 \vee A_3=(p \wedge \neg q) \vee (\neg q \wedge \neg r) \vee p$$

类似地，设 $A_i(i=1,2,\cdots,s)$ 为简单的析取式，则 $A=A_1 \wedge A_2 \wedge \cdots \wedge A_s$ 为合取范式。例如，取 $A_1=p \vee q \vee r, A_2=\neg p \vee \neg q, A_3=r$，则由 A_1、A_2、A_3 组成的合取范式为

$$A=A_1 \wedge A_2 \wedge A_3=(p \vee q \vee r) \wedge (\neg p \vee \neg q) \wedge r$$

形如 $\neg p \wedge q \wedge r$ 的公式既是一个简单合取式构成的析取范式，又是由 3 个简单析取式构成的合取范式。类似地，形如 $p \vee \neg q \vee r$ 的公式既是含有 3 个简单合取式的析取范式，又是含有一个简单析取式的合取范式。

范式的性质用如下两个定理表示。

定理 1.4 (1) 一个析取范式是矛盾式，当且仅当它的每个简单合取式都是矛盾式。

(2) 一个合取范式是重言式，当且仅当它的每个简单析取式都是重言式。

下面的定理是本节重要的定理之一。

定理 1.5 (范式存在定理)任一命题公式都存在着与之等值的析取范式与合取范式。

证明：首先，我们观察到在范式中不出现联结词→与↔。由蕴涵等值式与等价等值式可知 $A \rightarrow B \Leftrightarrow \neg A \vee B$；$A \leftrightarrow B \Leftrightarrow (\neg A \vee B) \wedge (A \vee \neg B)$。因而，在等值的条件下，可消去任何公式中的联结词→和↔。

其次，在范式中出现如下形式的公式：$\neg\neg A, \neg(A \wedge B), \neg(A \vee B)$ 等，对其利用双重否定律和德摩根律，即

$$\neg\neg A \Leftrightarrow A$$
$$\neg(A \wedge B) \Leftrightarrow \neg A \vee \neg B$$
$$\neg(A \vee B) \Leftrightarrow \neg A \wedge \neg B$$

再次，在析取范式中出现如下形式的公式：$A \wedge (B \vee C)$，在合取范式中出现如下形式的公式：$A \vee (B \wedge C)$，对其利用分配律，而

$$A \wedge (B \vee C) \Leftrightarrow (A \wedge B) \vee (A \wedge C)$$
$$A \vee (B \wedge C) \Leftrightarrow (A \vee B) \wedge (A \vee C)$$

由以上步骤，可将任一公式化成与之等值的析取范式或合取范式。

据此定理，求范式可使用如下步骤：

(1) 消去联结词→、↔。

(2) 否定号的消去(利用双重否定律)或内移(利用德摩根律)。

(3) 利用分配律：利用∧对∨的分配律求析取范式，利用∨对∧的分配律求合取范式。

范式可用来判断重言式和矛盾式。若一公式的合取范式中，所有的析取式都至少含有一个互补对，则该范式及相应的公式必为重言式。若一公式的析取范式中，所有的合取都至少含有一个互补对，则该范式及相应的公式必为矛盾式。

例 1.14　求下面公式的析取范式与合取范式。

$$(p \to q) \leftrightarrow r$$

解：为了清晰、无误，演算中利用交换律，使得每个简单析取式或合取式中的命题变项都按字典顺序出现，这对下文中求主范式更为重要。

(1) 先求合取范式。

$(p \to q) \leftrightarrow r$

$\Leftrightarrow (\neg p \vee q) \leftrightarrow r$(消去→)

$\Leftrightarrow ((\neg p \vee q) \to r) \wedge (r \to (\neg p \vee q))$(消去↔)

$\Leftrightarrow (\neg(\neg p \vee q) \vee r) \wedge (\neg r \vee \neg p \vee q)$(消去→)

$\Leftrightarrow ((p \wedge \neg q) \vee r) \wedge (\neg p \vee q \vee \neg r)$(否定号内移)

$\Leftrightarrow (p \vee r) \wedge (\neg q \vee r) \wedge (\neg p \vee q \vee \neg r)$(∨ 对 ∧ 分配律)

经过五步演算，得到含 3 个简单析取式的合取范式。

(2) 求析取范式。

求析取范式与求合取范式的前两步是相同的，只是在利用分配律时有所不同。因而，可以用(1)中前四步的结果，接着进行∧对∨分配律演算。

$(p \to q) \leftrightarrow r$

$\Leftrightarrow ((p \wedge \neg q) \vee r) \wedge (\neg p \vee q \vee \neg r)$

$\Leftrightarrow (p \wedge \neg q \wedge \neg p) \vee (p \wedge \neg q \wedge q) \vee (p \wedge \neg q \wedge \neg r)$

$\quad \vee (r \wedge \neg p) \vee (r \wedge q) \vee (r \wedge \neg r)$

$\Leftrightarrow (p \wedge \neg q \wedge \neg r) \vee (\neg p \wedge r) \vee (q \wedge r)$

在以上演算中，从第二步到第三步是利用矛盾律和同一律。另外，第二步和第三步结果都是析取范式，这正说明命题公式的析取范式是不唯一的。同样，合取范式也是不唯一的。

例 1.15　$\neg(p \vee r) \vee \neg(q \wedge \neg r) \vee p$ 是否为重言式或矛盾式。

解：$\neg(p \vee r) \vee \neg(q \wedge \neg r) \vee p \Leftrightarrow (\neg p \wedge \neg r) \vee \neg q \vee r \vee p$

在析取范式中共有4个合取式，但任何一个都没有同一命题变元及其否定同时出现。所以，原公式不是矛盾式。

应用∨对∧的分配律有

$$原式 \Leftrightarrow (\neg p \vee \neg q \vee r \vee p) \wedge (\neg r \vee \neg q \vee r \vee p)$$

第一个析取式同时包含有 $\neg p$ 和 p，第二个析取式同时包含有 $\neg r$ 和 r。因此，原公式是重言式。

1.5.4 范式的唯一性——主范式

根据标准化，同一真值函数对应的所有命题公式具有相同的标准形式。这样，根据命题的形式结构就能判断两命题公式是否等价，以及判断公式的类型。主范式的思想和平面上的二次曲线标准方程的思想类似。一般形式的二次方程难以知道方程代表的曲线形状，如果将它化为标准方程，便可知道二次方程所代表的是圆、椭圆、双曲线，或是抛物线了。范式在线路设计、自动机理论和人工智能方面也有重要的应用。

上述范式不唯一，下面介绍一种更严格的范式——主范式，它是存在且唯一的。

定义 1.16 在含有 n 个命题变项的简单合取式(简单析取式)中，若每个命题变项和它的否定式不同时出现，而二者之一必出现且仅出现一次，且第 i 个命题变项或它的否定式出现在从左算起的第 i 位上(若命题变项无角标，就按字典顺序排列)，则称这样的简单合取式(简单析取式)为极小项(极大项)。

由于每个命题变项在极小项中以原形或否定式形式出现且仅出现一次，因而 n 个命题变项共可产生 2^n 个不同的极小项。其中每个极小项都有且仅有一个成真赋值。若成真赋值对应的二进制数转换为十进制数 i，就将所对应的极小项记作 m_i。类似地，n 个命题变项共可产生 2^n 个极大项，每个极大项只有一个成假赋值，将其对应的十进制数 i 作极大项的角标，记作 M_i。

当且仅当将极小项对应的指派代入该极小项，该极小项的值才为T；当且仅当将极大项的对应指派代入该极大项，该极大项的值才为F。

为了便于记忆，将 p、q 与 p、q、r 形成的极小项和极大项分别列在表1.10和表1.11中。极小项与极大项有下面定理给出的关系。

表 1.10 由变元 p、q 形成的极小项和极大项

极小项			极大项		
公式	成真赋值	名称	公式	成假赋值	名称
$\neg p \wedge \neg q$	FF(00)	m_0	$p \vee q$	FF(00)	M_0
$\neg p \wedge q$	FT(01)	m_1	$p \vee \neg q$	FT(01)	M_1
$p \wedge \neg q$	TF(10)	m_2	$\neg p \vee q$	TF(10)	M_2
$p \wedge q$	TT(11)	m_3	$\neg p \vee \neg q$	TT(11)	M_3

表 1.11　由变元 p、q、r 形成的极小项和极大项

极小项			极大项		
公式	成真赋值	名称	公式	成假赋值	名称
$\neg p \wedge \neg q \wedge \neg r$	FFF(000)	m_0	$p \vee q \vee r$	FFF(000)	M_0
$\neg p \wedge \neg q \wedge r$	FFT(001)	m_1	$p \vee q \vee \neg r$	FFT(001)	M_1
$\neg p \wedge q \wedge \neg r$	FTF(010)	m_2	$p \vee \neg q \vee r$	FTF(010)	M_2
$\neg p \wedge q \wedge r$	FTT(011)	m_3	$p \vee \neg q \vee \neg r$	FTT(011)	M_3
$p \wedge \neg q \wedge \neg r$	TFF(100)	m_4	$\neg p \vee q \vee r$	TFF(100)	M_4
$p \wedge \neg q \wedge r$	TFT(101)	m_5	$\neg p \vee q \vee \neg r$	TFT(101)	M_5
$p \wedge q \wedge \neg r$	TTF(110)	m_6	$\neg p \vee \neg q \vee r$	TTF(110)	M_6
$p \wedge q \wedge r$	TTT(111)	m_7	$\neg p \vee \neg q \vee \neg r$	TTT(111)	M_7

定理 1.6　设 m_i 与 M_i 是命题变项 $p_1, p_2, \cdots, p_n$ 形成的极小项和极大项，则 $\neg m_i \Leftrightarrow M_i$，$\neg M_i \Leftrightarrow m_i$。

定义 1.17　设由 n 个命题变项构成的析取范式(合取范式)中所有的简单合取式(简单析取式)都是极小项(极大项)，则称该析取范式(合取范式)为主析取范式(主合取范式)。

定理 1.7　任何命题公式都存在着与之等值的主析取范式和主合取范式，并且是唯一的。

定理 1.7 证明

在证明定理 1.7 的过程中，已经给出了求主析取范式的步骤。为了醒目和便于记忆，求出某公式的主析取范式(主合取范式)后，将极小项(极大项)用名称写出，并且按极小项(极大项)名称的角标由小到大的顺序排列。

例 1.16　求 $(p \to q) \leftrightarrow r$ 的主析取范式和主合取范式。

解：(1) 求主析取范式。

先求析取范式，即

$$(p \to q) \leftrightarrow r \Leftrightarrow (p \wedge \neg q \wedge \neg r) \vee (\neg p \wedge r) \vee (q \wedge r)$$

在此析取范式中，简单合取式 $\neg p \wedge r$，$q \wedge r$ 都不是极小项。下面分别求出它们派生的极小项。注意，因为公式含 3 个命题变项，所以极小项均由 3 个文字组成。

$$(\neg p \wedge r) \Leftrightarrow \neg p \wedge (\neg q \vee q) \wedge r$$
$$\Leftrightarrow (\neg p \wedge \neg q \wedge r) \vee (\neg p \wedge q \wedge r) \Leftrightarrow m_1 \vee m_3$$
$$q \wedge r \Leftrightarrow (\neg p \vee p) \wedge q \wedge r$$
$$\Leftrightarrow (\neg p \wedge q \wedge r) \vee (p \wedge q \wedge r) \Leftrightarrow m_3 \vee m_7$$

而简单合取式 $p \wedge \neg q \wedge \neg r$ 已是极小项 m_4，于是 $(p \to q) \leftrightarrow r \Leftrightarrow m_1 \vee m_3 \vee m_4 \vee m_7$

(2) 再求主合取范式。

先求合取范式，即

$$(p \to q) \leftrightarrow r \Leftrightarrow (p \vee r) \wedge (\neg q \vee r) \wedge (\neg p \vee q \vee \neg r)$$

其中，简单析取式$(\neg p \vee q \vee \neg r)$已是极大项 M_5。利用矛盾律和同一律将不是极大项的简单析取式化成极大项。

$$(p \vee r) \Leftrightarrow (p \vee (q \wedge \neg q) \vee r)$$

$$\Leftrightarrow(p \vee q \vee r) \wedge(p \vee \neg q \vee r) \Leftrightarrow M_0 \wedge M_2$$

$$(\neg q \vee r) \Leftrightarrow((p \wedge \neg p) \vee \neg q \vee r)$$

$$\Leftrightarrow(p \vee \neg q \vee r) \wedge(\neg p \vee \neg q \vee r) \Leftrightarrow M_2 \wedge M_6$$

于是，$(p \rightarrow q) \leftrightarrow r \Leftrightarrow M_0 \wedge M_2 \wedge M_5 \wedge M_6$。

记住主要步骤和规则以后，可以很快求出公式的主析取范式和主合取范式。

由例1.16可知，在求给定公式的主析取范式（主合取范式）时，一定根据公式中命题变项的个数决定极小项（极大项）中文字的个数。

例 1.17 求公式$((p \vee q) \rightarrow r) \rightarrow p$的主合取范式和主析取范式。

例 1.17 解答

注意：主析取范式与主合取范式的简记式中的足标是互补的，因此可由其中一个求另一个。用A的真值表同时可求A的主析取范式、主合取范式。

重言式无成假赋值，因而主析取范式由全部极小项组成，主合取范式不含任何极大项（为空），所以将重言式的主合取范式记为T；矛盾式无成真赋值，因而主合取范式由全部极大项组成，主析取范式不含任何极小项（为空），通常将矛盾式的主析取范式记为F。

下面讨论主析取范式的作用。

1. 求公式的成真赋值与成假赋值

若公式A中含n个命题变项，A的主析取范式含$s(0 \leqslant s \leqslant 2^n)$个极小项，则$A$有$s$个成真赋值，它们是所含极小项角标的二进制表示，其余2^n-s个赋值都是成假赋值。在例1.16中，$(p \rightarrow q) \leftrightarrow r \Leftrightarrow m_1 \vee m_3 \vee m_4 \vee m_7$，各极小项均含3个文字，因而各极小项的角标均为长为3的二进制数，它们分别是001、011、100、111，这4个赋值为该公式的成真赋值，其余的为成假赋值。在例1.17中，$(p \rightarrow q) \Leftrightarrow m_0 \vee m_1 \vee m_3$，这3个极小项均含两个文字，它们的角标的二进制表示00、01、11为该公式的成真赋值，10为它的成假赋值。

2. 判断公式的类型

设公式A中含n个命题变项，容易看出：

(1) A为重言式，当且仅当A的主析取范式含全部2^n个极小项。

(2) A为矛盾式，当且仅当A的主析取范式不含任何极小项，此时记A的主析取范式为F。

(3) A为可满足式，当且仅当A的主析取范式至少含一个极小项。

例 1.18 用公式的主析取范式判断公式的类型。

(1) $\neg(p \rightarrow q) \wedge q$

(2) $p \rightarrow(p \vee q)$

(3) $(p \vee q) \rightarrow r$

解：注意(1)、(2)中含两个命题变项，演算中极小项含两个文字，而(3)中公式含3个命题变项，因而极小项应含3个文字。

(1) $\neg(p \rightarrow q) \wedge q \Leftrightarrow \neg(\neg p \vee q) \wedge q \Leftrightarrow(p \wedge \neg q) \wedge q \Leftrightarrow \mathrm{F}$

这说明(1)中公式是矛盾式。

(2) $p \rightarrow(p \vee q) \Leftrightarrow \neg p \vee p \vee q$

$\Leftrightarrow \neg p \wedge(\neg q \vee q) \vee p \wedge(\neg q \vee q) \vee(\neg p \vee p) \wedge q$

$\Leftrightarrow(\neg p \wedge \neg q) \vee(\neg p \wedge q) \vee(p \wedge \neg q) \vee(p \wedge q) \vee(\neg p \wedge q) \vee(p \wedge q)$

$\Leftrightarrow(\neg p \wedge \neg q) \vee(\neg p \wedge q) \vee(p \wedge \neg q) \vee(p \wedge q)$

$\Leftrightarrow m_0 \vee m_1 \vee m_2 \vee m_3$

这说明该公式为重言式。

其实,以上演算到第一步,就已知该公式等值于 T,因而它为重言式,然后根据公式中所含命题变项个数写出全部极小项即可,即

$$p \rightarrow (p \vee q) \Leftrightarrow \neg p \vee p \vee q \Leftrightarrow \mathrm{T} \Leftrightarrow m_0 \vee m_1 \vee m_2 \vee m_3$$

(3) $(p \vee q) \rightarrow r \Leftrightarrow \neg (p \vee q) \vee r \Leftrightarrow (\neg p \wedge \neg q) \vee r$

$\Leftrightarrow (\neg p \wedge \neg q \wedge (\neg r \vee r)) \vee ((\neg p \vee p) \wedge (\neg q \vee q) \wedge r)$

$\Leftrightarrow (\neg p \wedge \neg q \wedge \neg r) \vee (\neg p \wedge \neg q \wedge r) \vee (\neg p \wedge q \wedge r) \vee (p \wedge \neg q \wedge r) \vee (p \wedge q \wedge r)$

$\Leftrightarrow m_0 \vee m_1 \vee m_3 \vee m_5 \vee m_7$

易知,该公式是可满足的,但不是重言式,因为它的主析取范式没含全部(8 个)极小项。

3. 判断两个命题公式是否等值

设公式 A、B 共含有 n 个命题变项,按 n 个命题变项求出 A 与 B 的主析取范式 A' 与 B'。若 $A'=B'$,则 $A \Leftrightarrow B$;否则,$A \not\Leftrightarrow B$。

例 1.19 判断下面两组公式是否等值。

(1) p 与 $(p \wedge q) \vee (p \wedge \neg q)$

(2) $(p \rightarrow q) \rightarrow r$ 与 $(p \wedge q) \rightarrow r$

解:(1)中两公式共含两个命题变项,因而极小项含两个文字。

$$p \Leftrightarrow p \wedge (\neg q \vee q) \Leftrightarrow (p \wedge \neg q) \vee (p \wedge q) \Leftrightarrow m_2 \vee m_3$$

而 $(p \wedge q) \vee (p \wedge \neg q) \Leftrightarrow m_2 \vee m_3$

两者相同,所以 $p \Leftrightarrow (p \wedge q) \vee (p \wedge \neg q)$。

(2)中两公式都含命题变项 p、q、r,因而极小项含 3 个文字。经过演算得到

$$(p \rightarrow q) \rightarrow r \Leftrightarrow m_1 \vee m_3 \vee m_4 \vee m_5 \vee m_7$$

$$(p \wedge q) \rightarrow r \Leftrightarrow m_0 \vee m_1 \vee m_2 \vee m_3 \vee m_4 \vee m_5 \vee m_7$$

所以 $(p \rightarrow q) \rightarrow r \not\Leftrightarrow (p \wedge \neg q) \rightarrow r$

求范式的特殊方法及特殊范式的求解

1) 由公式的主析取范式求主合取范式

设公式 A 含 n 个命题变项。A 的主析取范式含 $s(0<s<2^n)$ 个极小项,即

$$A \Leftrightarrow m_{i_1} \vee m_{i_2} \vee \cdots \vee m_{i_n}, \quad 0 \leqslant i_j \leqslant 2^n - 1, \quad j = 1,2,\cdots,s$$

没出现的极小项为 $m_{j_1}, m_{j_2}, \cdots, m_{j_{2^n-s}}$,它们的角标的二进制表示为 $\neg A$ 的成真赋值,因而 $\neg A$ 的主析取范式为 $\neg A = m_{j_1} \vee m_{j_2} \vee \cdots \vee m_{j_{2^n-s}}$。

由定理 1.6 可知

$$\begin{aligned} A &\Leftrightarrow \neg \neg A \\ &\Leftrightarrow \neg (m_{j_1} \vee m_{j_2} \vee \cdots \vee m_{j_{2^n-s}}) \\ &\Leftrightarrow \neg m_{j_1} \wedge \neg m_{j_2} \wedge \cdots \wedge \neg m_{j_{2^n-s}} \\ &\Leftrightarrow M_{j_1} \wedge M_{j_2} \wedge \cdots \wedge M_{j_{2^n-s}} \end{aligned}$$

于是,由公式的主析取范式即可求出它的主合取范式。

例 1.20 由公式的主析取范式求主合取范式。

(1) $A \Leftrightarrow m_1 \vee m_2$($A$ 中含两个命题变项 p、q)。

(2) $B\Leftrightarrow m_1 \vee m_2 \vee m_3$($B$ 中含两个命题变项 p、q、r)。

解:(1) 由题可知,没出现在主析取范式中的极小项为 m_0 和 m_3,所以 A 的主合取范式中含两个极大项 M_0、M_3,故 $A\Leftrightarrow M_0 \wedge M_3$。

(2) B 的主析取范式中没出现的极小项为 m_0, m_4, m_5, m_6, m_7,因而

$$B\Leftrightarrow M_0 \wedge M_4 \wedge M_5 \wedge M_6 \wedge M_7$$

反之,由公式的主合取范式也可以确定主析取范式。

2) 重言式与矛盾式的主合取范式

矛盾式无成真赋值,因而矛盾式的主合取范式含 2^n(n 为公式中的命题变项个数)个极大项。而重言式无成假赋值,因而主合取范式不含任何极大项。将重言式的主合取范式记为 T。至于可满足式,它的主合取范式中极大项的个数一定。

3) 主析取范式有多少种不同的情况

含 n 个命题变项的所有无穷多合式公式中,与它们等值的主析取范式(主合取范式)共有多少种不同的情况。n 个命题变项可产生 2^n 个极小项(极大项),因而共可产生 $C_{2^n}^0 + C_{2^n}^1 + \cdots + C_{2^n}^{2^n} = 2^{2^n}$ 种不同的主析取范式(主合取范式),由定理 1.7 可知,含 n 个命题变项的所有公式的主析取范式(主合取范式)最多有 2^{2^n} 种不同的情况,并且可以看出:

$A\Leftrightarrow B$,当且仅当 A 与 B 有相同的真值表,又当且仅当 A 与 B 有相同的主析取范式(主合取范式)。因而可以这样说,真值表与主析取范式(主合取范式)是描述命题公式标准形式的两种不同的等价形式。

例 1.21 解答

例 1.21 某科研所要从 3 名科研骨干 A、B、C 中挑选 1~2 名出国进修。由于工作需要,选派时要满足以下条件:

(1) 若 A 去,则 C 同去;

(2) 若 B 去,则 C 不能去;

(3) 若 C 不去,则 A 或 B 可以去。

问应如何选派他们?

1.6 其他联结词

前面一共介绍了 5 个联结词:¬、∧、∨、→和↔,并用它们构成了一些命题公式,且看到了有些公式书写形式尽管不同,但实际上是等价的。因此,我们不禁要问:总共有多少个命题公式?总共有多少个联结词?

下面一起讨论这两个问题。

1.6.1 *n* 元真值函数

n 元函数就是有 n 个自变量的函数,且自变量和函数值都是真值(即 T 或 F)的函数。例如,一元真值函数有 4 个,见表 1.12。

表 1.12 一元真值函数

p	$F_0^{(1)}$	$F_1^{(1)}$	$F_2^{(1)}$	$F_3^{(1)}$
T	F	T	F	T
F	F	F	T	T

二元真值函数有 16 个,见表 1.13。二元真值函数 $F_0^{(2)} \sim F_{15}^{(2)}$ 依次可表示为 $p \wedge \neg p$,$p \wedge q$,$\neg(p \to q)$,p,$\neg(q \to p)$,q,$\neg(p \leftrightarrow q)$,$p \vee q$,$\neg(p \vee q)$,$(p \leftrightarrow q)$,$\neg q$,$q \to p$,$\neg p$,$p \to q$,$\neg(p \wedge q)$,$p \vee \neg p$。

表 1.13 二元真值函数

$p\ q$	$F_0^{(2)}$	$F_1^{(2)}$	$F_2^{(2)}$	$F_3^{(2)}$	$F_4^{(2)}$	$F_5^{(2)}$	$F_6^{(2)}$	$F_7^{(2)}$
T T	F	T	F	T	F	T	F	T
T F	F	F	T	T	F	F	T	T
F T	F	F	F	F	T	T	T	T
F F	F	F	F	F	F	F	F	F
$p\ q$	$F_8^{(2)}$	$F_9^{(2)}$	$F_{10}^{(2)}$	$F_{11}^{(2)}$	$F_{12}^{(2)}$	$F_{13}^{(2)}$	$F_{14}^{(2)}$	$F_{15}^{(2)}$
T T	F	T	F	T	F	T	F	T
T F	F	F	T	T	F	F	T	T
F T	F	F	F	F	T	T	T	T
F F	T	T	T	T	T	T	T	T

一般地,n 元真值函数共有多少个?

每个自变量有 2 种取值方式,n 个自变量共有 2^n 种不同取值方式。对 n 个自变量的每种取值方式,函数值有 2 种取值方式,即为 F 或 T,故 n 元真值函数共有 2^{2^n} 个。例如,三元真值函数共有 $2^{2^3}=256$ 个。

一般地,函数 $F:\{F,T\}^n \to \{F,T\}$ 称为 n 元真值函数,其中:$\{F,T\}^n$ 为 $\{F,T\}$ 的笛卡儿积。

1.6.2 真值函数与命题公式的关系

对于每个真值函数,都可以找到许多与之等值的命题公式。以二元真值函数为例,所有的矛盾式都与 $F_0^{(2)}$ 等值,所有的重言式都与 $F_{15}^{(2)}$ 等值。又如,$F_{13}^{(2)} \Leftrightarrow p \to q \Leftrightarrow (\neg p \vee q) \Leftrightarrow \neg(p \wedge \neg q) \Leftrightarrow (\neg p \wedge \neg q) \vee (\neg p \wedge q) \vee (p \wedge q) \Leftrightarrow \cdots$ 更重要的是,每个真值函数与唯一的一个主析取范式(主合取范式)等值。还以二元真值函数为例,$F_0^{(2)} \Leftrightarrow 0$(矛盾式),$F_1^{(2)} \Leftrightarrow (p \wedge q) \Leftrightarrow m_1$,$F_2^{(2)} \Leftrightarrow (p \wedge \neg q) \Leftrightarrow m_2$,$F_3^{(2)} \Leftrightarrow (p \wedge \neg q) \vee (p \wedge q) \Leftrightarrow m_2 \vee m_3$,…

1.6.3 联结词完备集

在前面,我们只考虑 $\neg$、$\wedge$、$\vee$、$\to$、$\leftrightarrow$ 构成的命题公式,但实际上,真值联结词是很多的,为什么只考虑这几个联结词?这5个联结词的逻辑功能是否能代表所有联结词的逻辑功能?这是联结词$\neg$、$\wedge$、$\vee$、$\rightarrow$、$\leftrightarrow$是否够用的问题。进一步地,这5个联结词是否有多余的?即从5个联结词中去掉几个,剩下部分是否也能表达这5个联结词的逻辑功能?对第二个问题的回答是肯定的,因为通过构造真值表不难发现,$(p\leftrightarrow q)$与$(p\rightarrow q)\wedge(q\rightarrow p)$在任何指派下的值都相等,即它们的逻辑意思是一样的,故$(p\leftrightarrow q)$可以用$(p\rightarrow q)\wedge(q\rightarrow p)$代替,每个命题公式都可用只含$\neg$、$\wedge$、$\vee$、$\rightarrow$的命题公式表示。从而,若$\neg$、$\wedge$、$\vee$、$\rightarrow$、$\leftrightarrow$够用,则$\neg$、$\wedge$、$\vee$、$\rightarrow$也够用。是否有其他联结词的"够用"集?要回答这些问题,必须重新考虑真值联结词的概念。

定义 1.18 设S是一些联结词组成的非空集合,如果任何命题公式都可以用仅包含S中的联结词的公式表示,则称S是联结词完备集。特别地,若S是联结词完备集,且S的任何真子集都不是完备集,则称S是最小完备集,或称S是最小联结词组。

在理论上与应用上通过选用不同的全功能联结词集合,可以更方便地对命题演算系统进行研究。例如,$s=\{\neg,\wedge,\vee\}$是联结词完备集,因为其他联结词(如$\rightarrow$、$\leftrightarrow$等)都可以用$\neg$、$\wedge$、$\vee$代换。以下联结词集也都是完备集:

(1) $s_1=\{\neg,\wedge,\vee,\rightarrow\}$

(2) $s_2=\{\neg,\wedge,\vee,\rightarrow,\leftrightarrow\}$

(3) $s_3=\{\neg,\wedge\}$

(4) $s_4=\{\neg,\vee\}$

(5) $s_5=\{\neg,\rightarrow\}$

证明:(1) 由1.6.1节二元真值函数的逻辑表达式可知,用s_1中的联结词可表示全部16个二元真值函数。

(2) 因为$A\rightarrow B\Leftrightarrow\neg A\vee B$,$A\leftrightarrow B\Leftrightarrow(\neg A\vee B)\wedge(\neg B\vee A)$,所以$s_2$是联结词完备集。

(3) 由于$s=\{\neg,\wedge,\vee\}$是联结词完备集,因而任何真值函数都可以由仅含s中的联结词的公式表示。同时,对于任意公式A、B,$A\vee B\Leftrightarrow\neg\neg(A\vee B)\Leftrightarrow\neg(\neg A\wedge\neg B)$,因而任意真值函数都可以由仅含$s_3=\{\neg,\wedge\}$中的联结词的公式表示,所以$s_3$是联结词完备集。

(4) $A\wedge B\Leftrightarrow\neg(\neg A\vee\neg B)$,证明类似(3)。

(5) $A\vee B\Leftrightarrow\neg A\rightarrow B$,证明类似(3)。

可以证明,恒取F值的真值函数(即与矛盾式等值的真值函数)不能由仅含$\{\wedge,\vee,\rightarrow,\leftrightarrow\}$中联结词的公式表示。因此,$\{\wedge,\vee,\rightarrow,\leftrightarrow\}$不是联结词完备集。当然,它的任何子集也不是联结词完备集。

请思考:

(1) $\{\neg,\wedge,\vee,\rightarrow,\leftrightarrow\}$中有无单元素构成联结词完备集?

(2) $\{\neg,\wedge,\vee,\rightarrow,\leftrightarrow\}$中有多少个子集构成联结词完备集?

1.6.4 单元素联结词构成的联结词完备集

根据需要,人们还可构造形式上更为简单的联结词完备集。例如,在计算机硬件设计中,用与非门或者或非门设计逻辑线路时,就需要构造新联结词完备集。

定义 1.19 设p、q为两个命题,复合命题"p与q的否定式"("p或q的否定式")称

作 p、q 的与非式(或非式),记作 $p\uparrow q(p\downarrow q)$。符号 $\uparrow(\downarrow)$称作与非联结词(或非联结词)。$p\uparrow q$ 为真,当且仅当 p 与 q 不同时为真($p\downarrow q$ 为真,当且仅当 p 与 q 同时为假)。由定义不难看出:$\uparrow q\Leftrightarrow\neg(p\wedge q)$,$p\downarrow q\Leftrightarrow\neg(p\vee q)$。

可以证明,$\{\uparrow\}$、$\{\downarrow\}$都是联结词完备集。已知$\{\neg,\wedge,\vee\}$为联结词完备集,下面证明其中每个联结词都可以由 $\uparrow$ 定义。

$$\neg p\Leftrightarrow\neg(p\wedge p)\Leftrightarrow p\uparrow p$$

$$p\wedge q\Leftrightarrow\neg\neg(p\wedge q)\Leftrightarrow\neg(p\uparrow q)\Leftrightarrow(p\uparrow q)\uparrow(p\uparrow q)$$

$$p\vee q\Leftrightarrow\neg\neg(p\vee q)\Leftrightarrow\neg(\neg p\wedge\neg q)\Leftrightarrow\neg p\uparrow\neg q\Leftrightarrow(p\uparrow p)\uparrow(q\uparrow q)$$

由此可知,$\{\uparrow\}$是联结词完备集,同理,$\{\downarrow\}$也是联结词完备集,且 $\uparrow$、$\downarrow$ 都是二元联结词。请大家思考,能否找到其他二元联结词,其单元素就能构成联结词的完备集?

用一个联结词 $\uparrow$ 或 $\downarrow$ 就能表示命题逻辑中所有的逻辑关系,这无论在理论上,还是在实践中都有重要意义。在计算机硬件设计中,可以只选用一种基本逻辑电路——与非门设计所有的逻辑电路。可惜的是,$\uparrow$ 或 $\downarrow$ 都不具备结合律,使用时较不方便。但为了不至于因联结词减少而使得公式的形式变复杂,实际上常采用$\{\neg、\wedge、\vee\}$作为全功能联结词集合,它运算方便,且有利于标准化。

下面给出扩充联结词及其性质。

与非:$p\uparrow q\Leftrightarrow\neg(p\wedge q)$;

或非:$p\downarrow q\Leftrightarrow\neg(p\vee q)$($\uparrow$ 与 $\downarrow$ 对偶);

异或(排拆或、不可兼析取):$p\overline{\vee}q\Leftrightarrow\neg(p\leftrightarrow q)$

1. 与非的性质

(1) $p\uparrow q\Leftrightarrow q\uparrow p$

(2) $(p\uparrow q)\uparrow(p\uparrow q)\Leftrightarrow(p\wedge q)$

(3) $(p\uparrow p)\uparrow(q\uparrow q)\Leftrightarrow(p\vee q)$

2. 或非的性质

(1) $p\downarrow q\Leftrightarrow q\downarrow p$

(2) $(p\downarrow q)\downarrow(p\downarrow q)\Leftrightarrow(p\vee q)$

(3) $(p\downarrow p)\downarrow(q\downarrow q)\Leftrightarrow(p\wedge q)$

3. 异或的性质

(1) $p\overline{\vee}q\Leftrightarrow q\overline{\vee}p$ (交换律)

(2) $p\overline{\vee}(q\overline{\vee}r)\Leftrightarrow(p\overline{\vee}q)\overline{\vee}r$ (结合律)

(3) $p\wedge(q\overline{\vee}r)\Leftrightarrow(p\wedge q)\overline{\vee}(p\wedge r)$ (分配律)

(4) $p\overline{\vee}p\Leftrightarrow \mathrm{F}$

(5) $\mathrm{T}\overline{\vee}p\Leftrightarrow\neg p$ $\mathrm{F}\overline{\vee}p\Leftrightarrow p$

1.7 命题演算的推理理论

1.7.1 有效推理

数理逻辑的主要任务是用数学的方法研究数学中的推理。所谓推理,是指从前提出发推出结论的思维过程,而前提是已知命题公式集合,结论是从前提出发应用推理规则推出的命题公式。要研究推理,就应该给出推理的形式结构,为此,首先应该明确什么样的推理是有效的或正确的,即给定一组命题形式 $\alpha_1,\alpha_2,\cdots,\alpha_n$,推出结论 β 的推理是正确的。直观的理解应该是:如果 $\alpha_1,\alpha_2,\cdots,\alpha_n$ 全为真,则 β 也为真;但是,如果 $\alpha_1,\alpha_2,\cdots,\alpha_n$ 中有一个不为真,那么 β 为真还是为假才是正确的呢?对这个问题的争议类似于对"$p\to q$"真假取值法的争议。如同对"$p\to q$"的做法,我们规定:若 $\alpha_1,\alpha_2,\cdots,\alpha_n$ 中有一个为假,不论 β 为真,还是为假,由 $\alpha_1,\alpha_2,\cdots,\alpha_n$ 推出 β 都是一个正确的推理。即我们只要求从 $\alpha_1,\alpha_2,\cdots,\alpha_n$ 都真时能推出 β 为真,而不要求从假前提能得出什么结论。这样的规定是符合习惯的。

由上分析,可以给出关于推理的如下定义。

定义 1.20 设 $A_1,A_2,\cdots,A_n,B$ 都是命题形式,称推理"$A_1,A_2,\cdots,A_n$ 推出 B"是有效的(或正确的),如果对 $A_1,A_2,\cdots,A_n,B$ 中出现的命题变项的任一指派,若 $A_1,A_2,\cdots,A_n$ 都真,则 B 亦真,并称 B 是有效结论,记为$\{A_1,A_2,\cdots,A_n\}\vDash B$,否则,称"由 $A_1,A_2,\cdots,A_n$ 推出 B"是无效的或不合理的,记为$\{A_1,A_2,\cdots,A_k\}\nvDash B$。

另外,在推理形式中,推理形式的有效与否与前提中命题形式的排列次序无关。

关于定义 1.20,还需要做以下几点说明:

(1) 由前提 $A_1,A_2,\cdots,A_n$ 推结论 B 的推理是否正确与前提的排列次序无关。因而,前提的公式不一定是序列,而是一个有限的公式集合,若将这个集合记为 Γ,则可将由 Γ 推 B 的推理记为$\Gamma\vDash B$。若推理是正确的,则记为 $\Gamma\vDash B$,否则记为 $\Gamma\nvDash B$。这里,可以称 $\Gamma\vDash B$ 和$\{A_1,A_2,\cdots,A_n\}\vDash B$ 为推理的形式结构。

(2) 设 $A_1,A_2,\cdots,A_n,B$ 中共出现 n 个命题变项,对于任何一组赋值 $\alpha_1,\alpha_2,\cdots,\alpha_k$ ($\alpha_i=$T 或者 F,$i=1,2,\cdots,k$),前提和结论的取值情况有以下 4 种。

① $A_1\wedge A_2\wedge\cdots\wedge A_n$ 为 F,B 为 F。

② $A_1\wedge A_2\wedge\cdots\wedge A_n$ 为 F,B 为 T。

③ $A_1\wedge A_2\wedge\cdots\wedge A_n$ 为 T,B 为 F。

④ $A_1\wedge A_2\wedge\cdots\wedge A_n$ 为 T,B 为 T。

由定义 1.20 可知,只要不出现③中的情况,推理就是正确的,因而,判断推理是否正确,就是判断是否会出现③中的情况。

(3) 由以上讨论可知,推理正确,并不能保证结论 B 一定为真,这与数学中的推理是不同的。

例 1.22 判断下列推理是否正确。

(1) $\{p,p\to q\}\vDash q$

(2) $\{p,q\to p\}\nvDash q$

解:只要写出前提的合取式与结论的真值表,看是否出现前提合取式为真,而推论为假的情况。

(1) 由表 1.14 可知,没有出现前提合取式为真,而结论为假的情况,因而(1)中推理正确,即$\{p,p\to q\}\vDash q$。

(2) 由表 1.14 可知,在赋值为 TF 情况下,出现了前提合取式为真,而结论为假的情况,因而(2)推理不正确,即$\{p,q\to p\}\nvDash q$。

表 1.14　例 1.22 的真值表

$p\ q$	$p\wedge(p\rightarrow q)\ q$	$p\wedge(q\rightarrow p)\ q$
T T	T T	T T
T F	F F	T F
F T	F T	F T
F F	F F	F F

对于本例这样简单的推理，不用写真值表也可以判断推理是否正确。在(1)中，当 q 为假时，无论 p 是真是假，$p\wedge(p\rightarrow q)$ 均为假，因而不会出现前提合取式为真，结论为假的情况，因而推理正确。而在(2)中，当 q 为假，p 为真时，出现了前提合取式为真，结论为假的情况，因而推理不正确。

1.7.2　有效推理的等价定理

定理 1.8　命题公式 $A_1,A_2,\cdots,A_k$ 推 B 的推理正确，当且仅当$(A_1\wedge A_2\wedge\cdots\wedge A_k)\rightarrow B$ 为重言式。

证明：首先证明其必要性。若 $A_1,A_2,\cdots,A_k$ 推 B 的推理正确，则对于 $A_1,A_2,\cdots,A_k,B$ 中所含命题变项的任意一组赋值，都不会出现 $A_1\wedge A_2\wedge\cdots\wedge A_k$ 为真，而 B 为假的情况，因而在任何赋值下，蕴涵式$(A_1\wedge A_2\wedge\cdots\wedge A_k)\rightarrow B$ 均为真，故它为重言式。

再证明其充分性。若蕴涵式$(A_1\wedge A_2\wedge\cdots\wedge A_k)\rightarrow B$ 为重言式，则对于任何赋值，此蕴涵式均为真，因而不会出现前件为真后件为假的情况，即在任何赋值下，或者 $A_1\wedge A_2\wedge\cdots\wedge A_k$ 为假，或者 $A_1\wedge A_2\wedge\cdots\wedge A_k$ 和 B 同时为真。

由此定理知，推理形式如下。

前提：$A_1,A_2,\cdots,A_k$。

结论：B。

当且仅当$(A_1\wedge A_2\wedge\cdots\wedge A_k)\rightarrow B$ 为重言式时，此推理是有效的。$(A_1\wedge A_2\wedge\cdots\wedge A_k)\rightarrow B$ 称为上述推理的形式结构。从而推理的有效性等价于它的形式结构为永真式。于是，推理正确，$\{A_1,A_2,\cdots,A_k\}\models B$ 可记为 $A_1\wedge A_2\wedge\cdots\wedge A_k\Rightarrow B$。其中$\Rightarrow$同$\Leftrightarrow$，是一种元语言符号，用来表示蕴涵式为重言式。

判断命题公式永真性有下面 3 种方法：真值表法、等值演算法、主析取范式法。

(1) 真值表法。要证$\{A_1,A_2,\cdots,A_m\}$能逻辑推出 C，即要证 $A_1\wedge A_2\wedge\cdots\wedge A_m\Rightarrow C$，即通过真值表说明，对一切赋值，如果有 $A_1,A_2,\cdots,A_m$ 的真值均为 T，则 C 的真值也是 T(其他情况可不考虑)。

(2) 等值演算法。要证$\{A_1,A_2,\cdots,A_m\}$能逻辑地推出 C，即要通过等值演算证明 $A_1\wedge A_2\wedge\cdots\wedge A_m\rightarrow C$ 是重言式。

(3) 主析取范式法。思想与等值演算法相同，要证 $A_1\wedge A_2\wedge\cdots\wedge A_m\Rightarrow C$，即证 $A_1\wedge A_2\wedge\cdots\wedge A_m\rightarrow C$ 是重言式。

证重言式的方法不同，是化为主析取范式，而重言式的充要条件是其主析取范式含全

部 2^n 个极小项(其中 n 是命题变元总数)。

例 1.23 解答

例 1.23 判断下面的推理是否正确。

(1) 若 a 能被 4 整除,则 a 能被 2 整除;a 能被 4 整除。所以 a 能被 2 整除。

(2) 若 a 能被 4 整除,则 a 能被 2 整除;a 能被 2 整除。所以 a 能被 4 整除。

(3) 下午张梅或看电影或游泳;因为她没有看电影,所以她游泳了。

(4) 若下午气温超过 30℃,则王燕必去游泳;若她去游泳,她就不去看电影了。所以,王燕没有去看电影,下午气温必超过了 30℃。

1.7.3 重言蕴涵式

由上面的描述可以看出:形如 $A \to B$ 的重言式在推理中十分重要。

若 $A \to B$ 为重言式,则称 B 为 A 的推论,记为 $A \Rightarrow B$。下面是几个重要的重言蕴涵式及其名称。

I1: $A \wedge B \Rightarrow A$　化简

I2: $A \wedge B \Rightarrow B$　化简

I3: $A \Rightarrow A \vee B$　附加

I4: $B \Rightarrow A \vee B$　附加

I5: $\neg A \Rightarrow A \to B$

I6: $B \Rightarrow A \to B$

I7: $\neg (A \to B) \Rightarrow A$

I8: $\neg (A \to B) \Rightarrow \neg B$

I9: $A, B \Rightarrow A \wedge B$　合取引入

I10: $\neg A, A \vee B \Rightarrow B$　析取三段论

I11: $A, A \to B \Rightarrow B$　假言推理

I12: $\neg B, A \to B \Rightarrow \neg A$　拒取式

I13: $A \to B, B \to C \Rightarrow A \to C$　假言三段论

I14: $A \to C, B \to D, A \vee B \Rightarrow C \vee D$　构造性二难

I15: $A \to C, B \to D, \neg C \vee \neg D \Rightarrow \neg A \vee \neg B$　破坏性二难

I16: $A \leftrightarrow B, B \leftrightarrow C \Rightarrow A \leftrightarrow C$　等价三段论

经常用的是 **I10**、**I11**、**I12**、**I13**。

下面举例证明。

I3: $A \to A \vee B \Leftrightarrow \neg A \vee A \vee B \Leftrightarrow \mathrm{T}$,所以 $A \Rightarrow A \vee B$。

I5: 因 $A \to B \Leftrightarrow \neg A \vee B$,由 I3、$\neg A \Rightarrow \neg A \vee B \Leftrightarrow A \to B$,所以 I5 成立。

I7: $\neg (A \to B) \Leftrightarrow \neg(\neg A \vee B) \Leftrightarrow A \wedge \neg B$,由于化简 I1,$A \wedge \neg B \Rightarrow A$,所以 $\neg (A \to B) \Rightarrow A$。

I12: 因 $A \to B \Leftrightarrow \neg A \vee B$,由于析取三段论,$\neg B, \neg A \vee B \Rightarrow \neg A$,所以 $\neg B, A \to B \Rightarrow \neg A$,即否定后件必否定前件。

I13: $((A \to B) \wedge (B \to C)) \to (A \to C)$

$\Leftrightarrow \neg((\neg A \vee B) \wedge (\neg B \vee C)) \vee (\neg A \vee C)$

$\Leftrightarrow((A \land \neg B) \lor (B \land \neg C)) \lor \neg A \lor C$

$\Leftrightarrow((A \lor B) \land (A \lor \neg C) \land (\neg B \lor B) \land (\neg B \lor \neg C)) \lor \neg A \lor C$

$\Leftrightarrow(A \lor B \lor \neg A \lor C) \land (A \lor \neg C \lor \neg A \lor C) \land (\neg B \lor B \lor \neg A \lor C) \land (\neg B \lor \neg C \lor \neg A \lor C)$

$\Leftrightarrow \mathrm{T} \land \mathrm{T} \land \mathrm{T} \land \mathrm{T} \Leftrightarrow \mathrm{T}$

该式为重言式，所以$(A \to B) \land (B \to C) \Rightarrow A \to C$。

例 1.24　前提：如果马会飞或羊吃草，则母鸡就会是飞鸟；如果母鸡是飞鸟，那么烤熟的鸭子还会跑；烤熟的鸭子不会跑。结论：羊不吃草。

解：符号化上述语句，p：马会飞，q：羊吃草，r：母鸡是飞鸟，s：烤熟的鸭子还会跑，$\neg s$：烤熟的鸭子不会跑，$\neg q$：羊不吃草。

前提：集合$\{p \lor q \to r, r \to s, \neg s\}$，结论 C：$\neg q$。

(1) $\neg s$　　前提引入

(2) $r \to s$　　前提引入

(3) $\neg r$　　(1)，(2)；**I**12

(4) $p \lor q \to r$　　前提引入

(5) $\neg(p \lor q)$　　(3)，(4)；**I**12

(6) $\neg p \land \neg q$　　(5)

(7) $\neg q$　　(6)，**I**1

例 1.25　如果我的考试通过，那么我很快乐。如果我快乐，那么阳光很好。现在是凌晨一点，天很暖和，试给出结论。

例 1.25 解答

1.7.4　形式推理系统

将前述推理用更严谨的形式推理系统描述出来。

定义 1.21　一个形式系统 I 由下面 4 个部分组成：

(1) 非空的字符表集，记作 A。

(2) A 中符号构造的合式公式集，记作 E。

(3) E 中一些特殊的公式组成的公理集，记作 A_X。

(4) 推理规则集，记作 r。

可以将 I 记为$<A, E, A_X, r>$，其中$<A, E>$是 I 的形式语言系统，$<A_X, r>$为 I 的形式演算系统。

形式系统一般分为两类：一类是自然推理系统，它的特点是从任意给定的前提出发，应用系统中的推理规则进行推理演算，得到的最后命题公式是推理的结论(有时称为有效的结论，它可能是重言式，也可能不是)；另一类是公理推理系统，它只能从若干给定的公理出发，应用系统中的推理规则进行推理演算，得到的结论是系统中的重言式，称为系统中的定理。

定义 1.22　命题演算系统 P1 的定义如下。

(1) 字母表。

① 命题变项符号：$p, q, r, \cdots$；

② 联结词符号：¬、→；

③ 括号和逗号：()、,。

(2) 合式公式参见定义1.7,但限制联结词为¬、→。

(3) 命题公理AxI　$\alpha\to(\beta\to\alpha)$

AxII　$(\alpha\to(\beta\to\gamma))\to((\alpha\to\beta)\to(\alpha\to\gamma))$

AxIII　$(\neg\alpha\to\beta)\to((\neg\alpha\to\neg\beta)\to\alpha)$

(4) 推理规则(MP)：由α及$\alpha\to\beta$推得β。

例 1.26　$\vdash\alpha\to\alpha$

证明：(1) $(\alpha\to((\alpha\to\alpha)\to\alpha))\to((\alpha\to(\alpha\to\alpha))\to(\alpha\to\alpha))$　AxII

(2) $\alpha\to((\alpha\to\alpha)\to\alpha)$　AxI

(3) $(\alpha\to(\alpha\to\alpha))\to(\alpha\to\alpha)$　MP(1)(2)

(4) $\alpha\to(\alpha\to\alpha)$　AxI

(5) $\alpha\to\alpha$　MP(3)(4)

所以$\vdash\alpha\to\alpha$

例 1.27　$\{\alpha\to\beta,\beta\to\gamma\}\vdash\alpha\to\gamma$(三段论)

例 1.27 证明

定理 1.9(命题演算系统P1是可靠的)　例1.27证明Φ为有穷公式集,$\Phi\vdash\alpha\Rightarrow\Phi\vDash\alpha$。

证明：$\Phi\vdash\alpha$意味着存在一有穷公式序列$\phi_0,\cdots,\phi_n$(其中$\phi_n=\alpha$)为α的一证明。

用归纳法证明$\forall k\leqslant n(\Phi\vDash\phi_k)$。

(1) 如果ϕ_0是公理或$\phi_0\in\Phi$,则$\Phi\vDash\phi_0$。

(2) 设$\forall i<k,\Phi\vDash\phi_i$。

如果ϕ_k是公理或$\phi_k\in\Phi$,则$\Phi\vDash\phi_k$。

如果ϕ_k是$\phi_i,\phi_j(i,j<k)$经过MP而得,则$\Phi\vDash\phi_k$。

于是$\Phi\vDash\alpha$。(证毕)

定理 1.10(命题演算系统P1是一致的)　如果Φ是可满足公式集,则Φ是一致的。

证明：反证法。假设Φ不一致,则意味着存在一公式$\Phi\vdash\beta,\Phi\vdash\neg\beta$。

由题意得$\Phi\vDash\beta,\Phi\vDash\neg\beta$。

对任意赋值$\sigma,\sigma\vDash\Phi$,则$\sigma\vDash\beta,\sigma\vDash\neg\beta$。

由定理1.9,因为没有一σ,能使$\beta^\sigma=\mathrm{T}$且$(\neg\beta)^\sigma=\mathrm{T}$,

所以没有一σ,能使$\sigma\vDash\Phi$。

所以,Φ不可满足。矛盾。(证毕)

定理 1.11(命题演算系统P1是完备的)　Φ为有穷公式集,$\Phi\vDash\alpha\Rightarrow\Phi\vdash\alpha$。特别地,$\vDash\alpha\Rightarrow\vdash\alpha$。

证明：设$\Phi=\{\Psi_1,\Psi_2,\cdots,\Psi_n\}$,则

$$\Phi\vDash\alpha\Leftrightarrow\{\Psi_1,\Psi_2,\cdots,\Psi_n\}\vDash\alpha\Leftrightarrow\vDash\Psi_1\to\Psi_2\to\cdots\to\Psi_n\to\alpha$$

$$\Phi\vdash\alpha\Leftrightarrow\{\Psi_1,\Psi_2,\cdots,\Psi_n\}\vdash\alpha\Leftrightarrow\vdash\Psi_1\to\Psi_2\to\cdots\to\Psi_n\to\alpha$$

所以我们仅证明$\vDash\alpha\Rightarrow\vdash\alpha$。

任意给定一重言式ϕ(即$\vDash\phi$),ϕ中的命题变元为$p_1,p_2,\cdots,p_k$(为方便起见,记作p_1,p_k)

考虑公式序列　$p_1,p_k,\phi_3,\phi_4,\cdots,\phi_n$

其中每一 ϕ_i，或是一 $\phi_j, j<i$，或是一 $\neg\phi_j, j<i$；

或是一 $\phi_j \to \phi_k, j,k<i$；

或是 $p_1, \cdots, p_k$ 之一，而且 $\phi_n=\phi$。

对每一 ϕ_i，令 $\phi_i'=\begin{cases}\phi_i & \sigma(\phi_i)=\mathrm{T}\\ \neg\phi_i & \sigma(\phi_i)=\mathrm{F}\end{cases}$　（σ 是任一给定赋值）

如果能够证明 $\{p_1', p_2'\}\vdash\phi'$，（前提是 ϕ 为给定的重言式）

则　$\{p_1,p_2\}\vdash\phi, \{p_1,\neg p_2\}\vdash\phi \Rightarrow p_1\vdash\phi$

$\{\neg p_1,p_2\}\vdash\phi, \{\neg p_1,\neg p_2\}\vdash\phi \Rightarrow \neg p_1\vdash\phi$

$\Rightarrow\ \vdash\phi$

下面归纳证明 $\forall i\leqslant n, \{p_1',p_k'\}\vdash\phi_i'$。

假设对每一 $j<i, \{p_1',p_k'\}\vdash\phi_j'$，要证 $\{p_1',p_k'\}\vdash\phi_i'$。

(1) 如 ϕ_i 是 p_1，则 $\{p_1',p_k'\}\vdash\phi_i'$。

(2) 如 ϕ_i 是某一 $\phi_j, j<i$，由归纳假设 $\{p_1',p_k'\}\vdash\phi_i'$。

(3) 如 ϕ_i 是 $\neg\phi_j$，则 $\phi_i'=\begin{cases}\phi_j'\\ \neg\neg\phi_j'\end{cases}$。

ϕ_j、ϕ_i 的真值表见表 1.15。

表 1.15　ϕ_j、ϕ_i 的真值表

ϕ_j	ϕ_j'	ϕ_i	ϕ_i'
F	$\neg\phi_j$	T	ϕ_i
T	ϕ_j	F	$\neg\phi_i$

即如 ϕ_j 为 F，$\phi_j'=\neg\phi_j, \phi_i=\neg\phi_j$ 为 T，$\phi_i'=\phi_i=\neg\phi_j=\phi_j'$。

如 ϕ_j 为 T，$\phi_j'=\phi_j, \phi_i=\neg\phi_j$ 为 F，$\phi_i'=\neg\phi_i=\neg\neg\phi_j=\neg\neg\phi_j'$。

而 $\{p_1',p_k'\}\vdash\phi_j', \phi_j'\vdash\phi_j', \phi_j'\vdash\neg\neg\phi_j'$，

所以 $\{p_1',p_k'\}\vdash\phi_i'$。

(4) 如 ϕ_i 是 $\phi_j\to\phi_k, j,k<i$，

$$\phi_i'=\begin{cases}\phi_j\to\phi_k\\ \phi_j\to\phi_k\\ \phi_j\to\phi_k\\ \neg(\phi_j\to\phi_k)\end{cases}\quad\begin{pmatrix}\phi_j & \phi_k\\ \mathrm{T} & \mathrm{T}\\ \mathrm{F} & \mathrm{T}\\ \mathrm{F} & \mathrm{F}\\ \mathrm{T} & \mathrm{F}\end{pmatrix}$$

则可以证明 $\{\phi_j',\phi_k'\}\vdash\phi_i'$。

① $\{\phi_j,\phi_k\}\vdash\phi_j\to\phi_k$（因为有 $\vdash\phi_k\to(\phi_j\to\phi_k)$　Ax1，即有 $\phi_k\vdash(\phi_j\to\phi_k)$）；

② $\{\neg\phi_j,\phi_k\}\vdash\phi_j\to\phi_k$（理由同上）；

③ $\{\neg\phi_j,\neg\phi_k\}\vdash\phi_j\to\phi_k$（因为有 $\vdash(\neg\phi_k\to\neg\phi_j)\to(\phi_j\to\phi_k)$　Ax3，

$\neg\phi_j\vdash\neg\phi_k\to\neg\phi_j$，所以有 $\neg\phi_j\vdash\phi_j\to\phi_k$）；

④ $\{\phi_j,\neg\phi_k\}\vdash\neg(\phi_j\to\phi_k)$（从 $\{\phi_j,\phi_j\to\phi_k\}\vdash\phi_k$，得到 $\phi_j\vdash(\phi_j\to\phi_k)\to\phi_k$，推出 $\phi_j\vdash\neg\phi_k\to\neg(\phi_j\to\phi_k)$，所以有 $\phi_j, \neg\phi_k\vdash\neg(\phi_j\to\phi_k)$）。

即证明了$\{\phi_j',\phi_k'\}\vdash\phi_i'$。

由归纳假设 $\{p_1',p_k'\}\vdash\phi_j'$,$\{p_1',p_k'\}\vdash\phi_k'$,

所以$\{p_1',p_k'\}\vdash\phi_i'$。而 ϕ 为 ϕ_n,从而$\{p_1',p_k'\}\vdash\phi'$。(证毕)

说明:当 Φ 为有穷公式集时,完备性称为弱的。不对 Φ 做限制时,完备性称为强的。

1.7.5 自然推理系统 P2

P2 是一个自然推理系统,无公理,因此 P2 仅由 3 部分构成。

定义 1.23 自然推理系统 P2 的定义如下。

(1) 字母表。

① 命题变项符号:$p,q,r,\cdots,p_i,q_i,r_i,\cdots$

② 联结词符号:$\neg$、$\wedge$、$\vee$、$\rightarrow$、$\leftrightarrow$。

③ 括号和逗号:()、,。

(2) 合式公式参见定义 1.7。

(3) 推理规则。

① 前提引入规则:在证明的任何步骤上都可以引入前提。

② 结论引入规则:在证明的任何步骤上所得到的结论都可以作为后继证明的前提。

③ 置换规则:在证明的任何步骤上,命题公式中的子公式都可以用与之等值的公式置换,得到公式序列中的又一个公式。

由重言蕴涵式和结论引入规则还可以导出以下各条推理定律。

④ 假言推理规则(或称分离规则):由 $A\rightarrow B$ 和 A,可得 B。

若证明的公式序列中已出现过 $A\rightarrow B$ 和 A,则由假言推理定律$(A\rightarrow B)\wedge A\Rightarrow B$ 可知,B 是 $A\rightarrow B$ 和 A 的有效结论。由结论引入规则可知,可将 B 引入命题序列中。

⑤ 附加规则:由 A,可得 $A\vee B$。

⑥ 化简规则:由 $A\wedge B$,可得 A。

⑦ 拒取式规则:由 $A\rightarrow B$ 和 $\neg B$,可得 $\neg A$。

⑧ 假言三段论规则:由 $A\rightarrow B$ 和 $B\rightarrow C$,可得 $A\rightarrow C$。

⑨ 析取三段论规则:由 $A\vee B$ 和 $\neg B$,可得 A。

⑩ 构造性二难推理:由 $A\rightarrow B$,$C\rightarrow D$ 和 $A\vee C$,可得 $B\vee D$。

⑪ 破坏性二难推理规则:由 $A\rightarrow B$,$C\rightarrow D$ 和 $\neg B\vee\neg D$,可得 $\neg A\vee\neg C$。

⑫ 合取引入规则:由 A 和 B,可得 $A\wedge B$。

本条规则说明,若证明的公式序列中已出现 A 和 B,则可将 $A\wedge B$ 引入序列中,这就完成了自然推理系统 P2 的定义。

P2 中的证明就是由一组 P2 中的公式作为前提,利用 P2 中的规则推出结论。当然,此结论也为 P2 中的公式。

例 1.28 在自然推理系统 P2 中构造下面推理的证明。

(1) 前提:$p\vee q,q\rightarrow r,p\rightarrow s,\neg s$

结论:$r\wedge(p\vee q)$

(2) 前提:$\neg p\vee q,r\vee\neg q,r\rightarrow s$

结论：$p \to s$

证明：(1)

① $p \to s$　　前提引入

② $\neg s$　　前提引入

③ $\neg p$　　①②拒取式

④ $p \vee q$　　前提引入

⑤ q　　③④析取三段论

⑥ $q \to r$　　前提引入

⑦ r　　⑤⑥假言推理

⑧ $r \wedge (p \vee q)$　　⑦④合取

最后一步为推理的结论，可知推理正确，即 $r \wedge (p \vee q)$ 是有效结论。

(2)

① $\neg p \vee q$　　前提引入

② $p \to q$　　①置换

③ $r \vee \neg q$　　前提引入

④ $q \to r$　　③置换

⑤ $p \to r$　　②④假言三段论

⑥ $r \to s$　　前提引入

⑦ $p \to s$　　⑤⑥假言三段论

从最后一步可知推理正确，即 $p \to s$ 是有效结论。

可以在自然推理系统 P2 中构造数学和日常生活中的一些推理，所得结论都是有效的，即当各前提的合取式为真时，结论必为真。

例 1.29　在自然推理系统 P2 中构造下面推理的证明。

若数 a 是实数，则它不是有理数就是无理数；若 a 不能表示成分数，则它不是有理数；a 是实数且它不能表示成分数。所以 a 是无理数。

例 1.29 解答

P2 中证明的两个常用技巧：附加前提法(CP)和归谬法。

1. 附加前提法

有时推理的形式结构具有如下形式：

$$(A_1 \wedge A_2 \wedge \cdots \wedge A_k) \to (A \to B) \tag{1.17}$$

式(1.17)中结论也为蕴涵式。此时可将结论中的前件也作为推理的前提，使结论只为 B，即将式(1.17)化为下述形式：

$$(A_1 \wedge A_2 \wedge \cdots \wedge A_k \wedge A) \to B \tag{1.18}$$

其正确性证明如下：

$$\begin{aligned}&(A_1 \wedge A_2 \wedge \cdots \wedge A_k) \to (A \to B)\\ \Leftrightarrow\ &\neg(A_1 \wedge A_2 \wedge \cdots \wedge A_k) \vee (\neg A \vee B)\\ \Leftrightarrow\ &(\neg(A_1 \wedge A_2 \wedge \cdots \wedge A_k) \vee \neg A) \vee B\\ \Leftrightarrow\ &\neg(A_1 \wedge A_2 \wedge \cdots \wedge A_k \wedge A) \vee B\\ \Leftrightarrow\ &(A_1 \wedge A_2 \wedge \cdots \wedge A_k \wedge A) \to B\end{aligned}$$

因为式(1.17)与式(1.18)是等值的，因而若能证明式(1.18)是正确的，则式(1.17)也是正确的。用形式结构式(1.18)证明,将 A 称为附加前提,并称此证明法为附加前提证明法。

例 1.30 试证 $(p\to(q\to s))\land(\neg r\lor p)\land q\Rightarrow r\to s$。

证明:前提公式集合 $p\to(q\to s)$,$\neg r\lor p$,q,结论 $r\to s$。

将结论 $r\to s$ 中的前项 r 引入前提集合,演绎出 s。

① $\neg r\lor p$ 前提引入

② r 附加前提引入

③ p ①②析取三段论

④ $p\to(q\to s)$ 前提引入

⑤ $q\to s$ ③④假言推理

⑥ q 前提引入

⑦ s ⑤⑥假言推理

⑧ $r\to s$ 规则 CP

例 1.31 解答

例 1.31 在 P2 中构造下面推理的证明。

如果小张和小王去看电影,则小李也去看电影;小赵不去看电影或小张去看电影;小王去看电影。所以,当小赵去看电影时,小李也去看电影。

2. 归谬法

在构造形式结构为 $(A_1\land A_2\land\cdots\land A_k)\to B$ 的推理证明中,如果将 $\neg B$ 作为前提能推出矛盾,比如说得出 $(A\land\neg A)$,则说明推理正确。其原因如下:

$$
\begin{aligned}
&(A_1\land A_2\land\cdots\land A_k)\to B\\
\Leftrightarrow&\neg(A_1\land A_2\land\cdots\land A_k)\lor B\\
\Leftrightarrow&\neg(A_1\land A_2\land\cdots\land A_k\land\neg B)
\end{aligned}
$$

若 $(A_1\land A_2\land\cdots\land A_k\land\neg B)$ 为矛盾式,正说明 $(A_1\land A_2\land\cdots\land A_k)\to B$ 为重言式,即 $(A_1\land A_2\land\cdots\land A_k)\Rightarrow B$,故推理正确。

例 1.32 试证明 $(r\to\neg q)\land(r\lor s)\land(s\to\neg q)\land(p\to q)\Rightarrow\neg p$。

证明:① $p\to q$ 前提引入

② p 附加前提引入

③ q ①②假言推理

④ $r\to\neg q$ 前提引入

⑤ $\neg r$ ③④拒取式

⑥ $s\to\neg q$ 前提引入

⑦ $\neg s$ ③⑥拒取式

⑧ $\neg r\land\neg s$ ④⑦合取引入

⑨ $\neg(r\lor s)$ ⑧置换

⑩ $r\lor s$ 前提引入

⑪ $\neg(r\lor s)\land(r\lor s)$ ⑨⑩合取引入

⑫ $\neg(r\lor s)\land(r\lor s)$ 是矛盾式,所以 $\neg p$ 为前提公式的有效结论

例 1.33 解答

例 1.33 在自然推理系统 P2 中构造下面推理的证明。

如果小张守第一垒并且小李向 B 队投球,则 A 队将取胜;或者 A 队未取胜,或者 A

队获得联赛第一名；A 队没有获得联赛第一名；小张守第一垒。因此，小李没有向 B 队投球。

思考：怎样不用归谬法证明例 1.33。

例 1.34 在某次研讨会的中间休息时间，3 名与会者根据王教授的口音对他是哪个省市的人进行判断：

例 1.34 解答

甲说王教授不是苏州人，是上海人。

乙说王教授不是上海人，是苏州人。

丙说王教授既不是上海人，也不是杭州人。

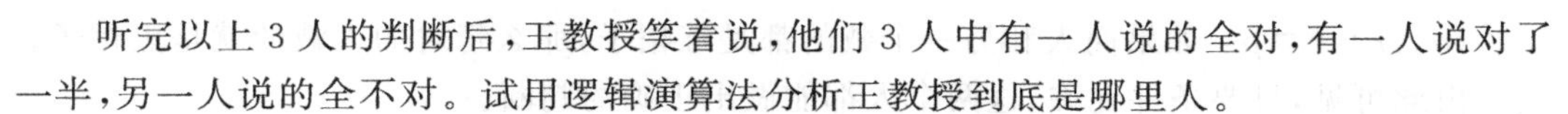

听完以上 3 人的判断后，王教授笑着说，他们 3 人中有一人说的全对，有一人说对了一半，另一人说的全不对。试用逻辑演算法分析王教授到底是哪里人。

例 1.35 攻读某专业方向硕士学位研究生，须选读 a、b、c、d、e 5 门功课，但这种选择必须满足以下条件：

(1) a 和 b 两门功课必须有一门被选入，但不能都选入；

(2) c 和 e 两门功课至少选入一门；

(3) 功课 d 被选入，则功课 b 也必须被选入；

(4) a 和 c 两门功课要么都选入，要么都不选入；

(5) 若功课 e 被选入，那么功课 c 和 d 必须都选入。

问实际有几种可能的选择？

解：用 a、b、c、d、e 分别表示课程 a、b、c、d、e 被选入，根据题意，有

$(a \vee b) \wedge \neg (a \wedge b)$　　(1)

$c \vee e$　　(2)

$d \rightarrow b$　　(3)

$(a \wedge c) \vee (\neg a \wedge \neg c)$　　(4)

$e \rightarrow (c \wedge d)$　　(5)

如果 e，则 c、d，再由式(3)得 b，由于(1) $\neg a$，于是有 $\neg a$，c 与(4)矛盾。从而 $\neg e$，由式(2)得 c，由式(4)得 a，由式(1)得 $\neg b$，由式(3)得 $\neg d$。于是，a、c 被选入。只有一种选择，选 a、c 课。

例 1.36 设计一个为三人小组进行秘密表决的电路，要求信号指示灯在两人或两人以上按下表决开关时表示同意，指示灯亮，否则指示灯不亮。

例 1.36 解答

例 1.37 这是著名物理学家爱因斯坦出过的一道题：一个土耳其商人想找一个十分聪明的助手协助他经商。有两个人前来应聘，这个商人为了试一试哪一个人聪明，就把两个人带进一间漆黑的屋子里。他打开电灯，并告诉他们："这张桌子上有五顶帽子，两顶是红色的，三顶是黑色的。现在，我把灯关掉，而且把帽子的位置打乱，然后我们三个人每人摸一顶帽子戴在头上，在我开灯后，请你们尽快地说出自己头上戴的帽子是什么颜色。"说完之后，商人将电灯关掉，然后三人都摸了一顶帽子戴在头上，同时商人将余下的两顶帽子藏了起来，接着把电灯打开。这时，那两个应试者看到商人头上戴的是一顶红帽子。过了一会儿，其中一个人便喊道："我戴的是黑帽子。"

请问这个人猜得对吗？是怎么推导出来的？

解：这个人猜得对。

设 p：猜对的人戴红帽子；$\neg p$ 表示"猜对的人戴黑帽子"。

q：另一个人戴红帽子；$\neg q$ 表示"另一个人戴黑帽子"。

r：商人戴红帽子。

由题意，商人头上戴的是红帽子，故 r 为真。又由于另一个人没做出断定，即他不知道自己戴的是红帽子还是黑帽子，所以他看到的情形肯定是不能帮助他做出判断的。根据题设条件，可有下列判断：

$(p \wedge r) \to \neg q$：如果商人和猜对的人戴的都是红帽子，那么另一个戴的就是黑帽子，因为红帽子只有两顶。

$(q \wedge r) \to \neg p$：如果商人和另一个戴的都是红帽子，那么猜对的人戴的就是黑帽子。

由此可见，只要条件允许，这两个人都能做出正确的判断。

猜对的人的思路可以按如下方式进行：如果他戴的是红帽子，即 p 为 T，则

p (1)

r (2)

$p \wedge r$ (3)

$(p \wedge r) \to \neg q$ (4)

$\neg q$ (5)

即另一个人可以判断出他戴的是黑帽子。而他没有做出决定，故猜对的人戴的一定是黑帽子。

思考题 1

相传古代有一个残酷的国王，为了不准别人进入他的领地而制定了一个法规："凡进入者若讲真话则杀头，若讲假话则淹死"，并要求士兵严格执行上述命令。一天，一个人进来说了一句话，导致士兵无法执行命令。请问这个人说了什么话？

思考题 2

(1) 假想条件：某岛居民非"君子"即"小人"，君子永远讲真话，小人永远撒谎。A、B、C 3个岛民一块站在某花园里。有一个陌生人路过，他问 A："你是君子，还是小人？"A 答了话，但相当含糊，陌生人听不清他说了什么，就问 B："A 说了什么呀？"B 答道："A 说他是小人。"C 当即说："别信 B 的，他在撒谎。"问：B、C 是何种人？

ch1 命题逻辑思考题 1 和 2 提示及答案

(2) 前提同(1)，假定陌生人不问 A 是何种人，他问："他们中间有多少个君子？"A 又答得含含糊糊。陌生人便问 B："A 说什么呀？"B 答道："A 说我们中间有一个君子。"然后 C 说："别信 B 的，他在撒谎。"现在 B、C 又是何种人？

(3) 条件同(1)，假定 A 说："或者我是小人或者 B 是君子。"A、B 是何种人？

1.8 命题演算中的归结推理

1.8.1 归结推理规则

1. 子句与子句集

一个子句(Clause)是一组文字的析取，一个文字或者是一个原子(正文字)，或者是一个原子的否定(负文字)，如 P、Q、$\neg R$ 都是文字，$P \vee Q \vee \neg R$ 是子句。

命题演算中的任何合式公式都可以被转换为一个等价的子句的合取式，即对任意公式 G，都有形如 $G_1 \wedge G_2 \wedge \cdots \wedge G_n (n \geqslant 1)$ 的公式与之等价，其中每个 G_i 都是文字的析取式，即一个子句。可以使用各种等价式将任意一个公式 G 转化为一个合取范式。

一个子句的合取范式(CNF 形式)常常表示为一个子句的集合，如 $S=\{(P \vee \neg R),(\neg Q \vee \neg R \vee P)\}$。$S$ 称为对应公式 $(P \vee \neg R) \wedge (\neg Q \vee \neg R \vee P)$ 的子句集，其中每个元素都是一个子句。把公式表示为子句集只是为了说明上的方便。

例 1.38　将公式 $\neg(P \rightarrow Q) \vee (R \rightarrow P)$ 化为子句集。

解：(1) 用等价的形式消除蕴涵符号，得 $\neg(\neg P \vee Q) \vee (\neg R \vee P)$

(2) 用德摩根定律和用消除双 $\neg$ 符号的方法缩小 $\neg$ 符号的辖域：

$$(P \wedge \neg Q) \vee (\neg R \vee P)$$

(3) 用结合律和分配律把它转换为合取范式：

$$(P \vee \neg R \vee P) \wedge (\neg Q \vee \neg R \vee P)$$

(4) 消去重复的 P：$(P \vee \neg R) \wedge (\neg Q \vee \neg R \vee P)$

(5) 化为子句的集合 $\{(P \vee \neg R),(\neg Q \vee \neg R \vee P)\}$

2. 子句上的归结

命题逻辑的归结规则可以陈述如下。

设有两个子句：$C_1 = P \vee C_1'$，$C_2 = \neg P \vee C_2'$(其中 C_1'、C_2' 是子句，P 是文字)，从中消去互补对(即 P 和 $\neg P$)，所得的新子句 $R(C_1, C_2) = C_1' \vee C_2'$ 称作子句 C_1、C_2 的归结式，原子 P 称为被归结的原子。这个过程称为归结。没有互补对的两子句没有归结式。

因此，归结推理规则指的是对两个子句做归结，即求归结式。

例 1.39　计算下述子句的归结式。

(1) C_1：$P \vee R$，C_2：$\neg P \vee Q$。

从 C_1 和 C_2 中分别删除 P 和 $\neg P$，得出的归结式为 $R \vee Q$。

这两个被归结的子句可以写成 $\neg R \rightarrow P$，$P \rightarrow Q$。可以看出，三段论是归结的一个特例。

(2) C_1：$\neg P \vee Q$，C_2：P。

C_1 和 C_2 的归结式为 Q。因为 C_1 可以写作 $P \rightarrow Q$，所以可以知道假言推理也是归结的一个特例。

(3) C_1：$\neg P \vee Q \vee R$，C_2：$\neg Q \vee \neg R$。

C_1 和 C_2 存在两个归结式：一个是 $\neg P \vee R \vee \neg R$；另一个是 $\neg P \vee Q \vee \neg Q$。

(4) C_1：Q，C_2：$\neg Q$。

Q 和 $\neg Q$ 是互补的，归结式是空子句，用□表示。空子句的出现代表出现了矛盾。

3. 归结的合理性

定理 1.12　子句 C_1 和 C_2 的归结式是 C_1 和 C_2 的逻辑推论。

证明：设

$$C_1 = P \vee C_1', \quad C_2 = \neg P \vee C_2'$$

有

$$R(C_1, C_2) = C_1' \vee C_2'$$

其中 C_1' 和 C_2' 都是文字的析取式。

假定 C_1 和 C_2 根据某种解释I为真。若 P 按I解释为假,则 C_1 必不是单元子句,即单个文字,否则 C_1 按I解释为假。因此,C_1'按I解释必为真,即归结式 $R(C_1,C_2)=C_1' \vee C_2'$按I解释为真。

若 P 按I解释为真,则 $\neg P$ 按I解释为假,此时 C_2 必不是单元子句,并且 C_2'必按I解释为真,所以 $R(C_1,C_2)=C_1' \vee C_2'$按I解释为真。由此得出,$R(C_1,C_2)$是 C_1 和 C_2 的逻辑推论。证毕。

1.8.2 归结反演

若子句集 S 是不可满足的,则可以使用归结规则由 S 产生空子句□。

例 1.40 考虑子句集合 S:

$$\left.\begin{aligned} &C_1: \neg P \vee Q \\ &C_2: \neg Q \\ &C_3: P \end{aligned}\right\} S$$

由 C_1 和 C_2 可以得出归结子句:

$$C_4: \neg P$$

由 C_3 和 C_4 可以得出归结子句:

$$C_5: \square$$

至此,得出由 S 对□的演绎:$C_1,\cdots,C_5 \Rightarrow \square$。现在可以断定 S 是不可满足的,否则,若 S 是可满足的,则存在解释I满足 C_1、C_2 和 C_3,由定理1.9可知,I也满足 C_4,这是不可能的,因为I不可能同时满足 C_3 和 C_4(C_3 和 C_4 的归结式是□)。

归结是一种极有力的推理规则,是一种合理的推理规则,也就是说,$KB \vdash w$ 蕴涵 $KB \models w$。

为了从一个合式公式集合 KB 中证出某一公式 w,可以采用下述的归结反演过程。

(1) 把 KB 中的合式公式转换成子句形式,得到子句集合 S_0。

(2) 把待验证的结论 w 的否定转换为子句形式,并加入子句集合 S_0 中得到新的子句集合 S。

(3) 反复对 S 中的子句应用归结规则,并且把归结式也加入 S 中,直到再没有子句可以进行归结,如果产生空子句,则说明从 KB 可以推出 w,否则说明从 KB 无法推出 w。

例 1.41 证明 $P \wedge (P \rightarrow Q) \wedge (Q \rightarrow R) \Rightarrow R$。

先将 $P \wedge (P \rightarrow Q) \wedge (Q \rightarrow R)$化成子句形式,得到子句集合 S_0:

$$S_0 = \{P, \neg P \vee Q, \neg Q \vee R\}$$

再把 R 的否定化为子句形式,并加入 S_0 中得到子句集合 S:

$$S = \{P, \neg P \vee Q, \neg Q \vee R, \neg R\}$$

对 S 做归结:

(1) P

(2) $\neg P \vee Q$

(3) $\neg Q \vee R$

(4) $\neg R$

(5) Q　　　　(1)(2)归结

(6) R　　　　(3)(5)归结

(7) □　　　　(4)(6)归结

证毕。

1.8.3　命题逻辑归结反演的合理性和完备性

合理性是指证明过程的正确性，完备性说明使用该方法可以得到所有可能的推断。

定理 1.13　归结反演是合理的。

证明：给定子句集 S 和目标 w。假设使用归结反演可以由 S 推导出 w，即 $S \vdash w$。现在需要证明的是该推导在逻辑上是合理的，即 $S \models w$。

现假定 $S \models w$ 不成立，即假设有一种满足 S 的赋值，满足 $\neg w$（即 $S \models \neg w$）。对这样一种赋值，S 中任意两个子句的归结式都为真，这样，即便穷尽所有可以归结的子句，得到的归结式也不会为假，这与 $S \vdash w$ 矛盾。所以假定 $S \models \neg w$ 是错误的，这样 $S \models w$ 就是正确的。

定理 1.14　归结反演是完备的(refutation complete)，即从 $S \models \alpha$ 可推出 $S \vdash \alpha$，其中 α 为一公式，S 为子句集。

1.9　应用案例

1.9.1　克雷格探长案卷录

伦敦警察厅刑事部莱斯利·克雷格探长慨然同意公开他的几个案史，以飨关注如何用逻辑破案的诸君。[22]

【1】　孪生兄弟案

伦敦发生一起盗案。3 个出了名的犯罪分子 A、B、C 被抓来盘问。A 与 C 正好是孪生兄弟，很少有人分得清他们谁是谁。警方有这 3 个人的详细履历，很了解他们的个性和习惯。特别要指出，那对孪生兄弟胆子很小，没有搭档是从不作案的。相反，B 胆子特大，向来不屑于邀人作搭档。同时，有几个证人作证，盗案发生时，他们看见孪生兄弟里的一个在多佛城某酒吧里喝酒，但不知是哪一个。

仍假定 A、B、C 以外没有人参与作案。问哪几个人有罪，哪几个人无罪？

【2】　克雷格探长问麦克弗森警官，他怎么看如下 4 个事实：

(1) 如果 A 有罪而 B 无罪，那么 C 有罪。

(2) C 从不单干。

(3) A 从不跟 C 合干。

(4) A、B、C 以外没有人参与，而这 3 个人里至少一个人有罪。

警官搔搔头说："恐怕看不出多少东西，长官。从这些事实，你能推出哪几个人有罪，哪几个人无罪吗？"

"不行,"克雷格答道,"但是这里有足够的材料,可以毫不犹豫地指控其中一个人了。"

问哪一个人必然有罪?

【3】 麦格雷戈商店案

伦敦某店主麦格雷戈先生打电话报告伦敦警察厅刑事部,他的商店被盗了。三名嫌疑犯A、B、C被抓来盘问。确定了如下事实:

(1) 盗案发生之日,A、B、C 3人都到过店里,没有别人到过店里。

(2) 如果A有罪,他恰好有一个搭档。

(3) 如果B无罪,C也无罪。

(4) 如果恰好两人有罪,A是其中之一。

(5) 如果C无罪,B也无罪。

克雷格探长指控的是谁?

【4】 四人案

这次为一起盗案,抓了4个嫌疑犯来盘问。确知其中至少一人有罪,这4人以外没有其他人参与。弄清了如下事实:

(1) A明明无罪。

(2) 如果B有罪,他恰好有一个搭档。

(3) 如果C有罪,他恰好有两个搭档。

克雷格探长尤其关心的是D是否有罪,因为他是一个特别危险的犯罪分子。所幸,上述事实足以确定这一点。D是否有罪?

【5】 这么说明智吗?

在一座小岛上,某人因一罪案受审。法院知道,被告是在邻近的君子小人岛上土生土长的。(大家还记得吧,君子永远讲真话,小人永远撒谎。)他们只准被告作一个陈述替自己申辩。他想了一会儿,冒出这么一句话:"真正犯了罪的那个人是小人。"

他这么说明智吗?这对他的案子有利,还是无利?还是无所谓?

【6】 身份不明的检察官

还有一回,也在这座岛上,两个人X、Y因一罪案受审。这个案子最古怪的地方是大伙儿知道检察官不是君子便是小人。他在法庭上作了如下两个陈述:

(1) X有罪。

(2) X与Y并非都有罪。

假如你在陪审席上,你怎么看他的话?关于X或Y有没有罪,你能得出什么结论?关于检察官诚实不诚实,你的看法如何?

【7】 情景同上,把假定改成检察官作了如下两个陈述:

(1) X或Y有罪。

(2) X没有罪。

你作何结论?

【8】 情景相同,把假定改成检察官作了如下两个陈述:

(1) 或者X无罪,或者Y有罪。

(2) X有罪。

你作何结论?

应用案例 1.9.1 解答

【9】 这个案子发生在君子小人凡夫岛上。大家还记得,君子永远讲真话,小人永远撒谎,凡夫时而撒谎时而讲真话。

三个岛民 A、B、C 因一罪案受审。知道其中只有一人犯了罪,又知道犯罪的是君子,而且是他们中间唯一的君子。三名被告作了如下陈述:

A:我无罪。

B:这是实话。

C:B 不是凡夫。

哪个人有罪?

【10】 这是一个非常有趣的案子,表面上与前一个案子类似,其实根本不同。它也是发生在君子小人凡夫岛上的。

这个案子中主要演员是被告、检察官和辩护律师。大伙儿只知道其中一个是君子、一个是小人、一个是凡夫,不知道何人是何种人。这是头一桩伤脑筋的事,还有更奇特的。法院知道,如果被告没有罪,有罪的不是检察官,便是辩护律师。他们还知道,有罪的不是小人。这三个人在法庭上作了如下陈述:

被告:我无罪。

辩护律师:我的当事人的确无罪。

检察官:不对,被告是有罪的。

这些话看来真是自然之极。陪审团开了会,但作不出任何裁决;上述证据不足为凭。可巧这座岛子当时还是英国领地,因此政府致电伦敦警察厅刑事部,问他们能否派克雷格探长前来协助定案。

数周之后克雷格探长到了,再次开庭审理。克雷格心想:"我非弄个水落石出不可!"他不但想知道谁有罪,还想知道哪个是君子、哪个是小人、哪个是凡夫。他决定不多提问题,只要刚好够查清这两件事就行了。他先问检察官:"有罪的那个人没准儿就是你吧?"检察官答了话。克雷格探长思索片刻,又问被告:"检察官有罪吗?"被告也答了话,克雷格探长就什么都知道了。

谁有罪? 谁是君子? 谁是小人? 谁是凡夫?

1.9.2 忘却林中的艾丽丝(狮子与独角兽)

【这一节取材于刘易斯·卡罗尔的童话《穿过镜子》(1871 年)。主角是艾丽丝,艾丽丝在她家镜子背后的棋盘国里漫游。按"棋子人"红皇后的安排,她穿越了棋盘上一个又一个方格,与斤斤兄弟相遇于第四格,与鼓肚肚·矮胖胖相遇于第六格,与白国王、狮子和独角兽相遇于第七格。到第八格时她变成皇后了,但随即在一场大混乱中脱出梦境,发现她手里抓的红皇后竟是她的小黑猫!】

艾丽丝进了忘却林之后,不是样样事都忘,只是某些事而已。她常常忘了自己叫什么,最易忘的是星期几。狮子和独角兽是林中的常客,它们两个都是怪里怪气的动物。狮子是每逢星期一、二、三撒谎,别的日子讲真话。独角兽则相反,它是星期四、五、六撒谎,别的日子讲真话。

【1】 有一天,艾丽丝遇见狮子和独角兽在树下休息。它们作了如下陈述:

狮子:昨天是我的撒谎日。

独角兽:昨天也是我的撒谎日。

从这两个陈述,艾丽丝——她是一个很机灵的姑娘——就有本事推出当天是星期几了。那么,当天是星期几?

应用案例 1.9.2 解答

【2】 还有一次,艾丽丝与狮子单独相遇。它作了如下两个陈述:

(1) 我昨天撒谎。

(2) 我大后天还要撒谎。

当天是星期几?

【3】 每一周的哪几天狮子有可能作如下两个陈述:

(1) 我昨天撒谎。

(2) 我明天还要撒谎。

【4】 每一周的哪几天狮子有可能作如下单个陈述:"我昨天撒谎并且我明天还要撒谎。"要当心,答案与前一题不一样。

习题

1.1 何谓命题?判断下列陈述是否是命题?如果是命题,是否是复合命题?将其中的命题符号化,并指出真值。

(1) $\sqrt{3}$是无理数。

(2) 7能被2整除。

(3) 什么时候开会?

(4) $2x+3<4$。

(5) 3是素数,当且仅当四边形内角和为360°。

(6) 吃一堑,长一智。

1.2 下述句子哪些是命题?哪些不是命题?为什么?

(1)"我说的都是谎言"。

(2)"我正在说谎"。

(3)"公民有劳动的权利和义务。"

(4)"张三表扬且仅表扬那些不自我表扬的人。"

(5) 在前一句的条件下,"张三不自我表扬。"

1.3 以C、D、E、I、N分别表示conjuction(合取)、disjunction(析取)、equivalence(等价)、implication(蕴涵)、negation(否定),将下列各式写成仅含C、D、E、I、N的公式(称为Polish记法)。例如,$p\rightarrow(q\rightarrow(r\rightarrow p))$可写为IpIqIrp。

(1) $p\leftrightarrow(p\wedge\neg(\neg q\leftrightarrow q))$

(2) $(p\rightarrow q)\rightarrow((q\rightarrow r)\rightarrow(\neg r\rightarrow\neg p))$

1.4 将下列无括号公式写成有括号公式。(要求同1.3题相反)

(1) DDCpqCpNqDCNpqCNpNq

(2) ECpDqrDCpqCpr

(3) IIpqINqNp

(4) DCpqNNDqNr

(5) INCpqCNpq

1.5 设命题："在马路上骑自行车不许带人，不许闯红灯，不许逆行，否则罚款 5～10 元。"利用下列符号：M：某人在马路上骑自行车；P：某人骑自行车带人；R：某人骑自行车逆行；Q：某人骑自行车闯红灯；S：某人被罚款 5～10 元。请用给定的符号表示上述命题。

1.6 将下列语句翻译成命题公式。

(1) 只有通过英语六级考试而且不是英语专业的学生，才可以选修这门课程。

(2) 凡进入机房者，必须刷卡、换拖鞋；否则拒绝进入。

1.7 符号化下列命题，并判断其真值。

(1) 如果一自然数 a 是素数，那么，如果 a 是合数，则 a 等于 4。

(2) 如果一自然数 a 能被 3 整除，那么如果 a 不能被 3 整除，则 a 被 5 整除。

(3) 如果一自然数 a 能同时被 3 和 5 整除，那么，如果 a 不能被 3 整除，则 a 不能被 5 整除。

(4) 如果一自然数 a 能同时被 2 和 7 整除，那么如果 a 不能被 7 整除，则 a 被 3 整除。

(5) 如果"或者直线 L 平行于直线 M 或直线 P 不平行于直线 M"不真，那么，或者直线 L 不平行于 M 或 P 平行于 M。

(6) 如果 John 不懂逻辑，那么如果 John 懂逻辑，则 John 出生于公元前 4 世纪。

1.8 证明下列各式是重言式。

(1) $p\to p$

(2) $p\to(q\to p)$

(3) $p\to(q\to p\land q)$

(4) $(p\to(q\to r))\to((p\to q)\to(p\to r))$

(5) $p\leftrightarrow\neg\neg p$

(6) $p\lor\neg p$

(7) $\neg(p\land\neg p)$

(8) $\neg(p\land q)\leftrightarrow(\neg p\lor\neg q)$

(9) $\neg(p\lor q)\leftrightarrow(\neg p\land\neg q)$

(10) $(p\to q)\leftrightarrow(\neg q\to\neg p)$

(11) $((p\to q)\to p)\to p$

(12) $(p\to q)\leftrightarrow(\neg p\lor q)$

(13) $(\neg p\to p)\to p$

(14) $\neg p\to(p\to q)$

(15) $(p\land q)\to p$

(16) $p\to(p\lor q)$

(17) $((p\land q)\to r)\leftrightarrow(p\to(q\to r))$

(18) $(p\lor(q\lor r))\leftrightarrow((p\lor q)\lor r)$

(19) $(p\wedge(q\wedge r))\leftrightarrow((p\wedge q)\wedge r)$

(20) $(p\wedge(q\vee r))\leftrightarrow((p\wedge q)\vee(p\wedge r))$

(21) $(p\vee(q\wedge r))\leftrightarrow((p\vee q)\wedge(p\vee r))$

(22) $((p\rightarrow q)\wedge\neg q)\rightarrow\neg p$

(23) $((p\rightarrow q)\wedge p)\rightarrow q$

1.9 求下列公式的真值表,并求成真赋值和成假赋值。

(1) $p\wedge q\wedge r$

(2) $(p\wedge\neg p)\leftrightarrow(q\wedge\neg q)$

(3) $\neg(p\rightarrow q)\wedge q\wedge r$

(4) $p\vee(q\wedge r)$

(5) $p\rightarrow(p\rightarrow r)$

(6) $p\rightarrow(q\leftrightarrow r)$

1.10 下列各式是否是重言式?说明理由。

(1) $((p\vee q)\wedge\neg p)\rightarrow q$

(2) $(p\rightarrow q)\rightarrow((p\wedge r)\rightarrow q)$

(3) $(p\rightarrow q)\rightarrow(p\rightarrow(q\vee r))$

(4) $p\rightarrow(\neg p\vee q)$

(5) $((p\vee q)\wedge(p\rightarrow q))\rightarrow(q\rightarrow p)$

(6) $p\vee((\neg p\wedge q)\vee(\neg p\wedge\neg q))$

(7) $\neg p\wedge(\neg p\wedge q)$

(8) $p\rightarrow((\neg q\wedge q)\rightarrow r)$

(9) $((p\rightarrow q)\wedge(q\rightarrow p))\rightarrow(p\vee q)$

(10) $((p\vee q)\rightarrow(p\vee\neg q))\rightarrow(\neg p\vee q)$

(11) $((p\wedge q)\vee(p\rightarrow q))\rightarrow(p\rightarrow q)$

(12) $((p\rightarrow q)\wedge(q\rightarrow r))\rightarrow(p\rightarrow r)$

(13) $((p\rightarrow q)\wedge(r\rightarrow s))\rightarrow(p\vee r\rightarrow q\vee s)$

(14) $((p\wedge q)\rightarrow r)\rightarrow((p\rightarrow r)\wedge(q\rightarrow r))$

(15) $((p\rightarrow q)\wedge(r\rightarrow s))\rightarrow((p\wedge r)\rightarrow(q\wedge s))$

(16) $((p\wedge q)\rightarrow r)\wedge((p\vee q)\rightarrow\neg r)\rightarrow(p\wedge q\wedge r)$

(17) $(p\rightarrow(q\rightarrow r))\leftrightarrow(q\rightarrow(p\rightarrow r))$

(18) $(p\vee q\vee r)\rightarrow(\neg p\rightarrow((q\vee r)\wedge\neg p))$

(19) $(\neg(p\rightarrow q)\wedge(q\rightarrow p))\rightarrow(p\wedge\neg q)$

(20) $((p\rightarrow q)\wedge(r\rightarrow s))\rightarrow((p\wedge s)\rightarrow(q\wedge r))$

(21) $((p\rightarrow q)\wedge(q\rightarrow r))\rightarrow((r\rightarrow p)\rightarrow(q\rightarrow p))$

(22) $(p\rightarrow q)\leftrightarrow((p\wedge q)\leftrightarrow p)$

(23) $((p\rightarrow q)\vee(p\rightarrow r)\vee(p\rightarrow s))\rightarrow(p\rightarrow(q\vee r\vee s))$

(24) $((p\rightarrow q)\vee(r\rightarrow q)\vee(s\rightarrow q))\rightarrow((p\wedge r\wedge s)\rightarrow q)$

(25) $(((p\wedge q)\rightarrow r)\wedge((p\wedge q)\rightarrow\neg r))\rightarrow(\neg p\wedge\neg q\wedge\neg r)$

(26) $((\neg p\wedge q)\vee(p\wedge\neg q))\rightarrow((p\rightarrow(q\vee r))\rightarrow(p\rightarrow r))$

(27) $((p \vee q) \wedge (r \vee s)) \rightarrow (((p \rightarrow q) \vee (p \rightarrow r)) \wedge ((q \rightarrow p) \vee (q \rightarrow r)))$

(28) $((p \rightarrow q) \wedge (r \rightarrow s) \wedge (t \rightarrow u)) \rightarrow ((p \wedge r \wedge t) \rightarrow (q \wedge s \wedge u))$

(29) $((p \vee q) \rightarrow r) \rightarrow ((p \rightarrow r) \vee (q \rightarrow r))$

1.11 用等值演算法证明下面的等值式。

(1) $(\neg p \vee q) \wedge (p \rightarrow r) \Leftrightarrow (p \rightarrow (q \wedge r))$

(2) $(p \wedge q) \vee \neg(\neg p \vee q) \Leftrightarrow p$

1.12 证明：如果 Ψ 是重言式，则公式 $\Psi_1 \rightarrow (\Psi_2 \rightarrow \cdots \rightarrow (\Psi_n \rightarrow \Psi) \cdots)$ 是重言式。

1.13 证明：如果 Ψ 是重言式，则公式 $\neg \Psi \rightarrow (\Psi_1 \rightarrow (\Psi_2 \rightarrow \cdots \rightarrow (\Psi_{n-1} \rightarrow \Psi_n) \cdots)))$ 也是重言式。

1.14 考虑形如 $\underbrace{(\cdots(((p \rightarrow p) \rightarrow p) \rightarrow p) \cdots) \rightarrow p}_{n个p}$ 的表达式，问对怎样的 n，此式是重言式？

1.15 证明：如果一表达式中仅含联结词 $\leftrightarrow$，则将此式中括号作位置变动所得的式子与原式等价。

1.16 证明：仅由命题变元通过联结词 $\leftrightarrow$ 构造的公式是重言式，当且仅当每个变元在其中出现偶数次。

1.17 证明：如果蕴涵式 $p_1 \rightarrow q_1, p_2 \rightarrow q_2, \cdots, p_n \rightarrow q_n$ 为真，同时，命题 $(p_1 \vee p_2 \vee \cdots \vee p_n)$ 和 $\neg(q_i \wedge q_j)$ 也为真 $(i \neq j)$，则蕴涵式 $q_1 \rightarrow p_1, q_2 \rightarrow p_2, \cdots, q_n \rightarrow p_n$ 也为真。

1.18 先给出公式表长度的归纳定义。

命题变元的长为1，如 $lh\varphi = a, lh\psi = b$，则

$$lh(\varphi \wedge \psi) = lh(\varphi \vee \psi) = lh(\varphi \rightarrow \psi) = a + b + 1, \quad lh(\neg \varphi) = lh\varphi + 1$$

对于下面给出的公式，求与之等价的最短公式。

(1) $(p \wedge q \wedge r) \vee (p \wedge \neg q \wedge \neg r) \vee (p \wedge q \wedge \neg s) \vee (p \wedge r \rightarrow q)$

(2) $\neg p \wedge \neg \neg q$

(3) $(p \wedge q) \vee (\neg p \rightarrow q)$

(4) $(p \wedge r \wedge s \wedge \neg q) \vee (p \wedge \neg q \wedge \neg p) \vee (r \wedge s)$

1.19 写出一个命题公式，当3个命题变元 p、q、r 中有且仅有两个为真时，该命题公式为真。

1.20 设 A、B、C 为任意的命题公式。

(1) 已知 $A \vee C \Leftrightarrow B \vee C$，问：$A \Leftrightarrow B$ 一定成立吗？

(2) 已知 $A \wedge C \Leftrightarrow B \wedge C$，问：$A \Leftrightarrow B$ 一定成立吗？

(3) 已知 $\neg A \Leftrightarrow \neg B$，问：$A \Leftrightarrow B$ 一定成立吗？

1.21 求 $\neg P \vee (Q \wedge R) \rightarrow (P \vee Q) \wedge \neg R$ 的对偶式。

1.22 给定某公式 A 的对偶式 A^* 的真值表如表1.16所示，求该公式 A 的主析取范式。

表1.16 A^* 的真值表

p	q	A^*
T	T	F
T	F	T
F	T	F
F	F	F

1.23 给定如下3个公式:

(1) $(p\to q)\to(\neg q\to\neg p)$

(2) $\neg(p\to q)\land r\land q$

(3) $(p\to q)\land\neg p$

① 用等值演算法判断上述公式的类型。

② 用主析取范式法判断上面公式的类型,并求公式的成真赋值。

③ 求上面3个公式的主合取范式,并求公式的成假赋值。

1.24 设命题公式 $A=(p\to(p\land q))\lor r$。

(1) A 的主析取范式中含有几个极小项?

(2) A 的主合取范式中含有几个极大项?

1.25 已知命题公式 A 中含3个命题变项 p、q、r,并知道它的成真赋值分别为 FFT、FTF、TTT,求 A 的主析取范式和主合取范式。

1.26 求下列公式的主析取范式,并求成真赋值。

(1) $(\neg p\to q)\to(\neg q\lor p)$

(2) $\neg(\neg p\lor q)\land q$

(3) $(p\lor(q\land r))\to(p\lor q\lor r)$

1.27 求题1.26中各小题的主合取范式,并求成假赋值。

1.28 求下列公式的主析取范式,再用主析取范式求主合取范式。

(1) $(p\land q)\lor r$

(2) $(p\to q)\land(q\to r)$

1.29 用主析取范式判断下列公式是否等值。

(1) $p\to(q\to r)$ 与 $q\to(p\to r)$

(2) $(p\to q)\to r$ 与 $q\land p\to r$

1.30 求公式 $(p\to\neg q)\land r$ 在以下各联结词完备集中与之等值的一个公式。

(1) $\{\neg,\land,\lor\}$

(2) $\{\neg,\land\}$

(3) $\{\neg,\lor\}$

(4) $\{\neg,\to\}$

(5) $\{\uparrow\}$

1.31 用① $x\lor y$,② $\neg x\lor y$,③ $x\lor\neg y$,④ $\neg x\lor\neg y$ 的合取式表达以下公式。

例: $\neg x$　　答② ∧ ④。

(1) $\neg x\to\neg y$　　答________

(2) $x\land y$　　答________

(3) $x\leftrightarrow\neg y$　　答________

1.32 证明:→不能用¬和↔推得,因而{¬,↔}不是功能完全的。

1.33 写出 $p\land q\to r$ 的5个逻辑等价式(要求含有两个以上→或一个↔,p、q、r 可根据需要使用)。

1.34 试说明下列各题中的联结词是否足够,即用它(它们)是否可以表示命题演算中的全部5个联结词(¬,∨,∧,→,↔)。

(1) $\uparrow$(与非联结词)

(2) $\neg$, $\rightarrow$

(3) $\wedge$, $\vee$

(4) $\rightarrow$

1.35 设 $H(p,q)$ 是一个二元真值函数,且所有真值函数可用 H 定义,证明 $H(p,q)$ 是与非函数 $\neg p \wedge q$,或者是或非函数 $\neg(p \vee q)$。

1.36 某电路中有一个灯泡和 3 个开关 A、B、C。已知在且仅在下述 4 种情况下灯亮:

(1) C 的扳键向上,A、B 的扳键向下。

(2) A 的扳键向上,B、C 的扳键向下。

(3) B、C 的扳键向上,A 的扳键向下。

(4) A、B 的扳键向上,C 的扳键向下。

设 G 为 T 表示灯亮,p、q、r 分别表示 A、B、C 的扳键向上。

(a) 求 G 的主析取范式。

(b) 在联结词完备集$\{\neg, \wedge\}$上构造 G。

(c) 在联结词完备集$\{\neg, \leftrightarrow\}$上构造 G。

1.37 联结词"不可兼析取"记为$\overline{\vee}$,其真值表如表 1.17 所示。

表 1.17　$\overline{\vee}$的真值表

P	Q	$P \overline{\vee} Q$
T	T	F
T	F	T
F	T	T
F	F	F

给出与 $P \overline{\vee} Q$ 等价的命题公式 A,使得

(1) A 中仅含联结词 $\neg$、$\wedge$ 和 $\vee$。

(2) A 中仅含联结词 $\neg$、$\wedge$ 和$\rightarrow$。

1.38 判断下面推理是否正确。先将简单命题符号化,再写出前提、结论、推理的形式结构和判断过程。

(1) 若今天是星期一,则明天是星期三;今天是星期一。所以明天是星期三。

(2) 若今天是星期一,则明天是星期二;明天是星期二。所以今天是星期一。

(3) 若今天是星期一,则明天是星期三;明天不是星期三。所以今天不是星期一。

(4) 若今天是星期一,则明天是星期二;今天不是星期一。所以明天不是星期二。

(5) 今天是星期一,当且仅当明天是星期三;今天不是星期一。所以明天不是星期三。

1.39 C 是否是前提 A_1 和 A_2 的有效结论?

(1) A_1: $p \rightarrow q$, A_2: p, C: q

(2) A_1: $p \rightarrow q$, A_2: $\neg p$, C: q

(3) A_1: $p \rightarrow q$, A_2: q, C: p

(4) A_1: $p \rightarrow q$, A_2: $\neg q$, C: $\neg p$

1.40 若 $\vdash \alpha \to \beta$ 且 $\vdash \beta \to \gamma$,则 $\vdash \alpha \to \gamma$(三段论 HS)。

1.41 $\{\neg \alpha \to \neg \beta\} \vdash \beta \to \alpha$。

1.42 在自然推理系统 P2 中构造下面推理的证明。

(1) 前提:$p \to q$
结论:$p \to (p \land q)$

(2) 前提:$q \to p$, $q \leftrightarrow s$, $s \leftrightarrow t$, $t \land r$
结论:$p \land q$

(3) 前提:$p \to r$, $q \to s$, $p \land q$
结论:$r \land s$

(4) 前提:$\neg p \lor r$, $\neg q \lor s$, $p \land q$
结论:$t \to (r \lor s)$

1.43 在自然推理系统 P 中构造下面推理的证明。

(1) 如果小王是理科学生,他必学好数学;如果小王不是文科生,他必是理科生;小王没学好数学。所以,小王是文科生。

(2) 明天是晴天,或是雨天;若明天是晴天,我就去看电影;若我看电影,我就不看书。所以,如果我看书,则明天是雨天。

1.44 某校规定,一个学生至少满足下列条件中的一个时,一门课程才算通过:

(1) 在期中或期末考试中有一次得 B 或 B 以上,一次得 A;

(2) 在期中和期末考试中都得 B 或 B 以上,并且担任了班以上的学生干部;

(3) 在期中考试中得 B 或 B 以上,期末考试得 B,并且认真完成了平时布置的全部作业。

用下面的命题作变量,写出描述一门功课通过的条件的布尔表达式,并简化所得的布尔表达式。

a:期中考试得 A; b:期中考试得 B;
c:期末考试得 A; d:期末考试得 B;
e:担任了班以上的学生干部; e:没有认真完成平时布置的全部作业。

写出简化以后的布尔表达式所对应的条件。

1.45 符号化下面命题并用推理规则证明。

前提:如果某人 x 不生活在法国,则他不说法语。x 不开凯夫罗雷特(Chevoolet)车。若 x 生活在法国,则他骑自行车。或者 x 说法语,或者他开凯夫罗雷特车。
结论:x 骑自行车。

1.46 试用命题演算解决下面的问题。

某天,三位任课教师各需给某班辅导,其中英语老师希望排在第一节或第二节;物理学老师希望排在第一节或第三节;而数学老师希望排在第二节或第三节,问能否同时满足老师们的要求?若能,试写出可行方案。

1.47 (1) 试将下列证明符号化:

星期天若不下雨且能买到车票,我就去计算机展览会参观。我没有去参观计算机展览,所以,星期天下雨了。

(2) 试问(1)中的结论是否为有效结论?为什么?

1.48 符号化下列命题，并证明其有效性。

我今天或上街，或访友。如果我看书，则我不上街；如果我不看书，则我去看电影；今天我不去看电影，因此我去访友。

1.49 “甲说乙在说谎，乙说丙在说谎，丙说甲、乙都在说谎”。试问究竟谁说真话？谁说假话？

1.50 甲、乙、丙三人对一块矿石进行判断，每人判断两次。甲认为这块矿石不是铁，也不是铜；乙认为它不是铁，是锡；丙认为它不是锡，是铁。已知老工人两次判断都对，普通队员两次判断一对一错，实习生两次判断都错。试问此矿石是什么矿？甲、乙、丙三人的身份各为什么？

1.51 某人在看一幅肖像画。有人问他：“你在看谁的像？”他说：“我没有兄弟姐妹，但这个男子的父亲是我父亲的儿子。”请问，这个男子在看谁？

1.52 假定情景同上，但看画人改作另一种回答：“我没有兄弟姐妹，而这个男子的儿子是我父亲的儿子。”现在，这人在看谁的像？

1.53 三个人A、B、C，个个非君子即小人。A、B作了如下陈述：

A：我们全是小人；

B：我们当中恰好有一个是君子。

试问A、B、C是何种人？

1.54 假定下面两个陈述为真：

(1) 我爱芊芊，或者我爱婷婷；

(2) 如果我爱芊芊，那么我爱婷婷。

能必然推出我爱芊芊吗？能必然推出我爱婷婷吗？

1.55 假定某人问我：“据说你爱芊芊那么，你也爱婷婷，这究竟是不是真的？”我解道：“如果这是真的，那么我爱芊芊。”能推出我爱芊芊吗？能推出我爱婷婷吗？

1.56 现在你要从三姐妹A、B、C当中选一个为妻。你知道其中一个是君子(君子永远讲真话)，一个是小人(小人永远撒谎)，一个是凡夫(凡夫时而撒谎，时而讲真话)。可是，你还知道(叫你不寒而栗！)那个凡夫是狼精，另外两个不是。就算你要了小人也不在乎，娶狼精总过分了吧！现在准你从三姐妹里任选一个，向她提你任选的一个问题，并且必须能用“是”或“不是”作解。你怎么问？

1.57 君子、小人、凡夫的概念同题1.56。

(1) 你最少要做多少真陈述，才能让别人相信你是凡夫？

(2) 你最少要做多少假陈述，才能让别人相信你是凡夫？

1.58 接上题，要你作一陈述，让别人相信你是凡夫，但不知道你的陈述是真是假。

1.59 某人问A：“你是君子么？”A答道：“如果我是君子，那么我愿吃掉我的帽子！”，证明A非吃掉他的帽子不可。(只考虑君子和小人)

1.60 某甲走到一个岔路口C处，他不知道哪一条路是到达A处的。在C处他见到乙和丙两个人，甲知道这两个人是相互了解的朋友，其中一个是撒谎者，另一个是老实人，但他不知道哪一个是撒谎者，哪一个是老实人。他向其中一个提出一个问题(回答只能为“是”或“不是”)，听到回答后，甲就能顺利到达A处，你能想到甲提出的是什么问题吗？

1.61 (知道问题)老师手中握有一副牌(黑桃 5、4、8、J;红心 A、Q、4;方块 A、5;梅花 K、Q、5、4),他想好一张牌,并将该牌的花色告诉学生甲,将该牌的点数告诉学生乙。

甲说:我敢肯定你不知道这张牌。

乙说:那么我现在知道了。

甲说:那么我也知道了。

请问这张牌是什么牌?

计算机编程题 1.1 参考代码

计算机编程题

1.1 已知命题 P 和 Q 的真值,求它们的合取、析取、异或、蕴涵和等价命题的真值。

1.2 已知两个长度为 n 的位串,求它们的按位 AND、按位 OR 及按位 XOR。

1.3 请编写一段程序求解下面的问题:甲、乙、丙、丁四个人有且仅有两人参加围棋优胜比赛。关于谁参加比赛,以下四种判断都是正确的。

(1) 甲和乙只有一人参加;

(2) 丙参加,丁必参加;

(3) 乙或丁至多参加一人;

(4) 丁不参加,甲也不参加。

请问哪两人参加了围棋优胜比赛?

1.4 给定一个复合命题表达式(只包含否定、合取、析取和蕴涵,可以带小括号,复合命题包含 2 个逻辑变元),输出该表达式的真值表。

1.5 给定一个复合命题表达式(只包含否定、合取、析取和蕴涵,可以带小括号,复合命题包含 3 个逻辑变元),通过对其命题变量所有可能的赋值判定该表达式是否为可满足公式。

第2章 谓词逻辑

在命题逻辑中，命题是最基本的单位，对简单命题不再进行分解，并且不考虑命题之间的内在联系和数量关系。因而，命题逻辑具有局限性，甚至无法判断一些简单而常见的推理。为了克服命题逻辑的局限性，就应该将简单命题再细分，分析出个体词、谓词和量词，以期达到表达出个体与总体的内在联系和数量关系，这就是谓词逻辑所研究的内容。谓词逻辑也称一阶谓词逻辑或一阶逻辑。

2.1 谓词逻辑的基本概念

考虑下面的推理：

凡偶数都能被2整除，6是偶数，所以，6能被2整除。

这个推理是数学推理中的真命题，但是在命题逻辑中却无法判断它的正确性。因为在命题逻辑中只能将推理中出现的3个简单命题依次符号化为p、q、r，将推理的形式结构符号化为$(p \wedge q) \rightarrow r$。

由于上式不是重言式，所以不能由它判断推理的正确性。我们可以看到，命题逻辑在表达能力和推理能力方面具有局限性。

在高等数学中，极限$\lim\limits_{x \to 0}\frac{\sin x}{x}=1$可用公式定义为

$$\forall \varepsilon > 0\ \exists \delta > 0\ \forall x(|x-0| < \delta \rightarrow |(\sin x/x)-1| < \varepsilon)$$

所涉及的符号有：

(1) 0,1

(2) x,ε,δ

(3) sin,÷,−,ABS,

(4) =,>,<

(5) ∀,∃

(6) →

其中，(1)是个体常量，(2)是个体变量，(3)是函数，(4)是谓词，(5)是量

词,(6)联结词,另外,括号是辅助符号。

个体词、谓词和量词是一阶逻辑命题符号化的3个基本要素。下面讨论这3个要素。

2.1.1 个体词

个体词是指所研究对象中可以独立存在的、具体的或抽象的客体。例如,小张、小李、武汉、$\sqrt{2}$、3等都可以作为个体词。将表示具体或特定的客体的个体词称作个体常项,一般用小写英文字母$a,b,c\cdots$表示;而将表示抽象或泛指的个体词称为个体变项,常用x,$y,z\cdots$表示。通常称个体变项的取值范围为个体域(或称论域)。个体域可以是有穷集合,例如,$\{1,2,3\}$,$\{a,b,c,d\}$,$\{a,b,c,\cdots,x,y,z\}$;也可以是无穷集合,例如,自然数集合$\mathbf{N}=\{0,1,2,\cdots\}$,实数集合$\mathbf{R}=\{x \mid x$是实数$\}$。

2.1.2 谓词

谓词是用来刻画个体词性质及个体词之间相互关系的词。考虑下面4个命题(或命题公式):

(1) $\sqrt{2}$是无理数。

(2) x是实数。

(3) 小张与小李同岁。

(4) x与y具有关系L。

在(1)中,$\sqrt{2}$是个体常项,"……是无理数"是谓词,记为F,并用$F(\sqrt{2})$表示(1)中的命题。在(2)中,x是个体变项,"……是实数"是谓词,记为G,用$G(x)$表示(2)中的命题。在(3)中,小张、小李都是个体常项,"……与……同岁"是谓词,记为H,则(3)中的命题符号化形式为$H(a,b)$,其中,a:小张,b:小李。在(4)中,x、y为两个个体变项,谓词为L,(4)的符号化形式为$L(x,y)$。

只涉及一个个体的谓词称为一元谓词,涉及两个个体的谓词称为二元谓词,涉及n个个体的谓词称为n元谓词。

一般地,如P表示谓词符号,用t_i表示第i个个体变项,则n元谓词表示为$P(t_1,\cdots,t_n)$,如$a_1,a_2,\cdots,a_n$是个体域中的个体,则$P(a_1,a_2,\cdots,a_n)$是一个命题。不含客体变项的谓词称零元谓词,零元谓词本身就是命题。

同个体词,谓词也有常项和变项之分。表示具体性质或关系的谓词称为谓词常项,表示抽象的、泛指的性质或关系的谓词称为谓词变项。谓词常项或变项都用大写英文字母$F,G,H,\cdots$表示,可根据上下文区分。在上面4个命题中,(1)、(2)、(3)中的谓词F、G、H是常项,而(4)中的谓词L是变项。

通常用$F(a)$表示个体常项a具有性质F(F是谓词常项或谓词变项),用$F(x)$表示个体变项x具有性质F,而用$F(a,b)$表示个体常项a、b具有关系F,用$F(x,y)$表示个体变项x、y具有关系F。一般用$P(x_1,x_2,\cdots,x_n)$表示含$n(n\geqslant 1)$个命题变项的n元谓词。$n=1$时,$P(x_1)$表示x_1具有性质P;$n\geqslant 2$时,$P(x_1,x_2,\cdots,x_n)$表示$x_1,x_2,\cdots,x_n$

具有关系 P。实质上，n 元谓词 $P(x_1,x_2,\cdots,x_n)$ 可以看成以个体域为定义域，以 $\{T,F\}$ 为值域的 n 元函数或关系。当 P 为谓词常项，$a_1,a_2,\cdots,a_n$ 为个体常项时，$P(a_1,a_2,\cdots,a_n)$ 才是命题。

有时将命题逻辑中的命题表示成 0 元谓词，从而将命题看成特殊的谓词。

谓词 $B(x)$、$B(x,y)$、$H(x,y,z)$ 等本身不是命题。只有命题变项在 D 中取出个体名称时才成为一个确定的命题，故谓词也称为命题函数或简单命题函数。有限个简单命题函数用联结词 $\neg$、$\wedge$、$\vee$、$\rightarrow$、$\leftrightarrow$ 联结而成，成为复合命题函数。

2.1.3　量词

在引进量词前先看一个例子。用 $P(x)$ 表示"$(x-1)^2=x^2-2x+1$"，设 x 的个体域为整数集合，任何整数代入后该等式总成立。若 $Q(x)$ 表示"$x-2=1$"，x 的个体域也为整数集合，则有些整数代入后该式不成立。为表示个体常项或变项之间的数量关系，我们引入了量词。量词可分全称量词和存在量词两种。

1. 全称量词

常用的"一切的""所有的""每一个""任意的""凡""都"等词统称为全称量词，可将它们符号化为 $\forall$。通常用 $\forall x$ 表示个体域里的所有个体，用 $\forall x F(x)$ 表示个体域里的所有个体都有性质 F。

例 2.1　将下列命题符号化：凡人必死。张三是人，则张三必死。

解：$P(x)$：x 是人；$D(x)$：x 死；a：张三。

$$(\forall x(P(x)\rightarrow D(x))\wedge P(a))\rightarrow D(a)$$

2. 存在量词

常用的"存在""有一个""有的""至少有一个"等词统称为存在量词，可将它们符号化为 $\exists$。通常用 $\exists x$ 表示个体域里有某个个体，而用 $\exists x F(x)$ 表示个体域里存在的个体具有性质 F。

例 2.2　将下列命题符号化。

(1) 有些人是聪明和美丽的。

(2) 并非所有国家都是一样大的。

解：(1) 设 $M(x)$：x 是人；$Q(x)$：x 是聪明的；$R(x)$：x 是美丽的。

命题符号化为 $\exists x(M(x)\wedge Q(x)\wedge R(x))$。

(2) 设 $C(x)$：x 是国家(country)；$E(x,y)$：x 与 y 一样大。

命题符号化为 $\exists x\exists y(C(x)\wedge C(y)\wedge\neg E(x,y))$。

说明：命题符号化之前，必须明确个体域的范围，以上例子均为全总个体域（包含所有对象的个体域）。如果将个体域改为 $D=\{$人类$\}$或$\{$国家$\}$，则特性谓词 $M(x)$ 就不需要了。此时，翻译的公式可简化为(1) $\exists x(Q(x)\wedge R(x))$；(2) $\exists x\exists y\neg E(x,y)$。

例 2.3　用谓词逻辑公式表示下列语句。

(1) 所有的正数均可开方。

(2) 没有最大的自然数。

解：(1) ① 若个体域为全体正实数 $\mathbf{R}^+$，$S(x)$：x 可以开方，

则命题符号化为$\forall x S(x)$；

② 若个体域为全体实数集$\mathbf{R}$，$G(x,y)$：$x>y$，

则命题符号化为$\forall x((G(x,0) \to S(x))$；

③ 若个体域为全总个体域，$R(x)$：x是实数，

则符号化为$\forall x(R(x) \land G(x,0) \to S(x))$。

(2) 可理解为"对所有x，若x是自然数，则存在y，y也是自然数，且$y>x$"，设$N(x)$：x是自然数，$G(x,y)$：$x>y$，符号化为$\forall x(N(x) \to \exists y(N(y) \land G(y,x)))$，也可以符号化为$\neg \exists x(N(x) \land \forall y(N(y) \to G(x,y)))$。

注意：不可以用最大直接定义谓词。"最大"是比较而来的，依赖于其他客体，"最大"和"最小"不能直接作谓词。

例 2.4 形式逻辑中有

** 是 ***

** 不是 ***

两句话。例如，"王玉是教授"和"王玉不是教授"。若其中一句是正确的，那么另一句就一定是不正确的。请构造出同时为真的两个句子。

解："有些自然数是奇数"和"有些自然数不是奇数"。符号化为$\exists x O(x) \land \exists x \neg O(x)$。

此外，还可以构造句子："这句话是七个字"和"这句话不是七个字"。

例 2.5 上帝存在性证明。

已知$x=x$，$x=x \to \exists y(x=y)$，由此推出$\exists y(x=y)$，令x为"上帝"，则有$\exists y(y=$上帝$)$。

请思考：是什么原因推导出看似荒谬的结论？

由于引进了个体词、谓词和量词的概念，现在可以将本章开始时讨论的推理在一阶逻辑中符号化为如下形式：

$$(\forall x(F(x) \to G(x)) \land F(a)) \to G(a)$$

其中，$F(x)$：x是偶数；$G(x)$：x能被2整除；a：6。

2.2 谓词逻辑公式与翻译

2.2.1 一阶语言

一阶语言$\mathcal{F}$是用于一阶逻辑的形式语言，一阶逻辑就是建立在一阶语言基础之上的逻辑体系。一阶语言本身不具备任何意义，但可以根据需要解释成具有某种含义。

1. 谓词公式中出现的字母表

定义 2.1 一阶语言$\mathcal{F}$的字母表定义如下。

(1) 个体变元符号：用小写的英文字母x、y、z(或加下标)……表示。

(2) 个体常元符号：用小写的英文字母a、b、c(或加下标)……表示。

(3) 函数符号：用小写的英文字母f、g、h(或加下标)……表示。

(4) 谓词符号：用大写的英文字母P、Q、R(或加下标)……表示。

(5) 量词符号：∃，∀。

(6) 联结词符号：¬，∧，∨，→，↔。

(7) 辅助符号：逗号和圆括号等。

2. 项的定义

项在谓词公式中起的是名词的作用，它不是句子。

定义 2.2　项的递归定义如下：

(1) 任意个体常量或个体变量都是项；

(2) 如果 f 是 n 元函数符号，$t_1,t_2,\cdots,t_n$ 是项，则 $f(t_1,t_2,\cdots,t_n)$ 仍然是项；

(3) 只有有限次使用(1)和(2)生成的符号串才是项。

例 2.6　(1) D 是个体名称集，$x\in D$，为人名变量；a：张三；b：李四。x、a、b 是项，$f(x)$：x 的父亲；$f(a)$：张三的父亲；$f(f(a))$：张三的祖父，仍是项。

(2) D：实数集。$f(x)=\ln x$，$g(x,y)=x+y$，$h(x,y)=x\times y$ 均是函数，其结果仍是数，仍可以在函数的自变量位置上出现。而 $g(g(x,y),h(x,y))=((x+y)+(x\times y))$，$f(g(x,y))=\ln(x+y)$，$x+y=5$，$x\times y+a>5$ 是逻辑表达式，不是项。

3. 原子公式的定义

原子公式是公式的最小单位，也是最小的句子单位。项不是公式。

定义 2.3　若 P 是 n 元谓词符号，$t_1,t_2,\cdots,t_n$ 是项，则 $P(t_1,t_2,\cdots,t_n)$ 为原子公式。

由以上定义可以看出：

(1) 项也可以出现在谓词的变量位置，相当于名词，可以作句子的主语或宾语。

(2) 函数 $f(t_1,t_2,\cdots,t_n)$ 不是句子，仅是词。项的结果仍是个体名称集中的名词，而公式的结果(真值)是真或假(是 T 或 F)。

4. 谓词逻辑公式的定义

定义 2.4　谓词逻辑合式公式(简称合式公式)的递归定义如下：

(1) 原子公式是合式公式；

(2) 若 A、B 是合式公式，则 $(\neg A)$，$(A\wedge B)$，$(A\vee B)$，$(A\to B)$，$(A\leftrightarrow B)$ 也是；

(3) 若 A 是合式公式，则 $\forall xA$、$\exists xA$ 也是；

(4) 只有有限次使用(1)、(2)和(3)生成的符号串才是合式公式(也称谓词公式)。

例如，$H(a,b)$，$(C(x)\wedge B(x))$，$\forall x(M(x)\to H(x))$，$\exists x((M(x)\wedge C(x))\wedge B(x))$，$\forall x\,\exists y((M(x)\wedge H(x,y))\to L(x,y))$ 等均是合式公式。当然，以上出现的大写英文字母均是谓词符号。在不影响理解和含义的情况下，括号可省，如 $C(x)\wedge B(x)$ 可认为是合式公式。

谓词逻辑中的量词只作用到个体变项，不能作用到谓词。因此，谓词逻辑的表达能力也是受限的。如数学归纳法不能在谓词逻辑中表达，下列语句也不能在谓词逻辑中翻译："自然数的任意子集都有最小元"。

2.2.2　自由与约束

定义 2.5　在合式公式 $\forall xA$ 和 $\exists xA$ 中，x 是指导变元，A 为相应量词的**作用域**或**辖域**。在辖域中 x 的出现称为 x 在公式 A 中的**约束出现**；约束出现的变元称为**约束变元**；

A 中不是约束出现的其他变元称为该变元的**自由出现**,自由出现的变元称为**自由变元**。

例 2.7 指出各公式的指导变元、辖域、约束变元和自由变元。

(1) $\forall x(P(x)\rightarrow \exists yQ(x,y))$

(2) $\exists xF(x)\wedge G(x,y)$

(3) $\forall x(x=y\wedge x^2+x<5\rightarrow x<z)\rightarrow x=5y^2$

(4) $\forall x(F(x)\rightarrow G(x))\vee \forall x(F(x)\rightarrow H(x))$

(5) $\exists xF(x)\wedge G(x)$

解:(1) 由 $\forall x$ 后的圆括号知,x 是指导变元,$\forall x$ 的辖域是后面的整个式子,y 是指导变元,辖域仅是 $Q(x,y)$。x 的两次出现均是约束出现,y 的一次出现是约束出现,故 x、y 是约束变元。

(2) $\exists x$ 的辖域仅为 $F(x)$,x 是指导变元,变元 x 第一次出现是约束出现,第二次出现是自由出现,y 的出现是自由出现。所以,第一个 x 是约束变元,第二个 x 是自由变元,本质上这两个 x 的含义是不同的;而 y 仅是自由变元。

(3) x^2+x 是函数,$x=y$,$x^2+x<5$,$x<z$,$x=5y^2$ 这是 4 个原子公式。x 是指导变元、$\forall x$ 的辖域是圆括号内的这部分。因此,x 的第一、二、三、四次出现是约束出现,x 的第五次出现是自由出现。而 y、z 的出现均是自由出现。

(4) 第一个全称量词 x 的辖域是 $(F(x)\rightarrow G(x))$,其中 x 的出现均是约束出现,是约束变元;第二个全称量词 $\forall x$ 的辖域是 $(F(x)\rightarrow H(x))$,其中 x 的出现均是约束出现,是约束变元。

(5) 唯一的存在量词 x 的辖域是 $F(x)$,其中 x 的出现是约束出现,是约束变元;而 x 的第三次出现是在 $G(x)$ 中的出现,是自由出现,第三个 x 是自由变元。

为方便起见,本书用 $A(x_1,x_2,\cdots,x_n)$ 表示含 $x_1,x_2,\cdots,x_n$ 自由出现的公式,并用 Δ 表示任意的量词($\forall$或$\exists$),则 $\Delta x_1 A(x_1,x_2,\cdots,x_n)$ 是含有 $x_2,x_3,\cdots,x_n$ 自由出现的公式,可记为 $A_1(x_2,x_3,\cdots,x_n)$。类似地,$\Delta x_2\Delta x_1 A(x_1,x_2,\cdots,x_n)$ 可记为 $A_2(x_3,x_4,\cdots,x_n)$,$\Delta x_{n-1}\Delta x_{n-2}\cdots\Delta x_1 A(x_1,x_2,\cdots,x_n)$ 中只有 x_n 是自由出现的个体变项,可以记为 $A_n(x_n)$,而 $\Delta x_n\cdots\Delta x_1 A(x_1,x_2,\cdots,x_n)$ 已经没有自由出现的个体变项了。

由例题可见,在一个一阶逻辑公式中,某个个体变元(符)的出现可以既是约束的,又是自由的。另外,同一个变元(符)即使都是约束的,也可能是在不同的量词辖域中出现。

2.2.3 闭公式

定义 2.6 设 A 是任意的公式,若 A 中不含有自由出现的个体变项,则称 A 为封闭的公式,简称闭式。

要想使含有 $n(n\geqslant 1)$ 个自由出现个体变项的公式变成闭式,至少要加上 n 个量词。

例 2.8 将下列两个公式中的变项指定成常项,使其成为命题。

(1) $\forall x(F(x)\rightarrow G(x))$

(2) $\forall x\forall y(F(x)\wedge F(y)\wedge G(x,y)\rightarrow H(f(x,y),g(x,y)))$

解:(1) 指定个体变项的变化范围,并且指定谓词 F、G 的含义。

下面给出两种指定法:

① 令个体域 D_1 为全总个体域，$F(x)$ 为 x 是人，$G(x)$ 为 x 是黄种人，则(1)表达的命题为“所有人都是黄种人”，这是假命题。

② 令个体域 D_2 为实数集合 $\mathbf{R}$，$F(x)$ 为 x 是自然数，$G(x)$ 为 x 是整数，则(1)表达的命题为“自然数都是整数”，这是真命题。

还可以给出其他各种不同的指定，使(1)表达各种不同形式的命题。

(2) 式中含有两个二元函数变项、两个一元谓词变项、两个二元谓词变项。指定个体域为全总个体域，$F(x)$ 为 x 是实数，$G(x,y)$ 为 $x \neq y$，$H(x,y)$ 为 $x > y$，$f(x,y) = x^2 + y^2$，$g(x,y) = 2xy$，则(2)式表达的命题为“对于任意的 x、y，若 x 与 y 都是实数，且 $x \neq y$，则 $x^2 + y^2 > 2xy$”，这是真命题。如果 $H(x,y)$ 改为 $x < y$，则所得命题就为假命题了。

例 2.8 中谈到的对各种变项的指定也可以称为对它们的解释。在例题中是给出公式后再对它们进行解释，也可以先给出解释，再用这个解释去解释各种公式。由以上的讨论不难看出，一个解释不外乎指定个体域、个体域中一些特定的元素、函数和谓词等部分。

2.2.4　谓词逻辑公式的解释

第 1 章中讨论了把自然语言翻译成有命题和命题联结词构成的命题逻辑表达式的过程。谓词逻辑中的符号较为全面，使得谓词逻辑语言的表达能力非常强，可以通过采用不同的非逻辑符号增强自己的表达能力。

在命题逻辑中对每个命题符号给予真值指定可以得一个公式的一个赋值（又称指派、解释）。如公式中共出现 n 个不同的命题符号，则共有 2^n 个解释，因而可以列出公式的真值表。谓词逻辑中公式的赋值解释就没有这样简单。

1. 谓词公式的赋值(解释)

定义 2.7　谓词公式的赋值是对以下符号进行指定：谓词公式 A 的个体域为 D(这也必须指定)：

(1) 每一个个体常项指定 D 中的一个元素。

(2) 每一个 n 元函数指定 D^n 到 D 的一个映射。

(3) 每一个 n 元谓词指定 D^n 到 $\{T,F\}$ 的一个映射。

以上一组指定称为谓词公式 A 的一个解释或赋值。

例 2.9　已知一个解释 I 如下：

(1) 指定个体域为 $D=\{2,3\}$。

(2) D 中特定元素 $a=2$。

(3) D 上的特定函数 $f(x)$ 为 $f(2)=3, f(3)=2$。

(4) D 上的特定谓词 $G(x,y)$ 赋值 $G(2,2)$、$G(2,3)$、$G(3,2)$ 为 T，$G(3,3)$ 为 F。$L(x,y)$ 赋值 $L(2,2)$、$L(3,3)$ 为 T，$L(2,3)$、$L(3,2)$ 为 F。$H(x)$ 赋值 $H(2)$ 为 F，$H(3)$ 为 T。

在 I 下求下列各式的真值。

(1) $\forall x(H(x) \land G(x,a))$

(2) $\exists x(H(f(x)) \land G(x,f(x)))$

(3) $\forall x \exists y L(x,y)$

(4) $\exists y \forall x L(x,y)$

解：设以上公式分别为 A、B、C、D。

(1) $A \Leftrightarrow (H(2) \wedge G(2,2)) \wedge (H(3) \wedge G(3,2)) \Leftrightarrow (\mathrm{F} \wedge \mathrm{T}) \wedge (\mathrm{T} \wedge \mathrm{T}) \Leftrightarrow \mathrm{F}$

(2) $B \Leftrightarrow H(f(2)) \wedge G(2,f(2)) \vee H(f(3)) \wedge G(3,f(2)) \Leftrightarrow (H(3) \wedge G(2,3)) \vee (H(2) \wedge G(3,3)) \Leftrightarrow \mathrm{T}$

(3) $C \Leftrightarrow (L(2,2) \vee L(2,3)) \wedge (L(3,2) \vee L(3,3)) \Leftrightarrow \mathrm{T}$

(4) $D \Leftrightarrow (L(2,2) \wedge L(2,3)) \vee (L(3,2) \wedge L(3,3)) \Leftrightarrow \mathrm{F}$

由(3)、(4)的结果进一步可以说明，量词的次序不能随意颠倒。

例 2.10 已知指定一个解释 N 如下：

(1) 个体域为自然数集合 D_{N}；

(2) 指定常项 $a=0$；

(3) D_{N} 上的指定函数 $f(x,y)=x+y$，$g(x,y)=x*y$；

(4) 指定谓词 $E(x,y)$ 为 $x=y$。

在以上指定的解释 N 下说明下列公式的真值：

(1) $\forall x E(g(x,a),x)$

(2) $\forall x \exists y (E(f(x,a),y) \rightarrow E(f(y,a),x))$

(3) $E(f(x,y),f(y,z))$

解：(1) $\forall x E(g(x,a),x)$ 即 $\forall x(x*0=x)$，该命题是假的。

(2) 在解释 N 下此公式等价于 $\forall x \exists y(x+0=y \rightarrow y+0=x)$，此命题为真。

(3) 在解释 N 下该公式等价于 $x+y=y+z$。

此时，x、y、z 均为自由变元，解释不对自由变元进行指定，因而该公式是命题函数，不是命题，真值不能确定。

说明：

(1) 一个谓词公式如果不含自由变元，则在一个解释下可以得到确定的真值，不同的解释下可能得到不同的真值。

(2) 公式的解释并不对变元进行指定，如果公式中含有自由变元，即使对公式进行了一个指派，也得不到确定的真值，其仅是一个命题函数，但约束变元不受此限制。

由公式的解释定义可以看出，公式的解释有许多，当 D 为无限集时，公式有无限多个解释，根本不可能将其一一列出，因而谓词逻辑的公式不可能用真值表列出。

2.2.5 谓词逻辑命题符号化

下面用例子说明谓词逻辑命题符号化，并且指出注意事项。

例 2.11 在个体域分别限制为(a)和(b)条件时，将下面两个命题符号化：并非所有的狗都咬人，只有疯狗才咬人。其中，(a)个体域 D_1 为狗的集合；(b)个体域 D_2 为全总个体域。

解：(a)个体域 D_1 为狗的集合时，令 $C(x)$：x 是疯狗(crazy dog)。$B(x)$：x 咬人(bite)。在 D_1 中除了狗外，再无别的东西，因而原句可符号化为 $\neg \forall x B(x) \wedge \forall x(B(x) \rightarrow C(x))$。

(b)个体域 D_2 为全总个体域时，D_2 中除了有狗外，还有万物，因而在进行命题符号化时，必须考虑将狗分离出来。令 $D(x)$：x 是狗。在 D_2 中，原句符号化为

$$\neg \forall x(D(x) \rightarrow B(x)) \land \forall x((D(x) \land B(x)) \rightarrow C(x))$$

由例 2.11 可知，命题在不同的个体域 D_1 和 D_2 中符号化的形式不一样。主要区别在于，使用个体域 D_2 时，要将狗与其他事物区分开。为此引进了谓词 $D(x)$，像这样的谓词称为特性谓词。在命题符号化时一定要正确使用特性谓词。

例 2.12　在个体域限制为(a)和(b)条件时，将下列命题符号化。

(1) 对于任意的 x，均有 $x^2-4x+3=(x-1)(x-3)$。

(2) 存在 x，使得 $x+10=1$。

其中：(a) 个体域 $D_1=\mathbf{N}$($\mathbf{N}$ 为自然数集合)

(b) 个体域 $D_2=\mathbf{R}$($\mathbf{R}$ 为实数集合)

解：(a) 令 $F(x)$：$x^2-4x+3=(x-1)(x-3)$，$G(x)$：$x+10=1$。命题(1)的符号化形式为

$$\forall xF(x) \tag{2.1}$$

命题(2)的符号化形式为

$$\exists xG(x) \tag{2.2}$$

显然，式(2.1)为真命题；而式(2.2)为假命题，因为 $\mathbf{N}$ 不含负数。

(b) 在 D_2 内，式(2.1)和式(2.2)命题的符号化形式还是式(2.1)和式(2.2)，式(2.1)依然是真命题，而此时式(2.2)也是真命题。如果论域是正的二进制整数集合，则式(2.2)不成立。若论域是二进制整数集合，则式(2.2)为真。

从例 2.11 和例 2.12 可以看出以下两点：

① 在不同个体域内，同一个命题的符号化形式可能不同，也可能相同。

② 同一个命题，在不同个体域中的真值也可能不同。

例 2.13　将下列命题符号化，并讨论真值。

(1) 所有的人都长着黑头发。

(2) 有的人登上过月球。

(3) 没有人登上过木星。

(4) 在欧洲留学的学生未必都是亚洲人。

解：由于本题没有提出个体域，因而应该采用全总个体域，并令 $M(x)$：x 为人。

(1) 令 $B(x)$：x 长着黑头发。命题(1)的符号化形式为

$$\forall x(M(x) \rightarrow B(x)) \tag{2.3}$$

设 a 为某个金发姑娘，则 $M(a)$为真，而 $B(a)$为假，所以 $M(a)\rightarrow B(a)$为假，故式(2.3)表示的命题为假。

(2) 令 $G(x)$：x 登上过月球。命题(2)的符号化形式为

$$\exists x(M(x) \land G(x)) \tag{2.4}$$

设 b 是 1969 年登上月球完成阿波罗计划的一个美国人，则 $M(b)\land G(b)$为真，所以式(2.4)表示的命题为真。

(3) 令 $H(x)$：x 登上过木星。命题(3)的符号化形式为

$$\neg \exists x(M(x) \land H(x)) \tag{2.5}$$

到目前为止,任何人(含已经去世的人)都没有登上过木星,所以对任何人 a,$M(a)\wedge H(a)$均为假,因而 $\exists x(M(x)\wedge H(x))$为假,所以式(2.5)表示的命题为真。

(4) 令 $E(x)$: x 是在欧洲留学的学生,$A(x)$: x 是亚洲人。命题(4)的符号化形式为

$$\neg\forall x(E(x)\rightarrow A(x)) \tag{2.6}$$

这个命题也为真。

例 2.14 用谓词、量词及联结词符号量化下列命题。

(1) 每个人都至少爱另外一个人。

(2) 有人不爱自己。

(3) 有唯一一个人无人爱。

解: 用 $L(x,y)$表示 x 爱 y,论域为全体人。

(1) $\forall x\exists y(L(x,y)\wedge x\neq y)$

(2) $\exists x\neg L(x,x)$

(3) $\exists y(\forall x\neg L(x,y)\wedge\forall z(\forall x\ \neg L(x,z)\rightarrow y=z))$

例 2.15 论域为自然数集,用一阶语言及 $x=y$,$x<y$,$x\leqslant y$ 等翻译下列语句。

(1) x 是一偶数。

(2) x 是素数。

(3) x 是 y 和 z 的最小公倍数。

(4) x 被 4 除时,余数为 1 或 2。

(5) 在 n 和 $2n$ 之间存在一素数。

(6) 每个大于 3 的偶数都是两个素数之和。

(7) 任意三个数都有最大公约数。

(8) 不存在最大素数。

解: (1) $\exists y(x=2*y)$

(2) $\forall y\forall z(x=y*z\rightarrow y=1\vee y=x)$

(3) $\exists y_1\exists z_1((x=y*y_1)\wedge(x=z*z_1))\wedge\forall u[\exists y_1\exists z_1(u=y*y_1\wedge u=z*z_1)\rightarrow\exists x_1(x_1*x=u)]$

(4) $\forall y\forall z((x=4*y+z\wedge z<4)\rightarrow(z=1\vee z=2))$

(5) $\forall n\exists p[\forall y\forall z(p=y*z\rightarrow y=1\vee y=p)\wedge(n\leqslant p\wedge p\leqslant 2*n)]$

(6) $\forall u\{2*u>3\rightarrow\exists p_1\exists p_2[\forall y\forall z((p_1=y*z\rightarrow p_1=y\vee 1=y)\wedge(p_2=y*z\rightarrow p_2=y\vee 1=y))\wedge(2*u=p_1+p_2)]\}$

(7) $\forall z\forall y\forall x\exists u\{\exists z_1\exists y_1\exists x_1(z_1*u=z\wedge y_1*u=y\wedge x_1*u=x)\wedge\forall t[\exists z_1\exists y_1\exists x_1(z_1*t=z\wedge y_1*t=y\wedge x_1*t=x)\rightarrow t\leqslant u]\}$

(8) $\forall x\exists t\{[\forall y\forall z(x=y*z\rightarrow y=1\vee y=x)]\rightarrow[(\forall y\forall z(t=y*z\rightarrow y=1\vee y=t))\wedge x<t]\}$

其中,语句(6)是哥德巴赫猜想,目前尚未得到证明。

例 2.16 构造一个仅含逻辑符号(即无函数符号并且只有谓词符号=)的语句 α,使得 α 在结构 U 中成立,当且仅当 U 有

(1) 至少 3 个元素。

(2) 至多 3 个元素。

(3) 恰好 3 个元素。

解：(1) $\alpha_1 = \exists x \exists y \exists z[(x\neq y)\wedge(y\neq z)\wedge(x\neq z)]$

(2) $\alpha_2 = \exists x \exists y \exists z \forall w[w=x \vee w=y \vee w=z]$

(3) $\alpha_3 = \alpha_1 \wedge \alpha_2$

例 2.17　只用一个二元谓词符号(无其他谓词符号,也无函数符号)构造一个语句 α,使得 α 没有有穷模型(即没有带有穷论域的模型),但是当 U 是任何无穷集时,α 就是一个以 U 为论域的模型。

解：$\forall x \exists y R(x,y) \wedge \forall x \neg R(x,x) \wedge \forall x \ \forall y \ \forall z(R(x,y)\wedge R(y,z)\rightarrow R(x,z))$

注意：

(1) 一般来说,多个量词出现时,它们的顺序不能随意调换。例如,考虑个体域为实数集,$H(x,y)$表示 $x+y=10$,则命题"对于任意 x,都存在 y,使得 $x+y=10$"的符号化形式为

$$\forall x \exists y H(x,y) \tag{2.7}$$

所给命题显然为真命题。但是,如果改变两个量词的顺序,则有

$$\exists y \forall x H(x,y) \tag{2.8}$$

命题(2.8)已经不表示原命题,而且它所表示的命题是假命题。

(2) 有些命题的符号化形式可不止一种。例如,在例 2.11 中,个体域为 D_1 时,还可以符号化为 $\exists x \neg B(x) \wedge \forall x(B(x)\rightarrow C(x))$。

2.2.6　一阶公式的分类

定义 2.8　设 A 为一公式,若 A 在任何解释下均为真,则称 A 为永真式(或称逻辑有效式);若 A 在任何解释下均为假,则称 A 为矛盾式(或称永假式);若至少存在一个解释使 A 为真,则称 A 为可满足式。

从定义可知,永真式一定是可满足式,但可满足式不一定是永真式。不存在一般算法,用来判定任一谓词逻辑公式是否为可满足的(也称谓词逻辑是不可判定的)。

例 2.18　判断下列各题是否为永真式?若否,必须构造一个使该命题在某一特定个体域上的反例。

(1) $\forall x \exists y\, P(x,y)\rightarrow \exists y \forall x\, P(x,y)$

(2) $\exists x \forall y\, Q(x,y)\rightarrow \forall y \exists x\, Q(x,y)$

(3) $(\forall x\, P(x) \vee \forall x\, Q(x))\rightarrow \forall x(P(x)\vee Q(x))$

(4) $\forall x(P(x)\vee Q(x))\rightarrow(\forall x\, P(x) \vee \forall x\, Q(x))$

解：(1) 不是永真式。例如,取 P 为自然数集合上的小于关系,$\forall x \exists y\ (x<y)$成立,但是 $\exists y \forall x\ (x<y)$不成立。

(2) 是永真式。假设 $\exists x \forall y\, Q(x,y)$,则存在 a,$\forall y\, Q(a,y)$,即对任意 y,$Q(a,y)$,于是,$\exists x\, Q(x,y)$,y 任意,所以 $\forall y \exists x\, Q(x,y)$。

(3) 是永真式。如果 $\forall x(P(x)\vee Q(x))$为假,则存在 a,$\neg(P(a)\vee Q(a))$,$\neg P(a) \wedge \neg Q(a)$,由 $\neg P(a)$得 $\forall x\, P(x)$假,由 $\neg Q(a)$得 $\forall x\, Q(x)$假,即 $\forall x\, P(x) \vee \forall x\, Q(x)$

为假。

(4) 不是永真式。例如,论域为自然数集合,$P(x)$表示 x 为奇数,$Q(x)$表示 x 为偶数,则式(4)中前件为真,后件为假。

例 2.19 解答

例 2.19 按照要求给出公式。

(1) 给出一个闭式的永真式。

(2) 给出一个闭式的永假式。

(3) 给出一个非闭式的永真式。

(4) 给出一个非闭式的永假式。

(5) 给出一个非闭式的真值不定的公式。

2.3 谓词逻辑等值演算

2.3.1 基本等价式与置换规则

定义 2.9 设命题式为 A_0,命题变项为 $P_1,P_2,\cdots,P_n$,而 $A_1,A_2,\cdots,A_n$ 是谓词公式,用 A_i 处处代换 $P_i(1\leqslant i\leqslant n)$所得的公式称为 A_0 的**代换实例**。

定义 2.10 设 A、B 是一阶逻辑中的任意两个公式,若 $A\leftrightarrow B$ 是永真式,则称 A 与 B 是等价的,记作 $A\Leftrightarrow B$,称 $A\Leftrightarrow B$ 是等价式。

谓词逻辑中关于联结词的等价式与命题逻辑中的相关等价式类似。下面主要讨论关于量词的等价式。

现将谓词逻辑中的基本等价式和基本蕴涵式分类说明。

1. 命题逻辑中结论的推广

在命题逻辑中成立的基本等价式和基本蕴涵式及其代换实例都是谓词逻辑的等价式和蕴涵式。

例如,幂等律 $\exists xA(x)\wedge\exists xA(x)\Leftrightarrow\exists xA(x)$

蕴涵律 $\forall x(A(x)\rightarrow B)\Leftrightarrow\forall x(\neg A(x)\vee B)$

2. 量词与否定的交换

(1) $\neg\forall xA(x)\Leftrightarrow\exists x\neg A(x)$

(2) $\neg\exists xA(x)\Leftrightarrow\forall x\neg A(x)$

$D=\{a,b,c\}$时,式(1)左边 $\neg\forall xA(x)\Leftrightarrow\neg(A(a)\wedge A(b)\wedge A(c))$,式(1)右边 $\exists x\neg A(x)\Leftrightarrow\neg A(a)\vee\neg A(b)\vee\neg A(c)$。比较两公式可得,式(1)在命题逻辑中相当于德摩根律。

例如,$A(x)$:x 是男生,则 $\neg\forall xA(x)$:"并非每个人都是男生"。此命题等价于"存在一个人,他不是男生",即 $\exists x\neg A(x)$。

一般来说,"存在"的反向是"任意","任意"的反向是"存在"。

3. 量词辖域的扩张和收缩

(1) $\forall x(A(x)\vee B)\Leftrightarrow\forall xA(x)\vee B$

(2) $\forall x(A(x)\wedge B)\Leftrightarrow\forall xA(x)\wedge B$

(3) $\exists x(A(x)\vee B)\Leftrightarrow\exists xA(x)\vee B$

(4) $\exists x(A(x) \wedge B) \Leftrightarrow \exists x A(x) \wedge B$

说明：∃、∀在∧、∨逻辑词下，辖域可以扩充到一切不含该指导变元的任意原子公式上，推广为 $\exists x A(x) \vee B(y) \Leftrightarrow \exists x(A(x) \vee B(y))$要具备两个条件：①$B$ 中不含指导变元 x；②联结词只能是∧、∨。

(5) $\forall x(A(x) \rightarrow B) \Leftrightarrow \exists x A(x) \rightarrow B$

(6) $\forall x(B \rightarrow A(x)) \Leftrightarrow B \rightarrow \forall x A(x)$

(7) $\exists x(A(x) \rightarrow B) \Leftrightarrow \forall x A(x) \rightarrow B$

(8) $\exists x(B \rightarrow A(x)) \Leftrightarrow B \rightarrow \exists x A(x)$

说明：在(5)、(7)中含有→的公式中辖域的扩充与收缩时，∃和∀交换了，这是由于两次的辖域不同，在用蕴涵律时¬所处的位置不同。

$$\forall x(A(x) \rightarrow B) \Leftrightarrow \forall x(\neg A(x) \vee B) \Leftrightarrow \forall x \neg A(x) \vee B$$

而 $\forall x A(x) \rightarrow B \Leftrightarrow \neg \forall x A(x) \vee B$。

例如，设 $A(x)$：x 献出一份爱；B：世界变得更美好。

$\forall x A(x) \rightarrow B$：只要人人献出一份爱，世界变得更美好。

$\forall x(A(x) \rightarrow B)$：对于每一个人，只要他献出一份爱，世界就变得更美好。

以上这两句话的意义不相同。

4. 量词和联结词的关系的等值式

(1) $\forall x A(x) \wedge \forall x B(x) \Leftrightarrow \forall x(A(x) \wedge B(x))$

(2) $\exists x A(x) \vee \exists x B(x) \Leftrightarrow \exists x(A(x) \vee B(x))$

说明，∀对∧，∃对∨，量词可以合并，对于 $D=\{a,b,c\}$，$\forall x A(x) \wedge \forall x B(x) \Leftrightarrow (A(a) \wedge A(b) \wedge A(c)) \wedge (B(a) \wedge B(b) \wedge B(c)) \Leftrightarrow (A(a) \wedge B(a)) \wedge (A(b) \wedge B(b)) \wedge (A(c) \wedge B(c)) \Leftrightarrow \forall x(A(x) \wedge B(x))$。

记忆方法：由"∀就是合取，∃就是析取"，可以看出(1)、(2)相当于命题逻辑中的结合律。

例如，$A(x)$：x 在唱歌；$B(x)$：x 在跳舞。(1)意味着"所有人均在唱歌且所有人均在跳舞"与"所有人均既唱歌又跳舞"这两句话的意义是相同的。

注意：∀对∨，∃对∧与上面类似的等值式就不成立了。

(3) $\forall x A(x) \vee \forall x B(x) \Leftrightarrow \forall x \forall y(A(x) \vee B(y))$

(4) $\exists x A(x) \wedge \exists x B(x) \Leftrightarrow \exists x \exists y(A(x) \wedge B(y))$

(5) $\exists x(A(x) \rightarrow B(x)) \Leftrightarrow \forall x A(x) \rightarrow \exists x B(x)$

说明：$\forall x A(x) \vee \forall x B(x)$与$\forall x(A(x) \vee B(x))$是不等值的，即"对于每个人，他或在唱歌，或在跳舞"与"所有人在唱歌，或所有人在跳舞"这两句话的意思是不同的。必须**换名后**才有相应的等值式。

证明(3)：$\forall x A(x) \vee \forall x B(x) \Leftrightarrow \forall x A(x) \vee \forall y B(y)$ （换名规则）

$\Leftrightarrow \forall x(A(x) \vee \forall y B(y))$ （x 辖域扩充）

$\Leftrightarrow \forall x \forall y(A(x) \vee B(y))$ （y 辖域扩充）

5. 量词和联结词的重言蕴涵式

(1) $\forall x A(x) \vee \forall x B(x) \Rightarrow \forall x(A(x) \vee B(x))$

(2) $\exists x(A(x) \wedge B(x)) \Rightarrow \exists x A(x) \wedge \exists x B(x)$

说明：

(1) 记忆方法，根据“$\forall$就是$\wedge$，$\exists$就是$\vee$”，可以说“先运算$\wedge$，后运算$\vee$”，重言蕴涵“先运算$\vee$，后运算$\wedge$”。

(2) $\forall$对$\wedge$，$\exists$对$\vee$，量词的合并不是等值式，仅是重言蕴涵式。由“$\forall$就是$\wedge$，$\exists$就是$\vee$”可知结合律是不存在的。

例如，$\forall xA(x)\vee\forall xB(x)\Rightarrow\forall x(A(x)\vee B(x))$。

由“每个人均在唱歌或每个人均在跳舞”必然能推出“每个人，他不是在唱歌，就是在跳舞”，但反之却推不出来。

$$\exists x(A(x)\wedge B(x))\Rightarrow\exists xA(x)\wedge\exists xB(x)$$

“存在一个人在唱歌，又在跳舞”必能推出“存在一个人在唱歌，并且存在一个人在跳舞”，反之却不能成立，因唱歌、跳舞的人可能不是同一个人。

在前面讨论的变元的约束中可以看出，在谓词公式中，若一个变元可能既是约束出现，同时又有自由出现，则该变元既是自由变元，又是约束变元，本质上这两种出现用的是一个符号，实质上是不同的含义。为避免混淆，需要改名。要进行等值演算，除记住以上重要的等值式外，还要记住以下两条规则。

(1) 置换规则。

设$\Phi(A)$是含公式A的公式，$\Phi(B)$是用公式B取代$\Phi(A)$中所有的A之后的公式，若$A\Leftrightarrow B$，则$\Phi(A)\Leftrightarrow\Phi(B)$。一阶逻辑中的置换规则与命题逻辑中的置换规则形式上完全相同，只是在这里A、B是一阶逻辑公式。

(2) 换名规则。

设A为一公式，将A中某量词辖域中某约束变项的所有出现及相应的指导变元改成该量词辖域中未曾出现过的某个体变项符号，公式的其余部分不变，设所得公式为A'，则$A'\Leftrightarrow A$。

例2.20解答

例2.20 使用换名规则变换下列谓词公式，使其变元要么呈约束出现，要么自由出现，并且要求不同量词后面的变元不同。

(1) $\forall xF(x,y)\wedge\exists xG(x,y)$

(2) $\forall x(F(x,y)\rightarrow P(x))\wedge\exists y(Q(x,y)\rightarrow R(x))$

例2.21 证明：

(1) $\forall x(A(x)\vee B(x))\not\Leftrightarrow\forall xA(x)\vee\forall xB(x)$

(2) $\exists x(A(x)\wedge B(x))\not\Leftrightarrow\exists xA(x)\wedge\exists xB(x)$

其中，$A(x)$、$B(x)$为含x自由出现的公式。

证明：(1) 只要证明在某个解释下两边的式子不等值即可。

取解释I：个体域为自然数集合$\mathbb{N}$；取$F(x)$：x是奇数，代替$A(x)$；取$G(x)$：x是偶数，代替$B(x)$，则$\forall x(F(x)\vee G(x))$为真命题，而$\forall x\,F(x)\vee\forall x\,G(x)$为假命题。两边不等值。

对于(2)，可以类似证明。

例2.21说明，全称量词$\forall$对$\vee$无分配律。同样，存在量词$\exists$对$\wedge$无分配律。但当$B(x)$换成没有x出现的B时，则有

$$\forall x(A(x)\vee B)\Leftrightarrow\forall xA(x)\vee B$$

$$\exists x(A(x) \land B) \Leftrightarrow \exists x A(x) \land B$$

例 2.22　设个体域为 $D=\{a,b,c\}$，将下面各公式的量词消去。

例 2.22 解答

(1) $\forall x(F(x) \to G(x))$

(2) $\forall x(F(x) \lor \exists y G(y))$

(3) $\exists x \forall y F(x,y)$

例 2.23　证明下列等值式。

(1) $\neg \exists x(M(x) \land F(x)) \Leftrightarrow \forall x(M(x) \to \neg F(x))$

(2) $\neg \forall x(F(x) \to G(x)) \Leftrightarrow \exists x(F(x) \land \neg G(x))$

(3) $\neg \forall x \forall y(F(x) \land G(y) \to H(x,y)) \Leftrightarrow \exists x \exists y(F(x) \land G(y) \land \neg H(x,y))$

(4) $\neg \exists x \exists y(F(x) \land G(y) \land L(x,y)) \Leftrightarrow \forall x \forall y(F(x) \land G(y) \to \neg L(x,y))$

证明：(1) $\neg \exists x(M(x) \land F(x))$

$\Leftrightarrow \forall x \neg(M(x) \land F(x))$

$\Leftrightarrow \forall x(\neg M(x) \lor \neg F(x))$　　（置换规则）

$\Leftrightarrow \forall x(M(x) \to \neg F(x))$　　（置换规则）

(2) $\neg \forall x(F(x) \to G(x))$

$\Leftrightarrow \exists x \neg(F(x) \to G(x))$

$\Leftrightarrow \exists x \neg(\neg F(x) \lor G(x))$　　（置换规则）

$\Leftrightarrow \exists x(F(x) \land \neg G(x))$　　（置换规则）

(3) $\neg \forall x \forall y(F(x) \land G(y) \to H(x,y))$

$\Leftrightarrow \exists x \neg(\forall y(\neg(F(x) \land G(y)) \lor H(x,y)))$

$\Leftrightarrow \exists x \exists y \neg(\neg(F(x) \land G(y)) \lor H(x,y))$

$\Leftrightarrow \exists x \exists y(F(x) \land G(y) \land \neg H(x,y))$

类似地，可证明(4)。

2.3.2　谓词逻辑前束范式

在命题逻辑中，人们常常把命题公式规范化，化为与之等价的范式。类似地，在谓词逻辑中也有范式，同样为人们研究谓词逻辑中的公式提供了一种规范的标准形式。下面介绍一阶逻辑公式的标准形——前束范式。

定义 2.11　设 A 为一个一阶逻辑公式，若 A 具有如下形式：

$$Q_1 x_1 Q_2 x_2 \cdots Q_k x_k B$$

则称 A 为前束范式，其中 $Q_i(1 \leqslant i \leqslant k)$ 为 $\forall$ 或 $\exists$，B 为不含量词的公式。如果 B 为析取范式(合取范式)，则称该前束范式为前束析取范式(前束合取范式)。

例如，$\forall x \forall y(F(x) \land G(y) \to H(x,y))$，$\forall x \forall y \exists z(F(x) \land G(y) \land H(z) \to L(x,y,z))$ 等公式都是前束范式，而 $\forall x(F(x) \to \exists y(G(y) \land H(x,y)))$，$\exists x(F(x) \land \forall y(G(y) \to H(x,y)))$ 等公式都不是前束范式。

可证明每个一阶逻辑公式都能找到与之等价的前束范式。一般情况下，前束范式是不唯一的。

定理 2.1(前束范式存在定理)　一阶逻辑中的任何公式都存在与之等值的前束范式。

证明：任何一个一阶公式均可等值演算成前束范式，化归过程如下：

(1) 消去除 ¬、∧、∨之外的联结词；

(2) 将否定符¬移到量词符后；

(3) 换名使各变元不同名；

(4) 扩大辖域使所有量词都处在最前面。

例 2.24 求下列公式的前束范式。

(1) $\forall xF(x) \land \neg \exists xG(x)$

(2) $\forall xF(x) \lor \neg \exists xG(x)$

(3) $\forall xF(x) \to \exists xG(x)$

(4) $\exists xF(x) \to \forall xG(x)$

(5) $(\forall xF(x,y) \to \exists yG(y)) \to \forall xH(x,y)$

解：(1) $\forall xF(x) \land \neg \exists xG(x) \Leftrightarrow \forall xF(x) \land \forall x \neg G(x) \Leftrightarrow \forall x(F(x) \land \neg G(x))$

(2) $\forall xF(x) \lor \neg \exists xG(x) \Leftrightarrow \forall xF(x) \lor \forall x \neg G(x) \Leftrightarrow \forall xF(x) \lor \forall y \neg G(y)$

$\Leftrightarrow \forall x \forall y(F(x) \lor \neg G(y))$

(3) $\forall xF(x) \to \exists xG(x) \Leftrightarrow \neg \forall xF(x) \lor \exists xG(x)$

$\Leftrightarrow \exists x \ \neg F(x) \lor \exists xG(x) \Leftrightarrow \exists x(\neg F(x) \lor G(x))$

(4) $\exists xF(x) \to \forall xG(x) \Leftrightarrow \neg \exists xF(x) \lor \forall xG(x)$

$\Leftrightarrow \forall x \ \neg F(x) \lor \forall xG(x) \Leftrightarrow \forall x \ \neg F(x) \lor \forall yG(y)$

$\Leftrightarrow \forall x \forall y(\neg F(x) \lor G(y))$

(5) $(\forall xF(x,y) \to \exists yG(y)) \to \forall xH(x,y)$

$\Leftrightarrow (\forall xF(x,y) \to \exists zG(z)) \to \forall tH(t,y)$

$\Leftrightarrow (\neg \forall xF(x,y) \lor \exists zG(z)) \to \forall tH(t,y)$

$\Leftrightarrow \neg (\neg \forall xF(x,y) \lor \exists zG(z)) \lor \forall tH(t,y)$

$\Leftrightarrow (\forall xF(x,y) \land \neg \exists zG(z)) \lor \forall tH(t,y)$

$\Leftrightarrow (\forall xF(x,y) \land \forall z \neg G(z)) \lor \forall tH(t,y)$

$\Leftrightarrow \forall x \forall z \forall t((F(x,y) \land \neg G(z)) \lor H(t,y))$

例 2.25 将下列公式化成等价的前束范式。

例 2.25 解答

(1) $(\forall x(P(x)) \lor \exists y\, R(y)) \to \forall x\, F(x)$

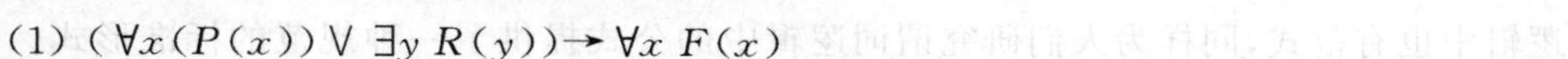

(2) $\exists xP(x) \to (Q(y) \to \neg((\exists y)\, R(y) \to \forall x\, S(x))))$

(3) $\forall x \forall y(\exists z(P(x,y,z) \land (\exists u\, Q(x,y) \to \exists v\, Q(y,v)))$

(4) $\forall x \forall y[\forall zP(x,z) \to \exists u(P(y,z) \land Q(x,y,u))]$

2.4 谓词演算的推理理论

在谓词逻辑中，从前提 $A_1, A_2, \cdots, A_n$ 出发推出结论 B 的推理的形式结构依然采用如下的蕴涵式形式：

$$A_1 \land A_2 \land \cdots \land A_k \to B \tag{2.9}$$

若式(2.9)为永真式，则称推理正确，否则称推理不正确。于是，在谓词逻辑中判断推理是否正确也归结为判断式(2.9)是否为永真式了。在谓词逻辑中称永真式的蕴涵式为推理定律,若一个推理的形式结构正是某条推理定律,则这个推理显然是正确的。

2.4.1　推理定律

第一组　命题逻辑推理定律的代换实例。例如:

$$\forall xF(x) \land \forall yG(y) \Rightarrow \forall xF(x)$$
$$\forall xF(x) \Rightarrow \forall xF(x) \lor \exists yG(y)$$

分别为命题逻辑中化简律和附加律的代换实例。

第二组　由基本等值式生成的推理定律。2.3 节给出的等值式中的每个等值式可生成两个推理定律。例如:

$$\neg \forall xF(x) \Rightarrow \exists x \neg F(x)$$
$$\exists x \neg F(x) \Rightarrow \neg \forall xF(x)$$

由量词否定等值式生成。

第三组　基本蕴涵式。例如:

(1) $\forall xA(x) \lor \forall xB(x) \Rightarrow \forall x(A(x) \lor B(x))$

(2) $\exists x(A(x) \land B(x)) \Rightarrow \exists xA(x) \land \exists xB(x)$

2.4.2　量词消去与引入规则

以下规则中,横线上是条件,横线下是结论。

1. 全称量词消去规则(universal specification,US)

$$\frac{\forall xA(x)}{A(y)} \quad 或 \quad \frac{\forall xA(x)}{A(c)}$$

两式成立的条件是:

(1) 在第一式 $\frac{\forall xA(x)}{A(y)}$ 中,取代 x 的 y 应为任意的不在 $A(x)$ 中约束出现的个体变项。

(2) 在第二式 $\frac{\forall xA(x)}{A(c)}$ 中,c 为任意个体常项。

(3) 用 y 或 c 取代 $A(x)$ 中约束出现的 x 时,一定要在 x 约束出现的一切地方进行取代。

2. 全称量词引入规则(universal generalization,UG)

$$\frac{A(y)}{\forall xA(x)}$$

该式成立的条件是:

(1) 无论 $A(y)$ 中自由出现的个体变项 y 取何值,$A(y)$ 均应该为真。

(2) 取代自由出现的 y 的 x 也不能在 $A(y)$ 中约束出现。

3. 存在量词引入规则(existential generalization,EG)

$$\frac{A(c)}{\exists xA(x)}$$

该式成立的条件是:

(1) c 是特定的个体常项。

(2) 取代 c 的 x 不能在 $A(c)$ 中出现过。

4. 存在量词消去规则(existential specification, ES)

$$\frac{\exists x A(x)}{A(c)}$$

该式成立的条件是:

(1) c 是使 A 为真的特定的个体常项。

(2) c 不在 $A(x)$ 中出现。

(3) 若 $A(x)$ 中除约束变元 x 外,还有其他自由变元时,此规则不能使用。

2.4.3 一阶谓词演算公理系统 F1

下面给出一个完备的、正确的和独立的一阶谓词演算公理系统。关于完备性、正确性、独立性的证明,本书略。下面的 L 公式指联结词限定为 $\neg$、$\rightarrow$ 的谓词逻辑公式。L 项指一阶语言中的项。

AX.1 命题公理(1) $\alpha\rightarrow(\beta\rightarrow\alpha)$

(2) $(\alpha\rightarrow(\beta\rightarrow\gamma))\rightarrow((\alpha\rightarrow\beta)\rightarrow(\alpha\rightarrow\gamma))$

(3) $(\neg\alpha\rightarrow\beta)\rightarrow((\neg\alpha\rightarrow\neg\beta)\rightarrow\alpha)$

AX.2 $\forall x(\alpha\rightarrow\beta)\rightarrow(\forall x\alpha\rightarrow\forall x\beta)$

这里,α、β 是任何 L 公式,x 是任何变项。

AX.3 $\alpha\rightarrow\forall x\alpha$

这里,α 是任何 L 公式,变项 x 在 α 中不自由。

AX.4 $\forall x\alpha\rightarrow\alpha(t/x)$

这里,α 是任何 L 公式,t 是对 α 中 x 自由的任何 L 项。

AX.5 $t=t$

这里,t 是任何 L 项。

AX.6 $t_1=t_{n+1}\rightarrow\cdots\rightarrow t_n=t_{2n}\rightarrow ft_1\cdots t_n=ft_{n+1}\cdots t_{2n}$

这里,f 是 L 的任何 n 元函数符号,$t_1,\cdots,t_{2n}$ 是任何 L 项。

AX.7 $t_1=t_{n+1}\rightarrow\cdots\rightarrow t_n=t_{2n}\rightarrow P\ t_1\cdots t_n\rightarrow P\ t_{n+1}\cdots t_{2n}$

这里,P 是 L 的任何 n 元谓词符号,$t_1,\cdots,t_{2n}$ 是任何 L 项。

AX.8 上述各项公理的所有概括。

推理规则(MP):由 α 及 $\alpha\rightarrow\beta$ 推得 β。

α 在上述公理系统中得到证明,记为 $\vdash\alpha$。

例 2.26 证明 $\vdash x=y\rightarrow y=x$。

证明:(1) $x=y\rightarrow x=x\rightarrow x=x\rightarrow y=x$ (AX.6)

(2) $x=y$ 假设

(3) $x=x\rightarrow x=x\rightarrow y=x$ (MP(1)、(2))

(4) $x=x$ (AX.5)

(5) $x=x\rightarrow y=x$ (MP(3)、(4))

(6) $y=x$ (MP(4)、(5))

所以 $x=y \vdash y=x$

即 $\vdash x=y \to y=x$

例 2.27 证明 $\vdash x=y \to (y=z \to x=z)$。

证明：(1) $x=y$ 假设

(2) $y=z$ 假设

(3) $y=x$ (由例 2.26 及 MP)

(4) $y=x \to y=z \to y=y \to x=z$ (AX.6)

(5) $y=y$ (AX.4)

(6) $x=z$ (三次对(4)使用 MP)

(7) $\{x=y, y=z\} \vdash x=z$

所以 $\vdash x=y \to y=z \to x=z$ (演绎定理)

定理 2.2(演绎定理) 给定从 $\Phi, \alpha \to \beta$ 的一个演绎,就能构造从 Φ 到 $\alpha \to \beta$ 的一个演绎推理。

(用谓词逻辑公式写出前提、结论和证明过程)

2.4.4 自然推理系统 F2

定义 2.12 自然推理系统 F2 的定义如下。

(1) 字母表。同一阶语言$\mathcal{F}$ 的字母表。

(2) 合式公式。同一阶语言$\mathcal{F}$ 的合式公式的定义。

(3) 推理规则:

① 前提引入规则; ② 结论引入规则;

③ 置换规则; ④ 假言推理规则(或称分离规则);

⑤ 附加规则; ⑥ 化简规则;

⑦ 拒取式规则; ⑧ 假言三段论规则;

⑨ 析取三段论规则; ⑩ 构造性二难推理规则;

⑪ 破坏性二难推理规则; ⑫ 合取引入规则;

⑬ US 规则; ⑭ UG 规则;

⑮ ES 规则; ⑯ EG 规则。

推理规则中①～⑫同命题逻辑推理规则。

例 2.28 所有的整数均为有理数并且为实数,存在是整数又是奇数的数,因而存在是奇数又是实数的数。写出上面推理的证明(用谓词逻辑写出前提、结论和证明过程)。

解:$I(x)$: x 为整数;$Q(x)$: x 为有理数;$R(x)$: x 为实数;$O(x)$: x 为奇数

前提: $\forall x(I(x) \to (Q(x) \land R(x)))$

$\exists x(I(x) \land O(x))$

结论: $\exists x(O(x) \land R(x))$

证明:(1) $\exists x(I(x) \land O(x))$ 前提引入

(2) $I(a) \land O(a)$ ES(1)

(3) $\forall x(I(x)\to(Q(x)\land R(x)))$ 前提引入
(4) $I(a)\to(Q(a)\land R(a))$ US(3)
(5) $I(a)$ (2)化简规则
(6) $Q(a)\land R(a)$ (4)、(5)假言推理
(7) $R(a)$ (6)化简规则
(8) $O(a)$ (2)化简规则
(9) $O(a)\land R(a)$ (7)、(8)合取引入
(10) $\exists x(O(x)\land R(x))$ EG(9)

例 2.29 解答

例 2.29 证明下述论断在逻辑上的正确性。

有些病人喜欢一切医生,但没有一个病人喜欢庸医。因此,凡医生都不是庸医。

例 2.30 使用推论规则证明下列论证。

每个去临潼游览的人或者参观秦始皇兵马俑,或者参观华清池,或者泡温泉。凡去临潼游览的人,如果爬骊山,就不能参观秦始皇兵马俑;有的游览者既不参观华清池,也不泡温泉。因而,有的游览者不爬骊山。

解:设 $G(x)$:x 去临潼游览,
$A(x)$:x 参观秦始皇兵马俑,
$B(x)$:x 参观华清池,
$C(x)$:x 泡温泉,
$D(x)$:x 爬骊山。

前提:$\forall x(G(x)\to(A(x)\lor B(x)\lor C(x)))$
$\forall x((G(x)\land D(x))\to\neg A(x))$
$\exists x(G(x)\land\neg B(x)\land\neg C(x))$

结论:$\exists x(G(x)\land\neg D(x))$

证明:
(1) $\exists x(G(x)\land\neg B(x)\land\neg C(x))$ 前提引入
(2) $G(a)\land\neg B(a)\land\neg C(a)$ ES(1)
(3) $\forall x(G(x)\to(A(x)\lor B(x)\lor C(x)))$ 前提引入
(4) $G(a)\to(A(a)\lor B(a)\lor C(a))$ US(3)
(5) $\forall x((G(x)\land D(x))\to\neg A(x))$ 前提引入
(6) $(G(a)\land D(a))\to\neg A(a))$ US(5)
(7) $G(a)$ 化简规则(2)
(8) $A(a)\lor B(a)\lor C(a)$ 假言推理规则(4)、(7)
(9) $\neg B(a)$ 化简规则(2)
(10) $\neg C(a)$ 化简规则(2)
(11) $A(a)$ 二次应用析取三段论规则(8)、(9)、(10)
(12) $A(a)\to\neg G(a)\lor\neg D(a)$ 置换规则(6)
(13) $\neg G(a)\lor\neg D(a)$ 假言推理规则(11)、(12)
(14) $\neg D(a)$ 析取三段论(7)、(13)
(15) $G(a)\land\neg D(a)$ 合取引入规则(7)、(14)

(16) $\exists x(G(x) \land \neg D(x))$　　　　EG(15)

例 2.31　(1) 判断推理的有效性。

① $\forall x \forall y(P(x,y) \to P(y,x))$

② $\forall x \forall y \forall z((P(x,y) \land P(y,z)) \to P(x,z))$

结论：$\forall x P(x,x)$

(2) 用演绎法证明有效性。

① $\forall x \forall y(B(x,y) \to Q(x))$

② $\exists x \forall y(A(x) \land \forall y \forall x(A(x) \to B(x,y)))$

结论：$\forall x \exists y(A(y) \land (A(x) \to Q(x)))$

解：(1) 不是有效的。由对称性、传递性推不出自反性。

例如：{1,2,3}上的关系，{<1,2>,<2,1>,<1,1>,<2,2>}满足对称性、传递性，但是不满足自反性。

(2) 由②，存在 d，$A(d) \land \forall y \forall x(A(x) \to B(x,y))$

于是　$\forall y \forall x(A(x) \to B(x,y))$

对任意的 y、x，$A(x) \to B(x,y)$

由①，　$B(x,y) \to Q(x)$

于是 $A(x) \to Q(x)$，$\forall x(A(x) \to Q(x))$

所以　$\exists y\, A(y) \land \forall x(A(x) \to Q(x))$

即　$\forall x \exists y(A(y) \land (A(x) \to Q(x)))$

这里给出了证明思路，可以在 F2 中给出严格的推导过程。

2.5　谓词演算中的归结推理

和命题演算一样，在谓词演算中也具有归结推理规则和归结反演过程。只是由于谓词演算中量词、个体变元等问题，使得谓词演算中的归结问题比命题演算中的归结问题复杂很多。

2.5.1　子句型

在进行归结之前需要把合式公式化为子句式。

前面已经介绍了如何把一个公式化成前束标准型$(Q_1x_1)(Q_2x_2)\cdots(Q_nx_n)M$，由于 M 中不含量词，因此总可以把它变换成合取范式。无论是前束标准型，还是合取范式，都与原来的合式公式等价。

对于前束范式

$$(Q_1x_1)(Q_2x_2)\cdots(Q_nx_n)M(x_1,x_2,\cdots,x_n)$$

其中 $M(x_1,x_2,\cdots,x_n)$表示 M 中含有变量 $x_1,x_2,\cdots,x_n$，并且 M 是合取标准型。使用下述方法可以消去前缀中存在的所有量词。

令 Q_r 是$(Q_1x_1)(Q_2x_2)\cdots(Q_nx_n)$中出现的存在量词($1 \leqslant r \leqslant n$)。

(1) 若在 Q_r 之前不出现全称量词，则选择一个与 M 中出现的所有常量都不相同的

新常量 c,用 c 代替 M 中出现的所有 x_r,并且从前缀中删去($Q_r x_r$)。

(2) 若 $Q_{s1},Q_{s2},\cdots,Q_{sm}$ 是在 Q_r 之前出现的所有全称量词,($1\leqslant s1\leqslant s2\leqslant\cdots\leqslant sm<r$),则选择一个与 M 中出现的任一函数符号都不相同的新 m 元函数符号 f,用 $f(x_{s1},x_{s2},\cdots,x_{sm})$ 代替 M 中的所有 x_r,并且从前缀中删去($Q_r x_r$)。

按上述方法删去前缀中的所有存在量词之后得到的公式称为合式公式的 Skolem 标准型。替代存在量化变量的常量 c(视为 0 元函数)和函数 f 称为 Skolem 函数。

例 2.32 化公式

$$\exists x\forall y\forall z\exists u\forall v\exists wP(x,y,z,u,v,w)$$

为 Skolem 标准型。

在公式中,$\exists x$ 的前面没有全称量词,在 $\exists u$ 的前面有全称量词 $\forall y$ 和 $\forall z$,在 $\exists w$ 的前面有全程量词 $\forall y$、$\forall z$ 和 $\forall v$。所以,在 $P(x,y,z,u,v,w)$ 中,用常数 a 代替 x,用二元函数 $f(y,z)$ 代替 u,用三元函数 $g(y,z,v)$ 代替 w,去掉前缀中的所有存在量词之后得出 Skolem 标准型:

$$\forall y\forall z\forall vP(a,y,z,f(y,z),v,g(y,z,v))$$

Skolem 标准型的一个重要性质如下。

定理 2.3 令 S 为公式 G 的 Skolem 标准型,则 G 是不可满足的,当且仅当 S 是不可满足的。

注意:*一个公式可以有几种形式的 Skolem 标准型。应该使用变元个数最少的 Skolem 函数。因此,在化为前束标准型时,应该尽量左移存在量词。*

例 2.33 将合式公式化为子句形。

$$\forall x[P(x)\rightarrow[\forall y[P(y)\rightarrow P(f(x,y))]\wedge\neg\forall y[Q(x,y)\rightarrow P(y)]]]$$

解:(1) 消去蕴涵符号:

$$\forall x[\neg P(x)\vee[\forall y[\neg P(y)\vee P(f(x,y))]\wedge\neg\forall y[\neg Q(x,y)\vee P(y)]]]$$

(2)"$\neg$"内移:

$$\forall x[\neg P(x)\vee[\forall y[\neg P(y)\vee P(f(x,y))]\wedge\exists y[Q(x,y)\wedge\neg P(y)]]]$$

(3) 变量标准化,使不同量词约束的变元有不同的名字:

$$\forall x[\neg P(x)\vee[\forall y[\neg P(y)\vee P(f(x,y))]\wedge\exists w[Q(x,w)\wedge\neg P(w)]]]$$

(4) 把所有量词都集中到公式左面,移动时不要改变其相对顺序:

$$\forall x\forall y\exists w[\neg P(x)\vee[[\neg P(y)\vee P(f(x,y))]\wedge[Q(x,w)\wedge\neg P(w)]]]$$

(5) 消去存在量词:

$$\forall x\forall y[\neg P(x)\vee[[\neg P(y)\vee P(f(x,y))]\wedge[Q(x,g(x,y))\wedge\neg P(g(x,y))]]]$$

(6) 把母式化为合取范式:

$$\forall x\forall y[[\neg P(x)\vee\neg P(y)\vee P(f(x,y))]\wedge[\neg P(x)\vee Q(x,g(x,y))]\wedge[\neg P(x)\vee\neg P(g(x,y))]]$$

(7) 隐略去前束式:

$$[[\neg P(x)\vee\neg P(y)\vee P(f(x,y))]\wedge[\neg P(x)\vee Q(x,g(x,y))]\wedge[\neg P(x)\vee\neg P(g(x,y))]]$$

(8) 把母式用子句集表示:

$$\{\neg P(x)\vee\neg P(y)\vee P(f(x,y)),\neg P(x)\vee Q(x,g(x,y)),\neg P(x)$$

$\vee \neg P(g(x,y))\}$

(9) 变量分离标准化，于是有

$\{\neg P(x_1) \vee \neg P(y) \vee P(f(x_1,y_1)), \neg P(x_2) \vee Q(x_2,g(x_2,y_2)), \neg P(x_3)$
$\vee \neg P(g(x_3,y_3))\}$

必须指出，一个子句内的文字可以含有变量，但这些变量总是被理解为全称量词量化了的变量。

下面给出一些概念。不含变量的原子称为基原子；不含变量的文字称为基文字；不含变量的子句称为基子句；不含变量的子句集称为基子句集；不含变量的项称为基项。

如果一个表达式中 C 的变量被不含变量的项所替代得到不含变量的基表达式 C'，则称 C' 是 C 的基例。

另外，若 $G=G_1 \wedge G_2 \wedge \cdots \wedge G_n$，假设 G 的子句集为 S_G。用 S_i 表示公式 $G_i(1 \leqslant i \leqslant n)$ 的子句集，令 $S=S_1 \cup S_2 \cup \cdots \cup S_n$，可以证明 G 是不可满足的，当且仅当 S 是不可满足的。这样，对 S_G 的讨论，可以用较为简单的 S 代替，为了方便，也称 S 为 G 的子句集。

2.5.2 置换和合一

对命题逻辑应用归结原理的重要步骤是：在一个子句中找出与另一子句中的某个文字互补的文字。当子句中含有变量时，要先讨论置换和合一。例如，研究子句

$$C_1=P(x) \vee Q(x), \quad C_2=\neg P(f(y)) \vee R(y)$$

C_1 中没有文字与 C_2 中的任何文字互补。但是，若在 C_1 中用 $f(a)$ 置换 x，在 C_2 中用 a 置换 y，便得出

$$C_1'=P(f(a)) \vee Q(f(a)), \quad C_2'=\neg P(f(a)) \vee R(a)$$

其中 $P(f(a))$ 和 $\neg P(f(a))$ 是互补的。可以得出 C_1' 和 C_2' 的归结式：

$$C_3'=Q(f(a)) \vee R(a)$$

注意：C_1' 和 C_2' 分别是 C_1 和 C_2 的基例。从上述例子可以看到，用适当的项置换 C_1 和 C_2 的变量可以产生新子句。

定义 2.13　置换是形为

$$\{t_1/v_1, t_2/v_2, \cdots, t_n/v_n\}$$

的有限集合，其中 $v_1, v_2, \cdots, v_n$ 是互不相同的变量，t_i 是不同于 v_i 的项(可以为常量、变量、函数)$(1 \leqslant i \leqslant n)$。$t_i/v_i$ 表示用 t_i 置换 v_i，不允许 t_i 与 v_i 相同，也不允许 v_i 循环地出现在另一个 t_j 中。

当 $t_1, t_2, \cdots, t_n$ 是基项时，置换称为基置换。不含任何元素的置换称为空转换，用 ε 表示。

例如，$\{a/x, g(b)/y, f(g(c))/z\}$ 就是一个置换。

定义 2.14　令 $\theta=\{t_1/v_1, t_2/v_2, \cdots, t_n/v_n\}$ 为置换，E 为表达式。设 $E\theta$ 是用项 t_i 同时代换 E 中出现的所有变量 $v_i(1 \leqslant i \leqslant n)$ 而得出的表达式，则称 $E\theta$ 为 E 的例。

例 2.34　令 $\theta=\{a/x, f(b)/y, g(c)/z\}$

$$E=P(x,y,z)$$

则有

$$E\theta = P(a, f(b), g(c))$$

定义 2.15 令 $\theta=\{t_1/x_1, t_2/x_2, \cdots, t_n/x_n\}$，$\lambda=\{u_1/y_1, u_2/y_2, \cdots, u_m/y_m\}$为两个置换。$\theta$ 和 λ 复合也是一个置换，用 $\theta\circ\lambda$ 表示，它是由在集合：

$$\{t_1\lambda/x_1, t_2\lambda/x_2, \cdots, t_n\lambda/x_n, u_1/y_1, u_2/y_2, \cdots, u_m/y_m\}$$

中删除下面两类元素得出的：

$$u_i/y_i，\quad 当 y_i \in \{x_1, x_2, \cdots, x_n\}$$

$$t_i\lambda/v_i，\quad 当 t_i\lambda = v_i$$

例 2.35 令 $\theta=\{f(y)/x, z/y\}$

$\lambda=\{a/x, b/y, y/z\}$

在构造 $\theta\circ\lambda$ 时，首先建立集合

$$\{f(y)\lambda/x, z\lambda/y, a/x, b/y, y/z\}$$

由于 $z\lambda=y$，所以要删除 $z\lambda/y$。上述集合中的第3、4元素中的变量 x、y 都出现在 $\{x, y\}$ 中，所以还应删除 a/x、b/y，最后得出

$$\theta\circ\lambda=\{f(b)/x, y/z\}$$

不难验证，置换有下述性质。

(1) 空置换 ε 是左幺元和右幺元，即对任意置换 θ，恒有

$$\varepsilon\circ\theta=\theta\circ\varepsilon=\theta$$

(2) 对任意表达式 E，恒有 $E(\theta\circ\lambda)=(E\theta)\lambda$。

(3) 若对任意表达式 E，恒有 $E\theta=E\lambda$，则 $\theta=\lambda$。

(4) 对任意置换 θ、λ、μ，恒有

$$(\theta\circ\lambda)\circ\mu=\theta\circ(\lambda\circ\mu)$$

即置换的合成满足结合律。

(5) 设 A 和 B 为表达式集合，则

$$(A\cup B)\theta=A\theta\cup B\theta$$

注意，置换的合成不满足交换律。

定义 2.16 若表达式集合$\{E_1, E_2, \cdots, E_k\}$存在一个置换 θ，使得

$$E_1\theta=E_2\theta=\cdots=E_k\theta$$

则称集合$\{E_1, E_2, \cdots, E_k\}$是可合一的，置换 θ 称为合一置换。

例 2.36 集合$\{P(a, y), P(x, f(b))\}$是可合一的，因为 $\theta=\{a/x, f(b)/y\}$是它的合一置换。

例 2.37 集合$\{P(x), P(f(y))\}$是可合一的，因为 $\theta=\{f(a)/x, a/y\}$是它的合一置换。另外，$\theta'=\{f(y)/x\}$也是一个合一置换，所以合一置换是不唯一的。但是，θ' 比 θ 更一般，因为用任意常量置换 y 可以得到无穷个基置换。

定义 2.17 表达式集合$\{E_1, E_2, \cdots, E_k\}$的合一置换 δ 是最一般的合一置换(mgu)，当且仅当对该集合的每个合一置换 θ 都存在置换 λ，使得 $\theta=\delta\circ\lambda$。

例如，在例 2.37 中，mgu$\delta=\theta'=\{f(y)/x\}$，但 $\theta=\{f(a)/x, a/y\}$不是 mgu。

2.5.3　合一算法

本节将对有限非空可合一的表达式集合给出求取最一般合一置换的合一算法。当集合不可合一时，算法也能给出不可合一的结论，并且结束。

下面研究集合$\{P(a),P(x)\}$。为了求出该集合的合一置换，首先应找出两个表达式的不一致之处，然后再试图消除。对 $P(a)$和 $P(x)$，不一致之处可用集合$\{a,x\}$表示。由于 x 是变量，所以可以取 $\theta=\{a/x\}$，于是有

$$P(a)\theta=P(x)\theta=P(a)$$

即 θ 是$\{P(a),P(x)\}$的合一置换。这就是合一算法所依据的思想。在讨论合一算法之前，先讨论差异集的概念。

定义 2.18　表达式的非空集合 W 的差异集是按下述方法得出的子表达式的集合。

(1) 在 W 的所有表达式中找出对应符号不全相同的第一个符号（自左算起）。

(2) 在 W 的每个表达式中，提取出占有该符号位置的子表达式。这些子表达式的集合便是 W 的差异集 D。

例 2.38 解答

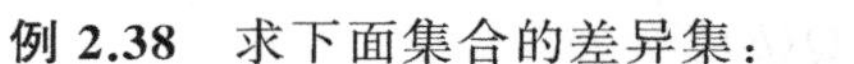

例 2.38　求下面集合的差异集：

$$W=\{P(x,f(y,z)),P(x,a),P(x,g(h(k(x))))\}$$

例 2.39　求出

$$W=\{P(a,x,f(g(y))),P(z,f(z),f(u))\}$$

的最一般合一。

例 2.39 解答

定理 2.4　若 W 为有限非空可合一表达式集合，则合一算法总能终止在第 2 步，并且最后的 δ_k 是 W 的最一般合一(mgu)。

2.5.4　归结式

定义 2.19　若由子句 C 中的两个或多个文字构成的集合存在最一般合一置换 δ，则称 C_δ 为 C 的因子。若 C_δ 是单位子句，则称它为 C 的单位因子。

例 2.40　令 $C=P(x)\vee P(f(y))\vee\neg Q(x)$。

由 C 中前两个文字构成的集合$\{P(x),P(f(y))\}$存在最一般合一置换 $\delta=\{f(y)/x\}$，所以

$$C_\delta=P(f(y))\vee\neg Q(f(y))$$

是 C 的因子。

定义 2.20　令 C_1 和 C_2 为两个无公共变量的子句，L_1 和 L_2 分别为 C_1 和 C_2 中的两个文字。若集合$\{L_1,\neg L_2\}$存在最一般合一置换 δ，则子句

$$(C_{1\delta}-\{L_{1\delta}\})\cup(C_{2\delta}-\{L_{2\delta}\})$$

称为 C_1 和 C_2 的二元归结式。文字 L_1 和 L_2 称为被归结的文字。

例 2.41　令

$$C_1=P(x)\vee Q(x),\quad C_2=\neg P(a)\vee R(x)$$

因为 C_1 和 C_2 中都出现变量 x，所以重新命名 C_2 中的变量，取

$$C_2:\neg P(a)\vee R(y)$$

选择 $L_1=P(x)$,$L_2=\neg P(a)$,则$\{L_1,\neg L_2\}=\{P(a),P(x)\}$存在最一般合一置换 $\delta=\{a/x\}$。于是有

$$\begin{aligned}&(C_{1\delta}-\{L_{1\delta}\})\cup(C_{2\delta}-\{L_{2\delta}\})\\&=(\{P(a),Q(a)\}-\{P(a)\})\cup(\{\neg P(a),R(y)\}-\{\neg P(a)\})\\&=\{Q(a)\}\cup\{R(y)\}\\&=\{Q(a),R(y)\}\end{aligned}$$

$Q(a)\vee R(y)$便是 C_1 和 C_2 的二元归结式。$P(x)$和$\neg P(a)$称为被归结的文字。

定义 2.21 子句 C_1 和 C_2 的归结式是下述某个二元归结式。

(1) C_1 和 C_2 的二元归结式。

(2) C_1 的因子和 C_2 的二元归结式。

(3) C_2 的因子和 C_1 的二元归结式。

(4) C_1 的因子和 C_2 的因子的二元归结式。

例 2.42 令 $C_1=P(x)\vee P(f(y))\vee R(g(y))$,$C_2=\neg P(f(g(a)))\vee Q(b)$

$C_1'=P(f(y))\vee R(g(y))$是 C_1 的因子,C_1'和 C_2 的二元归结式为 $R(g(g(a)))\vee Q(b)$,所以 C_1 和 C_2 的归结式为 $R(g(g(a)))\vee Q(b)$。

此外,若取 C_1 中的文字 $L_1=P(x)$,C_2 中的文字$\neg P(f(g(a)))$,则$\{L_1,\neg L_2\}$存在最一般合一置换:

$$\delta=\{f(g(a))/x\}$$

于是 $P(f(y))\vee R(g(y))\vee Q(b)$也是 C_1 和 C_2 的归结式。

2.5.5 归结反演及其完备性

和命题逻辑一样,谓词逻辑的归结反演也是仅有一条推理规则的问题求解方法,为证明$\vdash A\to B$,其中 A、B 是谓词公式。使用反演过程,先建立合式公式:

$$G=A\wedge\neg B$$

进而得到相应的子句集 S,只证明 S 是不可满足的即可。

例 2.43 “某些患者喜欢所有医生,没有患者喜欢庸医,所以没有医生是庸医。”

该例子的谓词在例 2.29 中已做了定义和表示,即

$$\begin{aligned}&A_1:(\exists x)(P(x)\wedge(\forall y)(D(y)\to L(x,y)))\\&A_2:(\forall x)(P(x)\to(\forall y)(Q(y)\to\neg L(x,y)))\\&G:(\forall x)(D(x)\to\neg Q(x))\end{aligned}$$

目的是证明 G 是 A_1 和 A_2 的逻辑结论,即证明 $A_1\wedge A_2\wedge\neg G$ 是不可满足的。首先求出子句集合:

$$\begin{aligned}&A_1:(\exists x)(P(x)\wedge(\forall y)(D(y)\to L(x,y)))\\&\Rightarrow(\exists x)(\forall y)(P(x)\wedge(\neg D(y)\vee L(x,y)))\\&\text{Skolem 化}:(\forall y)(P(a)\wedge(\neg D(y)\vee L(a,y)))\\&A_2:(\forall x)(P(x)\to(\forall y)(Q(y)\to\neg L(x,y)))\\&\Rightarrow(\forall x)(\neg P(x)\vee(\forall y)(\neg Q(y)\vee\neg L(x,y)))\end{aligned}$$

$\Rightarrow (\forall x)(\forall y)(\neg P(x) \lor (\neg Q(y) \lor \neg L(x,y)))$

$\neg G$：$\neg (\forall x)(D(x) \to \neg Q(x))$

$\Rightarrow (\exists x)(D(x) \land Q(x))$

Skolem 化：$(D(b) \land Q(b))$

因此，$A_1 \land A_2 \land \neg G$ 的子句集合 S 为

$S=\{P(a), \neg D(y) \lor L(a,y), \neg P(x) \lor \neg Q(y) \lor \neg L(x,y), D(b), Q(b)\}$

归结证明 S 是不可满足的：

$$\left.\begin{array}{l}(1)\ P(a)\\(2)\ \neg D(y) \lor L(a,y)\\(3)\ \neg P(x) \lor \neg Q(y) \lor \neg L(x,y)\\(4)\ D(b)\\(5)\ Q(b)\end{array}\right\} S$$

(6) $L(a,b)$ 由第(2)、(4)句归结得到

(7) $\neg Q(y) \lor \neg L(a,y)$ 由第(1)、(3)句归结得到

(8) $\neg L(a,b)$ 由第(5)、(7)句归结得到

(9)□ 由第(6)、(8)句归结得到

归结原理是反演完备的，即如果一个子句集合是不可满足的，则归结将会推导出矛盾。

定理 2.5(归结原理的完备性) 子句集合 S 是不可满足的，当且仅当存在使用归结推理规则由 S 对空子句□的演绎。

借助 Herbrand 域、Herbrand 解释、语义树等相关概念和定理，可以证明归结原理的完备性定理。具体证明请参考本书作者编著的《人工智能》。

2.6 应用案例

2.6.1 电路领域的知识工程

问题描述：有很多与数字电路相关的推理任务。最高层次是分析电路的功能。例如，图 2.1 的电路是否能正确地完成加法？如果所有的输入都是高位，那么门 A_2 的输出是什么？所有的门都和第一个输入端相连，得到的是什么？电路是否包含反馈回路？更详细的分析层次包括定时延迟、电路面积、功耗、生产开销等相关内容。每一层次都需要补充额外的知识。

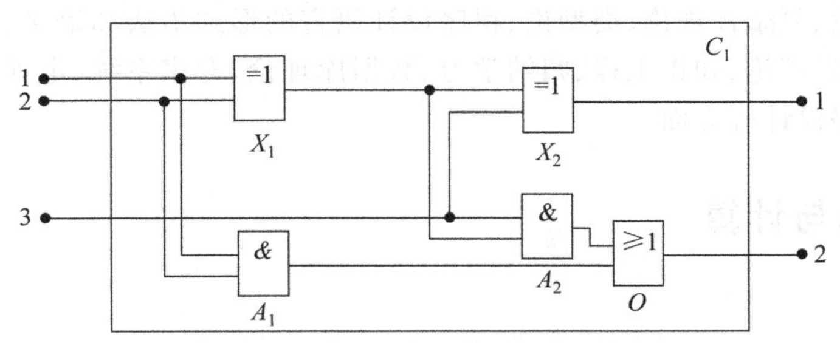

图 2.1 数字电路 C_1，实现一位全加器

应用案例2.6.1解答

请开发本体和知识库,以便对图2.1所示的数字电路进行推理。

图2.1所示电路最初的两个输入是加法的两个操作数,第三个输入是进位。第一个输出是和,第二个输出是下一个加法的进位。该电路包括两个异或门、两个与门和一个或门。

2.6.2 基于逻辑的财务顾问

问题描述:利用谓词演算设计一个简单的财务顾问。其功能是帮助用户决策是应该向存款账户中投资,还是向股票市场中投资。一些投资者可能想把他们的钱在这两者之间分摊。推荐给每个投资个体的投资策略依赖于他们的收入和他们已有存款的数量,需根据以下标准制定:

(1) 存款数额还不充足的个体始终该把提高存款数额作为他们的首选目标,无论他们的收入如何。

(2) 具有充足存款和充足收入的个体应该考虑风险较高但潜在投资收益也更高的股票市场。

(3) 收入较低的已经有充足存款的个体可以考虑把他们的剩余收入在存款和股票间分摊,以便既能提高存款数额,又能尝试通过股票提高收入。

存款和收入的充足性可以由个体要供养的人数决定。设定的标准是为供养的每个人至少在银行存款5000元。充足的收入必须是稳定的所得,每年至少补充15 000元,再加额外给每个要供养的人4000元。

请为一个要供养3个人、有22 000元存款、25 000元稳定收入的投资者推荐投资策略。

【答案参考配套《离散数学解题指导》】

2.7 逻辑在计算机科学中的作用

20世纪30年代,Gödel、Church、Turing等逻辑学家给出了“可计算”概念的严格定义。Turing于1936年发明了一种抽象机器——第一台通用数字计算机。该机器可以用来辅助求解数学基础问题。1940年,Turing的逻辑抽象机付诸实践。Turing设计了ACE计算机。von Neumann主持研制了EDVAC和IAS计算机。20世纪50年代,计算机科学成为一门独立的学科。从那时起,逻辑与计算机科学间的联系越来越紧密,主要表现在计算机理论、复杂性理论、类型论、程序设计语言的形式语法和语义、编译技术、程序规范和验证、并发理论、知识工程、归纳学习、数据库理论、专家系统、定理证明、逻辑程序设计和函数程序设计等方面。

2.7.1内容显示

2.7.1 逻辑与计算

2.7.2 逻辑与计算机的起源

2.7.2 内容显示

2.7.3 逻辑与程序设计

2.7.3 内容显示

习题

2.1 判断题。

(1) $(\exists x)(A(x)\to P)$等价于$(\forall x)A(x)\to P$。

(2) $(\forall x)(A(x)\to P)$等价于$(\exists x)A(x)\to P$。

(3) $(\exists x)(A\to B(x))$等价于$(\forall x)B(x)\to A$。

(4) $(\forall x)(A\to B(x))$等价于$A\to(\forall x)B(x)$。

(5) $(\forall x)A(x)\vee(\forall x)B(x)$ 等价于$(\forall x)(A(x)\vee B(x))$。

2.2 试将下列各句用谓词逻辑公式表示。

(1) 人不犯我,我不犯人;人若犯我,我必犯人。

(2) 人人为我,我为人人。

(3) 鱼我所欲也,熊掌亦我所欲也。

(4) 如果这个人乘飞机,那个人乘火车,则这个人比那个人先到。

(5) 所有人都要呼吸。

(6) 每个人都是要死的。

(7) 每天天晴或下雨,但天一下雨,则刮风;有些天不刮风;有些天天晴。

(8) 兔子比乌龟跑得快。

(9) 有的兔子比所有的乌龟跑得快。

(10) 并不是所有的兔子都比乌龟跑得快。

(11) 不存在跑得同样快的两只兔子。

(12) 对于两个点,有且仅有一条直线通过这两个点。

(13) 若集合 A 上的二元关系 R 是反自反的、传递的,则 R 是反对称的。

2.3 符号 $\exists!x$ 和 $\exists!!x$ 分别表示“只含有一个 x”和“至多有一个 x”,试用$\forall$、$\exists$、逻辑联结词和适当的谓词与括号定义以上两个符号。

2.4 将下列命题符号化:令 $S(x,y,z)$表示“$x+y=z$”,$G(x,y)$表示“$x=y$”,$P(x,y,z)$表示“$x*y=z$”,$L(x,y)$表示“$x<y$”,个体域为自然数集。

(1) 设有 $x<0$ 且 $x>0$,当且仅当 x 大于或等于 y。

(2) 对所有 x,$x*y=y$,对所有 y 成立。

(3) 如果 $x*y\neq0$,则 $x\neq0$ 且 $y\neq0$。

(4) 有一个 x,使得对所有 y,$x*y=y$ 都成立。

(5) 并非一切 x 都有 $x\leqslant y$。

(6) 对任意 x,$x+y=x$,当且仅当 $y=0$。

2.5 假定论域 I 为自然数集$\{1,2,3,\cdots\}$,a 为 2;P 为命题"$2>1$";$A(x)$为"$x>1$";$B(x)$为"x 是某个自然数的平方"。请在这个解释的基础上求公式

$$\forall x(A(x)\to(A(a)\to B(x)))\to((P\to\forall xA(x))\to B(a))$$

的真值。

2.6 论域为自然数集,用一阶语言及 $x=y$,$x<y$,$x\leqslant y$ 等翻译下列语句。

(1) x 是两数平方之和。

(2) x 不是素数。

(3) x 是 y 和 z 的最大公约数。

(4) 任一数,被 2 除时,余数为 0 或 1。

(5) 数 x 和 y 有相同的因子。

(6) 任意三个数都有最小公倍数。

(7) 不存在最大的自然数。

2.7 论域为实数集,用 $x=y$,$x<y$,$x\leqslant y$,$x+y$,x^y,$x*y$,$|x|$ 等一阶语言将下列语句符号化。

(1) 不存在某数的平方小于 0。

(2) 函数 $f(x)$恰有一个根。

(3) 任意两个实数之间必存在另一个实数。

(4) 不存在最大的实数。

(5) x 不是某数之平方。

(6) $f(x)$是递减函数。

(7) 任意一个实数都有比它大的整数。

(8) 对除 0 以外的实数,有且仅有一个倒数。

(9) 非零实数都是另外两个不同实数之积。

(10) 方程 $x^3-2=0$ 有且只有一个实根。

2.8 符号化下列各句。

(1) 序列$\{a_n\}$递增。

(2) 序列$\{a_n\}$仅取正值。

(3) 序列$\{a_n\}$收敛。

(4) 序列$\{a_n\}$有界。

(5) 序列$\{a_n\}$最终为一常数。

(6) 如果序列$\{a_n\}$最终为一常数,则它收敛。

(7) 如果序列$\{a_n\}$有界,则它有一收敛子序列。

(8) 函数在 x_0处连续。

(9) 如果函数 $f(x)$在闭区域 $[a,b]$上连续,则 $f(x)$在其上有界。

(10) 函数 $f(x)$在闭区域 $[a,b]$上一致连续。

(11) a 是 R 的上确界。

(12) a 是 R 的下确界。

(13) 如果函数 $f(x)$在闭区域 $[a,b]$上连续,则它在此区间能达到上确界和下确界。

(14) 如果 $f(x)$和 $g(x)$连续,则 $f(x)\cdot g(x)$也连续。

(15) 如果 $f(x)$和 $g(x)$一致连续,则 $f(x)+g(x)$也一致连续。

2.9 指出下列各公式中的指导变元、各量词的辖域、自由出现以及约束出现的个体变项。

(1) $\forall x(F(x,y)\to G(x,z))$

(2) $\forall x(F(x)\to G(y))\to \exists y(H(x)\land L(x,y,z))$

2.10 判断下列各式是否为重言式,并说明理由。

(1) $\forall xP(x)\to \forall zP(z)$

(2) $\forall x(P(x)\lor Q(x))\to \forall xP(z)\lor Q(x)$

(3) $\forall y\exists xP(x,y)\to \exists y\forall xP(x,y)$

(4) $\exists x(P(x)\land \exists x Q(x))\to \exists x(P(z)\land Q(x))$

(5) $\forall x(P(x)\leftrightarrow \forall x Q(x))\to \forall x(P(z)\leftrightarrow Q(x))$

(6) $\forall x(P(x)\to \forall x Q(x))\to \forall x(P(z)\to Q(x))$

(7) $\forall x(P(x)\to Q(x))\to \forall x(P(z)\to \forall x Q(x))$

(8) $\exists x(P(x)\to Q(x))\to(\exists xP(z)\to \exists x Q(x))$

(9) $\forall x\forall yP(x,y)\to \forall xP(x,x)$

(10) $\exists x\exists yP(x,y)\to \exists xP(x,x)$

(11) $\forall x(P(x)\to \forall xP(x))$

(12) $\forall x(\exists x P(x)\to P(x))$

2.11 令 A 为合式公式$[\forall x P(x,x)\land \forall x\forall y\forall z(P(x,y)\land P(y,z)\to P(x,z))\land \forall x\forall y(P(x,y)\lor P(y,x))]\to \exists y\forall xP(y,x)$

证明(1) A 在所有有限论域中恒真。

(2) 找一论域为自然数集的解释 I,使 A 在 I 下为假。

2.12 给定命题:“有的女孩比所有的男孩都聪明”。令 x、y 代表任意客体域中的变元,定义谓词 $G(x)$:“x 是女孩”,$B(x)$:“x 是男孩”,$C(x,y)$:“x 比 y 聪明”,并规定$\neg C(x,y)\leftrightarrow C(y,x)$。

(1) 用上述谓词将给定命题译为谓词公式;

(2) 下列哪一个命题是给定命题的反命题?利用逻辑联结词的等价关系证明你的结论(不需要做出公理化方法的严格说明)。

① 有的男孩比所有女孩都聪明。

② 对于任何男孩,一定至少有一个不如他聪明的女孩。

③ 对于任何女孩,一定至少有一个比她聪明的男孩。

2.13 用谓词逻辑公式表示如下的自然数公理。

(1) 每个数都存在一个且仅存在一个直接后继数。

(2) 每个数都不以 0 为直接后继数。

(3) 每个不同于 0 的数都存在一个且仅存在一个直接前启数。

提示:设 $S(x)$表示 x 的直接后继数,谓词 $E(x,y)$表示“x 等于 y”。

2.14 下列一阶谓词公式是否永真?证明之。

(1) $\exists x\forall y A(x,y)\leftrightarrow \forall y\exists x A(x,y)$

(2) $(\exists x A(x)\to \exists x B(x))\to(\exists x(A(x)\to B(x)))$

2.15 证明：$\forall x(P(x)\vee Q(x))\rightarrow\forall x\,P(x)\vee\exists x\,Q(x)$。

2.16 下列各式是否为永真式？说明理由。

(1) $\forall x(A(x)\wedge B(x))\leftrightarrow((\forall x\,A(x))\wedge\forall x\,B(x))$

(2) $(A\rightarrow\exists xB(x))\leftrightarrow\exists x(A\rightarrow B(x))$

(3) $\forall x(A(x)\rightarrow B(x))\leftrightarrow(\exists x\,A(x)\rightarrow\forall x\,B(x))$

2.17 下列两个公式是否成立？若不成立，请举例说明。

(1) $\forall x\,\exists yA(x,y)\Rightarrow\exists y\,\exists x\,A(x,y)$

(2) $\exists x\,A(x)\wedge\exists x\,B(x)\Leftrightarrow\exists x\,(A(x)\wedge B(x))$

2.18 判断下面命题推理是否正确，若有错，请指出。

$$\begin{aligned}\forall x(A(x)\rightarrow B(x))&\Leftrightarrow\forall x(\neg A(x)\vee B(x))\\&\Leftrightarrow\forall x\neg(A(x)\wedge\neg B(x))\\&\Leftrightarrow\neg\exists x\,(A(x)\wedge\neg B(x))\\&\Leftrightarrow\neg(\exists x\,A(x)\wedge\exists x\,\neg B(x))\\&\Leftrightarrow\neg\exists x\,A(x)\vee\neg\exists x\,\neg B(x)\\&\Leftrightarrow\neg\exists x\,A(x)\vee\forall x\,B(x)\\&\Leftrightarrow\exists x\,A(x)\rightarrow\forall x\,B(x)\end{aligned}$$

2.19 证明以下公式的有效性。

(1) $\forall x(P\rightarrow Q(x))\leftrightarrow(P\rightarrow\forall x\,Q(x))$ （式中 P 不含 x）

(2) $\forall x(P(x)\rightarrow Q)\leftrightarrow(\exists x\,P(x)\rightarrow Q)$ （式中 Q 不含 x）

2.20 证明：$\forall x(P(x)\rightarrow(Q(y)\wedge R(x))),\exists xP(x)\Rightarrow Q(y)\wedge\exists x(P(x)\wedge R(x))$。

2.21 只用¬、→、∀表达以下公式，如 $\exists x\,\forall y(P(x)\vee Q(x))$ 化为 $\neg\forall x\neg\forall y(\neg P(x)\rightarrow Q(x))$。

(1) $\exists x(P(x)\wedge Q(x))$

(2) $\exists x\,(P(x)\leftrightarrow\forall y\,Q(y))$

(3) $\forall y(\forall xP(x)\vee\neg\,Q(y))$

2.22 求下面公式的前束范式。

(1) $\forall xF(x)\wedge\neg\exists xG(x)$

(2) $\forall xF(x)\vee\neg\exists xG(x)$

(3) $\forall xF(x,y)\rightarrow\exists yG(x,y)$

(4) $(\forall x_1F(x_1,x_2)\rightarrow\exists x_2G(x_2))\rightarrow\forall x_1H(x_1,x_2,x_3)$

2.23 已知前提："某个团体的全体成员中，每个成员或者是武汉人，或者是北京人"。请用形式推理严格证明：此前提蕴涵下述结论："或者该团体的每个成员都是北京人，或者该团体中有一个人是武汉人。"

2.24 证明：$\forall x(P(x)\rightarrow Q(x)),\forall x(R(x)\rightarrow Q(x)),\exists x(\neg P(x)\rightarrow R(x))\Rightarrow\exists xQ(x)$。

2.25 用谓词逻辑演算推理规则证明：

$$\forall x(P(x)\rightarrow(Q(y)\wedge R(a))),\forall xP(x)\vdash Q(y)\wedge\exists x(P(x)\wedge R(x))$$

2.26 下列推理的推导过程是否有错？如果有错，则指出是第几步有错，并说明理由，结论是否有效？为什么？如果有效，则将推导过程加以改正；如果无效，则举例加以说明。

$$\forall x(P(x)\vee Q(x))\rightarrow\forall x\,P(x)\vee\forall x\,Q(x)$$

(1) $\forall x(P(x)\vee Q(x))$	前提
(2) $\neg\exists x\neg(P(x)\vee Q(x))$	量词转换律
(3) $\neg\exists x(\neg P(x)\wedge\neg Q(x))$	德摩根定律
(4) $\neg(\exists x\neg P(x)\wedge\exists x\neg Q(x))$	存在量词分配律
(5) $\neg\exists x\neg P(x)\vee\neg\exists x\neg Q(x)$	德摩根定律
(6) $\forall x\,P(x)\vee\forall xQ(x)$	量词转换律

2.27 设 R 为二元谓词,考查以下演绎。

(1) $\forall x\exists yQ(x,y)$	P
(2) $\exists yQ(a,y)$	US(1)
(3) $Q(a,b)$	ES(2)
(4) $\forall xQ(x,b)$	UG(3)
(5) $\exists y\forall xQ(x,y)$	EG(4)

这是否为一个有效论证? 为什么?

2.28 用演绎法证明。

$\forall y\exists x\neg Q(x,y)$是$\exists x(R(x)\wedge\neg T(x))$,$\exists xF(x)$和$\forall z(F(z)\wedge\forall x\exists yQ(x,y)\rightarrow\forall y(R(y)\rightarrow T(y)))$的逻辑结果。

2.29 试找出下列推导过程中的错误,写出正确推导过程,并说明理由。

(1) $\forall x(P(x)\rightarrow Q(x))$	P
(2) $P(y)\rightarrow Q(y)$	US(1)
(3) $\exists xP(x)$	P
(4) $P(y)$	ES(3)
(5) $Q(y)$	T(2),(4)I
(6) $\exists xQ(x)$	EG(5)

2.30 仔细阅读如下的初等数学片段。

定理:存在两个无理数 x、y,使得 x^y 是有理数。

证明:如果$\sqrt{2}^{\sqrt{2}}$是有理数,定理显然成立。

如果$\sqrt{2}^{\sqrt{2}}$是无理数,那么取 $x=\sqrt{2}^{\sqrt{2}}$,$y=\sqrt{2}$,

则 $x^y=2$,定理也成立。

用 a 表示$\sqrt{2}$,b 表示 2,$p(x)$表示"x 是有理数",(因此 $\neg\ p(x)$表示"x 是无理数"),$f(x,y)$表示 x 与 y 的乘积,$g(x,y)$表示 x^y。

回答如下问题:

(1) 把定理用逻辑符号写出来。

(2) 分析上面的证明,指出要用到的数学知识,并用逻辑符号写出来。例如,引理 1:$p(b)$(表示 2 是有理数)。

(3) 把上面的证明改写成形式证明(注明用到的推理规则或逻辑公式)。

2.31 将下列推理形式化,判断各个推理是否正确,说明判断的依据(要求注明所设简单命题或谓词含义)。

(1) 我五一长假或者去三亚旅游,或者去九寨沟旅游。我五一长假去三亚旅游了,所以没有去九寨沟旅游。

(2) 如果对于每个数,都存在一个比它大的数,则存在一个比一切数都大的数(个体域:实数域)。

(3) 如果存在一个比一切数大的数,则对于每个数,都存在一个比它大的数(个体域:实数域)。

(4) 对于任何的物体而言,如果它是运动的,则地球就不会停止转动。所以,只要存在运动的物体,地球就不会停止转动。

2.32 用谓词逻辑自然推理公式,写出对应下列推理的证明。

如果一个公式是重言式,则它就不是矛盾式。任何一个合式或者是可满足的,或者是矛盾式,存在着不可满足的合式,所以,存在着非重言式的合式。

(要求:先给出形式化的前提和结论,并且注明其中谓词的含义,在证明过程中要写出每步的根据)。

2.33 指出下列哪一个公式是有效的,并对有效的公式加以证明,否则对公式加以反驳。

(1) $\forall x(P(x) \vee Q(x)) \rightarrow (\forall x P(x) \vee \forall x Q(x))$

(2) $\forall x(P(x) \vee \forall x Q(x)) \rightarrow \forall x(P(x) \vee Q(x))$

计算机编程题2.1参考代码

计算机编程题

2.1 编程求解合一算法。文字 L1 和 L2 如果经过执行某个置换 s。满足 $L1s = L2s$,则称 L1 与 L2 可合一,s 称为其合一元。本程序可判断任意两个文字能否合一,若能合一,则给出其合一元。合一算法程序运行界面示例如图 2.2 所示。

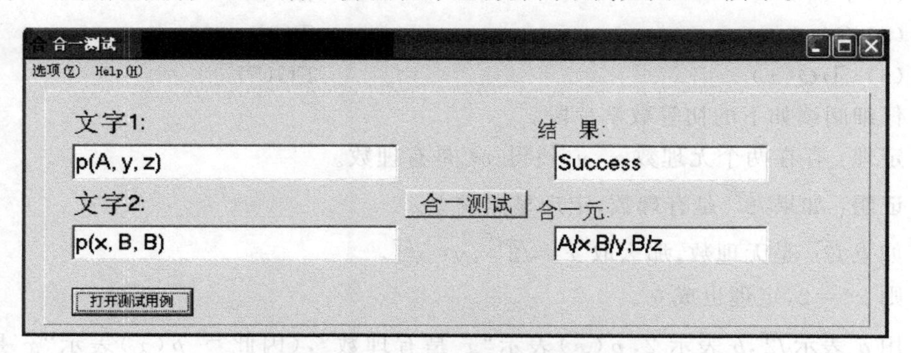

图 2.2 合一算法程序运行界面示例

2.2 写出描述谓词 GrandChild、GreatGrandparent、Ancestor、Brother、Sister, Daughter、Son、FirstCousin、BrotherInLaw、SisterInLaw、Aunt 和 Uncle 的公理。找出隔了 n 代的第 m 代姑表亲的合适定义,并用一阶逻辑写出该定义。现在写出图 2.3 中所示的家族树的基本事实。采用适当的逻辑推理系统,把你已经写出的所有语句 TELL 系统,并 ASK 系统:谁是 Elizabeth 的孙辈,Diana 的姐夫/妹夫,Zara 的曾祖父母和 Eugenie 的祖先?

2.3 归类测试算法。归类:对子句 L 和 M,若存在一个代换 s,使得 Ls 为 M 的一个子集,则 L 将 M 归类。

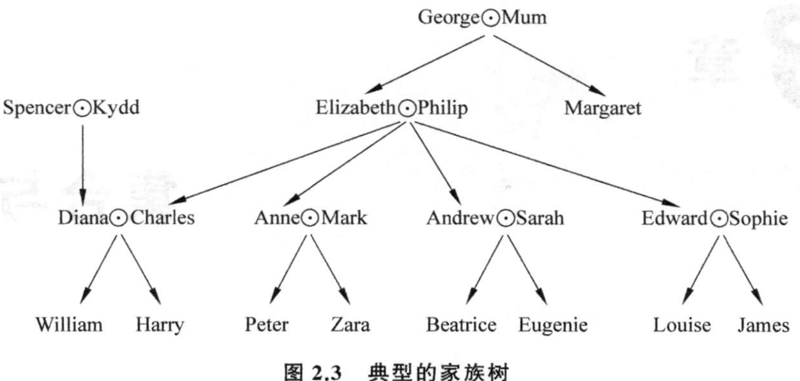

图 2.3　典型的家族树

符号"⊙"连接配偶,箭头指向孩子

归类测试的目的是判断两个子句间是否有归类关系,如果有,则在推理过程中应该将被归类的子句删除,以提高推理效率。

要求:(1)待测试的子句必须是规范化的;(2)谓词项中首字母大写的为常量,小写的为变量,函数名首字母应该为小写;(3)最好不要在两个子句中出现同一个变元,虽然出现相同的变元不会影响最终的结果,但得到的代换却有可能不正确;(4)单击 V 符号可在子句中加入析取符;(5)得到的实现归类的代换并非最一般合一元,这是因为根据归类的定义,只存在一个代换 s 使得 Ls 成为 M 的一个子集即可。

第3章 集合与关系

集合是数学中最基本的概念，又是数学各分支、自然科学及社会科学各领域最普遍采用的描述工具。自从19世纪末德国数学家康托(G.Cantor)为集合论做奠基工作以来，集合论已经成为数学中不可缺少的基本描述工具和数学中最基本的概念之一。集合论有两种体系：一种是朴素集合论；另一种是公理集合论。本书仅讨论朴素集合论。

3.1 集合的概念和表示法

3.1.1 集合的表示

集合是不能精确定义的基本概念。当我们讨论某一类对象时，就把这一类对象的全体称为集合。这些对象称为集合中的元素。

例如：地球上的人。

方程 $x^2-1=0$ 的实数解集合。

26个英文字母的集合。

坐标平面上的点。

集合通常用大写的英文字母标记，如自然数集合 **N**、整数集合 **Z**、有理数集合 **Q**、实数集合 **R**、复数集合 **C** 等。用小写字母表示一个集的元素，如 a，b，x，y。

表示一个集合的方法通常有如下三种。

1. 枚举法

这种方法是列出集合的所有元素，元素之间用逗号隔开，并把它们用花括号括起来。例如：

$$A=\{a,b,c,\cdots,z\}$$

$$Z=\{0,\pm 1,\pm 2,\cdots\}$$

都是合法的表示。

下面给出常用的集合记号：

$\mathbf{Z}^+=\{x \mid x$ 是正整数$\}$　即 $\mathbf{Z}^+=\{1,2,3,4,\cdots\}$

$\mathbf{N}=\{x \mid x$ 是正整数或 $0\}$　即 $\mathbf{N}=\{0,1,2,3,4,\cdots\}$

$\mathbf{Z}=\{x \mid x$ 是整数$\}$　即 $\mathbf{Z}=\{\cdots,-3,-2,-1,0,1,2,3,\cdots\}$

$\mathbf{Q}=\{x \mid x$ 是有理数$\}$　即 $\mathbf{Q}$ 中的元素可以写成 a/b 的形式，a、b 是整数，$b\neq 0$

$\mathbf{R}=\{x \mid x$ 是实数$\}$

$\varnothing$是空集，即不含任何元素的集合。

2. 描述法

描述法是把属于集合中元素所具有的属性描述出来，写在花括号里。使用时，描述法也有两种情况：一种是用文字描述；另一种是用表达式描述。

例 3.1　集合 $A=\{$中国所有的网站$\}$，表示集合 A 中的元素是中国所有的网站。

例 3.2　集合 $B=\{x \mid x\in\mathbf{R}\wedge x^2-1=0\}$，表示方程 $x^2-1=0$ 的实数解集。

许多集合可以用两种方法表示，如 B 也可以写成$\{-1,1\}$，但是有些集合不可以用枚举法表示，如实数集合。

3. 图示法

集合与集合之间的关系以及一些运算结果可用文氏图(Venn Diagram)给予直观的表示。其构造如下：用一个大的矩形表示全集的所有元素(有时为了简单起见，可将全集省略)。在矩形内画一些圆(或任何其他形状的闭曲线)，用圆代表子集，用圆内部的点表示相应集合的元素。

为了讨论问题的方便，我们引入全集 E(有些教材用 U 表示)的概念，它包含我们讨论的所有有意义的物体的全体，即讨论中提到的任一集合都是 E 的子集。例如，当讨论实数时提到的集合 A 和 B 必须是实数集，而不是矩阵、电路等。在 Venn 图中，全集被表示成矩形，而其子集则被表示成圆形。全集是有相对性的，不同的问题有不同的全集，即使是同一个问题，也可以取不同的全集。例如，在研究平面上直线的相互关系时，可以把整个平面(平面上所有点的集合)取作全集，也可以把整个空间(空间上所有点的集合)取作全集。一般地，全集取得小一些，问题的描述和处理会简单一些。

不同的圆代表不同的集合，并将运算结果得到的集合用阴影或斜线的区域表示新组成的集合。集合的相关运算用文氏图表示如图 3.1 所示。

注意，文氏图只能帮助我们理解复杂的集合关系，只能用于说明，不能用于证明。

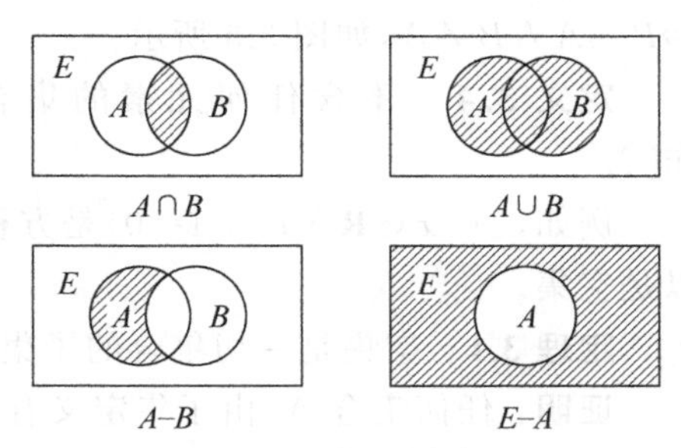

图 3.1　文氏图表示集合之间的关系

3.1.2　基本概念

1. 集合与元素之间的关系

集合的元素是彼此不同的，如果同一个元素在集合中多次出现，就应该认为是一个元素，如$\{1,1,2,2,3\}=\{1,2,3\}$。

集合的元素是无序的，如$\{1,2,3\}=\{3,1,2\}$。

元素和集合之间的关系是隶属关系,即属于或不属于,属于记作$\in$,不属于记作$\notin$,例如$A=\{a,\{b,c\},d,\{\{d\}\}\}$,这里,$a\in A$,$\{b,c\}\in A$,$d\in A$,$\{\{d\}\}\in A$,但$b\notin A$,$\{d\}\notin A$。$b$和$\{d\}$是$A$的元素的元素。可以用一种树形图表示这种隶属关系,该图分层构成,每个层上的结点都表示一个集合,它的儿子就是它的元素。上述集合A的树形图如图3.2所示。图中的a,b,c,d也是集合,由于讨论的问题与a,b,c,d的元素无关,所以没有列出它们的元素。

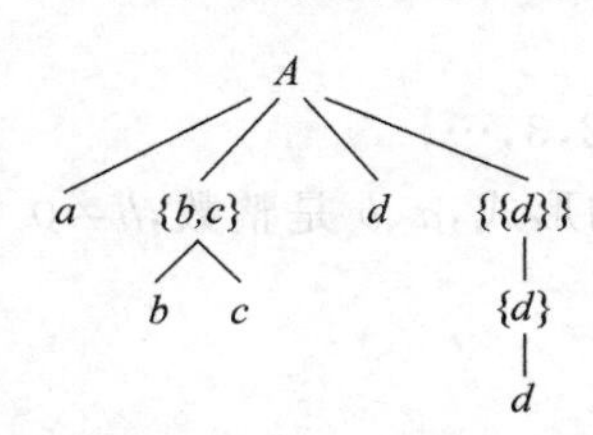

图3.2　元素和集合间隶属关系的树形表示

为了体系上的严谨性,我们规定:对任何集合A,都有$A\notin A$。

2. 集合之间的关系

下面考虑在同一层次上的两个集合之间的关系。

定义3.1　设A、B为集合,如果B中的每个元素都是A中的元素,则称B是A的子集,这时也称B被A包含,或A包含B,记作$B\subseteq A$。如果B不被A包含,则记作$B\nsubseteq A$。

包含的符号化表示为$B\subseteq A\Leftrightarrow \forall x(x\in B\rightarrow x\in A)$。

例如,$\mathbf{N}\subseteq\mathbf{Z}\subseteq\mathbf{Q}\subseteq\mathbf{R}\subseteq\mathbf{C}$,但$\mathbf{Z}\nsubseteq\mathbf{N}$。

显然,对任何集合A,都有$A\subseteq A$。

隶属关系和包含关系都是两个集合之间的关系,对于某些集合,这两种关系可以同时成立。例如,$A=\{a,\{a\}\}$和$\{a\}$这两个集合,既有$\{a\}\in A$,又有$\{a\}\subseteq A$。前者把它们看成不同层次上的两个集合,后者把它们看成同一层次上的两个集合,都是正确的。

定义3.2　设A、B为集合,如果$A\subseteq B$且$B\subseteq A$,则称A与B相等,记作$A=B$。如果A与B不相等,则记作$A\neq B$。相等的符号化表示为$A=B\Leftrightarrow A\subseteq B\wedge B\subseteq A$。

定义3.3　设A、B为集合,如果$B\subseteq A$且$B\neq A$,则称B是A的真子集,记作$B\subset A$。如果B不是A的真子集,则记作$B\not\subset A$。真子集的符号化表示为$B\subset A\Leftrightarrow B\subseteq A\wedge B\neq A$,如图3.3所示。

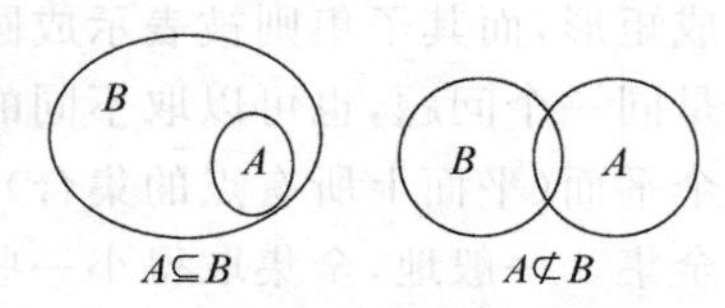

图3.3　子集和非真子集的图形表示

定义3.4　不含任何元素的集合称为空集,记作$\varnothing$。

例如,$\{x\mid x\in\mathbf{R}\wedge x^2+1=0\}$是方程$x^2+1=0$的实数解集,因为该方程无实数解,所以是空集。

定理3.1　空集是一切集合的子集。

证明:任何集合A,由子集定义有

$$\varnothing\subseteq A\Leftrightarrow\forall x(x\in\varnothing\rightarrow x\in A)$$

右边的蕴涵式因前件假而为真命题,所以$\varnothing\subseteq A$也为真。

推论　空集是唯一的。

证明:假设存在空集$\varnothing_1$和$\varnothing_2$,由定理3.1有

$$\varnothing_1\subseteq\varnothing_2,\varnothing_2\subseteq\varnothing_1。$$

根据定义3.2,有$\varnothing_1=\varnothing_2$。

含有n个元素的集合简称n元集,它的含有$m(m\leqslant n)$个元素的子集叫作它的m元子集。任给一个n元集,怎样求出它的全部子集呢?下面举例说明。

例 3.3　$A=\{1,2,3\}$，将 A 的子集分类。

0 元子集，也就是空集，只有一个：$\varnothing$；

1 元子集，即单元集：$\{1\},\{2\},\{3\}$；

2 元子集：$\{1,2\},\{1,3\},\{2,3\}$；

3 元子集：$\{1,2,3\}$。

一般地，对于 n 元集 A，它的 0 元子集有 C_n^0 个，1 元子集有 C_n^1 个，……，m 元子集有 C_n^m 个，……，n 元子集有 C_n^n 个。子集总数为

$C_n^0+C_n^1+\cdots+C_n^n=2^n$ 个。

定义 3.5　设 A 为集合，把 A 的全部子集构成的集合叫作 A 的幂集，记作 $P(A)$。

例如，集合 $A=\{1,2,3\}$，有 $P(A)=\{\varnothing,\{1\},\{2\},\{3\},\{1,2\},\{1,3\},\{2,3\},\{1,2,3\}\}$。不难看出，若 A 是 n 元集，则 $P(A)$ 有 2^n 个元素。

3.2　集合的运算

3.2.1　集合的基本运算

集合的运算是一些规则，利用这些规则对给定集合的元素进行重新组合，从而构成新的集合。集合的基本运算有并、交、相对补和对称差等。

定义 3.6　设 A、B 为集合，A 与 B 的并集 $A\cup B$，交集 $A\cap B$，B 对 A 的相对补集 $A-B$，A 与 B 的对称差 $A\oplus B$ 分别定义如下：

$$A\cup B=\{x \mid x\in A \vee x\in B\}$$
$$A\cap B=\{x \mid x\in A \wedge x\in B\}$$
$$A-B=\{x \mid x\in A \wedge x\notin B\}$$
$$A\oplus B=(A-B)\cup(B-A)$$

对称差运算可等价定义为 $A\oplus B=(A\cup B)-(A\cap B)$。

在给定全集 E 以后，$A\subseteq E$，A 的绝对补集 $\sim A$ 定义如下。

定义 3.7　$\sim A=E-A=\{x|x\in E\wedge x\notin A\}$。

例如，$E=\{a,b,c,d\}$，$A=\{a,b,c\}$，则 $\sim A=E-A=\{d\}$。

以上集合之间的关系和运算可以用文氏图给予形象的描述。图 3.4 就是一些集合的运算的文氏图描述。

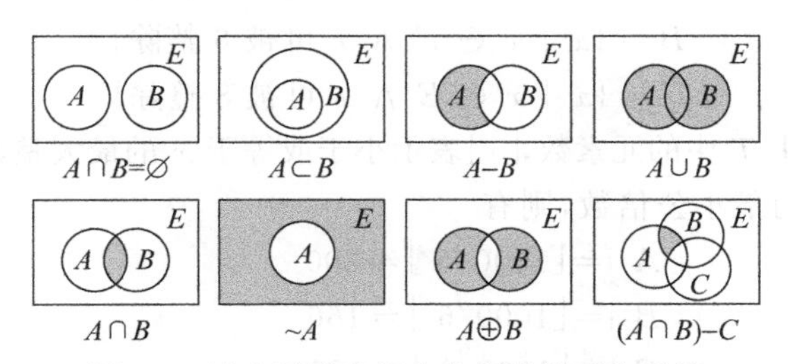

图 3.4　用文氏图表示集合间的关系和运算

3.2.2 有穷计数集

使用文氏图可以很方便地解决有穷集合的计数问题。首先根据已知条件把对应的文氏图画出来。一般地,每一条性质决定一个集合。有多少条性质,就有多少个集合。如果没有特殊说明,任何两个集合都画成相交的,然后将已知集合的元素数填入表示该集合的区域内。通常从 n 个集合的交集填起,根据计算的结果将数字逐步填入所有的空白区域。如果交集的数字是未知的,可以设为 x。根据题目中的条件列出一次方程或方程组,就可以求得所需要的结果。

例 3.4 对 24 名会外语的科技人员进行掌握外语情况的调查。其统计结果如下:会英、日、德和法语的人分别为 13、5、10 和 9 人,其中同时会英语和日语的有 2 人,会英、德和法语中任两种语言的都是 4 人。已知会日语的人既不懂法语,也不懂德语,分别求只会一种语言(英、德、法、日)的人数和会 3 种语言的人数。

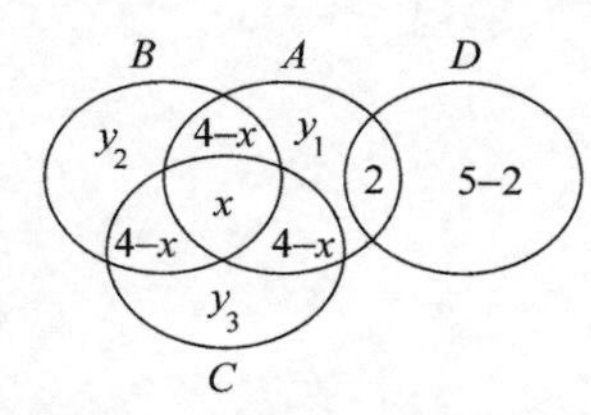

图 3.5 例 3.4 的文氏图

解:令 A、B、C、D 分别表示会英、法、德、日语的人的集合。根据题意画出如图 3.5 所示的文氏图。从图中可知,只会日语的有 3 人。设同时会 3 种语言的有 x 人,只会英、法或德语一种语言的分别为 y_1、y_2 和 y_3 人。将 x 和 y_1、y_2、y_3 填入图中相应的区域,然后依次填入其他区域的人数。

根据已知条件列出方程组如下:

$$y_1+2(4-x)+x+2=13$$
$$y_2+2(4-x)+x=9$$
$$y_3+2(4-x)+x=10$$
$$y_1+y_2+y_3+3(4-x)+x=19$$

解得 $x=1, y_1=4, y_2=2, y_3=3$。

例 3.5 求 1~1000(包含 1 和 1000)既不能被 5 和 6 整除,也不能被 8 整除的数有多少个。

解:设

$$E=\{x \mid x\in \mathbf{Z} \wedge 1\leqslant x\leqslant 1000\}$$
$$A=\{x \mid x\in E \wedge x\text{ 可被 5 整除}\}$$
$$B=\{x \mid x\in E \wedge x\text{ 可被 6 整除}\}$$
$$C=\{x \mid x\in E \wedge x\text{ 可被 8 整除}\}$$

用 $|T|$ 表示有穷集 T 中的元素数,$\lfloor x\rfloor$ 表示小于或等于 x 的最大整数,$\mathrm{lcm}(x_1,x_2,\cdots,x_n)$ 表示 $x_1,x_2,\cdots,x_n$ 的最小公倍数,则有

$$|A|=\lfloor 1000/5\rfloor=200$$
$$|B|=\lfloor 1000/6\rfloor=166$$
$$|C|=\lfloor 1000/8\rfloor=125$$
$$|A\cap B|=\lfloor 1000/\mathrm{lcm}(5,6)\rfloor=33$$
$$|A\cap C|=\lfloor 1000/\mathrm{lcm}(5,8)\rfloor=25$$

$$|B\cap C|=\lfloor 1000/\mathrm{lcm}(6,8)\rfloor=41$$
$$|A\cap B\cap C|=\lfloor 1000/\mathrm{lcm}(5,6,8)\rfloor=8$$

将这些数字依次填入文氏图,得到图 3.6。由图可知,不能被 5、6 和 8 整除的数有 1000－(200＋100＋33＋67)＝600(个)。

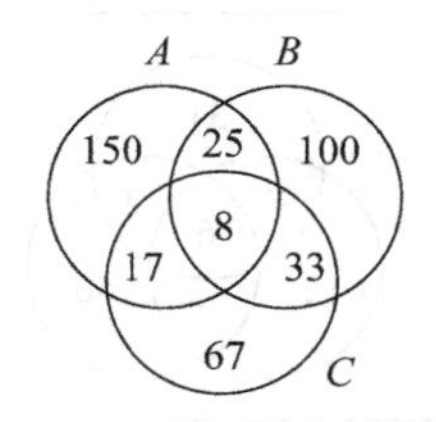

图 3.6　例 3.5 的文氏图

3.2.3　包含排斥原理

现实生活中,我们经常会遇到对集合中的元素进行计数的问题,考虑下面的例子。

例 3.6　一个班 50 人中,有 16 人期中得优,21 人期末得优,17 人两项均没得优,问有多少人两项均得优?

例 3.6 解答

下面给出包含排除原理。

定理 3.2　对有限集合 A 和 B,有

$$|A\cup B|=|A|+|B|-|A\cap B|$$

证明:(1) 当 A 与 B 不相交,即 $A\cap B=\varnothing$,则

$$|A\cup B|=|A|+|B|$$

(2) 若 $A\cap B\neq\varnothing$,则

$$|A|=|A\cap\sim B|+|A\cap B|,\ |B|=|\sim A\cap B|+|A\cap B|$$

所以

$$\begin{aligned}|A|+|B|&=|A\cap\sim B|+|A\cap B|+|\sim A\cap B|+|A\cap B|\\&=|A\cap\sim B|+|\sim A\cap B|+2|A\cap B|\end{aligned}$$

但

$$|A\cap\sim B|+|\sim A\cap B|+|A\cap B|=|A\cup B|$$

因此 $|A\cup B|=|A|+|B|-|A\cap B|$,证毕。

包含排除原理可以推广至有限集合。

借助文氏图法可以很方便地解决有限集合的计数问题。首先根据已知条件画出相应的文氏图。如果没有特殊说明,两个集合一般都画成相交的,然后将已知的集合的基数填入文氏图中的相应区域,用 x 等字母表示未知区域,根据题目中的条件,列出相应的方程或方程组,解出未知数即可得所需求的集合的基数。下面通过例子说明这一做法。

例 3.7　计算中心需安排 Python、Visual Basic、C 3 门课程的上机。3 门课程的学生分别有 110 人、98 人、75 人,同时学 Python 和 Visual Basic 的有 35 人,同时学 Python 和 C 的有 50 人,同时学 Visual Basic 和 C 的有 19 人,3 门课程都学的有 6 人。求共有多少学生。

解:设 x 是同时选 Python 和 Visual Basic,但没有选 C 的学生人数;y 是同时选 Python 和 C,但没有选 Visual Basic 的学生人数;z 是同时选 C 和 Visual Basic,但没有选 Python 的学生人数,设 p 是仅选 Python 的学生人数,b 是仅选 Visual Basic 的学生人数,c 是仅选 C 的学生人数。

根据题设有

$x+6=35$　　　　所以 $x=29$

$y+6=50$　　　　所以 $y=44$

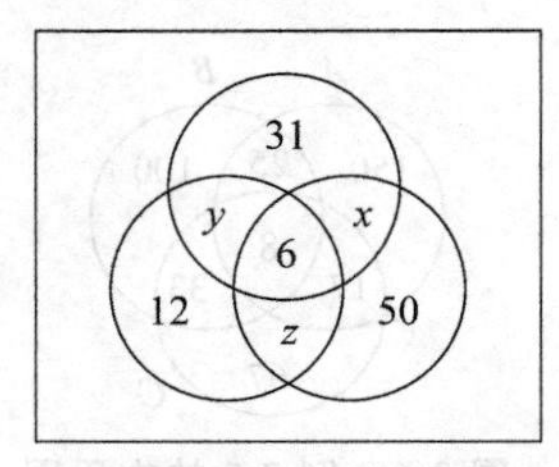

图 3.7 例 3.7 的文氏图

$z+6=19$ 所以 $z=13$

$x+y+6=110-p$ 所以 $p=31$

$x+z+6=98-b$ 所以 $b=50$

$y+z+6=75-c$ 所以 $c=12$

总计 $=31+29+50+44+6+13+12=185$

其文氏图解法如图 3.7 所示。

3.2.4 广义交和广义并

以上定义的并和交运算称为初级并和初级交。下面考虑推广的并和交运算，即广义并和广义交。

定义 3.8 设 A 为集合，A 的元素的元素构成的集合称为 A 的广义并，记为 $\cup A$。符号化表示为 $\cup A=\{x \mid \exists z(z\in A \wedge x\in z)\}$。

例 3.8 设集合 $A=\{\{a,b,c\},\{a,c,d\},\{a,e,f\}\}$，$B=\{\{a\}\}$，$C=\{a,\{c,d\}\}$。则

$$\cup A=\{a,b,c,d,e,f\}$$
$$\cup B=\{a\}$$
$$\cup C=a\cup\{c,d\}$$
$$\cup\varnothing=\varnothing$$

根据广义并定义不难证明，若 $A=\{A_1,A_2,\cdots,A_n\}$，则 $\cup A=A_1\cup A_2\cup\cdots\cup A_n$。

类似地，可以定义集合的广义交。

定义 3.9 设 A 为非空集合，A 的所有元素的公共元素构成的集合称为 A 的广义交，记为 $\cap A$。符号化表示为

$$\cap A=\{x \mid \forall z(z\in A\rightarrow x\in z)\}$$

考虑例 3.7 中的集合，有

$$\cap A=\{a\},\cap B=\{a\},\cap C=a\cap\{c,d\}$$

注意到在定义中特别强调了 A 是非空集合。对于空集 $\varnothing$，可以进行广义并，即 $\cup\varnothing=\varnothing$。但空集 $\varnothing$ 不可以进行广义交，因为 $\cap\varnothing$ 不是集合，在集合论中是没有意义的。

和广义并类似，若 $A=\{A_1,A_2,\cdots,A_n\}$，则 $\cap A=A_1\cap A_2\cap\cdots\cap A_n$。

在后面的叙述中，若只说并或交，指的都是集合的初级并或初级交；如果在并或交前边冠以"广义"两个字，则指集合的广义并或广义交。

为了使集合表达式更简洁，对集合运算的优先顺序做如下规定：一元运算优先于二元运算；一元运算之间按由右向左的顺序进行；二元运算之间由括号决定先后顺序。

其中，**一元运算**指广义并、广义交、幂集、绝对补运算，**二元运算**指并、交、相对补、对称差运算。

例如下面的集合公式：

$\cap A-\cup B$，$\cup P(A)$，$\sim P(A)\cup\cup B$，$\sim(A\cup B)$ 都是合理的公式。

例 3.9 设 $A=\{\{a\},\{a,b\}\}$，计算 $\cup\cup A$，$\cap\cap A$ 和 $\cap\cup A\cup(\cup\cup A-\cup\cap A)$。

解：$\cup A=\{a,b\}$

$\bigcap A=\{a\}$

$\bigcup\bigcup A=a\cup b$

$\bigcap\bigcap A=a$

$\bigcap\bigcup A=a\cap b$

$\bigcup\bigcap A=a$

$\bigcap\bigcup A\cup(\bigcup\bigcup A-\bigcup\bigcap A)=(a\cap b)\cup((a\cup b)-a)=(a\cap b)\cup(b-a)=b$

所以$\bigcup\bigcup A=a\cup b$，$\bigcap\bigcap A=a$，$\bigcap\bigcup A\cup(\bigcup\bigcup A-\bigcup\bigcap A)=b$。

命题代数与集合代数都是特殊的布尔代数。这个事实足以说明，此命题代数中的各种运算与集合论中的各种运算极为相似。在此将列举若干集合恒等式，它们都有与其对应的命题等价式。下面介绍集合运算的恒等式。

定理 3.3　设 A、B、C 为任意集合，E 为包含 A、B、C 的全集，那么下列各式成立。

(1) 等幂律　$A\cup A=A$　$A\cap A=A$

(2) 交换律　$A\cup B=B\cup A$

$A\cap B=B\cap A$

(3) 结合律　$(A\cup B)\cup C=A\cup(B\cup C)$

$(A\cap B)\cap C=A\cap(B\cap C)$

(4) 同一律　$A\cup\varnothing=A$　$A\cap E=A$

(5) 零律　$A\cap\varnothing=\varnothing$　$A\cup E=E$

(6) 分配律　$A\cup(B\cap C)=(A\cup B)\cap(A\cup C)$

$A\cap(B\cup C)=(A\cap B)\cup(A\cap C)$

(7) 吸收律　$A\cap(A\cup B)=A$

$A\cup(A\cap B)=A$

(8) 双重否定律　$\sim(\sim A)=A$　$\sim E=\varnothing$　$\sim\varnothing=E$

(9) 排中律　$A\cup\sim A=E$

(10) 矛盾律　$A\cap\sim A=\varnothing$

(11) 德·摩根律　$\sim(A\cup B)=\sim A\cap\sim B$　$\sim(A\cap B)=\sim A\cup\sim B$

$A-(B\cup C)=(A-B)\cap(A-C)$

$A-(B\cap C)=(A-B)\cup(A-C)$

(12) 补交转换律　$A-B=A\cap\sim B$

例 3.10　试证明 $A-(B-C)=(A-B)\cup(A\cap C)$。

证明：

方法 1　$x\in A-(B-C)$

$\Leftrightarrow x\in A\wedge x\notin(B\cap\sim C)$

$\Leftrightarrow x\in A\wedge(x\notin B\vee x\in C)$

$\Leftrightarrow(x\in A\wedge x\notin B)\vee(x\in A\wedge x\in C)$

$\Leftrightarrow x\in(A-B)\cup(A\cap C)$

方法 2　进行等值推导。

$$A-(B-C)=A\cap\sim(B\cap\sim C)$$
$$=A\cap(\sim B\cup C)$$

$$=(A\cap\sim B)\cup(A\cap C)$$
$$=(A-B)\cup(A\cap C)$$

3.3 有序对与笛卡儿积

最直接的表达两个集合之间的关系的方式,就是利用两个元素组成的有序对。

定义 3.10 由两个元素 x 和 y(允许 $x=y$)按一定顺序排列成的二元组叫作一个有序对或序偶,记作 $\langle x,y\rangle$,其中 x 是它的第一元素,y 是它的第二元素。

有序对 $\langle x,y\rangle$ 具有以下性质:

(1) 当 $x\neq y$ 时,$\langle x,y\rangle\neq\langle y,x\rangle$。

(2) $\langle x,y\rangle=\langle u,v\rangle$ 的充分必要条件是 $x=u$ 且 $y=v$。

这些性质是二元集 $\{x,y\}$ 不具备的。例如,当 $x\neq y$ 时,有 $\{x,y\}=\{y,x\}$。原因是有序对中的元素是有序的,而集合中的元素是无序的。

如有集合 $A=\{a,b,c,d\}$,A 中 4 个元素分别表示 4 个男人,是我们研究的对象,其中 a 是 b 和 c 的父亲,b 是 d 的父亲。现在把 4 个男人中有父子关系的两个人用有序对 $\langle a,b\rangle$、$\langle a,c\rangle$、$\langle b,d\rangle$ 表示。这些有序对中的元素的前后次序是不能颠倒的。

例 3.11 已知 $\langle x+2,4\rangle=\langle 5,2x+y\rangle$,求 x 和 y。

解:由有序对相等的充要条件有

$$x+2=5$$
$$2x+y=4$$

解得 $x=3,y=-2$。

为了更深入地研究关系,下面引入一个新的概念——集合的笛卡儿积。

定义 3.11 设 A、B 为集合,用 A 中元素为第一元素,B 中元素为第二元素构成有序对。所有这样的有序对组成的集合叫作 A 和 B 的笛卡儿积,记作 $A\times B$。

笛卡儿积的符号化表示为

$$A\times B=\{\langle x,y\rangle\mid x\in A\wedge y\in B\}$$

例如,设 $A=\{a,b\}$,$B=\{0,1,2\}$,则

$$A\times B=\{\langle a,0\rangle,\langle a,1\rangle,\langle a,2\rangle,\langle b,0\rangle,\langle b,1\rangle,\langle b,2\rangle\}$$
$$B\times A=\{\langle 0,a\rangle,\langle 0,b\rangle,\langle 1,a\rangle,\langle 1,b\rangle,\langle 2,a\rangle,\langle 2,b\rangle\}$$

由排列组合的知识不难证明,如果 $|A|=m$,$|B|=n$,则 $|A\times B|=m\cdot n$。

下面给出笛卡儿积的运算性质。

(1) 对任意集合 A,根据定义有

$$A\times\varnothing=\varnothing,\varnothing\times A=\varnothing$$

(2) 笛卡儿积运算不满足交换律,即

$$A\times B\neq B\times A \qquad (\text{当 } A\neq\varnothing\wedge B\neq\varnothing\wedge A\neq B \text{ 时})$$

(3) 笛卡儿积运算不满足结合律,即

$$(A\times B)\times C\neq A\times(B\times C) \qquad (\text{当 } A\neq\varnothing\wedge B\neq\varnothing\wedge C\neq\varnothing \text{ 时})$$

(4) 笛卡儿积运算对并和交运算满足分配律,即

$$A\times(B\cup C)=(A\times B)\cup(A\times C)$$

$$(B \cup C) \times A = (B \times A) \cup (C \times A)$$
$$A \times (B \cap C) = (A \times B) \cap (A \times C)$$
$$(B \cap C) \times A = (B \times A) \cap (C \times A)$$

(5) $A \subseteq C \wedge B \subseteq D \Rightarrow A \times B \subseteq C \times D$

下面给出性质(4)第一个式子的证明。

证明：任取$<x,y>$

$$\begin{aligned} & <x,y> \in A \times (B \cup C) \\ \Leftrightarrow & x \in A \wedge y \in B \cup C \\ \Leftrightarrow & x \in A \wedge (y \in B \vee y \in C) \\ \Leftrightarrow & (x \in A \wedge y \in B) \vee (x \in A \wedge y \in C) \\ \Leftrightarrow & <x,y> \in A \times B \vee <x,y> \in A \times C \\ \Leftrightarrow & <x,y> \in (A \times B \cup A \times C) \end{aligned}$$

所以有$A \times (B \cup C) = (A \times B) \cup (A \times C)$。

注意：性质(5)的逆命题不成立，可分以下 4 种情况讨论。

① 当$A = B = \varnothing$时，显然有$A \subseteq C$和$B \subseteq D$成立。

② 当$A \neq \varnothing$且$B \neq \varnothing$时，也有$A \subseteq C$和$B \subseteq D$成立，证明如下：

任取$x \in A$，由于$B \neq \varnothing$，必存在$y \in B$，因此有

$$x \in A \wedge y \in B \Rightarrow <x,y> \in A \times B \Rightarrow <x,y> \in C \times D \Rightarrow x \in C \wedge y \in D \Rightarrow x \in C$$

从而证明了$A \subseteq C$。同理可证$B \subseteq D$。

③ 当$A = \varnothing$，$B \neq \varnothing$时，有$A \subseteq C$成立，但不一定有$B \subseteq D$成立。

反例：令$A = \varnothing$，$B = \{1\}$，$C = \{3\}$，$D = \{4\}$。

④当$A \neq \varnothing$，$B = \varnothing$时，有$B \subseteq D$成立，但不一定有$A \subseteq C$成立。反例略。

例 3.12　设$A = \{1,2\}$，求$P(A) \times A$。

解：
$$\begin{aligned} P(A) \times A &= \{\varnothing, \{1\}, \{2\}, \{1,2\}\} \times \{1,2\} \\ &= \{<\varnothing,1>, <\varnothing,2>, <\{1\},1>, <\{1\},2>, <\{2\},1>, <\{2\},2>, \\ &\quad <\{1,2\},1>, <\{1,2\},2>\} \end{aligned}$$

例 3.13　设A、B、C、D为任意集合，判断以下命题是否为真，并说明理由。

(1) $A \times B = A \times C \Rightarrow B = C$

(2) $A - (B \times C) = (A - B) \times (A - C)$

(3) $A = B \wedge C = D \Rightarrow A \times C = B \times D$

(4) 存在集合A，使$A \subseteq A \times A$

解：(1) 不一定为真。当$A = \varnothing$，$B = \{1\}$，$C = \{2\}$时，有$A \times B = \varnothing = A \times C$，但$B \neq C$。

(2) 不一定为真。当$A = B = \{1\}$，$C = \{2\}$时，有

$$A - (B \times C) = \{1\} - \{<1,2>\} = \{1\}$$
$$(A - B) \times (A - C) = \varnothing \times \{1\} = \varnothing$$

(3) 为真。由等量代入的原理可证。

(4) 为真。当$A = \varnothing$时，$A \subseteq A \times A$成立。

3.4 关系及其表示

3.4.1 基本概念

关系是客观世界存在的普遍现象,它描述了事物之间存在的某种联系。例如,人类集合中的父子、兄弟、同学、同乡,两个实数间的大于、小于、等于关系,集合中两条直线的平行、垂直关系等,集合间的包含,元素与集合的属于……都是关系在各个领域中的具体表现。《水浒》中108条梁山好汉,每个人都有一个绰号,人人都不例外。

宋江——及时雨,吴用——智多星,李逵——黑旋风,白胜——白日鼠,……

这就是说,梁山好汉的姓名与他们的绰号之间有一种"关系"。

表述两个个体之间的关系,称为二元关系;表示3个以上个体之间的关系,称为多元关系。我们主要讨论二元关系。

定义 3.12 如果一个集合满足以下条件之一:

(1) 集合非空,且它的元素都是有序对。

(2) 集合是空集。

则称该集合为一个二元关系,记作 R。二元关系也可简称为关系。对于二元关系 R,如果 $<x,y>\in R$,则可记作 xRy;如果 $<x,y>\notin R$,则记作 $x\not R y$。

例如,$R_1=\{<1,2>,<a,b>\}$,$R_2=\{<1,2>,a,b\}$,则 R_1 是二元关系,R_2 不是二元关系,只是一个集合,除非将 a 和 b 定义为有序对。根据上面的记法可以写 $1R_1 2$,$aR_1 b$。

根据笛卡儿积的定义,二元关系还可以有如下定义。

定义 3.13 设 A、B 为集合,$A\times B$ 的任何子集均称为从 A 到 B 的二元关系,特别地,当 $A=B$ 时,称为 A 上的二元关系。

例如 $A=\{0,1\}$,$B=\{1,2,3\}$,那么 $R_1=\{<0,2>\}$,$R_2=A\times B$,$R_3=\varnothing$,$R_4=\{<0,1>\}$等都是从 A 到 B 的二元关系,而 R_3 和 R_4 同时也是 A 上的二元关系。

集合 A 上的二元关系的数目依赖于 A 中的元素数。如果 $|A|=n$,那么 $|A\times A|=n^2$,$A\times A$ 的子集就有 2^{n^2} 个。每个子集代表一个 A 上的二元关系,所以 A 上有 2^{n^2} 个不同的二元关系。例如 $|A|=3$,则 A 上有 $2^{3^2}=512$ 个不同的二元关系。

下面介绍一些特殊的二元关系。对于任何集合 A,空集 $\varnothing$ 是 $A\times A$ 的子集,叫作 A 上的空关系。下面定义 A 上的全域关系 E_A 和恒等关系 I_A。

定义 3.14 对任意集合 A,定义全域关系为 $E_A=\{<x,y>|x\in A\wedge y\in A\}=A\times A$,恒等关系为 $I_A=\{<x,x>|x\in A\}$。

例 3.14 设集合 $A=\{0,1,2\}$,试求 E_A 和 I_A。

解:E_A 是 A 上的全关系,$|E_A|=|A\times A|=9$。

$$E_A=\{<0,0>,<0,1>,<0,2>,<1,0>,<1,1>,<1,2>,<2,0>,<2,1>,<2,2>\}。$$

I_A 是 A 上的恒等关系,$|I_A|=|A|=3$,$I_A=\{<0,0>,<1,1>,<2,2>\}$。

除了以上3种特殊的关系以外,还有一些常用的关系,分别说明如下:

$L_A=\{<x,y>|x,y\in A\land x\leqslant y\}$，这里 $A\subseteq\mathbf{R}$。

$D_B=\{<x,y>|x,y\in B\land x$ 整除 $y\}$，这里 $B\subseteq\mathbf{Z}^*$。

$R\subseteq=\{<x,y>|x,y\in A\land x\subseteq y\}$，这里 A 是集合族。

L_A 叫作 A 上的小于或等于关系，A 是实数集 $\mathbf{R}$ 的子集。D_B 叫作 B 上的整除关系，其中 x 是 y 的因子，B 是非零整数集 $\mathbf{Z}^*$ 的子集。$R\subseteq$叫作 A 上的包含关系，A 是由一些集合构成的集合族。例如 $A=\{1,2,3\}$，$B=\{a,b\}$，则

$$L_A=\{<1,1>,<1,2>,<1,3>,<2,2>,<2,3>,<3,3>\}$$

$$D_A=\{<1,1>,<1,2>,<1,3>,<2,2>,<3,3>\}$$

而令 $A=P(B)=\{\varnothing,\{a\},\{b\},\{a,b\}\}$，则 A 上的包含关系是

$$R\subseteq=\{<\varnothing,\varnothing>,<\varnothing,\{a\}>,<\varnothing,\{b\}>,<\varnothing,\{a,b\}>,<\{a\},\{a\}>,<\{a\},\{a,b\}>,<\{b\},\{b\}>,<\{b\},\{a,b\}>,<\{a,b\},\{a,b\}>\}$$

类似地，还可以定义大于或等于关系、小于关系、大于关系、真包含关系等。

例 3.15　设 $A=\{1,2,3\}$，用列举法给出 A 上的恒等关系 I_A 和全关系 E_A，

A 上的小于关系 $L_A=\{<x,y>|x,y\in A\land x<y\}$和

A 上的整除关系 $D_A=\{<x,y>|x,y\in A\land x$ 整除 $y\}$。

解：$I_A=\{<1,1>,<2,2>,<3,3>\}$

$E_A=\{<1,1>,<1,2>,<1,3>,<2,1>,<2,2>,<2,3>,<3,1>,<3,2>,<3,3>\}$

$L_A=\{<1,2>,<1,3>,<2,3>\}$

$D_A=\{<1,1>,<1,2>,<1,3>,<2,2>,<3,3>\}$

3.4.2　关系表示法

1. 列举法

列举出关系的所有有序对，前面的例题大多是用列举法表示关系的。

例 3.16　设 $A=\{1,2,3,4\}$，下面各式定义的 R 都是 A 上的关系，试用列元素法表示 R。

(1) $R=\{<x,y>|x$ 是 y 的倍数$\}$

(2) $R=\{<x,y>|(x-y)^2\in A\}$

(3) $R=\{<x,y>|x/y$ 是素数$\}$

(4) $R=\{<x,y>|x\neq y\}$

解：(1) $R=\{<4,4>,<4,2>,<4,1>,<3,3>,<3,1>,<2,2>,<2,1>,<1,1>\}$

(2) $R=\{<2,1>,<3,2>,<4,3>,<3,1>,<4,2>,<2,4>,<1,3>,<3,4>,<2,3>,<1,2>\}$

(3) $R=\{<2,1>,<3,1>,<4,2>\}$

(4) $R=E_A-I_A=\{<1,2>,<1,3>,<1,4>,<2,1>,<2,3>,<2,4>,<3,1>,<3,2>,<3,4>,<4,1>,<4,2>,<4,3>\}$

例 3.16 中的 4 个关系是用描述法给出的。

2. 关系矩阵

关系矩阵是表达两个有限集合之间的关系的有力工具,也是方便计算机处理的一种表示方式,它的构成是这样的:

设 $A=\{x_1,x_2,\cdots,x_n\}$,R 是 A 上的关系。令

$$r_{ij}=\begin{cases}1 & x_i R x_j \\ 0 & x_i \not R x_j\end{cases} \quad (i,j=1,2,\cdots,n)$$

则

$$\boldsymbol{M}_R=\begin{bmatrix} r_{11} & r_{12} & \cdots & r_{1n} \\ r_{21} & r_{22} & \cdots & r_{2n} \\ \vdots & \vdots & & \vdots \\ r_{n1} & r_{n2} & \cdots & r_{nn} \end{bmatrix}$$

是 R 的关系矩阵,记作 $\boldsymbol{M}_R$。

例 3.17 设 $A=\{1,2,3,4\}$,$R=\{<1,1>,<1,2>,<2,3>,<2,4>,<4,2>\}$,试求 R 的关系矩阵。

解:R 的关系矩阵为

$$\boldsymbol{M}_R=\begin{bmatrix} 1 & 1 & 0 & 0 \\ 0 & 0 & 1 & 1 \\ 0 & 0 & 0 & 0 \\ 0 & 1 & 0 & 0 \end{bmatrix}$$

3. 关系图

还可以利用平面上的图形描述从集合 A 到集合 B 的二元关系 R,以便更好地理解二元关系。

设 $A=\{x_1,x_2,\cdots,x_n\}$,R 是 A 上的关系,令图 $G=<V,E>$,其中顶点集合 $V=A$,边集为 E。对于 $\forall x_i,x_j\in V$,满足 $<x_i,x_j>\in E \Leftrightarrow x_i R x_j$,称图 G 为 R 的关系图,记作 G_R。

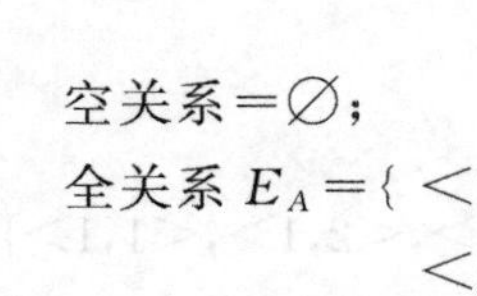

在例 3.17 中,R 的关系图 G_R 如图 3.8 所示。

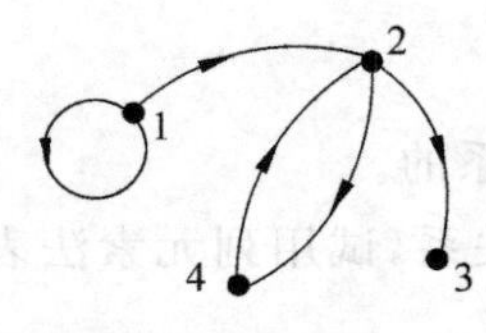

图 3.8 例 3.17 中 R 的关系图

例 3.18 求集合 $A=\{1,2,3,4\}$ 上的恒等关系、空关系、全关系和小于关系,并画出小于关系的关系图。

解:恒等关系 $I_A=\{<1,1>,<2,2>,<3,3>,<4,4>\}$;

空关系$=\varnothing$;

全关系 $E_A=\{<1,1>,<1,2>,<1,3>,<1,4>,<2,1>,$
$<2,2>,<2,3>,<2,4>,<3,1>,<3,2>,$
$<3,3>,<3,4>,<4,1>,<4,2>,<4,3>,$
$<4,4>\}$;

小于关系 $L_A=\{<1,2>,<1,3>,<1,4>,<2,3>,<2,4>,<3,4>\}$。

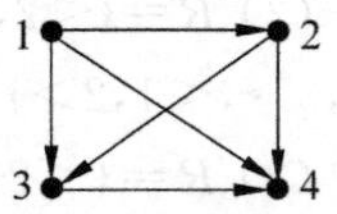

小于关系的关系图如图 3.9 所示。

图 3.9 例 3.18 小于关系的关系图

例 3.19　设集合 $A=\{a,b\}$，R 是 $P(A)$ 上的包含关系，求 R、R 的关系矩阵与 R 的关系图。

解：用描述法表示：$R=\{<x,y>|x,y\in P(A)\wedge x\subseteq y\}$，

用列举法表示：$P(A)=\{\varnothing,\{a\},\{b\},A\}$，

$R=\{<\varnothing,\varnothing>,<\varnothing,\{a\}>,<\varnothing,\{b\}>,<\varnothing,A>,<\{a\},\{a\}>,<\{a\},A>,$
$<\{b\},\{b\}>,<\{b\},A>,<A,A>\}$

R 的关系矩阵与 R 的关系图如图 3.10 所示。

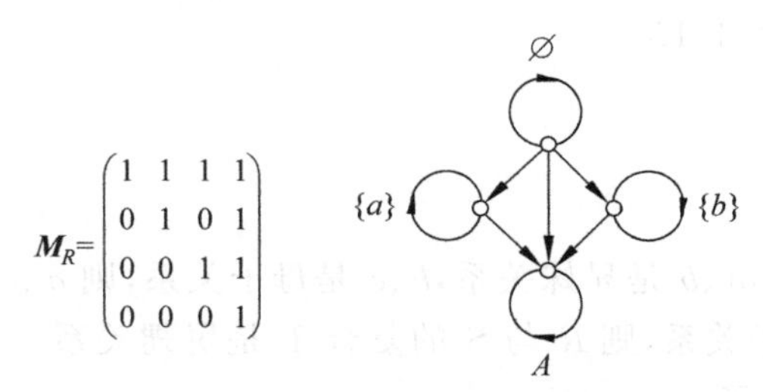

图 3.10　R 的关系矩阵与 R 的关系图

3.5　关系的运算

3.5.1　基本概念

集合可对关系作并、交、差、补运算，但为了运算结果作为关系的意义更明确，也要求运算对象应有相同的域，从而运算结果是同一域间的关系。

定义 3.15　设 R 是二元关系。

(1) R 中所有的有序对的第一元素构成的集合称为 R 的定义域，记作 dom R。

表示为 $\text{dom } R=\{x\mid\exists y(<x,y>\in \mathbf{R})\}$。

(2) R 中所有有序对的第二元素构成的集合称为 R 的值域，记作 ran R。

表示为 $\text{ran } R=\{y\mid\exists x(<x,y>\in \mathbf{R})\}$。

(3) R 的定义域和值域的并集称为 R 的域，记作 fld R。

表示为 $\text{fld } R=\text{dom } R\cup\text{ran } R$。

例 3.20　设 $R=\{<1,2>,<1,3>,<2,4>,<4,3>\}$，则

$$\text{dom } R=\{1,2,4\}$$
$$\text{ran } R=\{2,3,4\}$$
$$\text{fld } R=\{1,2,3,4\}$$

例 3.21　设 $A=\{1,2,3,4\}$，若 $R=\{<x,y>|(x-y)/2$ 是整数，$x,y\in A\}$，$S=\{<x,y>|(x-y)/3$ 是正整数，$x,y\in A\}$，求 $R\cup S$，$R\cap S$，$S-R$，$\sim R$，$R\oplus S$。

解：$R=\{<1,1>,<1,3>,<2,2>,<2,4>,<3,1>,<3,3>,<4,2>,$
$<4,4>\}$

$S=\{<4,1>\}$

$R\cup S=\{<1,1>,<1,3>,<2,2>,<2,4>,<3,1>,<3,3>,<4,2>,$

$\langle 4,4\rangle,\langle 4,1\rangle\}$

$R\cap S=\varnothing$

$S-R=S=\{\langle 4,1\rangle\}$

$\sim R=A\times A-R=\{\langle 1,2\rangle,\langle 1,4\rangle,\langle 2,1\rangle,\langle 2,3\rangle,\langle 3,2\rangle,\langle 3,4\rangle,$
$\langle 4,1\rangle,\langle 4,3\rangle\}$

$R\oplus S=(R\cup S)-(R\cap S)=R\cup S$
$=\{\langle 1,1\rangle,\langle 1,3\rangle,\langle 2,2\rangle,\langle 2,4\rangle,\langle 3,1\rangle,\langle 3,3\rangle,\langle 4,2\rangle,$
$\langle 4,4\rangle,\langle 4,1\rangle\}$

3.5.2 复合关系

假设有 a、b、c 3 人，a、b 是兄妹关系，b、c 是母子关系，则 a、c 是舅甥关系。又如，设 R 是兄妹关系，S 是母子关系，则 R 与 S 的复合 T 是舅甥关系。再如，R 是父子关系，R 与 R 复合就是祖孙关系了。

定义 3.16 设 A、B、C 是 3 个任意集合，R 是集合 A 到 B 的二元关系，S 是集合 B 到 C 的二元关系，则定义关系 R 和 S 的合成或复合关系。

$R\circ S=\{\langle a,c\rangle \mid a\in A,c\in C\wedge \exists b\in B$，使 $\langle a,b\rangle\in R$ 且 $\langle b,c\rangle\in S\}$。

例如，有关系 $R=\{\langle 1,2\rangle,\langle 2,4\rangle,\langle 3,4\rangle,\langle 5,6\rangle\}$，关系 $S=\{\langle 2,1\rangle,\langle 2,5\rangle,\langle 6,3\rangle\}$，则 R 和 S 的复合关系 $R\circ S=\{\langle 1,1\rangle,\langle 1,5\rangle,\langle 5,3\rangle\}$。

例 3.22 设 $F=\{\langle 3,3\rangle,\langle 6,2\rangle\}$，$G=\{\langle 2,3\rangle\}$，则

$$F\circ G=\{\langle 6,3\rangle\}$$
$$G\circ F=\{\langle 2,3\rangle\}$$

例 3.23 某集合 $A=\{a,b,c\}$，$B=\{1,2,3,4,5\}$，R 是 A 上的关系，S 是 A 到 B 的关系。

$$R=\{\langle a,a\rangle,\langle a,c\rangle,\langle b,b\rangle,\langle c,b\rangle,\langle c,c\rangle\}$$
$$S=\{\langle a,1\rangle,\langle a,4\rangle,\langle b,2\rangle,\langle c,4\rangle,\langle c,5\rangle\}$$

求 $R\circ S$。

解：$R\circ S=\{\langle a,1\rangle,\langle a,4\rangle,\langle a,5\rangle,\langle b,2\rangle,\langle c,2\rangle,\langle c,4\rangle,\langle c,5\rangle\}$

定理 3.4 设 I_A、I_B 为集合 A、B 上的恒等关系，$R=A\times B$，那么

(1) $I_A\circ R=R\circ I_B=R$；

(2) $\varnothing\circ R=R\circ\varnothing=\varnothing$。

证明：(1) 任取 $\langle x,y\rangle$，

$\langle x,y\rangle\in I_A\circ R$

$\Leftrightarrow \exists t(\langle x,t\rangle\in I_A\wedge (t,y)\in R)$

$\Leftrightarrow \exists t(x=t\wedge (t,y)\in R)$

$\Leftrightarrow \langle x,y\rangle\in R$

所以有 $I_A\circ R=R$。

同理可证 $R\circ I_B=R$。

(2) 证明略。

从例3.22可看出，一般地，$R\circ S\neq S\circ R$，即关系的复合运算不满足交换律，但是满足结合律。

定理3.5　设R是A到B的关系，S是B到C的关系，T是C到D的关系，则$(R\circ S)\circ T=R\circ(S\circ T)$。

证明：
$$
\begin{aligned}
<x,w>\in((R\circ S)\circ T) &\Leftrightarrow \exists z(<x,z>\in R\circ S\wedge<z,w>\in T)\\
&\Leftrightarrow \exists z(\exists y(<x,y>\in R\wedge<y,z>\in S)\wedge<z,w>\in T)\\
&\Leftrightarrow \exists z\,\exists y((<x,y>\in R\wedge<y,z>\in S)\wedge<z,w>\in T)\\
&\Leftrightarrow \exists y\,\exists z(<x,y>\in R\wedge(<y,z>\in S\wedge<z,w>\in T))\\
&\Leftrightarrow \exists y(<x,y>\in R\wedge\exists z(<y,z>\in S\wedge<z,w>\in T))\\
&\Leftrightarrow \exists y\,(<x,y>\in R\wedge<y,w>\in S\circ T)\\
&\Leftrightarrow <x,w>\in R\circ(S\circ T)
\end{aligned}
$$

所以$(R\circ S)\circ T=R\circ(S\circ T)$，即关系的复合运算满足结合律。

例3.24　设集合$A=\{0,1,2,3,4\}$，R、S均为A上的二元关系，且

$$
\begin{aligned}
R&=\{<x,y>\mid x+y=4\}\\
&=\{<0,4>,<4,0>,<1,3>,<3,1>,<2,2>\}\\
S&=\{<x,y>\mid y-x=1\}\\
&=\{<0,1>,<1,2>,<2,3>,<3,4>\}
\end{aligned}
$$

求$R\circ S$，$S\circ R$，$R\circ R$，$S\circ S$，$(R\circ S)\circ R$，$R\circ(S\circ R)$。

解：$R\circ S=\{<4,1>,<1,4>,<3,2>,<2,3>\}=\{<x,z>\mid x+z=5\}$

$S\circ R=\{<0,3>,<1,2>,<2,1>,<3,0>\}=\{<x,z>\mid x+z=3\}$

$R\circ R=\{<0,0>,<4,4>,<1,1>,<3,3>,<2,2>\}=\{<x,z>\mid x-z=0\}$

$S\circ S=\{<0,2>,<1,3>,<2,4>\}=\{<x,z>\mid z-x=2\}$

$(R\circ S)\circ R=\{<4,3>,<1,0>,<3,2>,<2,1>\}$

$R\circ(S\circ R)=\{<4,3>,<3,2>,<2,1>,<1,0>\}$

定理3.6　设F、G、H是任意关系，则

(1) $F\circ(G\cup H)=F\circ G\cup F\circ H$

(2) $(G\cup H)\circ F=G\circ F\cup H\circ F$

(3) $F\circ(G\cap H)\subseteq F\circ G\cap F\circ H$

(4) $(G\cap H)\circ F\subseteq G\circ F\cap H\circ F$

证明略。

可用数学归纳法证明定理3.5的推广形式：

$$
\begin{aligned}
&R\circ(R_1\cup R_2\cup\cdots\cup R_n)=R\circ R_1\cup R\circ R_2\cup\cdots\cup R\circ R_n\\
&(R_1\cup R_2\cup\cdots\cup R_n)\circ R=R_1\circ R\cup R_2\circ R\cup\cdots\cup R_n\circ R\\
&R\circ(R_1\cap R_2\cap\cdots\cap R_n)\subseteq R\circ R_1\cap R\circ R_2\cap\cdots\cap R\circ R_n\\
&(R_1\cap R_2\cap\cdots\cap R_n)\circ R\subseteq R_1\circ R\cap R_2\circ R\cap\cdots\cap R_n\circ R
\end{aligned}
$$

3.5.3　逆关系

定义3.17　设R是集合A到B的二元关系，则定义一个B到A的二元关系

$R^{-1}=\{<b,a> \mid <a,b>\in R\}$，称为 R 的逆关系，记作 R^{-1}。

说明：

(1) R^{-1}就是将所有 R 中的有序对中的两个元素交换次序成为 R^{-1}，故 $|R|=|R^{-1}|$。

(2) R^{-1}的关系矩阵是 R 的关系矩阵的转置，即 $\boldsymbol{M}_R^{-1}=\boldsymbol{M}_{R^{-1}}$

(3) R^{-1}的关系 T 图是将 R 的关系图中的弧改变方向所得。

例 3.25 设集合 $A=\{a,b,c,d\}$，A 的关系为 $R=\{<a,a>,<a,d>,<b,d>,<c,a>,<c,b>,<d,c>\}$，则 $R^{-1}=\{<a,a>,<d,a>,<d,b>,<a,c>,<b,c>,<c,d>\}$。

例 3.26 集合 $A=\{a,b,c\}$，$B=\{1,2,3,4,5\}$，R 是 A 上的关系，S 是 A 到 B 的关系。

$$R=\{<a,a>,<a,c>,<b,b>,<c,b>,<c,c>\}$$
$$S=\{<a,1>,<a,4>,<b,2>,<c,4>,<c,5>\}$$

试验证 $S^{-1}\circ R^{-1}=(R\circ S)^{-1}$。

解：$R\circ S=\{<a,1>,<a,4>,<a,5>,<b,2>,<c,2>,<c,4>,<c,5>\}$

$R^{-1}=\{<a,a>,<b,b>,<b,c>,<c,a>,<c,c>\}$

$S^{-1}=\{<1,a>,<2,b>,<4,a>,<4,c>,<5,c>\}$

$S^{-1}\circ R^{-1}=\{<1,a>,<2,b>,<2,c>,<4,a>,<4,c>,<5,a>,<5,c>\}$

$(R\circ S)^{-1}=\{<1,a>,<2,b>,<2,c>,<4,a>,<4,c>,<5,a>,<5,c>\}$

故可验证 $S^{-1}\circ R^{-1}=(R\circ S)^{-1}$。

定理 3.7 设 R 是 A 到 B 的关系，S 是 B 到 C 的关系，则

$$(R\circ S)^{-1}=S^{-1}\circ R^{-1}$$

证明：$<z,x>\in(R\circ S)^{-1}$

$\Leftrightarrow <z,x>\in(R\circ S)$

$\Leftrightarrow \exists y\in B(<x,y>\in R\wedge <y,z>\in S)$

$\Leftrightarrow \exists y\in B(<z,y>\in S^{-1}\wedge <y,x>\in R^{-1})$

$\Leftrightarrow <z,x>\in S^{-1}\circ R^{-1}$

从而，$(R\circ S)^{-1}=S^{-1}\circ R^{-1}$。

注意：复合关系的逆等于它们逆关系的反复合。而 $(R\circ S)^{-1}\neq R^{-1}\circ S^{-1}$，因 R^{-1}是 B 到 A 的关系，S 是 C 到 B 的关系，所以 $S^{-1}\circ R^{-1}$是可以复合的，而 $R^{-1}\circ S^{-1}$是不能复合的。

定理 3.8 设 R 和 S 均是 A 到 B 的关系，则

(1) $(R^{-1})^{-1}=R$；

(2) $(R\cup S)^{-1}=R^{-1}\cup S^{-1}$；

(3) $(R\cap S)^{-1}=R^{-1}\cap S^{-1}$；

(4) $(R-S)^{-1}=R^{-1}-S^{-1}$。

证明：这里只证明(3)和(4)，(1)和(2)留作练习。

(3) $<a,b>\in(R\cap S)^{-1}$

$\Leftrightarrow <b,a>\in R\cap S$

$\Leftrightarrow <b,a> \in R \land <b,a> \in S$

$\Leftrightarrow <a,b> \in R^{-1} \land <a,b> \in S^{-1}$

$\Leftrightarrow <a,b> \in R^{-1} \cap S^{-1}$

因此，$(R \cap S)^{-1} = R^{-1} \cap S^{-1}$。

(4) $(R-S)^{-1} = (R \cap \sim S)^{-1} = R^{-1} \cap (\sim S)^{-1} = R^{-1} \cap \sim S^{-1} = R^{-1} - S^{-1}$。

例 3.27　设集合 $A=\{1,2\}$，R、S 均为 A 上的二元关系，且

$R=\{<1,1>,<1,2>\}$，$S=\{<1,1>,<1,2>,<2,2>\}$，则

$R^{-1}=\{<1,1>,<2,1>\}$，$S^{-1}=\{<1,1>,<2,1>,<2,2>\}$，可见，

$(R^{-1})^{-1}=R=\{<1,1>,<1,2>\}$

$(R \cup S)^{-1}=\{<1,1>,<1,2>,<2,2>\}^{-1}$

$\qquad =\{<1,1>,<2,1>,<2,2>\}=R^{-1} \cup S^{-1}$

$(R \cap S)^{-1}=R^{-1} \cap S^{-1}=\{<1,1>,<2,1>\}$

$(R-S)^{-1}=R^{-1}-S^{-1}=\varnothing$

定理 3.9　设 R 是任意关系，则

$$\mathrm{dom}\ R^{-1}=\mathrm{ran}\ R, \mathrm{ran}\ R^{-1}=\mathrm{dom}\ R$$

证明：任取 x，$x \in \mathrm{dom}\ R^{-1} \Leftrightarrow \exists y(<x,y> \in R^{-1}) \Leftrightarrow \exists y(<y,x> \in R) \Leftrightarrow x \in \mathrm{ran}\ R$

所以有 $\mathrm{dom}\ R^{-1}=\mathrm{ran}\ R$。

同理可证，$\mathrm{ran}\ R^{-1}=\mathrm{dom}\ R$。

3.5.4　关系幂

定义 3.18　设 R 为 A 上的关系，n 为自然数，则 R 的 n 次幂定义为

(1) $R^0=\{<x,x> \mid x \in A\}=I_A$；

(2) $R^{n+1}=R^n \circ R$。

由以上定义可知，对于 A 上的任何关系 R_1 和 R_2，都有

$$R_1{}^0=R_2{}^0=I_A$$

也就是说，A 上任何关系的 0 次幂都相等，都等于 A 上的恒等关系 I_A。此外，对于 A 上的任何关系 R，都有 $R^1=R$，因为 $R^1=R^0 \circ R=I_A \circ R=R$。

下面考虑 $n \geqslant 2$ 的情况。如果 R 是用集合表达式给出的，则可以通过 $n-1$ 次右复合计算得到 R^n。如果 R 是用关系矩阵 $\boldsymbol{M}$ 给出的，则 R^n 的关系矩阵是 $\boldsymbol{M}^n$，即 n 个矩阵 $\boldsymbol{M}$ 之积。与普通矩阵乘法不同的是，其中的相加是逻辑加，即

$$1+1=1, 1+0=0+1=1, 0+0=0$$

如果 R 是用关系图 G 给出的，则可以直接由图 G 得到 R^n 的关系图 G'。G' 的顶点集与 G 相同。考察 G 的每个顶点 x_i，如果在 G 中从 x_i 出发经过 n 步长的路径到达顶点 x_j，则在 G' 中加一条从 x_i 到 x_j 的边。当找到所有这样的边以后，就得到图 G'。

例 3.28　设 $A=\{a,b,c,d\}$，$R=\{<a,b>,<b,a>,<b,c>,<c,d>\}$，求 R 的各次幂，分别用矩阵和关系图表示。

解：R 的关系矩阵为

$$M=\begin{bmatrix}0&1&0&0\\1&0&1&0\\0&0&0&1\\0&0&0&0\end{bmatrix}$$

则 R^2、R^3、R^4 的关系矩阵分别是

$$M^2=\begin{bmatrix}0&1&0&0\\1&0&1&0\\0&0&0&1\\0&0&0&0\end{bmatrix}\begin{bmatrix}0&1&0&0\\1&0&1&0\\0&0&0&1\\0&0&0&0\end{bmatrix}=\begin{bmatrix}1&0&1&0\\0&1&0&1\\0&0&0&0\\0&0&0&0\end{bmatrix}$$

$$M^3=M^2M=\begin{bmatrix}1&0&1&0\\0&1&0&1\\0&0&0&0\\0&0&0&0\end{bmatrix}\begin{bmatrix}0&1&0&0\\1&0&1&0\\0&0&0&1\\0&0&0&0\end{bmatrix}=\begin{bmatrix}0&1&0&1\\1&0&1&0\\0&0&0&0\\0&0&0&0\end{bmatrix}$$

$$M^4=M^3M=\begin{bmatrix}0&1&0&1\\1&0&1&0\\0&0&0&0\\0&0&0&0\end{bmatrix}\begin{bmatrix}0&1&0&0\\1&0&1&0\\0&0&0&1\\0&0&0&0\end{bmatrix}=\begin{bmatrix}1&0&1&0\\0&1&0&1\\0&0&0&0\\0&0&0&0\end{bmatrix}$$

因此 $M^4=M^2$,即 $R^4=R^2$。可以得到

$$R^2=R^4=R^6=\cdots$$
$$R^3=R^5=R^7=\cdots$$

而 R^0,即 I_A 的关系矩阵是

$$M^0=\begin{bmatrix}1&0&0&0\\0&1&0&0\\0&0&1&0\\0&0&0&1\end{bmatrix}$$

至此,R 各次幂的关系矩阵都得到了。

使用关系图的方法得到的 $R^0,R^1,R^2,R^3,\cdots$ 的关系图如图 3.11 所示。

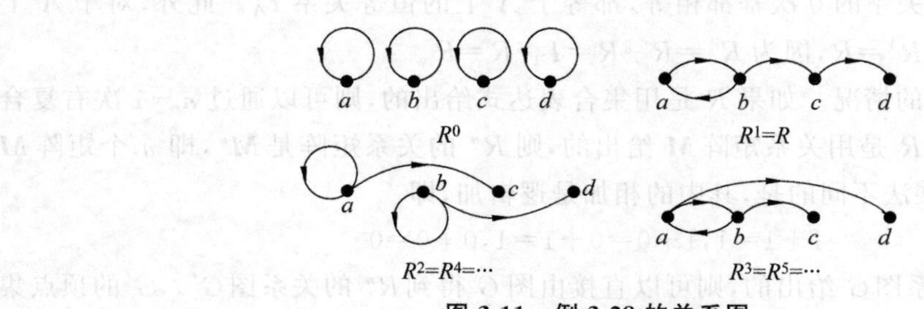

图 3.11　例 3.28 的关系图

3.5.5　幂运算的性质

定理 3.10　设 A 为 n 元集,R 是 A 上的关系,则存在自然数 s 和 t,使 $R^s=R^t$。

证明：R 为 A 上的关系，对任何自然数 k，R^k 都是 $A\times A$ 的子集。又知 $|A\times A|=n^2$，$|P(A\times A)|=2^{n^2}$，即 $A\times A$ 的不同子集仅 2^{n^2} 个。当列出 R 的各次幂 $R^0,R^1,R^2,\cdots,R^{2^{n^2}},\cdots$，必存在自然数 s 和 t 使 $R^s=R^t$。

定理 3.11 设 R 是 A 上的关系，$m,n\in\mathbf{N}$，则

(1) $R^m\circ R^n=R^{m+n}$；

(2) $(R^m)^n=R^{mn}$。

证明：(1) 对于任意给定的 $m\in\mathbf{N}$，施归纳于 n。

若 $n=0$，则有

$$R^m\circ R^0=R^m\circ I_A=R^m=R^{m+0}$$

假设 $R^m\circ R^n=R^{m+n}$，则有

$$R^m\circ R^{n+1}=R^m\circ(R^n\circ R)=(R^m\circ R^n)\circ R=R^{m+n+1},$$

所以，对一切 $m,n\in\mathbf{N}$，有 $R^m\circ R^n=R^{m+n}$。

(2) 对于任意给定的 $m\in\mathbf{N}$，施归纳于 n。

若 $n=0$，则有

$$(R^m)^0=I_A=R^0=R^{m\times 0}$$

假设 $(R^m)^n=R^{mn}$，则有

$$(R^m)^{n+1}=(R^m)^n\circ R^m=(R^{mn})\circ R^m=R^{mn+m}=R^{m(n+1)}$$

所以，对一切 $m,n\in\mathbf{N}$，有 $(R^m)^n=R^{mn}$。

定理 3.12 设 R 是 A 上的关系，若存在自然数 s、$t(s<t)$ 使 $R^s=R^t$，则

(1) 对任何 $k\in\mathbf{N}$，有 $R^{s+k}=R^{t+k}$；

(2) 对任何 $k,i\in\mathbf{N}$，有 $R^{s+kp+i}=R^{s+i}$，其中 $p=t-s$；

(3) 令 $S=\{R^0,R^1,\cdots,R^{t-1}\}$，则对于任意的 $q\in\mathbf{N}$，有 $R^q\in S$。

证明：(1) $R^{s+k}=R^s\circ R^k=R^t\circ R^k=R^{t+k}$

(2) 对 k 归纳。

若 $k=0$，则有 $R^{s+0p+i}=R^{s+i}$。

假设 $R^{s+kp+i}=R^{s+i}$，其中 $p=t-s$，则

$$\begin{aligned}R^{s+(k+1)p+i}&=R^{s+kp+i+p}=R^{s+kp+i}\circ R^p\\&=R^{s+i}\circ R^p=R^{s+p+i}=R^{s+t-s+i}\\&=R^{t+i}=R^{s+i}\end{aligned}$$

由归纳法，命题得证。

(3) 任取 $q\in\mathbf{N}$，若 $q<t$，显然有 $R^q\in S$；若 $q\geqslant t$，则存在自然数 k 和 i，使

$$q=s+kp+i$$

其中 $0\leqslant i\leqslant p-1$，于是 $R^q=R^{s+kp+i}=R^{s+i}$。而 $s+i\leqslant s+p-1=s+t-s-1=t-1$，这就证明了 $R^q\in S$。

通过上面的定理可以看出，有穷集 A 上的关系 R 的幂序列 $R^0,R^1,\cdots$ 是一个周期性变化的序列。就像正弦函数，利用它的周期性可以将 R 的高次幂化简为 R 的低次幂。

例 3.29 设 $A=\{a,b,d,e,f\}$，$R=\{<a,b>,<b,a>,<d,e>,<e,f>,<f,d>\}$，求出最小的自然数 m 和 n，使 $m<n$ 且 $R^m=R^n$。

解：由 R 的定义可以看出 A 中的元素可分成两组，即 $\{a,b\}$ 和 $\{d,e,f\}$。它们在 R

的右复合运算下有下述变化规律：

$$a \to b \to a \to b \cdots$$

$$d \to e \to f \to d \to e \to f \cdots$$

对于 a 或 b,每个元素的变化周期是 2。对于 d、e、f,每个元素的变化周期是 3,因此必有 $R^m = R^{m+6}$,其中 6 是 2 和 3 的最小公倍数。取 $m=0,n=6$ 即满足题目要求。

3.6 关系的性质

3.6.1 关系的 5 种基本性质

在计算机科学和应用数学中,人们更关心的是集合 A 到它自身的关系。通常称集合 A 到它自身的关系为 A 上的关系,即集合 A 上的关系是笛卡儿乘积 $A \times A$ 的子集。关系的性质指的是 A 上的关系的性质,主要有以下 5 种：自反性、反自反性、对称性、反对称性和传递性。

定义 3.19 设 R 为集合 A 上的关系,

(1) 若 $\forall x(x \in A \to <x,x> \in R)$,则称 R 在 A 上是自反的。

(2) 若 $\forall x(x \in A \to <x,x> \notin R)$,则称 R 在 A 上是反自反的。

(3) 若 $\forall x \forall y(x,y \in A \land <x,y> \in R \to <y,x> \in R)$,则称 R 为 A 上对称的关系。

(4) 若 $\forall x \forall y(x,y \in A \land <x,y> \in R \land <y,x> \in R \to x=y)$,则称 R 为 A 上的反对称关系。

(5) 若 $\forall x \forall y \forall z(x,y,z \in A \land <x,y> \in R \land <y,z> \in R \to <x,z> \in R)$,则称 R 是 A 上的传递关系。

例 3.30 设 $A=\{1,2,3\}$,R_1、R_2、R_3 是 A 上的关系,其中

$$R_1 = \{<1,1>, <2,2>\}$$

$$R_2 = \{<1,1>, <2,2>, <3,3>, <1,2>\}$$

$$R_3 = \{<1,3>\}$$

说明 R_1、R_2 和 R_3 是否为 A 上的自反关系或反自反关系。

解：根据定义可以判断 R_1 既不是自反的,也不是反自反的,R_2 是自反的,R_3 是反自反的。

此外,A 上的全域关系 E_A、恒等关系 I_A、小于或等于关系 L_A、整除关系 D_A 都为 A 上的自反关系。包含关系 $R_\subseteq$ 是给定集合族 A 上的自反关系。而小于关系和真包含关系都是给定集合或集合族上的反自反关系。

例 3.31 设 $A=\{1,2,3\}$,R_1、R_2、R_3 和 R_4 都是 A 上的关系,其中

$$R_1 = \{<1,1>, <2,2>\}$$

$$R_2 = \{<1,1>, <1,2>, <2,1>\}$$

$$R_3 = \{<1,2>, <1,3>\}$$

$$R_4 = \{<1,2>, <2,1>, <1,3>\}$$

说明 R_1、R_2、R_3 和 R_4 是否为 A 上对称和反对称的关系。

解：R_1 既是对称的,也是反对称的。R_2 是对称的,不是反对称的。R_3 是反对称的,

但不是对称的。R_4 既不是对称的，也不是反对称的。

例 3.32　试分析正整数集上的整除关系的对称性与反对称性。

解：整除关系不是对称的，因为 2 被 1 整除，但 1 不能被 2 整除；

整除关系是反对称的，因为对于 $\forall x, y \in \mathbf{Z}^+$，若有 x 整除 y 且 y 整除 x，则必定有 $x=y$。

同理，其他（如≤、≥等）关系均是反对称的。

注意，对称关系与反对称关系并不是矛盾的，有些关系可以同时是对称的和反对称的，也有的关系可以既不是对称的，也不是反对称的。例如，A 上的全域关系 E_A、恒等关系 I_A 和空关系$\varnothing$都是 A 上的对称关系。恒等关系 I_A 和空关系同时也是 A 上的反对称关系，但全域关系 E_A 一般不是 A 上的反对称关系。

例 3.33　设 $A=\{1,2,3\}$，R_1、R_2、R_3 是 A 上的关系，其中

$$R_1=\{<1,1>, <2,2>\}$$
$$R_2=\{<1,2>, <2,3>\}$$
$$R_3=\{<1,3>\}$$

说明 R_1、R_2 和 R_3 是否为 A 上的传递关系。

解：R_1 和 R_3 是 A 上的传递关系，R_2 不是 A 上的传递关系。

此外，A 上的全域关系 E_A、恒等关系 I_A 和空关系$\varnothing$都是 A 上的传递关系。同理，整数集合上的小于或等于关系、整除关系和包含关系等也是传递关系。小于关系和真包含关系仍旧是相应集合上的传递关系。

3.6.2　关系性质的等价描述

下面给出这 5 种性质成立的充分必要条件。

定理 3.13　设 R 为 A 上的关系，则

(1) R 在 A 上自反，当且仅当 $I_A \subseteq R$；

(2) R 在 A 上反自反，当且仅当 $R \cap I_A=\varnothing$；

(3) R 在 A 上对称，当且仅当 $R=R^{-1}$；

(4) R 在 A 上反对称，当且仅当 $R \cap R^{-1} \subseteq I_A$；

(5) R 在 A 上传递，当且仅当 $R \circ R \subseteq R$。

证明：

(1) 必要性。任取$<x,y>$，由于 R 在 A 上自反，因此必有

$$<x,y> \in I_A \Rightarrow x,y \in A \wedge x=y \Rightarrow <x,y> \in R$$

从而证明了 $I_A \subseteq R$。

充分性。任取 x，有

$$x \in A \Rightarrow <x,x> \in I_A \Rightarrow <x,x> \in R$$

因此 R 在 A 上是自反的。

定理 3.13 余下证明

利用定理 3.13 可以从关系的集合表达式判断或证明关系的性质。

例 3.34 设 A 是集合,R_1 和 R_2 是 A 上的关系,证明:

(1) 若 R_1、R_2 是自反的和对称的,则 $R_1 \cup R_2$ 也是自反的和对称的。

(2) 若 R_1 和 R_2 是传递的,则 $R_1 \cap R_2$ 也是传递的。

证明:(1) 由于 R_1 和 R_2 是 A 上的自反关系,故有

$$I_A \subseteq R_1 \text{ 和 } I_A \subseteq R_2$$

从而得到 $I_A \subseteq R_1 \cup R_2$。根据定理 3.13 可知,$R_1 \cup R_2$ 在 A 上是自反的。

再由 R_1 和 R_2 的对称性,有

$$R_1 = R_1^{-1} \text{ 和 } R_2 = R_2^{-1}$$

$$(R_1 \cup R_2)^{-1} = R_1^{-1} \cup R_2^{-1} = R_1 \cup R_2$$

从而证明了 $R_1 \cup R_2$ 也是 A 上对称的关系。

(2) 由 R_1 和 R_2 的传递性,有

$$R_1 \circ R_1 \subseteq R_1 \text{ 和 } R_2 \circ R_2 \subseteq R_2$$

再使用定理 3.13,得

$$\begin{aligned}
&(R_1 \cap R_2) \circ (R_1 \cap R_2) \\
&\subseteq R_1 \circ R_1 \cap R_1 \circ R_2 \cap R_2 \circ R_1 \cap R_2 \circ R_2 \\
&\subseteq (R_1 \cap R_2) \cap R_1 \circ R_2 \cap R_2 \circ R_1 \\
&\subseteq R_1 \cap R_2
\end{aligned}$$

从而证明了 $R_1 \cap R_2$ 也是 A 上的传递关系。

例 3.35 设集合 $A=\{1,2,3\}$,试判断下列二元关系的性质。

$$R_1 = \{<1,2>, <2,3>, <1,3>\}$$

$$R_2 = \{<1,1>, <1,2>, <2,3>\}$$

$$R_3 = \{<1,1>, <2,2>, <3,3>\}$$

$$R_4 = E_A$$

$$R_5 = \varnothing$$

解:R_1 是反自反、反对称,传递的;

R_2 是反对称的;

R_3 是自反、对称、反对称、传递的;

R_4 是自反、对称、传递的;

R_5 是反自反、对称、反对称、传递的。

关系的性质不仅反映在它的集合表达式上,也明显地反映在它的关系矩阵和关系图上。表 3.1 列出了 5 种性质在关系矩阵和关系图中的特点。

表 3.1 5 种性质在关系矩阵和关系图中的特点

性质	自反性	反自反性	对称性	反对称性	传递性
集合表达式	$I_A \subseteq R$	$R \cap I_A = \varnothing$	$R = R^{-1}$	$R \cap R^{-1} \subseteq I_A$	$R \circ R \subseteq R$
关系矩阵	主对角线元素全是 1	主对角线元素全是 0	矩阵是对称矩阵	若 $r_{ij}=1$,且 $i \neq j$,则 $r_{ji}=0$	对 $\boldsymbol{M}^2$ 中 1 所在位置,$\boldsymbol{M}$ 中相应的位置都是 1

续表

性　质	自 反 性	反自反性	对 称 性	反对称性	传 递 性
关系图	每个顶点都有环	每个顶点都没有环	如果两个顶点之间有边，一定是一对方向相反的边(无单边)	如果两点之间有边，一定是一条有向边(无双向边)	如果顶点 x_i 到 x_j 有边，x_j 到 x_k 有边，则从 x_i 到 x_k 也有边

例 3.36 判断图 3.12 中关系的性质，并说明理由。

例 3.36 解答

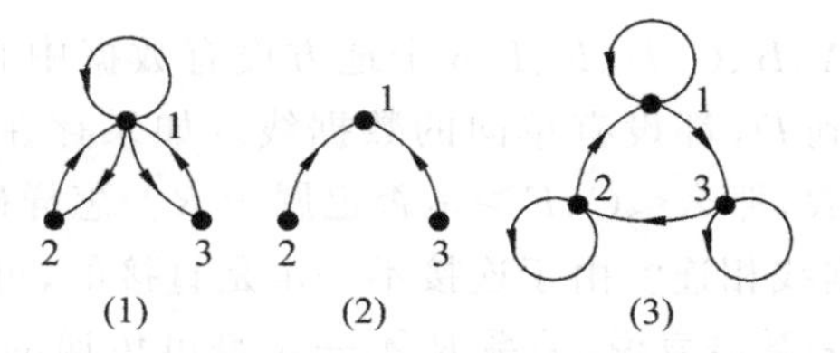

图 3.12 例 3.36 的关系图

解：(1)对称；(2)反自反、反对称、传递；(3)自反、反对称。

例 3.37 设集合 $A=\{1,2,3,4,5\}$，R 是 A 上的关系。定义

$$R=\{<1,1>,<1,2>,<1,3>,<1,4>,<1,5>,<2,2>,<2,3>,<2,4>,<2,5>,<3,3>,<3,4>,<3,5>,<4,4>,<4,5>,<5,5>\}$$

试判断 R 是

(1) A 上的自反关系；　(2) A 上的对称关系；

(3) A 上的反对称关系；　(4) A 上的可传递关系。

解：写出关系矩阵，画出的关系图如图 3.13 所示。

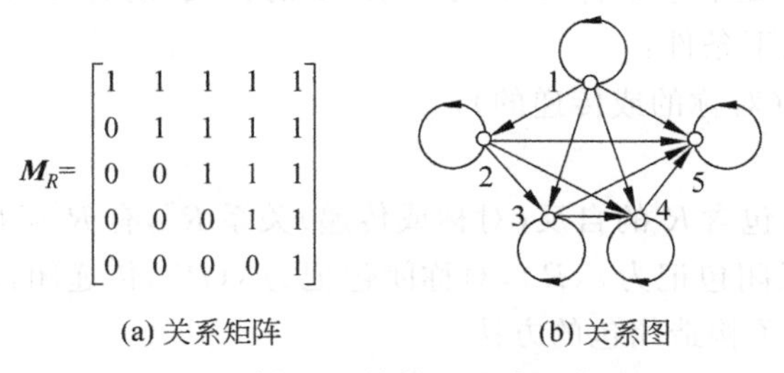

$$M_R=\begin{bmatrix}1&1&1&1&1\\0&1&1&1&1\\0&0&1&1&1\\0&0&0&1&1\\0&0&0&0&1\end{bmatrix}$$

(a) 关系矩阵　(b) 关系图

图 3.13 例 3.37 的关系矩阵和关系图

(1) 因为 $\forall a\in A$，$<a,a>\in R$，或 $\boldsymbol{M}_R$ 的主对角线元素皆为 1，或关系图中每个结点都有自回路，故 R 是自反关系。

(2) 因为 $<1,2>\in R$，而 $<2,1>\notin R$，或 $\boldsymbol{M}_R$ 不是对称矩阵，或关系图中每对结点都没有成对出现的方向相反的弧，故 R 不是对称关系。

(3) $\boldsymbol{M}_R$ 的主对角线两侧元素对称位置元素 1,0 相对，或关系图中每对结点没有成对的有向弧，故 R 是反对称关系。

(4) 因为不难验证 $\forall a,b,c\in A$，$<a,b>\in R$，$<b,c>\in R$，有 $<a,c>\in R$，或关系

图中$\forall a,b,c\in A$,a到b有有向弧,b到c有有向弧,则a到c有有向弧,故R是可传递关系。

思考: 设R_1和R_2是A上的关系,它们都具有某些共同的性质。经过并、交、相对补、求逆或复合运算以后,得到的新关系$R_1\cup R_2$,$R_1\cap R_2$,R_1-R_2,R_1^{-1}和$R_1\circ R_2$等是否还能保持原来关系的性质?

3.7 关系的闭包

一个计算机网络在A、B、C、D、E、F 6个地方设有数据中心。从A到B、B到C、A到C、C到F、F到E、E到D,都设有单向的数据线。如果存在一条从数据中心A到B的数据线,则$<A,B>\in R$,那么$<C,E>$是否也属于R?怎样确定从一个数据中心到另一个数据中心是否有数据线相连?由于连接不一定是直接的,可以是间接的,所以不能直接使用关系R回答。用关系语言说,关系R不一定是可传递的,因此它不包括可能被连接的所有数据中心对。于是就要考虑通过构造包含关系R的最小的传递关系找出每一对有连接关系的数据中心,这个关系叫作R的传递闭包。根据关系的性质,关系R不仅有传递闭包,还有自反闭包和对称闭包,下面一一介绍。

3.7.1 基本概念

设R是A上的关系,我们希望R具有某些有用的性质,如自反性。如果R不具有自反性,通过在R中添加一部分有序对改造R,得到新的关系R',使得R'具有自反性,但又不希望R'与R相差太多。换句话说,添加的有序对要尽可能少,满足这些要求的R'就称为R的自反闭包。通过添加有序对构造的闭包除自反闭包外,还有对称闭包和传递闭包。

定义 3.20 设R是非空集合A上的关系,R的自反(对称或传递)闭包是A上的关系R',使得R'满足以下条件:

(1) R'是自反的(对称的或传递的);

(2) $R\subseteq R'$;

(3) 对A上任何包含R的自反(对称或传递)关系R'',有$R'\subseteq R''$。

一般将R的自反闭包记为$r(R)$,对称闭包记为$s(R)$,传递闭包记为$t(R)$。

下面的定理给出了构造闭包的方法。

定理 3.14 设R为A上的关系,有

(1) $r(R)=R\cup I_A$;

(2) $s(R)=R\cup R^{-1}$。

证 只证(1),(2)留作练习。

(1) 由$I_A\subseteq R\cup I_A$可知$R\cup I_A$是自反的,且满足$R\subseteq R\cup I_A$。

设R''是A上包含R的自反关系,则有$R\subseteq R''$和$I_A\subseteq R''$。任取$<x,y>$,必有

$$\begin{aligned}&<x,y>\in R\cup I_A\\ \Rightarrow &<x,y>\in R''\cup R''=R''\end{aligned}$$

从而证明了$R\cup I_A\subseteq R''$。

综上所述，$R\cup I_A$ 满足定义 3.20 的 3 个条件，所以 $r(R)=R\cup I_A$。

例 3.38 设整数集合上的关系 $R=\{<a,b>|a<b\}$，求 $r(R)$。

解：$r(R)=R\cup I_A=\{<a,b>|a<b\}\cup\{<a,b>|a=b\}=\{<a,b>|a\leqslant b\}$。

例 3.39 设整数集合上的关系 $R=\{<a,b>|a>b\}$，求 $s(R)$。

解：$s(R)=R\cup R^{-1}=\{<a,b>|a>b\}\cup\{<a,b>|a<b\}=\{<a,b>|a\neq b\}$。

例 3.40 设集合 $A=\{1,2,3,4\}$，$R=\{<1,2>,<2,3>,<1,3>,<4,4>\}$，求 $r(R)$ 和 $s(R)$。

解：$r(R)=R\cup I_A=\{<1,2>,<2,3>,<1,3>,<4,4>,<1,1>,<2,2>,<3,3>\}$；

$s(R)=R\cup R^{-1}=\{<1,2>,<2,1>,<2,3>,<3,2>,<1,3>,<3,1>,<4,4>\}$。

定理 3.15 假设 A 为有穷集合，$|A|=n$，R 为 A 上的关系，则有 $t(R)=R\cup R^2\cup R^3\cup\cdots\cup R^n$。

证明：先证 $R\cup R^2\cup\cdots\cup R^n\subseteq t(R)$ 成立，用归纳法证明 $R^k\subseteq t(R)$。

$k=1$ 时，有 $R^1=R\subseteq t(R)$。

假设 $R^k\subseteq t(R)$ 成立，那么对任意的 $<x,y>$，有

$$
\begin{aligned}
&<x,y>\in R^{k+1}=R^k\circ R\\
&\Leftrightarrow \exists t(<x,t>\in R^k \wedge <t,y>\in R)\\
&\Rightarrow \exists t(<x,t>\in t(R) \wedge <t,y>\in t(R))\\
&\Rightarrow <x,y>\in t(R)\ (\text{因为 } t(R)\text{ 是传递的})
\end{aligned}
$$

这就证明了 $R^{k+1}\subseteq t(R)$。用归纳法，命题得证。

再证 $t(R)\subseteq R\cup R^2\cup\cdots\cup R^n$ 成立，为此只须证明 $R\cup R^2\cup\cdots\cup R^n$ 是传递的。

任取 $<x,y>$，$<y,z>$，假设 $<x,y>\in R\cup R^2\cup\cdots\cup R^n \wedge <y,z>\in R\cup R^2\cup\cdots\cup R^n$，

则 $\exists t(<x,y>\in R^t)\wedge \exists s(<y,z>\in R^s)$

$\Rightarrow \exists t\ \exists s(<x,z>\in R^t\circ R^s)$

$\Rightarrow \exists t\ \exists s(<x,z>\in R^{t+s})$

$\Rightarrow <x,z>\in R\cup R^2\cup\cdots\cup R^n$

从而证明了 $R\cup R^2\cup\cdots\cup R^n$ 是传递的。(最后一步中，如果 $t+s>n$，见下面的备注)

备注：令 $k=t+s-1$，如 $<x,z>\in R^{t+s}$，则存在 $a_1,\cdots,a_k$，$<x,a_1>,<a_1,a_2>,\cdots,<a_k,z>\in R$，$x,a_1,\cdots,a_k\in A$，共 $k+1=t+s$ 个元素，必有两个元素相同，如 $a_1=a_3$，则 $<x,a_3>,\cdots,<a_k,z>\in R$，$<x,z>\in R^{t+s-2}$。

以定理 3.15 为基础，可以得到通过关系矩阵和关系图求闭包的方法。设关系 R、$r(R)$、$s(R)$、$t(R)$ 的关系矩阵分别为 $\boldsymbol{M}$、$\boldsymbol{M}_r$、$\boldsymbol{M}_s$ 和 $\boldsymbol{M}_t$，则

$$
\begin{aligned}
\boldsymbol{M}_r&=\boldsymbol{M}+\boldsymbol{E}\\
\boldsymbol{M}_s&=\boldsymbol{M}+\boldsymbol{M}'\\
\boldsymbol{M}_t&=\boldsymbol{M}+\boldsymbol{M}^2+\boldsymbol{M}^3+\cdots+\boldsymbol{M}^n
\end{aligned}
$$

其中，$\boldsymbol{E}$ 是和 $\boldsymbol{M}$ 同阶的单位矩阵，$\boldsymbol{M}'$ 是 $\boldsymbol{M}$ 的转置矩阵。注意，在上述等式中矩阵的元素相加时使用逻辑加。

设关系 R、$r(R)$、$s(R)$、$t(R)$ 的关系图分别记为 G、G_r、G_s、G_t，则 G_r、G_s、G_t 的顶点集与 G 的顶点集相等。除了 G 的边以外，以下述方法添加新的边。

考察 G 的每个顶点，如果没有环，就加上一个环，最终得到的是 G_r。

考察 G 的每一条边，如果有一条 x_i 到 x_j 的单向边，$i\neq j$，则在 G 中加一条 x_j 到 x_i

的反方向边,最终得到 G_s。

考察 G 的每个顶点 x_i,找出从 x_i 出发的所有 2 步,3 步,…,n 步长的路径(n 为 G 中的顶点数)。设路径的终点为 $x_{j1},x_{j2},\cdots,x_{ji}$,如果没有从 x_i 到 $x_{jl}(l=1,2,\cdots,k)$的边,就加上这条边。当检查完所有的顶点后,就得到图 G_t。

例 3.41 设 $A=\{a,b,c,d\}$,$R=\{<a,b>,<b,a>,<b,c>,<c,d>,<d,b>\}$,则 R 和 $r(R)$、$s(R)$、$t(R)$的关系如图 3.14 所示。其中,$r(R)$、$s(R)$、$t(R)$的关系图就是使用上述方法直接从 R 的关系图得到的。

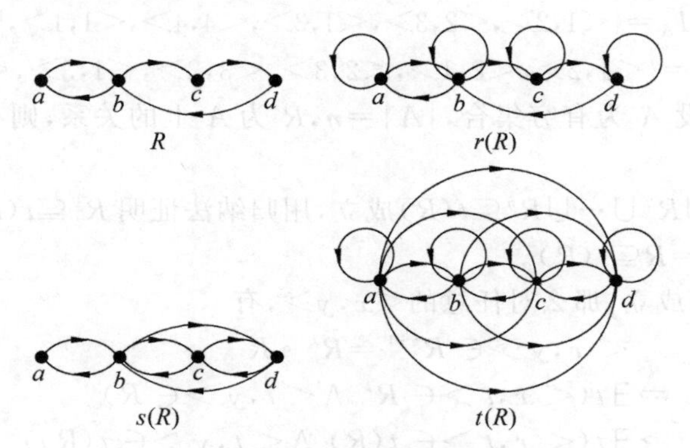

图 3.14 例 3.41 中的关系图

例 3.42 设集合 $A=\{a,b,c,d\}$,定义 $R=\{<a,b>,<b,a>,<b,c>,<c,d>\}$,求 $r(R)$、$s(R)$、$t(R)$。

解:求自反闭包,R 不具有自反性,由自反性的定义,只需在 R 上添加 I_A,于是

$$
\begin{aligned}
r(R)&=R\cup I_A\\
&=\{<a,a>,<a,b>,<b,a>,<b,b>,<b,c>,<c,c>,\\
&\quad <c,d>,<d,d>\}\\
s(R)&=R\cup R^{-1}\\
&=R\cup\{<c,b>,<d,c>\}\\
&=\{<a,b>,<b,a>,<b,c>,<c,b>,<c,d>,<d,c>\}\\
t(R)&=R\cup R^2\cup R^3\cup R^4\\
&=R\cup\{<a,a>,<b,b>,<a,c>,<b,d>,<a,d>\}\\
&=\{<a,a>,<a,b>,<a,c>,<a,d>,<b,a>,<b,b>,\\
&\quad <b,c>,<b,d>,<c,d>\}
\end{aligned}
$$

矩阵方法:

$$
\boldsymbol{M}_r=\begin{bmatrix}0&1&0&0\\1&0&1&0\\0&0&0&1\\0&0&0&0\end{bmatrix}+\begin{bmatrix}1&0&0&0\\0&1&0&0\\0&0&1&0\\0&0&0&1\end{bmatrix}=\begin{bmatrix}1&1&0&0\\1&1&1&0\\0&0&1&1\\0&0&0&1\end{bmatrix}
$$

$$
\boldsymbol{M}_s=\begin{bmatrix}0&1&0&0\\1&0&1&0\\0&0&0&1\\0&0&0&0\end{bmatrix}+\begin{bmatrix}0&1&0&0\\1&0&0&0\\0&1&0&0\\0&0&1&0\end{bmatrix}=\begin{bmatrix}0&1&0&0\\1&0&1&0\\0&1&0&1\\0&0&1&0\end{bmatrix}
$$

$$M_t=\begin{bmatrix}0&1&0&0\\1&0&1&0\\0&0&0&1\\0&0&0&0\end{bmatrix}+\begin{bmatrix}1&0&1&0\\0&1&0&1\\0&0&0&0\\0&0&0&0\end{bmatrix}+\begin{bmatrix}0&1&0&1\\1&0&1&0\\0&0&0&0\\0&0&0&0\end{bmatrix}=\begin{bmatrix}1&1&1&1\\1&1&1&1\\0&0&0&1\\0&0&0&0\end{bmatrix}$$

用定理 3.15 中的方法求传递闭包的关系矩阵要进行 $n^3(n-1)$ 次位运算，而下面介绍的是一种改进的求传递闭包的算法——Warshall（沃夏尔）算法，只要进行 n^3 次位运算，就可提高执行效率。

Warshall 算法的描述如下：设 R 为有限集 A 上的二元关系，$|A|=n$，$\boldsymbol{M}$ 为 R 的关系矩阵，可如下求取 $t(R)$ 的关系矩阵 $\boldsymbol{W}_n$。算法依次构造序列，由 W_0 构造 $W_1,W_2,\cdots,W_n$。

令 $W_k=[t_{ij}]$，$W_{k-1}=[s_{ij}]$，

(1) 把 W_{k-1} 中所有的 1 放入 W_k；

(2) $[t_{ij}]=1$，当且仅当 $[s_{ij}]=1$ 或（$[s_{ik}]=1$ 且 $[s_{kj}]=1$）；

(3) 对所有 k，$1\leqslant k\leqslant n$，重复步骤(2)，直至算法结束。

其伪码表示如下：

```
C=MAT
FOR  K=1  TO  N
    FOR  I=1  TO  N
        FOR  J=1  TO  N
            C[I][J]=C[I][J]∨C[I][K]∧C[K][J]
```

例 3.43　设 $A=\{1,2,3,4\}$，$R=\{\langle1,1\rangle,\langle1,2\rangle,\langle2,3\rangle,\langle3,4\rangle,\langle4,2\rangle\}$，则

$R^2=\{\langle1,1\rangle,\langle1,2\rangle,\langle1,3\rangle,\langle2,4\rangle,\langle3,2\rangle,\langle4,3\rangle\}$

$R^3=\{\langle1,1\rangle,\langle1,2\rangle,\langle1,3\rangle,\langle1,4\rangle,\langle2,2\rangle,\langle3,3\rangle,\langle4,4\rangle\}$

$R^4=\{\langle1,1\rangle,\langle1,2\rangle,\langle1,3\rangle,\langle1,4\rangle,\langle2,3\rangle,\langle3,4\rangle,\langle4,2\rangle\}$

因此，$t(R)=R\cup R^2\cup R^3\cup R^4=$
$\{\langle1,1\rangle,\langle1,2\rangle,\langle1,3\rangle,\langle1,4\rangle,\langle2,2\rangle,\langle2,3\rangle,\langle2,4\rangle,\langle3,2\rangle,\langle3,3\rangle,\langle3,4\rangle,\langle4,2\rangle,\langle4,3\rangle,\langle4,4\rangle\}$

现用 Warshall 算法求取 $t(R)$。显然，

$$\boldsymbol{M}=\begin{bmatrix}1&1&0&0\\0&0&1&0\\0&0&0&1\\0&1&0&0\end{bmatrix}$$

以下使用 Warshall 算法求取 $\boldsymbol{W}$。

(1) W_0 以 $\boldsymbol{M}$ 为初值。

(2) 当 $k=1$ 时，先将 W_1 置为 W_0，因为没有 $[s_{i1}]=1$ 且 $[s_{1j}]=1$ 的情况，所以 $W_1=W_0$。

(3) 当 $k=2$ 时，先将 W_2 置为 W_1，

因为有 $[s_{12}]=1$ 且 $[s_{23}]=1$，所以有 $[s_{13}]=1$；

因为有 $[s_{42}]=1$ 且 $[s_{23}]=1$，所以有 $[s_{43}]=1$；

于是有

$$W=\begin{bmatrix}1&1&1&0\\0&0&1&0\\0&0&0&1\\0&1&1&0\end{bmatrix}$$

(4) 当 $k=3$ 时,先将 W_3 置为 W_2,

因为有$[s_{13}]=1$ 且$[s_{34}]=1$,所以有$[s_{14}]=1$;

因为有$[s_{23}]=1$ 且$[s_{34}]=1$,所以有$[s_{24}]=1$;

因为有$[s_{43}]=1$ 且$[s_{34}]=1$,所以有$[s_{44}]=1$;

于是有

$$W=\begin{bmatrix}1&1&1&1\\0&0&1&1\\0&0&0&1\\0&1&1&1\end{bmatrix}$$

(5) 当 $k=4$ 时,先将 W_4 置为 W_3,

因为有$[s_{24}]=1$ 且$[s_{42}]=1$,所以有$[s_{22}]=1$;

因为有$[s_{34}]=1$ 且$[s_{42}]=1$,所以有$[s_{32}]=1$;

因为有$[s_{34}]=1$ 且$[s_{43}]=1$,所以有$[s_{33}]=1$;

于是最终

$$W=\begin{bmatrix}1&1&1&1\\0&1&1&1\\0&1&1&1\\0&1&1&1\end{bmatrix}$$

故 $t(R)=\{\langle 1,1\rangle,\langle 1,2\rangle,\langle 1,3\rangle,\langle 1,4\rangle,\langle 2,2\rangle,\langle 2,3\rangle,\langle 2,4\rangle,\langle 3,2\rangle,$
$\langle 3,3\rangle,\langle 3,4\rangle,\langle 4,2\rangle,\langle 4,3\rangle,\langle 4,4\rangle\}$

3.7.2 闭包的性质

下面的定理给出了闭包的主要性质。

定理 3.16 设 R 是非空集合 A 上的关系,则

(1) R 是自反的,当且仅当 $r(R)=R$。

(2) R 是对称的,当且仅当 $s(R)=R$。

(3) R 是传递的,当且仅当 $t(R)=R$。

证明:只证(1),其余留作练习。只须证明必要性。

显然,有 $R\subseteq r(R)$。又由于 R 是包含了 R 的自反关系,根据自反闭包定义,有 $r(R)\subseteq R$,从而得到 $r(R)=R$。

定理 3.17 设 R_1 和 R_2 是非空集合 A 上的关系,且 $R_1\subseteq R_2$,则

(1) $r(R_1)\subseteq r(R_2)$;

(2) $s(R_1)\subseteq s(R_2)$;

(3) $t(R_1)\subseteq t(R_2)$。

证明留作练习。

定理 3.18 设 R 是非空集合 A 上的关系，

(1) 若 R 是自反的，则 $s(R)$ 与 $t(R)$ 也是自反的。

(2) 若 R 是对称的，则 $r(R)$ 与 $t(R)$ 也是对称的。

(3) 若 R 是传递的，则 $r(R)$ 是传递的。

证明：只证(2)，其余留作练习。

由于 R 是 A 上的对称关系，所以 $R=R^{-1}$，同时 $I_A={I_A}^{-1}$。

又因为 $(R\cup I_A)^{-1}=R^{-1}\cup {I_A}^{-1}$，

从而推出 $r(R)^{-1}=(R\cup R^0)^{-1}=(R\cup I_A)^{-1}=R^{-1}\cup {I_A}^{-1}=R\cup I_A=r(R)$，

这就证明了 $r(R)$ 是对称的。

为证明 $t(R)$ 是对称的，先证明下述命题。

若 R 是对称的，则 R^n 也是对称的，其中 n 是任何正整数。

用归纳法。

$n=1$，$R^1=R$ 显然是对称的。

假设 R^n 是对称的，则对任意的 $<x,y>$，有

$$
\begin{aligned}
& <x,y>\in R^{n+1} \\
\Leftrightarrow & <x,y>\in R^n\circ R \\
\Leftrightarrow & \exists t(<x,t>)\in R^n \land <t,y>\in R) \\
\Rightarrow & \exists t(<t,x>\in R^n \land <y,t>\in R) \\
\Rightarrow & <y,x>\in R\circ R^n \\
\Rightarrow & <y,x>\in R^{1+n}=R^{n+1}
\end{aligned}
$$

所以 R^{n+1} 是对称的。用归纳法，命题得证。

下面证明 $t(R)$ 的对称性。

任取 $<x,y>$，

$$
\begin{aligned}
& <x,y>\in t(R) \\
\Rightarrow & \exists n(<x,y>\in R^n) \\
\Rightarrow & \exists n(<y,x>\in R^n)\ (\text{因为 } R^n \text{ 是对称的}) \\
\Rightarrow & <y,x>\in t(R)
\end{aligned}
$$

从而证明了 $t(R)$ 的对称性。

以上定理讨论了关系性质和闭包运算之间的关系。如果关系 R 是自反的和对称的，那么经过求闭包的运算以后得到的关系仍是自反的和对称的。但是，对于传递的关系，则不然。它的自反闭包仍旧保持传递性，而对称闭包就有可能失去传递性。例如 $A=\{1,2,3\}$，$R=\{<2,3>\}$ 是 A 上的传递关系，R 的对称闭包

$$s(R)=\{<2,3>,<3,2>\}$$

显然，$s(R)$ 不再是 A 上的传递关系。从这里可以看出，如果计算关系 R 的自反、对称、传递的闭包，为了不失去传递性，传递闭包运算应该放在对称闭包运算的后边，若令 $tsr(R)$ 表示 R 的自反、对称、传递闭包，则 $tsr(R)=t(s(r(R)))$。

3.8 集合的划分与覆盖

正所谓"物以类聚,人以群分",分类是计算机的重要处理之一。现在讨论集合的划分的概念,这个概念很简单,划分就像把西瓜切成几块,把一个班级的同学分成几个小组等。

定义 3.21 设 A 为非空集合,若 A 的子集族 π($\pi \subseteq P(A)$是 A 的子集构成的集合)满足下面的条件:

(1) $\varnothing \notin \pi$;

(2) π 中任意两个子集都不相交,即 $\forall x \forall y(x, y \in \pi \wedge x \neq y \rightarrow x \cap y = \varnothing)$;

(3) π 中所有子集的并是 A,即 $\bigcup \pi = A$。

则称 π 是 A 的一个划分,称 π 中的元素为 A 的划分块。

例 3.44 (1) 若将一张纸撕成几片,则所得的各个碎片是该纸的一个划分。

(2) 班集体划分:按寝室划分;按男女同学划分;按年龄划分。

(3) 整数集合被划分成奇整数集合和偶整数集合。

例 3.45 设 $A=\{a, b, c, d\}$,给定 π_1、π_2、π_3、π_4、π_5、π_6 如下:

$$\pi_1 = \{\{a, b, c\}, \{d\}\} \qquad \pi_2 = \{\{a, b\}, \{c\}, \{d\}\}$$

$$\pi_3 = \{\{a\}, \{a, b, c, d\}\} \qquad \pi_4 = \{\{a, b\}, \{c\}\}$$

$$\pi_5 = \{\varnothing, \{a, b\}, \{c, d\}\} \qquad \pi_6 = \{\{a, \{a\}\}, \{b, c, d\}\}$$

则 π_1 和 π_2 是 A 的划分,其他都不是 A 的划分。因为 π_3 中的子集$\{a\}$和$\{a, b, c, d\}$有交集,$\bigcup \pi_4 \neq A$,π_5 中含有空集,而 π_6 根本不是 A 的子集族。

例 3.46 设高级程序设计语言的字符表

$\Sigma=\{A, B, C, \cdots, Z, 0, 1, \cdots, 9, +, -, *, /, =, ?, \cdots, \#, \$\}$。

字母字符集合 $A=\{A, B, \cdots, Z\}$;

数字字符集合 $D=\{0, 1, \cdots, 9\}$;

专用字符集合 $S=\{+, -, *, /, =, ?, \cdots, \#, \$\}$;

则集合族 $\pi=\{A, D, S\}$是Σ的一个划分。

定义 3.22 给定非空集合 A,$T=\{T_1, T_2, \cdots, T_n\}$,$T_i \subseteq A$ 且 $T_i \neq \varnothing$ ($i=1, 2, \cdots, n$),$\bigcup T_i = A$,那么集合 T 称作 A 的一个覆盖。

由定义可知,划分必定是覆盖,但反过来不一定成立,即 A 的覆盖不一定是 A 的划分。一个集合的最小划分,就是由这个集合自身构成的集合;一个集合的最大划分,就是由该集合所有单元素子集构成的集合。

例 3.47 设集合 $A=\{a, b, c, d, e\}$,确定下面集合哪些是 A 的覆盖,哪些集合是 A 的划分。

(1) $T=\{\{a, b\}, \{a, b, c\}, \{d, e\}\}$

(2) $T=\{\{a, b, c\}, \{e\}\}$

(3) $T=\{\{a\}, \{b\}, \{c\}, \{d\}, \{e\}\}$

(4) $T=\{\{a, b, c\}, \{c, d, e\}\}$

(5) $T=\{\varnothing, \{a, b, c, d\}, \{c, d, e\}\}$

(6) $T=\{\{a\}, \{b, c\}, \{d, e\}\}$

(7) $T=\{\{a,b,c,d,e\}\}$

解：(1)、(4)为集合 A 的覆盖，(3)、(6)、(7)为集合 A 的划分。

3.9　等价关系和等价类

3.9.1　等价关系

实数之间的相等关系、集合之间的相等关系、谓词公式之间的等值关系具有类似的性质，它们都具有自反性、对称性和传递性。人们把具有这三种性质的关系称为等价关系。这是一类很重要的关系，可以用集合上的等价关系把该集合划分成等价类。

定义 3.23　设 R 为非空集合 A 上的关系。如果 R 是自反的、对称的和传递的，则称 R 为 A 上的等价关系。设 R 是一个等价关系，若 $\langle x,y\rangle\in R$，则称 x 等价于 y，记作 $x\sim y$。

例如，设集合 $A=\{a,b,c,d,e,f,g\}$，A 中的元素分别表示某班同学的年龄，若集合 A 上的关系 R 表示同龄关系，则 R 是等价关系。同理，同姓氏关系、A 上的恒等关系和全域关系等都是等价关系。

定义 3.24　设 R 为非空集合 A 上的等价关系，令 $\forall x\in A$，$[x]_R=\{y\mid y\in A\wedge xRy\}$，称 $[x]_R$ 为 x 关于 R 的等价类，简称为 x 的等价类，简记为 $[x]$，也可表示为 $R(x)$。

例 3.48　设 $A=\{1,2,\cdots,8\}$，如下定义 A 上的关系 R：

$$R=\{\langle x,y\rangle\mid x,y\in A\wedge x\equiv y(\bmod 3)\}$$

其中 $x\equiv y(\bmod 3)$ 表示 x 与 y 模 3 相等。不难验证，R 为 A 上的等价关系，因为

$\forall x\in A$，有 $x\equiv x(\bmod 3)$

$\forall x,y\in A$，若 $x\equiv y(\bmod 3)$，则有 $y\equiv x(\bmod 3)$

$\forall x,y,z\in A$，若 $x\equiv y(\bmod 3)$，$y\equiv z(\bmod 3)$，则有 $x\equiv z(\bmod 3)$

该关系的关系图如图 3.15 所示。

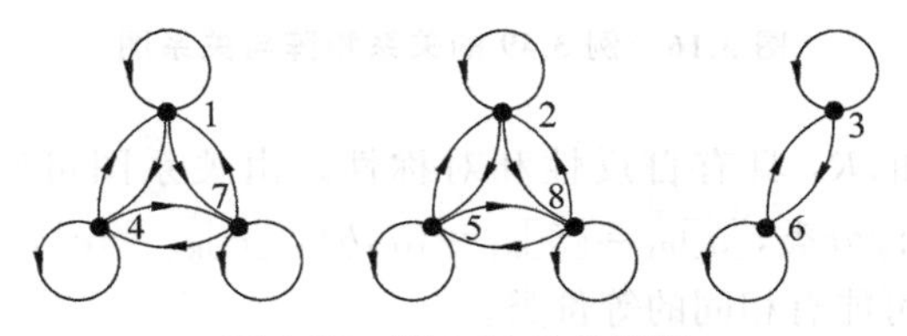

图 3.15　例 3.48 的关系图

不难看出，上述关系图被分为 3 个互不连通的部分。每部分中的数两两都有关系，不同部分中的数则没有关系。每一部分中的所有的顶点构成一个等价类。

$$[1]=[4]=[7]=\{1,4,7\}$$

$$[2]=[5]=[8]=\{2,5,8\}$$

$$[3]=[6]=\{3,6\}$$

将例 3.48 中的模 3 等价关系加以推广，可以得到整数集合 $\mathbf{Z}$ 上的模 n 等价关系。设 x 是任意整数，n 为给定的正整数，则存在唯一的整数 q 和 r，使得 $x=qn+r$，其中 $0\leqslant$

$r\leqslant n-1$,称r为x除以n的余数。例如$n=3$,那么-8除以3的余数为1,因为$-8=-3\times3+1$。

对于任意整数x和y,定义模n相等关系~:

$$x\sim y\Leftrightarrow x\equiv y(\bmod n)$$

不难验证,它是整数集合$\mathbf{Z}$上的等价关系。将$\mathbf{Z}$中的所有整数根据它们除以n的余数分类如下:

余数为0的数,其形式为$nz,z\in\mathbf{Z}$

余数为1的数,其形式为$nz+1,z\in\mathbf{Z}$

……

余数是$n-1$的数,其形式为$nz+n-1,z\in\mathbf{Z}$

以上构成了n个等价类,使用等价类的符号可记为

$$[i]=\{nz+i\mid z\in Z\},i=0,1,\cdots,n-1。$$

例 3.49 设集合$A=\{a,b,c,d,e\}$,定义A上的二元关系

$$R_1=\{\langle a,a\rangle,\langle a,b\rangle,\langle b,a\rangle,\langle b,b\rangle,\langle c,c\rangle,\langle d,d\rangle,\langle d,e\rangle,\langle e,d\rangle,\langle e,e\rangle\}$$

$$R_2=\{\langle a,a\rangle,\langle b,a\rangle,\langle b,b\rangle,\langle c,c\rangle,\langle d,d\rangle,\langle d,e\rangle\}$$

判断R_1、R_2是否为等价关系?

解:判断等价关系,就是验证是否具有自反性、对称性和传递性。

写出R_1的关系矩阵(见图3.16)。

$$M_{R1}=\begin{bmatrix}1&1&0&0&0\\1&1&0&0&0\\0&0&1&0&0\\0&0&0&1&1\\0&0&0&1&1\end{bmatrix}$$

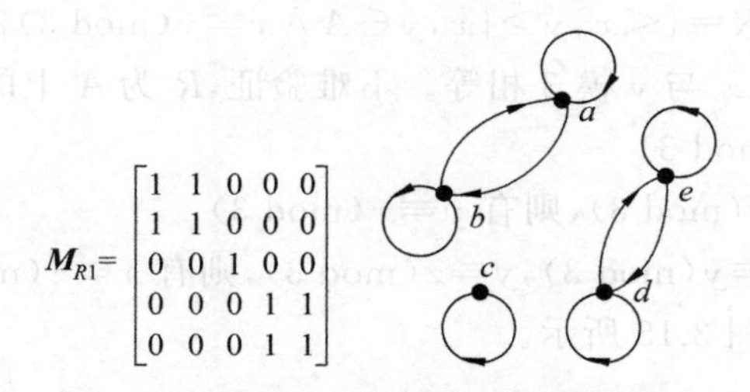

图 3.16 例 3.49 的关系矩阵与关系图

由关系的矩阵可知,R_1具有自反性和对称性。由关系图可知它具有传递性,故R_1是等价关系。对R_1进行分类,$[a]_{R1}=[b]_{R1}=\{a,b\}$,$[c]_{R1}=\{c\}$,$[d]_{R1}=[e]_{R1}=\{d,e\}$,由上可见,不同的元素可能有相同的等价类。

R_2不是等价关系,$\langle e,e\rangle\notin R_2$,故$R$不具有自反性。

注意:自反性、对称性和传递性之一不具备,就是破坏了等价关系的定义。

3.9.2 等价类的性质

定理 3.19 设R是非空集合A上的等价关系,则

(1) $\forall x\in A$,$[x]$是A的非空子集。

(2) $\forall x,y\in A$,如果xRy,则$[x]=[y]$。

(3) $\forall x,y\in A$,如果$x\not R y$,则$[x]$与$[y]$不相交。

(4) $\bigcup\{[x]\mid x\in A\}=A$。

证明：(1) 由等价类的定义可知，$\forall x\in A$ 由$[x]\subseteq A$。又由于等价关系的自反性有 $x\in[x]$，即$[x]$非空。

(2) 任取 z，则有 $z\in[x]\Rightarrow<x,z>\in R\Rightarrow<z,x>\in R$ （因为 R 是对称的）

因此有$<z,x>\in R\wedge<x,y>\in R\Rightarrow<z,y>\in R$ （因为 R 是传递的）

$\Rightarrow<y,z>\in R$ （因为 R 是对称的）

从而证明了 $z\in[y]$。综上所述，必有$[x]\subseteq[y]$。

同理可证，$[y]\subseteq[x]$，这就得到了$[x]=[y]$。

(3) 假设$[x]\cap[y]\neq\varnothing$，则存在 $z\in[x]\cap[y]$，从而有 $z\in[x]\wedge z\in[y]$，即$<x,z>\in R\wedge<y,z>\in R$ 成立。根据 R 的对称性和传递性，必有$<x,y>\in R$，与 $x\not R y$ 矛盾，即假设错误，原命题成立。

(4) 先证$\bigcup\{[x]\mid x\in A\}\subseteq A$

任取 y，$y\in\bigcup\{[x]\mid x\in A\}$

$\Rightarrow\exists x(x\in A\wedge y\in[x])$

$\Rightarrow y\in A$ （因为$[x]\subseteq A$）

从而有$\bigcup\{[x]\mid x\in A\}\subseteq A$

再证 $A\subseteq\bigcup\{[x]\mid x\in A\}$

任取 y，$y\in A\Rightarrow y\in[y]\wedge y\in A$

$\Rightarrow y\in\bigcup\{[x]\mid x\in A\}$

从而有$\bigcup\{[x]\mid x\in A\}$成立。

综上所述，可得 $\bigcup\{[x]\mid x\in A\}=A$。

例 3.50 设 R 是集合 A 上的关系，令 $S=\{<a,b>\mid\exists c\in A$，使得 $aRc,cRb\}$。证明：若 R 是 A 上的等价关系，则 S 也是 A 上的等价关系。

证明：因为 R 是 A 上的等价关系，所以 R 是自反的、对称的和传递的。

① $\forall a\in A$，因为 R 自反，所以$<a,a>\in A$。取 $c=a$，$<a,a>\in S$，故 S 是自反的。

② $\forall<a,b>\in S$，存在 $c\in A$，使得$<a,c>\in R$，$<c,b>\in R$。因为 R 对称，所以$<b,c>\in R$，$<c,a>\in R$，$<b,a>\in S$，故 S 是对称的。

③ $\forall<a,b>$，$<b,e>\in S$，存在 $c,d\in A$，使得$<a,c>\in R$，$<c,b>\in R$，$<b,d>\in R$，$<d,e>\in R$。因为 R 传递，所以$<a,b>\in R$，$<b,e>\in R$，$<a,e>\in S$，故 S 是传递的。

所以 S 是 A 上的等价关系。

3.9.3 商集与划分

由非空集合 A 和 A 上的等价关系 R 可以构造一个新的集合——商集。

定义 3.25 设 R 为非空集合 A 上的等价关系，以 R 的所有等价类作为元素的集合称为 A 关于 R 的商集，记作 A/R，即 $A/R=\{[x]_R\mid x\in A\}$。

求 A/R 的一般步骤如下：

(1) 选取 A 中的任一元素 a，计算 $R(a)$；

(2) 如果$R(a)\neq A$,则在A中选取不在$R(a)$中的任一元素b,计算$R(b)$;

(3) 如果$A\neq R(a)\cup R(b)$,则在A中选取不在$R(a)$和$R(b)$中的任一元素x,计算$R(x)$;

(4) 重复步骤(3),直至A中所有的元素都找到其归属的等价类。

把商集A/R和划分的定义相比较,易见商集就是A的一个划分,并且不同的商集对应不同的划分。反之,任给A的一个划分π,如下定义A上的关系R:

$$R=\{<x,y>|x,y\in A\wedge x\text{与}y\text{在}\pi\text{的同一划分块中}\}$$

则不难证明R为A上的等价关系,且该等价关系确定的商集就是π。由此可见,A上的等价关系与A的划分是一一对应的。

例 3.51 给出$A=\{1,2,3\}$上所有的等价关系。

解:如图3.17,先做出A的所有划分。

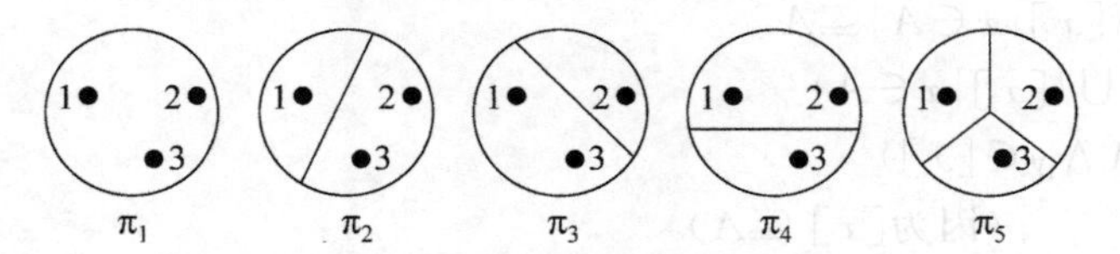

图 3.17 例 3.51 中 A 的所有划分

这些划分与A上的等价关系之间的一一对应是:π_1对应全域关系E_A,π_5对应恒等关系I_A,π_2、π_3和π_4分别对应于等价关系R_2、R_3和R_4。其中

$$R_2=\{<2,3>,<3,2>\}\cup I_A$$
$$R_3=\{<1,3>,<3,1>\}\cup I_A$$
$$R_4=\{<1,2>,<2,1>\}\cup I_A$$

3.10 相容关系和相容类

从3.9节可以看到,划分与等价关系有一定的联系,并且在3.8节中给出了划分与覆盖的概念。本节讨论另一类重要的关系——相容关系。

定义 3.26 设R为非空集合A上的关系。如果R是自反的、对称的,则称R为A上的相容关系。

例如,设A是由下列英文单词组成的集合。$A=\{\text{cat},\text{teacher},\text{cold},\text{desk},\text{knife},\text{by}\}$,定义关系$R=\{<x,y>|x,y\in A$且$x$和$y$有相同的字母$\}$。显然,$R$是一个相容关系。令$x_1=\text{cat}$,$x_2=\text{teacher}$,$x_3=\text{cold}$,$x_4=\text{desk}$,$x_5=\text{knife}$,$x_6=\text{by}$。$R$的关系图如图3.18所示,$R$的关系矩阵为

$$\boldsymbol{M}_r=\begin{bmatrix}1&1&1&0&0&0\\1&1&1&1&1&0\\1&1&1&1&0&0\\0&1&1&1&1&0\\0&1&0&1&1&0\\0&0&0&0&0&1\end{bmatrix}$$

由于相容关系是自反的、对称的，因此其关系矩阵的对角线元素都是 1，且矩阵是对称的。为此，可将矩阵用梯形表示。

同理，在相容关系的关系图上，每个结点处都有自回路且每两个相关结点间的弧线都是成对出现的。为了简化图形，我们今后对相容关系图不画自回路，并用单线代替来回弧线。因此，例 3.51 的关系图可简化为图 3.19。

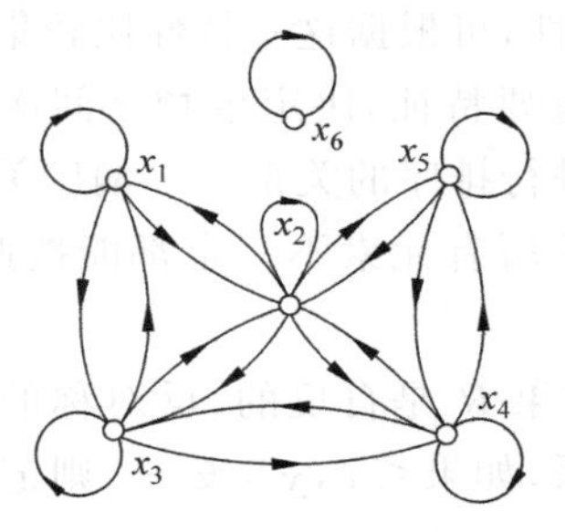

图 3.18　R 的关系图

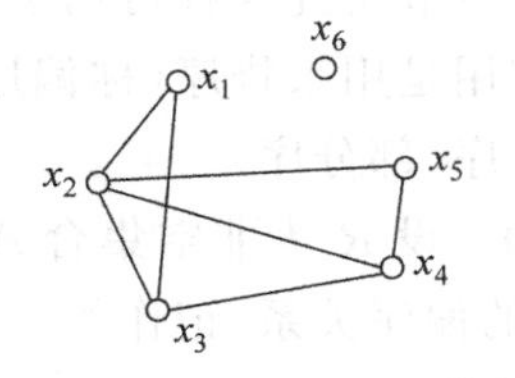

图 3.19　R 简化的关系图

定义 3.27　设 R 为集合 A 上的相容关系，如果 $C\subseteq A$，对于 C 中任意两个元素 x_1、x_2，均有 x_1Rx_2，则称 C 是由相容关系 R 产生的相容类。

例如，上例的相容关系 R 可以产生相容类，如 $\{x_1,x_2\}$，$\{x_1,x_3\}$，$\{x_2,x_3\}$，$\{x_6\}$，$\{x_2,x_4,x_5\}$ 等。

对于前三个相容类，都能加进新的元素组成新的相容类，而后两个相容类加入任一新元素，就不再组成相容类，我们称它为最大相容类。

定义 3.28　设 R 为集合 A 上的相容关系，不能真包含在任何其他相容类中的相容类称作最大相容类。

若 Cr 为最大相容类，显然它是 A 的子集，对于任意 $x\in Cr$，x 必与 Cr 中的所有元素有相容关系。而在 $A-Cr$ 中没有任何元素与 Cr 中的所有元素有相容关系。

定理 3.20　设 R 为有限集合 A 上的相容关系，C 是一个相容类，那么必存在一个最大相容类 Cr，使得 $C\subseteq Cr$。

从定理 3.20 可见，A 中任一元素 a，它可以组成相容类 $\{a\}$，因此必包含在一个最大相容类 Cr 中，如由所有最大相容类做出一个集合，则 A 中的每个元素至少属于该集合的一个成员，所以最大相容类集合必覆盖集合 A。

定义 3.29　在集合 A 上给定相容关系 R，其最大相容类的集合称作集合 A 的完全覆盖。

我们注意到集合 A 的覆盖不是唯一的，因此给定相容关系 R，可以做成不同的相容类的集合，它们都是 A 的覆盖。但给定相容关系 R，只能对应唯一的完全覆盖。

例如，设 $A=\{1,2,3,4\}$，集合 $\{\{1,2,3\},\{3,4\}\}$ 和 $\{\{1,2\},\{2,3\},\{1,3\},\{3,4\}\}$ 都是 A 的覆盖，但它们可以产生相同的相容关系。

$$R=\{<1,1>,<1,2>,<2,1>,<2,2>,<2,3>,<3,2>,<1,3>,<3,1>,<3,3>,<4,4>,<3,4>,<4,3>\}$$

3.11 偏序关系

现实生活中的有些事物是具有一定次序的,例如有 x 和 y 两个事件,事件 y 的发生必须在事件 x 发生之后。又如,编撰新华字典时,所有的字都必须按照次序排列。序关系是关系的一大类型,它们的共同点是都具有传递性,可根据这一特性比较集合中各元素的先后顺序。事物之间的次序常常是事物群体的重要特征,决定事物之间次序的还是事物间的关系。本节研究这种可用于对集合中元素进行排序的关系——偏序关系。

偏序的作用是用来排序(称偏序是因为 A 上的所有元素不一定都能按此关系排序,所以又称为半序、部分序)。

定义 3.30 设 R 为非空集合 A 上的关系。如果 R 是自反的、反对称的、传递的,则称 R 为 A 上的偏序关系,记作$\leqslant$。设$\leqslant$为偏序关系,如果$<x,y>\in\leqslant$,则记作 $x\leqslant y$,读作"小于或等于"。

注意,这里的"小于或等于"不是指数的大小,而是在偏序关系中的顺序性。x"小于或等于"y 的含义是:依照这个序,x 排在 y 的前边或者 x 就是 y。根据不同偏序的定义,对"序"有不同的解释。例如,整除关系是偏序关系$\leqslant$,$3\leqslant 6$ 的含义是 3 整除 6。大于或等于关系也是偏序关系,针对这个关系写 $5\leqslant 4$,是说大于或等于关系中 5 排在 4 的前边,也就是 5 比 4 大。

例 3.52 设集合 $A=\{a,b,c\}$,A 上的关系 $R=\{<a,a>,<a,b>,<a,c>,<b,b>,<b,c>,<c,c>\}$,可从关系图(见图 3.20)验证 R 是偏序关系。

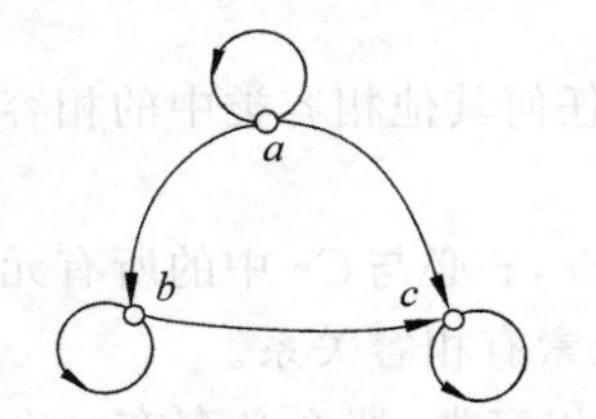

图 3.20 例 3.52 的关系图

(1) 每个点均有自回路,故 a 有自反性。

(2) 每两点间最多有一条弧,故有反对称性。

(3) a 能间接地通到 c,a 到 c 直接有弧,而没有其他情况,故 R 有传递性,R 是偏序关系。

例 3.53 设 A 是正整数集,D_A 是 A 上的整除关系。

(1) $\forall x\in A$,因 x 能整除 x,所以 D_A 具有自反性。

(2) $\forall x,y\in A$,如 x 能整除 y,且 y 能整除 x,则 $x=y$,即如$<x,y>\in D_A$,$<y,x>\in D_A$,则 $x=y$,即 D_A 具有反对称性。

(3) $\forall x,y,z\in A$,如$<x,y>\in D_A$,$<y,z>\in D_A$,即 x 能整除 y,y 能整除 z,则 x 能整除 z,所以$<x,z>\in D_A$,D_A 具有传递性,从而 D_A 是 A 上的偏序关系。

例如,集合 A 上的恒等关系 I_A 是 A 上的偏序关系。小于或等于关系和包含关系也是相应集合上的偏序关系。一般来说,全域关系 E_A 不是 A 上的偏序关系。

若$\leqslant$是集合 A 上的偏序关系,a 和 b 是集合 A 中的元素,并不表示一定有 $a\leqslant b$ 或 $b\leqslant a$。因此,有下面的定义。

定义 3.31 设 R 为非空集合 A 上的偏序关系,如果 $a\leqslant b$ 或 $b\leqslant a$,则称 a 和 b 是可比的。如果既没有 $a\leqslant b$,也没有 $b\leqslant a$,则称 a 和 b 是不可比的。

例如,实数集合上的小于或等于关系是偏序关系且任意两个数均是可比的。而正整数上的整除关系也是偏序关系,但不是任意两个数都可比,如 2 与 3 不可比,因为 2 不能整除 3。

定义 3.32 设 R 为非空集合 A 上的偏序关系，如果 $\forall x, y \in A$，x 与 y 都是可比的，则称 R 为 A 上的全序关系(或线序关系)。

例如，数集上的小于或等于关系是全序关系，因为任何两个数总是可比大小的。但整除关系一般不是全序关系，如集合$\{1,2,3\}$上的整除关系就不是全序关系，因为 2 和 3 不可比。

定义 3.33 在笛卡儿积 $A \times B$ 上的偏序关系$\leqslant$称为乘积偏序。

定义 3.34 如果$(A, \leqslant)$是偏序集合，且 $a \leqslant b, a \neq b$，则定义为 $a \prec b$。

定义 3.35 定义在笛卡儿积 $A \times B$ 上的偏序关系$\prec$满足$(a,b) \prec (a',b')$，如 $a \prec a'$，或者 $a = a'$ 且 $b \leqslant b'$，则$\prec$称为词典序或词典偏序。

定义 3.36 还可以推广至笛卡儿积 $A_1 \times A_2 \times A_3 \times \cdots \times A_n$。$(a_1, a_2, \cdots, a_n) \prec (b_1, b_2, \cdots, b_n)$，当且仅当 $a_1 \prec b_1$

或 $a_1 = b_1, a_2 \prec b_2$

或 $a_1 = b_1, a_2 = b_2, a_3 \prec b_3$

……

或 $a_1 = b_1, \cdots, a_{n-1} = b_{n-1}, a_n \leqslant b_n$

例 3.54 设 $S = \{a, b, c, \cdots, z\}$ 按照从前至后的顺序依次排序，则 n 阶笛卡儿积 $S^n = S \times S \times \cdots \times S$($n$ 个 S 相乘)可以表示长度为 n 的所有单词的集合。实际上，英文字典中单词之间的排序就是 S^n 上的词典序关系，这也是词典序关系得名的原因，例如 jump$\prec$munp，discreet$\prec$discrete。

3.12 偏序集与哈斯图

定义 3.37 集合 A 和 A 上的偏序关系$\leqslant$一起叫作偏序集，记作$\langle A, \leqslant \rangle$。

例如，整数集合 $\mathbf{Z}$ 和数的小于或等于关系$\leqslant$构成偏序集$\langle \mathbf{Z}, \leqslant \rangle$，集合 A 的幂集 $P(A)$和包含关系 $R_{\subseteq}$ 构成偏序集$\langle P(A), R_{\subseteq} \rangle$。

由于偏序关系反对称且传递，关系图中任何两个不同结点之间不可能有相互到达的边或通路，因此可约定边的向上方向为箭头方向，省略全部箭头。最后，由于偏序关系具有传递性，还可将由传递关系可推定的边省去。经过这种简化的具有偏序关系的关系图称为哈斯(Hasse)图。哈斯图既表示一个偏序关系，又表示一个偏序集。

哈斯图的作图法如下。

(1)以“圆圈”表示元素；

(2) 若 $x \prec y$，则 y 画在 x 的上层；

(3) 若 y 覆盖 x，则连线；(覆盖的定义见定义 3.22)

(4) 不可比的元素可画在同一层。

定义 3.38 设$\langle A, \leqslant \rangle$为偏序集。$\forall x, y \in A$，如果 $x \prec y$ 且不存在 $z \in A$ 使得 $x \prec z \prec y$，则称 y 覆盖 x。

例如$\{1,2,4,6\}$集合上的整除关系，有 2 覆盖 1，4 和 6 都覆盖 2，但 4 不覆盖 1，因为有 $1 \prec 2 \prec 4$。6 也不覆盖 4，因为 $4 \prec 6$ 不成立。

例 3.55 画出集合$\{a,b\}$的幂集 $P(\{a,b\})$上的子集包含关系的关系图,并简化为哈斯图。

解:图 3.21(a)为 $P(\{a,b\})$上的子集包含关系的关系图,图 3.21(b)为其哈斯图。

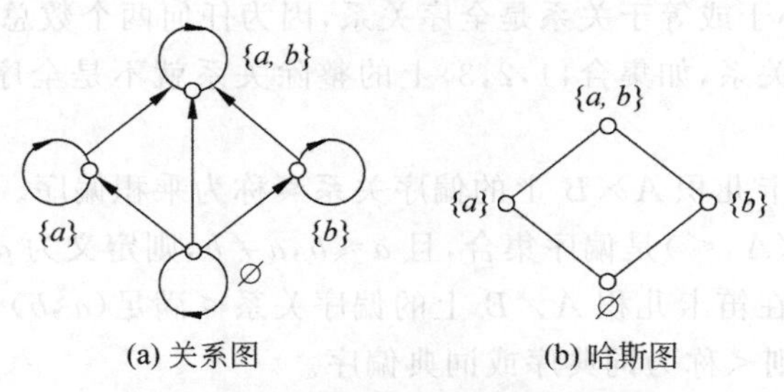

图 3.21 例 3.55 的关系图与哈斯图

例 3.56 画出偏序集$<\{1,2,3,4,5,6,7,8,9\},R_{整除}>$和$<P(\{a,b,c\}),R_{\subseteq}>$的哈斯图。

解:两个偏序集的哈斯图如图 3.22 所示。

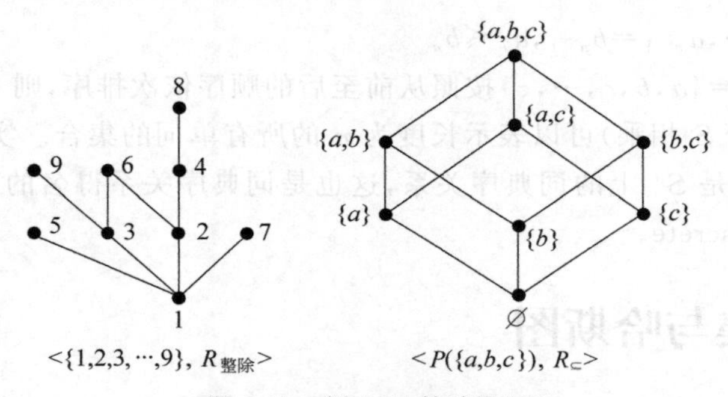

图 3.22 例 3.56 的哈斯图

定义 3.39 设$(A,\leqslant)$是偏序集,集合 $B\subseteq A$(B 是 A 的子集)。

(1) 如存在元素 $b\in B$,使得 $\forall a\in B$,均有 $a\leqslant b$,则称 b 为 B 的最大元。

(2) 如存在元素 $b\in B$,使得 $\forall a\in B$,均有 $b\leqslant a$,则称 b 为 B 的最小元。

说明:① 如果 A 的子集 B 存在最大元 b,则最大元是唯一的。

② 最大元可能不存在。

定义 3.40 设$(A,\leqslant)$是偏序集,$B\subseteq A$,

(1) 若存在元素 $b\in B$,$\forall a\in B$,如 $b\leqslant a$,则 $a=b$,称 b 为 B 的极大元。

(2) 若存在元素 $b\in B$,$\forall a\in B$,如 $a\leqslant b$,则 $a=b$,称 b 为 B 的极小元。

说明:① b 是 B 的极大元,即 B 中不存在比 b 大的元素了。

② b 是极大元,b 未必是最大元,即 B 中没有比 b 大的元素,未必均比 b 小,因$\leqslant$是半序,不是全序。

③ 极大元未必是唯一的。例如前面的例子中,5,6,7,8,9 均是极大元,但均不是最大元。

④ 如果 B 是有限集,则 B 必存在极大元。

⑤ 如果 B 存在最大元 x,则 x 就是 B 的极大元,此时极大元也只有这一个 x 了。

⑥ 孤立点则又是极大元，也是极小元。

例 3.57　已知某偏序集的哈斯图如图 3.23 所示，试求下列子集的最大元、最小元、极大元和极小元。

(1) $B_1=\{1,2,3,5\}$

(2) $B_2=\{2,3,4,5,6,7\}$

(3) $B_3=\{4,5,8\}$

(4) $B_4=\{4,5\}$

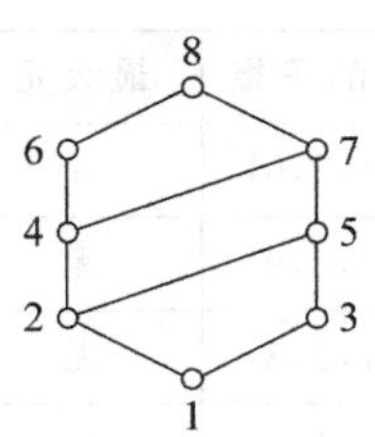

图 3.23　例 3.57 的哈斯图

解：B_1 的最大元为 5、最小元为 1、极大元为 5、极小元也为 1。

B_2 无最大元和最小元、极大元是 6,7、极小元是 2,3。

B_3 的最大元是 8，无最小元，极大元为 8，极小元为 4,5。

B_4 无最大元，也无最小元，极大元是 4,5，极小元也是 4,5。

定义 3.41　设$(A,\leqslant)$是偏序集，$B\subseteq A$，

(1) 如果 $a\in A$，且对每一 $x\in B$，$x\leqslant a$，则称 a 为 B 的上界，

即 a 为 B 的上界$\Leftrightarrow a\in A\wedge\forall x(x\in B\rightarrow x\leqslant a)$。

(2) 如果 $a\in A$，且对每一 $x\in B$，$a\leqslant x$，则称 a 为 B 的下界，

即 a 为 B 的下界$\Leftrightarrow a\in A\wedge\forall x(x\in B\rightarrow a\leqslant x)$。

(3) 如果 C 是 B 的所有上界的集合，即 $C=\{y|y$ 是 B 的上界$\}$，则 C 的最小元 a 称为 B 的最小上界或上确界。

(4) 如果 C 是 B 的所有下界的集合，即 $C=\{y|y$ 是 B 的下界$\}$，则 C 的最大元 a 称为 B 的最大下界或下确界。

从以上定义可知，B 的最小元一定是 B 的下界，同时也是 B 的最大下界。同样，B 的最大元一定是 B 的上界，同时也是 B 的最小上界。反过来不一定正确，B 的下界不一定是 B 的最小元，因为它可能不是 B 中的元素。同样，B 的上界也不一定是 B 的最大元。

例 3.58　设集合 $A=\{18$ 的正整数因子$\}$，$\leqslant$为整除关系，试求下列子集$\{2,3,6\}$，$\{3,6,9\}$，$\{1,2,3\}$，A 的最大元、最小元、极大元和极小元，下界、下确界、上界和上确界。

解：先求集合 A，18 的正整数因子，有 $A=\{1,2,3,6,9,18\}$，

整除关系$\leqslant=\{\langle 1,1\rangle,\langle 1,2\rangle,\langle 1,3\rangle,\langle 1,6\rangle,\langle 1,9\rangle,\langle 1,18\rangle,\langle 2,2\rangle,\langle 2,6\rangle,\langle 2,18\rangle,\langle 3,3\rangle,\langle 3,6\rangle,\langle 3,9\rangle,\langle 3,18\rangle,\langle 6,6\rangle,\langle 6,18\rangle,\langle 9,9\rangle,\langle 9,18\rangle,\langle 18,18\rangle\}$

则$\langle A,\leqslant\rangle$是偏序关系。$\langle A,\leqslant\rangle$的关系图和哈斯图如图 3.24 所示。

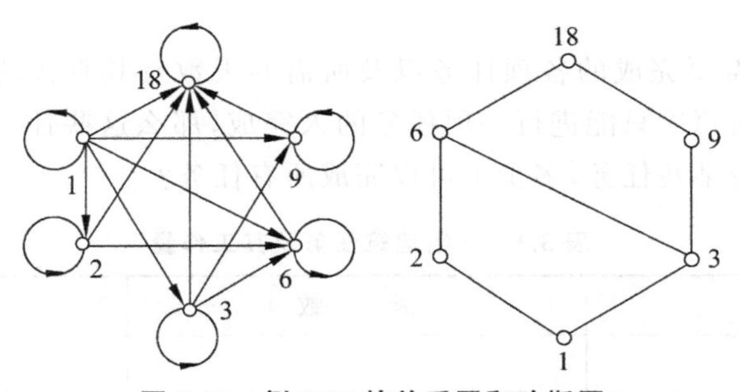

图 3.24　例 3.58 的关系图和哈斯图

表3.2给出了4个集合的最大元、极大元、最小元和极小元，下界、下确界、上界和上确界。

表3.2　4个集合的最大元、极大元、最小元和极小元，下界、下确界、上界和上确界

A的子集	最大元	极大元	最小元	极小元	下界	下确界	上界	上确界
{2,3,6}	6	6	无	2,3	1	1	6,18	6
{3,6,9}	无	6,9	3	3	1,3	3	18	18
{1,2,3}	无	2,3	1	1	1	1	6,18	6
A	18	18	1	1	1	1	18	18

3.13　应用案例

3.13.1　同余关系在出版业中的应用

同余经常应用于检错码。本例将描述这种编码在出版业中的应用。从1972年开始，世界上任何地方出版的书都带有一个10位的数字编码，这个编码称为“国际标准书号”(International Standard Book Number，ISBN)。例如，Spence和Vanden Eynden撰写的《有限数学》的ISBN是0-673-38582-5。这种编号给图书提供了一个标准的标识，相对于用作者、标题和版本标识每本书的方法，这种方法使出版商和书店可以更容易地将库存和记账过程计算机化。

一个ISBN由4部分组成：组号、出版商号、出版商指定的标识号、校验位。在ISBN 0-673-38582-5中，组号0表示这本书是在英语国家出版的(澳大利亚、加拿大、新西兰、南非、英国或美国)，673标识出版商，第三组数字38582在该出版商所出版的所有书中标识出这本书，最后一位数字5是校验位，用于检测复制和传送ISBN过程中产生的错误。利用校验位，出版商可以检测出错误的ISBN，从而避免由错误的订单导致的昂贵的运输费。

应用案例3.13.1内容显示

校验位有11个可能的值：0、1、2、3、4、5、6、7、8、9或X (X代表10)。校验位是按下列方法计算出来的：分别用10、9、8、7、6、5、4、3和2乘以ISBN的前9位，并将这9个乘积相加得到y，校验位d是满足$y+d\equiv 0 \pmod{11}$的数字。

3.13.2　拓扑排序在建筑工序中的应用

建造一所房屋需要完成的各项任务以及所需的天数及其直接的前继步骤见表3.3。如果所有任务由一组每次只能进行一项任务的人完成，那么这些任务应该以怎样的顺序完成？通过同时进行某些任务，多少天可以完成所有任务？

表3.3　一组建筑任务及其工作量

任　务	天　数	前继步骤
A场地准备	4	没有
B地基	6	A

续表

任　务	天　数	前继步骤
C 排水设施	3	A
D 骨架	10	B
E 屋顶	5	D
F 窗	2	E
G 管道	4	C,E
H 电气设施	3	E
I 绝缘	2	G,H
J 幕墙	6	F
K 墙纸	5	I,J
L 清洁和油漆	3	K
M 地板和装修	4	L
N 检验	10	I

3.13.3　等价关系在软件测试等价类划分中的应用

问题描述：给定一程序，从对话框中读取 3 个整数值，范围为 1～200。这 3 个整数值代表三角形三边的长度。程序输出信息，指出该三角形究竟是不规则三角形、等腰三角形，还是等边三角形，或者不构成三角形。运用等价类概念，设计测试用例。

【答案参见配套教材】

习题

3.1　判定下列断言的对错。

(1) $a \in \{\{a\}\}$；

(2) $\{a\} \subseteq \{a,b,c\}$；

(3) $\varnothing \in \{a,b,c\}$；

(4) $\varnothing \subseteq \{a,b,c\}$；

(5) $\{a,b\} \subseteq \{a,b,c,\{a,b,c\}\}$；

(6) $\{\{a\},1,3,4\} \subset \{\{a\},3,4,1\}$；

(7) $\{a,b\} \subseteq \{a,b,\{a,b\}\}$；

(8) 如果 $A \cap B = B$，则 $A = E$。

3.2　若 A、B 都是集合，则 A 能同时既是 B 的元素，又是 B 的子集吗？举例说明。

3.3　设 A、B 为任意集合，试证明 $A-B=B-A \Leftrightarrow A=B$。

3.4　化简下列集合表达式。

(1) $((A\cup B)\cap B)-(A\cup B)$;

(2) $((A\cup B\cup C)-(B\cup C))\cup A$;

(3) $(B-(A\cap C))\cup(A\cap B\cap C)$;

(4) $(A\cap B)-(C-(A\cup B))$。

3.5 写出下列集合的子集。

(1) $A=\{a,\{b\},c\}$;

(2) $B=\{\varnothing\}$;

(3) $C=\varnothing$。

3.6 设集合 $A=\{1,2,3,4\}$,$B=\{2,3,5\}$,求 $A\cup B$,$A\cap B$,$A-B$,$B-A$,$A\oplus B$。

3.7 设全集 $E=\mathbf{N}$,有下列子集:$A=\{1,2,8,10\}$,$B=\{n \mid n^2<50,n\in\mathbf{N}\}$,$C=\{n \mid n$ 可以被 3 整除,且 $n<20,n\in\mathbf{N}\}$,$D=\{n \mid 2^i,i<6$ 且 $i,n\in\mathbf{N}\}$,求下列集合。

(1) $A\cup(C\cap D)$;

(2) $A\cap(B\cup(C\cap D))$;

(3) $B-(A\cap C)$;

(4) $(\sim A\cap B)\cup D$。

3.8 设 $A=\{x,y,\{x,y\},\varnothing\}$,求下列各式的结果。

(1) $A-\{x,y\}$;

(2) $\{\{x,y\}\}-A$;

(3) $\varnothing-A$;

(4) $A-\{\varnothing\}$;

(5) $P(A)$。

3.9 已知 $A=\{a,\{a\}\}$,求 $P(A)$,$P(P(A))$。

3.10 设 A、B 分别表示整数 1985 和 1986 的正因子集,而 $P(A)$和 $P(B)$分别表示 A 和 B 的幂集,求:

(1) $P(A)\cap P(B)$;

(2) $P(A)-P(B)$的基数;

(3) $P(B)-P(A)$的基数。

3.11 证明:(1) $P(A)\cup P(B)\subseteq P(A\cup B)$;

(2) $P(A)\cap P(B)=P(A\cap B)$。

3.12 令 $x=\{\{\{1,2\},\{1\}\},\{\{1,0\}\}\}$,求$\cup x$,$\cap x$,$\cup\cap x$,$\cap\cap x$,$\cup\cup x$,$\cap\cup x$。

3.13 证明:$A\oplus B=(A\cup B)-(A\cap B)$。

3.14 试证明对任意集合 A、B、C,等式$(A-B)\cup(A-C)=A$ 成立的充分必要条件是 $A\cap B\cap C=\varnothing$。

3.15 (1) 若 $A-B=B$,问 A、B 分别是什么集合,并说明理由。

(2) 证明:$(A-B)-C=A-(B\cup C)=(A-C)-B=(A-C)-(B-C)$。

3.16 75 名儿童到公园游乐场,他们可以骑旋转木马、坐滑行铁道车、乘宇宙飞船。已知其中有 20 人这三种东西都玩过,有 55 人至少乘过其中两种,若每种乘坐一次的费用是 5 元,公园游乐场的总收入为 700 元。试确定有多少儿童没有乘坐过其中的任何一种。

3.17 在 30 个学生中有 18 个爱好音乐，12 个爱好美术，15 个爱好体育，有 10 个学生既爱好音乐，又爱好体育，8 个学生既爱好美术，又爱好体育，有 11 个学生既爱好音乐，又爱好美术，但有 10 个学生这三种爱好都没有，试求这三种爱好都有的人数。

3.18 (1) 证明："A 为有限集"等价于"A 的任何子集为有限集"。

(2) 说明在下列各条件下，集合 A 与 B 有什么关系，或者 A 与 B 是什么集合。

① $A \cap B = A$　② $A - B = B - A$　③ $(A-B) \cup (B-A) = A$

3.19 计算或简单回答以下各题，其中 A，B 为任意集合。

(1) $\bigcup\{A\}$；

(2) $P(\{\varnothing, 1\})$；

(3) $\{1,2\} \times \{a,b,c\}$；

(4) $A \oplus B = \varnothing$的充要条件是什么？

(5) A 与 $P(A)$等势吗？

3.20 假设 A、B、C 为集合，证明 $(A-B) \times (C-D) \subseteq (A \times C) - (B \times D)$。

3.21 设集合 $A=\{a,b\}$，$B=\{1,2,3\}$，$C=\{d\}$，求 $A \times B \times C$ 和 $B \times A$。

3.22 证明：如果 $X=\{0\}$，$Y=\{0\}$，$Z=\{1\}$，则$(X \times Y) \times Z \neq X \times (Y \times Z)$。

3.23 设集合 $A=\{1,2,3\}$，用列举法给出 A 上的恒等关系 I_A、全关系 E_A、A 上的小于关系 $L_A=\{<x,y> \mid x,y \in A \wedge x<y\}$及其关系矩阵。

3.24 设集合 $A=\{1,2,3\}$，R_1 与 R_2 是 A 上的二元关系，分别为

$R_1=\{<1,1>, <1,2>, <2,2>, <3,2>, <3,3>\}$

$R_2=\{<1,1>, <2,1>, <2,2>, <2,3>, <1,3>, <3,3>\}$

(1) 试分别写出 R_1、R_2 的关系矩阵。

(2) 分别画出 R_1、R_2 的关系图。

(3) 判定 R_1、R_2 具有关系的哪几种性质。

3.25 设集合 $A=\{1,2,3,4,5\}$，试求 A 上的模 2 同余关系 R 的关系矩阵和关系图。

3.26 设集合 $A=\{1,2,3,4\}$，A 上的二元关系：

$R_1=\{<1,1>, <1,3>, <1,4>, <2,4>, <3,3>, <4,4>\}$

$R_2=\{<1,2>, <1,3>, <2,3>, <4,4>\}$

$R_3=\{<1,1>, <2,2>, <3,3>, <4,4>\}$

求集合 $R_1 \cap R_2$，$R_2 \cup R_3$，$\neg R_1$，$R_1 - R_3$，$R_1 \circ R_2$。

3.27 设集合 $Z=\{a,b,c,d\}$上有如下关系：

$R_1=\{<a,a>, <a,b>, <b,d>\}$

$R_2=\{<a,d>, <b,c>, <b,d>, <c,b>\}$

试列出关系$((R_1 \circ R_2)^{-1})^2$ 的关系矩阵和关系图，并说明它具有什么性质，为什么？

3.28 给定集合 $z=\{0,1,2,3\}$，且 z 中有关系

$R_1=\{<i,j> \mid (i,j \in z) \wedge ((j=i+1) \vee (j=i/2))\}$

$R_2=\{<i,j> \mid (i,j \in z) \wedge (i=j+2)\}$

试写出合成关系 $R_2 \circ R_1$ 的如 R_1 或 R_2 的形式之集合表示式。

3.29 设集合 $A=\{2,3,4\}$，$B=\{4,6,7\}$，$C=\{8,9,12,14\}$，R_1 是 A 到 B 的二元关系，R_2 是由 B 到 C 的二元关系，定义如下：$R_1=\{<a,b> \mid a$ 是素数且 a 整除 $b\}$，$R_2=$

$\{<b,c> \mid b$ 整除 $c\}$，求复合关系 $R_1 \circ R_2$，并用关系矩阵表示。

3.30 设 R_1、R_2 和 R_3 分别是从 A 到 B，从 B 到 C 和从 C 到 D 的关系，证明：$(R_1 \circ R_2) \circ R_3 = R_1 \circ (R_2 \circ R_3)$。

3.31 设集合 $A=\{a,b,c\}$，A 上的二元关系 R_1、R_2、R_3 分别为 $R_1 = A \times A$，$R_2=\{<a,a>, <b,b>\}$，$R_3=\{<a,a>\}$，试分别用定义和矩阵运算求 $R_1 \circ R_2$，$R_2{}^2$，$R_1 \circ R_2 \circ R_3$，$(R_1 \circ R_2 \circ R_3)^{-1}$。

3.32 设集合 $A=\{a,b,c,d\}$，判定下列关系哪些是自反的、对称的、反对称的、传递的？

$$R_1 = \{<a,a>, <b,a>\}$$
$$R_2 = \{<a,a>, <b,c>, <d,a>\}$$
$$R_3 = \{<c,d>\}$$
$$R_4 = \{<a,a>, <b,b>, <c,c>\}$$
$$R_5 = \{<a,c>, <b,d>\}$$

3.33 设集合 $A=\{1,2,3,\cdots,10\}$，A 上的关系 $R=\{(x,y) \mid x,y \in A$，且 $x+y=10\}$，试判断 R 具有哪几种性质？

3.34 在实平面上定义二元关系 R 如下：

$$R=\{<x,y> \mid x-y-2<0 \land x-y+2>0\}$$

(1) 画出表示 R 的图形；

(2) 列举理由，说明 R 是否具有自反性、反自反性、对称性、反对称性、传递性？

3.35 设集合 $A=\{1,2,3\}$，R 是 $P(A)$ 上的二元关系 $R=\{<B,C> \mid B \cap C \neq \varnothing\}$，则 R 满足下列哪些性质？为什么？

(1)自反性；(2)反自反性；(3)对称性；(4)反对称性；(5)传递性。

3.36 设 $X=\{1,2,3,4\}$，R 是 X 中的二元关系

$$R=\{<1,1>,<3,1>,<1,3>,<3,3>,<3,2>,<4,3>,<4,1>, <4,2>,<1,2>\}$$

(1) 画出 R 的关系图；

(2) 写出 R 的矩阵；

(3) 说明 R 是否自反、对称、传递。

3.37 有人说，如果集合 X 中的一个关系 R 是对称的、传递的，那么 R 一定是自反的，从而 R 是等价关系。其论证方法是：因 R 对称，由 aRb 可得 $bRa(a,b \in X)$，因 R 是传递的，由 aRb 和 bRa 可得 aRa。这个结论正确吗？为什么？

3.38 S 为 X 上的关系，证明：如 S 是传递的、自反的，则 $S \circ S = S$，反之真否？

3.39 设 R、S 是集合 X 上的满足 $(S \circ R) \subseteq (R \circ S)$ 的两个等价关系，证明 $(R \circ S)$ 是 X 上的等价关系。

3.40 设 S 是 X 到 Y 的关系，T 是 Y 到 Z 的关系。定义：对 $A \subseteq X$，$S(A)=\{y \mid <x, y> \in S, x \in A\}$，证明：

(1) $S(A) \subseteq Y$；

(2) $(T \circ S)(A) = T(S(A))$；

(3) $S(A \cup B) = S(A) \cup S(B)$；

(4) $S(A \cap B) \subseteq S(A) \cap S(B)$。

3.41 设 R 和 S 都是集合 A 上的自反、对称和传递关系，问 $R\cap S$ 的自反、对称和传递闭包是什么？证明你的结论。

3.42 设集合 $A=\{a,b,c\}$，R 是集合 A 上的关系，$R=\{\langle a,b\rangle,\langle b,a\rangle,\langle b,c\rangle\}$，求 $r(R)$、$s(R)$、$t(R)$，并分别画出它们的关系图。

3.43 (1) 整数集 $\mathbf{Z}$ 上的关系 $R=\{\langle a,b\rangle \mid a<b\}$的自反闭包是什么？

(2) 正整数集 $\mathbf{Z}^+$ 上的关系 $R=\{\langle a,b\rangle \mid a<b\}$的对称闭包是什么？

3.44 设集合 $A=\{a,b,c,d\}$，A 上关系 R 的关系图如图 3.25 所示，试求 $r(R)$、$s(R)$、$t(R)$，并分别画出它们的关系图。

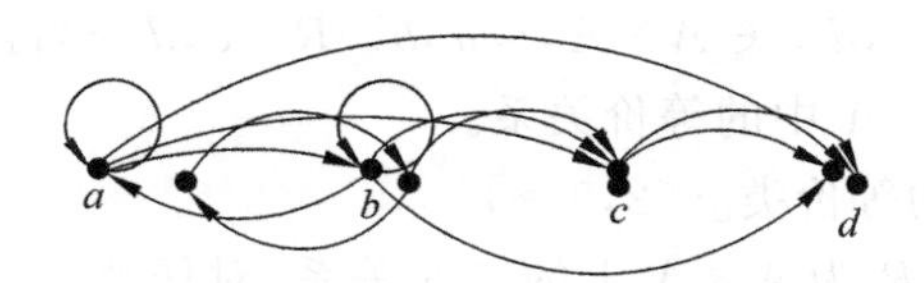

图 3.25 A 上关系 R 的关系图

3.45 设集合 $A=\{a,b,c\}$，$R=\{\langle a,b\rangle,\langle b,c\rangle,\langle c,a\rangle\}$，求 $r(R)$、$s(R)$、$t(R)$、$tsr(R)$。

3.46 设集合 $A=\{a,b,c,d\}$，R_1 和 R_2 是 A 上的二元关系，$R_1=\{\langle a,b\rangle,\langle b,c\rangle,\langle c,a\rangle\}$，$R_2=\varnothing$，试求 $r(R_2)$、$s(R_2)$、$t(R_2)$、$r(R_1{}^2)$、$s(R_1{}^2)$、$t(R_1{}^2)$。

3.47 设 $A=\{1,3,5,\cdots\}$，$B=\{2,4,6,\cdots\}$，而

$$T=\{\{\langle x,y\rangle \mid x\in A,y\in B,x>y\}\cup\{\langle x,y\rangle \mid x\in A,y\in B,x<y\}\}$$

试证：T 是 $A\times B$ 的划分，且 T 是可数集。

3.48 证明整数集合 $\mathbf{I}$ 的任何子集合 $\mathbf{Z}$ 中的模 m 等价关系 R 是一个等价关系，若 $X=\{1,2,3,4,5,6,7\}$，$m=3$，试画出 R 的关系图，写出 R 的关系矩阵，并给出商集 X/R，说明为什么 X/R 是 X 的一个划分？

3.49 说明下列二元关系中哪些是等价关系，如果不是等价关系，说明它违背了哪一条等价关系的性质。

(1) $R_1=\{\langle a,b\rangle \mid \exists x[(x\in\mathbf{I}\wedge(10x\leqslant a\leqslant b\leqslant 10(x+1)))]\}$

(2) $R_2=\{\langle a,b\rangle \mid \exists x[(x\in\mathbf{I}\wedge(10x<a<10(x+1))]\wedge(10x\leqslant b\leqslant 10(x+1)))\}$

(3) $R_3=\{\langle a,b\rangle \mid \exists x\,\exists y[(x\in\mathbf{I}\wedge y\in\mathbf{I}\wedge(10x\leqslant a\leqslant 10(x+1))]\wedge(10y\leqslant b\leqslant 10(y+1)))\}$

3.50 设 R 是集合 $A=\{1,2,3,4,5,6\}$上的关系，$R=\{\langle 1,1\rangle,\langle 1,3\rangle,\langle 1,6\rangle,\langle 2,2\rangle,\langle 2,5\rangle,\langle 3,1\rangle,\langle 3,3\rangle,\langle 3,6\rangle,\langle 4,4\rangle,\langle 5,2\rangle,\langle 5,5\rangle,\langle 6,1\rangle,\langle 6,3\rangle,\langle 6,6\rangle\}$，

(1) 验证 R 是等价关系；

(2) 画出 R 的关系图；

(3) 写出 A 关于 R 的等价类。

3.51 构造集合 $x=\{a,b,c\}$上的所有等价关系。

3.52 定义在实数集 $\mathbf{R}$ 上的关系 $R=\{\langle x,y\rangle \mid x,y\in\mathbf{R},(x-y)/3$ 是整数$\}$，证明 R 是

一个等价关系。

3.53 设 R 是集合 A 上的一个传递关系和自反关系，T 是 A 上的一个关系，满足 $\langle a,b\rangle\in T$，当且仅当 $\langle a,b\rangle\in R$ 且 $\langle b,a\rangle\in R$，证明 T 是 A 上的一个等价关系。

3.54 设 R 是集合 A 中的二元关系，试求包含 R 的最小等价类 O。

3.55 若关系 B 和关系 S 是集合 X 上的等价关系，即 $B\cap S$、$B\cup S$ 是否也是等价关系？如果是，则加以证明；如果不是，则举例说明。

3.56 设 R 是 A 上的关系，试证明 $S=\mathbf{I}_A\cup R\cup R^{-1}$ 是 A 上的相容关系。

3.57 设 $A=\{1,2,\cdots,9\}$，$A\times A$ 的关系 R 定义为：

对任意 $\langle a,b\rangle,\langle c,d\rangle\in A\times A$，$\langle a,b\rangle R\langle c,d\rangle$ 当且仅当 $a+d=b+c$。

(1) 证明：R 是 $A\times A$ 中的等价关系。

(2) 给出 $\langle 2,5\rangle$ 的等价类 $[\langle 2,5\rangle]$。

3.58 设 $A=\{1,2,3,4\}$，R 为 $A\times A$ 上的二元关系，对任意 $\langle a,b\rangle,\langle c,d\rangle\in A\times A$，$\langle a,b\rangle R\langle c,d\rangle\Leftrightarrow a+b=c+d$，

(1) 证明 R 为等价关系。

(2) 求 R 导出的划分。

3.59 对 A 上的关系 R，如果 aRb 和 bRc 蕴涵 cRa，则称 R 为巡回的。证明：R 是自反的、巡回的，当且仅当 R 是等价的。

3.60 设集合 $A=\{18$ 的正整数因子$\}$，$\leqslant$ 为整除关系，证明 $\langle A,\leqslant\rangle$ 是偏序关系。

3.61 在集合 $A=\{0,1,\cdots,7\}$ 上构造如下的关系：

(1) $\leqslant$，这里 $x\leqslant y$，当且仅当 $y-x\in A$；

(2) $\prec$，这里 $x\prec y$，当且仅当 $y-x\in A$ 且 $y-x\neq 0$；

(3) $=$，这里 $x=y$，当且仅当 $y-x=0$；

(4) $\sim$，这里 $x\sim y$，当且仅当 $y-x$ 是偶数；

(5) $*$，这里 $x*y$，当且仅当 $4<x-y$；

(6) s，这里 x_sy，当且仅当 $y-x=1$，“$-$”是自然数的普通减号。

哪些关系是对称的？反对称的？自反的？反自反的？传递的？哪个关系是偏序？等价关系？对应等价关系的划分是什么？

3.62 设集合 $A=\{1,2,3,\cdots,12\}$，R 为 A 上的整除关系，

(1) 画出偏序集 $\langle A,R\rangle$ 的哈斯图。

(2) 写出集合 A 的最大元、最小元、极大元和极小元。

(3) 写出 A 的子集 $B=\{3,6,9,12\}$ 的上界、下界、最小上界和最大下界。

3.63 集合 $A=\{a,b,c,d,e\}$，偏序关系 R 的哈斯图如图 3.26 所示，A 的子集 $B=\{c,d,e\}$，

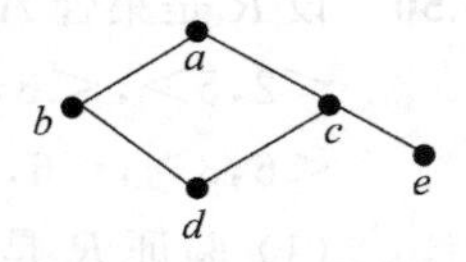

图 3.26 3.63 题图

(1) 用列举法写出偏序关系 R 的集合表达式。

(2) 写出集合 B 的极大元、极小元、最大元、最小元、上界、下界、最小上界、最大下界。

3.64 设 $A=\{1,2,3,4,5\}$，A 上的二元关系

$R=\{\langle 1,1\rangle,\langle 2,2\rangle,\langle 3,3\rangle,\langle 3,4\rangle,\langle 4,4\rangle,\langle 5,3\rangle,\langle 5,4\rangle,\langle 5,5\rangle\}$

(1) 试写出 R 的关系矩阵和关系图。

(2) 证明 R 是 A 上的偏序关系，并画出哈斯图。

(3) 若 $B\subseteq A$，且 $B=\{2,3,4,5\}$，求 B 的最大元、最小元、极大元、极小元、最小上界和最大下界。

3.65 在偏序集$(A, \leqslant)$中，考虑两种 a、b 的最小上界 c 的定义(a、b、c、$c'\in A$)：

(1) c 是 a、b 的上界，并且 $c\leqslant a$、b 的任意上界 c'；

(2) c 是 a、b 的上界，并且不存在 $c'\leqslant c$、$c'\neq c$、c' 也是 a、b 的上界。

这两个定义等价吗？为什么？

3.66 证明：如果一有序集有两个互异极小元，则它没有最小元。

3.67 设$<P, \leqslant>$是一个偏序集合，且 $Q\subseteq P$，试证 Q 若有最大成员，则是唯一的。

3.68 设$<x, \leqslant>$是一个偏序集合，满足：X 的任何非空子集 A 在 X 中有上界，必在 X 中有最小上界，证明：X 的任何非空子集 B 在 X 中有下界，必在 X 中有最大下界。

3.69 已知 S 是集合 X 上的偏序关系，且 $A\subset X$，证明：$S\cap(A\times A)$是 A 上的偏序关系。

3.70 R 是非空集合 A 上的二元关系，R^C 是 R 的逆。E 为相等关系，$\bar{R}=A\times A-R$。

证明：(1) R 为偏序关系，当且仅当 $R\cap R^C=E$ 且 $R=R^*=rt(R)$。

(2) 若 R 为偏序关系，则 $R\circ(R\cap\bar{R}^C)=R\cap\bar{R}^C$。

3.71 已知集合 A 和 B，其中 $A\neq\varnothing$，$<B, \leqslant>$是偏序集。定义 B^A 上的二元关系 R 如下：

$fRg\Leftrightarrow f(x)\leqslant g(x),\ \forall x\in A$。

(1) 证明 R 为 B^A 上的偏序。

(2) 给出$<B^A, R>$存在最大元的必要条件和最大元的一般形式。

计算机编程题

计算机编程题 3.1 参考代码

3.1 给定两个有限集，试列出这两个集合笛卡儿积中的所有元素。

3.2 给定一个有限集，试列出其幂集中的所有元素。

3.3 给定表示一个定义在有穷集上的关系的矩阵，判断这个关系的对称性及反对称性。

3.4 给定表示一个定义在有穷集上的关系的矩阵，使用 Warshall 算法求该关系传递闭包的矩阵。

3.5 显示描述在 7 元素集合上的所有的等价关系。

第4章 函数

函数在数学、计算机科学及许多应用中发挥着重要作用。在高等数学中，函数通常定义在实数集合上。在离散数学中，函数的概念被推广到任意集合上，将函数作为一种特殊的二元关系研究，从而使这个最基本的数学概念具有更普遍的意义。

4.1 函数的定义

4.1.1 函数和像

定义 4.1 设 A、B 为非空集合，A 到 B 的函数 $f: A \to B$，是 A 到 B 的关系，且满足 $\forall a \in \mathrm{dom} f$，存在唯一的 B 中元素 b，使 $<a,b> \in f$。函数(function)也称为映射(mapping)或变换(transformation)。如果 $\mathrm{dom} f = A$，则称 f 为全函数，否则称 f 为部分函数。

换言之，函数是特殊的关系，它满足：

(1) 函数的定义域是 $\mathrm{dom} f$，而不能是 $\mathrm{dom} f$ 的某个真子集。

(2) 若 $<x,y> \in f$，$<x,y'> \in f$，则 $y = y'$(单值性)。

由于函数的第二个特性，人们常把 $<x,y> \in f$ 或 xfy 这两种关系表示形式，在 f 为函数时改为 $y = f(x)$，这时称 x 为自变元(argument)，y 为函数在 x 处的值，也称 y 为 x 的像点(image)，x 为 y 的源点。一个源点只能有唯一的像点，但不同的源点允许有共同的像点。例如，$f: \mathbf{N} \to \mathbf{N}$，$f(x) = 2x$ 是从 $\mathbf{N}$ 到 $\mathbf{N}$ 的函数，$g: \mathbf{N} \to \mathbf{N}$，$g(x) = 2$ 也是从 $\mathbf{N}$ 到 $\mathbf{N}$ 的函数。

例 4.1 设集合 $A = \{x_1, x_2, x_3\}$，$B = \{y_1, y_2\}$，F_1 和 F_2 为集合 A 到 B 上的两个关系，其中 $F_1 = \{<x_1, y_1>, <x_2, y_2>, <x_3, y_2>\}$，$F_2 = \{<x_1, y_1>, <x_1, y_2>\}$，试判断它们是否为函数。

解：F_1 是函数；F_2 不是函数，因为对应于 x_1 存在 y_1 和 y_2 满足 $x_1 F_2 y_1$ 和 $x_1 F_2 y_2$，与函数定义矛盾。

例 4.2 下列关系中哪些能构成函数？

(1) $\{<x,y>|x,y\in\mathbf{N},x+y<10\}$

(2) $\{<x,y>|x,y\in\mathbf{N},x+y=10\}$

(3) $\{<x,y>|x,y\in\mathbf{R},|x|=y\}$

(4) $\{<x,y>|x,y\in\mathbf{R},x=|y|\}$

(5) $\{<x,y>|x,y\in\mathbf{N},|x|=|y|\}$

(6) P 是一计算机程序，接收一个整数作为其输入，产生一整数作为其输出。令 $A=B=Z$，则 P 确定一关系 f_P，$(m,n)\in f_P$ 指当输入为 m 时，经程序运行，产生输出 n。

解：根据定义 4.1 可判断，只有(2)、(3)、(5)和(6)是函数。

由于函数是集合，因此可以用集合相等定义函数的相等。

定义 4.2 设 f、g 为函数，则 $f=g\Leftrightarrow f\subseteq g\wedge g\subseteq f$。

由以上定义可知，如果两个函数 f 和 g 相等，则一定满足下面两个条件：

(1) $\text{dom}f=\text{dom}g$；

(2) $\forall x\in\text{dom}f=\text{dom}g$ 都有 $f(x)=g(x)$。

例如，函数 $f(x)=(x^2-1)/(x+1)$，$g(x)=x-1$ 是不相等的，因为 $\text{dom}f=\{x|x\in R\wedge x\neq-1\}$，而 $\text{dom}g=R$。$\text{dom}f\neq\text{dom}g$。

定义 4.3 所有从 A 到 B 的函数的集合记作 B^A，读作"B 上 A"，符号化表示为 $B^A=\{f|f:A\to B\}$。

B^A 是指由所有从 A 到 B 的函数的全体构成的集合，有时候我们称之为函数集合。B^A 中的元素都是函数。特别地，当 A 和 B 都是有限集合时，可以很容易地求出 B^A 中所包含元素的个数。

例 4.3 设 $A=\{1,2,3\}$，$B=\{a,b\}$，求 B^A。

解：$B^A=\{f_0,f_1,\cdots,f_7\}$，其中

$f_0=\{<1,a>,<2,a>,<3,a>\}$ $f_1=\{<1,a>,<2,a>,<3,b>\}$

$f_2=\{<1,a>,<2,b>,<3,a>\}$ $f_3=\{<1,a>,<2,b>,<3,b>\}$

$f_4=\{<1,b>,<2,a>,<3,a>\}$ $f_5=\{<1,b>,<2,a>,<3,b>\}$

$f_6=\{<1,b>,<2,b>,<3,a>\}$ $f_7=\{<1,b>,<2,b>,<3,b>\}$

由排列组合的知识不难证明，若 $|A|=m$，$|B|=n$，且 $m,n>0$，则 $|B^A|=n^m$。在例 4.3 中，$|A|=3$，$|B|=2$，$|B^A|=2^3=8$。

定义 4.4 设函数 $f:A\to B$，$A_1\subseteq A$，$B_1\subseteq B$，

(1) 令 $f(A_1)=\{f(x)|x\in A_1\}$，则称 $f(A_1)$ 为 A_1 在 f 下的像。特别地，当 $A_1=A$ 时，称 $f(A)$ 为函数的像。

(2) 令 $f^{-1}(B_1)=\{x|x\in A\wedge f(x)\in B_1\}$，则称 $f^{-1}(B_1)$ 为 B_1 在 f 下的完全原像。

在这里注意区别函数的值和像两个不同的概念。函数值 $f(x)\in B$，而像 $f(A_1)\subseteq B$。

设 $B_1\subseteq B$，显然 B_1 在 f 下的完全原像 $f^{-1}(B_1)$ 是 A 的子集，考虑 $A_1\subseteq A$，那么 $f(A_1)\subseteq B$。$f(A_1)$ 的完全原像就是 $f^{-1}(f(A_1))$。一般地，$f^{-1}(f(A_1))\neq A_1$，但是 $A_1\subseteq f^{-1}(f(A_1))$。例如，函数 $f:\{1,2,3\}\to\{0,1\}$，满足 $f(1)=f(2)=0$，$f(3)=1$，令 $A_1=\{1\}$，那么有 $f^{-1}(f(A_1))=f^{-1}(f(\{1\}))=f^{-1}(\{0\})=\{1,2\}$，这时 $A_1\subset f^{-1}(f(A_1))$。

例 4.4 设 $X=\{a,b,c,d\}$,$Y=\{1,2,3,4,5\}$,$f: X\to Y$,如图 4.1 所示,那么,

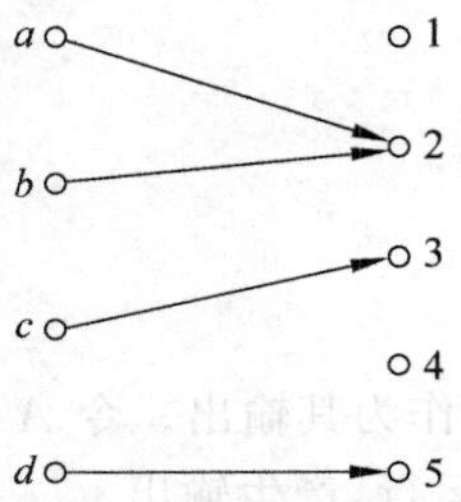

$$f(\{a\})=\{2\},$$
$$f(\{b\})=\{2\},$$
$$f(\{a\})\cap f(\{b\})=\{2\}$$
$$f(\{a\})-f(\{b\})=\varnothing$$
$$f(\{a\}\cap\{b\})=f(\varnothing)=\varnothing$$
$$f(\{a\}-\{b\})=f(\{a\})=\{2\}$$
$$f(\{a\}\cap\{b\})\subset f(\{a\})\cap f(\{b\})$$
$$f(\{a\})-f(\{b\})\subset f(\{a\}-\{b\})$$

图 4.1 例 4.4 的图

例 4.5 设 $f: \mathbf{N}\to\mathbf{N}$,且

$$f(x)=\begin{cases} x/2 & x \text{ 为偶数} \\ x+1 & x \text{ 为奇数} \end{cases}$$

令 $A=\{0,1\}$,$B=\{2\}$,求 $f(A)$ 和 $f^{-1}(B)$。

解:$f(A)=f(\{0,1\})=\{f(0),f(1)\}=\{0,2\}$

$f^{-1}(B)=f^{-1}(\{2\})=\{1,4\}$

4.1.2 函数的性质

定义 4.5 设 $f: A\to B$,

(1) 若 $\mathrm{ran}f=B$,则称 $f: A\to B$ 是**满射**(onto)。

(2) 若 $\forall y\in\mathrm{ran}f$ 都存在唯一的 $x\in A$ 使得 $f(x)=y$,则称 $f: A\to B$ 是**单射**(one to one)。

(3) 若 $f: A\to B$ 既是满射,又是单射,而且 $\mathrm{dom}f=A$,则称 $f: A\to B$ 是**双射**(bijection)。

由定义不难看出,如果 $f: A\to B$ 是满射的,则对于任意的 $y\in B$,都存在 $x\in A$,使得 $f(x)=y$。如果 $f: A\to B$ 是单射,则对于 $x_1,x_2\in A$,$x_1\neq x_2$,一定有 $f(x_1)\neq f(x_2)$。换句话说,如果对于 $x_1,x_2\in A$ 有 $f(x_1)=f(x_2)$,则一定有 $x_1=x_2$。

例 4.6 (1) 函数 $f: \{1,2\}\to\{0\}$,$f(1)=f(2)=0$,是满射,不是单射。

(2) 函数 $f: \mathbf{N}\to\mathbf{N}$,$f(x)=2x$,是单射,不是满射。

(3) 函数 $f: \mathbf{Z}\to\mathbf{Z}$,$f(x)=x+1$,是双射。

例 4.7 判断下面函数是否为单射、满射、双射?为什么?

(1) $f: \mathbf{R}\to\mathbf{R}, f(x)=-x^2+2x-1$

(2) $f: \mathbf{Z}^+\to\mathbf{R}, f(x)=\ln x$,$\mathbf{Z}^+$ 为正整数集

(3) $f: \mathbf{R}\to\mathbf{Z}, f(x)=\lfloor x\rfloor$

解:(1) $f: \mathbf{R}\to\mathbf{R}, f(x)=-x^2+2x-1$ 是开口向下的抛物线,不是单调函数,并且在 $x=1$ 点取得极大值 0。因此,它既不是单射,也不是满射。

(2) $f: \mathbf{Z}^+\to\mathbf{R}, f(x)=\ln x$ 是单调上升的,因此是单射的,但不是满射的,因为 $\mathrm{ran}f=\{\ln 1,\ln 2,\cdots\}\subset\mathbf{R}$。

(3) $f: \mathbf{R}\to\mathbf{Z}, f(x)=\lfloor x\rfloor$ 是满射的,但不是单射的,$f(1.5)=f(1.2)=1$。

例 4.8 对于以下各题给定的 A、B 和 f，判断是否构成函数 $f: A \to B$。如果是，则说明 $f: A \to B$ 是否为单射、满射、双射的，并根据要求进行计算。

(1) $A=\{1,2,3,4,5\}$，$B=\{6,7,8,9,10\}$，$f=\{<1,8>,<3,9>,<4,10>,<2,6>,<5,9>\}$。

(2) A，B 同(1)，$f=\{<1,7>,<2,6>,<4,5>,<1,9>,<5,10>\}$。

(3) A，B 同(1)，$f=\{<1,8>,<3,10>,<2,6>,<4,9>\}$。

(4) $A=B=\mathbf{R}^+$，$f(x)=x/(x^2+1)$。

(5) $A=B=\mathbf{R}\times\mathbf{R}$，$f(<x,y>)=<x+y,x-y>$，令 $L=\{<x,y> \mid x,y\in\mathbf{R}\wedge y=x+1\}$，计算 $f(L)$。

解：(1) 能构成函数 $f: A\to B$，但 $f: A\to B$ 既不是单射，也不是满射，$f(3)=f(5)=9$，且 $7\notin \mathrm{ran}f$。

(2) f 不能构成函数。$<1,7>\in f$ 且 $<1,9>\in f$，与函数定义矛盾。

(3) f 能构成函数。本书定义 $\mathrm{dom}f\neq A$ 时，f 称为部分函数。

(4) 能构成函数 $f: A\to B$，但是 $f: A\to B$ 既不是单射，也不是满射。因为该函数在 $x=1$ 时取得极大值 $f(1)=1/2$。函数不是单调的，且 $\mathrm{ran}f\neq\mathbf{R}^+$。

(5) 能构成函数 $f: A\to B$，且 $f: A\to B$ 是双射，$f(L)=\{<2x+1,-1> \mid x\in\mathbf{R}\}=\mathbf{R}\times\{-1\}$。

给定两个集合 A 和 B，是否存在从 A 到 B 的双射函数？怎样构造从 A 到 B 的双射函数？这是两个很重要的问题。例 4.7 和例 4.8 已经讨论了第一个问题。下面举例说明第二个问题。

例 4.9 对于给定的集合 A 和 B，构造双射函数 $f: A\to B$。

(1) $A=P(\{1,2,3\})$，$B=\{0,1\}^{\{1,2,3\}}$

(2) $A=[0,1]$，$B=[1/4,1/2]$

解：(1) $A=\{\varnothing,\{1\},\{2\},\{3\},\{1,2\},\{1,3\},\{2,3\},\{1,2,3\}\}$。

$B=\{f_0,f_1,\cdots,f_7\}$，其中

$f_0=\{<1,0>,<2,0>,<3,0>\}$　　$f_1=\{<1,0>,<2,0>,<3,1>\}$

$f_2=\{<1,0>,<2,1>,<3,0>\}$　　$f_3=\{<1,0>,<2,1>,<3,1>\}$

$f_4=\{<1,1>,<2,0>,<3,0>\}$　　$f_5=\{<1,1>,<2,0>,<3,1>\}$

$f_6=\{<1,1>,<2,1>,<3,0>\}$　　$f_7=\{<1,1>,<2,1>,<3,1>\}$

令 $f: A\to B$，使得 $f(\varnothing)=f_0$，$f(\{1\})=f_1$，$f(\{2\})=f_2$，$f(\{3\})=f_3$，$f(\{1,2\})=f_4$，$f(\{1,3\})=f_5$，$f(\{2,3\})=f_6$，$f(\{1,2,3\})=f_7$。

(2) 令 $f: [0,1]\to[1/4,1/2]$，$f(x)=(x+1)/4$。

4.1.3 常用函数

下面定义一些常用的函数。

定义 4.6 (1) 设 $f: A\to B$，如果存在 $b\in B$，使得对所有的 $x\in A$ 都有 $f(x)=b$，则称 $f: A\to B$ 是**常函数**。

(2) 称 A 上的恒等关系 I_A 为 A 上的**恒等函数**，对所有的 $x\in A$，都有 $I_A(x)=x$。

(3) 设$<A,\leqslant>$,$<B,\leqslant>$为偏序集,$f: A\to B$,如果对任意的$x_1,x_2\in A$,$x_1\prec x_2$,都有$f(x_1)\leqslant f(x_2)$,则称f为**单调递增**的;如果对任意的$x_1,x_2\in A$,$x_1\prec x_2$,都有$f(x_1)\prec f(x_2)$,则称f为**严格单调递增**的。类似地,也可以定义**单调递减**和**严格单调递减**的函数。

(4) 设A为集合,对于任意的$A'\subseteq A$,A'的**特征函数**$\chi_{A'}: A\to\{0,1\}$定义为

$$\chi_{A'}(a)=1, a\in A'$$
$$\chi_{A'}(a)=0, a\in A-A'$$

(5) 设R是A上的等价关系,令

$$g: A\to A/R$$
$$g(a)=[a], \forall a\in A$$

称g是从A到商集A/R的自然映射。

实数集$\mathbf{R}$上的函数$f: \mathbf{R}\to\mathbf{R}$,$f(x)=x+1$,它是单调递增的和严格单调递增的,但它只是上面定义中的单调函数的特例。而在上面的定义中,单调函数可以定义于一般的偏序集上。例如,给定偏序集$<P(\{a,b\}),R_{\subseteq}>$,$<\{0,1\},\leqslant>$,其中$R_{\subseteq}$为集合的包含关系,$\leqslant$为一般的小于或等于关系。令$f: P(\{a,b\})\to\{0,1\}$,$f(\varnothing)=f(\{a\})=f(\{b\})=0$,$f(\{a,b\})=1$,则$f$是单调递增的,但不是严格单调递增的。

下面讨论集合的特征函数。设A为集合,A的每个子集A'都对应一个特征函数,不同的子集对应不同的特征函数。例如,$A=\{a,b,c\}$,则有

$$\chi_{\{a\}}=\{<a,1>,<b,0>,<c,0>\}$$
$$\chi_{\varnothing}=\{<a,0>,<b,0>,<c,0>\}$$
$$\chi_{\{a,b\}}=\{<a,1>,<b,1>,<c,0>\}$$

由A的子集与特征函数的对应关系,可以用特征函数标记A的不同的子集。

最后讨论自然映射g。给定集合A和A上的等价关系R,可以确定一个自然映射$g: A\to A/R$。例如,$A=\{1,2,3\}$,$R=\{<1,2>,<2,1>\}\cup I_A$是$A$上的等价关系,那么有$g(1)=g(2)=\{1,2\}$,$g(3)=\{3\}$。不同的等价关系将确定不同的自然映射,其中恒等关系所确定的自然映射是双射,而其他的自然映射一般只是满射。

4.2 复合函数和反函数

4.2.1 复合函数

函数是一种特殊的二元关系,函数的复合就是关系的复合。一切和关系的复合有关的定理都可用于函数的复合。下面着重考虑函数在复合中特有的性质。

定义 4.7 设A、B、C是集合,$f\subseteq A\times B$,$g\subseteq B\times C$,而且f、g是函数,则定义f与g的复合函数为$g\circ f=\{<x,z>\mid x\in A, z\in C \text{ 且 } \exists y\in B(<x,y>\in f\wedge <y,z>\in g)\}$。

定理 4.1 设$f: A\to B$,$g: B\to C$是函数,则$g\circ f$也是函数,且满足

(1) $\mathrm{dom}(g\circ f)=\{x\mid x\in \mathrm{dom}f\wedge f(x)\in \mathrm{dom}g\}$;

(2) $\forall x\in \mathrm{dom}(g\circ f)$有$g\circ f(x)=g(f(x))$。

证明:因为f、g是关系,所以$g\circ f$也是关系。

若对某个 $x \in \mathrm{dom}(g \circ f)$ 有 $x(g \circ f)y_1$ 和 $x(g \circ f)y_2$，则

$< x, y_1 > \in g \circ f \land < x, y_2 > \in g \circ f$

$\Rightarrow \exists t_1(< x, t_1 > \in f \land < t_1, y_1 > \in g) \land \exists t_2(< x, t_2 > \in f \land < t_2, y_2 > \in g)$

$\Rightarrow \exists t_1 \exists t_2(t_1 = t_2 \land < t_1, y_1 > \in g \land < t_2, y_2 > \in g)$　（f 为函数）

$\Rightarrow y_1 = y_2$　（g 为函数）

所以 $g \circ f$ 为函数。

任取 $x, x \in \mathrm{dom}(g \circ f)$

$\Rightarrow \exists t \exists y(< x, t > \in f \land < t, y > \in g)$

$\Rightarrow \exists t(x \in \mathrm{dom}f \land t = f(x) \land t \in \mathrm{dom}g)$

$\Rightarrow x \in \{x \mid x \in \mathrm{dom}f \land f(x) \in \mathrm{dom}g\}$

任取 $x, x \in \mathrm{dom}f \land f(x) \in \mathrm{dom}g$

$\Rightarrow < x, f(x) > \in f \land < f(x), g(f(x)) > \in g$

$\Rightarrow < x, g(f(x)) > \in g \circ f$

$\Rightarrow x \in \mathrm{dom}(g \circ f) \land g \circ f(x) = g(f(x))$

所以(1)和(2)得证。

推论　设 $f: A \to B, g: B \to C$，则 $g \circ f: A \to C$，且 $\forall x \in A$ 都有 $g \circ f(x) = g(f(x))$。

证明：由定理 4.1 可知 $g \circ f$ 是函数，且

$$\mathrm{dom}(g \circ f) = \{x \mid x \in \mathrm{dom}f \land f(x) \in \mathrm{dom}g\} = \{x \mid x \in A \land f(x) \in B\} = A$$

$$\mathrm{ran}(g \circ f) \subseteq \mathrm{ran}g \subseteq C$$

因此，由 $g \circ f: A \to C$，且 $\forall x \in A$，有 $g \circ f(x) = g(f(x))$。

定理 4.2　设 $f: A \to B, g: B \to C$。

(1) 如果 $f: A \to B, g: B \to C$ 都是满射，则 $g \circ f: A \to C$ 也是满射。

(2) 如果 $f: A \to B, g: B \to C$ 都是单射，则 $g \circ f: A \to C$ 也是单射。

(3) 如果 $f: A \to B, g: B \to C$ 都是双射，则 $g \circ f: A \to C$ 也是双射。

证明：(1) 任取 $c \in C$，因为 $g: B \to C$ 是满射，$\exists b \in B$ 使得 $g(b) = c$。对于这个 b，由于 $f: A \to B$ 也是满射，所以 $\exists a \in A$ 使得 $f(a) = b$。由定理 4.1 有 $g \circ f(a) = g(f(a)) = g(b) = c$，从而证明了 $g \circ f: A \to C$ 是满射。

(2) 假设存在 $x_1, x_2 \in A$ 使得 $g \circ f(x_1) = g \circ f(x_2)$，由定理 4.1 有 $g(f(x_1)) = g(f(x_2))$，因为 $g: B \to C$ 是单射，故 $f(x_1) = f(x_2)$。又由于 $f: A \to B$ 也是单射，所以 $x_1 = x_2$，从而证明了 $g \circ f: A \to C$ 是单射。

(3) 由(1)和(2)可证明。

定理 4.2 说明函数的复合运算能够保持函数单射、满射、双射的性质，但该定理的逆命题不为真，即如果 $g \circ f: A \to C$ 是单射(或满射、双射)，不一定有 $f: A \to B$ 和 $g: B \to C$ 都是单射(或满射、双射)。

考虑集合 $A = \{a_1, a_2, a_3\}, B = \{b_1, b_2, b_3, b_4\}, C = \{c_1, c_2, c_3\}$。令 $f = \{< a_1, b_1 >, < a_2, b_2 >, < a_3, b_3 >\}$，$g = \{< b_1, c_1 >, < b_2, c_2 >, < b_3, c_3 >, < b_4, c_3 >\}$，则有 $g \circ f = \{< a_1, c_1 >, < a_2, c_2 >, < a_3, c_3 >\}$。不难看出，$f: A \to B$ 和 $g \circ f: A \to C$ 都是单射，但 $g: B \to C$ 不是单射。

再考虑集合 $A=\{a_1,a_2,a_3\}$，$B=\{b_1,b_2,b_3\}$，$C=\{c_1,c_2\}$。令 $f=\{<a_1,b_1>,<a_2,b_2>,<a_3,b_2>\}$，$g=\{<b_1,c_1>,<b_2,c_2>,<b_3,c_2>\}$，则有 $g\circ f=\{<a_1,c_1>,<a_2,c_2>,<a_3,c_2>\}$。不难看出，$g: B\to C$ 和 $g\circ f: A\to C$ 是满射的，但 $f: A\to B$ 不是满射的。

定理 4.3 设 $f: A\to B$，则有 $f=I_B\circ f=f\circ I_A$。

证明：由定理 4.1 的推论可知

$$I_B\circ f: A\to B \text{ 和 } f\circ I_A: A\to B \quad \text{任取} <x,y>$$

$$\begin{aligned}<x,y>\in f &\Rightarrow <x,y>\in f\wedge <y,y>\in B\\ &\Rightarrow <x,y>\in f\wedge y\in I_B\\ &\Rightarrow <x,y>\in I_B\circ f\end{aligned}$$

$$\begin{aligned}<x,y>\in I_B\circ f &\Rightarrow \exists t(<x,t>\in f\wedge <t,y>\in I_B)\\ &\Rightarrow <x,t>\in f\wedge t=y\\ &\Rightarrow <x,y>\in f\end{aligned}$$

所以有 $f=I_B\circ f$。

同理可证，$f\circ I_A=f$。

定理 4.3 说明了恒等函数在函数复合中的特殊性质，特别地，对于 $f\in A^A$，有 $I_A\circ f=f\circ I_A=f$。

4.2.2 反函数

例 4.10 对 $A=\{a,b,c\}$，从 A 到 A 的函数为 $f=\{<a,c>,<b,c>,<c,a>\}$，求 f 的逆。

解：$f^{-1}=\{<c,a>,<c,b>,<a,c>\}$，它不是 A 到 A 的函数。

任给函数 f，它的逆 f^{-1} 不一定是函数。任给单射函数 $f: A\to B$，则 f^{-1} 是函数，且是从 $\mathrm{ran}f$ 到 A 的双射函数，但不一定是从 B 到 A 的双射函数。因为对于某些 $y\in B-\mathrm{ran}f$，f^{-1} 没有值与之对应。

定理 4.4 设 $f: A\to B$ 是双射的，则 $f^{-1}: B\to A$ 也是双射的。

证明：先证明 f^{-1} 是从 B 到 A 的函数 $f^{-1}: B\to A$。

因为 f 是函数，所以 f^{-1} 是关系，且由定义 4.1 得

$$\mathrm{dom}f^{-1}=\mathrm{ran}f=B$$

$$\mathrm{ran}f^{-1}=\mathrm{dom}f=A$$

对于任意的 $x\in B=\mathrm{dom}f^{-1}$，假设有 $y_1,y_2\in A$ 使得

$$<x,y_1>\in f^{-1}\wedge <x,y_2>\in f^{-1}$$

成立，则由逆的定义有

$$<y_1,x>\in f\wedge <y_2,x>\in f$$

根据 f 的单射性可得 $y_1=y_2$，从而证明了 f^{-1} 是函数。综上所述，$f^{-1}: B\to A$ 是满射函数。

再证明 $f^{-1}: B\to A$ 的单射性。若存在 $x_1,x_2\in B$ 使得 $f^{-1}(x_1)=f^{-1}(x_2)=y$，从而有

$$<x_1,y>\in f^{-1}\wedge<x_2,y>\in f^{-1}$$
$$\Rightarrow<y,x_1>\in f\wedge<y,x_2>\in f$$
$$\Rightarrow x_1=x_2 \qquad \text{(因为 } f \text{ 是函数)}$$

因此，f^{-1}是单射，从而 f^{-1}是双射。

定义 4.8 设 $f: A\rightarrow B$ 是双射，则称 $f^{-1}: B\rightarrow A$ 为 f 的反函数。

定理 4.5 设 $f: A\rightarrow B$ 是双射，则 $f\circ f^{-1}=I_B, f^{-1}\circ f=I_A$。

证明：由定理 4.4 可知 $f^{-1}: B\rightarrow A$ 也是双射，$f^{-1}\circ f: A\rightarrow A, f\circ f^{-1}: B\rightarrow B$。

任取$<x,y>$，$<x,y>\in f^{-1}\circ f$

$\Rightarrow \exists t(<x,t>\in f\wedge<t,y>\in f^{-1})$

$\Rightarrow \exists t(<t,x>\in f^{-1}\wedge<t,y>\in f^{-1})$

$\Rightarrow x=y\wedge x,y\in A$ (因为 f 是函数)

$\Rightarrow<x,y>\in I_A$

任取$<x,y>$，$<x,y>\in I_A$

$\Rightarrow x=y\wedge x,y\in A$

$\Rightarrow \exists t(<t,x>\in f^{-1}\wedge<t,y>\in f^{-1})$ ($f^{-1}: A\rightarrow B$ 是双射)

$\Rightarrow \exists t(<x,t>\in f\wedge<t,y>\in f^{-1})$

$\Rightarrow<x,y>\in f^{-1}\circ f$

所以有 $f^{-1}\circ f=I_A$。

同理可证，$f\circ f^{-1}=I_B$。

定理 4.5 说明，对于双射函数 $f: A\rightarrow A, f^{-1}\circ f=f\circ f^{-1}=I_A$。

例 4.11 设 $f: \mathbf{R}\rightarrow\mathbf{R}, g: \mathbf{R}\rightarrow\mathbf{R}$，

$$f(x)=\begin{cases}x^2 & x\geqslant 3\\ -2 & x<3\end{cases},\quad g(x)=x+2$$

求 $g\circ f, f\circ g$。如果 f 和 g 存在反函数，求出它们的反函数。

解：$g\circ f: \mathbf{R}\rightarrow\mathbf{R}, g\circ f(x)=\begin{cases}x^2+2 & x\geqslant 3\\ 0 & x<3\end{cases}$

$f\circ g: \mathbf{R}\rightarrow\mathbf{R}, f\circ g(x)=\begin{cases}(x+2)^2 & x\geqslant 1\\ -2 & x<1\end{cases}$

因为 $f: \mathbf{R}\rightarrow\mathbf{R}$ 不是双射，不存在反函数。而 $g: \mathbf{R}\rightarrow\mathbf{R}$ 是双射，它的反函数是 $g^{-1}: \mathbf{R}\rightarrow\mathbf{R}, g^{-1}(x)=x-2$。

例 4.12 图 4.2 中定义了函数 f、g、h，

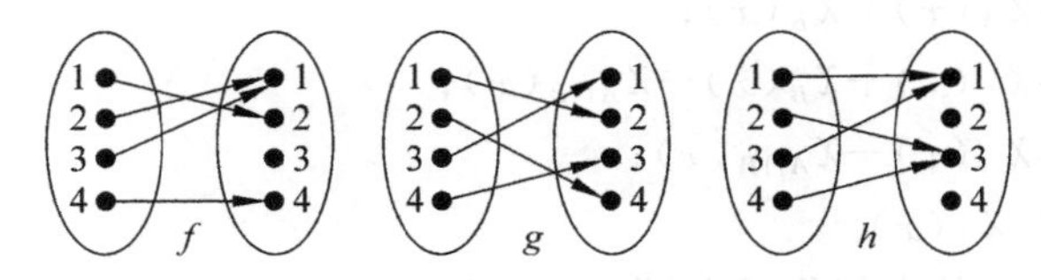

图 4.2 例 4.12 定义的函数

求：(1) f、g、h 的像；

(2) 求复合函数 $g\circ f$，$f\circ h$，$g\circ g$；

(3) 指出 f、g、h 中哪些是单射、满射和双射?

(4) f、g、h 中哪些函数存在反函数,给出其反函数的表达式。

解:令 $A=\{1,2,3,4\}$,

(1) $f(A)=\{1,2,4\}$, $g(A)=A$, $h(A)=\{1,3\}$

(2) $g\circ f=\{<1,4>,<2,2>,<3,2>,<4,3>\}$

$f\circ h=\{<1,2>,<2,1>,<3,2>,<4,1>\}$

$g\circ g=\{<1,4>,<2,3>,<3,2>,<4,1>\}$

(3) 只有 g 既是单射,又是满射,即双射。

(4) 只有 g 有反函数 $g^{-1}: A\rightarrow A$,且表达式为 $g^{-1}=\{<1,3>,<2,1>,<3,4>,<4,2>\}$。

4.3 特征函数与模糊子集

有些概念没有明确的外延,称为模糊概念。可以用模糊集合论研究这类概念,这一节简要介绍模糊集合论的基本概念。模糊集合论是美国学者 L.A.Zaden 于 1965 年创立的,在模糊集合论中,用隶属函数表示模糊子集。隶属函数模仿了可以表示集合的特征函数,下面先介绍特征函数。

1. 特征函数

函数是特殊的集合,集合和其特征函数是一一对应的,特征函数把集合和函数联系起来,用它规定集合,就有可能用二进制数表达关于集合的命题,并在计算机上进行计算,因此用特征函数研究集合的方法有时候用起来很方便。

定义 4.9 设 E 是全集,对 $A\subseteq E$,A 的特征函数是

$$\chi_A: E\rightarrow\{1,0\},\quad \chi_A(a)=\begin{cases}1, & a\in A\\ 0, & a\notin A\end{cases}$$

特征函数有下列性质,其中+,−,* 是算术加、减、乘法。

定理 4.6 设 E 是论域,$A\subseteq E$,$B\subseteq E$,则

(1) $(\forall x)(\chi_A(x)=0)\Leftrightarrow A=\varnothing$;

(2) $(\forall x)(\chi_A(x)=1)\Leftrightarrow A=E$;

(3) $(\forall x)(\chi_A(x)\leqslant\chi_B(x))\Leftrightarrow A\subseteq B$;

(4) $(\forall x)(\chi_A(x)=\chi_B(x))\Leftrightarrow A=B$;

(5) $\chi_{A\cap B}(x)=\chi_A(x)*\chi_B(x)$;

(6) $\chi_{A\cup B}(x)=\chi_A(x)+\chi_B(x)-\chi_{A\cap B}(x)$;

(7) $\chi_{A-B}(x)=\chi_A(x)-\chi_{A\cap B}(x)$;

(8) $\chi_{\overline{A}}(x)=1-\chi_A(x)$。

证明:只证明(5),其余留作思考题。

$$\begin{aligned}\chi_{A\cap B}(x)=1&\Leftrightarrow x\in(A\cap B)\Leftrightarrow x\in A\wedge x\in B\\&\Leftrightarrow\chi_A(x)=1\wedge\chi_B(x)=1\\&\Leftrightarrow\chi_A(x)*\chi_B(x)=1\end{aligned}$$

此外，

$$\chi_{A\cap B}(x)=0\Leftrightarrow x\notin A\cap B\Leftrightarrow x\notin A\vee x\notin B$$
$$\Leftrightarrow\chi_A(x)=0\vee\chi_B(x)=0$$
$$\Leftrightarrow\chi_A(x)*\chi_B(x)=0$$

所以，结论得证。

利用特征函数的性质，可以证明集合恒等式。

例 4.13 对集合 A、B 和 C，证明 $A\cap(B\cup C)=(A\cap B)\cup(A\cap C)$。

证明：

$$\begin{aligned}\chi_{A\cap(B\cup C)}(x)&=\chi_A(x)*\chi_{B\cup C}(x)\\&=\chi_A(x)*(\chi_B(x)+\chi_C(x)-\chi_{B\cap C}(x))\\&=\chi_A(x)*\chi_B(x)+\chi_A(x)*\chi_C(x)-\chi_A(x)*\chi_{B\cap C}(x)\\&=\chi_A(x)*\chi_B(x)+\chi_A(x)*\chi_C(x)-\chi_A(x)*\chi_B(x)*\chi_C(x)\\&=\chi_{A\cap B}(x)+\chi_{A\cap C}(x)-\chi_{A\cap B\cap C}(x)\\&=\chi_{(A\cap B)\cup(A\cap C)}(x)\end{aligned}$$

于是，依据性质(4)，结论得证。

注意： 证明中使用的 $\chi_A(x)=\chi_A(x)*\chi_A(x)$ 很容易证明。

例 4.14 设 $E=\{a,b,c\}$，E 的子集是 $\varnothing$，$\{a\}$，$\{b\}$，$\{c\}$，$\{a,b\}$，$\{a,c\}$，$\{b,c\}$，$\{a,b,c\}$。试给出 E 的所有特征子集的特征函数，并且建立特征函数与二进制之间的对应关系。

解： E 的子集 A 的特征函数的值由表 4.1 给出。

表 4.1 例 4.14 中 E 的子集 A 的特征函数的值

E \ $\Psi_A(x)$	A							
	$\varnothing$	$\{a\}$	$\{b\}$	$\{c\}$	$\{a,b\}$	$\{a,c\}$	$\{b,c\}$	$\{a,b,c\}$
a	0	1	0	0	1	1	0	1
b	0	0	1	0	1	0	1	1
c	0	0	0	1	0	1	1	1

如果规定元素的次序为 a,b,c，则每个子集 A 的特征函数与一个三位二进制数对应。令 $B=\{000,001,010,011,100,101,110,111\}$，那么表 4.1 也可看作从 E 的幂集到 B 的一个双射。

定理 4.7 在 E 的全体子集与全体特征函数之间存在双射 f：$P(E)\to\{0,1\}^E$。

证明： 任意的集合 $A\subseteq E$，令 $f(A)=\Psi_A$，对 E 的任意子集 A 和 B，若 $\Psi_A=\Psi_B$，则 $x\in A\Leftrightarrow\Psi_A(x)=1\Leftrightarrow\Psi_B(x)=1\Leftrightarrow x\in B$，所以 $A=B$，f 是单射。

对每一特征函数 Ψ：$E\to\{0,1\}$，均有集合 $S=\{x\mid\Psi(x)=1\}$，使 $\Psi=\Psi_S$，因此 f 是满射，从而 f 是双射。

2. 模糊集合

长期以来,人们在处理特别复杂的系统,如生物系统和经济系统时,往往感到用经典数学给系统建立的数学模型太粗糙,不切合实际。经典数学的精确性和现实世界的不精确性之间存在着很大的矛盾。经典集合论是以二值逻辑为基础的,从集合和特征函数的定义看,某个事物只能属于或不属于某个集合。

在自然界和人类生活中遇到的许多事情,在多数情况下是难于清楚地判断作为对象的事物是否属于或不属于集合。例如,老年和中年、美和丑、高和矮、大雨、充分大的数等概念是模糊的,没有绝对分明的界限。如果对特征函数的概念加以推广,便可讨论模糊集合的概念。

定义 4.10 设 E 为全集,A 为一概念(未必是确定的),称 $\Psi_A: E\to[0,1]$ 为 A 所描述的概念的隶属函数,$\Psi_A(x)$ 称为概念 A 的测度,也称 A 为 E 的一个模糊子集。

例 4.15 设 E 为人类年龄的集合 $\{0,1,2,\cdots,120\}$,A 为模糊概念"老年人",60～120岁的人基本上是老年人,而40岁以下的人不会被称为老年人,因此可认为

$$\Psi_A(x)=\begin{cases}1, & 70\leqslant x\leqslant 120\\ 0.9, & 60\leqslant x\leqslant 69\\ 0.6, & 50\leqslant x\leqslant 59\\ 0.2, & 40\leqslant x\leqslant 49\\ 0, & 0\leqslant x\leqslant 39\end{cases}$$

由于隶属函数与模糊概念、模糊子集之间的这种一一对应关系,可以用隶属函数研究模糊概念、模糊子集。

本质上看,模糊集合论的函数理论是集合函数理论的一个应用。反之,经典集合概念只是模糊集合的一个特例(经典集合的隶属函数只取0和1两个值)。两种理论的这种互相嵌入表明,它们在本质上是互相等价的。

4.4 基数的概念

前面我们把基数简单地看作集合元素的个数,这对于有限集来说是没有问题的,但对于无限集而言,"元素的个数"这个概念是没有意义的。

本节先讨论自然数集合、有限集、无限集的定义,然后再指出形式地描述元素"多少"概念的最好工具是函数,并给出常见无限集的基数规定及基数的基本性质。

4.4.1 后继与归纳集

定义 4.11 设 a 为集合,称 $a\cup\{a\}$ 为 a 的**后继**,记作 a^+,即 $a^+=a\cup\{a\}$。

例 4.16 考虑空集的一系列后继。

$$\varnothing^+=\varnothing\cup\{\varnothing\}=\{\varnothing\}$$
$$\varnothing^{++}=\{\varnothing\}^+=\{\varnothing\}\cup\{\{\varnothing\}\}=\{\varnothing,\{\varnothing\}\}=\{\varnothing,\varnothing^+\}$$

$$
\begin{aligned}
\varnothing^{+++} &= \{\varnothing,\{\varnothing\}\}^{+} = \{\varnothing,\{\varnothing\}\} \cup \{\{\varnothing,\{\varnothing\}\}\} \\
&= \{\varnothing,\{\varnothing\},\{\varnothing,\{\varnothing\}\}\} \\
&= \{\varnothing,\varnothing^{+},\varnothing^{++}\} \\
&\vdots
\end{aligned}
$$

由于对任何集合 a 都有 $a \notin a$，因此在空集的一系列后继中，任何两个集合都不相等，且满足下面两个条件：

(1) 前边的集合都是后边集合的元素。

(2) 前边的集合都是后边集合的子集。

利用这些性质，可以考虑以构造性的方法用集合给出自然数的定义，即

$$
\begin{aligned}
&0 = \varnothing \\
&1 = 0^{+} = \varnothing^{+} = \{\varnothing\} = \{0\} \\
&2 = 1^{+} = \{\varnothing\}^{+} = \{\varnothing,\{\varnothing\}\} = \{0,1\} \\
&\vdots \\
&n = \{0,1,\cdots,n-1\}
\end{aligned}
$$

但这种定义没有概括出自然数的共同特征。下面采用另一种方法刻画自然数。

定义 4.12　设 A 为集合，如果满足下面两个条件：

(1) $\varnothing \in A$

(2) $\forall a(a \in A \rightarrow a^{+} \in A)$

则称 A 是**归纳集**。

例如集合

$$
\{\varnothing,\varnothing^{+},\varnothing^{++},\varnothing^{+++},\cdots\}
$$

$$
\{\varnothing,\varnothing^{+},\varnothing^{++},\varnothing^{+++},\cdots,a,a^{+},a^{++},a^{+++},\cdots\}
$$

都是归纳集。

4.4.2　自然数，有穷集，无穷集

1. 集合的等势

通俗地说，集合的势是量度集合所含元素多少的量。集合的势越大，所含的元素越多。

定义 4.13　设 A、B 是集合，如果存在从 A 到 B 的双射函数，就称 A 和 B 是等势的，记作 $A \approx B$。如果 A 不与 B 等势，则记作 $A \not\approx B$。

下面给出一些集合等势的例子。

例 4.17　(1) $\mathbf{Z} \approx \mathbf{N}$。令

$$
f: \mathbf{Z} \rightarrow \mathbf{N}, f(x) = \begin{cases} 2x & x \geqslant 0 \\ -2x-1 & x < 0 \end{cases}
$$

则 f 是 $\mathbf{Z}$ 到 $\mathbf{N}$ 的双射函数，从而证明了 $\mathbf{Z} \approx \mathbf{N}$。

(2) $\mathbf{N} \times \mathbf{N} \approx \mathbf{N}$。为建立 $\mathbf{N} \times \mathbf{N}$ 到 $\mathbf{N}$ 的双射函数，只需把 $\mathbf{N} \times \mathbf{N}$ 中所有的元素排成一个有序图形，如图 4.3 所示。$\mathbf{N} \times \mathbf{N}$ 中的元素恰好是坐标平面上第一象限(含坐标轴在内)中所有整数坐标的点。如果能够找到"数遍"这些点的方法，这个计数过程就是建立 $\mathbf{N} \times$

N 到 **N** 的双射函数的过程。按照图中箭头所标明的顺序,从$<0,0>$开始数起,依次得到下面的序列:

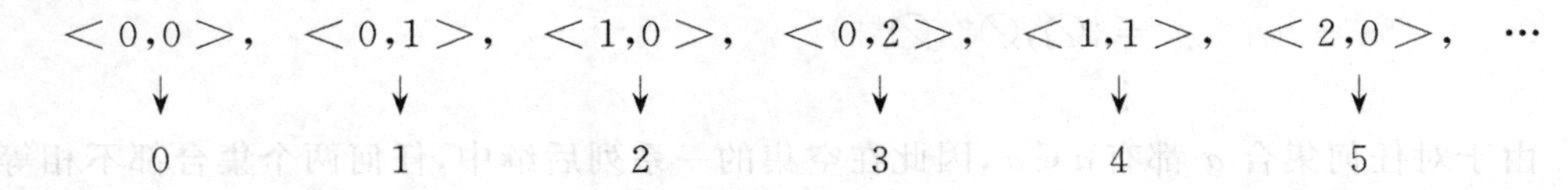

$<0,0>$, $<0,1>$, $<1,0>$, $<0,2>$, $<1,1>$, $<2,0>$, …
0 1 2 3 4 5

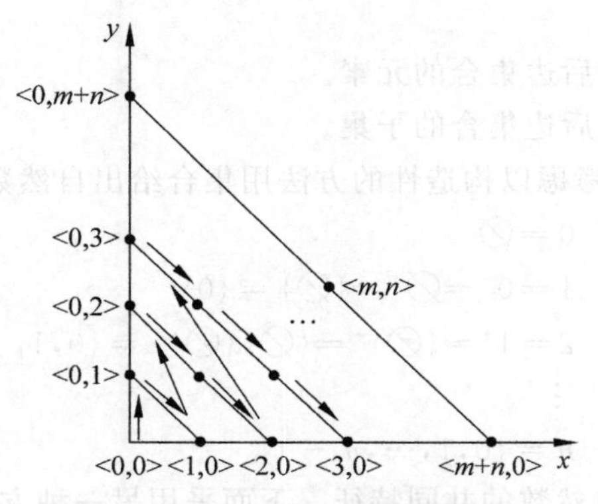

图 4.3 **N**×**N** 到 **N** 的双射函数

设$<m,n>$是图上的一个点,并且它对应的自然数是 k。考查 m、n、k 之间的关系。首先计数$<m,n>$点所在斜线下方的平面上所有的点数,是

$$1+2+\cdots+(m+n)=\frac{(m+n+1)(m+n)}{2}$$

然后计数$<m,n>$所在的斜线上按照箭头标明的顺序位于$<m,n>$点之前的点数,是 m。因此$<m,n>$点是第$\frac{(m+n+1)(m+n)}{2}+m+1$个点,这就得到 $k=\frac{(m+n+1)(m+n)}{2}+m$,根据上面的分析,不难给出 **N**×**N** 到 **N** 的双射函数 f,即

$$f: \mathbf{N}\times\mathbf{N}\rightarrow\mathbf{N}$$

$$f(<m,n>)=\frac{(m+n+1)(m+n)}{2}+m$$

(3) $\mathbf{N}\approx\mathbf{Q}$。为建立 **N** 到 **Q** 的双射函数,先把所有形式为 p/q(p、q 为整数且 $q>0$)的数排成一张表。显然,所有有理数都在这张表内。请看图 4.4,以 0/1 作为第一个数,按照箭头规定的顺序可以"数遍"表中所有的数。但是,这个计数过程并没有建立 **N** 到 **Q** 的双射,因为同一个有理数可能被多次数到。例如,1/1,2/2,3/3,…都是有理数 1。为此我们规定,在计数过程中必须跳过第二次以及以后各次所遇到的同一个有理数。如 1/1 被计数,那么 2/2,3/3,…都要被跳过。图 4.4 中,数 p/q 上方的方括号内标明了这个有理数对应的计数,这样就可以定义双射函数 $f: \mathbf{N}\rightarrow\mathbf{Q}$,其中 $f(n)$是[n]下方的有理数,从而证明了 $\mathbf{N}\approx\mathbf{Q}$。

(4) 对任何 $a,b\in\mathbf{R}$,$a<b$,$[0,1]\approx[a,b]$。只找到一个过点$(0,a)$和$(1,b)$的单调函数即可。显然,一次函数是最简单的。由解析几何的知识不难得到 $f: [0,1]\rightarrow[a,b]$,$f(x)=(b-a)x+a$,从而证明了$[0,1]\approx[a,b]$。

类似地可以证明,对任何 $a,b\in\mathbf{R}$,$a<b$,有$(0,1)\approx(a,b)$。

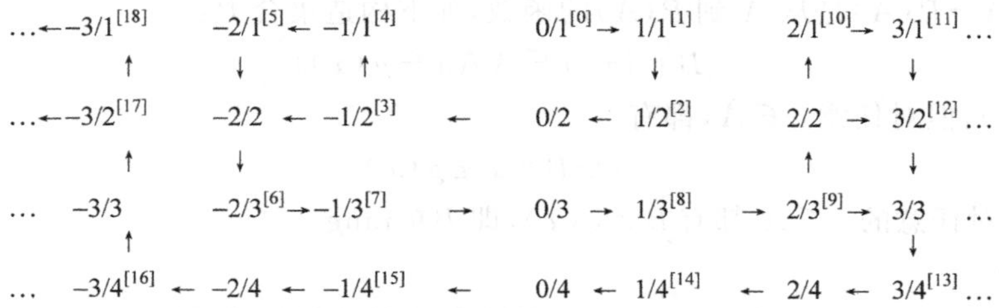

…←−3/1[18]　　−2/1[5]←−1/1[4]　　　0/1[0]→1/1[1]　　2/1[10]→3/1[11]…

↑　↓　↑　↓　↑　↓

…←−3/2[17]　　−2/2←−1/2[3]　←　0/2←1/2[2]　　2/2→3/2[12]…

↑　↓　↑　↓

…　−3/3　　−2/3[6]→−1/3[7]　→　0/3→1/3[8]　→　2/3[9]→3/3…

↑　↓

…　−3/4[16]←−2/4←−1/4[15]　←　0/4←1/4[14]　←　2/4←3/4[13]…

图 4.4　N 到 Q 的双射函数

2. 等势的性质

以上已经给出若干等势的集合。一般来说，等势具有自反性、对称性和传递性。

定理 4.8　设 A、B、C 是任意集合，

(1) $A \approx A$；

(2) 若 $A \approx B$，则 $B \approx A$；

(3) 若 $A \approx B$，$B \approx C$，则 $A \approx C$。

证明留作练习。

根据前面的分析和定理 4.8，可以得到下面的结果：

$$\mathbf{N} \approx \mathbf{Z} \approx \mathbf{Q} \approx \mathbf{N} \times \mathbf{N}$$

$$\mathbf{R} \approx [0,1] \approx (0,1)$$

而后一个结果可以进一步强化成：任何实数区间(包括开区间，闭区间以及半开半闭的区间)都与实数集合 **R** 等势。下面证明自然数集合与实数集合不等势。

定理 4.9　康托定理。

(1) $\mathbf{N} \not\approx \mathbf{R}$；

(2) 对任意集合 A 都有 $A \not\approx P(A)$。

证明：(1) 如果能证明 $\mathbf{N} \not\approx [0,1]$，就可以断定 $\mathbf{N} \not\approx \mathbf{R}$，为此只需证明任何函数 $f: \mathbf{N} \to [0,1]$ 都不是满射。

首先规定[0,1]中数的表示。对任意的 $x \in [0,1]$，令 $x = 0.x_1x_2\cdots$，$0 \leqslant x_i \leqslant 9$。考查下述两个表示式：0.24999… 和 0.25000…。显然，它们是同一个 x 的表示。为了证明表示式的唯一性，如果遇到上述情况，则将 x 表示为 0.25000…。根据这种表示法，任何函数 $f: \mathbf{N} \to [0,1]$ 的值都可以用这种表示式给出。

设 $f: \mathbf{N} \to [0,1]$ 是从 **N** 到[0,1]的任何一个函数。下面列出了 f 的所有函数值：

$$f(0) = 0.a_1^{(1)} a_2^{(1)} \cdots$$

$$f(1) = 0.a_1^{(2)} a_2^{(2)} \cdots$$

$$\vdots$$

$$f(n-1) = 0.a_1^{(n)} a_2^{(n)} \cdots$$

$$\vdots$$

设 y 是[0,1]中的一个小数，y 的表示式为 $0.b_1b_2\cdots$，并且满足 $b_i \neq a_i^{(i)}$，$i=1,2,\cdots$。显然，y 是可以构造出来的，且 y 与上面列出的任何一个函数值都不相等。这就推出 $y \notin \operatorname{ran} f$，即 f 不是满射。

(2)和(1)的证明类似，下面证明任何函数 $g: A \to P(A)$ 都不是满射。

设 $g: A \to P(A)$ 是从 A 到 $P(A)$ 的函数，如下构造集合 B：

$$B=\{x \mid x \in A \wedge x \notin g(x)\}$$

则 $B \in P(A)$，但对任意 $x \in A$，都有

$$x \in B \Leftrightarrow x \notin g(x)$$

从而证明了对任意的 $x \in A$ 都有 $B \neq g(x)$，即 $B \notin \mathrm{rang}$。

3. 优势

根据康托定理可以知道 $\mathbf{N} \not\approx P(\mathbf{N})$。再综合前面的结果不难断定 $\mathbf{N} \not\approx \{0,1\}^{\mathbf{N}}$。实际上，$P(\mathbf{N})$、$\{0,1\}^{\mathbf{N}}$ 和 $\mathbf{R}$ 都是比 $\mathbf{N}$"更大"的集合。下面给出"大"的定义。

定义 4.14 (1) 设 A、B 是集合，如果存在从 A 到 B 的单射函数，就称 B 优势于 A，记作 $A \preccurlyeq\cdot B$。如果 B 不是优势于 A，则记作 $A \not\preccurlyeq\cdot B$。

(2) 设 A、B 是集合，若 $A \preccurlyeq\cdot B$ 且 $A \not\approx B$，则称 B 真优势于 A，记作 $A \prec\cdot B$。如果 B 不是真优势于 A，则记作 $A \not\prec\cdot B$。

例如，$\mathbf{N} \preccurlyeq\cdot \mathbf{N}$，$\mathbf{N} \preccurlyeq\cdot \mathbf{R}$，$A \preccurlyeq\cdot P(A)$，$\mathbf{R} \not\preccurlyeq\cdot \mathbf{N}$。又如 $\mathbf{N} \prec\cdot \mathbf{R}$，$A \prec\cdot P(A)$，但 $\mathbf{N} \not\prec\cdot \mathbf{N}$。

集合之间的优势关系具有自反性、反对称性和传递性。其证明可参考相关书籍。利用反对称性(即若 $A \preccurlyeq\cdot B$ 且 $B \preccurlyeq\cdot A$，则 $A \approx B$)，通过构造两个单射函数 $f: A \to B$ 和 $g: B \to A$，则可以证明 A、B 等势。下面使用这种方法证明 $\{0,1\}^{\mathbf{N}} \approx [0,1]$。

设 x 是[0,1]区间的小数，$x=0.x_1x_2\cdots$ 是 x 的二进制表示。为了保证表示的唯一性，在表示式中不允许出现连续无数个1的情况，例如 $x=0.1010111\cdots$。应该按规定将 x 记为 $0.1011000\cdots$。

任取 $x \in [0,1]$，$x=0.x_1x_2\cdots$ 是 x 的二进制表示。如下定义 $f: [0,1] \to \{0,1\}^{\mathbf{N}}$，使得 $f(x)=t_x$，且 $t_x: \mathbf{N} \to \{0,1\}$，$t_x(n)=x_{n+1}$，$n=0,1,2,\cdots$。

例如 $x=0.10110100\cdots$，则对应于 x 的函数 t_x 是

$$\begin{array}{cc} n & 0\,1\,2\,3\,4\,5\,6\,7\cdots \\ t_x(n) & 1\,0\,1\,1\,0\,1\,0\,0\cdots \end{array}$$

易见，$t_x \in \{0,1\}^{\mathbf{N}}$，且对于 $x, y \in [0,1]$，$x \neq y$，必定有 $t_x \neq t_y$，即 $f(x) \neq f(y)$。这就证明了 $f: [0,1] \to \{0,1\}^{\mathbf{N}}$ 是单射。

如果上面定义的 f 是满射，就可以直接证明 $\{0,1\}^{\mathbf{N}} \approx [0,1]$，但这是不可能的，因为 f 不是满射。考虑 $t \in \{0,1\}^{\mathbf{N}}$，其中 $t(0)=0$，$t(n)=1$，$n=1,2,\cdots$。按照 f 的映射法则，只有 $x=0.011\cdots$ 才能满足 $f(x)=t$。但根据我们的表示法，这个数 x 应该表示为 $0.100\cdots$，所以根本不存在 $x \in [0,1]$，满足 $f(x)=t$。

为了解决这个问题，我们定义另一个单射函数 $g: \{0,1\}^{\mathbf{N}} \to [0,1]$。$g$ 的映射法则恰好与 f 相反，即 $\forall t \in \{0,1\}^{\mathbf{N}}$，$t: \mathbf{N} \to \{0,1\}$，$g(t)=0.x_1x_2\cdots$，其中 $x_{n+1}=t(n)$。但不同的是，将 $0.x_1x_2\cdots$ 看作数 x 的十进制表示。例如 $t_1, t_2 \in \{0,1\}^{\mathbf{N}}$，且 $g(t_1)=0.0111\cdots$，$g(t_2)=0.1000\cdots$。若将 $g(t_1)$ 和 $g(t_2)$ 都看成二进制表示，则 $g(t_1)=g(t_2)$；但若都看成十进制表示，则 $g(t_1) \neq g(t_2)$。这样就避免了因为进位造成的干扰，从而保证了 g 的单射性。

前面已经证明了 $\{0,1\}^{\mathbf{N}} \approx [0,1]$。再使用等势的传递性得 $\{0,1\}^{\mathbf{N}} \approx \mathbf{R}$。

总结前面的讨论，有

$$\mathbf{N} \approx \mathbf{Z} \approx \mathbf{Q} \approx \mathbf{N} \times \mathbf{N}$$
$$\mathbf{R} \approx [a,b] \approx (c,d) \approx \{0,1\}^{\mathrm{N}} \approx P(N)$$
$$\{0,1\}^A \approx P(A)$$
$$\mathbf{N} \prec\cdot \mathbf{R}$$
$$A \prec\cdot P(A)$$

其中$[a,b]$,(c,d)代表任意的实数闭区间和开区间。

以上只是抽象地讨论了集合的等势与优势。下面将进一步研究度量集合势的方法。最简单的集合是有穷集。尽管前面已经多次用到"有穷集"这一概念,当时只是理解成含有有限多个元素的集合,但一直没有精确地给出有穷集的定义。为解决这个问题,需要先定义自然数和自然数集合。

定义 4.15 (1) 一个自然数 n 是属于每一个归纳集的集合。

(2) 自然数集 **N** 是所有归纳集的交集。

不难看出,根据定义 4.15 得到的自然数集 **N** 恰好由$\varnothing$, $\varnothing^+$,$\varnothing^{++}$,$\varnothing^{+++}$,…集合构成。而这些集合正是构造行所定义的全体自然数。

鉴于自然数都是集合,有关集合的运算对自然数都是适用的,例如:

$$2 \cup 5 = \{0,1\} \cup \{0,1,2,3,4\} = \{0,1,2,3,4\} = 5$$
$$3 \cap 4 = \{0,1,2\} \cap \{0,1,2,3\} = \{0,1,2\} = 3$$
$$4 - 2 = \{0,1,2,3\} - \{0,1\} = \{2,3\}$$
$$2 \times 3 = \{0,1\} \times \{0,1,2\} = \{<0,0>, <0,1>, <0,2>, <1,0>, <1,1>, <1,2>\}$$
$$P(1) = P(\{0\}) = \{\varnothing, \{0\}\} = \{0,1\}$$
$$2^3 = \{0,1\}^{\{0,1,2\}} = \{f \mid f: \{0,1,2\} \to \{0,1\}\} = \{f_0, f_1, \cdots, f_7\}$$

其中

$f_0 = \{<0,0>, <1,0>, <2,0>\}$　$f_1 = \{<0,0>, <1,0>, <2,1>\}$

$f_2 = \{<0,0>, <1,1>, <2,0>\}$　$f_3 = \{<0,0>, <1,1>, <2,1>\}$

$f_4 = \{<0,1>, <1,0>, <2,0>\}$　$f_5 = \{<0,1>, <1,0>, <2,1>\}$

$f_6 = \{<0,1>, <1,1>, <2,0>\}$　$f_7 = \{<0,1>, <1,1>, <2,1>\}$

利用集合论的知识可以证明许多有关自然数的性质。限于篇幅,略去证明,只把一些有用的结果列在下面:

(1) 对任何自然数 n,有 $n \approx n$。

(2) 对任何自然数 n、m,若 $m \subset n$,则 $m \not\approx n$。

(3) 对任何自然数 n、m,若 $m \in n$,则 $m \subset n$。

(4) 对任何自然数 n 和 m,三个式子 $m \in n$,$m \approx n$,$n \in m$ 恰有一个成立。

有了这些概念和性质,就可以定义自然数的相等与大小顺序,即对任何自然数 m 和 n,$m = n \Leftrightarrow m \approx n$,$m < n \Leftrightarrow m \in n$。

定义 4.16 一个集合是有穷的,当且仅当它与某个自然数等势;如果一个集合不是有穷的,就称作无穷集。

例如$\{a,b,c\}$是有穷集,因为 $3=\{0,1,2\}$,且$\{a,b,c\} \approx \{0,1,2\} = 3$,而 **N** 和 **R** 都是无穷集,因为没有自然数与 **N** 和 **R** 等势。

利用自然数的性质可以证明任何有穷集只与唯一的自然数等势。

4.4.3 基数

定义 4.17

(1) 对于有穷集合 A,称与 A 等势的那个唯一的自然数为 A 的**基数**,记作 card$A$,即 card$A=n \Leftrightarrow A \approx n$ (对于有穷集 A,card$A$ 也可以记作$|A|$)。

(2) 自然数集合 **N** 的基数记作$\aleph_0$(读作阿列夫零),即 card**N**$=\aleph_0$。

(3) 实数集 **R** 的基数记作$\aleph$(读作阿列夫),即 card**R**$=\aleph$。

下面定义基数的相等和大小。

定义 4.18 设 A、B 为集合,则

(1) card $A=$card $B \Leftrightarrow A \approx B$;

(2) card $A \leqslant$card $B \Leftrightarrow A \preccurlyeq \cdot B$;

(3) card $A<$card $B \Leftrightarrow$card $A \leqslant$card $B \wedge$ card $A \neq$card B。

根据 4.4.2 节关于势的讨论不难得到

$$\text{card } \mathbf{Z}=\text{card } \mathbf{Q}=\text{card } \mathbf{N}\times\mathbf{N}=\aleph_0$$

$$\text{card } P(\mathbf{N})=\text{card } 2^{\mathbf{N}}=\text{card}[a,b]=\text{card}(c,d)=\aleph$$

$$\aleph_0<\aleph$$

可以看出,集合的基数是集合的势的大小的度量。基数越大,势就越大。

由于任何集合 A 都满足 $A \prec \cdot P(A)$,所以有

$$\text{card } A<\text{card } P(A)$$

这说明不存在最大的基数。将已知的基数按从小到大的顺序排列,就得到

$$0,1,2,\cdots,n,\cdots,\aleph_0,\aleph\cdots$$

其中 $0,1,2,\cdots,n,\cdots$,恰好是全体自然数,是有穷集合的基数,也叫**有穷基数**。而$\aleph_0,\aleph\cdots$,是无穷集合的基数,也叫作**无穷基数**,$\aleph_0$ 是最小的无穷基数,后面还有更大的基数,如 card$P$(**R**)等。

现在读者也许会想有没有无穷集,其基数是否在$\aleph_0$ 与$\aleph$之间。也就是说,线段上是否有无穷点集既不等价于整个线段,又不等价于自然数集?

这个问题康托想到了,不过他没找到任何这样的集合。他猜想,这种集合不存在。康托这个推测,称为"连续统假设"。希尔伯特 1900 年拟订的那份大名鼎鼎的未解决数学问题表上,第一个问题便是征询连续统假设的证明或否证。只是在 1963 年它才最后解决。然而,所谓"解决",意思与希尔伯特心中的意思截然不同。

想着手处理这个问题,就不能再信赖康托的集合定义。照他的说法,集合是"我们的直觉或思维能够明确区分的对象所汇集成的任何总体"。这个定义貌似清澈,殊不知隐藏着一些危险的陷阱。1902 年,弗雷格可悲的经历即一例。弗雷格将发表一部里程碑式的作品,其中要重建算术,使算术基于集论,也就是当时按康托的工作理解的"直观"集论。这时弗雷格收到年轻人罗素的来信。他做出回应,给他的论著末尾添了这样一段后记:"正值竣工之际,楼基塌了,科学家很少会遇到比这更不称心的事。就在这部作品快要印好的时候,伯特兰·罗素先生的一封信置我于此种境地。"

罗素的突然袭击无非点出一个简单的谜。(见历史注记)

教训：自由运用康托的直观集合概念会导致矛盾。只有采用某种更精巧的处理法避开二律背反，集论才能成为数学的可靠基础。

4.5 可数集与不可数集

定义 4.19 设 A 为集合，若 $\mathrm{card}A \leqslant \aleph_0$，则称 A 为**可数集**或**可列集**。

例如$\{a,b,c\}$，5，整数集 $\mathbf{Z}$，有理数集 $\mathbf{Q}$，以及 $\mathbf{N}\times\mathbf{N}$ 等都是可数集，但实数集 $\mathbf{R}$ 不是可数集，与 $\mathbf{R}$ 等势的集合也不是可数集。对于任何可数集，它的元素都可以排列成一个有序图形。换句话说，都可以找到一个"数遍"集合中全体元素的顺序。

定理 4.10 可数集的任何子集都是可数集。

证明：设集合 A 为可数集，可以写成 $A=\{a_0,a_1,a_2,\cdots,a_n,\cdots\}$

如果取 B 为 A 的子集，则对 A 中的元素，按照下标次序，从小到大逐一检查，如果查到 B 的元素，就把 B 的第 i 个元素记为 a_{ni}，则 A 的子集 B 可以写成 $B=\{a_{n0},a_{n1},a_{n2},\cdots,a_{nk},\cdots\}$。

可见，集合 B 与自然数集等势，所以 B 是可数集。

定理 4.11 可数集中加入有限个元素(或删除有限个元素)仍为可数集。

证明：设 $S=\{a_0,a_1,a_2,a_3,\cdots\}$是可数集，不妨在 S 中加入有限个元素 $b_0,b_1,b_2,b_3,\cdots,b_m$，且它们均与 S 的元素不相同，得到新的集合 B，它的元素也可排成无穷序列：$b_0,b_1,b_2,b_3,\cdots,b_m,a_0,a_1,a_2,a_3,\cdots$，所以 $B=\{b_0,b_1,b_2,b_3,\cdots,b_m,a_0,a_1,a_2,a_3,\cdots\}$是可数集。

定理 4.12 两个可数集的并集是可数集。

证明：设 $S_1=\{a_0,a_1,a_2,a_3,a_4,\cdots\}$，$S_2=\{b_0,b_1,b_2,b_3,b_4,\cdots\}$均为可数集。不妨设 S_1 与 S_2 不相交。$S_1\cup S_2$ 的元素可以排成无穷序列，即 $a_0,b_0,a_1,b_1,a_2,b_2,a_3,b_3,a_4,\cdots$，

所以 $S_1\cup S_2=\{a_0,b_0,a_1,b_1,a_2,b_2,a_3,b_3,a_4,\cdots\}$是可数集。

推论 有限个可数集的并集是可数集。

定理 4.13 两个可数集的笛卡儿积是可数集。

证明留作习题。

推论 有限个可数集的笛卡儿积是可数集。

例 4.18 下列集合的基数是什么？

(1) $A=\{<p,q>\mid p,q$ 都是整数$\}$；

(2) $B=\{<p,q>\mid p,q$ 都是有理数$\}$；

(3) C 是由所有半径为1，圆心在 x 轴上的圆周所组成的集合；

(4) D 是由实数轴上所有两两不相交的有限开区间组成的集合。

解：(1) 集合 A 是 $\mathbf{I}\times\mathbf{I}$，根据定理 4.13 可知 A 与可数集等势，所以 $\mathrm{card}A=\aleph_0$。

(2) 集合 B 就是 $\mathbf{Q}\times\mathbf{Q}$，所以 $\mathrm{card}B=\aleph_0$。

(3) 集合 C 比较特别，其中每一个元素是一个圆周。这些圆周是由圆心唯一确定的，而圆心可以取 x 轴上的任一实数，因而此集合就与整个 x 轴(即实数集)等势，$\mathrm{card}C=\aleph$。

(4) 集合 D 是由一些开区间组成的,考查这些开区间,若其中一个开区间包含了实数轴上的原点,则将它定义为第一个元素,排在第一个;若没有开区间包含原点,则取靠原点最近的那个开区间作为第一个元素,再在剩下的开区间中取靠原点最近的那个开区间作为第二个元素……如此继续下去,由于这些开区间互不相交,因而此步骤是可以执行的。所有这些互不相交的开区间可构成一个排列,每个元素唯一地出现在这个排列中的某一位置,因而 $\text{card } D=\aleph_0$。

例 4.19 设 A、B 为集合,且 $\text{card } A=\aleph_0$,$\text{card } B=n$,n 是自然数,$n\neq 0$,求 $\text{card}(A\times B)$。

解:由 $\text{card } A=\aleph_0$,$\text{card } B=n$,可知 A、B 都是可数集。令

$$A=\{a_0,a_1,a_2,\cdots\}$$
$$B=\{b_0,b_1,b_2,\cdots,b_{n-1}\}$$

对任意的 $<a_i,b_j>,<a_k,b_l>\in A\times B$,有

$$<a_i,b_j>=<a_k,b_l>\Leftrightarrow i=k\wedge j=1$$

定义函数 $f: A\times B\rightarrow \mathbf{N}$

$$f(<a_i,b_j>)=in+j,i=0,1,\cdots;j=0,1,\cdots,n-1$$

易见,f 是 $A\times B$ 到 $\mathbf{N}$ 的双射函数,所以

$$\text{card}(A\times B)=\text{card } \mathbf{N}=\aleph_0$$

如果直接使用可数集的性质,本题的求解更简单。因为 $\text{card}A=\aleph_0$,$\text{card}B=n$,所以 A、B 都是可数集。根据定理 4.13 可知 $A\times B$ 也是可数集,所以 $\text{card}A\times B\leqslant\aleph_0$。显然,当 $B\neq\varnothing$ 时,$\text{card } A\leqslant\text{card } A\times B$,这就推出了 $\text{card}A\times B=\aleph_0$。

4.6 数学归纳法

归纳思维是人类最主要的思维之一,数学归纳法是数学中常用的证明方法之一,它的用途非常广泛,可以用来证明各种各样关于离散对象的结果。

1. 归纳法证明

(1) 适用范围:$\forall xP(x)$形式的命题,其论域 S 为归纳定义的集合。

(2) 归纳证明的一般步骤如下。

① 基础步骤:证明 S 的定义中基础条款指定的每一元素 $x\in S$,$P(x)$是真。

② 归纳步骤:证明若事物 $x,y,z,\cdots$有性质 P,则用归纳条款指定的方法构造出的新元素也具有性质 P。

下面介绍的第一归纳法和第二归纳法采用的是完全归纳思想,是数学和计算机科学中最基本的思维。这种思维将我们的思维从有限的范围扩充到无穷的范围;同时也将我们的思维从静态推广到动态。

2. 数学归纳法第一原理(实质是自然数域上的一个推理规则)

$$P(0)$$
$$\forall n[P(0)]\rightarrow P[(n+1)]$$

所以 $\forall xP(x)$

归纳证明过程如下。

(1) 基础步(Basis Step):先证明 $P(0)$是真,可用任意证明技术。

(2) 归纳步(Induction Step)：

① 假设 $P(n)$ 对任意 $n\in\mathbf{N}$ 是真(即先进行归纳假设)；

② 证明 $[P(n)]\rightarrow P[(n+1)]$ 是否为永真。

若②的结果为真，则 $\forall n(P(n)\rightarrow P(n+1))$ 成立，从而结论 $\forall xP(x)$ 成立。

例 4.20　证明：对任意自然数 n，$11^{n+2}+12^{2n+1}$ 被 133 整除。

证明：(1) $n=0$，$11^2+12=133$，成立。

(2) 设 $n=k$ 成立，即 $11^{k+2}+12^{2k+1}=133\mathrm{M}$，

考虑 $n=k+1$ 时的情况，

$$\begin{aligned}11^{k+1+2}+12^{2(k+1)+1}&=11^{k+3}+144(133\mathrm{M}-11^{k+2})\\&=144\times133\mathrm{M}-11^{k+2}(144-11)\\&=133\mathrm{M}_1\end{aligned}$$

应用归纳法，原命题得证。

例 4.21　$P(n)$：若 A 为任意的有限非空集合(即 $|A|=n\geqslant1$)，则 A 为可数集。

证明：(1) 当 $n=1$ 时，即 A 中仅一个元素，必可对应一个序列，序列元素均由这个唯一的元素组成。

(2) 假设 $P(k)$ 成立，即当 $n=k$ 时，上述论断成立，设此时对应的集合为 A。

设元素为 $k+1$ 个的集合为 B，则 $B-\{x\}$ 有 k 个元素，由归纳假设有序列 $x_1,x_2,\cdots,x_k$ 与 $B-\{x\}$ 中的元素对应，因此有序列 $x_1,x_2,\cdots,x_k,x$ 与 B 对应，所以 $P(k+1)$ 也成立。

因为 n 具有任意性，所以原命题成立。

例 4.22　归纳法在计算机编程时的应用。考虑下列伪代码：

```
FUNCTION SQ(A)
1     C←0
2     D←0
3     WHILE (D≠A)
      ①   C←C+A
      ②   D←D+1
4     RETURN(C)
END OF FUNCTION SQ
```

该代码块的功能是求正整数 A 的平方。任选几个满足条件的特殊值，即可验证该程序段是可以正确执行的。但是，如果想证明对任意正整数 A，该程序段都可以正确执行，而不论 A 的值到底多大，则可以使用数学归纳法。

以 C_n 和 D_n 指代 WHILE 循环 n 步后 C 和 D 的值，以 C_0 和 D_0 指代循环开始前 C 和 D 的值，证明：对于任意的 n，有 $C_n=A\times D_n$。

归纳证明如下。

(1) $P(0)$：因为 $C_0=0$，$D_0=0$，所以 $C_0=A\times D_0$；

(2) 假设 $P(k)$ 成立，即 $C_k=A\times D_k$；

(3) 因为 $C_{k+1}=C_k+A=A\times D_k+A=A\times(D_k+1)=A\times D_{k+1}$，所以 $P(k+1)$ 也成立。

因为 n 具有任意性，所以原论断成立。

3. 数学归纳法第二原理(自然数域上归纳法证明的另一种形式)

$$\frac{\forall n[\forall k[k<n\rightarrow P(k)]\rightarrow P(n)]}{\forall xP(x)}$$

归纳证明的过程如下。

(1) 基础步(Basis Step):$n=0$ 时,$k<0$ 对一切 $k\in\mathbf{N}$ 为假,$\forall k[k<n\rightarrow P(k)]$为真。要证明 $\forall k[k<0\rightarrow P(k)]\rightarrow P(0)$为真,等价于证明 $P(0)$为真。

(2) 归纳步(Induction Step):

① 假设对任意 $n>0$,$P(k)$对一切 $k<n$ 成立;

② 证明 $P(n)$永真。

注意:

(1) 若 $P(n+1)$的成立不仅依赖于元素 n 的性质,还可能依赖于 n 以前的性质,则宜使用数学归纳法第二原理证明。

(2) 第二原理与第一原理的不同:用"对一切 $k<n$,$P(k)$为真"的归纳假设代替"$P(n-1)$为真"的归纳假设。

(3) 若论域是自然数集,则第一原理与第二原理实质上是等效的,因为其前提是逻辑等价的;但若有其他论域存在,则第二原理一般更有效。

(4) 数学归纳法第二原理本质上完成的是对下面公式的推导:

$$P(n_0)\wedge P(n_0+1)\wedge P(n_0+2)\wedge\cdots\wedge P(k)\Rightarrow P(k+1)$$

例 4.23 每个正整数 $n(n>1)$均可唯一地写成 $p_1^{a1}p_2^{a2}p_3^{a3}\cdots p_s^{as}$,其中,$p_1,p_2,p_3,\cdots,p_s$ 是 n 的素因子,且满足 $p_1<p_2<p_3<\cdots<p_s$,a_i 是每个素因子出现的次数。

证明: (1) 基础步:因为 $n>1$,所以 $n_0=2$,显然 $P(2)$正确。

(2) 归纳步:假设对一切 $k<n$,$P(k)$为真,则当 $n=k+1$ 时,

分情况讨论如下:

若 $k+1$ 本身就是素数,则 $P(k+1)$为真。

若 $k+1$ 不是素数,则必为合数,可将其因式分解为 $l\times m$ 的形式,

这里满足的条件是 $2\leqslant l,m\leqslant k$,由前述归纳假设条件知 $P(l)$、$P(m)$均为真,

即可将 l,m 分别表示为

$$l=q_1^{b1}q_2^{b2}q_3^{b3}\cdots q_t^{bt};\quad m=r_1^{c1}r_2^{c2}r_3^{c3}\cdots r_u^{cu}$$

则 $k+1=l\times m=q_1^{b1}q_2^{b2}q_3^{b3}\cdots q_t^{bt}r_1^{c1}r_2^{c2}r_3^{c3}\cdots r_u^{cu}$。

使 $p_i=q_j$ 或 r_k,并且由小到大排列 p_i 的顺序,使得 $p_1<p_2<p_3<\cdots<p_s$,

如果 $q_j=r_k=p_i$,则 $a_i=b_j+c_k$,

否则 $p_i=q_j$ 并且 $a_i=b_j$;

或者 $p_i=r_k$ 并且 $a_i=c_k$。

由归纳假设知 l 和 m 的素因子分解是唯一的,所以上述对 $k+1$ 的素因子分解也必是唯一的。证毕。

例 4.24 有数目相等的两堆棋子,两人轮流从任一堆里取几颗棋子,但不能不取,也不能同时在两堆里取。规定凡取得最后一颗者胜。求证:后取者有必胜策略。

证明: 对其中一堆棋子数目 n 做归纳证明。为便于叙述,设甲先取,乙后取。

(1) $n=1$ 时,甲必须在某一堆中取一颗,另一堆中的一颗必为乙所得。乙胜。

(2) 设 $n<k$ 时,后取者胜。现在证明 $n=k$ 时也是后取者胜。

设第一轮甲在某一堆先取 r 颗,$0<r\leqslant k$。乙的对策是在另一堆中也取得 r 颗,这里有两种可能:

① 若 $r<k$,两人各取一次后,两堆都只有 $k-r$ 颗,因为 $k-r<k$,现在又是甲先取,根据归纳假设,乙胜。

② 若 $r=k$,显然是乙胜。

证毕。

本例不仅说明了归纳法第二原理的应用,还说明了有些问题虽然与自然数无直接关系,也可引入自然数作为参数,利用有关自然数的归纳法证明。

4.7 应用案例

4.7.1 逢黑必反魔术

介绍这个魔术之前,先介绍一种洗牌方法——汉蒙洗牌法(Hummer Shuffle)。汉蒙洗牌有两个动作:第一个动作叫作"拦腰一斩";第二个动作叫作"换了位置换脑袋"。"拦腰一斩"是指将后面的一半变成前面的一半,前面的一半变成后面的一半,截断的位置可以是任意的,如图 4.5(a)所示。"换了位置换脑袋"是指交换任意相邻两张牌的位置,同时将每张牌翻转,即原来面朝上的变成面朝下,原来向下的变成向上,如图 4.5(b)所示。

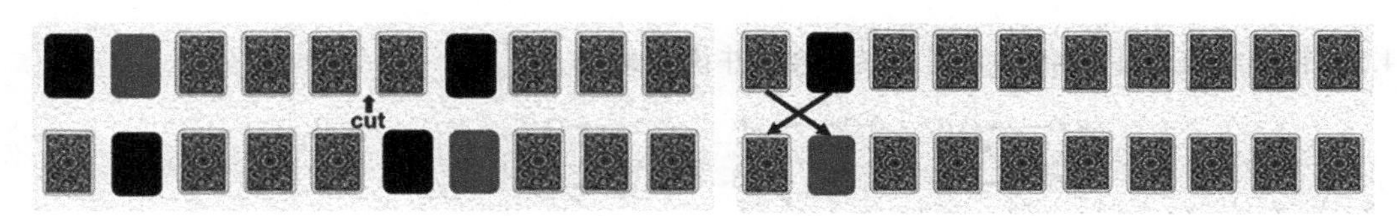

(a) 拦腰一斩　　(b) 换了位置换脑袋

图 4.5　汉蒙洗牌法示例

经过汉蒙洗牌后,原来牌的次序全乱了。如果把偶数位置的牌进行翻转,即原来面朝上的变成面朝下,原来面朝下的变成面朝上,那就会变成全红,红的牌全部在上面(面朝上),黑的牌全部在下面(面朝下),所以这个魔术的名字叫作逢黑必反。当然,这里要求原来的牌是排好的,是黑红黑红。随便用汉蒙洗牌法多次洗牌,最后只要把偶数的牌翻过来,一定都是红的全部面朝上或者黑的全部面朝上,如图 4.6(5 张红牌全部面朝上,另外 5 张黑牌全部面朝下)。请解释其中的原理。

应用案例 4.7.1 解答

图 4.6　逢黑必反示例

4.7.2 生成函数在解决汉诺塔问题中的应用

有3个塔(通常称为Hanoi塔)分别为A号、B号和C号。开始时有n个圆盘以从下到上、从大到小的次序叠置在A塔上,如图4.7所示。现要将A塔上的所有圆盘,借助B塔,全部移动到C塔上,且仍按照原来的次序叠置,如图4.8所示。移动的规则如下:这些圆盘只能在这3个塔间进行移动。一次只能移动一个圆盘,且任何时候都不允许将较大的圆盘压在比它小的圆盘的上面。利用生成函数,求至少移动多少次才能将圆盘全部从A塔移动到C塔?当$n=8$时,至少需要移动多少次?

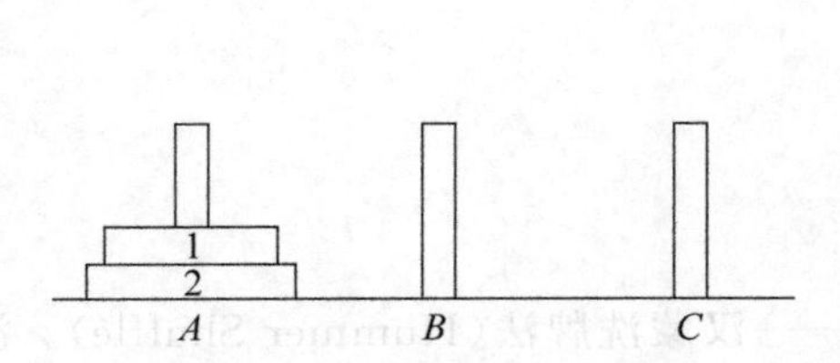

图4.7 Hanoi塔的初始场景

图4.8 Hanoi塔的中间场景

习题

4.1 指出图4.9中的各关系是否为函数,并说明理由。

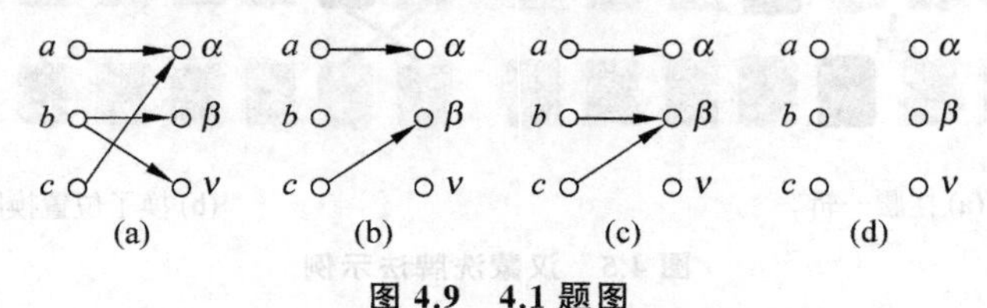

图4.9 4.1题图

4.2 指出下列各关系是否为函数。

(1) $A=B=\mathbf{R}$(实数集),$S=\{<x,y> \mid x\in A\wedge y\in B\wedge y=x^2\}$;

(2) $A=\{1,2,3,4\}$,$B=A\times A$,$R=\{<1,<2,3>>,<2,<3,4>>,<3,<1,4>>,<4,<2,3>>\}$;

(3) $A=\{1,2,3,4\}$,$B=A\times A$,$S=\{<1,<2,3>>,<2,<3,4>>,<3,<2,3>>\}$。

4.3 设$A=\{\varnothing,a,\{a\}\}$,定义$f:A\times A\to P(A)$如下:$f(x,y)=\{\{x\},\{x,y\}\}$,求

(1) $f(\varnothing,\varnothing)$;

(2) $f(a,\{a\})$。

4.4 设f和g为函数,且$f\subseteq g$,$\mathrm{dom}g\subseteq \mathrm{dom}f$,证明$f=g$。

4.5 设函数$f(x)=\begin{cases}x-10 & x>100\\ f(f(x+11)) & x\leqslant 100\end{cases}$

(1) 计算$f(99)$。

(2) 写出计算函数的算法。

4.6 判断下面关系能否构成函数,若能,试判断是否为单射、满射、双射,为什么?

(1) $A=\{1,2,3,4\}$,$B=\{5,6,7,8\}$,$f=\{<1,8>,<3,6>,<4,5>,<2,6>\}$。

(2) A、B 同(1),$f=\{<1,7>,<2,6>,<4,5>,<1,6>,<3,8>\}$。

(3) A、B 同(1),$f=\{<1,8>,<3,5>,<2,6>\}$。

(4) $f:\mathbf{R}\to\mathbf{R}$,$f(x)=2x+1$。

4.7 分别确定以下各题的 f 是否为从 A 到 B 的函数,并对其中的函数 $f: A\to B$ 指出它是否为单射、满射或双射?如果不是,请说明理由。

(1) A,B 为实数集,$f(x)=x^2-x$。

(2) A,B 为实数集,$f(x)=x^3$。

(3) A,B 为实数集,$f(x)=\sqrt{x}$。

(4) A,B 为实数集,$f(x)=\dfrac{1}{x}$。

(5) A,B 为正整数集,$f(x)=x+1$。

(6) A,B 为正整数集,$f(x)=\begin{cases}1 & x=1\\ x-1 & x>1\end{cases}$。

4.8 设 $f: X\to Y$,X、Y 为有限集合。

(1) 若 $|X|<|Y|$,f 可能是满射吗?为什么?

(2) 若 $|X|>|Y|$,f 可能是单射吗?为什么?

(3) X 与 Y 满足什么条件时,f 可能是满射、单射、双射?

4.9 证明:存在一个从集合 X 到它的幂集 $P(x)$ 的一个单射。

4.10 对以下各题给定的 A、B 和 f,判断是否构成函数 $f: A\to B$。如果是,则说明 $f: A\to B$ 是否为单射、满射、双射的,并根据要求进行计算。

(1) $A=B=R$,$f(x)=x^3$。

(2) $A=\mathbf{N}\times\mathbf{N}$,$B=\mathbf{N}$,$f(<x,y>)=|x^2-y^2|$。计算 $f(\mathbf{N}\times\{0\})$,$f^{-1}(\{0\})$。

4.11 已知 $f:\mathbf{N}\times\mathbf{N}\to\mathbf{N}$,$f<x,y>=x^2+y^2$,问

(1) f 是单射吗?

(2) f 是满射吗?

(3) 计算 $f^{-1}(\{0\})$。

(4) 计算 $f\{<0,0>,<1,2>\}$。

4.12 对下列每对集合 X、Y,构造一个 X 到 Y 的双射函数。

(1) $X=\mathbf{N}$,$Y=\mathbf{N}-\{0\}$

(2) $X=P(\{1,2,3\})$,$Y=\{0,1\}^{\{1,2,3\}}$

(3) $X=[0,1]$,$Y=[1/4,1/2]$

(4) $X=\mathbf{Z}$,$Y=\mathbf{N}$

(5) $X=[\pi/2,3\pi/2]$,$Y=[-1,1]$

4.13 设 $f: X\to Y$,$A\subseteq B\subseteq X$,求证 $f(A)\subseteq f(B)$。

4.14 设 A、B 均为实数集,$A=\{a\,|\,0\leqslant a<1\}$,$B=\{b\,|\,2<b<3\}\cup\{b\,|\,4<b\leqslant 5\}$,试在 A、B 间建立一个一一对应的关系。

4.15 如果存在 X 到 Y 的非单射函数,证明：$X\neq\varnothing$ 且 $Y\neq\varnothing$。

4.16 证明：若 $A^B=\varnothing$,则 $A=\varnothing$ 且 $B\neq\varnothing$。

4.17 令 $X=\{x_1,x_2,\cdots,x_m\}$,$Y=\{y_1,y_2,\cdots,y_n\}$,问：

(1) 有多少不同的由 X 到 Y 的关系；

(2) 有多少不同的由 X 到 Y 的全函数；

(3) 有多少不同的由 X 到 Y 的单射函数、满射函数、双射函数？

4.18 设函数 f：$\mathbf{R}\times\mathbf{R}\to\mathbf{R}\times\mathbf{R}$,$f$ 定义为 $f(\langle x,y\rangle)=\langle x+y,x-y\rangle$。

(1) 证明 f 是单射函数；

(2) 证明 f 是满射函数；

(3) 求逆函数 f^{-1}；

(4) 求复合函数 $f^{-1}\circ f$ 和 $f\circ f$。

4.19 考虑下列实数集上的函数：$f(x)=2x^2+1$,$g(x)=-x+7$,$h(x)=2^x$,$k(x)=\sin x$,求 $g\circ f$,$f\circ g$,$f\circ f$,$g\circ g$,$f\circ h$,$f\circ k$,$k\circ h$。

4.20 设 h 为 X 上的函数,证明：下列条件中(1)与(2)等价,(3)与(4)等价。

(1) h 为单射函数。

(2) 对任意 X 上的函数 f、g,$h\circ f=h\circ g$ 蕴涵 $f=g$。

(3) h 为满射函数。

(4) 对任意 X 上的函数 f、g,$f\circ h=g\circ h$ 蕴涵 $f=g$。

4.21 $f\circ g$ 是复合函数,试证明以下命题：

(1) 如果 $f\circ g$ 是满射函数,那么 f 是满射函数；

(2) 如果 $f\circ g$ 是单射函数,那么 g 是单射函数；

(3) 如果 $f\circ g$ 是双射函数,那么 f 是满射函数,g 是单射函数。

4.22 设集合 $A=\{1,2,3,4\}$,问：

(1) A 到 A 上有多少个不同的全函数 f？

(2) A 到 A 上有多少个不同的全函数满足 $f\circ f=f$？

(3) A 到 A 上有多少个不同的全函数满足 $f\circ f=I_A$？

4.23 下列函数为实数集上的函数,如果它们可逆,请求出它们的逆函数；否则,对它们进行适当的限制后,求出这一限制的逆函数。

(1) $f_1(x)=3x+1$

(2) $f_2(x)=x^3-1$

(3) $f_3(x)=x^2-2x$

(4) $f_4(x)=\tan x+1$

4.24 设 f：$X\to Y$,A、B 为 Y 的子集,证明：

(1) $f^{-1}(A\cup B)=f^{-1}(A)\cup f^{-1}(B)$

(2) $f^{-1}(A\cap B)=f^{-1}(A)\cap f^{-1}(B)$

(3) $f^{-1}(A-B)=f^{-1}(A)-f^{-1}(B)$

4.25 求下列集合的基数。

(1) $T=\{x\mid x$ 是单词“BASEBALL”中的字母$\}$

(2) $B=\{x\mid x\in\mathbf{R}\wedge x^2=9\wedge 2x=8\}$

(3) $C=P(A)$，$A=\{1,3,7,11\}$

4.26 设 $f: X\to X$，n 为满足 $f^n=I_x$ 的正整数，($f^{n+1}=f\circ f^n$)，证明：f 是双射。

4.27 判断下列各命题是否成立。

(1) 若 $|A|=|B|$，则 $|P(A)|=|P(B)|$。

(2) 若 $|A|\leqslant|B|$ 且 $|C|\leqslant|D|$，那么 $|A\cup C|\leqslant|B\cup D|$。

(3) 若 $|A|\leqslant|B|$ 且 $|C|\leqslant|D|$，那么 $|A\times C|\leqslant|B\times D|$。

(4) 若 $|A|\leqslant|B|$ 且 $|C|\leqslant|D|$，那么 $|A^C|\leqslant|B^D|$。

(5) 若 $|A|\leqslant|B|$，$|C|<|D|$，那么 $|A\cup C|<|B\cup D|$。

(6) 若 $|A|\leqslant|B|$，$|C|<|D|$，那么 $|A\times C|<|B\times D|$。

4.28 若 A 和 B 是无限集，C 是有限集，回答下列问题，并给予说明。

(1) $A\cap B$ 是无限集吗？

(2) $A-B$ 是无限集吗？

(3) $A\cup C$ 是无限集吗？

4.29 证明：若 A 是有限集，B 是无限集，那么 $|A|<|B|$。

4.30 设 $|A|=|B|$，$|C|=|D|$，证明：$|A\times C|=|B\times D|$。

4.31 设 $|A|=|B|$，$|C|=|D|$ 且 $A\cap C=B\cap D=\varnothing$，证明：$|A\cup C|=|B\cup D|$。

4.32 证明：自然数集的有限子集全体构成的集合的基数是$\aleph_0$。

4.33 已知有限集 $S=\{a_1,a_2,\cdots,a_n\}$，$\mathbf{N}$ 为自然数集合，$\mathbf{R}$ 为实数集，求下列集合的基数：S，$P(S)$，$\mathbf{N}$，$\mathbf{N}^{\mathbf{N}}$，$P(\mathbf{N})$，$\mathbf{R}$，$\mathbf{R}\times\mathbf{R}$，$\mathbf{R}^{\mathbf{N}}$。

4.34 设 $f: A\to B$ 为满射。

(1) A 为无限集时，B 是否一定为无限集？

(2) A 为可数集时，B 是否一定为可数集？

4.35 设 $f: A\to B$ 为单射。

(1) A 为无限集时，B 是否一定为无限集？

(2) A 为可数集时，B 是否一定为可数集？

4.36 证明：任一无限集合必定存在与自身等势的真子集。

4.37 有限集 A 和可数集 B 的笛卡儿积 $A\times B$ 是可数集吗？为什么？

4.38 设 $A=\{1,2,\cdots,n-1\}$，$S=\{(a,b)\mid a,b\in A, a+b>n$，且 $a\neq b\}$，试求 $|S|$。

4.39 试证：区间[0,1]中的一切实数之集是不可数集。

4.40 (1) 用数学归纳法证明 $n^n<2^{n^2}$。

(2) 考虑一集合上关系与函数的数目上的差异，再证(1)，不用归纳法。

4.41 用数学归纳法证明：对于任意 $n\geqslant 1$，5^n-1 都能被 4 整除。

4.42 设 A、B 和 X 为非空集合，如果对函数 $f: X\to A$ 和 $g: X\to B$，存在满射 $P_1: A\times B\to A$ 和 $P_2: A\times B\to B$，使 $P_1(x,y)=x$ 且 $P_2(x,y)=y$，$(x,y)\in A\times B$，则必存在唯一的一个函数 $\Phi: X\to A\times B$，使 $P_1\circ\Phi=f$ 且 $P_2\circ\Phi=g$。

4.43 设 A 和 B 是两个集合，并且 h 是从 A 到 B 的任一映射，试证明 h 总可以表示成 $h=\Psi\circ\Phi$。其中 Φ 是从 A 到某一确定集合上的满映射，Ψ 是从这一确定集合到 B 内的单映射。

计算机编程题4.1参考代码

计算机编程题

4.1 给定一个从$\{1,2,\cdots,n\}$到整数集合的函数f,判断f是否是单射函数。

4.2 给定一个从$\{1,2,\cdots,n\}$到其自身的函数f,判断f是否是满射函数。

4.3 给定n个不同整数的有序列表,用二分搜索确定一个整数在列表中的位置。

4.4 给定n个整数的列表,用归并排序法排序。

4.5 给定整数的列表和元素x,用二叉搜索递归实现求x在这个列表中的位置。

第5章 组合计数

组合计数在许多学科中都会用到，特别是在计算机的算法设计与分析中用于估计算法的复杂度函数。本章介绍了加法原理、排列与组合，并详细介绍了计数的两个典型应用——鸽笼原理和递推关系。

递归关系是序列中第 n 个元素与它前若干个元素之间的关系，可用于解决一些特定的计数问题。由于递归关系和递归算法密切相关，因此递归关系可以很自然地用于递归算法分析。

5.1 基本原理

5.1.1 加法原理

加法原理是一个初等原理。它是全体等于它的各部分之和这一原理的公式化。

定理 5.1(加法原理) 假定 $S_1,S_2,\cdots,S_t$ 均为集合，第 i 个集合 S_i 有 n_i 个元素。若 $\{S_1,S_2,\cdots,S_t\}$ 为两两不交的集合(若 $i\neq j$，$S_i\cap S_j=\varnothing$)，则可以从 $S_1,S_2,\cdots,S_t$ 选择出的元素总数为 $n_1+n_2+\cdots+n_t$(即集合 $S_1\cup S_2\cup\cdots\cup S_t$ 含有 $n_1+n_2+\cdots+n_t$ 个元素)。

加法原理可总结为：当计数的元素可分解为若干个不相交的子集时，可将每个子集元素的个数相加得到元素的总数。

例 5.1 在 1,2,…,10 中，有 5 个偶数，4 个素数，求 1,2,…,10 中是偶数或是素数的个数。

解：由于 2 既是偶数，又是素数，所以，1,2,…,10 中，是偶数或是素数的个数不是简单地 5+4=9，而是 8。此例说明，不能不加分析地、简单地使用加法原理。

例 5.2 当执行完以下代码后，k 的值是多少？

```
k:=0
for i₁:=1 to n₁
```

```
        k:=k+1
    for i2:=1 to n2
        k:=k+1
            ⋮
    for im:=1 to nm
        k:=k+1
```

解：k 的初始值是0，在执行完

```
    for i1:=1 to n1
        k:=k+1
```

后，$k=n_1$。实际上，这段程序是让 k 从0起，不断地加1，共 n_1 次。同理，在执行完

```
    for i2:=1 to n2
        k:=k+1
```

后，$k=n_1+n_2$。执行完最后的

```
    for im:=1 to nm
        k:=k+1
```

后，$k=n_1+n_2+\cdots+n_m$。所以，当执行完所有的代码后，k 的值是 $n_1+n_2+\cdots+n_m$。

5.1.2 乘法原理

乘法原理要稍微复杂一些，相当于加法原理的一个推论，主要反映乘法是重复加法的这一事实。

定理5.2(乘法原理) 如果一项工作需要 t 步完成，第一步有 n_1 种不同的选择，第二步有 n_2 种不同的选择，……，第 t 步有 n_t 种不同的选择，那么，完成这项工作所有可能的不同的选择总数为 $n_1\times n_2\times\cdots\times n_t$。

乘法原理可总结为：当一项工作分为若干步时，将每一步的可选择数相乘便得到这项工作的所有可选择个数。

例5.3 从5本不同的计算机书、3本不同的数学书和2本不同的艺术书中选出不同类的两本，共有多少种选法？

解：根据乘法原理不难得出，选择一本计算机书和一本数学书，共有 $5\times3=15$ 种选法；同理，选择一本计算机书和一本艺术书共有 $5\times2=10$ 种选法；选择一本数学书和一本艺术书共有 $3\times2=6$ 种选法。由于这3个集合两两不相交，根据加法原理可得：从5本不同的计算机书、3本不同的数学书和2本不同的艺术书中选出不同类的两本，共有

$$15+10+6=31$$

种选法。

用乘法原理可证明一个含有 n 个元素的集合共有 2^n 个子集。

例5.4 用乘法原理证明含有 n 个元素的集合$\{x_1,x_2,\cdots,x_n\}$有 2^n 个子集。

证明：构造一个子集分为 n 个步骤：选取或不选取 x_1；选取或不选取 x_2；……；选取或不选取 x_n。每一步有两种选择，故所有可能的子集总数为

$$\underbrace{2\times 2\times\cdots\times 2}_{n\text{个}2}=2^n$$

运用乘法原理可对需要若干步完成的对象计数，当计算不相交子集中对象的总数时，可运用加法原理。

5.2 排列与组合

5.2.1 排列

定义 5.1 n 个不同元素 $x_1,x_2,\cdots,x_n$ 的一种排列为 $x_1,x_2,\cdots,x_n$ 的一个排序。

定理 5.3 n 个元素的排列共有 $n!$ 种。

证明：运用乘法原理。确定 n 个元素的一个排列依次分为 n 个步骤：选择第一个元素；选择第二个元素；……；选择第 n 个元素。第一个元素有 n 种选法；当第一个元素选定后，第二个元素有 $n-1$ 种选法；当第二个元素选定后，第三个元素有 $n-2$ 种选法；以此类推。根据乘法原理，共有 $n(n-1)(n-2)\cdots\times 2\times 1=n!$ 种排列。

例 5.5 10 个元素的排列共有

$$10!=10\times 9\times 8\times 7\times 6\times 5\times 4\times 3\times 2\times 1=3\ 628\ 800 \text{ 种}$$

定义 5.2 n 个(不同)元素 $x_1,x_2,\cdots,x_n$ 的 r 排列是 $\{x_1,x_2,\cdots,x_n\}$ 的 r 元素子集上的排列。n 个不同元素上的 r 排列的个数记作 $P(n,r)$。

定理 5.4 n 个不同元素上的 r 排列数目为 $P(n,r)=n(n-1)(n-2)\cdots(n-r+1)$，$r\leqslant n$。

证明：对从 n 个不同元素中选取 r 个元素的排列方法进行计数。第一个元素有 n 种选法；当第一个元素选定以后，第二个元素有 $n-1$ 种选法；依次不断选取，直到当第 $r-1$ 个元素选定后，选取第 r 个元素。最后一个元素有 $n-r+1$ 种选法。根据乘法原理，n 个不同元素上的 r 排列数目为 $P(n,r)=n(n-1)(n-2)\cdots(n-r+1)$。

例 5.6 依定理 5.4，$X=\{a,b,c\}$ 上的 2 排列数为

$$P(3,2)=3\times 2=6$$

这 6 种排列依次为

$$ab,ac,ba,bc,ca,cb$$

5.2.2 组合

定义 5.3 给定集合 $X=\{x_1,x_2,\cdots,x_n\}$，其包含 n 个元素，从 X 中无序、不重复选取的 r 个元素称为 X 的一个 r 组合，X 的所有 r 组合的个数记作 $C(n,r)$。

接下来用两种方法导出 n 个元素上的 r 组合数 $C(n,r)$ 的公式：第一种方法是利用 $P(n,r)$ 公式导出；第二种方法是直接从 $C(n,r)$ 的性质入手。两种方法将得到相同的 $C(n,r)$ 公式。

将构造一个 n 个元素集 X 上的 r 排列分为两个步骤：选出一个 X 上的 r 组合；将这个 r 组合排序。例如，构造 $\{a,b,c,d\}$ 上的一个 2 排列，先选择一个 2 组合，再将 2 组合

进行排序。图5.1说明了如何通过这种方法构造一个$\{a,b,c,d\}$上的2排列。由乘法原理可知,r排列数等于r组合数与r个元素排列数的乘积,即

$$P(n,r)=C(n,r)r!$$

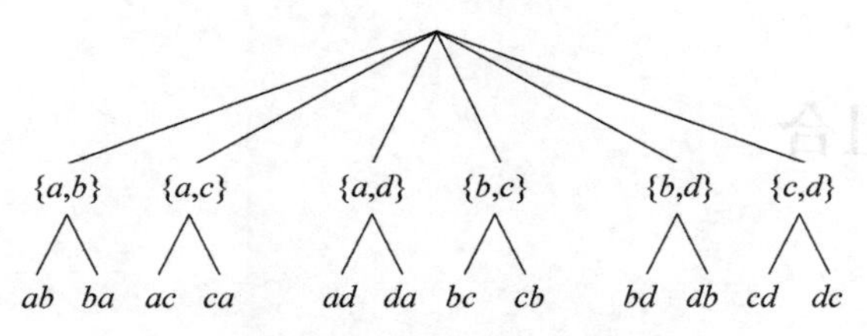

图5.1 $\{a,b,c,d\}$**的2排列**

于是

$$C(n,r)=\frac{P(n,r)}{r!}$$

下面的定理将给出$C(n,r)$的另外一种表示法。

定理5.5 n个不同元素上的r组合数为

$$C(n,r)=\frac{P(n,r)}{r!}=\frac{n(n-1)\cdots(n-r+1)}{r!}=\frac{n!}{(n-r)!\,r!},\quad r\leqslant n$$

例5.7 (1)从10个人中选出一个3个人的委员会,共有多少种不同的选法?

(2)从5个女人和6个男人中选出由2个女人和3个男人组成的委员会,共有多少种选法?

解:(1)由于委员会中的成员不计次序,故共有

$$C(10,3)=\frac{10\times 9\times 8}{3!}=120\text{种}$$

(2)选出2名女性委员,共有$C(5,2)=10$种选法,选出3名男性委员,共有$C(6,3)=20$种选法。选出委员会可分为两步:选出女性委员;选出男性委员。根据乘法原理,共有$10\times 20=200$种选法。

5.3 排列组合生成算法

5.3.1 排列生成算法

如果将整数n从$\{1,2,\cdots,n\}$的一个排列中删除,则结果是$\{1,2,\cdots,n-1\}$的一个排列。给定一个整数k,通过在其上画一个向左或向右的箭头表示方向:$\overleftarrow{k}$或$\overrightarrow{k}$。考虑$\{1,2,\cdots,n\}$的一个排列,其中的每一个整数都给定一个方向。如果一个整数k的箭头指向一个与其相邻但比它小的整数,那么这个整数k就是活动的。例如,

$$\overrightarrow{2}\ \overrightarrow{6}\ \overrightarrow{3}\ \overleftarrow{1}\ \overleftarrow{5}\ \overrightarrow{4}$$

只有3,5和6是活动的。由此可知,1绝不可能是活动的,因为$\{1,2,\cdots,n\}$中不存在比1还小的整数。除下面两种情况外,整数n总是活动的。

(1)n是第一个整数,而它的箭头指向左边:$\overleftarrow{n}\cdots$。

(2) n 是最后一个整数，而它的箭头指向右边：$\cdots\overrightarrow{n}$。

这是因为只要 n 的箭头指向一个整数，它就是活动的，因为 n 是集合$\{1,2,\cdots,n\}$中最大的整数。下面给出生成$\{1,2,\cdots,n\}$的所有排列的算法。

生成$\{1,2,\cdots,n\}$的排列的算法

从 $\overleftarrow{1}\overleftarrow{2}\cdots\overleftarrow{n}$ 开始。

当存在一个活动的整数时，

(1) 求出最大的活动整数 m；

(2) 交换 m 和其箭头指向的与其相邻的整数；

(3) 交换所有满足 $p>m$ 的整数 p 的方向。

这里就 $n=4$ 叙述该算法。结果用两列显示，第一列给出前 12 个排列。

$$
\begin{array}{cc}
\overleftarrow{1}\,\overleftarrow{2}\,\overleftarrow{3}\,\overleftarrow{4} & \overrightarrow{4}\,\overrightarrow{3}\,\overleftarrow{2}\,\overleftarrow{1} \\
\overleftarrow{1}\,\overleftarrow{2}\,\overleftarrow{4}\,\overleftarrow{3} & \overrightarrow{3}\,\overrightarrow{4}\,\overleftarrow{2}\,\overleftarrow{1} \\
\overleftarrow{1}\,\overleftarrow{4}\,\overleftarrow{2}\,\overleftarrow{3} & \overrightarrow{3}\,\overleftarrow{2}\,\overrightarrow{4}\,\overleftarrow{1} \\
\overleftarrow{4}\,\overleftarrow{1}\,\overleftarrow{2}\,\overleftarrow{3} & \overrightarrow{3}\,\overleftarrow{2}\,\overleftarrow{1}\,\overrightarrow{4} \\
\overrightarrow{4}\,\overleftarrow{1}\,\overleftarrow{3}\,\overleftarrow{2} & \overleftarrow{2}\,\overrightarrow{3}\,\overleftarrow{1}\,\overleftarrow{4} \\
\overleftarrow{1}\,\overrightarrow{4}\,\overleftarrow{3}\,\overleftarrow{2} & \overleftarrow{2}\,\overrightarrow{3}\,\overleftarrow{4}\,\overleftarrow{1} \\
\overleftarrow{1}\,\overleftarrow{3}\,\overrightarrow{4}\,\overleftarrow{2} & \overleftarrow{2}\,\overleftarrow{4}\,\overrightarrow{3}\,\overleftarrow{1} \\
\overleftarrow{1}\,\overleftarrow{3}\,\overleftarrow{2}\,\overrightarrow{4} & \overleftarrow{4}\,\overleftarrow{2}\,\overrightarrow{3}\,\overleftarrow{1} \\
\overleftarrow{3}\,\overleftarrow{1}\,\overleftarrow{2}\,\overleftarrow{4} & \overrightarrow{4}\,\overleftarrow{2}\,\overleftarrow{1}\,\overrightarrow{3} \\
\overleftarrow{3}\,\overleftarrow{1}\,\overleftarrow{4}\,\overleftarrow{2} & \overleftarrow{2}\,\overrightarrow{4}\,\overleftarrow{1}\,\overrightarrow{3} \\
\overleftarrow{3}\,\overleftarrow{4}\,\overleftarrow{1}\,\overleftarrow{2} & \overleftarrow{2}\,\overleftarrow{1}\,\overrightarrow{4}\,\overrightarrow{3} \\
\overleftarrow{4}\,\overleftarrow{3}\,\overleftarrow{1}\,\overleftarrow{2} & \overleftarrow{2}\,\overleftarrow{1}\,\overrightarrow{3}\,\overrightarrow{4}
\end{array}
$$

由于在 $\overleftarrow{2}\overleftarrow{1}\overrightarrow{3}\overrightarrow{4}$ 中没有活动的整数，所以算法终止。

通过对 n 的归纳法可以得知，这个算法生成$\{1,2,\cdots,n\}$的所有的排列，并且具有与前面的方法相同的顺序。我们叙述从 $n=3$ 到 $n=4$ 的归纳法中的一步。从 $\overleftarrow{1}\overleftarrow{2}\overleftarrow{3}\overleftarrow{4}$ 开始，其中 4 是最大的活动整数。4 始终是活动的，直到达到最左边位置为止。此时 4 已经以各种可能的方式插入$\{1,2,3\}$的排列 123 中。现在 4 又不再是活动的。最大的活动整数是 3，它和 $\overleftarrow{1}\overleftarrow{2}\overleftarrow{3}$ 中的最大的活动整数相同。然后 3 和 2 交换位置且 4 改变方向。这个交换与 $\overleftarrow{1}\overleftarrow{2}\overleftarrow{3}$ 中出现的交换是相同的。现在的结果变成 $\overrightarrow{4}\overleftarrow{1}\overleftarrow{3}\overleftarrow{2}$；此时 4 又变成活动的，并将活动状态保持到 4 到达最右边位置为止。然后再进行交换，该交换与发生在 $\overleftarrow{1}\overleftarrow{3}\overleftarrow{2}$ 中的交换相同。算法如此继续进行，4 以各种可能的方式交错地插入$\{1,2,3\}$的每一个排列中。

5.3.2 组合生成算法

令 S 是 n 个元素的集合。为了分析清楚起见，取 S 为集合

$$S=\{x_{n-1},\cdots,x_1,x_0\}$$

现在我们寻找一种生成 S 所有 2^n 个组合(子集)的算法。也就是说，要找一个将 S 的所有组合列出的系统过程。算法的结果应该包含 S 的所有的组合(并且只是 S 的组合)，而且没有重复。

给定 S 的一个组合 A，每一个元素 x_i 或者属于 A 或者不属于 A。如果用 1 表示属于，用 0 表示不属于，就能够用 2^n 个 0 和 1 的 n 元组

$$(a_{n-1},\cdots,a_1,a_0)=a_{n-1}\cdots a_1a_0$$

区分 S 的 2^n 个组合。对于每个 $i=0,1,\cdots,n-1$，令 n 元组的第 i 项 a_i 对应元素 x_i。

例如，当 $n=3$ 时，$2^3=8$ 个组合以及它们对应的 3 元组如下：

	a_2	a_1	a_0
$\varnothing$	0	0	0
$\{x_0\}$	0	0	1
$\{x_1\}$	0	1	0
$\{x_1, x_0\}$	0	1	1
$\{x_2\}$	1	0	0
$\{x_2, x_0\}$	1	0	1
$\{x_2, x_1\}$	1	1	0
$\{x_2,x_1, x_0\}$	1	1	1

例 5.8 令 $S=\{x_6,x_5,x_4,x_3, x_2,x_1, x_0\}$，对应组合 $\{x_5,x_4, x_2, x_0\}$ 的 7 元组 0110101。对应 7 元组 1010001 的组合是 $\{x_6,x_4, x_0\}$。

1. 生成 $\{x_{n-1},\cdots,x_1,x_0\}$ 组合的算法

从 $a_{n-1}\cdots a_1a_0=0\cdots00$ 开始。

当 $a_{n-1}\cdots a_1a_0\neq 1\cdots11$ 时，

(1) 求出使得 $a_j=0$ 的最小的整数 j(在 $n-1$ 和 0 之间)；

(2) 用 1 代替 a_j 并用 0 代替 $a_{j-1},\cdots,a_1,a_0$ 中的每一个值(由对 j 的选择可知，在用 0 代替以前，它们都等于 1)。

当 $a_{n-1}\cdots a_1a_0=1\cdots11$ 时算法结束，它是在结果列表中最后的二进制 n 元组。

定理 5.6 证明

定理 5.6 令 $a_1a_2\cdots a_r$ 是 $\{1,2,\cdots,n\}$ 的一个 r-组合。在字典排序中，第一个 r-组合是 $12\cdots r$。最后一个 r-组合是 $(n-r+1)(n-r+2)\cdots n$。设 $a_1a_2\cdots a_r\neq(n-r+1)(n-r+2)\cdots n$。令 k 是满足 $a_k<n$ 且使得 a_k+1 不同于 $a_1,a_2,\cdots,a_r$ 中的任何一个数的最大整数。那么，在字典排序中，$a_1a_2\cdots a_r$ 的直接后继 r-组合是

$$a_1\cdots a_{k-1}(a_k+1)(a_k+2)\cdots(a_k+r-k+1)$$

从定理 5.6 断言，下列算法生成 $\{1,2,\cdots,n\}$ 的字典序的所有 r-组合。

2. 生成 $\{1,2,\cdots,n\}$ 的字典序 r-组合的算法

从 r-组合 $a_1a_2\cdots a_r=12\cdots r$ 开始。

当 $a_1a_2\cdots a_r\neq(n-r+1)(n-r+2)\cdots n$ 时，

(1) 确定最大的整数 k，使 $a_k+1\leqslant n$ 且 a_k+1 不是 $a_1,a_2,\cdots,a_r$。

(2) 用 r-组合

$$a_1\cdots a_{k-1}(a_k+1)(a_k+2)\cdots(a_k+r-k+1)$$

替换 $a_1a_2\cdots a_r$。

例 5.9 应用生成 $S=\{1,2,3,4,5,6\}$ 的 4-组合算法，得到下列结果。

1234 1256 2345
1235 1345 2346
1236 1346 2356
1245 1356 2456
1246 1456 3456

如果将生成一个集合的排列的算法与生成一个 n-元素集合的 r-组合的算法结合起来，就得到生成 n-元素集合的 r-排列的算法。

例 5.10 生成{1,2,3,4}的 3-排列。首先生成字典序的 3-组合：123,124,134,234。对于每一个 3-组合，再生成其所有的排列：

123 124 134 234
132 142 143 243
312 412 413 423
321 421 431 432
231 241 341 342
213 214 314 324

通过确定在$\{1,2,\cdots,n\}$的 r-组合的字典序中的每一个 r-组合的位置结束本节。

例 5.11 若按字典序列出{1,2,3,4,5,6,7}上所有的组合，第一个为 12345，接下来的两个为 12346 和 12347，然后是 12356 和 12357，最后一个为 34567。

例 5.12 若按字典序列出 $X=\{1,2,3,4,5,6,7\}$ 上所有的组合，13467 的下一个是什么？

以 134 开头的最大的字符串为 13467，故 13467 的下一个以 135 开头。因为 13567 是以 135 开头的最小的字符串，故 13467 的下一个是 13567。不难发现上例中的模式。给定一个与$\{s_1,\cdots,s_r\}$上的 r 组合对应的字符串 $\alpha=s_1\cdots s_r$，求 α 的下一个字符串 $\beta=t_1\cdots t_r$。从右向左找到第一个非最大值的元素 s_m（s_r 的最大值为 n，s_{r-1} 的最大值为 $n-1$，以此类推），则

$$t_i=s_i,\quad i=1,\cdots,m-1$$

$$t_m=s_m+1$$

$$t_{m+1}\cdots t_r=(s_m+2)(s_m+3)\cdots$$

由此可得组合生成算法。

例 5.13 说明组合生成算法如何生成{1,2,3,4,5,6,7}上 23467 的下一个 5-组合。设

$$s_1=2,\quad s_2=3,\quad s_3=4,\quad s_4=6,\quad s_5=7$$

s_3 是从右向左第一个非最大值的元素。将 s_3 赋值为 5，s_4 和 s_5 分别被赋值为 6 和 7，

此时，

$$s_1=2,\quad s_2=3,\quad s_3=5,\quad s_4=6,\quad s_5=7$$

于是就生成了23467的下一个5-组合23567。

例 5.14 解答

例 5.14 找到$\{1,2,3,4,5,6\}$上排列163542的后继，应使左边尽可能多的数字保持不变。

5.4 广义的排列和组合

前述的排列组合主要考虑不允许重复的情况下，如何对选择和排序计数。本节介绍允许重复的情况下，如何对选择和排序计数，即广义的排列和组合。

定理 5.7 设序列S包含n个对象，其中第1类对象有n_1个，第2类对象有n_2个，……，第t类对象有n_t个，则S的不同排序个数为

$$\frac{n!}{n_1!n_2!\cdots n_t!}$$

证明：指定n个对象的位置可得S的一个排序。共有$C(n,n_1)$种不同的方法为n_1个第1类的对象指定位置；指定第1类对象的位置后，共有$C(n-n_1,n_2)$种不同的方法为n_2个第2类的对象指定位置；以此类推。根据乘法原理，不同的排序个数为

$$\begin{aligned}&C(n,n_1)C(n-n_1,n_2)C(n-n_1-n_2,n_3)\cdots C(n-n_1-\cdots-n_{t-1},n_t)\\&=\frac{n!}{n_1!\ (n-n_1)!}\cdot\frac{(n-n_1)!}{n_2!\ (n-n_1-n_2)!}\cdot\cdots\cdot\frac{(n-n_1-\cdots-n_{t-1})!}{n_t!\ 0!}\\&=\frac{n!}{n_1!\ n_2!\ \cdots n_t!}\end{aligned}$$

例 5.15 解答

例 5.15 将8本不同的书分给3个学生，学生甲分4本，乙分2本，丙分2本，共有多少种不同的分法？

利用等价关系同样可以证明定理5.7。设序列S包含n个对象，其中第i类有n_i个相同的对象，$i=1,2,\cdots,t$。将S中的同类对象用下标加以区分，得到集合X。例如，序列S为

$$MISSISSIPPI$$

则集合X为

$$\{M,I_1,S_1,S_2,I_2,S_3,S_4,I_3,P_1,P_2,I_4\}$$

在X的所有排列上定义关系R：p_1Rp_2，当且仅当p_1可以通过交换同类对象(但不改变它们的位置)的位置而得到p_2。例如，容易验证如下关系R是X的所有排列集合上的等价关系。

$$(I_1S_1S_2I_2S_3S_4I_3P_1P_2I_4M)R(I_2S_3S_2I_1S_4S_1I_3P_1P_2I_4M)$$

若将同类对象看作相同的，则排列P的等价类中X的所有元素可视为相同，故每个等价类包含$n_1!\ n_2!\ \cdots n_t!\ (i=1,2,\cdots,t)$个元素。由于等价类与$S$上的排序一一对应，故等价类的数目等于$S$上排序的数目。$X$上的排列共有$n!$个，故由定理5.7，$S$上排序的个数为

$$\frac{n!}{n_1!n_2!\cdots n_t!}$$

下面讨论允许重复的情况下，如何对不计顺序的选择计数。

定理 5.8　X 为包含 t 个元素的集合，在 X 中允许重复、不计顺序地选取 k 个元素，共有

$$C(k+t-1,t-1)=C(k+t-1,k)$$

种选法。

证明：令 $X=\{a_1,a_2,\cdots,a_t\}$。考虑将 k 个"×"和 $t-1$"|"填入下面的 $k+t-1$ 个空格中，

$$\_\ \_\ \_\ \cdots\ \_\ \_$$

每种排列方法决定 X 上的一个选择：第一个"×"左边"|"的个数 n_1 表示选择 n_1a_1 的个数；第一个"|"和第二个"|"之间"×"的个数 n_2 表示选择 n_2a_2 的个数；以此类推。由于为 $t-1$ 个"|"选定位置共有 $C(k+t-1,t-1)$ 种选法，故共有 $C(k+t-1,t-1)$ 个 X 上的选择。若考虑为 k 个"×"选定位置，则共有 $C(k+t-1,k)$ 种选法，所以共有

$$C(k+t-1,t-1)=C(k+t-1,k)$$

种选法，在 X 上允许重复、不计顺序地选取 k 个元素。

例 5.16　把 12 本相同的数学书分给甲、乙、丙、丁 4 个学生，共有多少种分法？

若将问题看作在 12 本书上分别写上 4 个学生的名字，则可利用定理 5.8 计算分法数。这相当于在集合{甲，乙，丙，丁}上允许重复、不计顺序地选择 12 个元素。根据定理 5.8，共有

$$C(12+4-1,4-1)=C(15,3)=455$$

种分法。

例 5.17　(a)方程 $x_1+x_2+x_3+x_4=29$ 有多少个非负整数解？(b)上述方程有多少满足 $x_1>0,x_2>1,x_3>2,x_4\geqslant 0$ 的整数解？

例 5.17 解答

5.5　二项式系数和组合恒等式

本节主要讨论组合数的性质、组合数序列的求和以及组合恒等式的证明等内容。本节引入一个新的符号 $\binom{n}{r}$，当 n 和 r 都是自然数时，它就等于组合数 $C(n,r)$。

5.5.1　二项式定理

表达式 $(a+b)^n$ 看似与组合数无关，但通过 n 个对象的 r 组合数可以得出表达式 $(a+b)^n$ 的展开式。代数表达式在很多情况下都与计数问题相关，利用代数方法常常可以得到一些高级的计数技巧。二项式定理给出了 $(a+b)^n$ 展开的各项系数。由于

$$\underbrace{(a+b)(a+b)\cdots(a+b)}_{n\text{个因子}}$$

从每个因子中选择 a 或 b，将 n 个因子中的选择相乘，再将所有选择的乘积相加，即得展开式。例如，为展开 $(a+b)^3$，需从第一个因子中选择 a 或 b，从第二个因子中选择 a 或 b，从第三个因子中选择 a 或 b，将选出的 3 项相乘得展开式中的一项，将所有选择的乘

积相加得展开式。若从3个因子中都选择a,则得项aaa;若从第一个因子中选择a,从第二个因子中选择b,从第三个因子中选择a,则得项aba。表5.1列出了所有可能的项。将所有选择的乘积相加,有

$$\begin{aligned}(a+b)^3&=(a+b)(a+b)(a+b)\\&=aaa+aab+aba+abb+baa+bab+bba+bbb\\&=a^3+a^2b+a^2b+ab^2+a^2b+ab^2+ab^2+b^3\\&=a^3+3a^2b+3ab^2+b^3\end{aligned}$$

式中,在n个因子中选择k个b和$n-k$个a,可得项$a^{n-k}b^k$。因为从n个对象中选择k个共有$C(n,k)$种选法,所以项$a^{n-k}b^k$共有$C(n,k)$个,则

$$(a+b)^n=C(n,0)a^nb^0+C(n,1)a^{n-1}b^1+C(n,2)a^{n-2}b^2+\cdots+C(n,n-1)a^1b^{n-1}+C(n,n)a^0b^n$$

这就是所谓的二项式定理(见表5.1)。

表5.1 计算$(a+b)^3$

从第一个因子$(a+b)$中选择	从第二个因子$(a+b)$中选择	从第三个因子$(a+b)$中选择	选择结果的乘积
a	a	a	$aaa=a^3$
a	a	b	$aab=a^2b$
a	b	a	$aba=a^2b$
a	b	b	$abb=ab^2$
b	a	a	$baa=a^2b$
b	a	b	$bab=ab^2$
b	b	a	$bba=ab^2$
b	b	b	$bbb=b^3$

定理5.9(二项式定理) 设a和b为实数,n为正整数,则

$$(a+b)^n=\sum_{k=0}^{n}C(n,k)a^{n-k}b^k$$

利用数学归纳法归纳于n,同样可证二项式定理。

$C(n,r)$为$a+b$的幂的展开式中的系数,故称为**二项式系数**。

例5.18 在定理5.9中令$n=3$,可得

$$\begin{aligned}(a+b)^3&=C(3,0)a^3b^0+C(3,1)a^2b^1+C(3,2)a^1b^2+C(3,3)a^0b^3\\&=a^3+3a^2b+3ab^2+b^3\end{aligned}$$

例5.19 利用二项式定理展开$(3x-2y)^4$。

解:在定理5.9中,令$a=3x,b=-2y,n=4$,可得

$$\begin{aligned}(3x-2y)^4&=(a+b)^4\\&=C(4,0)a^4b^0+C(4,1)a^3b^1+C(4,2)a^2b^2+C(4,3)a^1b^3+C(4,4)a^0b^4\\&=C(4,0)(3x)^4(-2y)^0+C(4,1)(3x)^3(-2y)^1+C(4,2)(3x)^2(-2y)^2+\\&\quad C(4,3)(3x)^1(-2y)^3+C(4,4)(3x)^0(-2y)^4\end{aligned}$$

$$=3^4x^4+4\cdot 3^3x^3(-2y)+6\cdot 3^2x^2(-2)^2(y)^2+$$
$$4\cdot(3x)(-2)^3(y)^3+(-2)^4y^4$$
$$=81x^4-216x^3y+216x^2y^2-96xy^3+16y^4$$

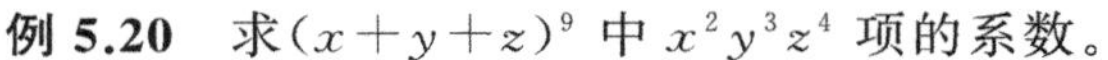

例 5.20　求$(x+y+z)^9$中$x^2y^3z^4$项的系数。

例 5.20 解答

5.5.2　组合恒等式

二项式系数也可从 Pascal 三角形(见图 5.2)中得到。三角形边缘的数字均为 1,中间的数字为其上方两个数字之和。下面的定理将形式化地描述这种关系。这是一个利用组合论据给出的证明。通过对同一个集合运用不同的方法计数,得到的等式称为组合恒等式,证明等式的论据称为组合论据。

```
          1
        1   1
      1   2   1
    1   3   3   1
  1   4   6   4   1
1   5  10  10   5   1
⋰         ⋮         ⋱
```

图 5.2　Pascal 三角形

定理 5.10　对任意$1\leqslant k\leqslant n$,

$$C(n+1,k)=C(n,k-1)+C(n,k)$$

证明:令X为n元素集合,$a\notin X$,则$C(n+1,k)$为$Y=X\cup\{a\}$的k元素子集的个数。Y的k元素子集可分为两类:(1)Y的不包含a的子集;(2)Y的包含a的子集。

第一类子集相当于从X中选取k个元素,故共有$C(n,k)$个;第二类子集相当于选取a后再从X中选取$k-1$个元素,故共有$C(n,k-1)$个。所以

$$C(n+1,k)=C(n,k-1)+C(n,k)$$

可运用二项式定理和定理 5.10 推出一些组合等式。

例 5.21　利用二项式定理证明

$$\sum_{k=0}^{n}C(n,k)=2^n$$

将等式左边与二项式定理中的和

$$\sum_{k=0}^{n}C(n,k)a^{n-k}b^k$$

比较,仅相差$a^{n-k}b^k$,故令$a=b=1$,代入二项式定理得

$$2^n=(1+1)^n=\sum_{k=0}^{n}C(n,k)1^{n-k}1^k=\sum_{k=0}^{n}C(n,k)$$

利用组合论据同样可以证明例 5.21 的等式。给定一个n元素集合X的k元素子集的数目,故等式右边为X的所有子集的数目。另一方面,n元素集合X的所有子集个数为2^n,则例 5.21 的等式得证。

例 5.22　运用定理 5.10 证明

$$\sum_{i=k}^{n}C(i,k)=C(n+1,k+1)$$

由定理 5.10 得

$$C(i,k)=C(i+1,k+1)-C(i,k+1)$$

则

$$
\begin{aligned}
& C(k,k)+C(k+1,k)+C(k+2,k)+\cdots+C(n,k) \\
=\ & 1+C(k+2,k+1)-C(k+1,k+1)+C(k+3,k+1) \\
& -C(k+2,k+1)+\cdots+C(n+1,k+1)-C(n,k+1) \\
=\ & C(n+1,k+1)
\end{aligned}
$$

下面给出一些常见的组合恒等式。

(1) 对于正整数 n 和 k,有

$$\binom{n}{k}=\frac{n}{k}\binom{n-1}{k-1}$$

(2) 对于正整数 n,有

$$\binom{n}{0}+\binom{n}{1}+\cdots+\binom{n}{n}=2^n$$

$$\binom{n}{0}-\binom{n}{1}+\binom{n}{2}-\cdots+(-1)^n\binom{n}{n}=0$$

(3) 对于正整数 n,有

$$1\cdot\binom{n}{1}+2\cdot\binom{n}{2}+\cdots+n\cdot\binom{n}{n}=n\cdot 2^{n-1}$$

证明见习题。

5.6 鸽笼原理

鸽笼原理可用于判断是否存在给定性质的对象。若鸽笼原理的条件成立,则存在满足条件的对象,但鸽笼原理并不能指出怎样寻找这样的对象,或是这样的对象在哪里。

5.6.1 鸽笼原理的简单形式

鸽笼原理的第一种形式为:若 n 只鸽子飞入 k 个鸽笼,$k<n$,则至少有两只鸽子飞入同一个鸽笼。可用反证法证明鸽笼原理,假设结论不成立,即每个鸽笼至多有一只鸽子,则 k 个鸽笼中最多有 k 只鸽子,与鸽子总数 $n>k$ 矛盾,故结论成立。

定理 5.11 鸽笼原理(第一种形式)。

n 只鸽子飞入 k 个鸽笼,$k<n$,则必存在某个鸽笼至少包含两只鸽子。

鸽笼原理只能确定至少包含两只鸽子的鸽笼的存在性,但不能指出如何找到这样的鸽笼。运用鸽笼原理时必须确定哪些对象相当于鸽子,哪些对象相当于鸽笼。

例 5.23 10 个人,姓为李、刘、王,名为伟、涛、红,证明至少有两个人同名。

解:这 10 个人的姓名共有 9 种可能。将人看作鸽子,将姓名看作鸽笼,将为人指定姓名看作鸽子飞入鸽笼。根据鸽笼原理,至少有两个人(鸽子)具有相同的姓名(鸽笼)。

5.6.2 鸽笼原理的一般形式

定理 5.12 鸽笼原理(第二种形式)。

设 f 为有限集合 X 到有限集合 Y 的函数，且 $|X|>|Y|$，则必存在 $x_1,x_2\in X,x_1\neq x_2$，满足 $f(x_1)=f(x_2)$，X 相当于第一种形式中的鸽子，Y 相当于第一种形式中的鸽笼。鸽子 x 飞入鸽笼 $f(x_1)$。由鸽笼原理的第一种形式，至少有两只鸽子 $x_1,x_2\in X$ 飞入同一个鸽笼，即对某两个 $x_1,x_2\in X,x_1\neq x_2$，满足 $f(x_1)=f(x_2)$。

下面的例子说明鸽笼原理的第二种形式如何运用。

例 5.24　证明：若从编号为 1～300 的计算机科学课程中任选 151 门不同编号的课程，则至少有两门课的编号相连。

解：设选出的课程编号为

$$c_1,c_2,\cdots,c_{151}$$

上式中的 151 个数字与

$$c_1+1,c_2+1,\cdots,c_{151}+1$$

共有 302 个数字，取值为 1～301。根据鸽笼原理的第二种形式，至少有两个数字相等。由于第一枚举中的数字互不相同，第二枚举中的数字也互不相同，故必有第一枚举中的一个数字与第二枚举中的一个数字相同，即

$$c_i=c_j+1$$

表明课程 c_i 与 c_j 的编号相邻。

定理 5.13　鸽笼原理(第三种形式)。

设 f 为有限集合 X 到有限集合 Y 上的函数，$|X|=n,|Y|=m$。令 $k=\lceil n/m\rceil$，则至少存在 k 个元素 $a_1,a_2,\cdots,a_k\in X$，满足 $f(a_1)=f(a_2)=\cdots=f(a_k)$。

证明：利用反证法可证明鸽笼原理的第三种形式。假设结论不成立，令 $Y=\{y_1,y_2,\cdots,y_m\}$。在 X 中，满足 $f(x)=y_1$ 的元素 x 不超过 $k-1$ 个；满足 $f(x)=y_2$ 的元素 x 不超过 $k-1$ 个；……；满足 $f(x)=y_m$ 的元素 x 不超过 $k-1$ 个，则 f 的域中的元素个数不超过 $m(k-1)$ 个。但

$$m(k-1)<m\frac{n}{m}=n$$

故矛盾，必存在至少 k 个元素 $a_1,a_2,\cdots,a_k\in X$，使

$$f(a_1)=f(a_2)=\cdots=f(a_k)$$

本节的最后一个例子说明了鸽笼原理的第三种形式如何运用。

例 5.25　平均灰度是黑白图像的重要属性。若两幅黑白图像的平均灰度差不超过给定的值，则称这两幅黑白图像相似。可证明在 6 幅黑白图像中，至少有 3 幅图像两两相似，或至少有 3 幅图像两两不相似。

例 5.25 解答

例 5.26　证明：对任意整数 N，存在 N 的一个倍数，此倍数只含有数字 0 和 7。

例如：若 $N=3$，则 $259\times3=777$；若 $N=4$，则 $1925\times4=7700$；

若 $N=5$，则 $14\times5=70$；若 $N=6$，则 $1295\times6=7700$。

证明：考虑下列 $N+1$ 个数

$$7,77,777,\cdots,\underbrace{77\cdots77}_{(N+1\text{个}7)}$$

这 $N+1$ 个数分别除以 N，得到 $N+1$ 个余数，必有两个余数相同，不妨设这两个数分别由 i,j 个 7 组成($i<j$)，则 $775\cdots7$(j 个 7)$-75\cdots7$(i 个 7)$=N$ 的倍数($=kN$)，即

$77\cdots70\cdots0=kN$。

例 5.27 解答

例 5.27 在 $n+2$ 个正整数中,必存在两个数 a,b 满足 $a+b$ 或 $a-b$ 是 $2n$ 的倍数。

例 5.28 20个人的衬衣号分别为1,2,…,20,任意3人组成一组,3个人的衬衣号之和为该组的编码。证明:如果从20人中任选8人,则这8人中至少可形成两个不同的组,其编码相同。

解:选8人,有 $C_8^3=56$ 个不同的小组,最大可能的组编码为 $18+19+20=57$,最小可能的组编码为 $1+2+3=6$。因为在6和57之间只有52个编码(鸽笼),而有56个可能的小组(鸽子),由鸽笼原理,至少有两组有相同的编码。

5.7 递推关系及应用

5.7.1 递推定义函数

为了定义以非负整数集合作为其定义域的函数,就要规定这个函数在0处的值,并给出从较小的整数处的值求出当前值的规则,这样的定义称为递推定义。

例 5.29 假定 f 是用

$$f(0)=3$$
$$f(n+1)=2f(n)+3$$

递推地定义的,求 $f(1)$、$f(2)$、$f(3)$和 $f(4)$。

解:从这个递推定义得出

$$f(1)=2f(0)+3=2\times3+3=9$$
$$f(2)=2f(1)+3=2\times9+3=21$$
$$f(3)=2f(2)+3=2\times21+3=45$$
$$f(4)=2f(3)+3=2\times45+3=93$$

许多函数都可以利用它们的递推定义研究。阶乘函数就是一个这样的例子。

例 5.30 给出阶乘函数 $F(n)=n!$ 的递推定义。

解:可以通过规定阶乘函数的初值,即 $F(0)=1$,并且给出从 $F(n)$求出 $F(n+1)$的规则,定义这个函数。要得出这个结果,注意通过乘以 $n+1$ 就能从 $n!$ 计算出$(n+1)!$。因此,需要的规则是 $F(n+1)=(n+1)F(n)$。

递推定义的函数是严格定义的。这是数学归纳法原理的一个结果。在下面的例子里给出递推定义的其他例子。

例 5.31 给出 a^n 的递推定义,其中 a 是非零实数,而且 n 是非负整数。

解:这个递推定义包括两部分。首先规定 a^0,即 $a^0=1$。然后给出从 a^n 求出 a^{n+1} 的规则,即对 $n=0,1,2,3,\cdots$来说,$a^{n+1}=a\cdot a^n$。这两个等式对所有非负整数唯一地定义了 a^n。

例 5.32 给出 $\sum\limits_{k=0}^{n}a_k$ 的递推定义。

解:这个递推定义的第一部分是

$$\sum_{k=0}^{0} a_k = a^0$$

第二部分是

$$\sum_{k=0}^{n+1} a_k = \sum_{k=0}^{n} a_k + a_{n+1}$$

在函数的某些递推定义里，规定了函数在前 k 个正整数处的值，而且给出了从一个较大的整数之前的部分或全部 k 个整数处的函数值确定在该整数处的函数值的规则。从数学归纳法第二原理可以得出结论，这样的定义可产生严格定义的函数。

例 5.33　Fibonacci（斐波那契）数 $f_0, f_1, f_2, \cdots$ 是用等式 $f_0=0, f_1=1$，以及 $f_n=f_{n-1}+f_{n-2}$（其中 $n=2,3,4,\cdots$）定义的。Fibonacci 数 f_2, f_3, f_4, f_5, f_6 分别是什么？

解：因为这个定义的第一部分说 $f_0=0$ 和 $f_1=1$，所以从这个定义的第二部分得出

$$f_2=f_1+f_0=1+0=1$$
$$f_3=f_2+f_1=1+1=2$$
$$f_4=f_3+f_2=2+1=3$$
$$f_5=f_4+f_3=3+2=5$$
$$f_6=f_5+f_4=5+3=8$$

可以用 Fibonacci 数的递推定义证明这些数的许多性质，下面给出一个例子。

例 5.34　证明：Fibonacci 数满足 $f_n>a^{n-2}$，其中 $n\geqslant 3, a=(1+\sqrt{5})/2$。

注意：归纳步骤证明了每当 $n\geqslant 4$ 时，从对 $3\leqslant k\leqslant n$ 来说 $P(k)$ 为真的假定就得出 $P(n+1)$。因此，归纳步骤没有证明 $P(3)\rightarrow P(4)$。所以，不得不单独证明 $P(4)$ 为真。

例 5.34 证明

5.7.2　递推定义集合

递推定义可用来定义集合。先给出初始元素，然后给出从已知元素构造其他元素的规则。以这种方式描述的集合是严格定义的，用其递推定义可以证明相关性质。下面用例子说明集合的递推定义。

例 5.35　设 S 是用

(1) $3\in S$；

(2) 若 $x\in S$ 且 $y\in S$，则 $x+y\in S$；

(3) S 的元素仅由(1)、(2)生成。

递推定义的。

证明：S 是被 3 整除的正整数集合。（注意：定义中的第 3 条表示，所有属于 S 的东西都是用 S 的递推定义里的前两个命题生成的，有些书中第(3)条缺省。）

例 5.35 证明

在例 5.35 里集合的递推定义是典型的。首先，给出一组初始元素。其次，给出从已知属于集合的元素生成新元素的规则。在定义里隐含着只有在初始元素中列出的元素，或者可以用构造新元素的规则生成的那些元素才属于这个集合。

集合的递推定义的最普通的用途之一是定义各种系统里的合式公式。在下面的例子里说明这一点。

例 5.36 由变量、数字和运算符{+,−,∗,/,↑}(其中∗代表乘法,↑代表乘幂)定义合式公式如下:

(1) 若 x 是数字或变量,则 x 是合式公式;

(2) 若 f 和 g 是合式公式,则 $(f+g)$,$(f-g)$,$(f*g)$,(f/g)和$(f\uparrow g)$都是合式公式;

(3) 合式公式均由(1)、(2)两种方式构造。

根据定义,因为 x、y 和 3 是合式公式,所以$(x+3)$,$(x-3)$,$(x*3)$,$(x/3)$,$(x\uparrow 3)$和$((x+3)+y)(y-(x*3)))$都是合式公式。

例 5.37(字符串集合) 字母表 Σ 上的字符串的集合 Σ^* 可递推地定义如下:(1)$\lambda\in\Sigma^*$,其中 λ 是不包含任何符号的空串;(2)如果 $\omega\in\Sigma^*$ 和 $x\in\Sigma$,则有 $\omega x\in\Sigma^*$。

这个定义的第一部分说明空串属于 Σ^*,第二部分说明把 Σ^* 的字符串与 Σ 的符号连接起来可产生新的字符串。

字符串的长度是该字符串中符号的个数,它也可以递推地定义。

例 5.38 给出字符串 ω 的长度 $l(\omega)$的递推定义。

解:字符串的长度可以定义成

$$l(\lambda)=0$$

$l(\omega x)=l(\omega)+1$,若 $\omega\in\Sigma^*$ 而且 $x\in\Sigma$。

下面的例子将说明在证明里如何使用对字符串的递推定义。

例 5.39 证明

例 5.39 用数学归纳法证明:$l(xy)=l(x)+l(y)$,其中 x 和 y 属于 Σ^*,即字母表 Σ 上的字符串的集合。

5.7.3 递推关系模型

本节介绍两个著名的递推模型:Fibonacci(斐波那契)序列与 Hanoi(汉诺)塔。

1. Fibonacci 序列

特殊的计数序列——Fibonacci 序列是通过递推关系定义的。由 Fibonacci 提出的问题是,在一年的开始,将一对兔子放进围场中。每个月,一对兔子中的雌性兔子生下新的雌雄各异的一对兔子。每对新兔子从第二个月起,也是每月生产一对兔子。求一年后围场内兔子的总对数。

在第一个月内,给定的一对兔子将生产一对新兔子,所以,在第一个月末,围场中将有两对兔子。在第 2 个月内,唯有最初的一对兔子生产一对兔子,所以,在第 2 个月末,围场中将有 3 对兔子。在第 3 个月内,最初的一对兔子以及在第一个月生产的一对兔子将各自生产一对兔子,所以,在第 3 个月末,围场中将有 2+3=5 对兔子。对每个 $n=1,2,3,\cdots$,令 $f(n)$表示第 n 月初围场中兔子对的总数,则有 $f(1)=1$,$f(2)=2$,$f(3)=3$,$f(4)=5$,而要计算的是 $f(13)$。下面从 $f(n)$的递推关系着手,很容易计算出 $f(13)$。在围场中的第 $n-1$ 月初的兔子对仍将在第 n 月初存在;另外,在第 $n-2$ 月初就已存在的所有兔子对在第 $n-1$ 月内各生产一对新兔子,于是在第 n 月初有 $f(n-1)+f(n-2)$对兔子,所以对 $n=3,4,\cdots$,有

$$f(n)=f(n-1)+f(n-2)$$

利用这个关系和已经计算出的 $f(1)$、$f(2)$、$f(3)$、$f(4)$值，可以得到

$f(5)=f(4)+f(3)=5+3=8$； $f(6)=f(5)+f(4)=8+5=13$；

$f(7)=f(6)+f(5)=13+8=21$； $f(8)=f(7)+f(6)=21+13=34$；

$f(9)=f(8)+f(7)=34+21=55$； $f(10)=f(9)+f(8)=55+34=89$；

$f(11)=f(10)+f(9)=89+55=144$； $f(12)=f(11)+f(10)=144+89=233$；

$f(13)=f(12)+f(11)=233+144=377$；

一年后，围场内有 377 对兔子。

如果令 $f(0)=1$，于是 $f(2)=2=1+1=f(1)+f(0)$。数序列 $f(0),f(1),f(2),\cdots$ 满足递推关系：对于 $n=2,3,4,\cdots$，有

$$f(n)=f(n-1)+f(n-2)$$

连同初始值 $f(0)=1$ 和 $f(1)=1$ 被称为 Fibonacci 序列，并且称序列中的数为 Fibonacci 数。通过计算知道该序列是

$$1,1,2,3,5,8,13,21,34,55,89,144,233,377,\cdots$$

Fibonacci 序列有许多值得注意的性质。例如，Fibonacci 序列 $f(0),f(1),f(2),\cdots$项的部分求和具有

$$f(0)+f(1)+f(2)+\cdots+f(n)=f(n+2)-1$$

对于 $n=0$，该公式可简化为 $f(0)=f(2)-1$，由于 $1=2-1$，所以公式是成立的。

假设结论对任意的自然数 $k(>0)$，$n=k-1$ 时成立，则 $n=k$ 时，

$$\begin{aligned}f(0)+f(1)+f(2)+\cdots+f(k)&=(f(0)+f(1)+f(2)+\cdots+f(k-1))+f(k)\\&=(f(k+1)-1)+f(k)=(f(k+1)+f(k))-1\\&=f(k+2)-1\end{aligned}$$

由数学归纳法原理，得到证明。

2. Hanoi 塔

将 3 根直立的杆子标号为 A、B、C，如图 5.3 所示。设开始时有 n 个圆盘依大小自下而上套在杆 A 上，并且 n 个圆盘的半径两两不同。现按照 3 条规则，将杆 A 上的圆盘以原样全部转移到杆 C 上。这 3 条规则是：①每次只转移一个圆盘；②整个转移过程始终保持较小的圆盘在较大圆盘上面的形式；③有而且仅有 3 根立杆 A、B 和 C 供使用。问将杆 A 上的 n 个圆盘以原样全部转移到杆 C 上需要移动多少次？

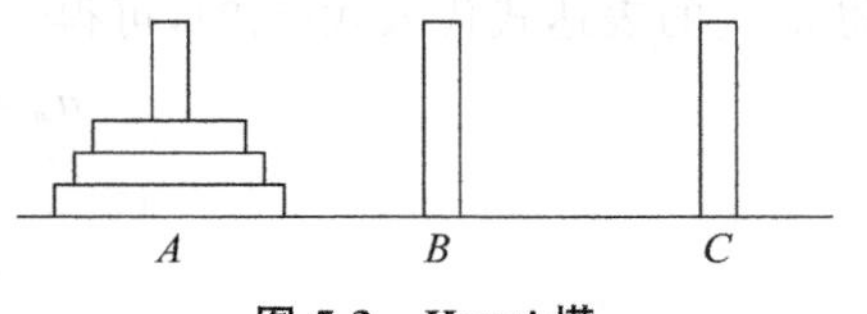

图 5.3 Hanoi 塔

稍加分析不难看出，按照上述 3 条转移规则，n 个圆盘的转移只能按下面的过程进行：第一步，将杆 A 最上面的 $n-1$ 个圆盘，借助杆 C 转移到杆 B 上；第二步，将杆 A 的最下面的大圆盘转移到杆 C 上；第三步，借助杆 A 和杆 C，再把杆 B 上的 $n-1$ 个圆盘转移到套有最大圆盘的立杆 C 上。

假设 h_n 表示转移 n 个圆盘需要的最少移动次数，那么执行第一步需要 h_{n-1} 次，执行第二步需要一次，执行第三步需要 h_{n-1} 次，于是最少移动的总次数等于

$$h_n=2\cdot h_{n-1}+1$$

并且初始条件 $h_1=1$。显然，h_n 的表达式也是一个递推关系式。可以证明这个方程的解

是 $h_n=2^n-1$。

例 5.40 解答

例 5.40 一个编码系统用八进制数字对信息编码,一个码字是有效的,当且仅当含有偶数个7,求 n 位长的有效码字有多少个?

这个解是怎样求出的?这正是5.7.4节要讨论的问题。

5.7.4 求解递推关系

要求解序列的递推关系,即对一般项寻求一个显式公式。本节介绍两种求解递推关系的方法:迭代法和常系数齐次线性递推关系法。

利用迭代法求解序列 $a_0,a_1,\cdots$ 的递推关系时,先根据递推关系用 a_n 前面的 $a_{n-1},\cdots,a_0$ 若干项表示 a_n,然后反复利用递推关系将 $a_{n-1},\cdots,a_0$ 替换,直至得到 a_n 的显式公式。

例 5.41 用迭代法求解递推关系

$$a_n=a_{n-1}+3 \tag{5.1}$$

初始条件为

$$a_1=2$$

在式(5.1)中用 $n-1$ 代替 n,得

$$a_{n-1}=a_{n-2}+3$$

将 a_{n-1} 的表达式代入式(5.1),可得

$$\begin{aligned}a_n&=a_{n-1}+3\\&=a_{n-2}+3+3\\&=a_{n-2}+2\times 3\end{aligned} \tag{5.2}$$

在式(5.1)中用 $n-2$ 代替 n,得

$$a_{n-2}=a_{n-3}+3$$

将 a_{n-2} 的表达式代入式(5.2),可得

$$\begin{aligned}a_n&=a_{n-2}+2\times 3\\&=a_{n-3}+3+2\times 3\\&=a_{n-3}+3\times 3\end{aligned}$$

一般来说,有

$$a_n=a_{n-k}+k\cdot 3$$

将 $k=n-1$ 代入上式,得

$$a_n=a_1+(n-1)\cdot 3$$

因为 $a_1=2$,故可得序列 a 的显式公式

$$a_n=2+(n-1)\cdot 3$$

定义 5.4 形为

$$a_n=c_1a_{n-1}+c_2a_{n-2}+\cdots+c_ka_{n-k},\quad c_k\neq 0 \tag{5.3}$$

的递推关系称为常系数 k 阶齐次线性递推关系。

注意:形如式(5.3)的常系数 k 阶齐次线性递推关系与 k 个初始条件

$$a_0=C_0,\quad a_1=C_1,\cdots,a_{k-1}=C_{k-1}$$

唯一地确定序列 $a_0, a_1, \cdots$。

定义 5.5　方程 $p^k - c_1 p^{k-1} - c_2 p^{k-2} - \cdots - c_{k-1} p - c_k = 0$ 叫作 k 阶线性齐次递推关系 $a_n = c_1 a_{n-1} - c_2 a_{n-2} \cdots - c_k a_{n-k}$ 的特征方程,其中 p 是一个常数。方程的解 p 叫作该递推关系的特征根。

定理 5.14　令

$$a_n = c_1 a_{n-1} + c_2 a_{n-2} \tag{5.4}$$

为常系数二阶齐次线性关系。

(1) 若 S 和 T 为式(5.4)的解,则 $U = bS + dT$ 也为式(5.4)的解。

(2) 若 r 为方程

$$t^2 - c_1 t - c_2 = 0 \tag{5.5}$$

定理 5.14 证明

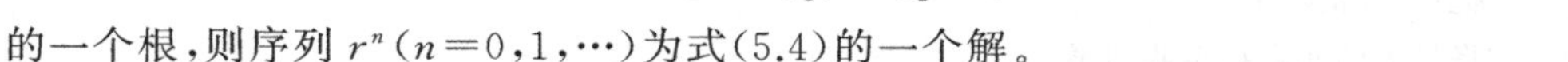

的一个根,则序列 $r^n (n = 0, 1, \cdots)$ 为式(5.4)的一个解。

(3) 若 a_n 为式(5.4)定义的序列,

$$a_0 = C_0, \quad a_1 = C_1 \tag{5.6}$$

且 r_1 和 r_2 为方程(5.5)的两个不相同的根,则存在常数 b 和 d,使得

$$a_n = b r_1^n + d r_2^n, \quad n = 0, 1, \cdots$$

成立。

例 5.42　求 Fibonacci 序列的显式公式。

例 5.42 解答

定理 5.14 说明,式(5.4)的任一解都可以由两个基本解 r_1^n 和 r_2^n 给出。但如果式(5.9)有两个相等的根 r,则只能得到一个基本解 r^n。下面说明 nr^n 为另一个基本解。若令 $a_n = c_1 a_{n-1} + c_2 a_{n-2}$ 为常系数二阶齐次线性递推关系,序列 a 满足式 $a_n = c_1 a_{n-1} + c_2 a_{n-2}$,且 $a_0 = c_0, a_1 = c_1$,方程 $t^2 - c_1 - c_2 = 0$ 有两个相等的根 r,则存在常数 b 和 d,使得 $a_n = br^n + dnr^n (n = 0, 1, \cdots)$ 成立。

5.7.5　递推在算法分析中的应用

本节将利用递推关系分析算法的执行时间。a_n 代表算法输入问题规模为 n 时,执行算法(最好、平均、最坏)所需的时间,这样可以研究求出序列 $a_1, a_2, \cdots$ 的递推关系和初始条件的方法。通过求解递推关系得到执行算法所需的时间。

首先分析一类选择排序算法。通过这个算法找出最大的元素,并将最大的元素排到队尾,递推地重复执行该过程,直至全部排好。

定理 5.15(Master 定理)　设 $a \geqslant 1, b > 1$ 为常数,$f(n)$ 为函数,$T(n)$ 为非负整数,$T(n) = aT(n/b) + f(n)$,则有以下结果:

(1) $f(n) = O(n^{\log_b a - \varepsilon}), \varepsilon > 0$,那么 $T(n) = \Theta(n^{\log_b a})$;

(2) $f(n) = \Theta(n^{\log_b a})$,那么 $T(n) = \Theta(n^{\log_b a} \log n)$;

(3) $f(n) = \Omega(n^{\log_b a + \varepsilon}), \varepsilon > 0$,且对于某个常数 $c < 1$ 和所有的充分大的 n 有 $af(n/b) \leqslant cf(n)$,那么 $T(n) = \Theta(f(n))$。

算法 5.1(选择排序)　这个算法将序列

$$s_1, s_2, \cdots, s_n$$

按非递减顺序排列。先将最大的元素置于队列尾,然后递推地排列剩下的元素。

输入：$s_1,s_2,\cdots,s_n$ 和序列的长度 n；

输出：$s_1,s_2,\cdots,s_n$，按非递减顺序排列。

```
1.  selection_sort(s,n){
2.  //基本情况
3.  if(n==1)
4.  return
5.  //找到最大的元素
6.  max_index=1                              //初始认为 * * 是最大的元素
7.  for i=2 to n
8.    if(s_i > s_max_index)                  //比较得到较大的元素，并更新最大元素
9.    max_index=i
10. //将最大的元素移至队列尾
11. swap(s_n, s_max_index)
12. selection_sort(s,n-1)
13. }
```

为了度量算法的执行时间，需计算对 n 个数排序时第8行比较语句的执行次数 b_n(注意，这个算法对于最好情形、平均情形和最坏情形所需的执行时间相同)。可得初始条件

$$b_1=0$$

为得到序列 $b_1,b_2,\cdots$ 的递推关系，可以模拟算法输入 $n>1$ 个数时的执行情况。首先计算比较语句执行的次数，然后求这些次数的和，便得出比较的总次数 b_n。在第1～7行，没有执行比较语句；在第8行，比较语句被执行了 $n-1$ 次(因为第7行使第8行执行了 $n-1$ 次)；在第9～11行，没有执行比较语句；第12行为递推调用算法，规模为 $n-1$。由定义，规模 $n-1$ 时，算法需 b_{n-1} 次比较。于是第12行执行了 b_{n-1} 次比较语句。所以，比较语句的执行次数为

$$b_n=n-1+b_{n-1}$$

于是得到了所希望的序列 b_n 的递推关系。

可用迭代法求解递推关系：

$$\begin{aligned}
b_n&=b_{n-1}+n-1\\
&=(b_{n-2}+n-2)+(n-1)\\
&=(b_{n-3}+n-3)+(n-2)+(n-1)\\
&\vdots\\
&=b_1+1+2+\cdots+(n-2)+(n-1)\\
&=0+1+2+\cdots+(n-1)\\
&=\frac{(n-1)n}{2}=\Theta(n^2)
\end{aligned}$$

故算法5.1的时间复杂度为 $\Theta(n^2)$。

二分法查找是在已排序的序列中查找给定的数，若找到，则返回这个数的下标；若找不到，则返回0。算法采用分割序列的办法，将序列分为大致相等的两半(算法第4行)。若给定的数在分割点上(第5行)，则算法结束。若给定的数不在分点上，因为序列已排序，故第7行的比较语句可以确定要查找的数可能在序列的哪一半，然后可以递推调用此

算法(第 11 行)在可能的一半中继续查找。

算法 5.2 伪代码

算法 5.2(二分法查找)　算法在非递减排列的序列中查找给定的数,若找到,则返回这个数的下标;若找不到,则返回 0。

例 5.43　分析算法 5.2,在输入

$$s_1='B',\quad s_2='D',\quad s_3='F',\quad s_4='S'$$

和 key='S'时如何执行。

例 5.43 分析说明

定理 5.16　对输入规模为 n 的二分法查找,在最坏情形下的时间复杂度为 $\Theta(\lg n)$。

证明:前面已阐述了定理的证明。

5.7.6　生成函数

定义 5.6　对于序列 $a_0,a_1,a_2,\cdots$,多项式

$$G(x)=a_0+a_1x+a_2x^2+\cdots$$

称为序列 $a_0,a_1,a_2,\cdots$的生成函数。

设序列$\{a_n\}$,$\{b_n\}$,$\{c_n\}$的生成函数分别是 $A(x)$、$B(x)$和 $C(x)$,它们具有如下 11 个性质。

性质 5.1　如果 $b_n=\alpha a_n$,α 为常数,则 $B(x)=\alpha A(x)$。

证明:由定义 5.6 知,$B(x)=b_0+b_1x+b_2x^2+\cdots=\alpha(a_0+a_1x+a_2x^2+\cdots)=\alpha A(x)$。

性质 5.2　如果 $c_n=a_n+b_n$,则 $C(x)=A(x)+B(x)$。

证明:由定义 5.6 知,

$$\begin{aligned}C(x)&=c_0+c_1x+c_2x^2+\cdots\\&=a_0+b_0+a_1x+b_1x+a_2x^2+b_2x^2+\cdots=A(x)+B(x)。\end{aligned}$$

性质 5.3　如果 $c_n=\sum\limits_{i=0}^{n}a_ib_{n-i}$,则 $C(x)=A(x)\cdot B(x)$。

证明:$A(x)B(x)=(a_0+a_1x+a_2x^2+\cdots)(b_0+b_1x+b_2x^2+\cdots)=C(x)$。

性质 5.4　如果 $b_n=\begin{cases}0, & n<l\\ a_{n-l}, & n\geqslant l\end{cases}$,则 $B(x)=x^lA(x)$。

证明:$x^lA(x)=a_0x^l+a_1x^{l+1}+a_2x^{l+2}+\cdots=B(x)$。

性质 5.5　如果 $b_n=a_{n+l}$,则 $B(x)=\dfrac{A(x)-\sum\limits_{n=0}^{l-1}a_nx^n}{x^l}$。

证明:类似于性质 5.4。

性质 5.6　如果 $b_n=\sum\limits_{i=0}^{n}a_i$,则 $B(x)=\dfrac{A(x)}{1-x}$。

证明:将 $B(x)$展开,可以得到$(1-x)B(x)=A(x)$。

性质 5.7　如果 $b_n=\sum\limits_{i=0}^{\infty}a_i$,且 $A(1)=\sum\limits_{n=0}^{\infty}a_n$ 收敛,则 $B(x)=\dfrac{A(1)-xA(x)}{1-x}$。

证明:将 $B(x)$展开,可以得到$(1-x)B(x)=A(1)-xA(x)$。

性质 5.8　如果 $b_n=\alpha^na_n$,α 为常数,则 $B(x)=A(\alpha x)$。

证明：$B(x)=\alpha_0+\alpha_1 ax+\alpha_2 a^2x^2+\cdots=A(\alpha x)$。

性质 5.9 如果 $b_n=na_n$，则 $B(x)=xA'(x)$。

证明：$B(x)=a_1x+2a_2x^2+\cdots=xA'(x)$。

性质 5.10 如果 $b_n=\dfrac{a_n}{n+1}$，则 $B(x)=\dfrac{1}{x}\int_0^x A(x)\mathrm{d}x$。

证明：首先对 $A(x)$ 的每一项积分，然后代入 $b_n=\dfrac{a_n}{n+1}$ 即可得到 $B(x)$。

例 5.44 有红球两个，白球、黄球各一个，试求有多少种不同的组合方案。

解：设 r、w、y 分别代表红球、白球、黄球。

$$(1+r+r^2)(1+w)(1+y)=(1+r+r^2)(1+y+w+yw)$$
$$=1+(r+y+w)+(r^2+ry+rw+yw)+(r^2y+r^2w+ry\,w)+r^2yw$$

首先介绍以上多项式中各项的意义，例如，$1+r+r^2$ 中的 1 代表不取红球的情况，r 代表只取一个红球的情况，r^2 代表两个红球都取的情况，式中的加法表示或关系，乘法表示与关系，整个表达式表示由这些红球、黄球和白球组成的所有可能的组合方案。

由此可见，除一个球也不取的情况外，有

(1) 取一个球的组合数为 3：分别取红、黄、白 3 种。

(2) 取两个球的组合数为 4：两红、一黄一红、一白一红、一黄一白。

(3) 取 3 个球的组合数为 3：两红一黄、两红一白、一红一黄一白。

(4) 取 4 个球的组合数为 1：两红一黄一白。

令取 r 球的组合数为 c_r，则序列 c_0、c_1、c_2、c_3、c_4 的生成函数为

$$G(x)=(1+x+x^2)(1+x)^2=1+3x+4x^2+3x^3+x^4$$

共有 1+3+4+3+1=12 种组合方式。

下面介绍几个常见的生成函数：

(1) $\dfrac{1}{1-x}=1+x+x^2+\cdots$

(2) $\dfrac{1}{(1-x)^2}=\dfrac{1}{1-x}\;\dfrac{1}{1-x}=(1+x+x^2+\cdots)(1+x+x^2+\cdots)=1+2x+3x^2+\cdots$

(3) $\dfrac{1}{(1-x)^n}=1+nx+\dfrac{n(n+1)}{2!}x^2+\dfrac{n(n+1)(n+2)}{3!}x^3+\cdots=\sum\limits_{k=0}^{\infty}\dbinom{k+n-1}{k}x^k$

例 5.45 已知 $G(x)=(x^4+x^5+x^6+\cdots)^6$ 是序列 $\{a_k\}$ 的生成函数，求 a_k，其中 $k=0,1,2,\cdots$。

解：$G(x)=[x^4(1+x+x^2+\cdots)]^6$，根据上面的等式(3)，取 $n=6$，则

$$G(x)=x^{24}(1-x)^{-6}=x^{24}\sum_{k=0}^{\infty}\binom{k+6-1}{k}x^k=x^{24}\sum_{k=0}^{\infty}\binom{k+5}{k}x^k$$

故 $a_0=a_1=a_2=\cdots=a_{23}=0$，$a_{24}=1$，$a_{25}=\dbinom{6}{1}$。一般地，$a_{k+24}=\dbinom{k+5}{k}$，$k\geqslant 0$，故有

$$a_k=\begin{cases}0, & 0\leqslant k\leqslant 23\\ \dbinom{k-19}{k-24}, & k\geqslant 24\end{cases}$$

例 5.46 解答

例 5.46 求$\{a_n\}$的生成函数。

(1) $a_n=7\times 3^n$;

(2) $a_n=n(n+1)$;

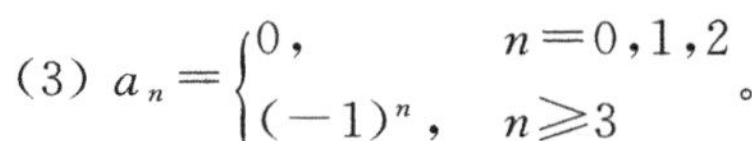

(3) $a_n=\begin{cases}0, & n=0,1,2\\ (-1)^n, & n\geqslant 3\end{cases}$。

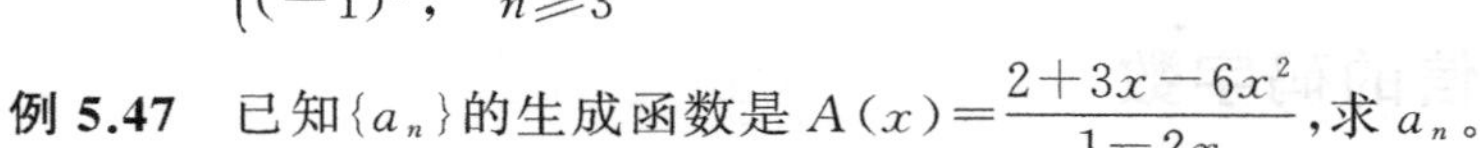

例 5.47 已知$\{a_n\}$的生成函数是$A(x)=\dfrac{2+3x-6x^2}{1-2x}$,求$a_n$。

解:用部分分式的方法得

$$A(x)=\frac{2+3x-6x^2}{1-2x}=\frac{2}{1-2x}+3x$$

而

$$\frac{2}{1-2x}=2\times\frac{1}{1-2x}=2\sum_{n=0}^{\infty}2^n x^n=\sum_{n=0}^{\infty}2^{n+1}x^n$$

所以有

$$a_n=\begin{cases}2^{n+1}, & n\neq 1\\ 2^2+3=7, & n=1\end{cases}$$

定义 5.7 对于序列$a_0,a_1,a_2,\cdots$,多项式

$$G_e(x)=a_0+a_1\frac{x}{1!}+a_2\frac{x^2}{2!}+a_3\frac{x^3}{3!}+\cdots$$

称为序列$a_0,a_l,a_2,\cdots$的**指数型生成函数**。

性质 5.11 设数列$\{a_n\}$,$\{b_n\}$的指数型生成函数分别为$A_e(x)$和$B_e(x)$,则

$$A_e(x)B_e(x)=\sum_{n=0}^{\infty}C_n\frac{x^n}{n!},\text{其中 }C_n=\sum_{k=0}^{n}\binom{n}{k}a_k b_{n-k}$$

证明:$A_e(x)=a_0+a_1\dfrac{x}{1!}+a_2\dfrac{x^2}{2!}+a_3\dfrac{x^3}{3!}+\cdots$

$B_e(x)=b_0+b_1\dfrac{x}{1!}+b_2\dfrac{x^2}{2!}+b_3\dfrac{x^3}{3!}+\cdots$

$A_e(x)B_e(x)=\left(a_0+a_1\dfrac{x}{1!}+a_2\dfrac{x^2}{2!}+a_3\dfrac{x^3}{3!}+\cdots\right)\left(b_0+b_1\dfrac{x}{1!}+b_2\dfrac{x^2}{2!}+b_3\dfrac{x^3}{3!}+\cdots\right)$

经观察,得到x^n的系数是$\displaystyle\sum_{k=0}^{n}\frac{1}{k!\,(n-k)!}a_k b_{n-k}$,所以$A_e(x)B_e(x)=\displaystyle\sum_{n=0}^{\infty}C_n\frac{x^n}{n!}$,其中$C_n=\displaystyle\sum_{k=0}^{n}\binom{n}{k}a_k b_{n-k}$。

例 5.48 设$\{a_n\}$是数列,求它的指数型生成函数$f_e(x)$。

(1) $a_n=P(m,n),n=0,1,\cdots$

(2) $a_n=1,n=0,1,\cdots$

(3) $a_n=b^n,n=0,1,\cdots$

解:(1) $f_e(x)=\displaystyle\sum_{n=0}^{\infty}P(m,n)\frac{x^n}{n!}=\sum_{n=0}^{\infty}C(m,n)x^n=(1+x)^m$

(2) $f_e(x)=\displaystyle\sum_{n=0}^{\infty}1\times\frac{x^n}{n!}=e^x$

(3) $f_e(x)=\sum_{n=0}^{\infty}b^n\frac{x^n}{n!}=\sum_{n=0}^{\infty}\frac{(bx)^n}{n!}=e^{bx}$

5.8 应用案例

5.8.1 大使馆通信的码字数

应用案例
5.8.1解答

问题描述:某大使馆与它的国家通信,所用的码字由长度为 n 的十进制数字串组成。为了捕捉到传输中的错误,约定每个码字中字符3和字符7的总个数必须是奇数。可能的码字有多少个?

5.8.2 条条道路通罗马

魔术表演者甲请他的临时助手乙想一个数字,然后甲用"心灵感应"感应乙的数字,如图5.4所示,甲可以感应出乙最终停的位置,请说明其中的数学原理。

图 5.4 条条道路通罗马

甲拿一副扑克牌随便洗,发出来排好,如图5.4所示。先数牌,规则是:1～10由乙随便选一个数字,如5(乙自己记住,不告诉甲!),按顺序依次数5张牌,若第5张牌的点数大于10(J、Q、K),则当作数字5继续数下去;若第5张牌的点数小于或等于10(A,2,3,…,10),则按照第5张牌的点数依次数下去;重复这一过程,直到剩余牌的数目小于要数的数字时,数牌停止。假设选的数字是5,图5.4给出了具体数牌的过程,上方标五星的是每次数的牌,从♣7开始,最终停在◆10。

【解答可参考文献[38]】

习题

5.1 当执行完以下代码后，k 的值是多少？

```
k=0
for i1:=1 to n1
    for i2:= 1 to n2
            ⋮
     for im:= 1 to nm
    k:= k+ 1
```

5.2 在一幅数字图像中，若将每个像素用 8 位二进制数进行编码，问每个点有多少种不同的取值？

5.3 X 为 n 个元素的集合，有多少满足 $A \subseteq B \subseteq X$ 的有序对 (A,B)？

5.4 按字典顺序列出 $\{1,2,3,4\}$ 上的所有排列及 $\{1,2,3,4,5,6\}$ 上的所有 4 组合？

5.5 若按字典顺序列出 $X=\{1,2,3,4,5,6,7\}$ 上所有的 4 组合，2367 的下一个是什么？

5.6 说明排列生成算法如何生成 163542 的后继。

5.7 求 $(a+b)^9$ 展开式中 a^5b^4 项的系数。

5.8 求和 $1^2+2^2+\cdots+n^2$。

5.9 证明：对于正整数 n，有

$$1\times\binom{n}{1}+2\times\binom{n}{2}+\cdots+n\times\binom{n}{n}=n\times 2^{n-1}$$

5.10 列表中有 80 件物品的清单，每个物品的属性为"可用"或"不可用"，共有 45 个"可用"的物品，证明：至少有两件可用物品的编号差恰为 9（例如，列表中可用物品 13 号和 22 号，或 69 号和 78 号都满足条件）。

5.11 证明：从 1～8 中任取 5 个数，有两个数之和为 9。

5.12 20 个处理器互连，证明：至少有两个处理器与相同数目的处理器直接相连。

5.13 证明：从 $\{1,2,3,\cdots,20\}$ 中任取 11 个数，其中必有两个数，一个数是另一个数的倍数。

5.14 利用迭代法求解递推关系 $c_n=2c_{n-1}+1$，初始条件为 $c_1=1$。

5.15 求解递推关系：对 $n=3,4,\cdots$，有 $H(n)=2H(n-1)+H(n-2)-2H(n-3)$ 和 $H(0)=1,H(1)=2,H(2)=0$。

5.16 利用 master 定理求解递推方程 $T(n)=9T(n/3)+n$。

5.17 利用 master 定理求解递推方程 $T(n)=3T(n/4)+n\log n$。

5.18 归并排序算法可利用递推算法将序列按非递减顺序排列。如下：

输入：序列 $s_i,s_{i+1},\cdots,s_j$ 和标号 i,j；

输出：将序列 $s_i,s_{i+1},\cdots,s_j$ 按非递减顺序排列。

```
1.  merge_sort(s,i,j){
2.  //基本情况:i==j
3.  if (i==j)
```

```
4.  return
5.  //将序列分为两个子列,分别排序
6.  m=⌊(i+j)/2⌋
7.  merge_sort(s,i,m)
8.  merge_sort(s,m+1,j)
9.  //归并
10. merge(s,i,m,j,c)
11. //将归并的结果 c 复制到 s 中
12. for k=i to j
13      s_k= c_k
14. }
```

证明：该算法在最坏情形下的时间复杂度为$\Theta(n\lg n)$。

5.19 一家餐馆，一个包子卖2元，一碗汤面卖3元。设a_r表示购买价值为r元的包子和汤面的方法数。求序列$\{a_r\}$的生成函数。

5.20 有r个人，每人都想从面包店订购一个面包。很遗憾，这家面包店只剩下3个奶油面包、2个巧克力面包和4个白面包。设d_r表示订购r个面包的方法数，求$\{d_r\}$的生成函数。特别是，d_7是多少？

计算机编程题5.1参考代码

计算机编程题

5.1 给定正整数n和r，列出集合$\{1,2,\cdots,n\}$的允许重复的所有r排列。

5.2 给定正整数n和r，列出集合$\{1,2,\cdots,n\}$的允许重复的所有r组合。

5.3 给定正整数n和不超过n的非负整数r，按字典顺序列出集合$\{1,2,\cdots,n\}$的所有r组合。

5.4 给定正整数n和不超过n的非负整数r，按字典顺序列出集合$\{1,2,\cdots,n\}$的所有r排列。

5.5 当两个队加时赛时，赢的队是9分中首先得5分、11分中首先得6分、13分中首先得7分和15分中首先得8分的队。找出加时赛的可能的结果数。

计算机编程题5.6参考代码

5.6 求f_{100}、f_{500}和f_{1000}的精确值，其中f_n是斐波那契数。

5.7 给定正整数m和n，求从m元素集合到n元素集合的映上函数(满射)的个数。

5.8 求比1 000 000大、比1 000 000 000大和比1 000 000 000 000大的最小的斐波那契数。

5.9 给出求解10个盘子的汉诺塔难题所需要的所有移动。

第6章 图论

1736年，瑞士数学家欧拉(Euler)发表了图论的首篇论文“哥尼斯堡七桥问题无解”。1936年，匈牙利数学家康尼格(Konig)出版了图论的第一部专著《有限图与无限图理论》。近50年，图论发展加快。原因是计算机科学的发展为图论的发展提供了计算工具，同时现代科学技术的发展需要借助图论描述和解决各类课题中的各种关系。

作为描述事物之间关系的手段，目前，图论在计算机科学、物理学、化学、运筹学、信息论、控制论、网络通信、社会科学以及经济管理、军事、国防、工农业生产等许多领域都得到广泛的应用，因此，图论自身也得到了非常迅速的发展。

6.1 图的基本概念

6.1.1 图的定义和表示

图是由一些顶点和连接这些顶点的一些边所组成的离散结构。

定义 6.1 一个图是一个离散结构，记为$G=\langle V,E\rangle$，其中

$V=\{v_1,v_2,\cdots,v_n\}$为有限非空集合，v_i称为顶点，V称为顶点集。

$E=\{e_1,e_2,\cdots,e_m\}$为有限的边集合，e_i称为边，每个e_i都有V中的顶点对与之对应，通常称E为边集。

如果E中的边e_i对应V中的顶点对(u,v)是无序的，则称e_i是无向边，记为$e_i=(u,v)$，称u、v是e_i的两个端点。如果e_i与顶点有序对$\langle u,v\rangle$相对应，则称e_i是有向边，记为$e_i=\langle u,v\rangle$，称u为e_i的始点，v为e_i的终点。

每条边均为无向边的图称为无向图。每条边均为有向边的图称为有向图。有些边是无向边，有些边是有向边的图称为混合图。

例 6.1 (1) 给定无向图$G=\langle V,E\rangle$，其中

$$V=\{v_1,v_2,v_3,v_4,v_5\}$$

$E=\{(v_1,v_1),(v_1,v_2),(v_2,v_3),(v_2,v_3),(v_2,v_5),(v_1,v_5),(v_4,v_5)\}$

(2) 给定有向图 $D=<V,E>$,其中,

$V=\{a,b,c,d\}$,

$E=\{<a,a>,<a,b>,<a,b>,<a,d>,<c,d>,<d,c>,<c,b>\}$

画出 G 与 D 的图形。

解:图 6.1 中,(1)、(2)分别给出了无向图 G 和有向图 D 的图形。

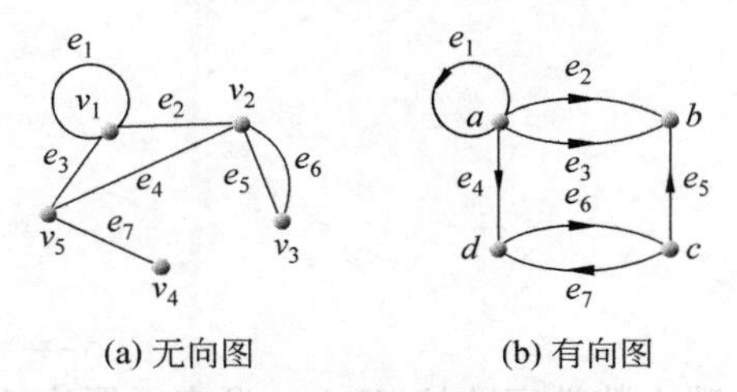

图 6.1 例 6.1 的无向图和有向图

下面再给出无向图和有向图的一些相关概念。

(1) ***n* 阶图**。通常用 G 表示无向图,D 表示有向图,但有时用 G 泛指图。通常用 $V(G)$、$E(G)$分别表示 G 的顶点集和边集,若$|V(G)|=n$,则称 G 为 n 阶图。

(2) **有限图**。若$|V(G)|$与$|E(G)|$均为有限数,则称 G 为有限图。

(3) ***n* 阶零图与平凡图**。在图 G 中,若边集 $E(G)=\varnothing$,则称 G 为零图,此时,若 G 为 n 阶图,则称 G 为 n 阶零图,记作 N_n,特别地,称 N_1 为平凡图。

(4) **空图**。在图的定义中规定顶点集 V 为非空集,但在图的运算中可能产生顶点集为空集的运算结果,为此规定顶点集为空集的图为空图,并将空图记为$\varnothing$。

(5) **标定图与非标定图、基图**。

将图的集合定义转化成图形表示之后,常用 e_k 表示无向边(v_i,v_j)(或有向边$<v_i,v_j>$),并称顶点或边用字母标定的图为标定图,否则称为非标定图。另外,将有向图的各有向边均改成无向边后的无向图称为原来图的基图。

(6) **关联与关联次数、环、孤立点**。

设 $G=<V,E>$为无向图,$e_k=(v_i,v_j)\in E$,则称 v_i、v_j 为 e_k 的端点,e_k 与 v_i 或 e_k 与 v_j 是彼此关联的。若 $v_i\neq v_j$,则称 e_k 与 v_i 或 e_k 与 v_j 的关联次数为 1;若 $v_i=v_j$,则称 e_k 与 v_i 的关联次数为 2,并称 e_k 为环。任意的 $v_l\in V$,若 $v_l\neq v_i$ 且 $v_l\neq v_j$,则称 e_k 与 v_l 的关联次数为 0。

设 $D=<V,E>$为有向图,$e_k=<v_i,v_j>\in E$,称 v_i、v_j 为 e_k 的端点,若 $v_i=v_j$,则称 e_k 为 D 中的环。无论是在无向图中,还是在有向图中,无边关联的顶点均称孤立点。

(7) **相邻与邻接**。

设无向图 $G=<V,E>$,$v_i,v_j\in V$,$e_k,e_l\in E$,若 $\exists e_t\in E$,使得 $e_t=(v_i,v_j)$,则称 v_i 与 v_j 是相邻的。若 e_k 与 e_l 至少有一个公共端点,则称 e_k 与 e_l 是相邻的。

设有向图 $D=<V,E>$,$v_i,v_j\in V$,$e_k,e_l\in E$,若 $\exists e_t\in E$,使得 $e_t=<v_i,v_j>$,则称 v_i 为 e_t 的始点,v_j 为 e_t 的终点,并称 v_i 邻接到 v_j,v_j 邻接于 v_i。若 e_k 的终点为 e_l 的始点,则称 e_k 与 e_l 相邻。

定义 6.2 在无向图中，关联一对顶点的无向边如果多于1条，则称这些边为平行边，平行边的条数称为**重数**。在有向图中，关联一对顶点的有向边如果多于1条，并且这些边的始点和终点相同（也就是它们的方向相同），则称这些边为平行边。含平行边的图称为**多重图**，既不含平行边，也不含环的图称为**简单图**。

在图 6.1(a)中，e_5 与 e_6 是平行边，在图 6.1(b)中，e_2 与 e_3 是平行边。注意，e_6 与 e_7 不是平行边。图 6.1(a)和图 6.1(b)都不是简单图。

简单图有许多性质，以后逐渐进行讨论。

定义 6.3 设 $G=\langle V,E\rangle$ 为一无向图，$\forall v\in V$，称 v 作为边的端点次数之和为 v 的度数(degree)，简称为**度**，记作 $d_G(v)$，简记为 $d(v)$。设 $D=\langle V,E\rangle$ 为有向图，$\forall v\in V$，称 v 作为边的始点次数之和为 v 的出度，记作 $d_D^+(v)$，简记为 $d^+(v)$；称 v 作为边的终点次数之和为 v 的入度，记作 $d_D^-(v)$，简记为 $d^-(v)$；称 $d^+(v)+d^-(v)$ 为 v 的度数，记作 $d(v)$。

例 6.2 图 6.2(a)中，$d(v_1)=5$，(注意：环 e 两次以顶点 v_1 为端点)。图 6.2(b)中，$d^+(v_1)=2$，$d^-(v_1)=3$，$d(v_1)=d^+(v_1)+d^-(v_1)=5$。

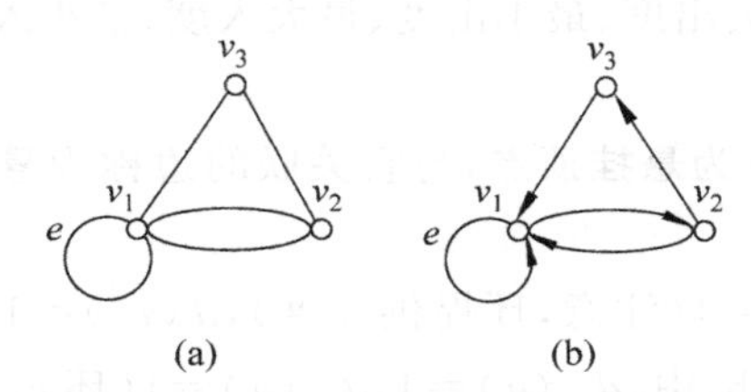

图 6.2 例 6.2 的无向图和有向图

关于顶点的度，有下列性质。

定理 6.1(握手定理一) 设 $G=\langle V,E\rangle$ 为任意无向图，$V=\{v_1,v_2,\cdots,v_n\}$，$|E|=m$，则

$$\sum_{i=1}^{n} d(v_i)=2m$$

证明：G 中每条边(包括环)均有两个端点，所以在计算 G 中各顶点度数之和时，每条边均提供2度。当然，m 条边共提供 $2m$ 度。

定理 6.2(握手定理二) 设 $D=\langle V,E\rangle$ 为任意有向图，$V=\{v_1,v_2,\cdots,v_n\}$，$|E|=m$，则

$$\sum_{i=1}^{n} d(v_i)=2m \quad 且 \quad \sum_{i=1}^{n} d^+(v_i)=\sum_{i=1}^{n} d^-(v_i)=m$$

本定理的证明类似于**握手定理一**。

推论 任何图(无向的或有向的)中，奇度顶点的个数是偶数。

证明：设 $G=\langle V,E\rangle$ 为任意图，令

$$V_1=\{v \mid v\in V \wedge d(v) 为奇数\}$$
$$V_2=\{v \mid v\in V \wedge d(v) 为偶数\}$$

则 $V_1\cup V_2=V$，$V_1\cap V_2=\varnothing$，由握手定理可知

$$2m=\sum_{V} d(v)=\sum_{V_1} d(v)+\sum_{V_2} d(v)$$

由于 $2m$，$\sum_{V_2} d(v)$ 均为偶数，所以 $\sum_{V_1} d(v)$ 也为偶数，但当 $v \in V_1$ 时，$d(v)$ 为奇数，偶数个奇数之和才能为偶数，所以 $|V_1|$ 必为偶数。证毕。

下面讨论无向图 G 中的最大度和最小度以及有向图 D 中的最大度、最大出度、最大入度与最小度、最小出度、最小入度。

在无向图 G 中，令

$$\Delta(G) = \max\{d(v) \mid v \in V(G)\}$$
$$\delta(G) = \min\{d(v) \mid v \in V(G)\}$$

称 $\Delta(G)$、$\delta(G)$ 分别为 G 的最大度和最小度。将 $\Delta(G)$、$\delta(G)$ 分别简记为 Δ 和 δ。

在有向图 D 中，类似无向图，可以定义最大度 $\Delta(D)$，最小度 $\delta(D)$。另外，令

$$\Delta^+(D) = \max\{d^+(v) \mid v \in V(D)\}$$
$$\delta^+(D) = \min\{d^+(v) \mid v \in V(D)\}$$
$$\Delta^-(D) = \max\{d^-(v) \mid v \in V(D)\}$$
$$\delta^-(D) = \min\{d^-(v) \mid v \in V(D)\}$$

它们分别称为 D 的最大出度、最小出度、最大入度、最小入度。以上记号可分别简记为 Δ^+、δ^+、Δ^-、δ^-。

通常称度数为 1 的顶点为**悬挂顶点**，与它关联的边称为**悬挂边**。度为偶数(奇数)的顶点称为偶度(奇度)顶点。

在图 6.1(a)中，$d(v_1)=4$(注意，环提供 2 度)，$d(v_4)=1$，$\Delta=4$，$\delta=1$，v_4 是悬挂顶点，e_7 是悬挂边。在图 6.1(b)中，$d^+(a)=4$，$d^-(a)=1$(环 e_1 提供出度 1，提供入度 1)，$d(a)=4+1=5$。$\Delta=5$，$\delta=3$，$\Delta^+=4$ (在 a 点达到)，$\delta^+=0$(在 b 点达到)，$\Delta^-=3$(在 b 点达到)，$\delta^-=1$(在 a 和 c 点达到)。

设 $G=\langle V,E\rangle$ 为一个 n 阶无向图，$V=\{v_1,v_2,\cdots,v_n\}$，称 $d(v_1),d(v_2),\cdots,d(v_n)$ 为 G 的**度数列**，对于顶点标定的无向图，它的度数列是唯一的。

设 $D=\langle V,E\rangle$ 为一个 n 阶有向图，$V=\{v_1,v_2,\cdots,v_n\}$，称 $d(v_1),d(v_2),\cdots,d(v_n)$ 为 D 的度数列，另外称 $d^+(v_1),d^+(v_2),\cdots,d^+(v_n)$ 与 $d^-(v_1),d^-(v_2),\cdots,d^-(v_n)$ 分别为 D 的出度列和入度列。

在图 6.1(a)中，按顶点的标定顺序，度数列为 4,4,2,1,3。在图 6.1(b)中，按字母顺序，度数列、出度列、入度列分别为 5,3,3,3;4,0,2,1;1,3,1,2。

对于给定的非负整数列 $d=(d_1,d_2,\cdots,d_n)$，若存在以 $V=\{v_1,v_2,\cdots,v_n\}$ 为顶点集的 n 阶无向图 G，使得 $d(v_i)=d_i$，则称 d 是**可图化的**。特别地，若所得图是简单图，则称 d 是可简单图化的。

$d=(d_1,d_2,\cdots,d_n)$ 是否为可图化的，可由下面的定理判别。

定理 6.3 设非负整数列 $d=(d_1,d_2,\cdots,d_n)$，则 d 是可图化的，当且仅当

$$\sum_{i=1}^{n} d_i = 0 \pmod 2$$

证明：由握手定理可知必要性。下面证明充分性。由已知条件可知，d 中有 $2k$ $\left(0 \leqslant k \leqslant \left\lfloor \frac{n}{2} \right\rfloor\right)$ 个奇数，不妨设它们为 $d_1,d_2,\cdots,d_k,d_{k+1},d_{k+2},\cdots,d_{2k}$。可用多种方法作

出 n 阶无向图 $G=<V,E>$，$V=\{v_1,v_2,\cdots,v_n\}$。例如，边集如下产生：在顶点 v_r 与 v_{r+k} 之间连边，$r=1,2,\cdots,k$。若 d_i 为偶数，令 $d'_i=d_i$；若 d_i 为奇数，令 $d'_i=d_i-1$，得 $d'=(d'_1,d'_2,\cdots,d'_n)$，则 d'_i 均为偶数。再在 v_i 处作出 $d'_i/2$ 条环，$i=1,2,\cdots,n$，将所得各边集合在一起组成 E，则 G 的度数列为 d。其实，当 d_i 为偶数时，$d(v_i)=2d'_i/2=2d_i/2=d_i$；当 d_i 为奇数时，$d(v_i)=1+2d'_i/2=1+d'_i=1+d_i-1=d_i$，这就证明了 d 是可图化的。证毕。

由定理6.3立即可知，(3,3,2,1)，(3,2,2,1,1)等是不可图化的，而(3,3,2,2)，(3,2,2,2,1)等是可图化的。

定理6.4 设 G 为任意 n 阶无向简单图，则 $\Delta(G)\leqslant n-1$。

证明：因为 G 既无平行边，也无环，所以 G 中任何顶点 v 至多与其余的 $n-1$ 个顶点均相邻，于是 $d(v)\leqslant n-1$，由于 v 的任意性，所以 $\Delta(G)\leqslant n-1$。

有了定理6.3，判断某非负整数列是否可图化就很简单了，但判断是否可简单图化还是不太容易，定理6.4还是起很大作用的。例6.3还能提供一些其他方法。

例6.3 判断下列各非负整数列哪些是可图化的？哪些是可简单图化的？

(1) (5,5,4,4,2,1)

(2) (5,4,3,2,2)

(3) (3,3,3,1)

(4) $(d_1,d_2,\cdots,d_n)$，$d_1>d_2>\cdots>d_n\geqslant 1$ 且 $\sum_{i=1}^{n} d_i$ 为偶数

(5) (4,4,3,3,2,2)

解：易知，除(1)中序列不可图化外，其余各序列都可图化。但除(5)中序列外，其余的都是不可简单图化的。(2)中序列有5个数，若它可简单图化，设所得图为 G，则 $\Delta(G)=\max\{5,4,3,2,2\}=5$，这与定理6.4矛盾。所以，(2)中序列不可简单图化。类似地，可证(4)中序列不可简单图化。假设(3)中序列可以简单图化，设 $G=<V,E>$ 以(3)中序列为度数列。不妨设 $V=\{v_1,v_2,v_3,v_4\}$ 且 $d(v_1)=d(v_2)=d(v_3)=3$，$d(v_4)=1$，由于 $d(v_4)=1$，因而 v_4 只能与 v_1,v_2,v_3 之一相邻，于是 v_1,v_2,v_3 不可能都是3度顶点，这是矛盾的，因而(3)中序列也不可简单图化。(5)中序列是可简单图化的。图6.3中的两个6阶无向简单图都以(5)中序列为度数列。

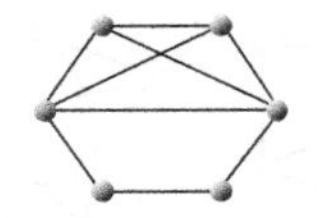

(a) 6顶点简单图一

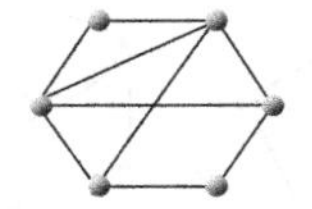

(b) 6顶点简单图二

图6.3 例6.3中以(5)序列为度数列的简单图

例6.4 三对青年夫妇被邀请参加小张的家庭舞会，见面后，彼此问候，握手致意，但没有人与自己的配偶握手，小张问："你们每人握了几次手？"回答令人惊讶，因为答案各不相同，试问：小张妻子握了几次手？

解：设8人分别记为 $A,B,C,\cdots,H$，握手次数最多为6(不与自己的配偶握手)，最少为0。于是，回答小张的数字为0,1,2,3,4,5,6。不妨设 A 握了6次手，在图6.4中以线

相连,则 A 与 H 是夫妇。有一人握了5次手,设为 B,则 B 与 G 是夫妇。有一人握了4次手,设为 C,则 C 与 F 是夫妇。剩下的 D,E 是夫妇。因为 D,E 握手次数均为3,故其中有一人是小张,有一人是小张的妻子。因而,小张的妻子握了3次手。

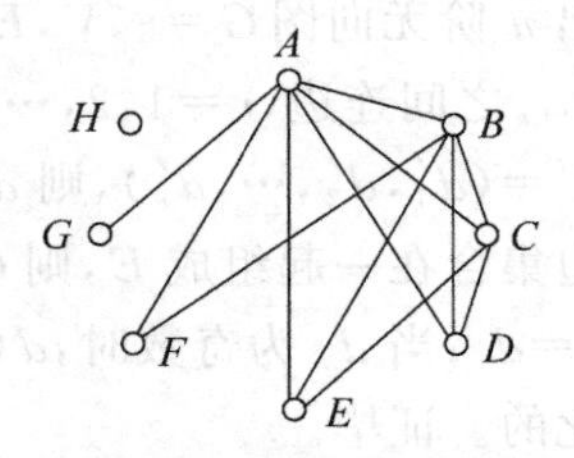

图 6.4 家庭舞会握手关系

6.1.2 图的同构

1. 两图同构的定义

图是描述事物之间关系的手段,它只关心顶点间是否有连线,而不关心顶点的位置和连线的形状,因此,同一个事物之间的关系可能画出不同形状的图。试分析图6.5中的图 G_1 和 G_2。

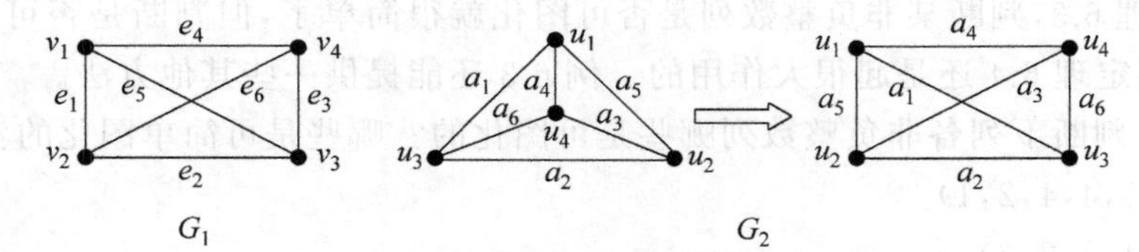

图 6.5 两个同构的图

不难看出,G_1 和 G_2 的顶点及边之间都一一对应,且连接关系完全相同,只是顶点和边的名称不同而已。因此,这两个图是同构的。从数学上看,同构的两个图,其顶点间可建立一一对应关系,边之间也能建立一一对应关系,且若一个图的两点间有边,则在另一个图中对应的两点间也有对应的边。严格的数学定义如下。

定义 6.4 设 $G_1=\langle V_1,E_1\rangle$,$G_2=\langle V_2,E_2\rangle$为两个无向图(两个有向图),若存在双射函数 $f: V_1\to V_2$,对于 $\forall v_i,v_j\in V_1$,$(v_i,v_j)\in E_1$($\langle v_i,v_j\rangle\in E_1$),当且仅当 $(f(v_i),f(v_j))\in E_2$($\langle f(v_i),f(v_j)\rangle\in E_2$),并且$(v_i,v_j)$($\langle v_i,v_j\rangle$)与$(f(v_i),f(v_j))$($\langle f(v_i),f(v_j)\rangle$)的重数相同,则称 G_1 与 G_2 是同构的,记作 $G_1\cong G_2$。

在图6.6中,(1)为彼得松(Petersen)图,(2)、(3)均与(1)同构。(4)、(5)、(6)各图彼此间都不同构。

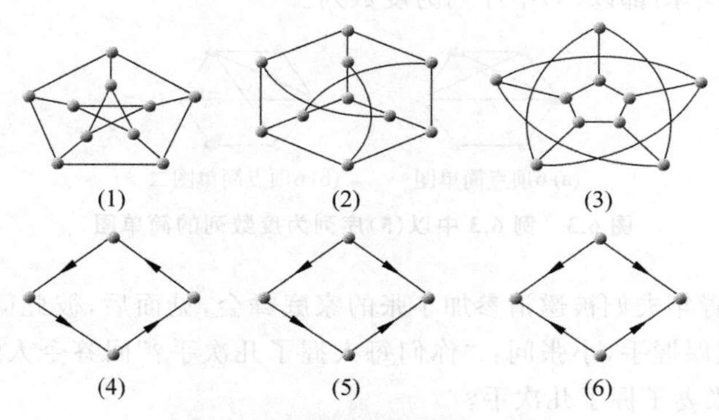

图 6.6 同构图与不同构图举例

2. 图之间的同构关系是等价关系

图之间的同构关系≌可看成全体图集合上的二元关系，这个二元关系≌具有自反性、对称性和传递性，因而它是等价关系。在这个等价关系的每一等价类中均取一个非标定图作为一个代表，凡与它同构的图，在同构的意义下都可以看成一个图。在图 6.6 中，(1)、(2)、(3)可以看成一个图，它们都是彼得松图，其中的(1)可看成这类图的代表。提到彼得松图，一般指图 6.6 中的(1)。

由定义 6.4 和图 6.6 可以看出，两个图同构必须满足下列条件：

(1) 节点数相同；

(2) 边数相同；

(3) 度数相同的节点数相同。

注意，以上条件是两个图同构的必要条件，不是充分条件。例如，图 6.7 中的两个图满足上述 3 个条件，但它们不同构。一般地，可以用上述 3 个条件判断两个图是不同构的。

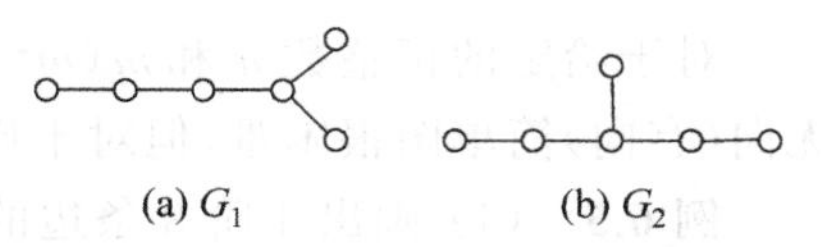

图 6.7 两个不同构的图

6.1.3 完全图与正则图

定义 6.5 设 G 为 n 阶无向简单图，若 G 中每个顶点均与其余的 $n-1$ 个顶点相邻，则称 G 为 n 阶无向完全图，简称 ***n* 阶完全图**，记作$K_n(n\geqslant 1)$。

设 D 为 n 阶有向简单图，若 D 中每两个顶点都有一条有向边关联，则称 D 是 ***n* 阶有向完全图**。

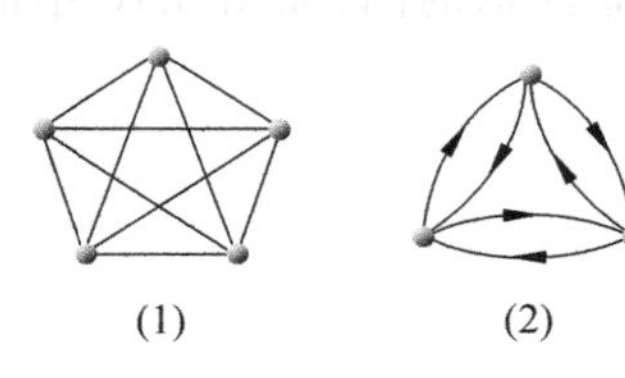

图 6.8 完全图举例

图 6.8 中，(1)为 K_5，(2)为 3 阶有向完全图。

易知，n 阶无向完全图、n 阶有向完全图的边数分别为 $n(n-1)/2$，$n(n-1)$。

定义 6.6 设 G 为 n 阶无向简单图，若 $\forall v\in V(G)$，均有 $d(v)=k$，则称 G 为 k-正则图。

由定义可知，n 阶零图是 0-正则图，n 阶无向完全图是$(n-1)$-正则图，彼得松图是 3-正则图。由握手定理可知，n 阶 k-正则图中，边数 $m=kn/2$，因而当 k 为奇数时，n 必为偶数。

6.1.4 子图与补图

1. 子图

定义 6.7 设 $G=\langle V,E\rangle$，$G'=\langle V',E'\rangle$为两个图(同为无向图或同为有向图)，若 $V'\subseteq V$ 且 $E'\subseteq E$，则称 G'是 G 的子图，G 为 G'的母图，记作 $G'\subseteq G$。又若 $V'\subset V$ 或 $E'\subset E$，则称 G'为 G 的真子图。若 $V'=V$，则称 G'为 G 的生成子图。

设图为 $G=\langle V,E\rangle$，$V_1\subset V$ 且 $V_1\neq\varnothing$，称以 V_1 为顶点集，以 G 中两个端点都在 V_1 中的边组成边集 E_1 的图为 G 的 V_1 导出的子图，记作 $G[V_1]$。又设 $E_1\subset E$ 且 $E_1\neq\varnothing$，称以 E_1 为边集，以 E_1 中边关联的顶点为顶点集 V_1 的图为 G 的 E_1 导出的子图，记作

$G[E_1]$。

在图6.9中,设G为(1)中图所示,取$V_1=\{a,b,c\}$,则V_1的导出子图$G[V_1]$为(2)中图所示。取$E_1=\{e_1,e_3\}$,则E_1的导出子图$G[E_1]$为(3)中图所示。

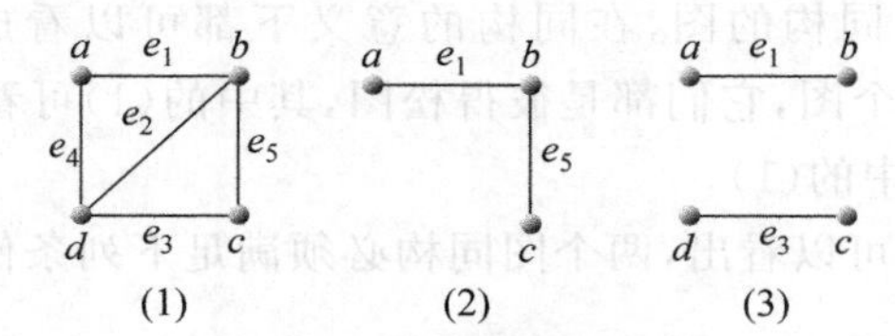

图6.9 导出子图举例

对于给定的正整数n和$m(m\leqslant n(n-1)/2)$,要构造出所有非同构的n阶m条边的无向(有向)简单图很困难,但对于比较小的n,还是能构造出来的。

例6.5 (1) 画出4阶3条边的所有非同构的无向简单图。

(2) 画出3阶2条边的所有非同构的有向简单图。

解:(1) 由握手定理可知,所画的无向简单图各顶点度数之和为$2\times3=6$,最大度小于或等于3。于是,所求无向简单图的度数列应满足的条件是:将6分成4个非负整数,每个整数均大于或等于0且小于或等于3,并且奇数的个数为偶数。将这样的整数列排出来,只有下面3种情况:

(a) 2,2,1,1

(b) 3,1,1,1

(c) 2,2,2,0

将每种度数列所有非同构的图都画出即得所要求的全部非同构的图,如图6.10中的(1)、(2)、(3)。

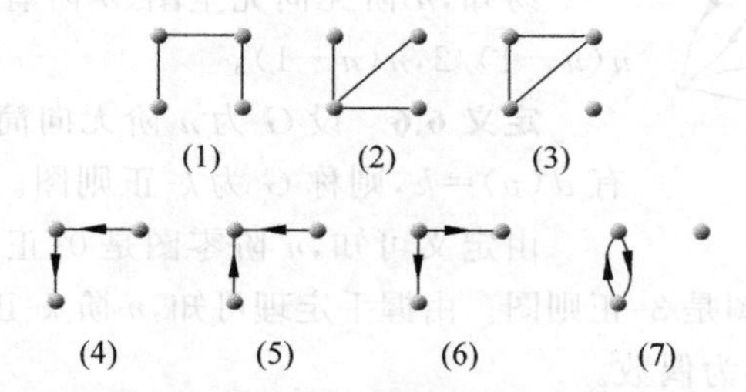

图6.10 例6.5中的无向简单图和有向简单图

(2) 由握手定理可知,所画的有向简单图各顶点度数之和为4,最大出度和最大入度均小于或等于2。度数列及入度出度列为

(a) 1,2,1 $\begin{cases}\text{入度列分别为 }0,1,1;0,2,0;1,0,1\\ \text{出度列分别为 }1,1,0;1,0,1;0,2,0\end{cases}$

(b) 2,2,0 $\begin{cases}\text{入度列为 }1,1,0\\ \text{出度列为 }1,1,0\end{cases}$

4个要求的有向简单图如图6.10中的(4)、(5)、(6)、(7)。

其中,3个无向图都是K_4的子图,而且是生成子图,4个有向图都是3阶有向完全图的生成子图。请思考 K_4 的所有非同构的 $i(i=0,1,2,4,5,6)$ 条边的生成子图各有几个？

定义 6.8　设 $G=\langle V,E\rangle$ 为无向图。

(1) 设 $e\in E$，从 G 中去掉边 e，称为删除 e，并用 $G-e$ 表示从 G 中删除 e 所得子图。又设 $E'\subset E$，从 G 中删除 E' 中所有的边，称为删除 E'，并用 $G-E'$ 表示删除 E' 后所得子图。

(2) 设 $v\in V$，从 G 中去掉 v 及所关联的一切边，称为删除顶点 v，并用 $G-v$ 表示删除 v 后所得子图。又设 $V'\subset V$，从 G 中删除 V' 中所有顶点及所关联的一切边，称为删除 V'，并用 $G-V'$ 表示所得子图。

(3) 设边 $e=(u,v)\in E$，先从 G 中删除 e，然后将 e 的两个端点 u、v 用一个新的顶点 w（或用 u 或 v 充当 w）代替，使 w 关联除 e 外 u，v 关联的一切边，称为收缩边 e，并用 $G\backslash e$ 表示所得新图。

(4) 设 $u,v\in V$（u，v 可能相邻，也可能不相邻，且 $u\neq v$），在 u，v 之间加新边 (u,v)，称为加新边，并用 $G\cup(u,v)$（或 $G+(u,v)$）表示所得新图。

在收缩边和加新边过程中可能产生环和平行边。

在图 6.11 中，设图(1)为 G，则(2)为 $G-e_5$，(3)为 $G-\{e_1,e_4\}$，(4)为 $G-v_5$，(5)为 $G-\{v_4,v_5\}$，(6)为 $G\backslash e_5$。

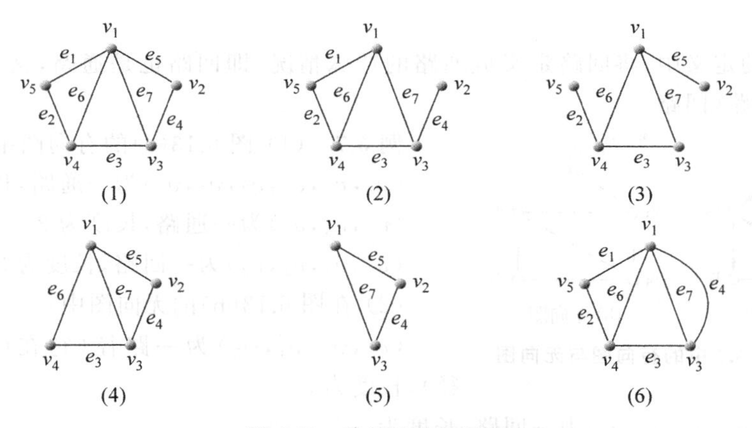

图 6.11　收缩边和加新边

2. 补图与自补图

定义 6.9　设 $G=\langle V,E\rangle$ 为 n 阶无向简单图，以 V 为顶点集，以所有使 G 成为完全图 K_n 的添加边组成的集合为边集的图，称为 G 的补图，记作 $\overline{G}$。若图 $G\cong\overline{G}$，则称 G 是自补图。

例 6.6　图 6.12 中，(1)和(2)都是(3)的真子图。(1)和(2)关于(3)互为补图，(3)为完全图 K_5。

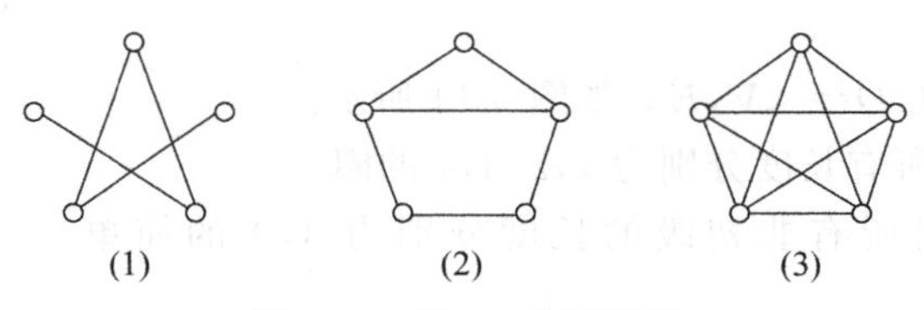

图 6.12　例 6.6 补图举例

6.1.5 通路与回路

1. 通路与回路的定义

定义 6.10 设 G 为无向图，G 中顶点与边的交替序列 $\Gamma=v_{i0}e_{j1}v_{i2}e_{j2}\cdots e_{jl}v_{il}$ 称为 v_{i0} 到 v_{il} 的通路，v_{i0}、v_{il} 分别称为 Γ 的始点与终点，Γ 中边的条数称为它的长度。若 $v_{i0}=v_{il}$，则称通路为回路。若 Γ 的所有边各异，则称 Γ 为简单通路，又若 $v_{i0}=v_{il}$，则称 Γ 为简单回路。若 Γ 的所有顶点(除 v_{i0} 与 v_{il} 可能相同外)各异，所有边也各异，则称 Γ 为初级通路或路径，此时又若 $v_{i0}=v_{il}$，则称 Γ 为初级回路或圈。将长度为奇数的圈称为奇圈，长度为偶数的圈称为偶圈。

注意，在初级通路与初级回路的定义中，仍将初级回路看成初级通路(路径)的特殊情况，只是在应用中初级通路(路径)的始点与终点都不相同，长为1的圈只能由环生成，长为2的圈只能由平行边生成，因而在简单无向图中，圈的长度至少为3。

另外，若 Γ 中有边重复出现，则称 Γ 为复杂通路，又若 $v_{i0}=v_{il}$，则称 Γ 为复杂回路。

在有向图中，通路、回路及分类的定义与无向图中非常相似，只是要注意有向边方向的一致性。

在以上的定义中，将回路定义成通路的特殊情况，即回路也是通路，又初级通路(回路)是简单通路(回路)。

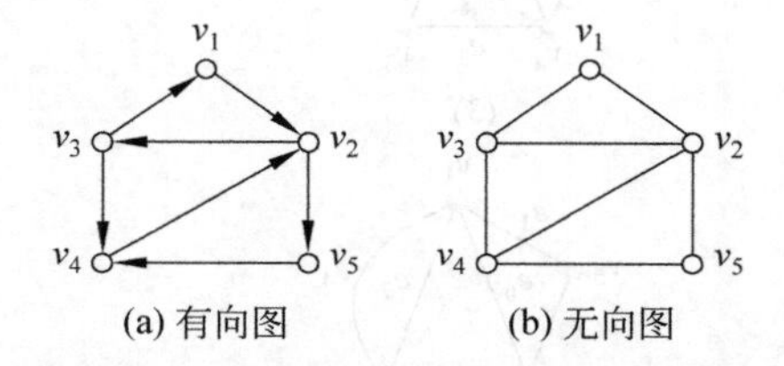

(a) 有向图　　(b) 无向图

图 6.13 例 6.7 中的有向图与无向图

例 6.7 (1) 图 6.13(a)的有向图中：

$(v_2,v_3,v_1,v_2,v_5,v_4)$ 为一通路，长度为5。

(v_2,v_3,v_4) 为一通路，长度为2。

(v_2,v_3,v_1,v_2) 为一回路，长度为3。

(2) 在图 6.13(b)的无向图中：

(v_2,v_3,v_4,v_5) 为一路径(它在(a)中不是路径)，长度为3。

$(v_1,v_2,v_5,v_4,v_3,v_1)$ 为一回路，长度为5。

用顶点与边的交替序列定义了通路与回路，还可以用如下更简单的表示法表示通路与回路。

(1) 只用边的序列表示通路(回路)。定义 6.10 中的 Γ 可以表示成 $e_{j1}e_{j2}\cdots e_{jl}$。

(2) 在简单图中也可以只用顶点序列表示通路(回路)。定义 6.10 中的 Γ 也可以表示成 $v_{i0}v_{i1}\cdots v_{il}$。

(3) 在非简单图中，当只用顶点序列表示不出某些通路(回路)时，可在顶点序列中加入一些边(这些边是平行边或环)，通常称这种表示法为混合表示法。

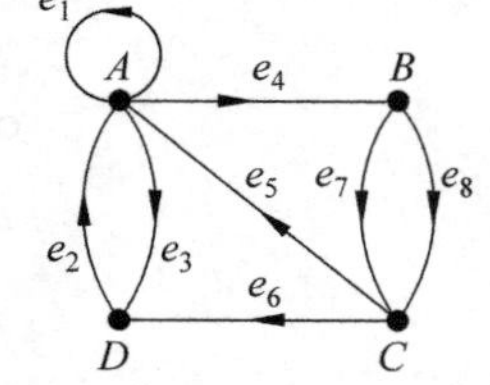

图 6.14 例 6.8 的有向图

例 6.8 设有向图 $D=\langle V,E\rangle$ 如图 6.14 所示。

(1) 在图中找出所有长度分别为1,2,3,4的圈。

(2) 在图中找出所有非初级的长度分别为3,4的简单回路。

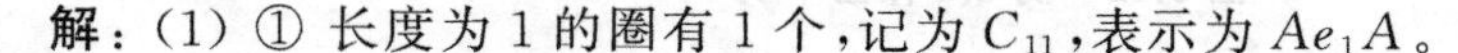

解：(1) ① 长度为1的圈有1个，记为 C_{11}，表示为 Ae_1A。

② 长度为 2 的圈有 1 个，记为 C_{21}，表示为 ADA。

③ 长度为 3 的圈有 2 个，分别是 $C_{31}=ABe_7CA$，$C_{32}=ABe_8CA$。

④ 长度为 4 的圈有 2 个，分别是 $C_{41}=DABe_7CD$，$C_{42}=DABe_8CD$。

(2) ① 长度为 3 的非初级的简单回路有 1 条，以 A 为始(终)点的有 2 条(先经过 e_1 与后经过 e_1 各一条)，以 D 为始(终)点的有 1 条。它们均同构。

② 长度为 4 的非初级的简单回路有 2 条，分别是 $e_4e_7e_5e_1$，$e_4e_8e_5e_1$。

2. *n* 阶图中通路与回路的性质

定理 6.5　在 n 阶图 G 中，若从顶点 v_i 到 $v_j(v_i \neq v_j)$ 存在通路，则从 v_i 到 v_j 存在长度小于或等于 $(n-1)$ 的通路。

证明：设 $\Gamma=v_0e_1v_1e_2\cdots e_lv_l(v_0=v_i, v_l=v_j)$ 为 G 中一条长度为 l 的通路，若 $l \leqslant n-1$，则 Γ 满足要求，否则必有 $l+1>n$，即 Γ 上的顶点数大于 G 中的顶点数，于是必存在 $k, s, 0 \leqslant k < s \leqslant l$，使得 $v_s=v_k$，即在 Γ 上存在 v_s 到自身的回路 C_{sk}，在 Γ 上删除 C_{sk} 上的一切边及除 v_s 外的一切顶点，得 $\Gamma'=v_0e_1v_1e_2\cdots v_ke_{s+1}\cdots e_lv_l$，$\Gamma'$ 仍为 v_i 到 v_j 的通路，且长度至少比 Γ 减少 1。若 Γ' 还不满足要求，则重复上述过程。由于 G 是有限图，经过有限步后，必得到 v_i 到 v_j 长度小于或等于 $n-1$ 的通路。

推论　在 n 阶图 G 中，若从顶点 v_i 到 $v_j(v_i \neq v_j)$ 存在通路，则 v_i 到 v_j 一定存在长度小于或等于 $n-1$ 的初级通路(路径)。

由定理 6.5，本推论自然成立。类似地，可证明下面的定理和推论。

定理 6.6　在一个 n 阶图 G 中，若存在 v_i 到自身的回路，则一定存在 v_i 到自身长度小于或等于 n 的回路。

推论　在一个 n 阶图 G 中，若存在 v_i 到自身的简单回路，则一定存在 v_i 到自身长度小于或等于 n 的初级回路。

例 6.9　(1) 无向完全图 $K_n(n \geqslant 3)$ 中有几种非同构的圈?

(2) 无向完全图 K_3 的顶点依次标定为 a、b、c。在定义意义下 K_3 中有多少个不同的圈?

解：(1) 长度相同的圈都是同构的，因而只有长度不同的圈才是非同构的，易知，$K_n(n \geqslant 3)$ 中含长度为 $3, 4, \cdots, n$ 的圈，所以 $K_n(n \geqslant 3)$ 中有 $n-2$ 种非同构的圈。

(2) 在同构意义下，K_3 中只有一个长度为 3 的圈。但在定义意义下，不同起点(终点)的圈是不同的，顶点间排列顺序不同的圈也看成不同的，因而 K_3 中有 6 个不同的长为 3 的圈：$abca$、$acba$、$bacb$、$bcab$、$cabc$、$cbac$。如果只考虑起点(终点)的差异，而不考虑顺时针(逆时针)的差异，应有 3 种不同的圈，当然它们都是同构的，画出图只有一个。

6.2　图的连通性

6.2.1　无向图的连通性

定义 6.11　设无向图 $G=<V, E>$，$\forall u, v \in V$，若 u, v 之间存在通路，则称 u, v 是连通的，记作 $u \sim v$。$\forall v \in V$，规定 $v \sim v$。

由定义不难看出，无向图中顶点之间的连通关系 $\sim=\{(u, v) \mid u, v \in V$ 且 u 与 v 之间有通路}是自反、对称和传递的,因而~是 V 上的等价关系。

定义 6.12 若无向图 G 是平凡图或 G 中任何两个顶点都是连通的,则称 G 为连通图,否则称 G 是非连通图或分离图。

易知,完全图 $K_n(n\geqslant 1)$ 都是连通图,而零图 $N_n(n\geqslant 2)$ 都是分离图。

定义 6.13 设无向图 $G=<V,E>$,V 关于顶点之间的连通关系~的商集 $V/\sim=\{V_i|V_i$ 为连通关系~上的等价类},称导出子图 $G[V_i](i=1,2,\cdots,k)$ 为 G 的**连通分支**,连通分支数 k 常记为 $p(G)$。

由定义可知,若 G 为连通图,则 $p(G)=1$;若 G 为非连通图,则 $p(G)\geqslant 2$,在所有的 n 阶无向图中,n 阶零图是连通分支最多的,$p(N_n)=n$。

例 6.10 设有 $2n$ 个电话交换台,每个台与至少 n 个台有直通线路,则该交换系统中任两台电话均可实现通话。

证明:构造图 G 如下:以交换台作为顶点,两顶点间连边,当且仅当对应的两台电话间有直通线路。问题简化为:已知图 G 有 $2n$ 个顶点,且 $\deg(G)\geqslant n$,求证 G 连通。

事实上,假如 G 不连通,则至少有一个连通分支的顶点数不超过 n。在此连通分支中,顶点的度至多是 $n-1$。这与 $\deg(G)\geqslant n$ 矛盾。证毕。

定义 6.14 设 u,v 为无向图 G 中的任意两个顶点,若 $u\sim v$,则称 u,v 之间长度最短的通路为 u,v 之间的短程线,短程线的长度称为 u,v 之间的距离,记作 $d(u,v)$。当 u,v 不连通时,规定 $d(u,v)=\infty$。

距离有以下性质:

(1) $d(u,v)\geqslant 0$,$u=v$ 时,等号成立。

(2) 具有对称性,$d(u,v)=d(v,u)$。

(3) 满足三角不等式:$\forall u,v,w\in V(G)$,则 $d(u,v)+d(v,w)\geqslant d(u,w)$。

在完全图 $K_n(n\geqslant 2)$ 中,任何两个顶点之间的距离都是1,而在 n 阶零图 $N_n(n\geqslant 2)$ 中,任何两个顶点之间的距离都为∞。

连通图的连通程度也是不同的,有的很"脆弱",有的则相反。为了讨论这一点,引入割集和连通度的概念。

定义 6.15 设无向图 $G=<V,E>$,若存在 $V'\subset V$,且 $V'\neq\varnothing$,使得 $p(G-V')>p(G)$,而对于任意的 $V''\subset V'$,均有 $p(G-V'')=p(G)$,则称 V' 是 G 的点割集;若 V' 是单元集,即 $V'=\{v\}$,则称 v 为割点。

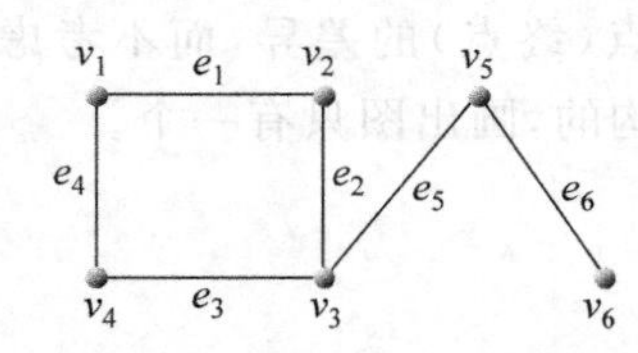

图 6.15 例 6.11 的无向图

例 6.11 图 6.15 中,$\{v_2,v_4\}$,$\{v_3\}$,$\{v_5\}$都是点割集,而 v_3,v_5 都是割点。注意,v_1 与悬挂顶点 v_6 不在任何割集中。

定义 6.16 设无向图 $G=<V,E>$,若存在 $E'\subseteq E$,且 $E'\neq\varnothing$,使得 $p(G-E')>p(G)$,而对于任意的 $E''\subset E'$,均有 $p(G-E'')=p(G)$,则称 E' 是 G 的边割集,或简称为割集。若 E' 是单元集,即 $E'=\{e\}$,则称 e 为割边或桥。

例如,在图 6.15 中,$\{e_6\}$,$\{e_5\}$,$\{e_2,e_3\}$,$\{e_1,e_2\}$,$\{e_3,e_4\}$,$\{e_1,e_4\}$,$\{e_1,e_3\}$,$\{e_2,e_4\}$都是割集,其中 e_6,e_5 是桥。

定义 6.17 设 G 为无向连通图且为非完全图,则称 $\kappa(G)=\min\{|V'|\,|\,V'$为 G 的点割集}为 G 的点连通度,简称**连通度**。

规定完全图 $K_n(n\geqslant 1)$的点连通度为 $n-1$，又规定非连通图的点连通度为 0。又若 $\kappa(G)\geqslant k$，则称 G 是 k-连通图，k 为非负整数。图 6.15 是无向连通图，但不是完全图，存在割点 v_3 和 v_5，所以点连通度是 1。

$\kappa(G)$有时简记为 κ。K_5 的点连通度 $\kappa=4$，所以 K_5 是 1-连通图，2-连通图，3-连通图，4-连通图。

定义 6.18 设 G 是无向连通图，称 $\lambda(G)=\min\{|E'| \mid E'$是 G 的边割集$\}$为 G 的边连通度。规定非连通图的边连通度为 0。又若 $\lambda(G)\geqslant r$，则称 G 是 r 边-连通图。

若 G 是 r 边-连通图，则在 G 中任意删除 $r-1$ 条边后，所得图依然是连通的。完全图 K_n 的边连通度为 $n-1$，因而 K_n 是 r 边-连通图，$0\leqslant r\leqslant n-1$。$\lambda(G)$也可以简记为 λ。例如，图 6.15 存在割边 e_6 和 e_5，所以边连通度是 1。

设 G_1，G_2 都是 n 阶无向简单图，若 $\kappa(G_1)>\kappa(G_2)$，则称 G_1 比 G_2 的点连通程度高。若 $\lambda(G_1)>\lambda(G_2)$，则称 G_1 比 G_2 的边连通程度高。

定理 6.7 对于任何无向图 G，都有 $\kappa(G)\leqslant\lambda(G)\leqslant\delta(G)$。

6.2.2 有向图的连通性

定义 6.19 设 $D=\langle V,E\rangle$为一个有向图。$\forall v_i,v_j\in V$，若从 v_i 到 v_j 存在通路，则称 v_i 可达 v_j，记作 $v_i\to v_j$，规定 v_i 总是可达自身的，即 $v_i\to v_i$。若 $v_i\to v_j$ 且 $v_j\to v_i$，则称 v_i 与 v_j 是相互可达的，记作 $v_i\leftrightarrow v_j$。规定 v_i 总是相互可达，即 $v_i\leftrightarrow v_i$。

$\to$与$\leftrightarrow$都是 V 上的二元关系，并且不难看出$\leftrightarrow$是 V 上的等价关系。

定义 6.20 设 $D=\langle V,E\rangle$为有向图，$\forall v_i,v_j\in V$，若 $v_i\to v_j$，则称 v_i 到 v_j 长度最短的通路为 v_i 到 v_j 的短程线。短程线的长度为 v_i 到 v_j 的距离，记作 $d\langle v_i,v_j\rangle$。

与无向图中顶点 v_i 与 v_j 之间的距离 $d(v_i,v_j)$相比，$d\langle v_i,v_j\rangle$除无对称性外，还具有 $d(v_i,v_j)$其余两条性质。

定义 6.21 设 $D=\langle V,E\rangle$为一个有向图。若 D 的基图是连通图，则称 D 是弱连通图，简称连通图。若$\forall v_i,v_j\in V$，$v_i\to v_j$ 与 $v_j\to v_i$ 至少成立其一，则称 D 是单向连通图。若均有 $v_i\leftrightarrow v_j$，则称 D 是强连通图。

例如，在图 6.16 中，(1)为强连通图，(2)为单向连通图，(3)为弱连通图。由定义可知，强连通图一定是单向连通图，单向连通图一定是弱连通图。

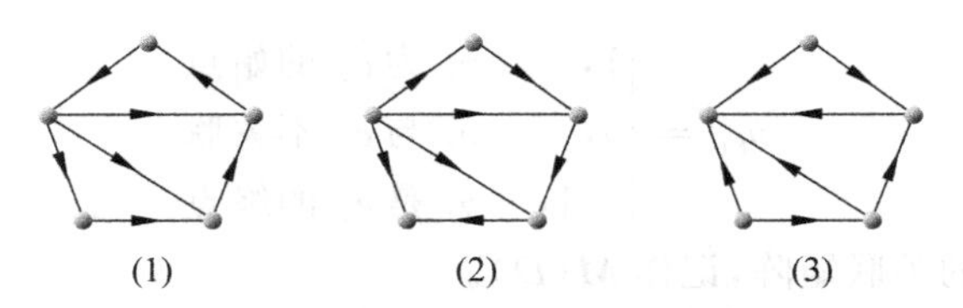

图 6.16 强连通图、单向连通图、弱连通图举例

下面给出强连通图与单向连通图的判别定理(证明略)。

定理 6.8 设 D 是 n 阶有向图。D 是强连通图，当且仅当 D 中存在经过每个顶点至少一次的回路。D 是单向连通图，当且仅当 D 中存在经过每个顶点至少一次的通路。

6.3 图的矩阵表示

6.3.1 关联矩阵

用矩阵表示图,便于用代数方法研究图的性质,也便于计算机处理图。用矩阵表示图之前,必须将图的顶点或边标定顺序,使其成为标定图。本节主要讨论无向图及有向图的关联矩阵,以及有向图的邻接矩阵和可达矩阵。

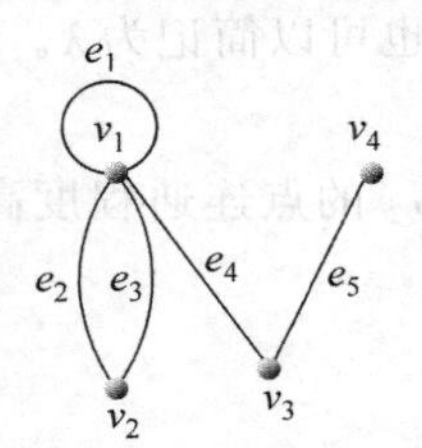

图 6.17 一个无向图

定义 6.22 设无向图 $G=<V,E>$,$V=\{v_1,v_2,\cdots,v_n\}$,$E=\{e_1,e_2,\cdots,e_m\}$,令 m_{ij} 为顶点 v_i 与边 e_j 的关联次数,则称 $(m_{ij})_{n\times m}$ 为 G 的关联矩阵,记作 $\boldsymbol{M}(G)$。

图 6.17 所示无向图的关联矩阵为

$$\boldsymbol{M}(G)=\begin{bmatrix}2&1&1&1&0\\0&1&1&0&0\\0&0&0&1&1\\0&0&0&0&1\end{bmatrix}$$

关联矩阵 $\boldsymbol{M}(G)$ 有以下性质。

(1) $\sum_{i=1}^{n}m_{ij}=2(j=1,2,\cdots,m)$,即 $\boldsymbol{M}(G)$ 每列元素之和均为 2,这正说明每条边关联两个顶点(环所关联的两个端点重合)。

(2) $\sum_{j=1}^{m}m_{ij}=d(v_i)$,即 $\boldsymbol{M}(G)$ 第 i 行元素之和为 v_i 的度数,$i=1,2,\cdots,n$。

(3) $\sum_{i=1}^{n}d(v_i)=\sum_{i=1}^{n}\sum_{j=1}^{m}m_{ij}=\sum_{j=1}^{m}\sum_{i=1}^{n}m_{ij}=2m$,这个结果正是握手定理的内容,即各顶点的度数之和等于边数的 2 倍。

(4) 第 j 列与第 k 列相同,当且仅当边 e_j 与 e_k 是平行边。

(5) $\sum_{j=1}^{m}m_{ij}=0$,当且仅当 v_i 是孤立点。

定义 6.23 设有向图 $D=<V,E>$ 中无环,$V=\{v_1,v_2,\cdots,v_n\}$,$E=\{e_1,e_2,\cdots,e_m\}$,令

$$m_{ij}=\begin{cases}1, & v_i\text{ 为 }e_j\text{ 的始点}\\0, & v_i\text{ 与 }e_j\text{ 不关联}\\-1, & v_i\text{ 是 }e_j\text{ 的终点}\end{cases}$$

则称 $(m_{ij})_{n\times m}$ 为 D 的关联矩阵,记作 $\boldsymbol{M}(D)$。

图 6.18 所示有向图的关联矩阵为

$$\boldsymbol{M}(D)=\begin{bmatrix}-1&1&0&0&0\\1&-1&1&0&0\\0&0&0&1&1\\0&0&-1&-1&-1\end{bmatrix}$$

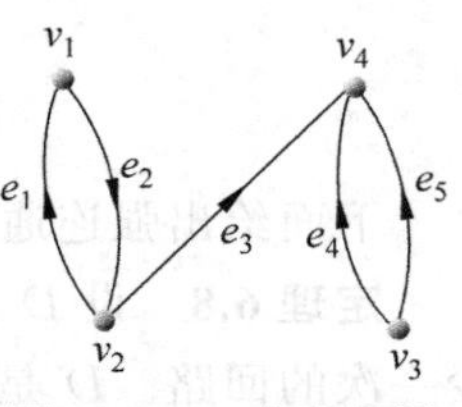

图 6.18 一个有向图

$\boldsymbol{M}(D)$有如下各条性质。

(1) $\sum_{j=1}^{m}\sum_{i=1}^{n}m_{ij}=0$，这说明 $\boldsymbol{M}(D)$ 中所有元素之和为 0。

(2) $\boldsymbol{M}(D)$中，负 1 的个数等于正 1 的个数，都等于边数 m，这正是有向图握手定理的内容。

(3) 第 i 行中，正 1 的个数等于 $d^+(v_i)$，负 1 的个数等于 $d^-(v_i)$。

(4) 平行边对应的列相同。

6.3.2 有向图的邻接矩阵

定义 6.24 设 $D=\langle V,E\rangle$是一个有向图，$V=\{v_1,v_2,\cdots,v_n\}$，$E=\{e_1,e_2,\cdots,e_m\}$，令 $a_{ij}^{(1)}$ 为顶点 v_i 邻接到顶点 v_j 边的条数，则称$(a_{ij}^{(1)})_{n\times n}$为 D 的邻接矩阵，记作 $\boldsymbol{A}(D)$。

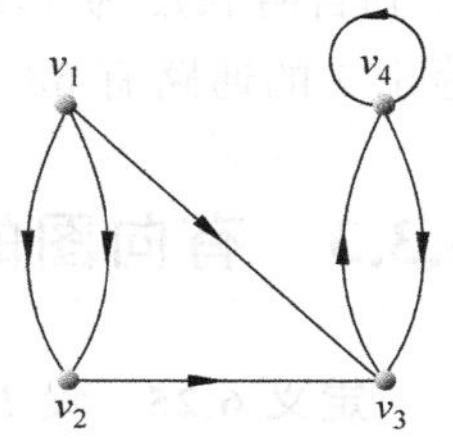

图 6.19 所示有向图 D 的邻接矩阵为

$$\boldsymbol{A}(D)=\begin{bmatrix}0&2&1&0\\0&0&1&0\\0&0&0&1\\0&0&1&1\end{bmatrix}$$

图 6.19　一个有向图

有向图 D 的邻接矩阵$\boldsymbol{A}(D)$有以下性质。

(1) $\sum_{j=1}^{n}a_{ij}^{(1)}=d^+(v_i)$，$i=1,2,\cdots,n$，于是$\sum_{i=1}^{n}\sum_{j=1}^{n}a_{ij}^{(1)}=\sum_{i=1}^{n}d^+(v_i)=m$。类似地，$\sum_{i=1}^{n}a_{ij}^{(1)}=d^-(v_j)$，$j=1,2,\cdots,n$，而$\sum_{j=1}^{n}\sum_{i=1}^{n}a_{ij}^{(1)}=\sum_{j=1}^{n}d^-(v_j)=m$。

(2) $\boldsymbol{A}(D)$ 中所有元素之和为 D 中长度为 l 的通路总数，而$\sum_{i=1}^{n}a_{ii}^{(1)}$ 为 D 中长度为 l 的回路(环) 的个数。

如何利用 $\boldsymbol{A}(D)$ 计算出 D 中长度为 l 的通路数和回路数。在这里，通路是定义意义下的概念，不同起点的通路可看成是不同的，并且可把回路看成通路的特殊情况。为了解决提出的问题，要计算 $\boldsymbol{A}(D)$ 的幂，可把 l 次幂记作 $A^l(D)$ 或简记作 A^l。设 $A^l=(a_{ij}^{(l)})_{n\times n}$ $(l\geqslant 2)$，其中元素 $a_{ij}^{(l)}=\sum_{k=1}^{n}a_{ik}^{(l-1)}a_{kj}^{(1)}$，则 $a_{ij}^{(l)}$ 为顶点v_i 到v_j 长度为l 的通路数，当 $i=j$ 时，即 $a_{ii}^{(l)}$(A^l 的主对角线上的元素) 为 v_i 到v_i 长度为l 的回路数(这里的回路可以是初级的，也可以是简单的，还可以是复杂的)。而$\sum_{i=1}^{n}\sum_{j=1}^{n}a_{ij}^{(l)}$ 为D 中长度为l 的通路总数，其中$\sum_{i=1}^{n}a_{ii}^{(l)}$ 为 D 中长度为 l 的回路总数。由以上分析可得出下面的定理和推论。

定理 6.9 设A 为有向图D 的邻接矩阵，$V=\{v_1,v_2,\cdots,v_n\}$为D 的顶点集，则A 的l 次幂$A^l(l\geqslant 1)$中的元素 $a_{ij}^{(l)}$ 为D 中v_i 到v_j 长度为l 的通路数，其中 $a_{ii}^{(l)}$ 为v_i 到自身长度为 l 的回路数，而$\sum_{i=1}^{n}\sum_{j=1}^{n}a_{ij}^{(l)}$ 为D 中长度为l 的通路总数，其中$\sum_{i=1}^{n}a_{ii}^{(l)}$ 为D 中长度为l 的回

路总数。

推论 设$B^l=A+A^2+\cdots+A^l(l\geqslant 1)$,则$B^l$中的元素$\sum_{i=1}^{n}\sum_{j=1}^{n}b_{ij}^{(l)}$为$D$中长度小于或等于$l$的通路数,其中$\sum_{i=1}^{n}b_{ii}^{(l)}$为$D$中长度小于或等于$l$的回路数。

前面已经计算出图6.19所示有向图D的邻接矩阵$\boldsymbol{A}$,下面给出$\boldsymbol{A}^2$、$\boldsymbol{A}^3$、$\boldsymbol{A}^4$。

$$\boldsymbol{A}^2=\begin{bmatrix}0&0&2&1\\0&0&0&1\\0&0&1&1\\0&0&1&2\end{bmatrix}\quad \boldsymbol{A}^3=\begin{bmatrix}0&0&1&3\\0&0&1&1\\0&0&1&2\\0&0&2&3\end{bmatrix}\quad \boldsymbol{A}^4=\begin{bmatrix}0&0&3&4\\0&0&1&2\\0&0&2&3\\0&0&3&5\end{bmatrix}$$

从$\boldsymbol{A}^1\sim\boldsymbol{A}^4$不难看出,$D$中$v_2$到$v_4$的长度为1,2,3,4的通路分别为0,1,1,2条。v_4到自身长度为1,2,3,4的回路分别为1,2,3,5条,其中有复杂回路。D中长度小于或等于4的通路有53条,其中有15条为回路。

6.3.3 有向图的可达矩阵

定义6.25 设$D=\langle V,E\rangle$为有向图。$V=\{v_1,v_2,\cdots,v_n\}$,令

$$p_{ij}=\begin{cases}1, & v_i\text{ 可达 }v_j\\0, & v_i\text{ 不可达 }v_j\end{cases}$$

称$(p_{ij})_{n\times n}$为D的可达矩阵,记作$\boldsymbol{P}(D)$,简记为$\boldsymbol{P}$。

由于$\forall v_i\in V,v_i\leftrightarrow v_i$,所以$\boldsymbol{P}(D)$主对角线上的元素全为1。

例如,记图6.18和图6.19所示有向图的可达矩阵分别为$\boldsymbol{P}_1$和$\boldsymbol{P}_2$,则

$$\boldsymbol{P}_1=\begin{bmatrix}1&1&0&1\\1&1&0&1\\0&0&1&1\\0&0&0&1\end{bmatrix}\quad \boldsymbol{P}_2=\begin{bmatrix}1&1&1&1\\0&1&1&1\\0&0&1&1\\0&0&1&1\end{bmatrix}$$

由定理6.9的推论给出的B_l可知,只要计算出B_{n-1},由B_{n-1}中的元素$b_{ij}{}^{(n-1)}(i,j=1,2,\cdots,n$,且$i\neq j)$是否为0就可以写出有向图$D$的可达矩阵,不过,$p_{ii}$总为$1(i=1,2,\cdots,n)$,它不由$b_{ii}{}^{(n-1)}$的值确定。

$B_l=A+A^2+\cdots+A^n(n\geqslant 1)$,它的第$i,j$分量$b_{ij}=1$,当且仅当图$G$中有$v_i$到$v_j$的路径。令矩阵$\boldsymbol{P}=\boldsymbol{I}+\boldsymbol{B}$,其中$\boldsymbol{I}$为$(n\times n)$单位矩阵,则$\boldsymbol{P}$为图$G$的可达性矩阵。

可以将无向图中的无向边用两条方向相反的有向边替代,使无向图变为有向图,这样,有向图的邻接矩阵、可达矩阵等均可适用于无向图。

6.4 欧拉图

最早关于图论的论文是1736年由Leonhard Euler撰写的。这篇论文给出了一般的理论,其中包括现在称为Konigsberg桥问题的解。

在Konigsberg(俄罗斯的Kaliningrad),两个小岛坐落在Pregel河上,它们之间和河

岸通过一些桥相连，如图 6.20 所示。问题是：如何从任一位置 A、B、C 或者 D 开始，经过每个桥且只经过一次，最后回到出发地。

这个问题可以通过图模型表示，如图 6.21 所示。顶点代表位置，边代表桥。Konigsberg 桥问题已简化为在图 6.21 中找出一个包含所有顶点和所有边的回路。为了纪念 Euler，一个图 G 中包含 G 的所有顶点和边的回路称为 Euler 回路。根据本节的讨论，可以知道图 6.21 中不存在 Euler 回路，因为与顶点 A 相连的边的数目是奇数。

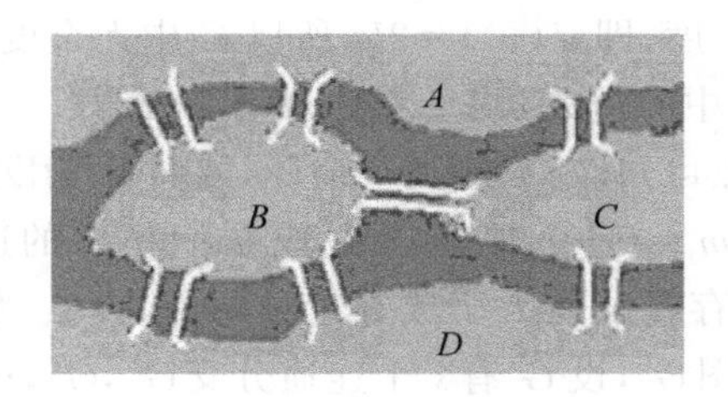

图 6.20　Konigsberg 桥

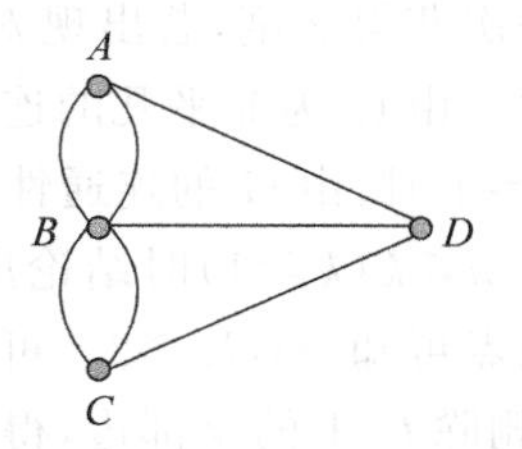

图 6.21　Konigsberg 桥的图模型

定义 6.26　通过图(无向图或有向图)中所有边一次且仅一次行遍图中所有顶点的通路称为欧拉通路，通过图中所有边一次并且仅一次行遍所有顶点的回路称为欧拉回路。具有欧拉回路的图称为欧拉图(Euler Graph)，具有欧拉通路而无欧拉回路的图称为半欧拉图。

从定义不难看出，欧拉通路是图中经过所有边的简单的生成通路(经过所有顶点的通路称为生成通路)，类似地，欧拉回路是经过所有边的简单的生成回路。

在图 6.22 中，$e_1e_2e_3e_4e_5$ 为(1)中的欧拉回路，所以(1)图为欧拉图。$e_1e_2e_3e_4e_5$ 为(2)图中的一条欧拉通路，但图中不存在欧拉回路，所以(2)图为半欧拉图。(3)图中既没有欧拉回路，也没有欧拉通路，所以(3)图不是欧拉图，也不是半欧拉图。$e_1e_2e_3e_4$ 为(4)图中的欧拉回路，所以(4)图为欧拉图。(5)、(6)图中都既没有欧拉回路，也没有欧拉通路。

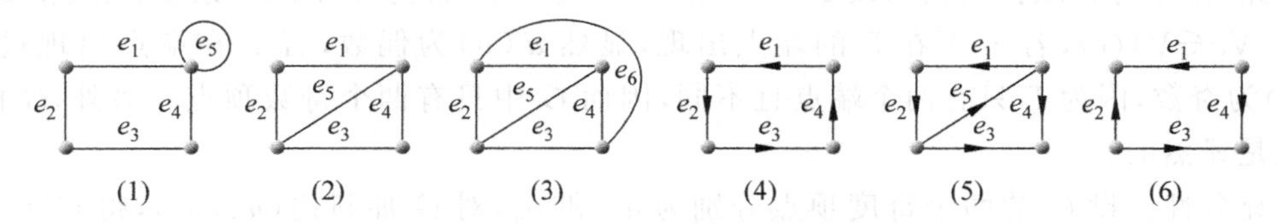

图 6.22　无向图或有向图

一笔画游戏(笔不离开纸，不重复地画遍纸上图形的所有边)，实质上是一个欧拉图、欧拉路径的判定问题。图 6.23(a)可以从一点出发一笔画所有边后回到起点；图 6.23(b)可以一笔画所有边，但不能使笔回到起点；图 6.23(c)则根本不可能一笔画所有边。

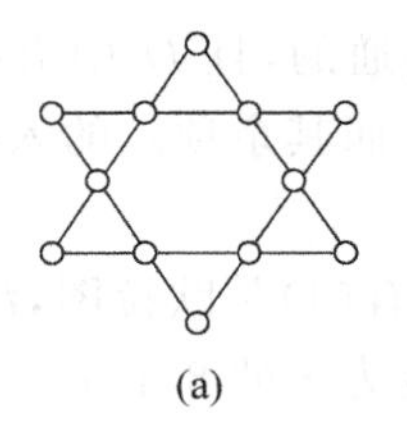
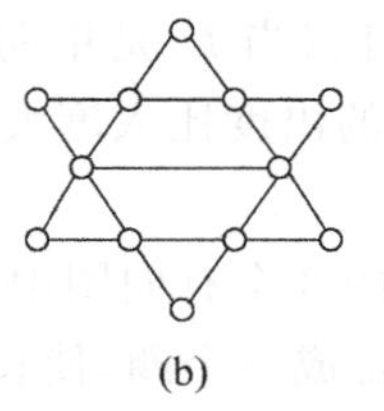
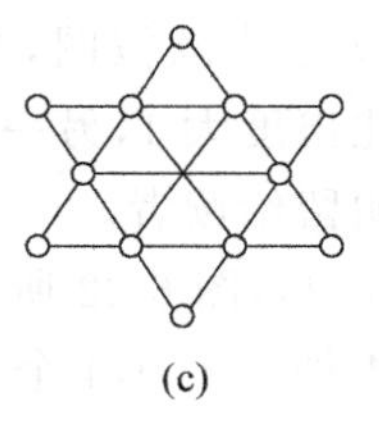

(a)　(b)　(c)

图 6.23　一笔画游戏

下面给出的两个判别定理可以简单有效地判别一个图是否是欧拉图或半欧拉图。

定理 6.10 无向图 G 是欧拉图,当且仅当 G 是连通图,且 G 中没有奇度顶点。

证明:若 G 是平凡图,结论显然成立。下面设 G 为非平凡图,设 G 是 m 条边的 n 阶无向图,顶点集 $V=\{v_1,v_2,\cdots,v_n\}$。

必要性。因为 G 为欧拉图,所以 G 中存在欧拉回路,设 C 为 G 中任意一条欧拉回路,$\forall v_i,v_j\in V$,v_i,v_j 都在 C 上,因而 v_i,v_j 连通,所以 G 为连通图。又 $\forall v_i\in V$,v_i 在 C 上每出现一次获得 2 度,若出现 k 次就获得 $2k$ 度,即 $d(v_i)=2k$,所以 G 中无奇度顶点。

充分性。由 G 为非平凡的连通图可知,G 中的边数 $m\geqslant1$。对 m 作归纳法。

(1) $m=1$ 时,由 G 的连通性及无奇度顶点可知,G 只能是一个环,因而 G 为欧拉图。

(2) 设 $m\leqslant k(k\geqslant1)$ 时结论成立,要证明 $m=k+1$ 时,结论也成立。由 G 的连通性及无奇度顶点可知,$\delta(G)\geqslant2$。可以证明 G 中存在长度大于或等于 3 的圈,设 C 为 G 中的一个圈,删除 C 上的全部边,得 G 的生成子图 G',设 G' 有 s 个连通分支 $G'_1,G'_2,\cdots,G'_s$,每个连通分支至多有 k 条边,且无奇度顶点,并且设 G'_i 与 C 的公共顶点为 V^*_{ji},$i=1,2,\cdots,s$,由归纳假设可知,$G'_1,G'_2,\cdots,G'_s$ 都是欧拉图,因而都存在欧拉回路 C'_i,$i=1,2,\cdots,s$。最后将 C 还原,即将删除的边重新加上,并从 C 上的某顶点 v_r 开始行遍,每遇到 V^*_{ji},就行遍 G'_i 中的欧拉回路 C'_i,$i=1,2,\cdots,s$,最后回到 v_r,得回路 $v_r\cdots V^*_{j1}\cdots V^*_{j1}\cdots V^*_{j2}\cdots V^*_{j2}\cdots V^*_{j3}\cdots V^*_{j3}\cdots v_r$,此回路经过 G 中每条边一次,且仅一次并行遍 G 中的所有顶点,因而它是 G 中的欧拉回路,故 G 为欧拉图。证毕。

由定理 6.10 可知,图 6.22 的 3 个无向图中,只有(1)图中无奇度顶点,因而(1)图是欧拉图,而(2)、(3)图中都有奇度顶点,因而它们都不是欧拉图。

定理 6.11 无向图 G 是半欧拉图,当且仅当 G 是连通的,且 G 中恰有两个奇度顶点。

证明:必要性。设 G 是 m 条边的 n 阶无向图,因为 G 为半欧拉图,因而 G 中存在欧拉通路(但不存在欧拉回路),设 $\Gamma=v_{i0}e_{j1}v_{i1}\cdots v_{im-1}e_{jm}v_{im}$ 为 G 中的一条欧拉通路,$v_{i0}\neq v_{im}$。$\forall v\in V(G)$,若 v 不在 Γ 的端点出现,显然 $d(v)$ 为偶数,若 v 在端点出现过,则 $d(v)$ 为奇数,因为 Γ 只有两个端点且不同,因而 G 中只有两个奇数顶点。另外,G 的连通性是显然的。

充分性。设 G 的两个奇度顶点分别为 u_0 和 v_0,对 G 加新边 (u_0,v_0),得 $G'=G\cup(u_0,v_0)$,则 G' 是连通且无奇度顶点的图,由定理 6.10 可知,G' 为欧拉图,因而存在欧拉回路 C',而 $C=C'-(u_0,v_0)$ 为 G 中的一条欧拉通路,所以 G 为半欧拉图。证毕。

由定理 6.11 可知,图 6.22 中的(2)是半欧拉图,但(3)不是半欧拉图。

定理 6.12 (1) 有向图 D 是欧拉图,当且仅当 D 是强连通的,且每个顶点的入度都等于出度。

(2) 有向图 D 是半欧拉图,当且仅当 D 是单向连通的,且 D 中恰有两个奇度顶点,其中一个的入度比出度大 1,另一个的出度比入度大 1,而其余顶点的入度都等于出度。

本定理的证明留给读者。

由定理 6.12 可知,图 6.22 所示的 3 个有向图中只有(4)是欧拉图,没有半欧拉图。

例 6.12 能否把 4 个 0,4 个 1 排成一个圈,使长度为 3 的 8 个字(000、001、010、011、100、101、110、111)仅出现一次。

解：先将问题抽象成图 6.24(1)，以两位为一个顶点(4 个)，8 个字分别代表 8 条边，然后判断抽象出的连通图是否为欧拉图。根据定理 6.15，该图是欧拉图，存在欧拉回路，如 000、001、010、101、011、111、110、100。由每个字的首位构成的编码为 00010111，此结果满足题目的要求，如图 6.24(2)所示，问题得解。

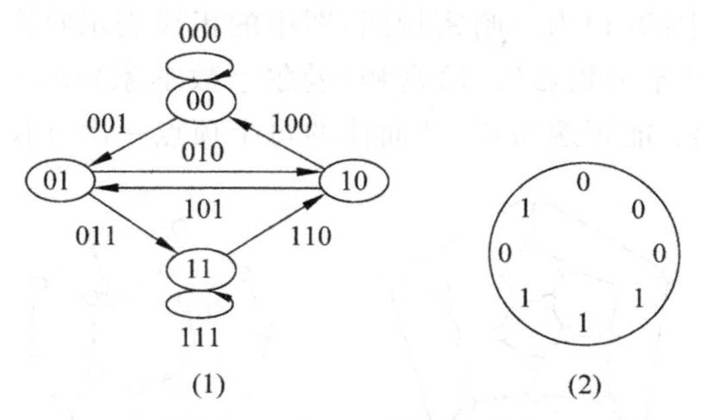

图 6.24　例 6.12 题解示意图

例 6.13　找一种 9 个 a，9 个 b，9 个 c 的圆形排列，使由字母$\{a,b,c\}$组成的长度为 3 的 27 个字的每个字仅出现一次。

解：解题思路类似于例 6.12，如图 6.25 所示。在标记 xy 和 yz 之间有边关联，记为 xyz。

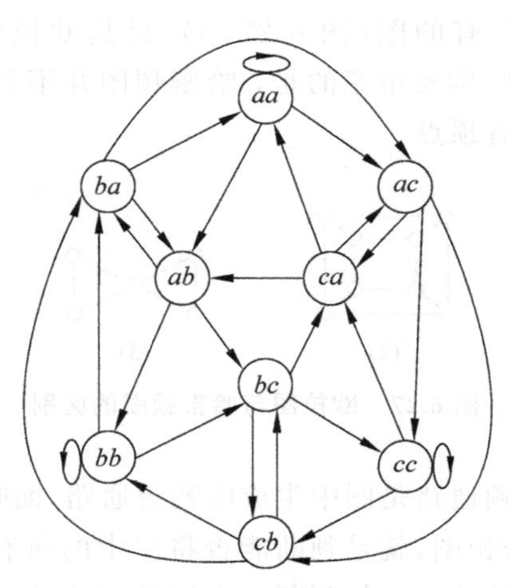

图 6.25　例 6.13 题解示意图

圆形排列取其中一条欧拉回路，如 $aaabacbabbcbbbaacccbcacabcc$。

6.5　哈密顿图

定义 6.27　经过图(有向图或无向图)中所有顶点一次且仅一次的通路称为哈密顿通路。经过图中所有顶点一次且仅一次的回路称为哈密顿回路。具有哈密顿回路的图称为哈密顿图，具有哈密顿通路但不具有哈密顿回路的图称为半哈密顿图。平凡图是哈密顿图。

图 6.22 中所示的 3 个无向图都有哈密顿回路,所以都是哈密顿图。有向图中,(4)具有哈密顿回路,因而它是哈密顿图。(5)只有哈密顿通路,但无哈密顿回路,因而它是半哈密顿图,而(6)中既无哈密顿回路,也无哈密顿通路,因而不是哈密顿图,也不是半哈密顿图。

例 6.14 图 6.26 中的(1)为一哈密顿图,图中的粗线表示哈密顿回路。它是正 12 面体(图 6.26 中的(2))的"平面投影"。哈密顿(爱尔兰数学家)1859 年提出一个名叫"周游世界"的游戏,问题正是:能否遍历正 12 面体的每个顶点一次且仅一次后回到原地。

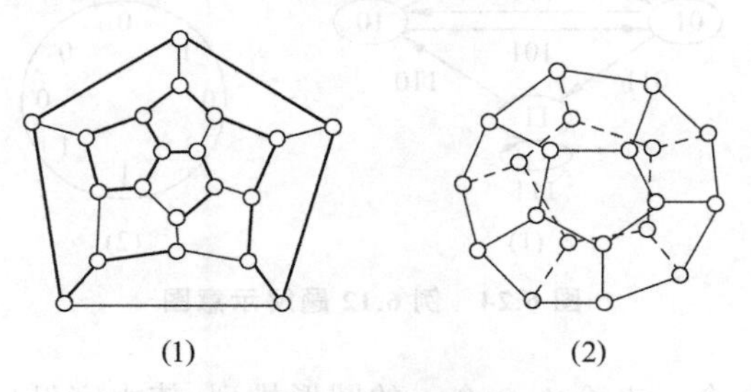

图 6.26 例 6.14 中的正 12 面体

注意哈密顿图、哈密顿通路与欧拉图、欧拉路径之间的区别,它们之间几乎没有什么联系。如图 6.27 所示,有的图(图 6.27(1))既是哈密顿图,又是欧拉图,有的图(图 6.27(2))只是哈密顿图,不是欧拉图,有的图(图 6.27(3))只是欧拉图,不是哈密顿图,有的图(图 6.27(4))则两者皆非。特别要留意的是,哈密顿图并不要求其哈密顿回路遍历图的所有边,仅要求遍历图的所有顶点。

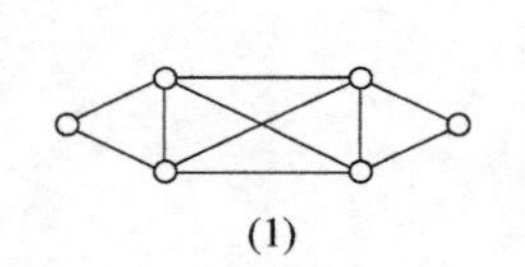
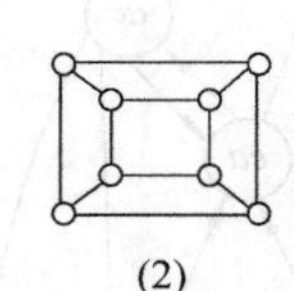
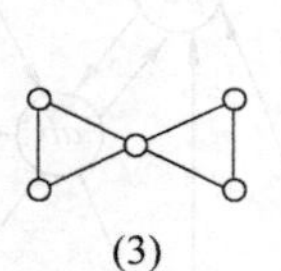
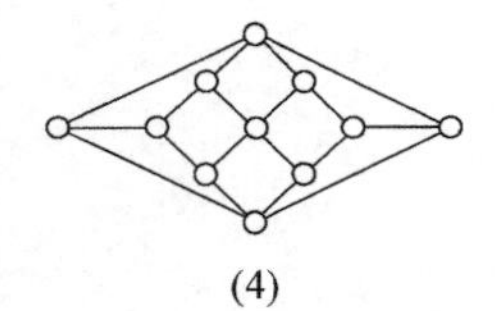

(1) (2) (3) (4)

图 6.27 欧拉图与哈密顿图的区别

从定义可以看出,哈密顿通路是图中生成的初级通路,而哈密顿回路是生成的初级回路。判断一个图是否为哈密顿图,就是判断能否将图中的所有顶点都放置在一个初级回路(圈)上,但这不是一件容易的事。与判断一个图是否为欧拉图不一样,到目前为止,人们还没有找到哈密顿图简单的充分必要条件。下面给出的定理都是哈密顿通路(回路)的必要条件或充分条件。

定理 6.13(必要条件) 设无向图 $G=\langle V,E\rangle$是哈密顿图,对于任意 $V_1\subset V$,且 $V_1\neq\varnothing$,均有 $p(G-V_1)\leqslant|V_1|$,其中 $p(G-V_1)$为 $G-V_1$ 的连通分支数。

证明:设 C 为 G 中任意一条哈密顿回路,易知,当 V_1 中顶点在 C 上均不相邻时,$p(C-V_1)$达到最大值$|V_1|$,当 V_1 中顶点在 C 上有彼此相邻的情况时,均有 $p(C-V_1)<|V_1|$,所以有 $p(C-V_1)\leqslant|V_1|$。而 C 是 G 的生成子图,所以有 $p(G-V_1)\leqslant p(C-V_1)\leqslant|V_1|$。证毕。

推论 设无向图 $G=\langle V,E\rangle$是半哈密顿图,对于任意的 $V_1\subset V$,且 $V_1\neq\varnothing$,均有

$p(G-V_1)\leqslant|V_1|+1$。

例 6.15　图 6.28 中给出的 3 个图都是二部图。它们中的哪些图是哈密顿图？哪些图是半哈密顿图？为什么？

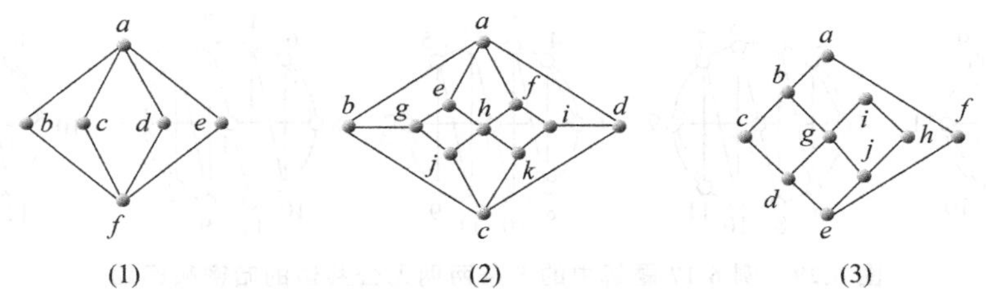

图 6.28　例 6.15 中的 3 个二部图

解：在(1)图中，易知互补顶点子集 $V_1=\{a,f\}$，$V_2=\{b,c,d,e\}$。设此二部图为 G_1，则 $G_1=<V_1,V_2,E>$，$p(G_1-V_1)=4>|V_1|=2$，由定理 6.13 及其推论可知，G_1 不是哈密顿图，也不是半哈密顿图。

设(2)图为 G_2，则 $G_2=<V_1,V_2,E>$，其中 $V_1=\{a,g,h,i,c\}$，$V_2=\{b,e,f,j,k,d\}$，易知，$p(G_2-V_1)=|V_2|=6>|V_1|=5$，由定理 6.13 可知，$G_2$ 不是哈密顿图，但 G_2 是半哈密顿图，其实，$baegjckhfid$ 为 G_2 中的一条哈密顿通路。

设(3)图为 G_3，$G_3=<V_1,V_2,E>$，其中 $V_1=\{a,c,g,h,e\}$，$V_2=\{b,d,i,j,f\}$，$p(G_3-V_1)=5=|V_1|$，由定理 6.13 及其推论可知，G_3 中存在哈密顿回路，如 $abcdgihjefa$，所以 G_3 是哈密顿图。

下面给出哈密顿图和半哈密顿图的充分条件，定理的证明省略。

定理 6.14　设 G 是 $n(n\geqslant3)$ 阶无向简单图，若对于 G 中任意不相邻的顶点 v_i,v_j，均有

$$d(v_i)+d(v_j)\geqslant n-1$$

则 G 中存在哈密顿通路，即 G 为半哈密顿图。若有

$$d(v_i)+d(v_j)\geqslant n$$

则 G 中存在哈密顿回路，即 G 为哈密顿图。

定理 6.14 给出的是哈密顿图和半哈密顿图的充分非必要条件。有些图虽然是哈密顿图或半哈密顿图，但是不满足该条件。

例 6.16　一次会议有 20 人参加，每个人都在其中有不少于 10 个朋友。这 20 人围一圆桌入席。有没有可能使任意相邻而坐的两个人都是朋友？为什么？

证明：可以。将每个人对应成相应的顶点，若两人是朋友，则对应的两个顶点间连上一条无向边，做出一个简单的无向图。已知图中每个顶点的度数都大于或等于 10，即图中任两个不相邻顶点的度数都大于或等于 20，即顶点数，故这个图是一个哈密顿图，从而存在哈密顿回路。任取一条哈密顿回路，按回路经过的顶点次序安排对应人的座位，就可满足要求。

例 6.17　有 11 名代表进行圆桌会议，要求每次会议时每名代表必须和不同的代表邻座，问这样的会议最多能安排几次？各次的座位如何安排？

解：n 个顶点的完全图共有$\dfrac{n(n-1)}{2}$条边，每条哈密顿回路有 n 条边，因为要求任意

两条哈密顿回路无公共边,所以至多有$\frac{n-1}{2}$条哈密顿回路。已知 $n=11$,所以至多有 5 条两两无公共边的哈密顿回路,如图 6.29 所示。

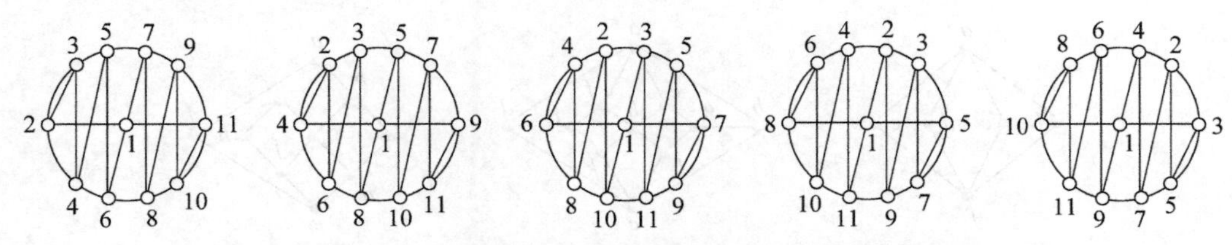

图 6.29 例 6.17 题解中的 5 条两两无公共边的哈密顿回路

存在一条哈密顿回路(1 2 3 4 5 6 7 8 9 10 11),将此图顶点标号旋转 $\pi/5, 2\pi/5, 3\pi/5, 4\pi/5$,依次得到另外 4 个图,进而得到另外 4 条哈密顿回路:

1　4　2　6　3　8　5　10　7　11　9

1　6　4　8　2　10　3　11　5　9　7

1　8　6　10　4　11　2　9　3　7　5

1　10　8　11　6　9　4　7　2　5　3

6.6 二部图

6.6.1 二部图及判别定理

定义 6.28 设 $G=\langle V,E\rangle$为一个无向图,若能将 V 分成 V_1 和 V_2($V_1\cup V_2=V$, $V_1\cap V_2=\varnothing$),使得 G 中每条边的两个端点一个属于 V_1,另一个属于 V_2,则称 G 为二部图(bipartite graph)或称二分图、偶图等,称 V_1 和 V_2 为互补顶点子集,常将二部图 G 记为$\langle V_1,V_2,E\rangle$。又若 G 是简单二部图,V_1 中每个顶点均与 V_2 中所有顶点相邻,则称 G 为完全二部图,记为 $K_{r,s}$,其中 $r=|V_1|, s=|V_2|$。

注意:n 阶零图为二部图。

例 6.18 图 6.30 中,(1)、(2)为二部图,(3)为完全二部图 $K_{3,3}$,(4)、(5)不是二部图。

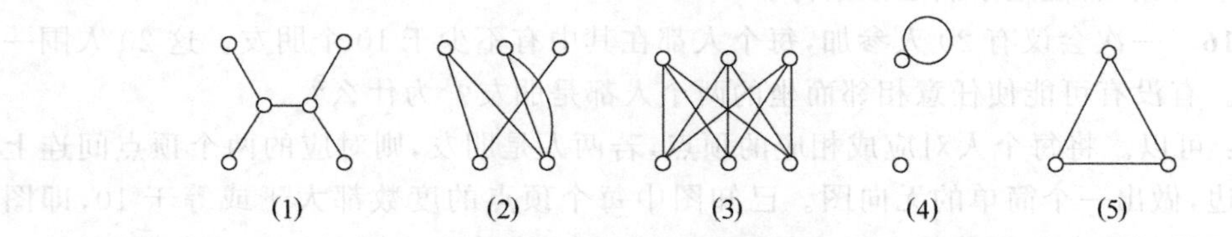

图 6.30 例 6.18 中的无向图

一个图是否为二部图,可由下面的定理判别。

定理 6.15 一个无向图 $G=\langle V,E\rangle$是二部图,当且仅当 G 中所有回路的长度均为偶数。

证明:必要性。设 G 是二部图,若 G 中无回路,结论显然成立。若 G 中有回路,设 C 为 G 中任意一长度为 m 的回路,令 $C=v_1v_2\cdots v_{m-1}v_1$,易知 $m\geqslant 2$。不失一般性地,设

$v_1 \in V_1$，则必有 $v_{m-1} \in V - V_1 = V_2$，所以 $m-1$ 是奇数，m 必为偶数，于是 C 是长度为偶数的回路，由 C 的任意性可知结论成立。

充分性。若 G 是零图，结论显然成立。不妨设 G 为连通图，设 v_0 为 G 中任意一个顶点，令

$$V_1 = \{v \mid v \in V(G) \wedge d(v_0, v) \text{ 为偶数}\}$$
$$V_2 = \{v \mid v \in V(G) \wedge d(v_0, v) \text{ 为奇数}\}$$

易知，$V_1 \neq \varnothing$，$V_2 \neq \varnothing$，$V_1 \cap V_2 = \varnothing$，$V_1 \cup V_2 = V(G)$。下面只要证明 V_1 中任意两顶点不相邻，V_2 中任意两点也不相邻。若存在 $v_i, v_j \in V_1$ 相邻，令 $(v_i, v_j) = e$，设 v_0 到 v_i，v_j 的短程线分别为 Γ_i，Γ_j，则它们的长度 $d(v_0, v_i)$，$d(v_0, v_j)$ 都是偶数，于是 $\Gamma_i \cup \Gamma_j \cup e$ 中一定含奇圈，这与已知条件矛盾，类似地，可证 V_2 中也不存在相邻的顶点，于是 G 为二部图。证毕。

例 6.19　图 6.31 所示两个图中，回路长度均为偶数，所以它们都是二部图。其中图(2)所示为 $K_{2,3}$。

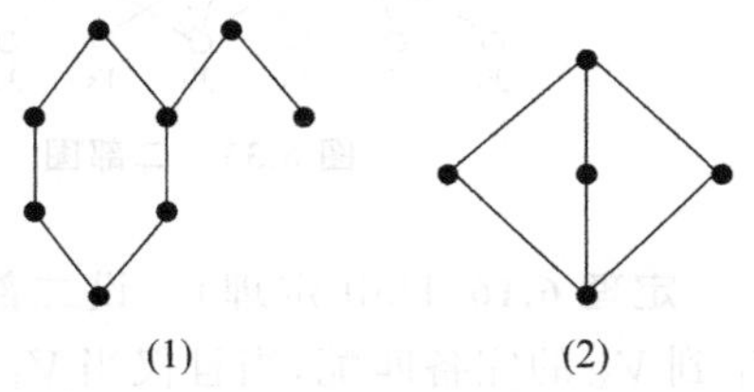

图 6.31　例 6.19 中的两个二部图

画二部图时，人们习惯将互补顶点子集 V_1，V_2 分开画。有许多实际问题可用二部图表示，并且用二部图的性质研究和解决实际问题。作为一种数学模型，二部图是十分有用的，许多问题可以用它刻画。例如，"资源分配""工作安排""人员择偶"等。但是，利用二部图分析解决这类问题时，还需要有关二部图的另一个概念——匹配。

6.6.2　完备匹配

定义 6.29　设 $G=(V_1, V_2, E)$ 为二部图，$M \subseteq E$。如果 M 中任何两条边都没有公共端点，则称 M 为 G 的一个**匹配**(matching)。$M=\varnothing$ 时称 M 为空匹配。G 的所有匹配中边数最多的匹配称为**最大匹配**。如果 $V_1(V_2)$ 中任一顶点均为匹配 M 中边的端点，则称 M 为 $V_1(V_2)$-**完备匹配**。若 M 既是 V_1-完备匹配，又是 V_2-完备匹配，则称 M 为 G 的**完备匹配**。

定义 6.30　若 M 的某条边与顶点 v 关联，则称 M **饱和**顶点 v，并且称顶点 v 在 M 中是**饱和的**，否则称 v 是 M **非饱和的**。

定义 6.31　若 G 中的每个顶点均为 M 饱和的，则称 M 为 G 的**完美匹配**。

根据上述定义，假设 $G=(V_1, V_2, E)$ 为二部图，$|V_1| \leqslant |V_2|$，M 为 G 中的一个最大匹配，且 $|M|=|V_1|$，则可知 M 为 V_1 到 V_2 的**完备匹配**。若 $|V_2|=|V_1|$，则完备匹配即**完美匹配**，若 $|V_1|<|V_2|$，则完备匹配为 G 中的最大匹配。

例 6.20　图 6.32 中各图的粗线表示匹配中的边(简称匹配边)。(2)中匹配是最大的，$V_1=\{a, b, c\}$，匹配是 V_1-完全的，(3)中匹配是 G 的完备匹配(从而也是最大的)。

注意：最大匹配总存在但未必唯一；$V_1(V_2)$-完备匹配及 G 的完备匹配必定是最大的，反之则不然；$V_1(V_2)$-完备匹配未必存在。

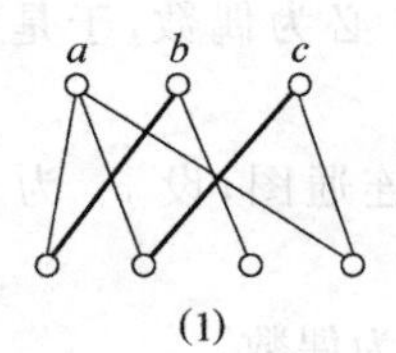
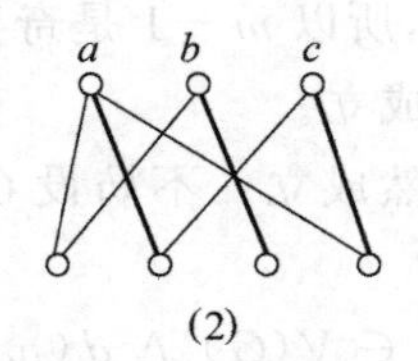
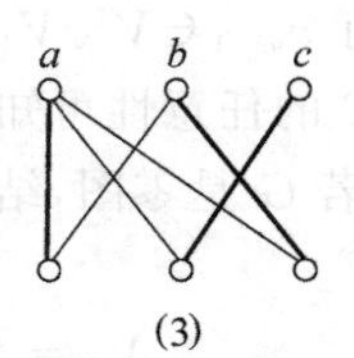

图 6.32 例 6.20 中的二部图

可把 G 中任一匹配 M 扩充为最大匹配,此算法被称为**匈牙利算法**(参见相关书籍)。利用匈牙利算法可求图 6.33 的一个最大匹配。

最大匹配 $M=\{\{x_2,y_2\},\{x_4,y_3\},\{x_5,y_4\},\{x_1,y_1\},\{x_3,y_7\}\}$,如图 6.34 所示。

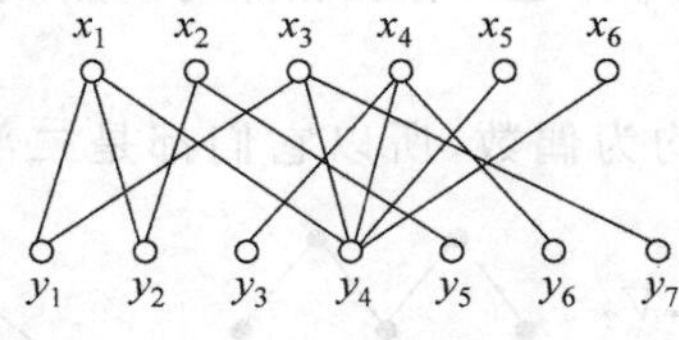

图 6.33 二部图

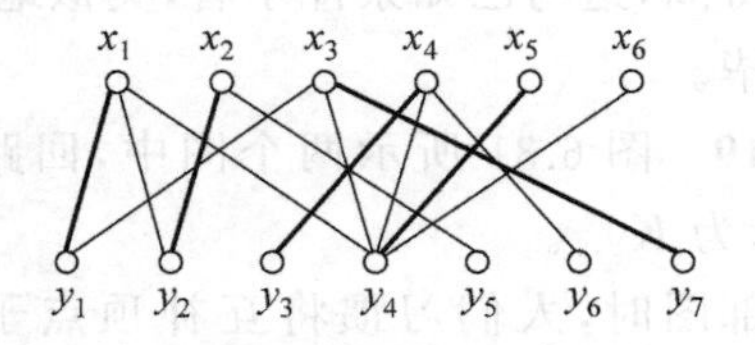

图 6.34 图 6.33 的最大匹配

定理 6.16(Hall 定理) 设二部图 $G=\langle V_1,V_2,E\rangle$ 中,$|V_1|\leqslant|V_2|$。G 中存在从 V_1 到 V_2 的完备匹配,当且仅当 V_1 中任意 $k(k=1,2,\cdots,|V_1|)$ 个顶点至少与 V_2 中的 k 个顶点相邻。

定理 6.17 设二部图 $G=(V_1,V_2,E)$ 中,V_1 中每个顶点至少关联 $t(t\geqslant 1)$ 条边,而 V_2 中每个顶点至多关联 t 条边,则 G 中存在 V_1 到 V_2 的完备匹配(证明请参见相关书籍)。

例 6.21 在某届大学本科毕业生分配的供求会上,有 n 个毕业生可从 $m(m\geqslant n)$ 个单位选择自己的职业。已知每个毕业生至少愿意去 $r(1\leqslant r\leqslant m)$ 个单位工作,而每个用人单位至多看中了其中的 $r-1$ 名毕业生,愿意从中选择一名。问最多有多少个单位可以选择到满意的一名毕业生?写出判断过程。

解:设 $V_1=\{v\,|\,v$ 为毕业生$\}$,$V_2=\{u\,|\,u$ 为用人单位$\}$,$E=\{(u,v)\,|\,v$ 愿意到 u 工作$\}$,则 $G=\langle V_1,V_2,E\rangle$ 为一个二部图。由已知条件可知,$\forall v\in V_1,d(v)\geqslant r$,而 $\forall u\in V_2,d(u)\leqslant r-1\leqslant r$,由此可知,$G$ 满足 $t=r$ 的 t 条件,由于定理 6.17,因而存在从 V_1 到 V_2 的完备匹配 M,而 $|M|=n$,于是有 n 个单位,最多有 n 个单位能选到一名满意的毕业生,每名毕业生都能选到愿意去的单位。

图 6.35 给出了 $n=3,m=5,r=3$ 的一种情况,在这种情况下,请读者给出尽可能多的分配方案。

例 6.22 现有 4 名教师:张、王、李、赵,要求他们教 4 门课程:数学、物理学、电工学和计算机语言。已知张能教数学和计算机语言;王能教物理学和电工学;李能教数学、物理学和电工学;而赵只能教电工学。如何安排,才能使 4 位教师都能教课,并且每门课都有人教?共有几种方案?

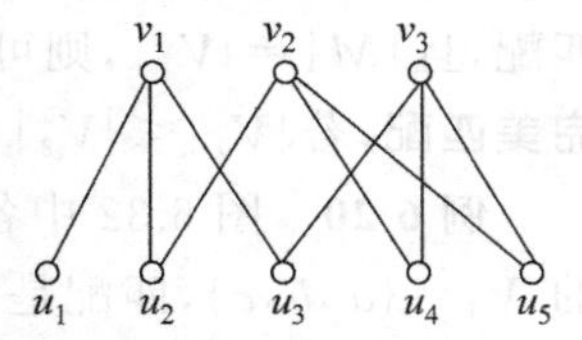

图 6.35 例 6.21 问题的图形表示

解:设 $V_1=\{$张、王、李、赵$\}$,$V_2=\{$物理学、数学、计算机语

言、电工学}。某人能教某课程就在相应的顶点之间连边，做二部图如图6.36所示。

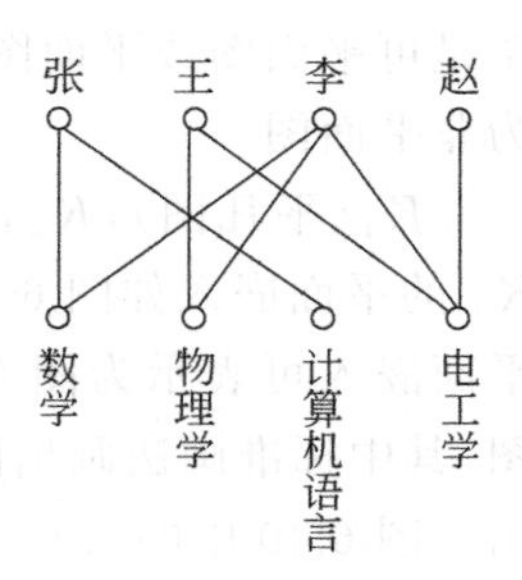

图6.36 例6.22问题的图形表示

此二部图G存在V_1到V_2的完备匹配(此匹配也是完美的)。但因赵只能教电工学，因而王只能教物理学，李就只能教数学，张也就只能教计算机语言了，即方案只有一种。

例6.23 已知a、b、c、d、e、f、g七个人中，a会讲英语和汉语，b会讲英语、西班牙语和汉语，c会讲西班牙语、英语、意大利语和俄语，d会讲汉语和日语，e会讲意大利语和德语，f会讲俄语、日语和法语，g会讲德语和法语，能否将他们的座位安排在圆桌旁，使得每个人都能与他身边的人交谈？为什么？如果能，有多少种不同的坐法？并把每种坐法写出来。

解：先用二部图表示人员与其熟悉的语言之间的关系(见图6.37)，x与y之间可以交谈，当且仅当他们共同熟悉一门语言。用人表示顶点，用无向边表示两个人能相互交谈，可得到图6.38。

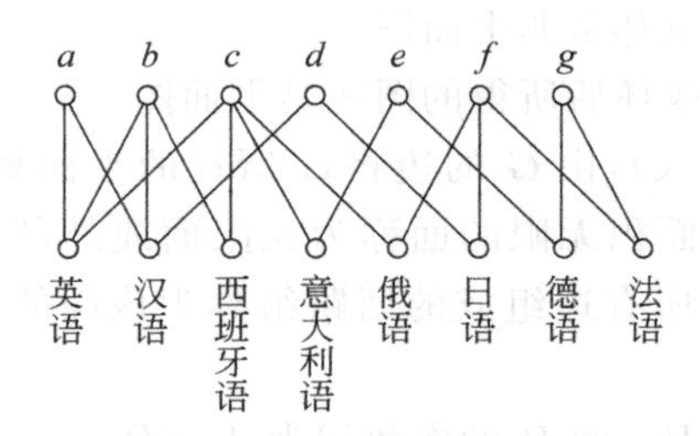

图6.37 人员与其熟悉的语言之间的关系

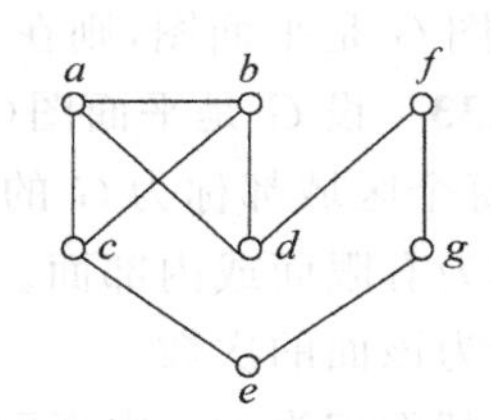

图6.38 例6.23问题的图形表示

因为无向图G存在哈密顿回路；所以能将他们的座位安排在圆桌旁，使得每个人都能与他身边的人交谈。

无向图G中不同哈密顿回路的条数就是不同的坐法数。因此，有两种不同的坐法，分别是cegfdabc；cegfdbac。

6.7 平面图

6.7.1 平面图及其判定定理

3个城市C_1、C_2和C_3，通过高速公路与另外3个城市C_4、C_5和C_6的每一个直接相通。这个公路系统是否可以经过设计使得高速公路没有交叉？一个具有交叉的公路系统如图6.39所示。如果你试着画一个不交叉的公路系统，也是做不到的。本节后面将仔细解释为什么这是不能实现的。

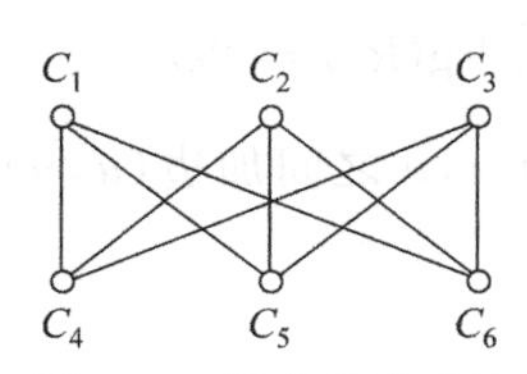

图6.39 城市公路系统示意图

为了深入讨论这类问题，需要引入平面图的概念。

定义6.32 如果图G能以这样的方式画在曲面S上，即除顶点外无边相交，则称G可嵌入曲面S。若G可嵌入平面，则称

G 是可平面图或平面图。画出的无边相交的图称为 G 的平面嵌入。无平面嵌入的图称为非平面图。

K_1(平凡图),K_2,K_3,K_4 都是平面图,其中,K_1,K_2,K_3 本身就已经是平面嵌入,K_4 的平面嵌入如图 6.40 中的(4)所示。K_5-e (K_5 删除任意一条边)也是平面图,它的平面嵌入可表示为图 6.40 中的(5)。完全二部图 $K_{1,n}$ ($n\geqslant 1$),$K_{2,n}$ ($n\geqslant 2$)也都是平面图,其中标准画法画出的 $K_{1,n}$ 已经是平面嵌入,$K_{2,3}$ 的平面嵌入可由图 6.40 中的(6)给出。图 6.40 中的(1)、(2)、(3)分别为 K_4,K_5-e,$K_{2,3}$ 的标准画法。

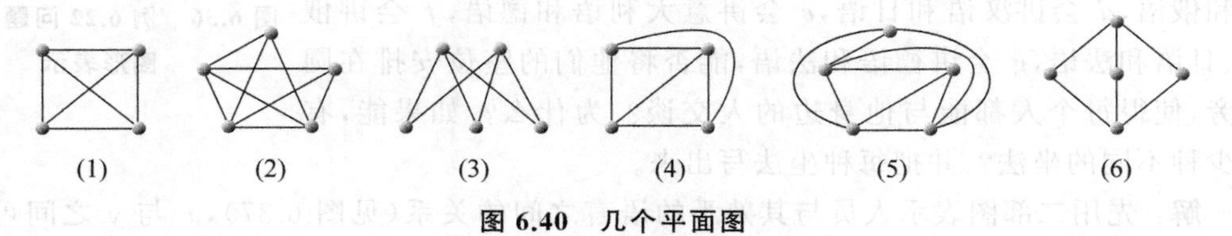

图 6.40 几个平面图

定理 6.18 (1) 若图 G 是平面图,则 G 的任何子图都是平面图。

(2) 若图 G 是非平面图,则 G 的任何母图也都是非平面图。

(3) 设图 G 是平面图,则在 G 中加平行边或环后所得的图还是平面图。

定义 6.33 设 G 是平面图(且已是平面嵌入),由 G 的边将 G 所在的平面划分成若干个区域,每个区域都称为 G 的一个面。其中面积无限的面称为无限面或外部面,面积有限的面称为有限面或内部面。包围每个面的所有边组成的回路组称为该面的边界,边界的长度称为该面的次数。

常将外部面记为 R_0,内部面为 $R_1,R_2,\cdots,R_k$,面 R 的次数记为 $\deg(R)$。

图 6.41 是某图的平面嵌入,它有 5 个面。R_1 的边界为圈 $abdc$,$\deg(R_1)=4$。R_2 的边界也是圈,此圈为 efg,$\deg(R_2)=3$,R_3 的边界为环 h,$\deg(R_3)=1$。R_4 的边界为圈 kjl,$\deg(R_4)=3$。外部面 R_0 的边界由一个简单回路 $abefgdc$ 和一个复杂回路 $kjihil$ 组成,$\deg(R_0)=13$。

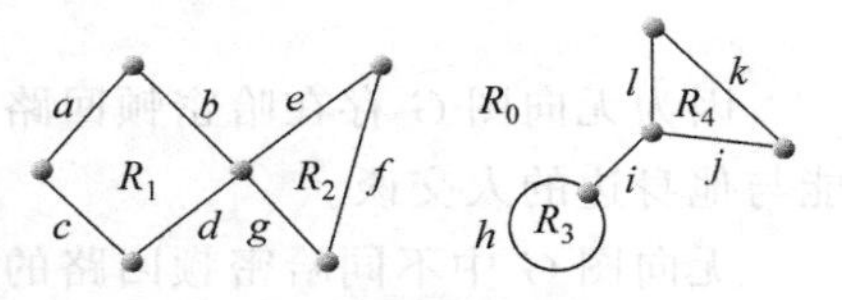

图 6.41 某图的平面嵌入

定理 6.19 平面图 G 中所有面的次数之和等于边数 m 的 2 倍,即

$$\sum_{i=1}^{r}\deg(R_i)=2m,\text{其中 } r \text{ 为 } G \text{ 的面数。}$$

证明:$\forall e\in E(G)$,若 e 为面 R_i 和 R_j ($i\neq j$)的公共边界上的边时,在计算 R_i 和 R_j 的次数时,e 各提供1。而当 e 只在某一个面的边界上出现时,如图 6.41 中的边 i,则在计算该面的次数时,e 提供 2。于是,每条边在计算总次数时都提供 2,因而 $\sum_{i=1}^{r}\deg(R_i)=2m$。

定义 6.34 设 G 为简单平面图,若在 G 的任意不相邻的顶点 u,v 之间加边(u,v),所得图为非平面图,则称 G 为极大平面图。

极大平面图的特点由下面的定理给出。

定理 6.20 (1) 极大平面图是连通的。

(2) 设 G 为 n($n\geqslant 3$)阶简单连通的平面图,G 为极大平面图,当且仅当 G 的每个面的次数均为 3。

例如，在图 6.42 所示的各平面图中，只有(3)是极大平面图。图(1)内部有一面由 4 条边构成，图(2)外部面由 4 条边构成。

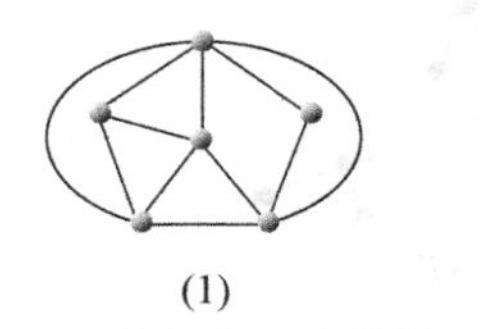
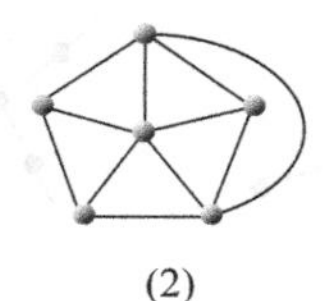
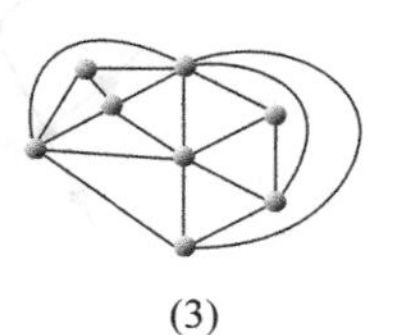

图 6.42　3 个平面图

定义 6.35　若在非平面图 G 中任意删除一条边，所得图为平面图，则称 G 为**极小非平面图**。

可以验证，K_5 和 $K_{3,3}$ 都是极小非平面图，如图 6.43 所示。

欧拉公式通常指下列关于凸多面体的顶点数(n)、棱数(m)及面数(r)之间的关系式：$n-m+r=2$。对于正六面体，有 $8-12+6=2$。对此公式的讨论，可参考相关文献。

设想把一个橡皮的正六面体的底面剪破，从此撕开四面体，使其各面在同一平面中，如图 6.44 所示，如果把撕破的面看作无界面，那么图 6.44(b)便是一个连通平面图，它自然也满足上述关系式。

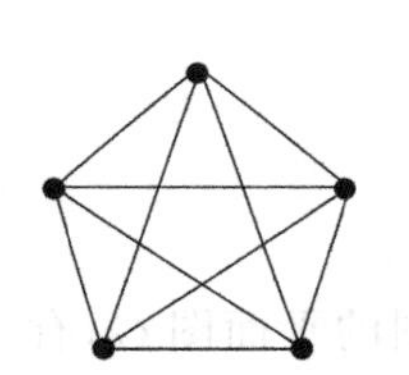
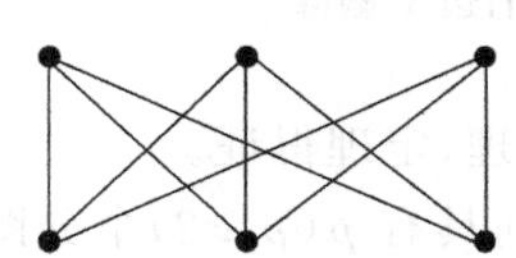
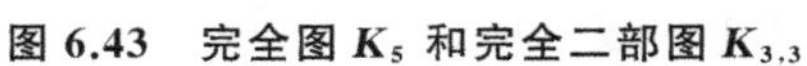

图 6.43　完全图 K_5 和完全二部图 $K_{3,3}$

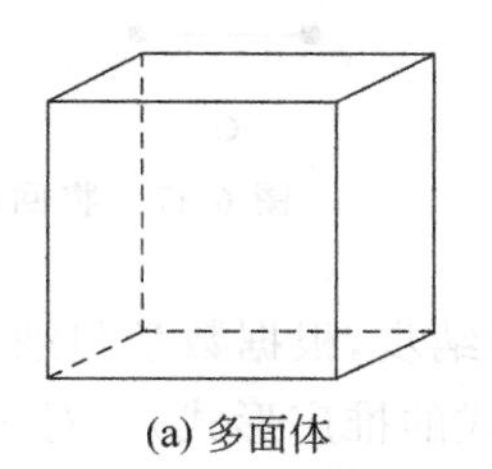

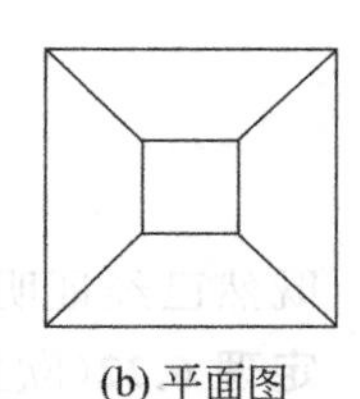

图 6.44　多面体及其平面图

定理 6.21(平面图欧拉公式)　设 G 是一连通的平面图，则有 $n-m+r=2$。这里，n、m、r 分别是图 G 的顶点数、边数和面数（包括无限面）。

证明：利用数学归纳法对边数归纳。

(1) 假设 $m=1$，分两种情况讨论，如图 6.45 所示。

① 该边不是自回路，则有 $n=2$，$r=1$，这时 $n-m+r=2-1+1=2$。

② 该边是自回路，则有 $n=1$，$r=2$，这时 $n-m+r=1-1+2=2$。

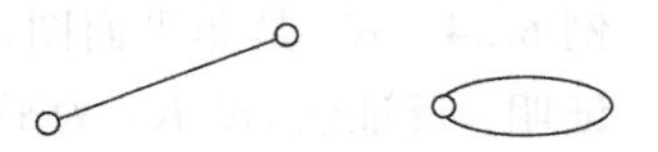

图 6.45　定理 6.21 证明中数学归纳法的基本步

(2) 假设**欧拉公式**对 n 条边的连通平面图成立。令 G 是一个有 $n+1$ 条边的图。

首先，假设 G 中不含回路。选择一个顶点 v，跟踪从 v 开始的一条路径。由于 G 中不含回路，每次跟踪一条边，都会到达一个新的顶点。最终会到达一个度为 1 的顶点 a，因此不能继续，如图 6.46 所示。将顶点 a 和与顶点 a 相关联的边 x 从 G 中删除，得到的图 G'有 n 条边；根据归纳假设，**欧拉公式**对 G'成立。由于 G'比 G 多一条边、多一个顶点，

并且 G' 与 G 有同样数目的面,因此可以得出**欧拉公式**对 G 同样成立。

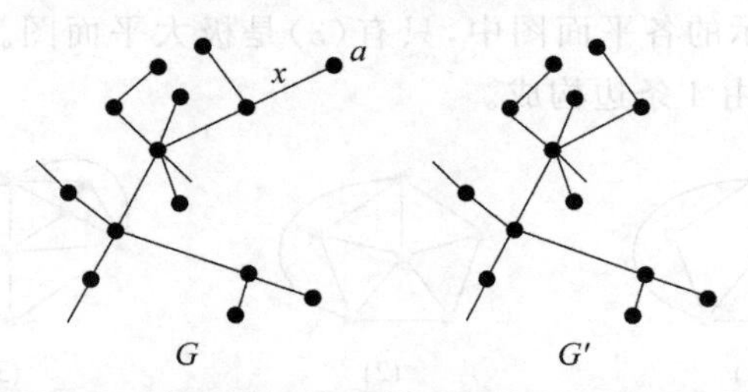

图 6.46　找到一个度为 1 的顶点 a,删除 a 和与之相关的边 x

现在假设 G 中有一个回路。令 x 是回路中的一条边。现在 x 是两个面的边界的一部分。这次将 x 从 G 中删除,但不删除任何顶点,得到 G',如图 6.47 所示。这时 G' 有 n 条边,根据归纳假设,**欧拉公式**对 G' 成立。由于 G' 比 G 多一条边、多一个面,并且 G' 与 G 有同样数目的顶点,因此**欧拉公式**对 G 同样成立。

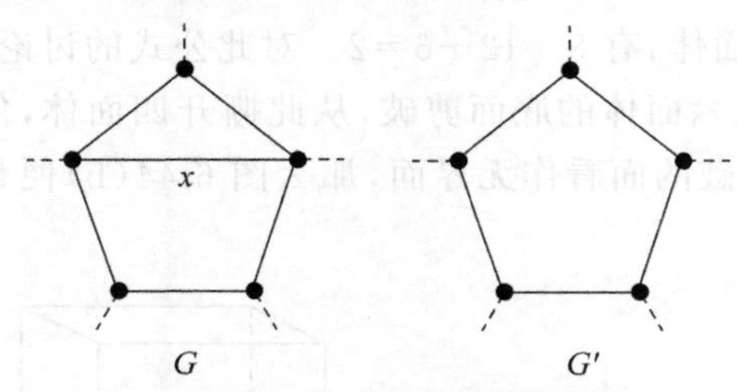

图 6.47　将回路中的边 x 删除

既然已经证明了归纳步,根据数学归纳法原理,定理得证。

定理 6.22(欧拉公式的推广形式)　对于任何具有 $p(p\geqslant 2)$ 个分图的平面图 G,有

$$n-m+r=p+1$$

定理 6.23　连通平面图 G 有 n 个顶点,m 条边,其中 $n\geqslant 3$,则 $m\leqslant 3n-6$。

证明:设 G 有 r 个面,因每个面的次数大于或等于 3,由定理 6.19 有 $3r\leqslant 2m$,代入欧拉公式可得

$$2=n-m+r\leqslant n-m+2m/3$$

化简后得 $m\leqslant 3n-6$。

例 6.24　K_5 是非平面图。

证明:反证法,设 K_5 为平面图,又 K_5 是连通简单图,根据定理 6.23,

$$10\leqslant 3\times 5-6=9$$

得出矛盾,故 K_5 是非平面图。

定理 6.24　设 G 为一平面简单连通图,其顶点数 $n\geqslant 4$,边数为 m,且 G 不以 K_3 为其子图,那么 $m\leqslant 2n-4$。

证明:由于 G 是不以 K_3 为子图的简单图,因此 G 的每个面的边界长度不小于 4。G 的 k 个面的边界长度总和应为 $2m$,因此

$$4k\leqslant 2m$$

根据欧拉公式有

$$2=n-m+k\leqslant n-m+\frac{m}{2}=n-\frac{m}{2}$$

即 $m\leqslant 2n-4$。

利用定理 6.24 也可证明一些图是非平面图。

例 6.25　$K_{3,3}$是非平面图。

证明：设 $K_{3,3}$是平面图。显然，$K_{3,3}$不以 K_3 为其子图，又 $K_{3,3}$是连通简单图，因而定理 6.24 适用之。于是 $9\leqslant 2\times 6-4=8$，矛盾，故 $K_{3,3}$是非平面图。

K_5 可嵌到汽车轮胎的表面，$K_{3,3}$可嵌到哑铃的表面，如图 6.48 所示。

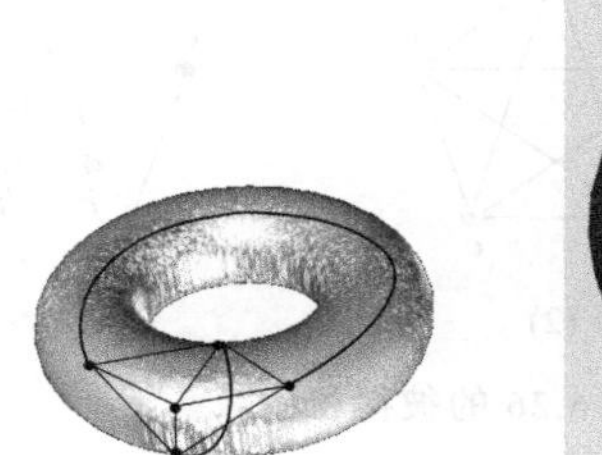

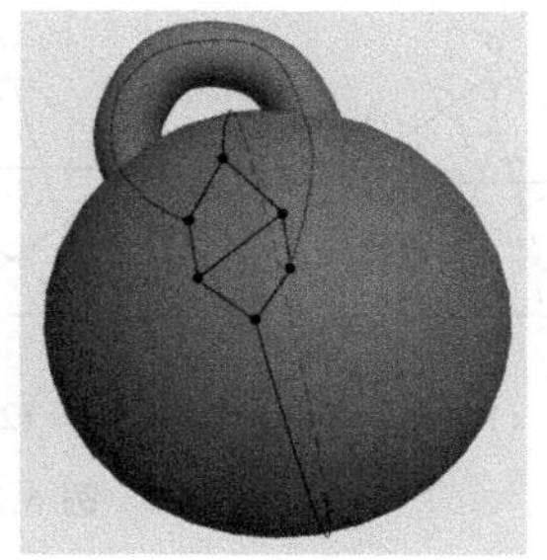

图 6.48　K_5 嵌到汽车轮胎的表面，$K_{3,3}$嵌到哑铃的表面

定理 6.25　顶点数 n 不少于 4 的平面连通简单图 G，至少有一个顶点的度数不大于 5。

证明：设 G 的所有顶点的度数均大于 5，因而 G 的所有顶点的度数之和至少是 $6n$。

若 m 为 G 的边数，那么，根据定理 6.23 有

$$3n-6\geqslant m$$

$$6n-12\geqslant 2m\geqslant 6n$$

矛盾，故 G 至少有一个顶点的度不超过 5。证毕。

应当指出，欧拉公式及其上述推论都只是平面连通图或平面连通简单图的必要条件，而不是它们的充分条件，因此只能用它们判别非平面图，不能用它们识别平面图。那么，是否有关于平面图的判定定理？有，库拉图斯基(Kuratowski)定理给出了图为平面图的一个充分必要条件。

为了讨论平面图的判别法，还需要给出下面两个定义。

定义 6.36　设 $e=(u,v)$为图 G 的一条边，在 G 中删除 e，增加新的顶点 w，使 u，v 均与 w 相邻，称为在 G 中插入 2 度顶点 w。设 w 为 G 中的一个 2 度顶点，w 与 u，v 相邻，删除 w，增加新边(u,v)，称为在 G 中消去 2 度顶点 w。

定义 6.37　若两个图 G_1 与 G_2 同构，或通过反复插入或消去 2 度顶点后是同构的，则称 G_1 与 G_2 是同胚的。

在图 6.49 中，(1)与 K_3 同胚，(2)与 K_4 同胚。

下面给出平面图判定定理，证明部分省略。

定理 6.26　库拉图斯基定理。

(1) 图 G 是平面图，当且仅当 G 中既不含与 K_5 同胚的子图，也不含与 $K_{3,3}$同胚的子图。

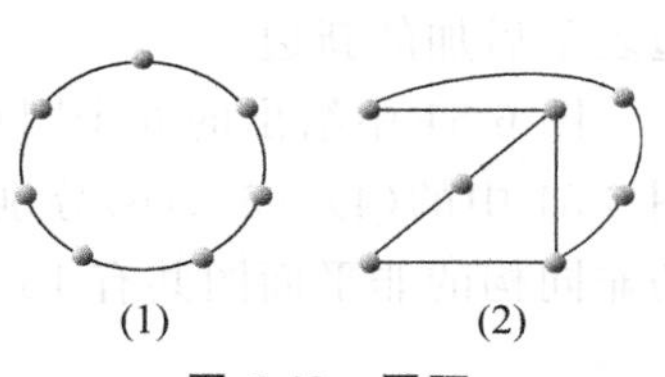

图 6.49　同胚

(2) 图 G 是平面图,当且仅当 G 中既没有可以收缩到 K_5 的子图,也没有可以收缩到 $K_{3,3}$ 的子图。

例 6.26 证明彼得松图不是平面图。

证明:为彼得松图的顶点标顺序,如图 6.50 中的(1)所示。在图中将边(a,f),(b,g),(c,h),(d,i),(e,j)收缩,所得图为图 6.50 中的(2),它是 K_5,故彼得松图不是平面图。

还可以这样证明:用 G 表示彼得松图,令 $G'=G-\{(j,g),(c,d)\}$。

G'如图 6.50 中的(3)所示,易知它与 $K_{3,3}$ 同胚,所以 G 为非平面图。

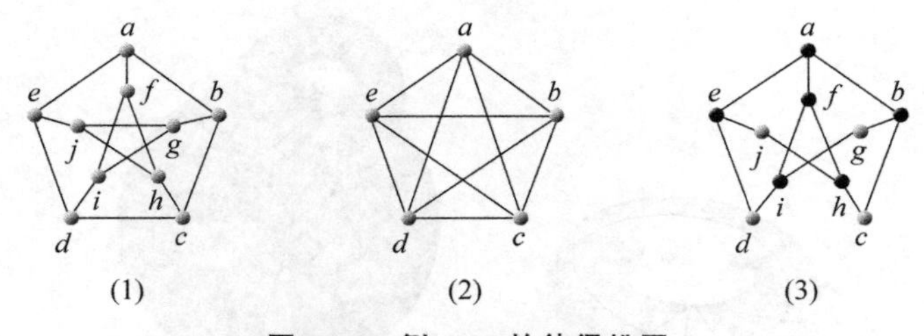

图 6.50 例 6.26 的彼得松图

例 6.27 6 阶的连通的简单的非同构的非平面图共有多少个?

解:此题可以分解为如下两个子问题:

(1) 对 K_5 插入 2 度顶点,或在 K_5 外放置一个顶点使其与 K_5 上的若干个顶点相邻,共产生多少个 6 阶简单连通非同构的非平面图?

(2) 由 $K_{3,3}$ 加若干条边能生成多少个 6 阶连通的简单的非同构的非平面图?

先看问题(1),由于要求的非平面图是 6 阶的,因而用插入 2 度顶点的方法只能产生一个非平面图,见图 6.51 中(1)所示的图,它与 K_5 同胚,所以是非平面图。在 K_5 外放置一个顶点,使其与 K_5 上的 1～5 个顶点相邻,得 5 个图,如图 6.51 中的(2)～(6)所示,它们都含 K_5 为子图,由库拉图斯基定理可知,它们都是非平面图,并且也满足其他要求。

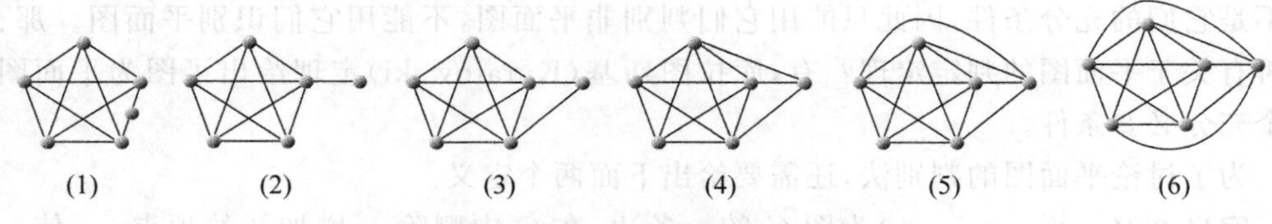

图 6.51 例 6.27(1)中的 6 个无向图

接着看问题(2),对 $K_{3,3}$ 加 1～6 条边所得图都含 $K_{3,3}$ 为子图,由库拉图斯基定理可知,它们都是非平面图。在加 2 条边,加 3 条边,加 4 条边时又各产生两个非同构的非平面图,连同 $K_{3,3}$ 本身共有 10 个满足要求的非平面图,图 6.52 中给出了各图。其中,虚线边表示后加的新边。

图 6.51 中给出的 6 个图和图 6.52 中给出的 10 个图都满足要求,但仔细观察,发现图 6.51 中的(4)、(5)、(6)分别与图 6.52 中的(8)、(9)、(10)同构,因而 6 阶的连通的简单的非同构的非平面图共有 13 个,它们都是 K_6 的子图。

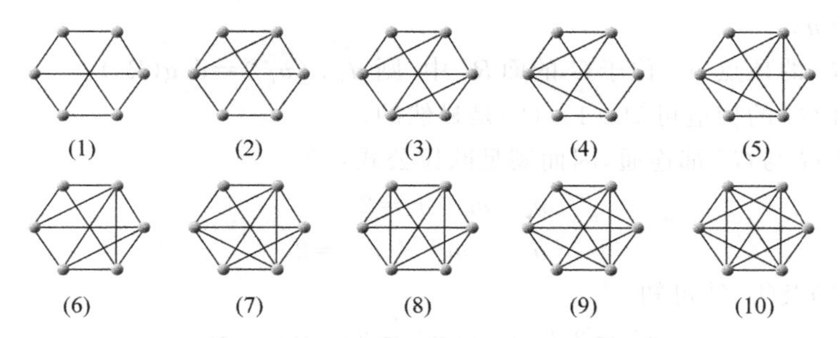

图 6.52 例 6.27(2)中的 10 个无向图

6.7.2 平面图的对偶图

平面图还有一个重要的性质，就是平面图都有对偶图。

定义 6.38 设 G 是某平面图的某个平面嵌入，构造 G 的对偶图 G^* 如下。

在 G 的面 R_i 中放置 G^* 的顶点 v_i^*。设 e 为 G 的任意一条边，若 e 在 G 的面 R_i 与 R_j 的公共边界上，构造 G^* 的边 e^* 与 e 相交，且 e^* 关联 G^* 的位于 R_i 和 R_j 中的顶点 v_i^* 与 v_j^*，即 $e^*=(v_i^*,v_j^*)$，e^* 不与其他任何边相交。若 e 为 G 中的桥且在面 R_i 的边界上，则 e^* 是以 R_i 中 G^* 的顶点 v_i^* 为端点的环，即 $e^*=(v_i^*,v_i^*)$。

从定义不难看出 G 的对偶图 G^* 有以下性质：

(1) G^* 是平面图，而且是平面嵌入。

(2) G^* 是连通图。

(3) 若边 e 为 G 中的环，则 G^* 与 e 对应的边 e^* 为桥，若 e 为桥，则 G^* 中与 e 对应的边 e^* 为环。

(4) 在多数情况下，G^* 为多重图(含平行边的图)。

(5) 同构的平面图(平面嵌入)的对偶图不一定是同构的。

图 6.53 中(1)、(2)所示的图(黑线边的图)是同构的，但它们的对偶图不是同构的。

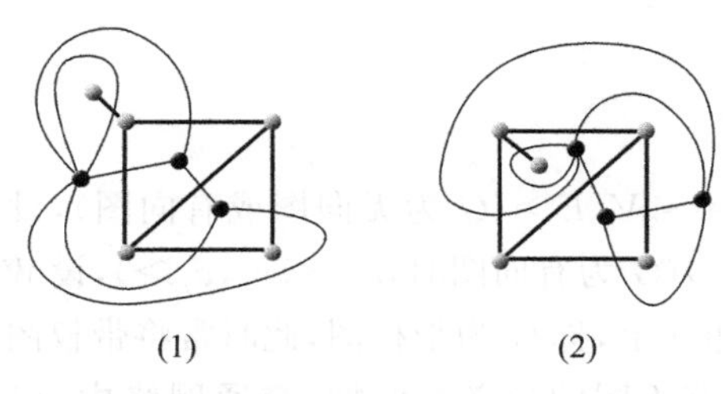

图 6.53 对偶图

平面图 G 与它的对偶图 G^* 的顶点数、边数和面数有如下定理给出的关系。

定理 6.27 设 G^* 是连通平面图 G 的对偶图，n^*，m^*，r^* 和 n,m,r 分别为 G^* 和 G 的顶点数、边数、面数，则

(1) $n^*=r$；

(2) $m^*=m$；

(3) $r^*=n$;

(4) 设 G^* 的顶点 v_i^* 位于 G 的面 R_i 中,则 $d_{G^*}(v_i^*)=\deg(R_i)$。

证明:由 G^* 的构造可知,(1)、(2)是显然的。

(3) 由于 G 与 G^* 都连通,因而满足欧拉公式:

$$n-m+r=2 \quad ①$$

$$n^*-m^*+r^*=2 \quad ②$$

由(1)、(2)及①、②可知

$$r^*=2+m^*-n^*=2+m-r=n$$

(4) 设 G 的面 R_i 的边界为 C_i,C_i 中有 $k_1(k_1\geqslant 0)$条桥边,k_2 条非桥边,于是 C_i 的长度为 k_2+2k_1,即 $\deg(R_i)=k_2+2k_1$,而 k_1 条桥对应的 v_i^* 处有 k_1 个环,k_2 条非桥边对应从 v_i^* 处引出 k_2 条边,所以 $d_{G^*}(v_i^*)=k_2+2k_1=\deg(R_i)$。

定理 6.28 设 G^* 是具有 $k(k\geqslant 2)$个连通分支的平面图 G 的对偶图,则

(1) $n^*=r$;

(2) $m^*=m$;

(3) $r^*=n-k+1$;

(4) 设 v_i^* 位于 G 的面 R_i 中,则 $d_{G^*}(v_i^*)=\deg(R_i)$。其中 n^*,m^*,r^* 和 n,m,r 同定理 6.27。

定义 6.39 设 G^* 是平面图 G 的对偶图,若 $G^*\cong G$,则称 G 为自对偶图。

在图 6.54(1)、(2)、(3)中,黑线边图都是自对偶图。

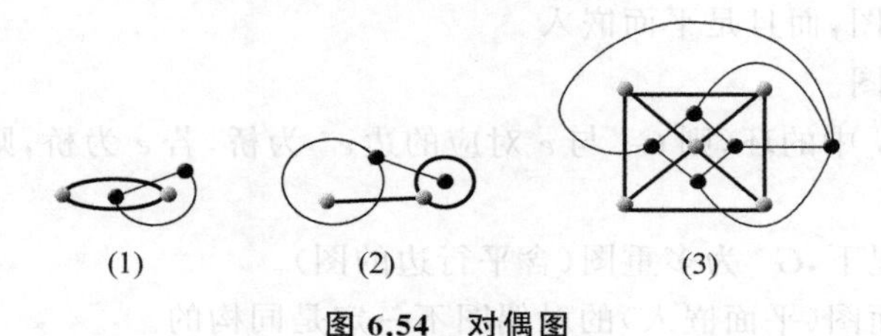

图 6.54 对偶图

6.8 带权图

定义 6.40 给定图 $G=\langle V,E\rangle$(G 为无向图或有向图),设 $W: E\to\mathbf{R}$($\mathbf{R}$ 为实数集),对 G 中任意的边 $e=(v_i,v_j)$(G 为有向图时,$e=\langle v_i,v_j\rangle$),设 $W(e)=w_{ij}$,称实数 w_{ij} 为边 e 上的权,并将 w_{ij} 标注在边 e 上,称 G 为带权图,此时常将带权图 G 记作$\langle V,E,W\rangle$。

权在不同的问题中会有不同的含义。例如,交通网络中,权可能表示运费、里程或道路的造价等。

设 H 是赋权图G 的一个子图,H 的权定义为 $W(H)=\sum\limits_{e\in E(H)} w(e)$,特别地,对 G 中的一条路 P,P 的权为 $W(P)=\sum\limits_{e\in E(P)} w(e)$。

带权图的应用领域相当广泛,许多图论算法也是针对带权图的。下面介绍的旅行商问题就是针对 n 阶无向完全带权图的。

设有 n 个城市，城市之间均有道路，道路的长度均大于或等于 0，可能是∞（对应关联的城市之间无交通线）。一个旅行商从某个城市出发，要经过每个城市一次且仅一次，最后回到出发的城市，问他如何走才能使他走的路线最短？这就是著名的旅行商问题。这个问题可划归为如下的图论问题。

设 $G=<V,E,W>$ 为一个 n 阶完全带权图 K_n，各边的权非负，且有的边的权可能为∞。求 G 中一条最短的哈密顿回路，这就是旅行商问题的数学模型。

在旅行商问题中，其哈密顿回路是指将旅行商问题图中生成的一个圈看成一个哈密顿回路，此处不区分始点与终点，也不区别顺时针行遍与逆时针行遍。

例 6.28 图 6.55(1)所示图为 4 阶完全带权图 K_4。求它的不同的哈密顿回路，并指出最短的哈密顿回路。

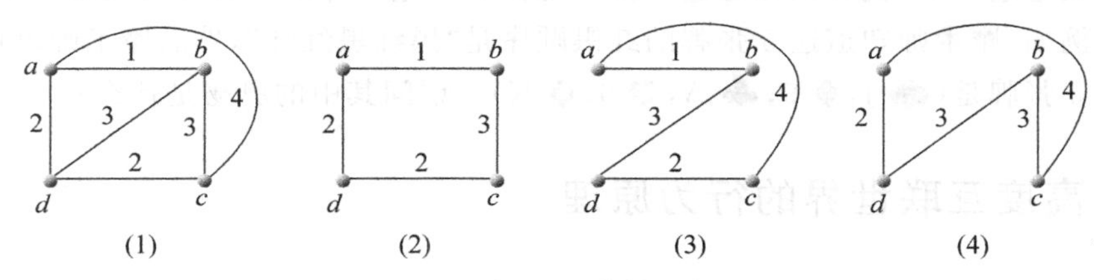

图 6.55 例 6.28 中的无向图

解：由旅行商问题中不同哈密顿回路的含义可知，求哈密顿回路从任何顶点出发都可以。下面先求从 a 点出发，考虑顺时针与逆时针顺序的不同的哈密顿回路。

$$C_1=a\ b\ c\ d\ a$$
$$C_2=a\ b\ d\ c\ a$$
$$C_3=a\ c\ b\ d\ a$$
$$C_4=a\ c\ d\ b\ a$$
$$C_5=a\ d\ b\ c\ a$$
$$C_6=a\ d\ c\ b\ a$$

于是，当不考虑顺（逆）时针顺序时，可知 $C_1=C_6$，以 C_1 为代表，$W(C_1)=8$，如图 6.55(2)所示。$C_2=C_4$，以 C_2 为代表，$W(C_2)=10$（见图 6.55 中的(3)）。$C_3=C_5$，以 C_3 为代表，$W(C_3)=12$。经过比较可知，C_1 是最短的哈密顿回路。

由例 6.28 的分析可知，n 阶完全带权图中共有 $\frac{1}{2}(n-1)!$ 种不同的哈密顿回路，经过比较，可找出最短的哈密顿回路。$n=4$ 时，有 3 种不同的哈密顿回路，$n=5$ 时，有 12 种，$n=6$ 时，有 60 种，$n=7$ 时，有 360 种，……，$n=10$ 时，有 $5\times9!=1\ 814\ 400$ 种，……，由此可见，旅行商问题的计算量是相当大的。对于旅行商问题，人们一方面在寻找好的算法，另一方面也在寻找各种近似算法。

6.9 应用案例

6.9.1 网络爬虫

应用案例 6.9.1 解答

互联网可以视为一张大图——把每个网页当作一个节点，把超链接（Hyperlinks）当作连接网页的弧。网页中那些蓝色、带有下画线的文字背后藏着对应的网址,单击时,浏览器通过这些隐含的网址跳转到相应的网页。这些隐含在文字背后的网址称为"超链接"。通过超链接可以从任何一个网页出发,用图的遍历算法自动访问到每个网页并把它们存起来。完成这个功能的程序叫作网络爬虫(Web Crawlers)。下面阐述图论的遍历算法和网络爬虫之间的关系。

6.9.2 读心术魔术

一副牌随便你拦腰斩,斩了很多次之后,把前面的5张拿出来,分别发给5个人,然后魔术师心灵感应一下,就可以知道这5张牌是什么。魔术师请拿红牌的人帮一个忙,往前走一步。例如,魔术师知道这5张牌的红黑顺序是"黑红黑红红",然后魔术师就可以心灵感应出这5张牌是(♠J,♦5,♣A,♥9,♦K)。请问其中的奥秘是什么?

6.9.3 高度互联世界的行为原理

人们研究一个特定的网络数据集,通常有以下几个原因。其一,人们可能关心数据所属的领域,此时研究该数据集的细节就和研究整体情况一样有趣。其二,人们希望以该数据集作为代表,研究真正感兴趣但可能无法直接测量、研究的一个网络。如微软即时信息分布图提供了在一个特定社交网中人们相隔距离的分布情况,从而可以此为依据之一估算全球友谊网络的分布情况。其三,人们试图寻找在不同领域中普遍存在的某种网络属性。因而,如果在互不相关的网络中发现相似的规律,则可以说明该规律在一定的条件下对于大多数网络具有某种普遍意义。社会网络分析中的一些基本概念可以借用图论中的概念阐述。请举例说明。

习题

6.1 (1) 给定无向图 $G=\langle V,E\rangle$,其中,

$V=\{a,b,c,d,e\}$

$E=\{(a,a),(a,b),(b,c),(c,d),(b,e),(a,e),(a,d)\}$

(2) 给定有向图 $D=\langle V,E\rangle$,其中,

$V=\{a,b,c,d\}$

$E=\{\langle a,a\rangle,\langle a,b\rangle,\langle a,d\rangle,\langle c,d\rangle,\langle d,c\rangle,\langle c,b\rangle\}$

画出 G 与 D 的图形。

6.2 设 $G=(V,E)$ 是一个无向图,$V=\{v_1,v_2,v_3,v_4,v_5,v_6,v_7,v_8\}$,

$E=\{(v_1,v_2),(v_2,v_3),(v_3,v_1),(v_1,v_5),(v_5,v_4),(v_3,v_4),(v_7,v_8)\}$

(1) $G=(V,E)$ 的 $|V|$、$|E|$ 各是多少?

(2) 画出 G 的图解;

(3) 指出与 v_3 邻接的顶点,以及与 v_3 关联的边;

(4) 求出各顶点的度数。

6.3　判断下列各非负整数列哪些是可图化的？

(1) (3,5,4,3,2,1)

(2) (5,4,3,2,1)

(3) (3,3,3,3)

6.4　(1) 画出所有顶点数为 6，每个顶点度均为 2 的简单图。

(2) 画出所有顶点数为 6，每个顶点度均为 3 的简单图。

6.5　图 6.56 中有没有同构的图？若有，请指出来。

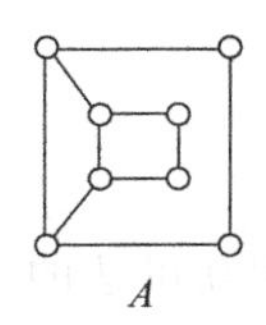

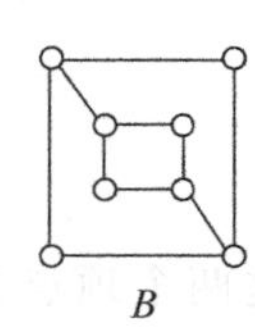

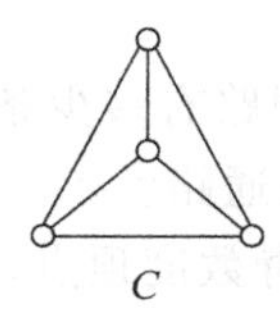

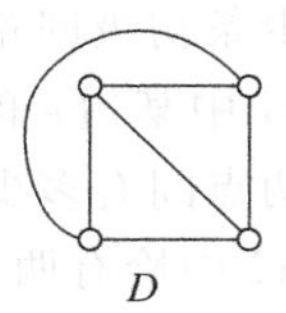

图 6.56　6.5 题图

6.6　证明：在任何有向完全图中，所有顶点的入度平方之和等于所有顶点的出度平方之和。

6.7　设图 G 是具有 3 个顶点的完全图，试问：

(1) G 有多少个子图？

(2) G 有多少个生成子图？

(3) 如果没有任何两个子图是同构的，则 G 的子图个数是多少？将它们构造出来。

6.8　证明：在任何 n $(n\geqslant 2)$ 个顶点的简单图 G 中，至少有两个顶点具有相同的度。

6.9　(1) 证明：n 个顶点的简单图中不会有多于 $\frac{n(n-1)}{2}$ 条边。

(2) n 个顶点的有向完全图中恰有 $n(n-1)$ 条边。

6.10　一个简单图，如果同构于它的补，则该图称为**自补图**。

(1) 给出一个 4 个顶点的自补图。

(2) 给出一个 5 个顶点的自补图。

(3) 是否有 3 个顶点或 6 个顶点的自补图？

(4) 证明一个自补图一定有 $4k$ 或 $4k+1$ 个顶点（k 为正整数）。

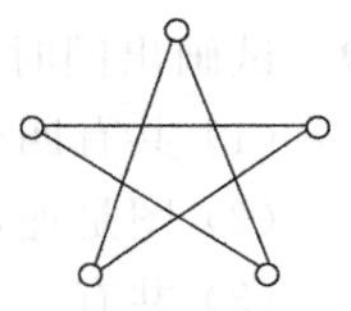

图 6.57　6.11 题图

6.11　画出图 6.57 中的补图及它的一个生成子图。

6.12　K_n 表示 n 个顶点的无向完全图。

(1) 对 K_6 的各边用红、蓝两色着色，每边仅着一种颜色，红、

蓝任选。证明：无论怎样着色，图上总有一个红色边组成的 K_3 或一个蓝色边组成的 K_3。

(2) 用(1)证明下列事实：任意 6 个人之间或者有 3 个人相互认识，或者有 3 个人相互不认识。

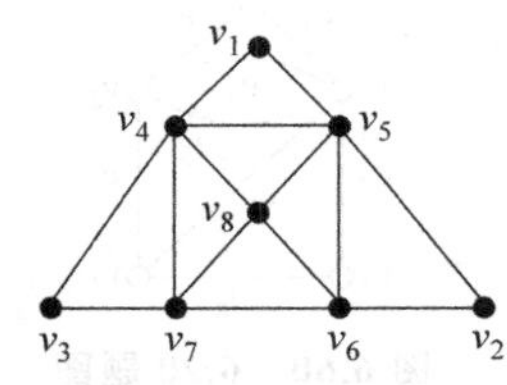

图 6.58　6.13 题图

6.13　给定图 $G=(V,E)$，如图 6.58 所示。

(1) 在 G 中找出一条长度为 7 的通路；

(2) 在 G 中找出一条长度为 4 的简单通路；

(3) 在 G 中找出一条长度为5的初级通路；

(4) 在 G 中找出一条长度为8的复杂通路；

(5) 在 G 中找出一条长度为7的回路；

(6) 在 G 中找出一条长度为4的简单回路；

(7) 在 G 中找出一条长度为5的初级回路。

6.14 证明：若有向图 G 所有顶点的入度都大于0，则 G 中一定存在一回路。

6.15 设 G 为 n 阶完全图，试问：

(1) 有多少条初级回路？

(2) 包含 G 中某边 e 的回路有多少条？

(3) 任意两点间有多少条通路？

6.16 若无向图 G 中恰有两个奇数度顶点，则这两个顶点是相互可达的。

6.17 给出图6.59的6个子图，$V=\{a,b,c,d,e\}$，

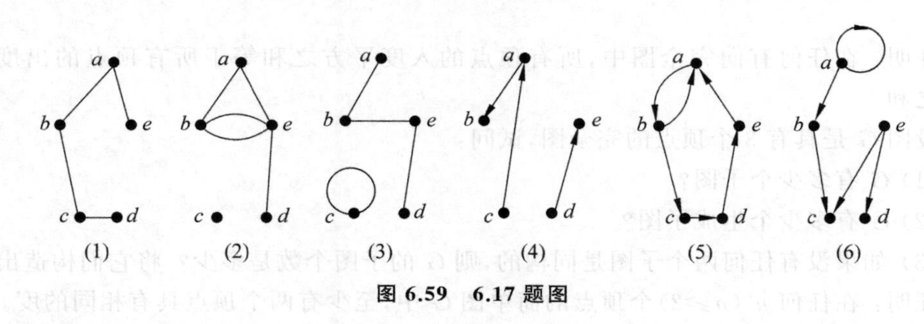

图6.59 6.17题图

试问：【图(4)中箭头单向：a 到 b，c 到 a，d 到 e】

(1) 哪些图是有向图？哪些图是无向图？

(2) 哪些是简单图？

(3) 哪些是强连通图？哪些是单侧连通图？哪些是弱连通图？

6.18 n 个城市间有 m 条相互连接的直达公路。证明：当 $m>\frac{(n-1)(n-2)}{2}$ 时，人们能通过这些公路在任何两个城市间旅行。

6.19 试画出同时满足下列条件的所有有向简单图。

(1) 共有四个顶点；

(2) 图是连通的；

(3) 共有三条边；

(4) 任意两图互不同构。

6.20 已知无向图6.60，试列举出通路、回路、简单通路、简单回路、初级通路、初级回路、复杂通路或复杂回路。

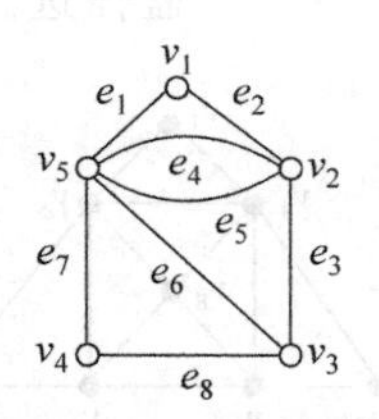

图6.60 6.20题图

6.21 晚会上有 n 个人，他们各自与自己相识的人握一次手。已知每人与别人握手的次数都是奇数，问 n 是奇数，还是偶数。为什么？

6.22 求图6.61所示各图的点连通度、边连通度，并指出它们各是

几连通图及几边连通图，最后将它们按点连通程度及边连通程度排序。

6.23 证明：在简单无向图 G 中，从顶点 u 到顶点 v，如果既有奇数长度的通路，又有偶数长度的通路，那么 G 中必有一奇数长度的回路。

6.24 有向图可用于表示关系，图 6.62 中表示的二元关系是传递的吗？说说如何由有向图判定关系的传递性。求图中表示的二元关系的传递闭包，简述构造有向图传递闭包的方法。

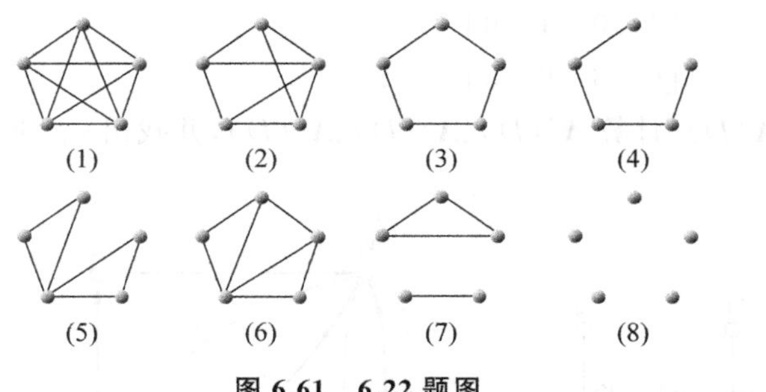

图 6.61 6.22 题图

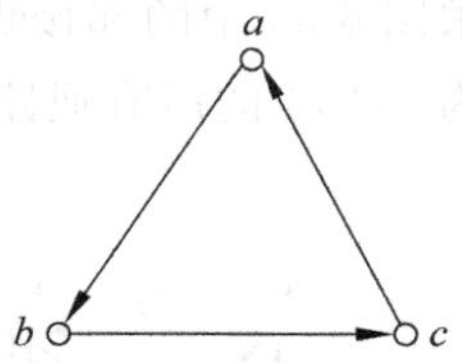

图 6.62 6.24 题图

6.25 有 7 人 a、b、c、d、e、f、g 分别精通下列语言，问他们 7 人是否可以自由交谈(必要时他人帮助翻译)。

a 精通英语。

b 精通汉语和英语。

c 精通英语、俄语和意大利语。

d 精通日语和英语。

e 精通德语和意大利语。

f 精通法语、日语和俄语。

g 精通法语和德语。

由于该图是连通的，因此他们 7 人可以自由交谈(必要时他人帮助翻译)。

6.26 称 $d(u,v)$ 为图 $G=\langle V, E, \Psi\rangle$ 中顶点 u,v 间的距离：

$$d(u,v)=\begin{cases}0 & u=v\\ \infty & u \text{ 到 } v \text{ 不可达}\\ u,v \text{ 间的最短路径长度} & \text{其他}\end{cases}$$

d 称为图 G 的直径，如果 $d=\max\{d(u,v) \mid u,v\in V\}$，试求图 6.63 的直径，$\chi(G)$，$\lambda(G)$，$\delta(G)$。

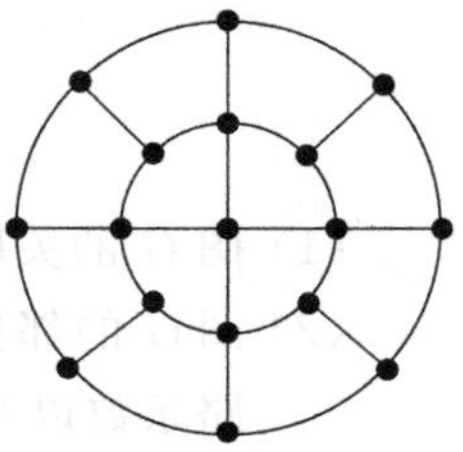

6.27 顶点 v 是简单连通图 G 的割点，当且仅当 G 中存在两个顶点 $v1$，$v2$，使 $v1$ 到 $v2$ 的通路都经过顶点 v。试证明之。

6.28 边 e 是简单连通图 G 的割边，当且仅当 e 不在 G 的任一回路上。试证明之。

图 6.63 6.26 题图

6.29 设无向连通图 G 中无简单回路，证明 G 中的每条边都是割边。

6.30 设 G 是一个简单连通图，其每个顶点度数都是偶数。则对于 G 中任一顶点 v，图 G-v 的连通分支不大于 v 的度数的一半。

6.31 给出图6.64中有向图D和无向图G的关联矩阵和邻接矩阵。

6.32 已知有向图D的顶点集合$V(D)=\{v_1,v_2,v_3,v_4\}$,其邻接矩阵如下所示。求从v_1到v_3长度小于或等于3的通路个数。

$$\begin{bmatrix} 0 & 1 & 0 & 1 \\ 2 & 0 & 1 & 1 \\ 1 & 0 & 1 & 0 \\ 0 & 3 & 0 & 2 \end{bmatrix}$$

6.33 求图6.65中的邻接矩阵$\boldsymbol{A}(D)$,计算$\boldsymbol{A}^2(D)$、$\boldsymbol{A}^3(D)$、$\boldsymbol{A}^4(D)$,并找出v_1到v_4长度为2,3,4的所有通路。

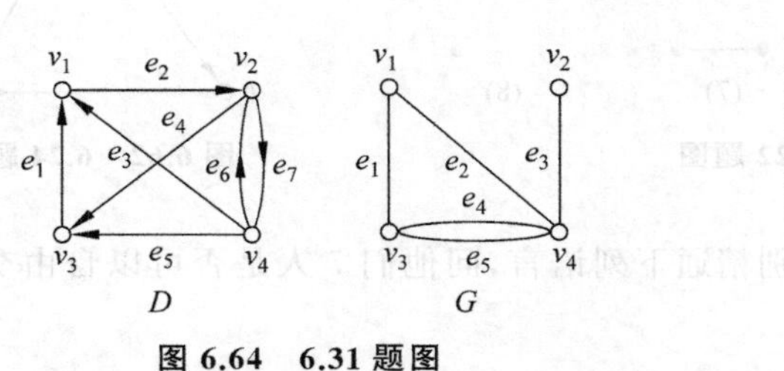

图6.64 6.31题图 **图6.65 6.33题图**

6.34 计算图6.66的可达性矩阵$\boldsymbol{P}$。

6.35 设有简单图$V=\{v_1, v_2, v_3, v_4, v_5\}$,$E=\{\langle v_1,v_1\rangle,\langle v_1,v_3\rangle,\langle v_2,v_2\rangle,\langle v_2,v_3\rangle,\langle v_3,v_3\rangle,\langle v_3,v_4\rangle,\langle v_3,v_5\rangle,\langle v_4,v_4\rangle,\langle v_4,v_5\rangle,\langle v_5,v_5\rangle\}$,

(1) 求图$G=(V,E)$的可达矩阵。

(2) 求v_3到v_5的长度为3的通路条数,并列出各通路。

6.36 图G如图6.67所示,求:

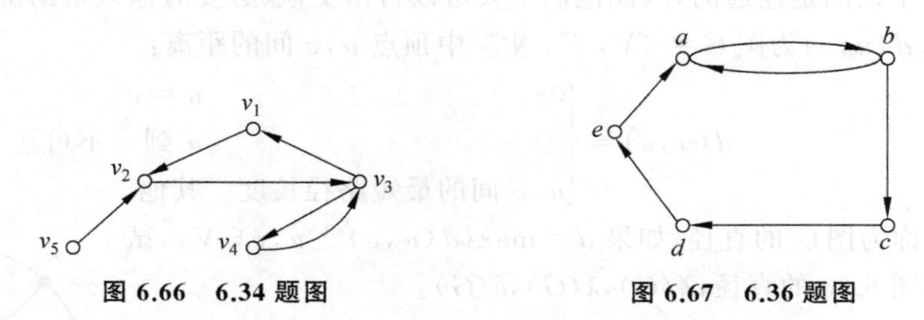

图6.66 6.34题图 **图6.67 6.36题图**

(1) 图G的关联矩阵;

(2) 图G的邻接矩阵以及从b到c,d长度为3的通路条数,从b到b长度为2的回路条数以及长度为3的通路条数,长度不超过3的通路条数和回路条数;

(3) 图G的可达矩阵。

6.37 证明:恰有两个奇数度顶点u,v的无向图G是连通的,当且仅当在G上添加边(u,v)后所得的图G^*是连通的。

6.38 如何利用关联矩阵和邻接矩阵识别它们对应的图是欧拉图?

6.39 从图 6.68 中找一条欧拉通路。

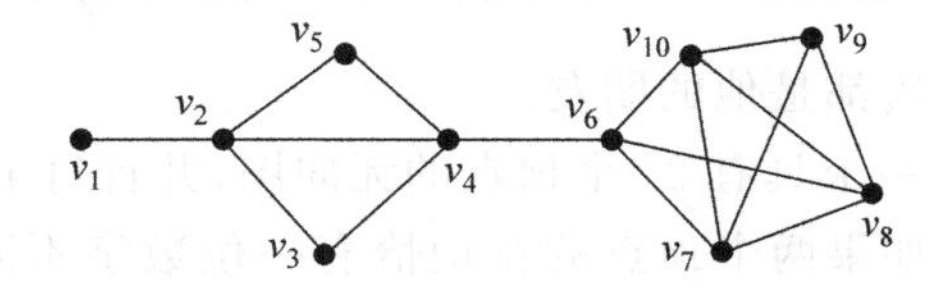

图 6.68 6.39 题图

6.40 若无向图 G 是欧拉图，G 中是否存在割边？为什么？

6.41 请问图 6.69 中哪些是欧拉图？哪些是哈密顿图？

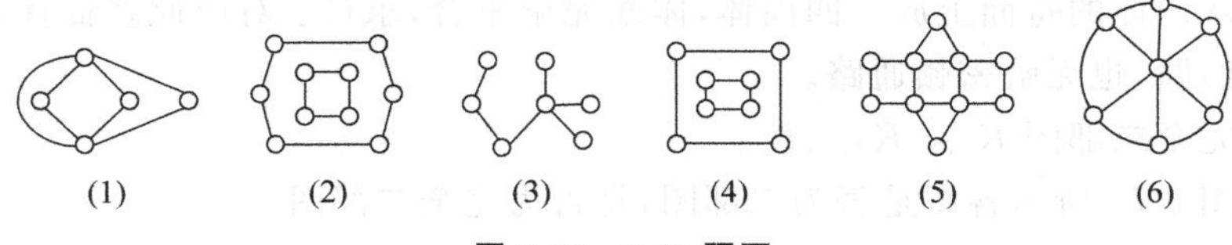

图 6.69 6.41 题图

6.42 想一想，一只昆虫是否可能从立方体的一个顶点出发，沿着棱爬行，它爬行过每条棱一次且仅一次，并且最终回到原地？为什么？

6.43 指出图 6.70 所示各图是否为哈密顿图，有无哈密顿通路、回路。

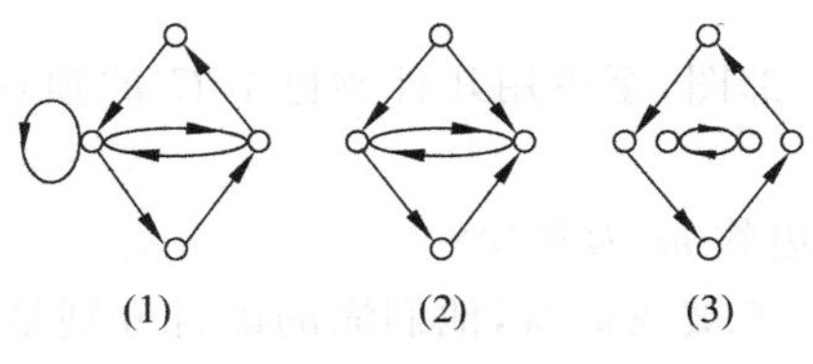

图 6.70 6.43 题图

6.44 判别图 6.71 所示各图是否为哈密顿图，若不是，请说明理由，并指出它是否有哈密顿通路。

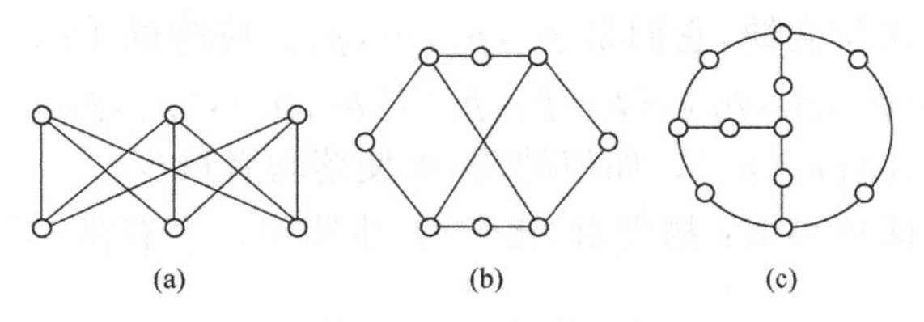

图 6.71 6.44 题图

6.45 试做出 4 个图的图示，使第一个既为欧拉图，又为哈密顿图；第二个是欧拉图，而非哈密顿图；第三个是哈密顿图，而非欧拉图；第四个既非欧拉图，也非哈密顿图。

6.46 n 为何值时，K_n 既是欧拉图，又是哈密顿图。k 为何值时，k-正则图既是欧拉图，又是哈密顿图。

6.47 试计算 $K_n(n\geqslant 3)$中不同的哈密顿回路共有多少条。

6.48 设有 n 个围成一圈跳舞的孩子,每个孩子至少与其中$\frac{n}{2}$个孩子是朋友。试证明,总可使每个孩子的两边都是他的朋友。

6.49 一个 n 阶立方体是一个具有 2^n 个顶点的无向图,并且每个顶点以一个字长为 n 的二进制数作标记。如果两个顶点的标记恰有一位数字不同,那么这两个顶点连一条边。求证:当 $n\geqslant 1$ 时,一个 n 阶立方体有哈密顿回路。

6.50 考虑七天安排七门考试的问题,要使同一教师监考的任何两门考试不要安排在接连的两天内进行。假如每个教师最多监考四门考试,证明安排这样的考试日程表总是可能的。

6.51 在一八面体的每面上放一四面体,体面完全重合,求证:对应此多面体的图既无哈密顿回路,也无哈密顿通路。

6.52 画出完全二部图 $K_{1,3}$、$K_{2,4}$、$K_{2,2}$。

6.53 判别图 6.72 所示各图是否为二部图,是否为完全二部图。

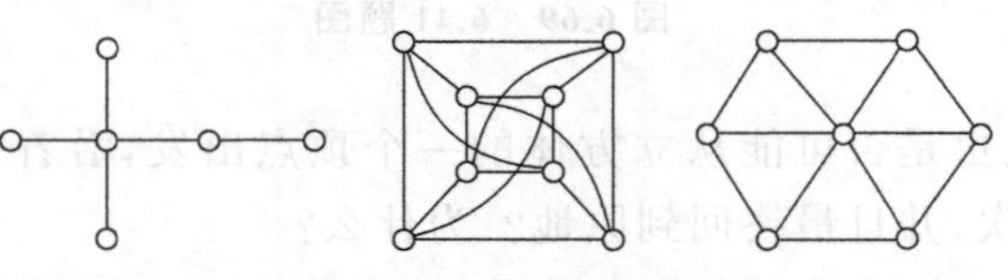

图 6.72 6.53 题图

6.54 设 G 为 $n(n\geqslant 1)$阶二部图,至少用几种颜色给 G 的顶点染色才能使相邻的顶点颜色不同?

6.55 完全二部图 $K_{r,s}$ 中,边数 m 为多少?

6.56 6 名间谍 a,b,c,d,e,f 被我捕获,他们懂的语言分别是{汉语,法语,日语},{德语,日语,俄语},{英语,法语},{汉语,西班牙语},{英语,德语},{俄语,西班牙语},问至少用几个房间监禁他们,才能使同一房间的人不能互相直接对话。

6.57 设$(n,\ m)$图 G 为二部图,证明 $m\leqslant\frac{n^2}{4}$。

6.58 某单位有 7 个岗位空缺,它们是 $p_1,p_2,\cdots,p_7$。应聘的 10 人 $m_1,m_2,\cdots,m_{10}$ 适合的岗位分别是$\{p_1,p_5,p_6\}$,$\{p_2,p_6,p_7\}$,$\{p_3,p_4\}$,$\{p_1,p_5\}$,$\{p_6,p_7\}$,$\{p_3\}$,$\{p_2,p_3\}$,$\{p_1,p_3\}$,$\{p_1\}$,$\{p_5\}$。如何聘用,可使落聘者最少?

6.59 某中学有 3 个课外小组:物理组、化学组、生物组。今有张、王、李、赵、陈 5 名同学,若已知:

(1) 张、王为物理组成员,张、李、赵为化学组成员,李、赵、陈为生物组成员;

(2) 张为物理组成员,王、李、赵为化学组成员,王、李、赵、陈为生物组成员;

(3) 张为物理组和化学组成员,王、李、赵、陈为生物组成员。

在以上 3 种情况下能否各选出 3 名不兼职的组长?

6.60 每个顶点均为 k 的二部图称为k-正则二部图。证明:k-正则二部图$(k>0)$有完备匹配。

6.61 设 $G=\langle X,Y,E\rangle$是二部图,且$|X|\neq|Y|$,则 G 一定不是哈密顿图。

6.62 设 G 为简单连通平面二部图,其所有顶点的度数均大于或等于 2,证明:G 中至少有 4 个顶点的度数小于或等于 3。

6.63　判断并说明图 6.73 是否为平面图。

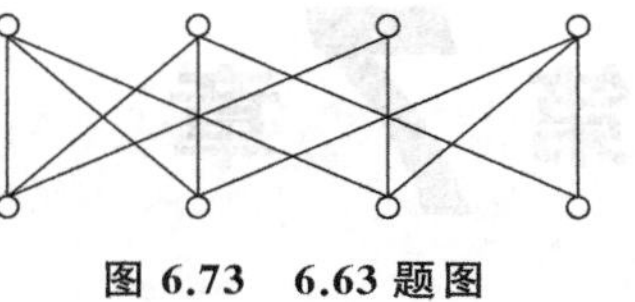

图 6.73　6.63 题图

6.64　设 G 是平面图，并且 G 的所有面的次数均为 3，证明 $e=3v-6$，其中 e 是 G 的边数，v 是 G 的顶点数。

6.65　试画出所有拥有 6 个顶点且互不同构的非平面图。

6.66　证明：少于 30 条边的平面连通简单图至少有一个顶点的度不大于 4。

6.67　证明：在有 6 个顶点和 12 条边的连通平面简单图中，每个面的度均为 3。

6.68　设 G 是有 11 个或更多顶点的图，证明 G 或 $\bar{G}$ 是非平面图。

6.69　某地有 36 个村庄(用英文大写字母 A～Z，以及小写字母 a，b，d，e，f，g，m，n，t，q 表示)，这 36 个村庄的位置以及村庄之间的道路如图 6.74 所示(每个点表示一个村庄)。某大学一研究生利用暑假在这里做社会调查，他从 X 村出发，两个月后回到 a 村，恰好每个村庄都到过两次。回校后，他自述的调查路线的顺序是：X，a，f，n，V，K，e，D，T，U，Q，q，L，d，F，G，I，C，A，m，H，t，S，O，M，W，B，E，b，Z，P，g，N，R，Y，J，b，D，V，K，J，e，Y，R，N，g，P，Z，W，B，M，O，S，t，H，E，T，n，f，U，Q，m，C，A，I，G，F，d，L，q，X，a。

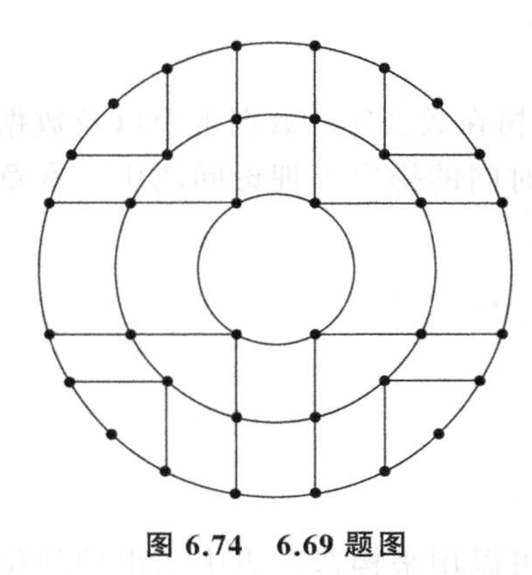

图 6.74　6.69 题图

事实上，他在三处把两个相邻村庄的顺序颠倒了，顺序被颠倒的村庄是：________村和________村，________村和________村，________村和________村，并在图 6.74 中标出 36 个村庄。

计算机编程题

计算机编程题 6.1 参考代码

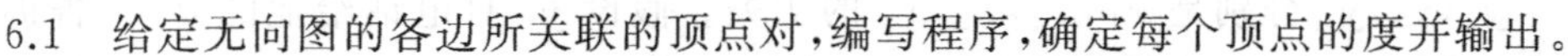

6.1　给定无向图的各边所关联的顶点对，编写程序，确定每个顶点的度并输出。

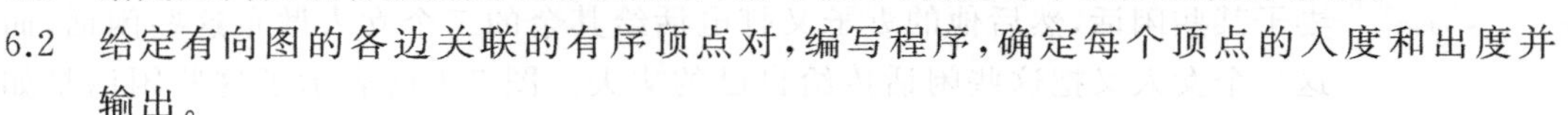

6.2　给定有向图的各边关联的有序顶点对，编写程序，确定每个顶点的入度和出度并输出。

6.3　给定简单图的边列表，编写程序，确定这个图是否为二分图。

6.4　给定图的邻接矩阵和正整数 n，编写程序求两个顶点之间长度为 n 的通路数。

6.5　给定加权连通简单图的边及其权的列表，以及该图中的两个顶点，编写程序用 Dijkstra 算法求这两点间最短通路的长度，并且求出这条通路并输出。

6.6　给定多重图的各边关联的顶点对，确定它是否有欧拉回路，若没有欧拉回路，则确定它是否有欧拉通路。若存在欧拉通路或欧拉回路，则构造这样的通路或回路。

第7章 树及其应用

计算机科学中广泛应用了树的概念，如树在数据库的数据组织以及数据关联中非常有用。树也常应用于诸如最优时间的排序等理论问题中。本章主要介绍树的相关概念及其应用。

7.1 概述

7.1.1 树的定义及相关术语

不包含回路的无向连通图称为树。树可以用来构造在表中求出项的位置的有效算法。树也可用来构造以最便宜的电话线连接分布式计算机的网络，构造存储和传输数据的有效编码，以及用来为通过一系列决策完成的过程建立模型。

如果有爱传闲话的四对夫妻$\{x_1,y_1,x_2,y_2,x_3,y_3,x_4,y_4\}$，其中$y_1$，$y_2$，$y_3$，$y_4$分别是$x_1$，$x_2$，$x_3$，$x_4$的丈夫。假设$y_1$打电话给他的妻子，告诉妻子某些闲话，然后他的妻子又打电话给其余的三个女人散布这些闲话，而这三个女人又把这些闲话传给自己的丈夫。图7.1就表示了这些闲话是如何传播的。其中，图的边表示两个人通电话。

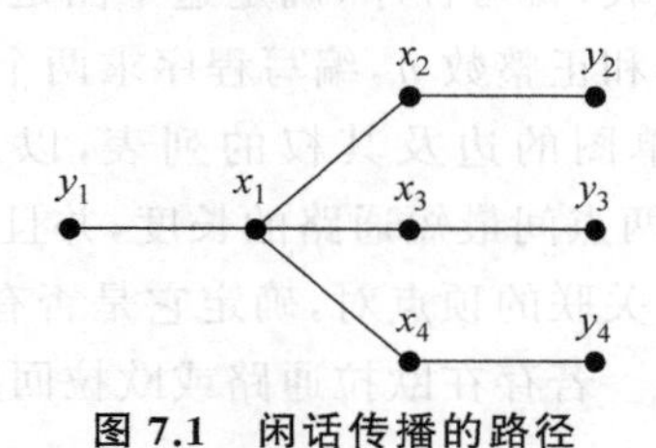

图 7.1 闲话传播的路径

定义 7.1 树是没有简单回路的连通无向图，常用T表示。

图7.1就是一棵树。若无向图G至少有两个连通分支，每个连通分支都是树，则称G为**森林**，如图7.2所示。

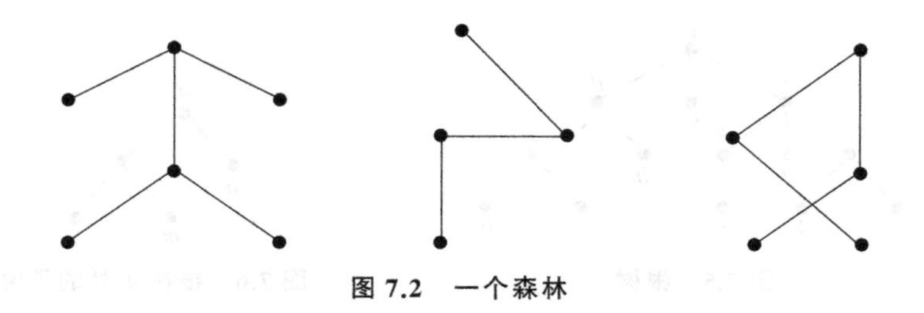

图 7.2　一个森林

例 7.1　在图 7.3 所示的图中哪些是树？

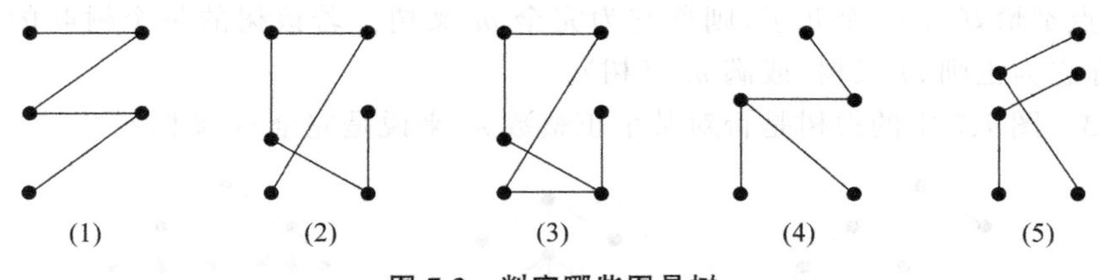

图 7.3　判定哪些图是树

解：图中，(1)、(2)、(4)是树，因为它们是没有回路的无向连通图。(3)不是树，因为(3)中存在回路。(5)也不是树，因为它不是连通的。

在树的许多应用中，指定树的一个特殊顶点为根。设 D 是有向图，若 D 的基图是无向树，则称 D 为有向树，在所有的有向树中，根树最重要，所以我们只讨论根树。

定义 7.2　设 T 是 $n(n\geqslant 2)$ 阶有向图，若 T 中有一个顶点的入度为 0，其余顶点的入度均为 1，则称 T 为**根树**。入度为 0 的顶点称为**树根**，入度为 1 出度为 0 的顶点称为**树叶**，入度为 1 出度不为 0 的顶点称为**内点**。内点和树根统称为**分支点**。从树根到 T 的任意顶点 v 的通路(路径)长度称为 v 的**层数**，层数最大顶点的层数称为**树高**。

在根树中，由于各有向边的方向一致，所以画根树时可以省去各边上的所有箭头，并将树根画在最上方。图 7.4 所示的根树 T 中，有 8 片树叶，6 个内点，7 个分支点，它的高度为 5，在树叶 u 或 v 处达到。

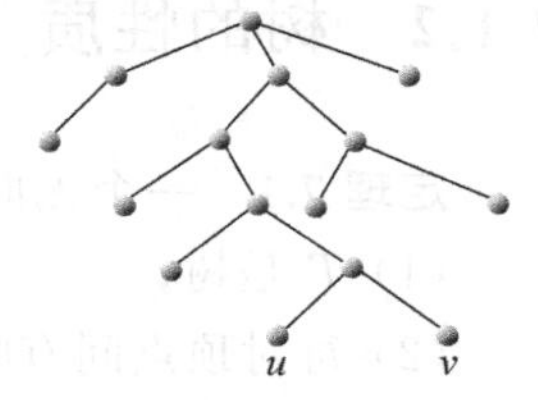

图 7.4　根树 T

常将根树看成家族树，家族中成员之间的关系可由定义 7.3 给出。

定义 7.3　设 T 为一棵根树，$\forall v_i, v_j \in V(T)$，若 v_i 可达 v_j，则称 v_i 为 v_j 的**祖先**，v_j 为 v_i 的后代；若 v_i 邻接到 v_j(即 $\langle v_i, v_j\rangle \in E(T)$)，则称 v_i 为 v_j 的**父亲**，而 v_j 为 v_i 的**儿子**。若 v_j, v_k 的父亲相同，则称 v_j 与 v_k 是**兄弟**。

例 7.2　在图 7.5 所示的根树里，求 e 的父亲，b 的儿子，c 的兄弟，l 的所有祖先，d 的所有后代，所有内点，以及所有树叶，并求根在 d 处的子树。

解：e 的父亲是 b。b 的儿子是 e，f 和 g。c 的兄弟是 b 和 d。l 的祖先是 g，b 和 a。d 的所有后代是 h，i，m 和 n。分支点是 a，b，d，e，g 和 i。树叶是 j，k，f，l，c，h，m 和 n。根在 d 处的子树如图 7.6 所示。

设 T 为根树，若为 T 中层数相同的顶点都标定次序，则称 T 为**有序树**。

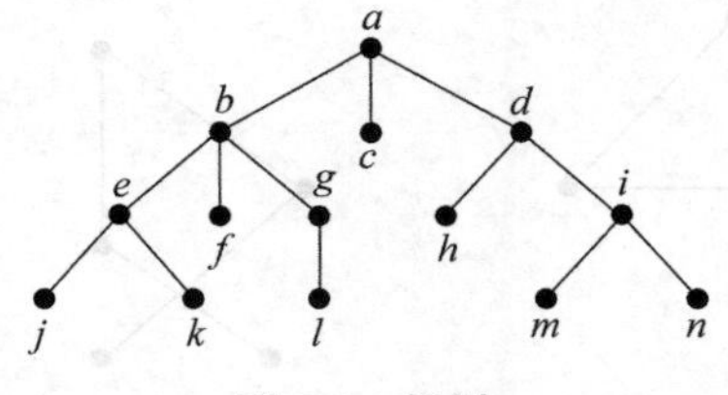

图 7.5　根树

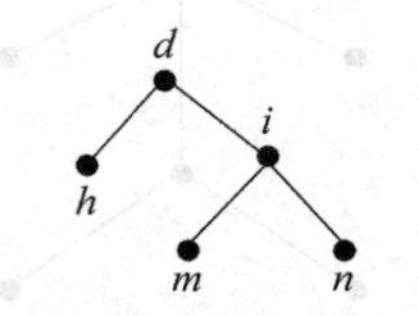

图 7.6　根在 d 处的子树

定义 7.4　若根树的每个内点都有不超过 m 个儿子,则称它为 m 叉树。若该树的每个分支顶点都恰好有 m 个儿子,则称它为完全 m 叉树。若该树的每个树叶的层数均为树高,则称它为正则 m 叉树(或满 m 叉树)。

例 7.3　图 7.7 中的根树是否对某个正整数 m 来说是完全 m 叉树?

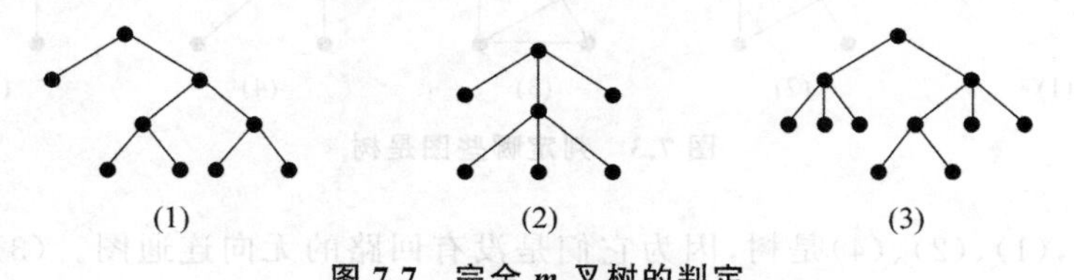

图 7.7　完全 m 叉树的判定

解:图 7.7 中,(1)是完全二叉树,因为它的每个分支顶点都有两个儿子。(2)是完全三叉树,因为它的每个分支顶点都有三个儿子。对任何 m 来说,(3)都不是完全 m 叉树,因为它的某些分支顶点有两个儿子,而某些分支顶点有三个儿子。

7.1.2　树的性质

定理 7.1　一个无向图 $T=\langle V,E\rangle$ 是 n 阶 m 条边的无向图,则下面 6 条命题等价:

(1) T 是树;

(2) 每对顶点间有唯一的一条通路($n\geqslant 2$);

(3) T 是连通的,且 $m=n-1$;

(4) T 无回路,且 $m=n-1$;

(5) T 无回路,但增加任一新边,得到且仅得到一个含新边的回路;

(6) T 是连通的,但删去任一条边,图便不连通($n\geqslant 2$)。

证明:(1)⇒(2)。假定 T 是树,则 T 是不含回路的连通图。设 u 和 v 是 T 的两个顶点。因为 T 是连通的,在 u 和 v 之间存在一条简单通路,则这条通路必然是唯一的,因为假如存在第二条这样的通路,则组合从 u 到 v 的第一条这样的通路以及经过倒转从 u 到 v 的第二条通路的顺序得到的从 u 到 v 的通路,这样将形成回路。与无回路矛盾。

(2)⇒(3)。由于 T 中任意两个顶点之间均有通路,所以任意两个顶点均是连通的,故 T 是连通的。下面用数学归纳法证明 $m=n-1$。

当 $n=1$ 时,T 为平凡树,$m=0$,结论显然成立。

设 $n\leqslant k(k\geqslant 1)$ 时结论成立,证明 $n=k+1$ 时结论也成立。设 $e=(u,v)$ 为 T 中的一条边,由(2)知 u,v 之间除通路 uv 外,无别的通路,因而 T-e 的两个连通分支为 T_1 与

T_2。设它们的顶点数和边数分别为 $n_1, n_2; m_1, m_2$。易知，$n_1 \leqslant k$ 且 $n_2 \leqslant k$。由归纳假设得 $m_1 = n_1 - 1, m_2 = n_2 - 1$。从而 $m = m_1 + m_2 + 1 = n_1 - 1 + n_2 - 1 + 1 = n - 1$。

(3)⇒(4)。只要证明 T 中无回路。若 T 有回路，从回路中删去任意一条边后，所得图仍然连通，若所得图中再有回路，再从回路中删去一条边后，直到所得图中无回路为止。设删去 $r(r \geqslant 1)$ 条边所得图为 T'。T' 无回路，但仍是连通的，即 T' 为树。由于(1)⇒(2)⇒(3)，所以 T' 中 $m' = n' - 1$。而 $n' = n, m' = m - r$，于是得 $m - r = n - 1$，即 $m = n - 1 + r(r \geqslant 1)$，这与已知条件矛盾。

(4)⇒(5)。由条件(4)易证 T 是连通的。否则设 T 有 $k(k \geqslant 2)$ 个连通分支 $T_1, T_2, \cdots, T_k$，设 T_i 有 n_i 个顶点，m_i 条边，$i = 1, 2, \cdots, k$。每个连通分支都是树，由于(1)⇒(2)⇒(3)，因而 $m_i = n_i - 1, i = 1, 2, \cdots, k$。于是 $n = n_1 + n_2 + \cdots + n_k = m_1 + 1 + m_2 + 1 + \cdots + m_k + 1 = m + k(k \geqslant 2)$，这与已知 $m = n - 1$ 矛盾。因而 T 是连通的，又是无回路的，即 T 是树。由(1)⇒(2)，T 中任意两个不相邻的顶点 u, v 之间存在唯一的通路，再加新边 (u, v) 形成唯一的回路。

(5)⇒(6)。首先证 T 是连通的。否则设 T_1, T_2 是 T 的两个连通分支。v_1 为 T_1 中的一个顶点，v_2 为 T_2 中的一个顶点。在 T 中加边 (v_1, v_2) 不形成回路，这与已知条件矛盾。若 T 中存在边 $e = (u, v)$，T-e 仍连通，说明在 T-e 中存在 u 到 v 的通路。此通路与 e 构成 T 中的回路，这与 T 中无回路矛盾。

(6)⇒(1)。只需证明 T 中无回路。若 T 中有回路 C，删除 C 上的任何一条边后，所得的图仍连通，这与(6)中的条件矛盾。(证毕)

定理 7.2 任一树 T(非平凡无向树)中，至少有两片树叶($n \geqslant 2$ 时)。

证明：因为 T 是一棵 $n \geqslant 2$ 的 (n, m) 树，所以由握手定理有

$$\sum_{i=1}^{n} \deg(v_i) = 2m = 2(n - 1) = 2n - 2 \tag{7.1}$$

若 T 中无树叶，则 T 中每个顶点的度数大于或等于 2，即

$$\sum \deg(v_i) \geqslant 2n \tag{7.2}$$

若 T 中只有一片树叶，则 T 中只有一个顶点的度数为 1，其他顶点的度数大于或等于 2，所以

$$\sum_{i=1}^{n} \deg(v_i) > 2(n - 1) = 2n - 2 \tag{7.3}$$

由于式(7.2)和式(7.3)都与式(7.1)矛盾，所以 T 中至少有两片树叶。(证毕)

例 7.4 T 是一棵树，有两个 2 度顶点，一个 3 度顶点，三个 4 度顶点，问 T 有几片树叶？

解：设树 T 有 x 片树叶，则 T 的顶点数 $n = 2 + 1 + 3 + x$，根据树的性质，T 的边数 $m = n - 1 = 5 + x$，又由握手定理知 $2 \times (5 + x) = 2 \times 2 + 3 \times 1 + 4 \times 3 + x$，所以 $x = 9$，即树 T 有 9 片树叶。

7.2 生成树

有一些图本身不是树，但它的子图却是树。一个图可能有许多子图是树，其中很重要的一类是生成树。

定义 7.5 设 T 是无向图 G 的子图并且为树，则称 T 为 G 的树。若 T 是 G 的树且为生成子图，则称 T 是 G 的**生成树**。设 T 是 G 的生成树，$\forall e \in E(G)$，若 $e \in E(T)$，则称 e 为 T 的**树枝**，否则称 e 为 T 的**弦**，并称导出子图 $G[E(G)-E(T)]$ 为 T 的余树。

注意：余树不一定连通，也不一定不含回路。在图 7.8 中，实线边图为该图的一棵生成树 T，余树为虚线边所示，它不连通，同时也含回路。

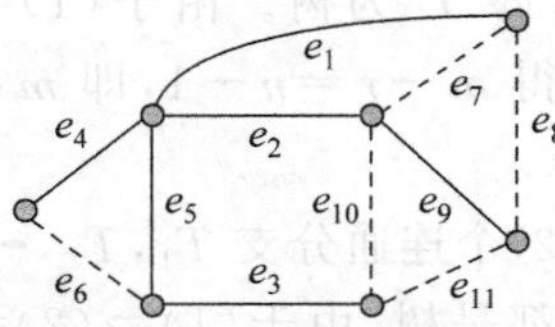

图 7.8 生成树和余树

定理 7.3 简单图是连通的，当且仅当它具有生成树。

证明：首先，假定简单图 G 有生成树 T。T 包含 G 的每个顶点。另外，在 T 的任何两个顶点之间都有 T 中的通路。因为 T 是 G 的子图，所以在 G 的任何两个顶点之间都有 T 中的通路。因此，G 是连通的。

现在假定 G 是连通的。若 G 不是树，则它必然包含简单回路。从其中某个简单回路中删除一条边，得出的子图少了一条边，但是仍然包含 G 的所有顶点并且是连通的。若这个子图不是树，则它有简单回路；类似地，再删除某一个简单回路中的一条边。重复这个过程，直到不含简单回路为止。这是可能的，因为图中只有有穷条边。当没有简单回路剩下时，这个过程终止。产生出一棵树，因为在删除边时这个图保持连通。这个树是生成树，因为它包含 G 的每个顶点。

例 7.5 找出图 7.9 所示的简单图的生成树。

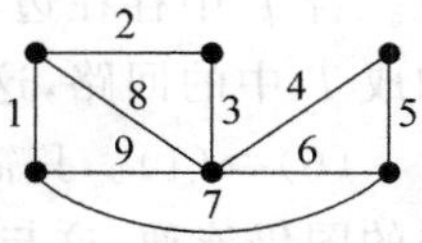

图 7.9 图 G

解：图 G 是连通的，但它包含简单回路，因此它不是树。删除边 1 就消除了一个简单回路，而且所得的子图仍然是连通的，并且仍然包含 G 的每个顶点。接着删除边 3，以便消除第二个简单回路。再删除边 5 和 9 即可得到一个没有简单回路的简单图。图 7.10 说明了这一过程。

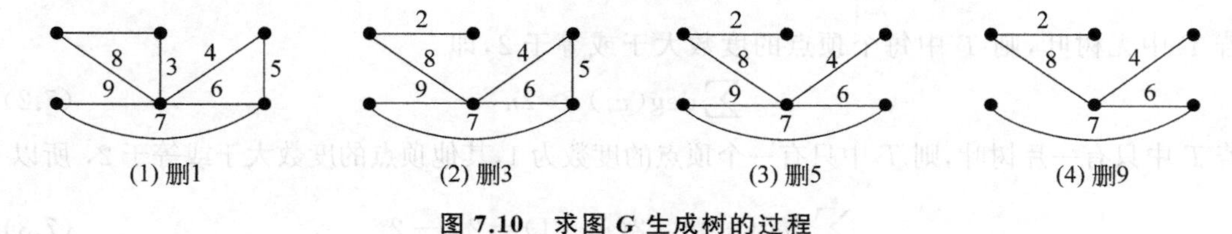

图 7.10 求图 G 生成树的过程

在图 7.10(4)中所示的生成树不是唯一的 G 的生成树，图 7.11 所示的每棵树都是 G 的生成树。

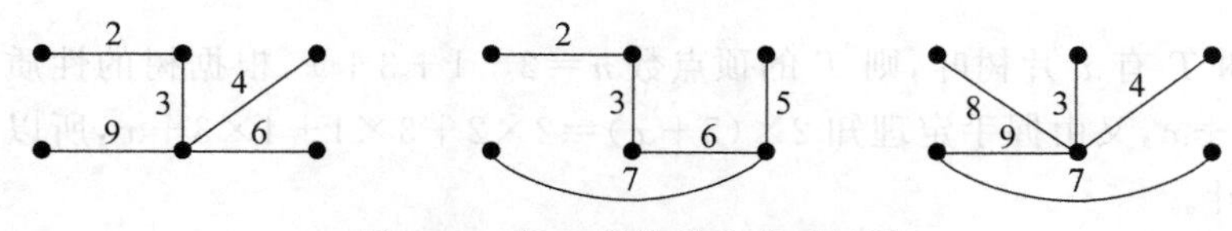

图 7.11 图 G 的其他生成树示例

定理 7.3 的证明给出了通过从简单回路删除边找出生成树的算法。除了通过删除边构造生成树，也可通过相继地添加边建立生成树。

用深度优先搜索建立连通简单图的生成树，将形成一个根树，而生成树将是这个根树的无向底图。任意选择图中一个顶点作为根，通过相继地添加边形成在这个顶点上开始的通路，其中每条新边都与通路上的最后一个顶点以及还不在通路上的一个顶点相关联。继续尽可能地添加边到这条通路，若这条通路经过图的所有顶点，则由这条通路组成的树就是生成树。不过，若这条通路没有经过图的所有顶点，则必须添加其他的边。后退到通路里的次最后顶点，若有可能，则形成在这个顶点上开始的经过还没有访问过的顶点的通路。若不能这样做，则后退到通路里的另外一个顶点，然后再试。重复这个过程，从所访问过的最后一个顶点上开始，在通路上依次后退一个顶点，只要有可能，就形成新的通路，直到不能添加更多的边为止。因为这个图有有穷的边数并且是连通的，所以这个过程产生生成树而告终。在这个算法的一个阶段上通路末端的顶点将是根树里的树叶，而在其上开始构造一条通路的顶点将是内点。读者应当注意到这个过程的递归本质。另外，注意图中的顶点是排序的，当总是选择在该顺序里可用的第一个顶点时，在这个过程的每个阶段对边的选择就全部是确定的。

深度优先搜索也称为回溯，因为这个算法返回以前访问过的顶点，以便添加路径。

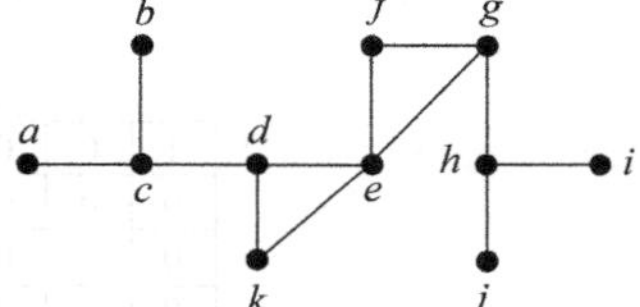

图 7.12　图 *G*

例 7.6　用深度优先搜索找出图 7.12 所示图 G 的生成树。

解：在图 7.13 显示了深度优先搜索产生 G 的生成树的步骤。任选一点 e，从该点开始建立一条通路。相继添加还不在通路上的顶点相关联的边，只要有可能就这样做，这样就产生了通路 e,f,g,h,i，当然也可能建立其他的通路。下一步，回溯到 h，形成通路 h,j。然后回溯到 g，不存在从 g 开始包含还没有访问过的顶点的通路，回溯到 f，然后再回溯到 e。从 e 建立通路 e,k,d,c,a，然后再回溯到 c，并且形成通路 c,b，这样就产生了生成树。

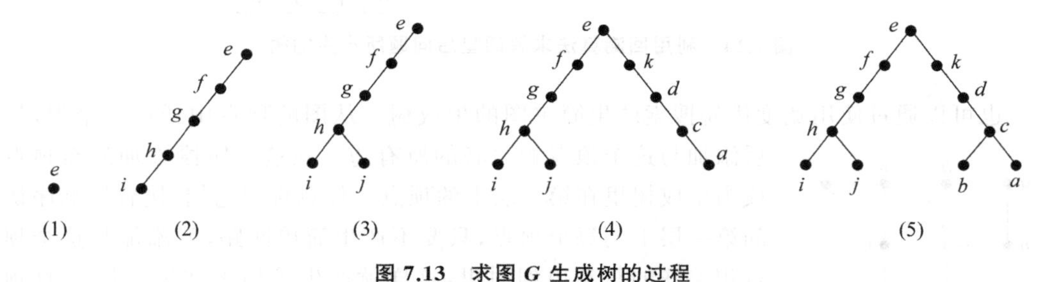

图 7.13　求图 *G* 生成树的过程

某些问题只能通过执行对所有可行解的穷举搜索来解决，这样的问题可以利用回溯解决。

例 7.7　(四皇后问题)　这是一个古老而著名的问题，是回溯算法的典型例题。在 4×4 格的棋盘上摆放四个皇后，使其不能互相攻击，即任意两个皇后都不能处于同一行、同一列或同一斜线上，问有多少种摆法？

解：从空棋盘开始，在 $n+1$ 阶段上，尝试在棋盘上第 $n+1$ 列里放置一个新的皇后，其中在前 n 列里已经有了皇后。从第 $n+1$ 列第一行的格子开始，寻找放置着皇后的位置，使它不与已在棋盘上的皇后在同一行和在同一斜线上。若不能在第 $n+1$ 列里找到放置皇后的位置，则回溯到第 n 列。在第 n 列的下一个允许的行里放置皇后，若没有这样的行存在,则继续回溯。

图7.14显示了四皇后问题的回溯解法。首先在第一行第一列里放置一个皇后,然后在第二列的第三行里放置一个皇后。不过,这样就不能在第三列里放置皇后了。回溯到第二列,如果在其第四行放置一个皇后,就可以在第三列的第二行里放置一个皇后,但是这样就无法在第四列里放置皇后了。回溯到空棋盘,在第一列的第二行放置一个皇后,可得出图7.14左侧所示的一个解。

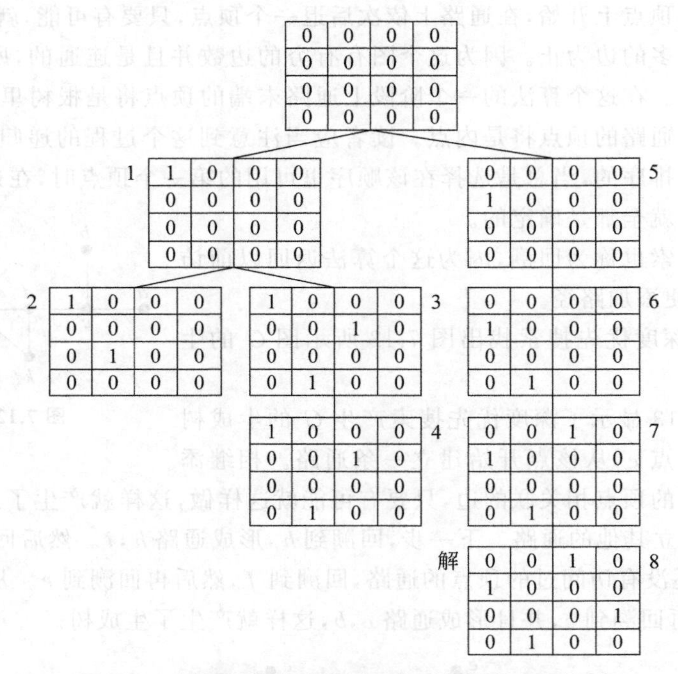

图7.14 利用回溯算法求解四皇后问题所产生的树

也可以通过使用宽度优先搜索产生简单图的生成树。从图的顶点中任选一个根,然后添加与这个顶点相关联的所有边。在这个阶段添加的新顶点成为生成树里在第一层上的顶点。任意排列它们,接着按顺序访问第一层上的每个顶点,只要不产生简单回路,就添加与这个顶点相关联的每条边到树里,这样就产生了树里在第二层上的顶点。持续这个过程,直到添加完图中的所有顶点,就产生了生成树。

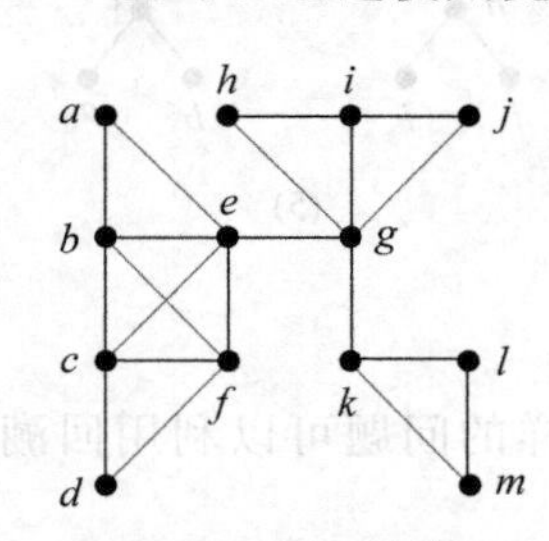

图7.15 例7.8的图

例7.8 用宽度优先搜索找出图7.15所示的生成树。

解:图7.16显示了宽度优先搜索过程的各个步骤。选择顶点 e 作为根,然后添加与 e 相关联的所有边,添加了从 e 到 a,b,c,f 和 g 的边,这5个顶点都在树的第一层上。接着添加从这些在第一层上的顶点到还不在树上的相邻顶点的边。添加从 f 到 d 的边,以及从 g 到 h,i,j,k 的边。新顶点 d,h,i,j 和 k 都在第二层上。下面添加从这些顶点到还不在树上的相邻顶点的边,即添加从 k 到 l,m 的边。

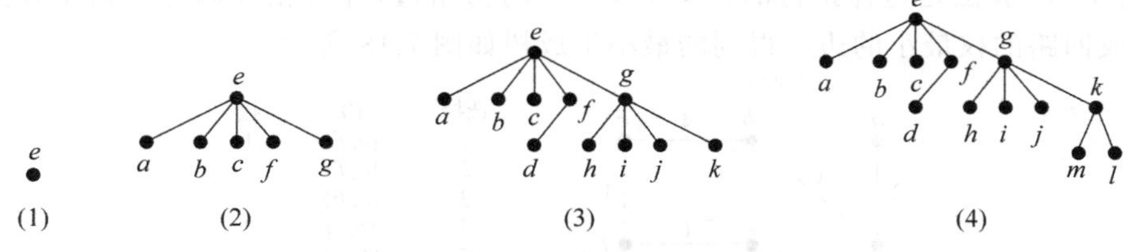

图 7.16　宽度优先搜索求生成树

7.3　最小生成树

有大量问题可以这样解决：求带权图里的一棵生成树，使得这棵树的各边的权之和最小。

定义 7.6　连通带权图 G 中边的权之和为最小的生成树称为 G 的**最小生成树**。

下面将给出构造生成树的两个算法。这两个算法都是通过添加还没有使用过的具有规定性质和权最小的边进行的。这些算法都是贪心算法的例子。贪心算法是在每个步骤上都做最优选择的算法。在算法的每个步骤上都最优化，并不保证产生全局最优解。不过，本节给出的构造最小生成树的这两个算法都是产生最优解的贪心算法。

第一个算法是 Prim 在 1957 年给出的。为了执行 Prim 算法，首先选择带有最小权的边，把它放进生成树里，然后相继向树里添加带最小权的边，这些边与已在树里的顶点相关联，并且不与已在树里的边形成简单回路。当已经添加了 $n-1$ 条边时就停止。算法 7.1 给出了 Prim 算法的伪代码描述。

算法 7.1　Prim 算法。

```
Procedure Prim(输入:带 n 个顶点的连通无向图 G)
E:={权最小的边}
For i:=1  to  n-2
Begin
    e:=与 E 中顶点相关联的权最小的边,而且添加到 E 中不形成简单回路;
    E:=E∪{e}
End   {输出:由 E 的边组成的 G 的最小生成树 T}
```

注意：当有超过一条满足相应条件的带权的边时，在算法的这个阶段中添加的边的选择就是不确定的。需要排序这些边，以便让选择是确定的。本节剩下的部分将不再考虑这个问题。另外注意，所给的连通带权简单图可能有一棵或一棵以上最小生成树。

算法 7.1 证明

下面证明 Prim 算法产生连通带权图的最小生成树。

例 7.9　用 Prim 算法求图 7.17 所示的图的最小生成树。

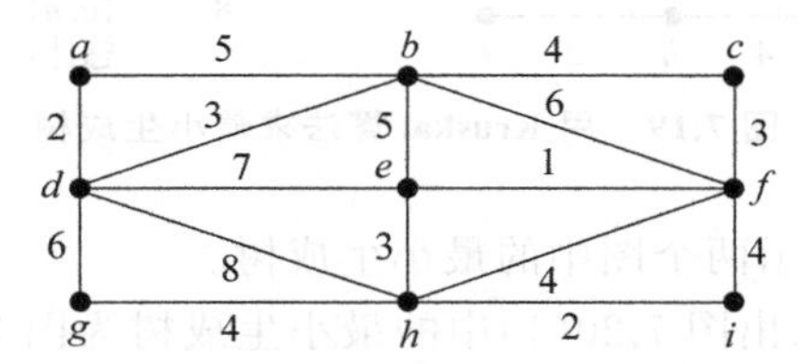

图 7.17　求最小生成树的原图

解：Prim算法是这样执行的：选择权最小的初始边，并且相继添加与树中顶点关联的不形成回路的权最小的边。得到的最小生成树如图7.18所示。

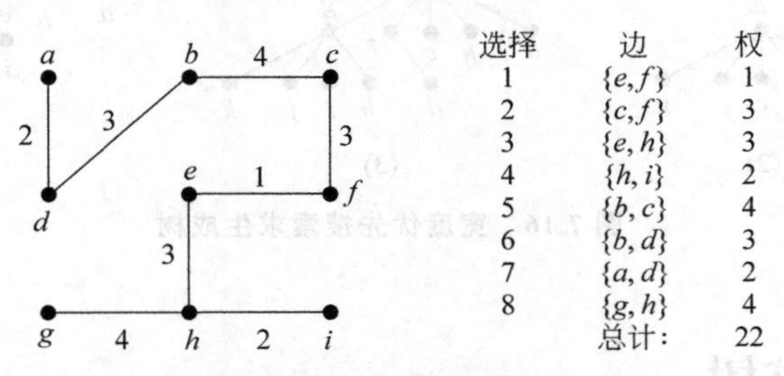

选择	边	权
1	$\{e,f\}$	1
2	$\{c,f\}$	3
3	$\{e,h\}$	3
4	$\{h,i\}$	2
5	$\{b,c\}$	4
6	$\{b,d\}$	3
7	$\{a,d\}$	2
8	$\{g,h\}$	4
	总计：	22

图7.18　用Prim算法求最小生成树

第二个算法是Kruskal在1956年给出的。为了执行Kruskal算法，要选择图中权最小的一条边。相继添加不与已经选择的边形成简单回路的权的最小边。在已经挑选了$n-1$条边之后就停止。

算法7.2　Kruskal算法。

```
Procedure Kruskal(输入:带 n 个顶点的带权连通无向图 G)
E:=空图
For i:=1 to  n-1
Begin
   e:=当添加到 E 中时不形成简单回路的 G 中权最小的边;
   E:=E∪{e}
End {输出:由 E 的边组成的 G 的最小生成树 T}
```

Prim算法与Kruskal算法的区别是：在Prim算法里，选择与已在树里的一个顶点相关联并且不形成回路的权最小的边；相反，在Kruskal算法里，不必选择与已在树里的一个相关联并且不形成回路的权最小的边。注意，在Prim算法里若没有对边排序，则在这个过程的某个阶段上，对添加的边来说就可能有多于一种的选择。因此，为了让这个过程是确定的，需要对边进行排序。

例7.10　用Kruskal算法求图7.17所示的带权图里的最小生成树。

解：在Kruskal算法每个阶段上对边的选择如图7.19所示。

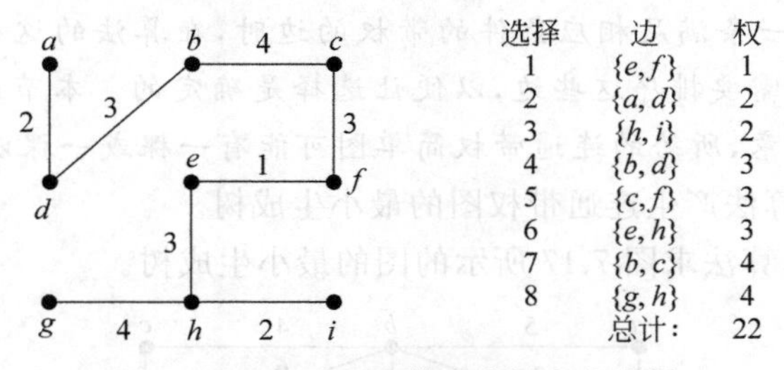

选择	边	权
1	$\{e,f\}$	1
2	$\{a,d\}$	2
3	$\{h,i\}$	2
4	$\{b,d\}$	3
5	$\{c,f\}$	3
6	$\{e,h\}$	3
7	$\{b,c\}$	4
8	$\{g,h\}$	4
	总计：	22

图7.19　用Kruskal算法求最小生成树

例7.11　求图7.20所示两个图中的最小生成树。

解：用Kruskal算法求出图7.20(1)中的最小生成树为图7.21中的(1)，权值之和为6。图7.20(2)中的最小生成树为图7.21中的(2)，权值之和为12。

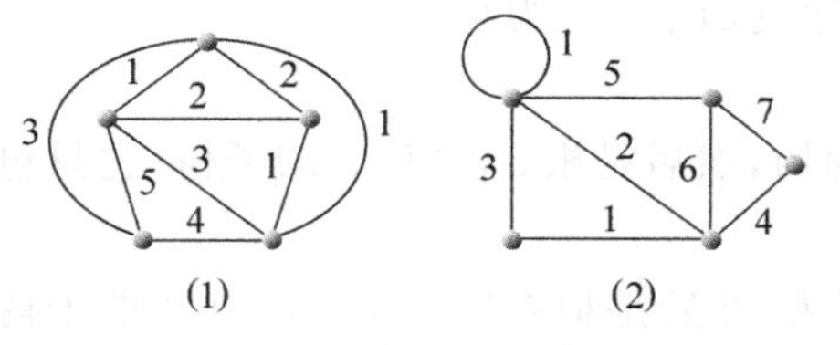

图 7.20 求最小生成树

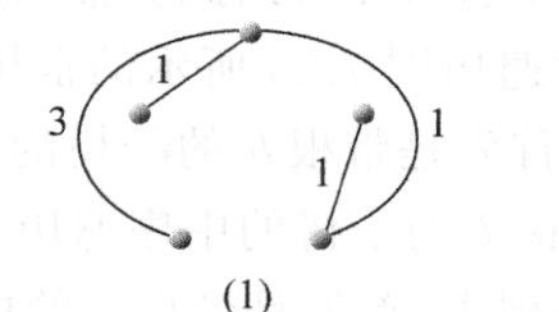

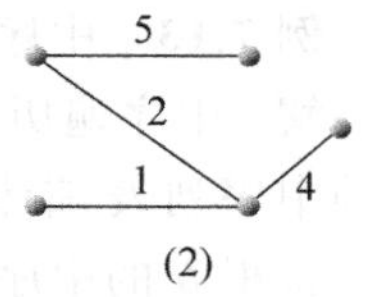

图 7.21 最小生成树

7.4 树的遍历

树的遍历是树的一种重要的运算。所谓遍历，是指对树中所有顶点的系统的访问，即依次对树中每个顶点访问一次且仅访问一次。树的 3 种最重要的遍历方式分别称为前序遍历、中序遍历和后序遍历。以这 3 种方式遍历一棵树时，若按访问顶点的先后次序将顶点排列起来，就可分别得到树中所有顶点的前序列表，中序列表和后序列表。相应的顶点次序分别称为顶点的前序、中序和后序。

如果 T 是一棵空树，那么对 T 进行前序遍历、中序遍历和后序遍历都是空操作，得到的列表为空表。如果 T 是一棵单顶点树，那么对 T 进行前序遍历、中序遍历和后序遍历都只访问这个顶点。这个顶点本身就是要得到的相应列表。

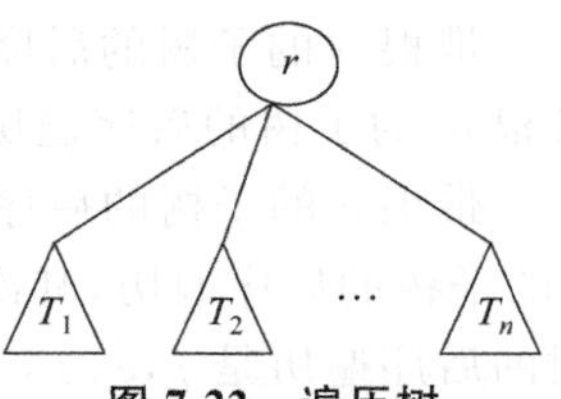

图 7.22 遍历树

树的遍历如图 7.22 所示。下面给出前序遍历的递归定义。

定义 7.7 设 T 是带根 r 的有序根树。若 T 只包含 r，则 r 是 T 的前序遍历。否则，假定 $T_1, T_2, \cdots, T_n$ 是 T 里在 r 处从左向右的子树，前序遍历首先访问 r，接着前序遍历 T_1，然后前序遍历 T_2，以此类推，直到前序遍历了 T_n 为止。

例 7.12 前序遍历图 7.23 所示的有序根树。

解：首先列出根 a，接着依次是带根 b 的子树的前序列表、带根 c 的子树的前序列表（它只包含 c）和带根 d 的子树的前序列表。

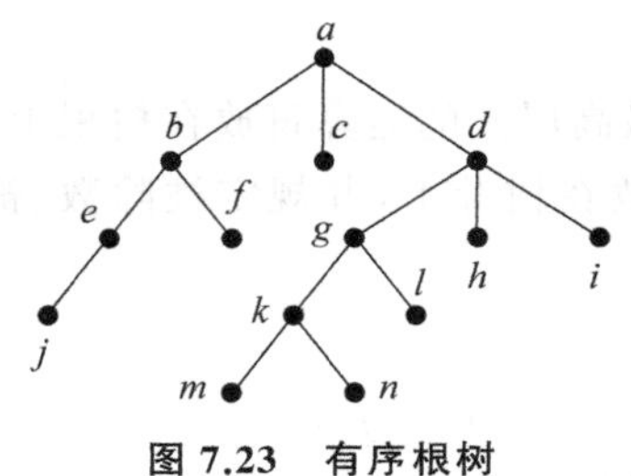

图 7.23 有序根树

带根 b 的子树的前序列表首先列出 b，然后以前序列出带根 e 的子树的顶点，最后以前序列出带根 f 的子树（它只包含 f）的顶点。带根 d 的子树的前序列表首先列出 d，接着是带根 g 的子树的前序列表、带根 h 的子树（它只包含 h）的前序列表、带根 i 的子树（它只包含 i）的前序列表。

带根 e 的前序列表首先列出 e，接着是带根 j 的子树（它只包含 j）的前序列表。带根 g 的子树的前序列表是 g 接着 k，接着是 l。带根 k 的前序列表是 k, m, n，所以该树的前序遍历是 $a, b, e, j, f, c, d, g, k, m, n, l, h, i$。

下面定义中序遍历。

定义 7.8 设 T 是带根 r 的有序根树。若 T 只包含 r，则 r 是 T 的中序遍历。否则，假定 $T_1, T_2, \cdots, T_n$ 是 T 里在 r 处从左向右的子树。中序遍历首先以中序遍历 T_1，然后

访问 r。它接着中序遍历 T_2，以此类推，直到中序遍历了 T_n 为止。

例 7.13 中序遍历图 7.23 所示的根树。

解：中序遍历首先是带根 b 的子树的中序遍历，然后是根 a，带根 c 的子树（它只包含 c）的中序列表，带根 d 的子树的中序遍历。

带根 b 的中序列表，首先是带根 e 的中序列表，然后是根 b 以及 f。带根 d 的子树的中序遍历，首先是带根 g 的子树的中序列表，其次是根 d，然后是 h，最后是 i。

带根 e 的子树的中序列表首先是 j，接着是 e。带根 g 的子树的中序列表是 m,k,n,g,l。所以这个根树的中序遍历是 $j,e,b,f,a,c,m,k,n,g,l,d,h,i$。

下面定义后序遍历。

定义 7.9 设 T 是带根 r 的有序根树。若 T 只包含 r，则 r 是 T 的后序遍历。否则，假定 $T_1,T_2,\cdots,T_n$ 是 T 里在 r 处从左向右的子树。后序遍历首先后序遍历 T_1，其次后序遍历 T_2，……，然后后序遍历 T_n，最后访问 r。

例 7.14 后序遍历图 7.23 所示的根树。

解：后序遍历首先是带根 b 的子树的后序遍历，其次是带根 c 的子树（它只包含 c）的后序遍历，带根 d 的子树的后序遍历，最后是根 a。

带根 b 的子树的后序遍历首先是带根 e 的子树的后序遍历，其次是 f，最后是根 b。带根 d 的子树的后序遍历首先是带根 g 的子树的后序遍历，其次是 h,i，最后是 d。

带根 e 的子树的后序遍历首先是 j，然后是 e。带根 g 的子树的后序遍历首先是带根 k 的子树的后序遍历，其次是 l，最后是 g。带根 k 的子树的后序遍历是 m,n,k。所以，根树的后序遍历是 $j,e,f,b,c,m,n,k,l,g,h,i,d,a$。

例 7.15 对图 7.24 所示二叉树，按中序、前序、后序遍历的结果如下。

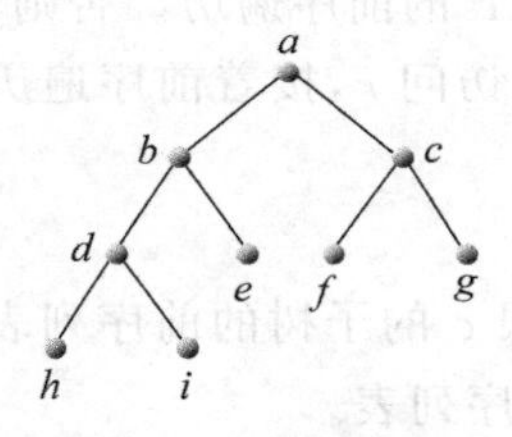

图 7.24 二叉树示例

解：中序遍历：$((h\underline{d}i)\underline{b}e)\underline{a}(f\underline{c}g)$

前序遍历：$\underline{a}(\underline{b}(\underline{d}hi)e)(\underline{c}fg)$

后序遍历：$((hi\underline{d})e\underline{b})(fg\underline{c})\underline{a}$

上式中，$\underline{v}$ 表示 v 为根子树的树根。

利用有序树可以表示四则运算的算式，然后根据不同的访问方法可以得到不同的算法。

利用二叉有序树存放算式时，最高层次的运算符放在树根上，然后依次将运算符放在根子树的树根上，将参加运算的数放在树叶上，并规定被除数、被减数放在左子树的树叶上。

例 7.16 (1) 用二叉有序树表示下面算式：

$$(a*(b+c)+d*e*f)\div(g+(h-i)*j)$$

(2) 用三种遍历法访问(1)中的二叉树，并写出访问结果。

解：(1) 表示算式的二叉树如图 7.25 所示。

(2) 中序遍历的访问结果为$((a*(b+c))+d*(e*f))\div(g+((h-i)*j))$。

利用四则运算规则省去一些括号，得到原算式，所以中序遍历的访问结果是还原算式。

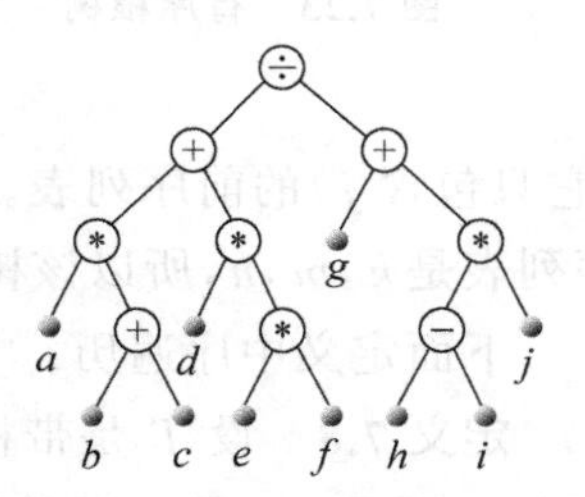

图 7.25 表示算式的二叉树

前序遍历的访问结果为$\div(+*a(+bc))(*d(*ef))(+g(*(-hi)j))$。

消去式中的全部括号,得$\div+*a+bc*d*ef+g*-hij$。如果在式中规定,每个运算符与它后面紧邻的两个数进行运算,其运算结果是正确的。在这种算法中,由于运算符在参加运算的两个数之前,所以称为前缀符号法或波兰符号法。

后序遍历的访问结果为$((a(bc+)*)(d(ef*)*)+)(g((hi-)j*)+)\div$。

消去式中的全部括号,得$abc+*def**+ghi-j*+\div$。如果在式中规定,每个运算符与它前面紧邻的两个数进行运算,其运算结果也是正确的。由于运算符在参加运算的两个数之后,所以称此种算法为后缀符号法或逆波兰符号法。

7.5 二叉树

二叉树(**binary tree**)是根树中最重要的类型之一。一棵二叉树是顶点的一个有限集合,该集合或者为空,或者是由一个根顶点加上两棵分别称为左子树和右子树的、互不相交的二叉树组成。

图 7.26 是几个二叉树的例子。

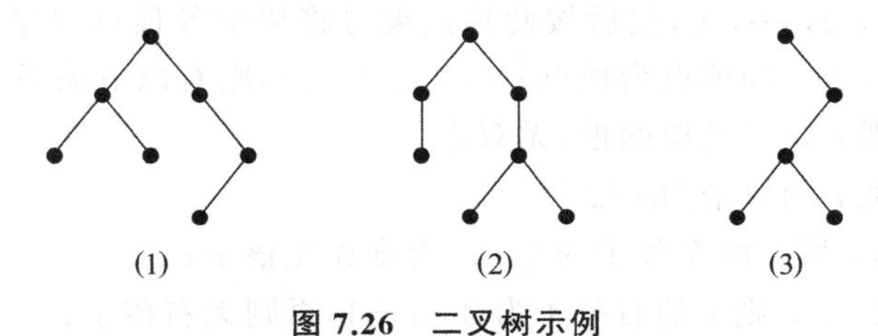

图 7.26 二叉树示例

7.5.1 二叉树的性质

定理 7.4 若二叉树的层次从 1 开始,则在二叉树的第 i 层最多有 2^{i-1} 个顶点($i\geqslant1$)。

定理 7.5 深度为 k 的二叉树最多有 2^k-1 个顶点($k\geqslant1$)。

定理 7.6 对任何一棵二叉树,如果其叶子顶点个数为 n_0,出度为 2 的顶点个数为 n_2,则有 $n_0=n_2+1$。

证明:设出度为 1 的顶点有 n_1 个,总顶点个数为 n,总边数为 e,则根据二叉树的定义,得

$$e=2n_2+n_1=n-1$$

$$n=n_0+n_1+n_2$$

因此,有 $2n_2+n_1=n_0+n_1+n_2-1$

$n_2=n_0-1$ $\qquad n_0=n_2+1$ $\qquad$ (证毕)

定义 7.10 完全二叉树:若二叉树中每个顶点的出度恰好是 2 或 0,则这棵二叉树称为完全二叉树。

定义 7.11 正则二叉树(满二叉树):若完全二叉树中所有树叶层次相同,则这棵二叉树称为正则二叉树。

图 7.27 中,(1)、(2)分别是完全二叉树和正则二叉树。

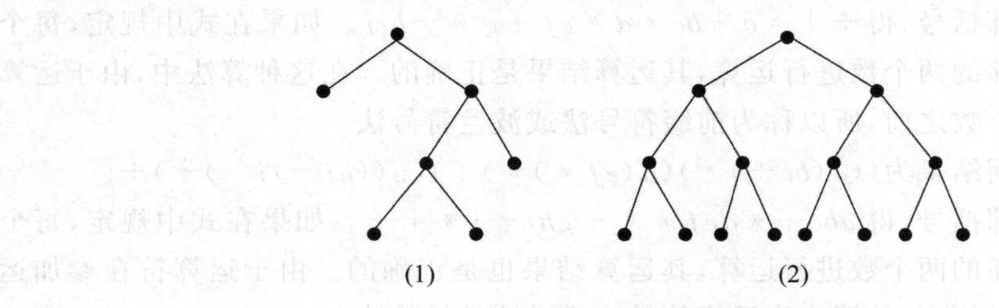

图 7.27　完全二叉树和正则二叉树

定理 7.7　具有 n 个顶点的完全二叉树的深度为

$$\lfloor \log_2 n \rfloor + 1$$

证明:设完全二叉树的深度为 k,则有

$$2^{k-1}-1<n\leqslant 2^k-1 \quad 2^{k-1}\leqslant n<2^k$$

取对数 $k-1\leqslant \log_2 n<k$,因为 k 为整数,所以 $k=\lfloor \log_2 n \rfloor+1$。

定理 7.8　如果将一棵有 n 个顶点的完全二叉树的顶点按层序(自顶向下,同一层自左向右)连续编号 1, 2, …, n,然后按此顶点编号将树中各顶点顺序地存放于一个一维数组中,并简称编号为 i 的顶点为顶点 i ($1\leqslant i \leqslant n$),则有以下关系:

(1) 若 $i=1$, 则 i 是二叉树的根,无双亲;

(2) 若 $i>1$, 则 i 的双亲为$\lfloor i/2 \rfloor$;

(3) 若 $2*i\leqslant n$, 则 i 的左孩子为 $2*i$,否则无左孩子;

(4) 若 $2*i+1\leqslant n$, 则 i 的右孩子为 $2*i+1$,否则无右孩子;

(5) 若 i 为偶数, 且 $i\neq n$, 则其右兄弟为 $i+1$;

(6) 若 i 为奇数, 且 $i\neq 1$, 则其左兄弟为 $i-1$;

(7) i 所在层次为 $\lfloor \log_2 i \rfloor+1$。

7.5.2 二叉搜索树

二叉搜索树:这样的二叉树在其中以数字对顶点进行标记,使得一个顶点的标记大于这个顶点的左子树里所有顶点的标记,并且小于这个顶点的右子树里所有顶点的标记。图 7.28 给出了对应一组数值的两棵二叉搜索树。二叉搜索树的特点是:如果按照中序遍历将各个顶点打印出来,就会得到由小到大排列的顶点。

例 7.17　如图 7.28 所示,给定一组数值的两棵二叉搜索树。按照(37,24,42,7,2,40,43,32,120)的顺序将各个顶点插入,得到二叉树(1);按照(120,42,43,7,2,32,37,24,40)的顺序插入,则得到二叉树(2)。

7.5.3 哈夫曼树

定义 7.12　给定一个符号串集合,若任意两个符号串都互不为前缀,则称该符号串集合为**前缀码**。由 0,1 符号串构成的前缀码称作**二元前缀码**。

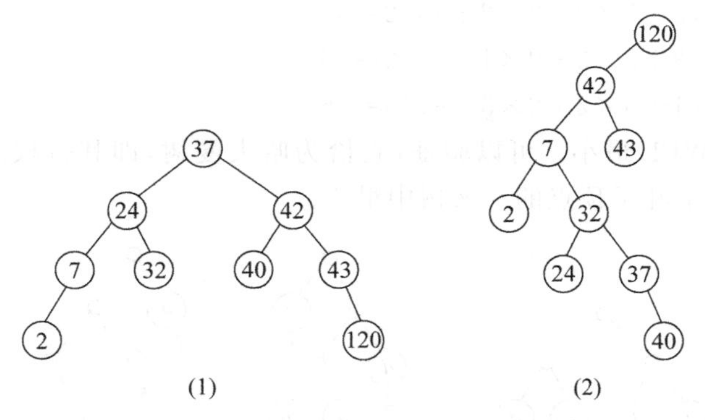

图 7.28 二叉搜索树

例如，{000,001,01,10,11}是前缀码，而{1,0001,000}不是前缀码。

定理 7.9 任意一棵二叉树的树叶可对应一个二元前缀码。

证明：给定一棵二叉树，从每个分支点可引出两条边，若左侧边标 0，右侧边标 1，则每片树叶将可标定一个 0 和 1 组成的序列，它是由树根到这片树叶的通路上各边标号组成的序列。显然，没有一片树叶的标定序列是另一片树叶的标定序列的前缀，因此，任意一棵二叉树的树叶可对应一个前缀码。

定理 7.10 任意一个二元前缀码可对应一棵二叉树。

证明：设给定一个前缀码，h 表示前缀码中最长序列的长度。画一棵高度为 h 的正则二叉树，并给每一分支点射出的两条边标 0 和 1，这样，每个顶点可以标定一个二进制序列，它由树根到该顶点通路上各边的标号确定，因此，长度不超过 h 的每一个二进制序列必对应一个顶点。给对应于前缀码中的每一序列的顶点一个标记，并将标记顶点的所有子孙和引出的边全部删去，这样便得到一棵二叉树，它的树叶对应给定的二元前缀码。

这样，二元前缀码就与二叉树相互对应，且若前缀码对应的是完全二叉树，则产生的前缀码是唯一的，可以进行译码。

如设 000 对应 h，001 对应 a，01 对应 p，1 对应 y，则前缀码{000,001,01,1}对应的完全二叉树如图 7.29 所示。

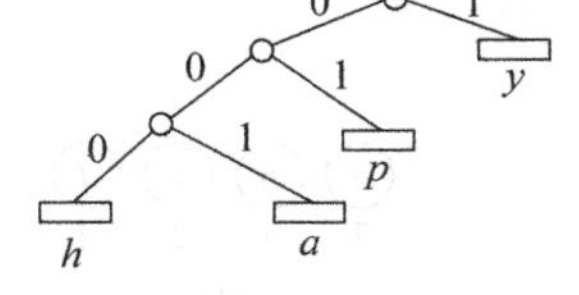

图 7.29 前缀码{000,001,01,1}对应的完全二叉树

于是，如果接收到编码信息序列 00000101011，则编码信息必须译成 000,001,01,01,1，于是编码信息的意思为 happy。

下面给出路径和路径长度的概念。从树中一个顶点到另一个顶点之间的分支构成这两个顶点之间的路径，路径上的分支数目称为**路径长度**。**树的路径长度**是从树根到每一顶点的路径长度之和。

若将上述概念推广到一般情况，考虑带权的顶点。顶点的带权路径长度为从该顶点到树根之间的路径长度与顶点上权的乘积。**树的带权路径长度**为树中所有叶子顶点的带权路径长度之和，通常记作 WPL。

定义 7.13 哈夫曼(Huffman)树又称最优树，是 WPL 最短的树。

下面讨论最优二叉树。例如，图 7.30 中的 3 棵二叉树都有 4 个叶子顶点 a、b、c、d，分别带权 7、5、2、4，它们的带权路径长度分别为

(1) WPL=7×2+5×2+2×2+4×2=36

(2) WPL=7×3+5×3+2×1+4×2=46

(3) WPL=7×1+5×2+2×3+4×3=35

其中(3)树的WPL最小。可以验证,它恰为哈夫曼树,即其带权路径长度在所有带权为7、5、2、4的4个叶子顶点的二叉树中最小。

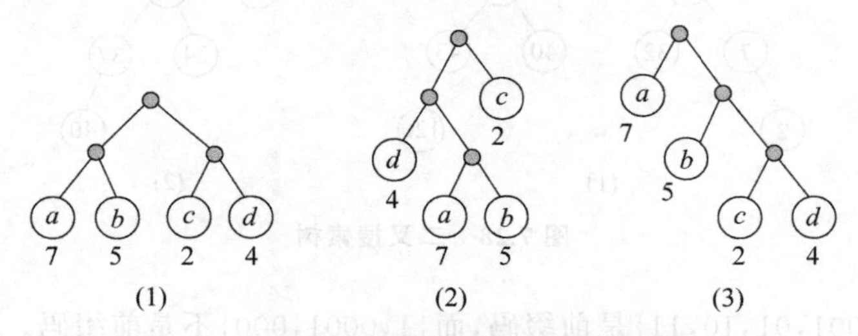

图 7.30 叶子顶点相同的3棵二叉树

那么,如何构造哈夫曼树呢?哈夫曼最早给出了一个带有一般规律的算法,俗称哈夫曼算法。现叙述如下:

(1) 根据给定的n个权值$\{w_1,w_2,\cdots,w_n\}$构成n棵二叉树的集合$F=\{T_1,T_2,\cdots,T_n\}$,其中每棵二叉树T_i中只有一个带权为w_i的根顶点,其左、右子树均空。

(2) 在F中选取两棵根顶点的权值最小的树作为左右子树构造一棵新的二叉树,且置新的二叉树的根顶点的权值为其左、右子树上根顶点的权值之和。

(3) 在F中删除这两棵树,同时将新得到的二叉树加入F中。

(4) 重复(2)和(3),直到F只含一棵树为止,这棵树便是哈夫曼树。

例 7.18 图7.31展示了图7.30的哈夫曼树的构造过程。其中,根顶点上标注的数字是所赋的权。

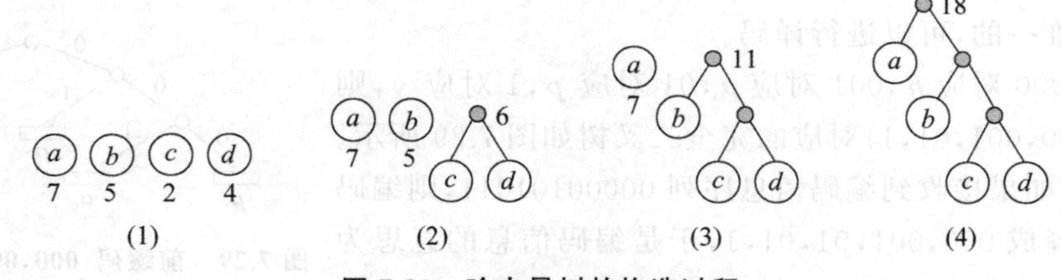

图 7.31 哈夫曼树的构造过程

7.6 决策树

根树可以用来为这样的问题建立模型,其中一系列决策导致一个解。例如,二叉搜索树可以用来基于一系列比较找出项的位置,其中每次比较都说明是否已经找到了项的位置,或者是否应当向右或向左进入子树。其中每个内点都对应一次决策,这些顶点的子树对应该决策每种可能的后果,这样的根树称为决策树。问题的可能解对应这个根树的通向树叶的通路。决策树是在风险型决策中常用的决策方法。

7.6.1 决策树的定义

定义 7.14 每个顶点表示一次决策的可能结果，而树叶表示可能解的根树称为**决策树**。

例 7.19 五硬币问题 给出 5 个外观一样的硬币，只有一个硬币和其他的质量不一样，如何使用一个天平称出哪个硬币是坏硬币，是重还是轻？

解：解决此问题的算法如图 7.32 的决策树所示，令硬币符号为 n_1、n_2、n_3、n_4、n_5，从树根开始，将硬币 n_1 放在天平左边，用○表示天平左边比右边重，用●表示天平右边比左边重，用⊙表示两边平衡。例如，在树根比较 n_1 和 n_2，如果左边比右边重，则知 n_1 重，n_2 轻。这时比较 n_1 和 n_5，可以知道 n_1 或 n_2 是坏币，且知道是重还是轻。叶子顶点可以给出结果。例如，当比较 n_1 和 n_5 时，天平平衡，则经过标有 $\begin{matrix}n_2\\ \mathrm{L}\end{matrix}$ 叶子顶点的边，将会得到 n_2 是坏币且比其他硬币轻。

如果定义最坏情形下的硬币问题解的时间为在最坏情形下称重的次数，由决策树容易得到最坏情形时间；最坏情形与树的高度一致。例如，图 7.32 所示的决策树的高度为 3，于是算法的最坏情形时间为 3。

可以使用决策树证明采用图 7.32 所示算法求解五硬币问题是最优的，也就是说，没有其他解决五硬币问题的算法的最坏情形时间小于 3。

利用反证法可以证明没有算法在最坏情形下可用小于 3 的时间解决五硬币问题。假设存在某个算法可以在 2 或者更短的时间内求解，将算法做成一棵决策树，因为最坏情形时间小于 2，因而决策树的高度小于或等于 2。因为每个非叶子顶点最多有 3 个子顶点，因此这棵树最多有 9 个叶子顶点（见图 7.33），叶子顶点对应可能的输出结果。因而，一棵高度小于或等于 2 的决策树最多能对应 9 个输出结果，但是 5 个硬币有 10 个输出结果：①n_1，L；②n_1，H；③n_2，L；④n_2，H；⑤n_3，L；⑥n_3，H；⑦n_4，L；⑧n_4，H；⑨n_5，L；⑩ n_5，H。

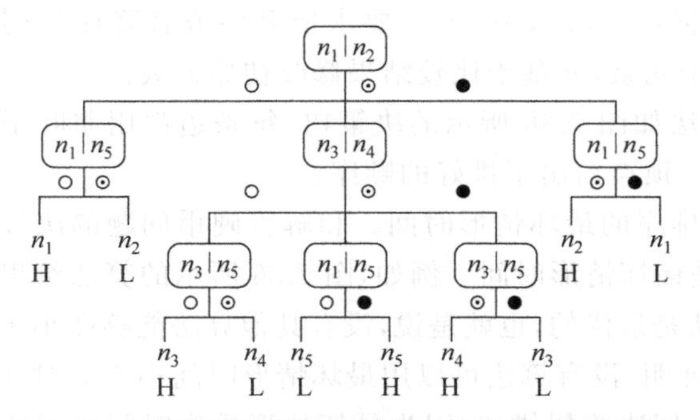

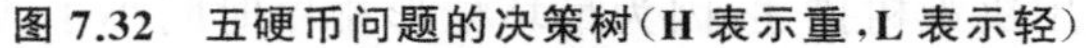
图 7.32 五硬币问题的决策树（H 表示重，L 表示轻）

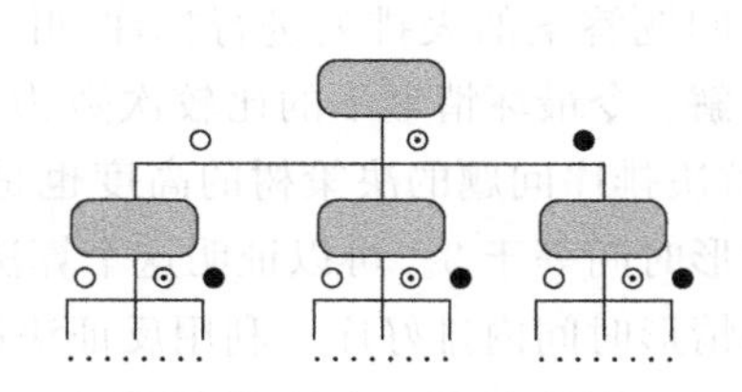
图 7.33 最多称两次

产生矛盾，因此没有算法可以在小于 3 的时间内求得在最坏情形下的五硬币问题，即图 7.32 的算法是最优的。

可以看出，一棵决策树是如何在最坏情形下用时间下界求解一个问题，有时时间下界是不可能达到的。

考虑四硬币问题(其他所有规则与五硬币问题一样,除了硬币数量减少一个)。因为现在有 8 种结果,而不是 10 种,可知任何解决四硬币问题的方法在最坏情形下至少需要两次称重。

通过更详细的讨论,发现还是至少需要 3 次称重。

第一次称重可以两个硬币对两个硬币称,也可以一个硬币对一个硬币称。图 7.34 显示了如果一开始两个硬币对两个硬币称,第一次称重时不可能产生两边平衡的结果,决策树最多能产生 6 种结果。因为有 8 种结果,没有算法能够用两次或少于两次称重的方法进行两个硬币对两个硬币的比较得出结论。

如果开始用一个硬币对一个硬币的比较,达到硬币平衡,如图 7.35 所示,决策树只能产生 3 种结果,因为验证 2 个硬币可能会有 4 种结果。仅用一个硬币对一个硬币的比较方式,没有算法能够以少于 2 次称重的次数得出结论。因此,任何解决四硬币问题的算法在最坏情形下至少要称 3 次才能得出结论。

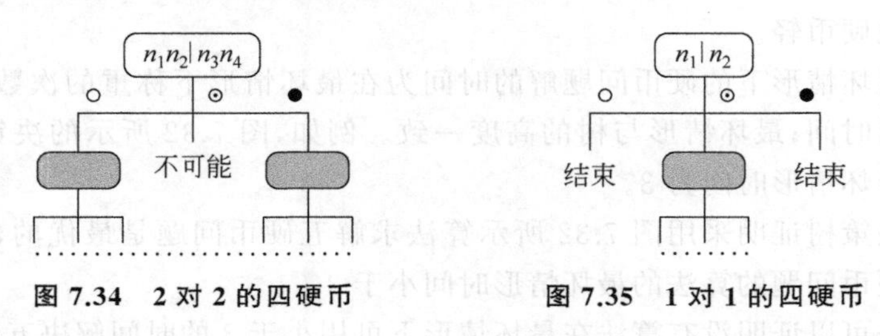

图 7.34　2 对 2 的四硬币　　　　图 7.35　1 对 1 的四硬币

如果只需要挑出坏硬币,而不需要指出是轻还是重,在最坏情形下可以用两次称重得到结论。

7.6.2　最短时间排序

对于排序,可用决策树估计最坏情形的排序时间。

排序问题很容易描述,有 n 项数据: $x_1,x_2,\cdots,x_n$。要求依升序或者降序排列这些数据,注意排序算法限于重复比较两个元素,并基于比较结果修改初始列表。

例 7.20　对 a_1,a_2,a_3 排序的算法如图 7.36 所示的决策树,每条边都用非叶子顶点基于问题答案的表排列进行标注,叶子顶点给出了排好的顺序。

解: 令最坏情形下的比较次数为排序的最坏情形时间。和解答硬币问题的决策树一样,解决排序问题的决策树的高度也是最坏情形时间。例如,图 7.36 所示的算法给出的最坏情形时间等于 3。可以证明这个算法是最优的,也就是说,没有其他算法能够在小于 3 的最坏情形时间内排好序。利用反证法证明,没有算法可以用最坏情形时间小于 3 对 3 个项排好序。假设存在一个这样的算法,并用决策树描述,因为最坏情形排序时间小于或等于 2,若树高,则小于或等于 2,因为若每个非叶子顶点最多有两个子顶点,则这棵树最多有 4 个叶子顶点。每个叶子顶点对应一个可能的结果,所以高度小于或等于 2 的决策树最多只有 4 个结果,但 3 个项的排序有 6 种结果,即 $3!=6$ 种可能的排序: ①a_1,a_2,a_3; ②a_1,a_3,a_2; ③a_2,a_1,a_3; ④a_2,a_3,a_1; ⑤a_3,a_1,a_2; ⑥a_3,a_2,a_1,产生了矛盾。因此,没有算法可以使得给 3 个数排序在最坏情形下的时间小于 3，因而图 7.36 的算法是最优的。

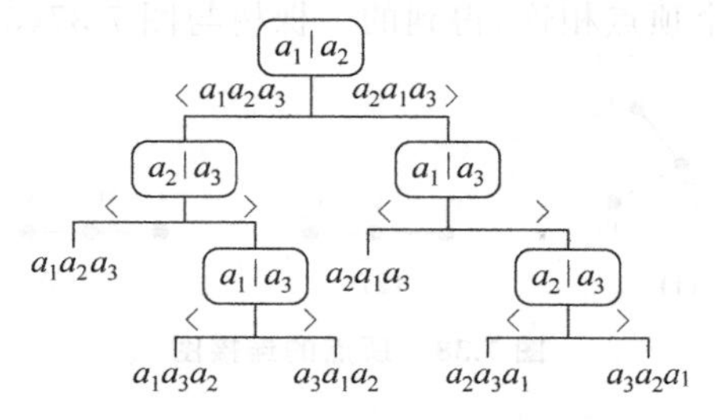

图 7.36　对 a_1, a_2, a_3 排序

因为 $4!=24$，所以对 4 个项排序有 24 种结果。对应 24 个叶子顶点，必须有树高至少为 5 的决策树。因此，对 4 个项排序的任一算法在最坏情形下至少进行 5 次比较。

定理 7.11　如果 $f(n)$ 是一个排序算法给 n 个项排序在最坏情形下需要的比较次数，则 $f(n)=O(n\lg n)$。

归并算法在最优、平均、最坏的情形下，都要用 $O(n\lg n)$ 次比较次数，是稳定的排序方法。

7.7　树的同构

两个图 G_1 与 G_2 同构，当且仅当存在从 G_1 的顶点集到 G_2 的顶点集的一一映射 F，且保持相邻关系，即如果 G_1 中的顶点 v_i 与 v_j 相邻，则 G_2 中的顶点 $f(v_i)$ 与 $f(v_j)$ 相邻。因为一棵树是一个简单图，树 T_1 与树 T_2 是同构的，当且仅当存在由 T_1 的顶点集到 T_2 的顶点集的一一映射 f，并保持相邻关系。也就是说，若 T_1 中的顶点 v_i 与 v_j 相邻，则 T_2 中的顶点 $f(v_i)$ 与 $f(v_j)$ 也相邻。

定理 7.12　存在 5 个顶点的 3 棵树两两不同构。

证明：先证明对于任何有 5 个顶点的树，必与图 7.37 中的树同构。

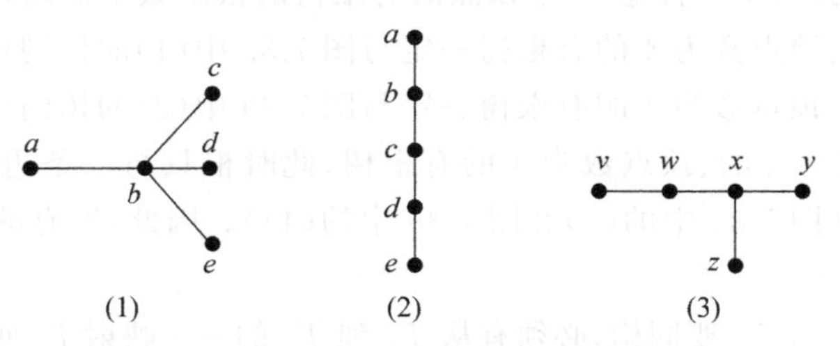

图 7.37　5 个顶点的不同构的树

如果 T 是一棵有 5 个顶点的树，则 T 有 4 条边。如果 T 有一个顶点 v 的度数大于 4，则与 v 相连的边将超过 4 条，因此 T 中每个顶点的度数最多为 4。

首先找出有 5 个顶点的所有不同构的树，这些树的顶点度数最多为 4。然后找出度数最多为 3 的所有不同构的树，等等。

令 T 为有 5 个顶点的树，设 T 有一个顶点的度为 4，因此，与 v 相连的边有 4 条，这就是该树所有的边。这时 T 与图 7.37(1)的树同构。

设 T 有 5 个顶点，且最大的顶点度数为 3。令顶点 v 的度数为 3，则与 v 相连的边有

3条,如图7.38中的(1)所示。第4条边不可能与v相连,否则v的度数为4。因此,第4条边与v_1、v_2、v_3中的一个顶点相连,得到的一棵树与图7.37(3)所示的树同构。

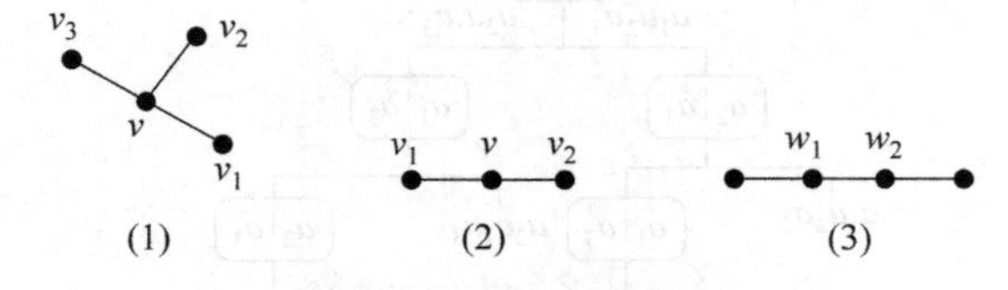

图7.38 顶点的连接图

设T是有5个顶点的树,最大的顶点度数为2。令v的度数为2,则v与两条边相邻,如图7.38中的(2)所示。第3条边不会与v相连,因此它与v_1或者v_2相连。给图7.38中的(3)增加一条边,由于同样的原因,第4条边不能与图7.38中(3)所示的顶点w_1或者w_2相连。增加最后一条边给出的一棵树与图7.37中(2)的树同构。

因为一棵有5个顶点的树必须有一个顶点的度数为2,所以找出了所有5个顶点的非同构树。

定理7.13 存在4个顶点数为4的非同构有根树,这4个有根树如图7.39所示。

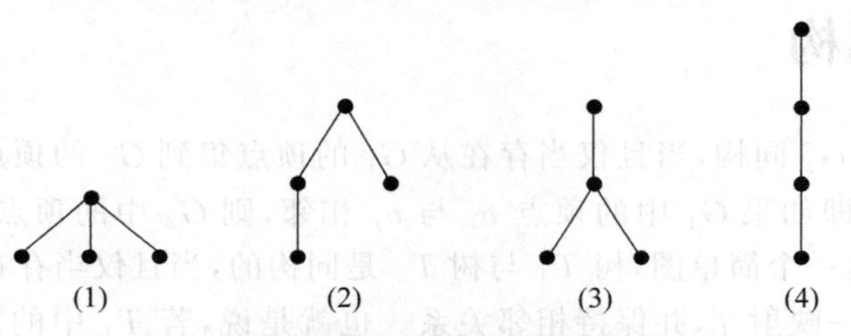

图7.39 4个顶点的不同构的有根树

证明:首先找出所有顶点数为4的、根度数为3的有根树,然后找出所有顶点数为4的、根度数为2的树,等等。注意,4个顶点的有根树的根度数不能超过3。

根度数为3的、顶点数为4的有根树一定与图7.39中(1)的树同构。

根度数为2的、顶点数为4的有根树一定与图7.39中(2)的树同构。

令T为根度数为1的、顶点数为4的有根树,此时根只与一条边相连。剩下两条边有两种增加方式(见图7.39中的(3)和图7.39中的(4))。因此,所有的4个顶点的非同构有根树如图7.39所示。

两个有根树T_1与T_2要同构,必须有从T_1到T_2的一一映射F,使得保留相邻关系和保留根顶点。后一个条件意味着F(T_1的根顶点)$=T_2$的根顶点。形式化的定义如下。

定义7.15 令T_1是根为r_1的有根树,T_2是根为r_2的有根树,T_1与T_2为有根同构树,如果存在由T_1顶点集到T_2顶点集的一一映射F,且满足

(1) 顶点v_i与v_j在T_1中是相邻的,当且仅当$F(v_i)$与$F(v_j)$在T_2中是相邻的。

(2) $F(r_1)=r_2$。

则称函数F为一同构。

例7.21 画出6阶所有非同构的无向树。

解:设T_i是6阶无向树,则T_i的边数$m_i=5$,于是T_i的度数列必为以下情况之一。

(1) 1,1,1,1,1,5。

(2) 1,1,1,1,2,4。

(3) 1,1,1,1,3,3。

(4) 1,1,1,2,2,3。

(5) 1,1,2,2,2,2。

容易看出,(4)对应两棵非同构的树,在一棵树中两个 2 度顶点相邻,在另一棵树中两个 2 度顶点不相邻,其他情况均能画出一棵非同构的树。设 T_1 对应(1),T_2 对应(2),T_3 对应(3),T_4、T_5 对应(4),T_6 对应(5),画出的无向图如图 7.40 所示。

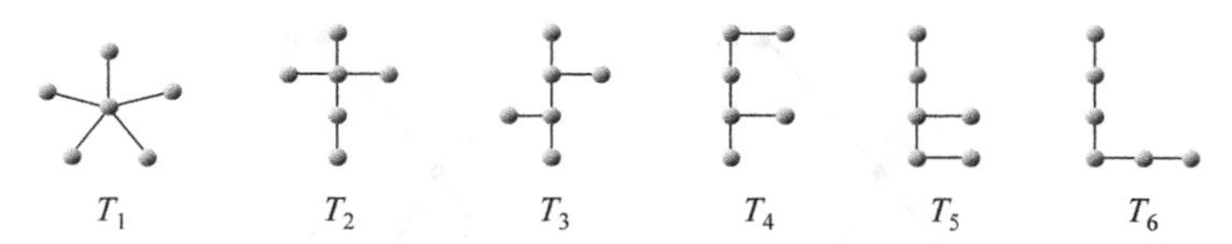

图 7.40　6 个顶点的不同构的树

人们常称只有一个分支点,且分支点的度数为 $n-1$ 的 $n(n\geqslant 3)$阶无向树为星形图,称唯一的分支点为星心。图 7.40 中,T_1 是 6 阶星形图。

例 7.22　7 阶无向图有 3 片树叶和 1 个 3 度顶点,其余 3 个顶点的度数均无 1 和 3。试画出满足要求的所有非同构的无向树。

解:设 T_i 为满足要求的无向树,则边数 $m_i=6$,T_i 的度数列为

$$1,1,1,2,2,2,3$$

由度数列可知,T_i 中有一个 3 度顶点 v_i,与 v_i 相邻的有 3 个顶点,这 3 个顶点的度数列只能为以下 3 种情况之一:

$$1,1,2$$

$$1,2,2$$

$$2,2,2$$

设它们对应的树分别为 T_1、T_2、T_3,如图 7.41 所示。此度数列只能产生这 3 棵非同构的 7 阶无向树。

例 7.23　图 7.42 所示的有根树 T_1 与 T_2 不是同构的,因为 T_1 的根度数为 3,而 T_2 的根度数为 2。将这些树当成自由树就是同构的,每个都与图 7.37 中(3)的树同构。

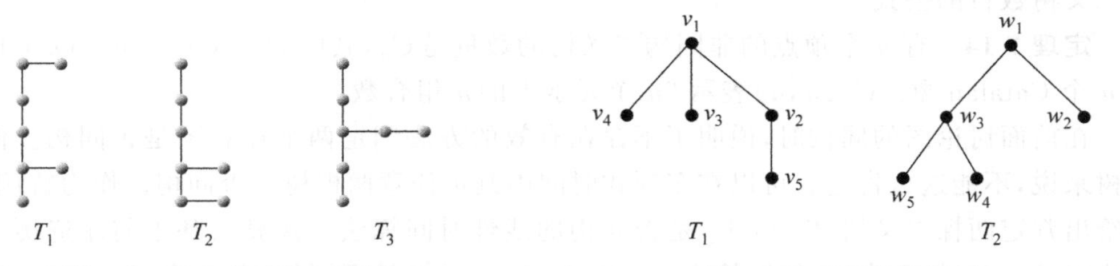

图 7.41　符合条件的 7 阶树　　**图 7.42　不同构的根树**

二叉树是有根树的特殊情况,因此二叉树的同构必须保持相邻关系和根的一致性。但二叉树中子顶点要么是左顶点,要么是右顶点。因此,二叉树的同构需要保持左、右子顶点的一致性。形式化的定义如下。

定义 7.16 令 T_1 是根为 r_1 的二叉树，T_2 是根为 r_2 的二叉树，二叉树 T_1 与 T_2 是同构的，当且仅当存在由 T_1 顶点集到 T_2 顶点集的一一映射 f，且满足

(1) 顶点 v_i 与 v_j 是 T_1 中相邻的，当且仅当 $f(v_i)$ 与 $f(v_j)$ 在 r_2 中是相邻的。

(2) $f(r_1)=r_2$。

(3) v 是 T_1 中 w 的左子顶点，当且仅当 $f(v)$ 是 T_2 中 $f(w)$ 的左子顶点。

(4) v 是 T_1 中 w 的右子顶点，当且仅当 $f(v)$ 是 T_2 中 $f(w)$ 的右子顶点。

此时称映射 f 为同构。

例 7.24 二叉树 T_1、T_2 如图 7.43 所示，它们是同构的，同构为 $f(v_i)=w_i(i=1,2,3,4)$。

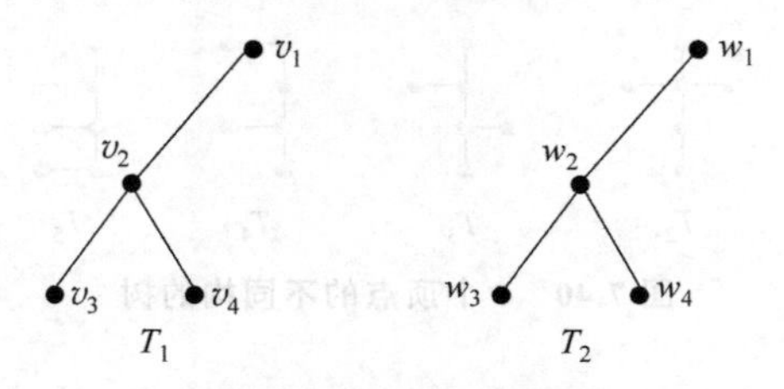

图 7.43 同构二叉树

例 7.25 如图 7.44 所示的树 T_1 与 T_2 不同构，T_1 中的根 v_1 有右子顶点，而 T_2 中的根 w_1 没有右子顶点。

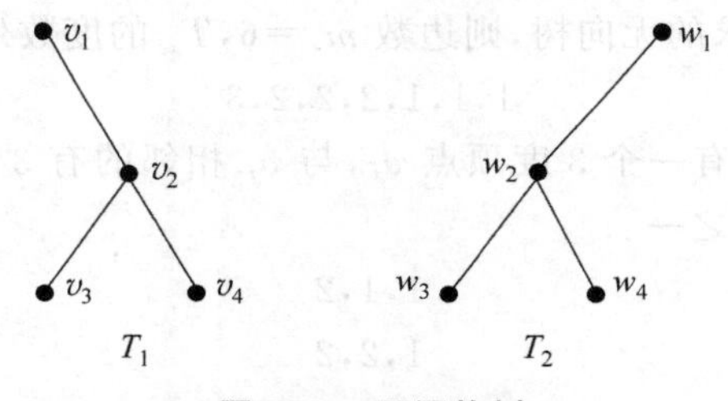

图 7.44 不同构树

如图 7.44 所示的树 T_1 与 T_2 作为有根树和自由树时是同构的。作为有根树，图 7.44 的两棵树之一与图 7.39 中(3)所示的有根树 T 同构。

可以证明，存在 5 个不同构的有 3 个顶点的二叉树。还可以推导出一个有 n 个顶点的二叉树数目的公式。

定理 7.14 有 n 个顶点的非同构二叉树的数量是 C_n，其中 $C_n=C(2n,n)/(n+1)$ 是第 n 个 Catalan 数。$C(2n,n)$ 表示 $2n$ 个元素上的 n 组合数。

在前面讨论图的同构时，说明了不存在有效的方法判定两个任意图是否同构。但对于树来说，不能这么肯定。可以在多项式时间内判定任意两棵树是否同构。作为特例，我们给出判定两棵二叉树 T_1 和 T_2 是否同构的线性时间算法。该算法基于前序遍历。首先检查 T_1、T_2 是否为空，然后检查 T_1 和 T_2 的左子树是否同构，并检查 T_1 和 T_2 的右子树是否同构。

算法 7.3 判断两个二叉树是否同构的算法。

输入：两棵二叉树 r_1 和 r_2（如果第一棵树为空，则 r_1 为特殊值 null；如果第二棵树为空，则 r_2 为特殊值 null）。

输出：如果树同构，则返回 true；如果树不同构，则返回 false。

```
bin_tree_isom(r1, r2){
  if (r1 ==null and r2 ==null)
    return true
  if (r1 ==null or r2 ==null)
    return false
  lc_ r1 =r1 的左子顶点
  lc_ r2 =r2 的左子顶点
  rc_ r1 =r1 的右子顶点
  rc_ r2 =r2 的右子顶点
  return bin_tree_isom(lc_r1,lc_r2) and bin_tree_isom(rc_r1,rc_r2)
  }
```

作为算法 7.3 所需时间的度量，在第 1 行和第 3 行计算了含 null 的比较次数。

7.8 博弈树

7.8.1 博弈树的概念

下棋、打牌、竞技、战争等竞争性智能活动称为博弈。对垒的 MAX、MIN 双方轮流采取行动，博弈的结果只有三种情况：MAX 方胜，MIN 方胜，和局。

在对垒过程中，任何一方都了解当前的格局及过去的历史。任何一方在采取行动前都要根据当前的实际情况进行得失分析，选取对自己最有利而对对方最不利的对策，不存在掷骰子之类的“碰运气”因素，即双方都是很理智地决定自己的行动。

在博弈过程中，任何一方都希望自己获得胜利。因此，当某一方当前有多个行动方案可供选择时，他总是挑选对自己最有利而对对方最不利的那个行动方案。此时，如果站在 MAX 方的立场上，则可供 MAX 方选择的若干行动方案之间是“或”关系，因为主动权操在 MAX 方手里，他或者选择这个行动方案，或者选择另一个行动方案，完全由 MAX 方自己决定。当 MAX 方选取任一方案走了一步后，MIN 方也有若干个可供选择的行动方案，此时这些行动方案对 MAX 方来说它们之间是“与”关系，因为这时主动权操在 MIN 方手里，这些可供选择的行动方案中的任何一个都可能被 MIN 方选中，MAX 方必须应付每种情况的发生。

这样，如果站在某一方(如 MAX 方，即 MAX 要取胜)，把上述博弈过程用图表示出来，则得到的是一棵“与或”树。描述博弈过程的“与或”树称为博弈树，它有如下特点：

- 博弈的初始格局是初始顶点。
- 在博弈树中，“或”顶点和“与”顶点是逐层交替出现的。自己方扩展的顶点之间是“或”关系，对方扩展的顶点之间是“与”关系。双方轮流地扩展顶点。
- 所有自己方获胜的终局都是本原问题，相应的顶点是可解顶点；所有使对方获胜的终局都认为是不可解顶点。

假定 MAX 先走，处于奇数深度级的顶点都对应下一步由 MAX 走，这些顶点称为 MAX 顶点，相应地，偶数深度级为 MIN 顶点。

7.8.2 极大极小分析法

在两人博弈问题中,为了从众多可供选择的行动方案中选出一个对自己最有利的行动方案,就需要对当前的情况以及将要发生的情况进行分析,通过某搜索算法从中选出最优的走步。在博弈问题中,每个格局可供选择的行动方案都有很多,因此会生成十分庞大的博弈树,如果试图通过直到终局的"与或"树搜索而得到最好的一步棋是不可能的,例如曾有人估计,西洋跳棋完整的博弈树约有 10^{40} 个顶点。

最常使用的分析方法是极大极小分析法。其基本思想或算法是:

(1) 设博弈的双方中一方为 MAX,另一方为 MIN。然后为其中一方(如 MAX)寻找一个最优行动方案。

(2) 为了找到当前的最优行动方案,需要对各个可能的方案产生的后果进行比较,具体地说,就是要考虑每个方案实施后对方可能采取的所有行动,并计算可能的得分。

(3) 为计算得分,需要根据问题的特性信息定义一个估价函数,用来估算当前博弈树端顶点的得分。此时估算出的得分称为静态估值。

(4) 当端顶点的估值计算出后,再推算出父顶点的得分,推算的方法是:对"或"顶点,选其子顶点中一个最大的得分作为父顶点的得分,这是为了使自己在可供选择的方案中选一个对自己最有利的方案;对"与"顶点,选其子顶点中一个最小的得分作为父顶点的得分,这是为了立足于最坏的情况,这样计算出的父顶点的得分称为倒推值。

(5) 如果一个行动方案能获得较大的倒推值,则它就是当前最好的行动方案。

在博弈问题中,每个格局可供选择的行动方案都有很多,因此会生成十分庞大的博弈树。试图利用完整的博弈树进行极大极小分析是困难的。可行的办法是只生成一定深度的博弈树,然后进行极大极小分析,找出当前最好的行动方案。在此之后,在已选定的分支上扩展一定深度,再选最好的行动方案。如此进行下去,直到取得胜败的结果为止,至于每次生成博弈树的深度,当然是越大越好,但由于受到计算机存储空间的限制,只好根据实际情况而定。

例 7.26(一字棋游戏) 设有9个空格,由 MAX、MIN 二人对弈,轮到谁走棋谁就往空格上放一只自己的棋子,谁先使自己的棋子构成"三子成一线"(同一行或列,或对角线全是某人的棋子),谁就取得了胜利(用叉号表示 MAX,用圆圈代表 MIN,图7.45给出了 MIN 取胜的一种棋局)。针对一字棋游戏,设计估价函数,讨论极大极小分析法。

解:为了不至于生成太大的博弈树,假设每次仅扩展两层。对棋局 p,定义估价函数 $e(p)$如下。

(1) 若格局 p 对任何一方都不是获胜的,则

$e(p)$=(所有空格都放上 MAX 的棋子后三子成一线的总数)−
(所有空格都放上 MIN 的棋子后三子成一线的总数)

(2) 若 p 是 MAX 必胜的棋局,则

$$e(p)=+\infty$$

(3) 若 p 是 MIN 必胜的棋局,则

$$e(p)=-\infty$$

例如，p 如图 7.46 所示，则 $e(p)=6-4=2$。

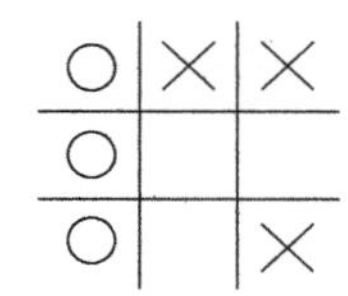

图 7.45　MIN 取胜的棋局

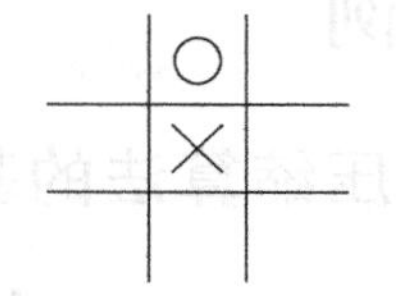

图 7.46　一种棋局

注意利用棋盘位置的对称性，在生成后继顶点的位置时，图 7.47 所示的博弈棋局都是相同的棋局。图 7.48 画出了经过两层搜索生成的博弈树，静态估值记在端顶点下面。

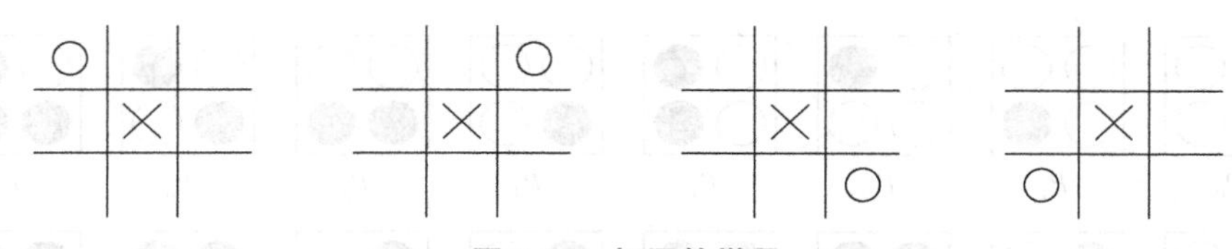

图 7.47　相同的棋局

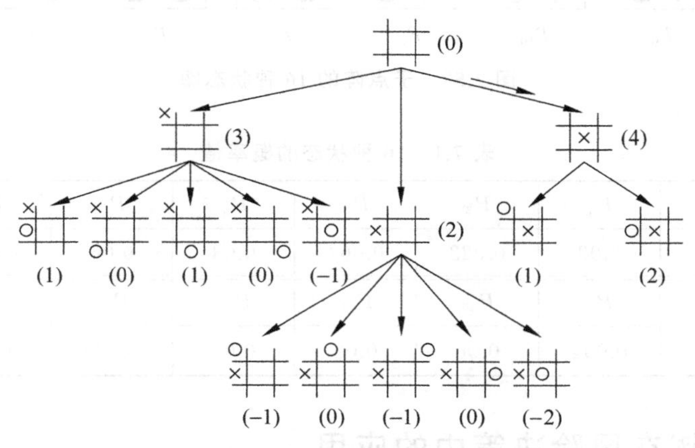

图 7.48　一字棋博弈的极大极小过程

下面分析一字棋的极大极小过程，为不失一般性，设只进行两层，即每方只走一步(实际上，多看一步将增加大量的计算和存储)。

图 7.48 给出了 MAX 最初一步走法的搜索树，由于× 放在中间位置有最大的倒推值，故 MAX 第一步就选择它。

MAX 走了箭头指向的一步，例如，MIN 将棋子走在×的上方，得到图 7.49。

现在假设 MAX 走了这一步，而 MIN 的回步是直接在×上方的空格里放上一个圆圈(对 MIN 来说，这是一步坏棋，他一定没有采用好的搜索策略)。下一步，MAX 又在新的格局下搜索两层，产生新的搜索图。如此继续下去，最后 MAX 必然有获胜策略，因此，MIN 只好认输。

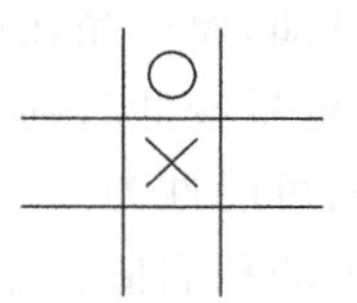

图 7.49　MAX 最好的优先走步及随后 MIN 的走步

7.9 应用案例

7.9.1 哈夫曼压缩算法的基本原理

应用案例7.9.1解答

以2×2的子点阵为例,对此方法进行实例分析,2×2的子点阵共有16种状态,如图7.50所示,每种状态用$P_0, P_1, P_2, \cdots, P_{15}$表示。通过统计24×24点阵字库中的6900个汉字,得到这16种状态产生的概率为其值,见表7.1。请解释汉字字库压缩算法原理。

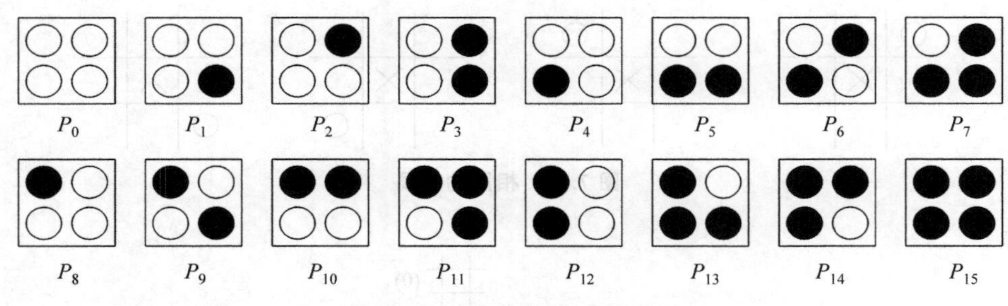

图7.50　子点阵的16种状态图

表7.1　16种状态的概率值

状态	P_0	P_1	P_2	P_3	P_4	P_5	P_6	P_7
概率	0.45	0.03	0.022	0.067	0.03	0.06	0.007	0.025
状态	P_8	P_9	P_{10}	P_{11}	P_{12}	P_{13}	P_{14}	P_{15}
概率	0.04	0.004	0.06	0.02	0.05	0.025	0.03	0.08

7.9.2 决策树在风险决策中的应用

假如某科技公司准备1年后改革一种产品。现在有2个方案可以选择：一是向国外引进专利,谈判成功率为80%;另一个选择是自行研制开发,研发成功率是60%。购买专利的费用为1200万元,而自行研制的费用为800万元。无论通过哪种途径,只要改革成功,生产规模就可以增加2倍或4倍产量,但如果改革失败,就只能维持原产量。根据市场调查可知,原产品在市场需求量较高时能获利1500万元,在需求量一般时获利100万元,在需求量较低时则亏损1000万元,且据市场预测,今后很长一段时间,市场对该产品需求高的可能性为0.3,一般的可能性为0.5,低的可能性为0.2。该科技公司已计算出各种情况下的利润值：若购买专利成功且增加2倍产量时,在市场的3种情况下(市场对该产品的需求量高、一般、较低)所获利润分别为5000万元、2500万元和不获利,当增加4倍产量时,该公司在市场的3种情况下所获利润分别为7000万元、4000万元、亏2000万元;若是自行研制成功且增加2倍产量时,在市场的3种情况下(市场对该产品的需求量高、一般、较低)所获利润分别为5000万元、1000万元和不获利,当增加4倍产量时,该公司在市场 3 种情况下的利润分别为 8000 万元、3000 万元、亏 2000 万元。现需根据上述情况做出决策。

7.9.3 一字棋博弈的极大极小过程

在二人博弈问题中，为了从众多可供选择的行动方案中选出一个对自己最有利的行动方案，就需要对当前的情况以及将要发生的情况进行分析，通过某搜索算法从中选出最优的走步。在博弈问题中，每个格局可供选择的行动方案都有很多，会生成十分庞大的博弈树，试图通过直到终局的“与或”树搜索而得到最好的一步棋是不可能的。请阐述基于博弈树的极大极小过程，并以一字棋为例进行说明。

习题

7.1 根据下面的树（见图 7.51）：

(1) 找出 c 和 i 的父顶点；

(2) 找出 f 和 i 的祖先顶点；

(3) 找出 d 和 f 的子顶点；

(4) 找出 d 和 b 的后代顶点；

(5) 找出 f 和 b 的兄弟顶点；

(6) 找出叶子顶点；

(7) 画出从根顶点 d 开始的子树。

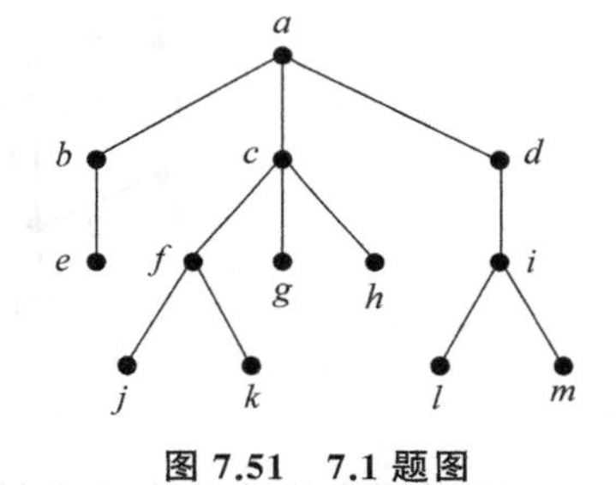

图 7.51 7.1 题图

7.2 若一枚伪硬币比其他硬币轻，那么，为了在 12 枚硬币中找出这枚伪硬币，需要多少次天平的称量？试描述对应的算法。

7.3 下面哪些编码是前缀码？

(1) a：11，e：00，t：10，s：01

(2) a：0，e：1，t：01，s：001

(3) a：101，e：11，t：001，s：011，n：010

(4) a：010，e：11，t：011，s：1011，n：1001，i：10101

7.4 (1) 用字母顺序建立下面这些单词的二叉搜索树：banana，peach，apple，pear，coconut，mango，papaya。

(2) 为了在搜索树中找出下面每个单词的位置或者添加它们，而且每次都重新开始，分别需要多少次比较？ a) pear b) banana c) kumquat d) orange

7.5 枚举前序遍历、中序遍历和后序遍历访问图 7.52 所给的有序根树的顶点序列。

7.6 用二叉树表示表达式 $(x+xy)+(x/y)$ 和 $x+((xy+x)/y)$，并把表达式写成前缀记法、后缀记法和中缀记法。

7.7 用深度优先搜索构造所给的简单图（见图 7.53）的生成树。选择 a 作为这个生成树的根，并假定顶点都以字母顺序排序。

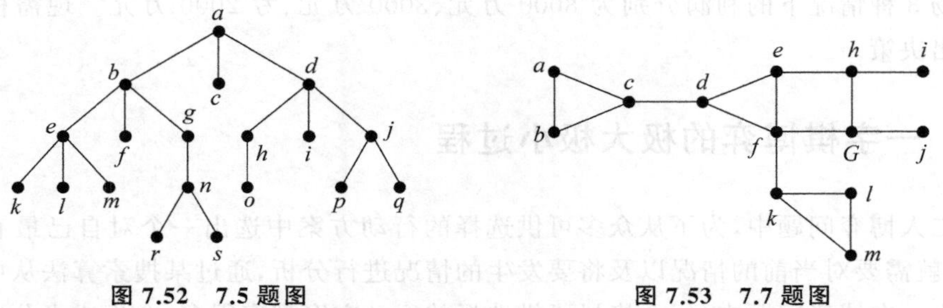

图 7.52　7.5 题图　　　　图 7.53　7.7 题图

7.8　(1) 用 Prim 算法或 Kruskal 算法求图 7.54 的最小生成树。

(2) 求图 7.54 中每个图的最小生成树，其中在生成树中每个顶点的度数都不超过 2。

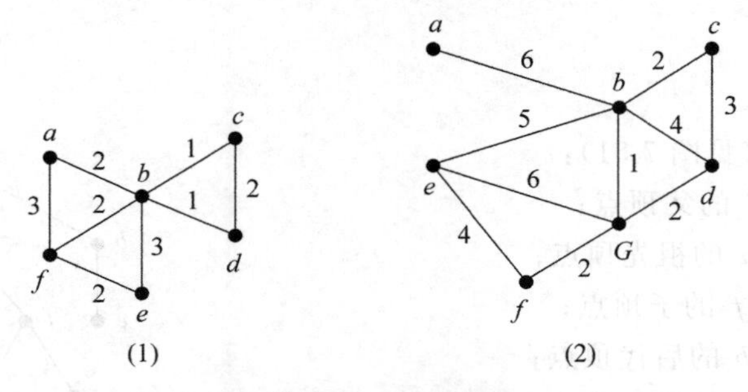

图 7.54　7.8 题图

7.9　运用下表构造一个哈夫曼编码。

	字符	频率
1	&	2
2	^	3
3	@	7
4	#	8
5	!	12

7.10　假设英文字母 a,e,h,n,p,r,w,y 出现的频率分别为 12%，8%，15%，7%，6%，10%，5%，10%，求传输它们的最佳前缀码，并给出 happy new year 的编码信息。

7.11　若一个正则二叉树有 15 个非叶子顶点，则它有多少个叶子顶点？

7.12　(1) 画出 5 个顶点的所有非同构的无向树。

(2) 画出 5 个顶点所有非同构的根树。

7.13　设 G 是具有 N 个顶点的简单图，子图 G' 是 G 的一棵生成树，证明 G' 是无回路且具有 $N-1$ 条边的图。

7.14　对任意二叉树，设它的叶子数是 m，深度是 n，试用数学归纳法证明 $m \leqslant 2^n$。

7.15　一棵树有两个度数为 2 的顶点，一个度数为 3 的顶点，三个度数为 4 的顶点，问它有几个度数为 1 的顶点。

7.16　一棵树 2 度顶点为 n 个，3 度顶点、4 度顶点……k 度顶点均为 1 个，其余顶点为 1 度，问 1 度顶点有几个？

7.17　证明：在正则二叉树中必有奇数个顶点，偶数条边。

7.18　设 T 是深度为 k 的二叉树，求证：T 的最大顶点数为 2^k-1。

7.19　判断下列的自由树(见图 7.55)是否同构，如果树是同构的，则给出一个同构；如果树不同构，则给出不同之处。

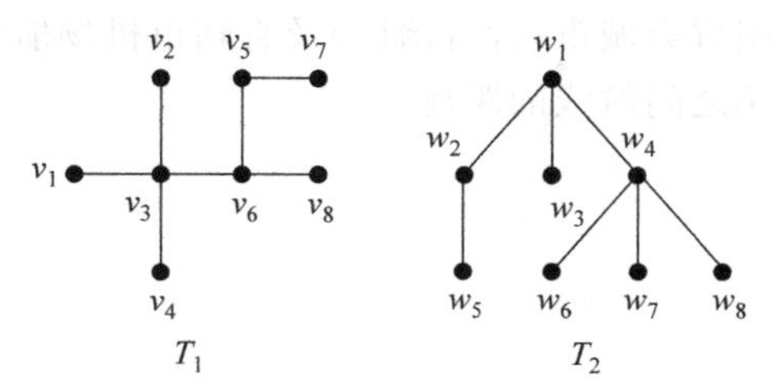

图 7.55　7.19 题图

7.20　设 $d_1,d_2,\cdots,d_n$ 是 n 个正整数($n\geqslant 0$)，且满足 $\sum_{i=1}^{n} d_i=2n-2$，证明：存在一个顶点度数列为 $d_1,d_2,\cdots,d_n$ 的树。

7.21　利用决策树求出 5 个项排序时最坏情形下所需的比较次数，给出一个算法。

7.22　判断下列的有根树(见图 7.56)是否同构，如果同构，则给出同构映射；如果不同构，则给出未被保持的不变形状。

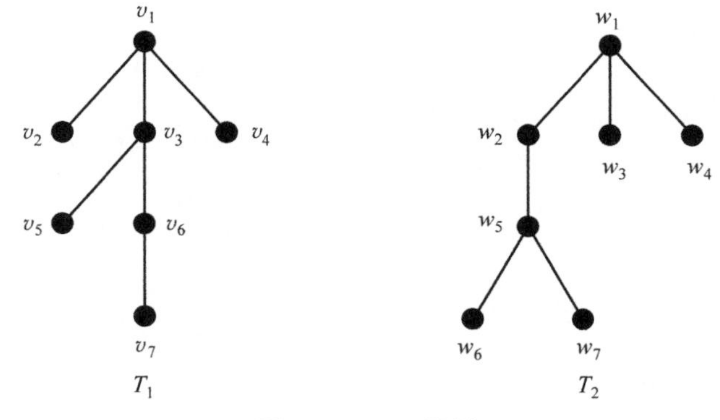

图 7.56　7.22 题图

计算机编程题

计算机编程题 7.1 参考代码

7.1　给定后缀形式的算术表达式，编写程序求它的值。

7.2　给定无向简单图的相邻矩阵，编写程序确定这个图是不是树。

7.3　给定有根树的相邻矩阵和这棵树的一个顶点，编写程序求出这个顶点的父母、孩子、祖先、后代和层数。

7.4　给定二叉搜索树和一个元素，在这个二叉搜索树里通过编写程序求出这个元素的位置或添加这个元素。

7.5　给定有序根树的边的有序列表，编写程序以前序、中序和后序列出它的顶点。

7.6　根据 ASCII 码字符在典型输入中出现的频率，编写程序构造它们的哈夫曼编码。

7.7 给定无向简单图的相邻矩阵,若有可能,则通过编写程序并利用回溯,用 3 种颜色为这个图着色。

7.8 对于不超过 10 的所有正整数 n 来说,编写程序计算在 $n\times n$ 棋盘上放置 n 个皇后,使得这些皇后不能互相攻击的不同方式数。

7.9 编写程序求解将中国省会城市(含自治区)及直辖市机场航线图的最小生成树,其中每条边上的权是机场之间航线的距离。

第 8 章 代数系统

构成一个抽象代数系统有三方面的要素：集合、集合上的运算以及说明运算性质或运算之间关系的公理。为了研究抽象的代数系统，需要先定义代数运算以及运算的性质，并通过选择不同的运算性质规定各种抽象代数系统的定义。在此基础上再深入研究这些抽象代数系统的内在特性和应用。

抽象的代数系统也是一种数学模型，可以用它表示实际世界中的离散结构。抽象代数在计算机中有广泛的应用，如自动机理论、编码理论、形式语义学、代数规范、密码学等都要用到抽象代数的知识。

8.1 二元运算及其性质

8.1.1 定义和表示

定义 8.1 设 S 为集合，函数 $f: S\times S\to S$ 称为 S 上的二元运算，简称为**二元运算**。

例如，$f: \mathbf{N}\times\mathbf{N}\to\mathbf{N}, f(<x,y>)=x+y$ 就是自然数集合 $\mathbf{N}$ 上的二元运算，即普通的加法运算。普通的减法不是自然数集合 $\mathbf{N}$ 上的二元运算，因为两个自然数相减可能得到负数，即 $\mathbf{N}$ 对减法运算不封闭。验证一个运算是否为集合 S 上的二元运算，主要考虑三点：①S 中任何两个元素都可以进行这种运算，即运算结果是存在的；②运算结果是唯一的；③S 对该运算是封闭的。

例如，实数集合 $\mathbf{R}$ 上不可以定义除法运算，因为 $0\in\mathbf{R}$，而 0 不能做除数。而在 $\mathbf{R}^*=\mathbf{R}-\{0\}$ 上就可以定义除法运算了。

例 8.1 (1) 自然数集合 $\mathbf{N}$ 上的加法和乘法是 $\mathbf{N}$ 上的二元运算，但减法和除法不是。

(2) 整数集合 $\mathbf{Z}$ 上的加法、减法和乘法都是 $\mathbf{Z}$ 上的二元运算，而除法不是。

(3) 非零实数集 $\mathbf{R}^*$ 上的乘法和除法都是 $\mathbf{R}^*$ 上的二元运算，而加法和减法不是，因为两个非零实数相加或相减可能得 0。

(4) 设 $\boldsymbol{M}_n(R)$ 表示所有 n 阶($n\geqslant 2$)实矩阵的集合，则矩阵加法和乘法都是 $\boldsymbol{M}_n(R)$ 上的二元运算。

(5) 若 S 为任意集合，则 $\cup$、$\cap$、$-$、$\oplus$ 为 S 的幂集 $P(S)$ 上的二元运算。

(6) S 为集合，S^S 为 S 上的所有函数的集合，则函数的复合运算 $\circ$ 为 S^S 上的二元运算。

定义 8.2 设 S 为集合，函数 $f: S\to S$ 称为 S 上的一个一元运算，简称为一元运算。

例 8.2 (1) 求一个数的相反数是整数集合 $\mathbf{Z}$、有理数集合 $\mathbf{Q}$ 和实数集合 $\mathbf{R}$ 上的一元运算。

(2) 求一个数的倒数是非零有理数集合 $\mathbf{Q}^*$、非零实数集合 $\mathbf{R}^*$ 上的一元运算。

(3) 求一个复数的共轭复数是复数集合 $\mathbf{C}$ 上的一元运算。

(4) 在幂集合 $P(S)$ 上，如果规定全集为 S，则求集合的绝对补运算 $\sim$ 是 $P(S)$ 上的一元运算。

(5) 设 S 为集合，令 A 为 S 上所有双射函数的集合，$A\subseteq S^S$，则求一个双射函数的反函数为 A 上的一元运算。

(6) 在 $n(n\geqslant 2)$ 阶实矩阵的集合 $\boldsymbol{M}_n(R)$ 上，求一个矩阵的转置矩阵是 $M_n(R)$ 上的一元运算。

可以用 $\circ$、$*$、$\cdot$、$\oplus$、$\otimes$ 等符号表示二元或一元运算，称为算符。对于二元运算 $\circ$，如果 x 与 y 运算得到 z，则记作 $x\circ y=z$；对于一元运算 $\circ$，x 的运算结果记作 $\circ x$。

表示二元或一元运算的方法有两种：解析公式和运算表。所谓解析公式，就是使用算符和表达式给出参与运算的元素和运算结果之间的映射规则。

例 8.3 设 $\mathbf{R}$ 为实数集合，如下定义 $\mathbf{R}$ 上的二元运算 $*$：$\forall x,y\in\mathbf{R}, x*y=y$。

计算 $3*4$，$(-5)*0.2$，$0*\frac{1}{2}$。

解：$3*4=4$，$(-5)*0.2=0.2$，$0*\frac{1}{2}=\frac{1}{2}$。

所谓运算表，是指运算对象和运算结果构成的二维表。

有穷集 S 上的二元和一元运算也可以使用运算表表示。表 8.1 和表 8.2 是一元运算表和二元运算表的一般形式。其中 $a_1, a_2, \cdots, a_n$ 是 S 中的元素，$\circ$ 为算符。

表 8.1 一元运算表

a_i	$\circ a_i$
a_1	$\circ a_1$
a_2	$\circ a_2$
…	…
a_n	$\circ a_n$

表 8.2 二元运算表

$\circ$	a_1	a_2	…	a_n
a_1	$a_1 \circ a_1$	$a_1 \circ a_2$	…	$a_1 \circ a_n$
a_2	$a_2 \circ a_1$	$a_2 \circ a_2$	…	$a_2 \circ a_n$
…	…	…	…	…
a_n	$a_n \circ a_1$	$a_n \circ a_2$	…	$a_n \circ a_n$

例 8.4 设 $A=\{1,2\}$，$P(A)=\{\varnothing,\{1\},\{2\},\{1,2\}\}$。

$P(A)$上的运算$\oplus$的运算表见表 8.3。

表 8.3 $P(A)$上的运算$\oplus$的运算表

$\oplus$	$\varnothing$	$\{1\}$	$\{2\}$	$\{1,2\}$
$\varnothing$	$\varnothing$	$\{1\}$	$\{2\}$	$\{1,2\}$
$\{1\}$	$\{1\}$	$\varnothing$	$\{1,2\}$	$\{2\}$
$\{2\}$	$\{2\}$	$\{1,2\}$	$\varnothing$	$\{1\}$
$\{1,2\}$	$\{1,2\}$	$\{2\}$	$\{1\}$	$\varnothing$

P(A)上的运算～的运算表见表 8.4。

表 8.4 $P(A)$上的运算～的运算表

a	$\sim a$
$\varnothing$	$\{1,2\}$
$\{1\}$	$\{2\}$
$\{2\}$	$\{1\}$
$\{1,2\}$	$\varnothing$

8.1.2 二元运算的性质

1. 运算律

定义 8.3 设$\circ$为 S 上的二元运算，

(1) 如果对于任意的 $x,y\in S$，有 $x\circ y=y\circ x$，则称运算在 S 上满足交换律。

(2) 如果对于任意的 $x,y,z\in S$，有$(x\circ y)\circ z=x\circ(y\circ z)$，则称运算在 S 上满足结合律。

(3) 如果对于任意的 $x\in S$，有 $x\circ x=x$，则称运算在 S 上满足幂等律。

例 8.5 已知 S 上的运算 $*$ 满足结合律，并且满足：若 $x*y=y*x$，则 $x=y$。试证明：对一切 $x\in S$，有 $x*x=x$(此种元素称为等幂元素，因而上述$<S,*>$的所有元素都是等幂元素)。

证明：由于 S 上的运算 $*$ 满足结合律，因此，对任意 $x\in S$，有$(x*x)*x=x*(x*$

x),若令 $y=x*x$,则有 $y*x=x*y$,于是由前提知 $x=y$,即 $x*x=x$,即 $<S,*>$ 中的所有元素都是等幂元素。

定义 8.4 设$\circ$和$*$为 S 上两个不同的二元运算,

(1) 如果对于任意的 $x,y,z\in S$,有 $(x*y)\circ z=(x\circ z)*(y\circ z)$ 和 $z\circ(x*y)=(z\circ x)*(z\circ y)$,则称$\circ$运算对$*$运算满足分配律。

(2) 如果$\circ$和$*$都可交换,并且对于任意的 $x,y\in S$,有 $x\circ(x*y)=x$ 和 $x*(x\circ y)=x$,则称$\circ$和$*$运算满足吸收律。

例 8.6 表 8.5 给出了某些常见代数运算的性质,其中 **Z**、**Q**、**R** 分别代表整数集、有理数集、实数集,$M_n(R)$ 表示 $n(n\geqslant 2)$ 阶实矩阵的集合,$P(B)$ 表示 B 的幂集,A^A 是所有从 A 到 A 的函数的集合。

表 8.5 常见代数运算的性质

集　合	集合上的运算	交换律	结合律	幂等律	分配律	吸收律
Z、**Q**、**R**	普通×或+	有	有	无	×对+有	无
$\boldsymbol{M}_n(R)$	矩阵×或+	+有、×无	有	无	×对+有	无
$P(B)$	集合∪或∩	有	有	都有	有	有
A^A	函数合成	无	有	无	无	无

2. 特异元素:单位元、零元和逆元

定义 8.5 设 S 上的二元运算为$\circ$,

(1) 如果存在 e_l(或 e_r)$\in S$,使得对任意 $x\in S$ 都有 $e_l\circ x=x$ (或 $x\circ e_r=x$),则称 e_l(或 e_r)是 S 中关于$\circ$运算的**左(或右)单位元**。若 $e\in S$ 关于$\circ$运算既是左单位元,又是右单位元,则称 e 为 S 上关于$\circ$运算的**单位元**。单位元也叫作**幺元**。

(2) 如果存在 θ_l(或 θ_r)$\in S$,使得对任意 $x\in S$ 都有 $\theta_l\circ x=\theta_l$(或 $x\circ\theta_r=\theta_r$),则称 θ_l(或 θ_r)是 S 中关于$\circ$运算的**左(或右)零元**。若 S 关于$\circ$运算既是左零元,又是右零元,则称 θ 为 S 上关于运算$\circ$的**零元**。

(3) 令 e 为 S 中关于运算$\circ$的单位元。对于 $x\in S$,如果存在 y_l(或 y_r)$\in S$,使得 $y_l\circ x=e$(或 $x\circ y_r=e$),则称 y_l(或 y_r)是 x 的**左逆元(或右逆元)**。若 $y\in S$ 既是 x 的左逆元,又是 x 的右逆元,则称 y 为 x 的**逆元**。如果 x 的逆元存在,就称 x 是**可逆的**。

例 8.7 针对例 8.6 的集合和运算,表 8.6 给出相关运算的特异元素。

表 8.6 常见代数运算的特异元素

集　合	运　算	单 位 元	零　元	逆　元
Z、**Q**、**R**	普通+ 普通×	0 1	无 0	x 的逆元为 $-x$ 非零 x 的逆元为 $1/x$
$\boldsymbol{M}_n(R)$	矩阵+ 矩阵×	全0矩阵 单位矩阵	无 全0矩阵	$\boldsymbol{M}$ 的逆元为 $-\boldsymbol{M}$ 可逆矩阵 $\boldsymbol{M}$ 的逆元为 $\boldsymbol{M}^{-1}$
$P(B)$	∪ ∩	∅ B	B ∅	只有∅有逆元,为∅ 只有 B 有逆元,为 B

单位元、零元与逆元有下述的唯一性定理。

定理 8.1　设∘为 S 上的二元运算，e_l 和 e_r 分别为 S 中关于运算的左和右单位元，则 $e_l=e_r=e$ 为 S 上关于∘运算的唯一的单位元。

证明：$e_l=e_l \circ e_r$　（e_r 为右单位元）

$e_l \circ e_r=e_r$　（e_l 为左单位元）

所以 $e_l=e_r$，将这个单位元记作 e。假设 e' 也是 S 中的单位元，则有 $e'=e \circ e'=e$。唯一性得证。

类似地，可以证明关于零元的唯一性定理。

定理 8.2　设∘为 S 上可结合的二元运算，e 为该运算的单位元，对于 $x \in S$，如果存在左逆元 y_l 和右逆元 y_r，则有 $y_l=y_r=y$，且 y 是 x 的唯一的逆元。

证明：由 $y_l \circ x=e$ 和 $x \circ y_r=e$ 得

$$y_l=y_l \circ e=y_l \circ (x \circ y_r)=(y_l \circ x) \circ y_r=e \circ y_r=y_r$$

令 $y_l=y_r=y$，则 y 是 x 的逆元。若 $y' \in S$ 也是 x 的逆元，则

$$y'=y' \circ e=y' \circ (x \circ y)=(y' \circ x) \circ y=e \circ y=y$$

所以 y 是 x 唯一的逆元。

由定理 8.2 可知，对于可结合的二元运算，可逆元素 x 只有唯一的逆元，通常把它记作 x^{-1}。

用反证法可以证明，单位元与零元是不同的，除非集合 S 只有一个元素。在这种情况下，这个唯一的元素既是单位元，也是零元。

例 8.8　S 为整数集，S 上的运算 $*$ 定义为 $x * y=x+y-xy$，问：$*$ 运算是否满足结合律、交换律，$<S, *>$中是否有幺元、零元、逆元？

解：对于 $\forall x, y, z \in S$，有

$$\begin{aligned}(x * y) * z &=(x+y-xy) * z=x+y-xy+z-(x+y-xy)z \\ &=x+y+z-xy-xz-yz+xyz=x *(y * z),\end{aligned}$$

因此 $*$ 运算满足结合律。又因为 $x * y=x+y-xy=y * x$，因此 $*$ 运算满足交换律。

$<S, *>$中有幺元 0，有零元 1。

对于 $\forall x$，设有逆元 y，则 $x * y=y * x=x+y-xy=0$，从而 $y=x/(x-1)$，故对于任意元素，若 $x \neq 1$，则 x 有逆元 $x/(x-1)$。

8.2 代数系统

8.2.1 定义和实例

定义 8.6　非空集合 S 和 S 上 k 个一元或二元运算 $f_1, f_2, \cdots, f_k$ 组成的系统称为一个**代数系统**，简称**代数**，记作$<S, f_1, f_2, \cdots, f_k>$。

例如，$<\mathbf{N},+>$，$<\mathbf{Z},+,\cdot>$，$<\mathbf{R},+,\cdot>$都是代数系统，其中＋和·分别表示普通加法和乘法。$<\boldsymbol{M}_n(R),+,\cdot>$是代数系统，其中＋和·分别表示 $n(n \geqslant 2)$ 阶实矩阵的加法和乘法。$<\mathbf{Z}_n, \oplus, \otimes>$是代数系统，其中 $\mathbf{Z}_n=\{0,1, \cdots, n-1\}$，$\oplus$和$\otimes$分别表示模

n 的加法和乘法,对于 $\forall x, y \in \mathbf{Z}_n, x \oplus y = (x+y) \bmod n, x \otimes y = (xy) \bmod n$;$<P(S), \cup, \cap, \sim>$ 也是代数系统,其中含有两个二元运算 $\cup$ 和 $\cap$ 以及一个一元运算 $\sim$。

在某些代数系统中存在着一些特定的元素,它们对系统的一元或二元运算起着重要的作用,例如二元运算的单位元和零元。在定义代数系统的时候,如果把含有这样的特定元素也作为系统的性质,如规定系统的二元运算必须含有单位元,这时称这些元素为该代数系统的**特异元素**或**代数常数**。有时为了强调某个代数系统是含有代数常数的系统,也可以把这些代数常数列到系统的表达式中,例如 $<\mathbf{Z}, +>$ 中的 $+$ 运算有单位元 0,为了强调 0 的存在,可以将 $<\mathbf{Z}, +>$ 记作 $<\mathbf{Z}, +, 0>$。又如,$<P(S), \cup, \cap, \sim>$ 中的 $\cup$ 和 $\cap$ 运算存在单位元 $\varnothing$ 和 S,当规定 $\varnothing$ 和 S 是该系统的代数常数时,也可将它记为 $<P(S), \cup, \cap, \sim, \varnothing, S>$。当然,在不发生混淆的情况下,为了叙述的简便,也常用集合的名字标记代数系统,如上述代数系统可以简记为 $\mathbf{Z}$ 和 $P(S)$。

例 8.9 设 $V=<A, *>$ 是代数系统,证明:如果 V 中存在零元,则零元是唯一的。

证明:反证法:已知 $V=<A, *>$ 是代数系统,假设 V 中存在零元,且不唯一,则不妨设 θ_1、θ_2 是两个不同的零元,根据零元的性质可得:$\theta_1=\theta_1 * \theta_2=\theta_2$。与假设矛盾,故假设不成立,即如果 $V=<A, *>$ 在代数系统中存在零元,则零元是唯一的。

定义 8.7 如果两个代数系统中运算的个数相同,对应运算的元数相同,且代数常数的个数也相同,则称这两个代数系统具有**相同的构成成分**,也称它们是**同类型**的代数系统。

例如,$V_1=<\mathbf{R}, +, \cdot, -, 0, 1>$ 和 $V_2=<P(B), \cup, \cap, \sim, \varnothing, B>$ 是同类型的代数系统,它们都含有两个二元运算、一个一元运算和两个代数常数。

同类型的代数系统仅是构成成分相同,不一定具有相同的运算性质。上述的 V_1 和 V_2 是同类型的代数系统,但它们的运算性质很不一样,见表 8.7。

表 8.7 两个代数系统的运算性质对比

V_1 具有的性质	V_2 具有的性质
$+$ 和 $\cdot$ 可交换,可结合	$\cup$ 和 $\cap$ 可交换,可结合
$\cdot$ 对 $+$ 可分配	$\cup$ 和 $\cap$ 互相可分配
$+$ 和 $\cdot$ 不遵从幂等律	$\cup$ 和 $\cap$ 都有幂等律
$+$ 和 $\cdot$ 没有吸收律	$\cup$ 和 $\cap$ 有吸收律
$+$ 和 $\cdot$ 都有消去律	$\cup$ 和 $\cap$ 一般没有消去律

例 8.10 (1) 以实数集 $\mathbf{R}$ 为基集,数加运算"$+$"为二元运算,组成一代数系统,记为 $<\mathbf{R}, +>$。

(2) 以全体 $n \times n$ 实数矩阵组成的集合 M 为基集,矩阵加"$+$"为二元运算,组成一代数系统,记为 $<M, +>$。

(3) 以集合 A 的幂集 $P(A)$ 为基集,以集合并、交、补为其二元运算和一元运算,组成一代数结构,记为 $<P(A), \cup, \cap, \sim>$。这个系统就是常说的幂集代数系统。

以上的(1)、(2)、(3)均称为具体代数系统,其运算满足的性质未列出。

(4) 设 S 为一非空集合,$*$ 为 S 上满足结合律、交换律的二元运算,那么 $<S, *>$ 为代数结构，称为一个抽象代数系统，即一类具体代数结构的抽象。例如，$<\mathbf{R},+>$，$<M,+>$，$<P(A),\cup>$，$<P(A),\cap>$都是$<S,*>$的具体例子。

(5) $<\mathbf{R},+,-,\times>$，$<\mathbf{Z},+,-,\times>$均是代数系统，但不能写$<\mathbf{Z},\div>$，$<\mathbf{R},\div>$，$<\mathbf{N},->$，因为它们不是代数系统，它们的运算不封闭。

例 8.11 设 $*$ 和 $+$ 是集合 S 上的两个二元运算，并满足吸收律。证明：$*$ 和 $+$ 均满足幂等律。

证明：$\forall x,y\in S$，因为吸收律成立，所以

$$x*x=x*(x+(x*y))=x$$
$$x+x=x+(x*(x+y))=x$$

因此，$*$ 和 $+$ 均满足幂等律。

例 8.12 设 $*$ 和 $+$ 是集合 S 上的两个二元运算，$x,y\in S$，均有 $x+y=x$。证明：$*$ 对于 $+$ 是可分配的。

证明：$\forall x,y,z\in S$，因为 $x+y=x$，所以 $x*(y+z)=x*y$，而$(x*y)+(x*z)=x*y$，故 $x*(y+z)=(x*y)+(x*z)$，左分配律成立。

又因为 $(y+z)*x=y*x$，而$(y*x)+(z*x)=y*x$，故$(y+z)*x=(y*x)+(z*x)$，右分配律成立。因此，$*$ 对于 $+$ 是可分配的。

8.2.2 子代数系统

定义 8.8 设 $V=<S,f_1,f_2,\cdots,f_k>$是代数系统，B 是 S 的非空子集，如果 B 对 $f_1,f_2,\cdots,f_k$都是封闭的，且 B 和 S 含有相同的代数常数，则称$<B,f_1,f_2,\cdots,f_k>$是 V 的**子代数系统**，简称**子代数**。有时将子代数系统简记为 B。

例如，$\mathbf{N}$ 是$<\mathbf{Z},+>$的子代数，因为 $\mathbf{N}$ 对加法运算 $+$ 是封闭的。$\mathbf{N}$ 也是$<\mathbf{Z},+,0>$的子代数，因为 $\mathbf{N}$ 对加法运算 $+$ 是封闭的，且 $\mathbf{N}$ 中含有代数常数 0。$\mathbf{N}-\{0\}$是$<\mathbf{Z},+>$的子代数，但不是$<\mathbf{Z},+,0>$的子代数，因为$<\mathbf{Z},+,0>$的代数常数 $0\notin N-\{0\}$。

从子代数定义不难看出，子代数和原代数不仅具有相同的构成成分，是同类型的代数系统，而且对应的二元运算都具有相同的运算性质。

对于任何代数系统 $V=<S,f_1,f_2,\cdots,f_k>$，其子代数一定存在。最大的子代数就是 V 本身。如果令 V 中所有代数常数构成的集合是 B，且 B 对 V 中所有的运算都是封闭的，则 B 就构成了 V 的最小的子代数。这种最大和最小的子代数称为 V 的**平凡的子代数**。若 B 是 S 的真子集，则 B 构成的子代数称为 V 的**真子代数**。

例 8.13 设 $V=<\mathbf{Z},+,0>$，令 $n\mathbf{Z}=\{nz\mid z\in\mathbf{Z}\}$，$n$ 为自然数，则 $n\mathbf{Z}$ 是 V 的子代数。

证明：任取 $n\mathbf{Z}$ 中的两个元素 $nz_1,nz_2(z_1,z_2\in\mathbf{Z})$，则有 $nz_1+nz_2=n(z_1+z_2)\in n\mathbf{Z}$，即 $n\mathbf{Z}$ 对 $+$ 运算是封闭的。又 $0=n\cdot 0\in n\mathbf{Z}$，所以 $n\mathbf{Z}$ 是 V 的子代数。

当 $n=1$ 和 0 时，$n\mathbf{Z}$ 是 V 的平凡的子代数，其他的都是 V 的非平凡的真子代数。

例 8.14 (1) 整数集合 $\mathbf{Z}$ 在加法下构成一个代数系统$<\mathbf{Z},+>$，而$<\mathbf{N},+>$是$<\mathbf{Z},+>$的子代数系统，因 $\mathbf{N}$ 对 $+$ 是封闭的。

(2) $\mathbf{Z}_2$ 是偶数集合，$(\mathbf{Z}_2,+)$就是子代数系统，$\mathbf{Z}_1$ 是奇数集合，$<\mathbf{Z}_1,+>$就不是子代数系统，因 $\mathbf{Z}_1$ 对 $+$ 不是封闭的。

(3) $(\mathbf{Z},-)$,“$-$”是普通减法运算,是代数系统,而$(\mathbf{N},-)$不是子代数系统,因$\mathbf{N}$对$-$不封闭。

(4) $\boldsymbol{M}_n(R)$在矩阵的加法和乘法下构成代数系统,记作$(\boldsymbol{M}_n(R),+,*)$。

(5) 集合的$\cap$、$\cup$是运算,因而$(P(A),\cup,\cap)$构成代数系统,称为集合代数。

(6) 记A为命题逻辑公式的全体,$\wedge$、$\vee$分别是合取和析取运算,因而$(A,\wedge,\vee)$是代数系统,称为逻辑代数。

8.2.3 代数系统的同态与同构

定义 8.9 设$V_1=<A,\circ>$和$V_2=<B,*>$是同类型的代数系统,$\varphi: V_1\to V_2$,若$\forall a,b\in V_1$,都有

$$\varphi(a\circ b)=\varphi(a)*\varphi(b)$$

则称φ是V_1到V_2的**同态映射**,简称**同态**。同态映射如果是单射,则称为单同态;如果是满射,则称为满同态,这时也称V_2是V_1的同态像。如果是双射的,则称为**同构**,记作$V_1\cong V_2$。如果$V_1=V_2$,则称φ是它到自身的**自同态**。

类似地,可以定义**满自同态**、**单自同态**和**自同构**。

例 8.15 设$(\mathbf{R},+)$,$(\mathbf{R},\cdot)$是两个代数系统,令映射$\varphi:\mathbf{R}\to\mathbf{R}$,$\varphi(x)=\mathrm{e}^x$,试证明:$\varphi$是$(\mathbf{R},+)$到$(\mathbf{R},\cdot)$的同态映射。

证明:因为$\varphi(x+y)=\mathrm{e}^{x+y}$,$\varphi(x)\cdot\varphi(y)=\mathrm{e}^x\cdot\mathrm{e}^y=\mathrm{e}^{x+y}$

所以$\varphi(x+y)=\varphi(x)\cdot\varphi(y)$

所以φ是$(\mathbf{R},+)$到$(\mathbf{R},\cdot)$的同态映射。

除了运算性质之外,同态映射也能保持特异元素,如单位元、逆元。

定理 8.3 设φ是G_1到G_2的同态映射,e_1和e_2分别为G_1和G_2的单位元,a^{-1}是a的逆元,则

(1) $\varphi(e_1)=e_2$;

(2) $\varphi(a^{-1})=\varphi(a)^{-1}$,$\forall a\in G_1$。

为了书写的简便,有时经常省略上述表达式中的算符$\circ$和$*$,而简记为

$$\varphi(xy)=\varphi(x)\varphi(y)$$

但应该记住,该表达式中左边的xy是在V_1中的运算,而右边的$\varphi(x)\varphi(y)$是在V_2中的运算。

8.3 半群与独异点

8.3.1 定义与性质

1. 半群与独异点的定义

定义 8.10 (1) 设$V=<S,\circ>$是代数系统,$\circ$为二元运算,如果$\circ$运算是可结合的,则称V为半群。

(2) 设 $V=\langle S,\circ\rangle$ 是半群，若 $e\in S$ 是关于$\circ$运算的单位元，则称 V 是**含幺半群**，也叫作**独异点**(monoid)。有时也将独异点 V 记作 $V=\langle S,\circ,e\rangle$。

例 8.16　(1) $\langle \mathbf{Z}^+,+\rangle$，$\langle \mathbf{N},+\rangle$，$\langle \mathbf{Z},+\rangle$，$\langle \mathbf{Q},+\rangle$，$\langle \mathbf{R},+\rangle$都是半群，$+$是普通加法。这些半群中除$\langle \mathbf{Z}^+,+\rangle$外都是独异点。因为普通加法运算中的单位元为 0。

(2) 设 n 是大于 1 的正整数，$\langle \boldsymbol{M}_n(R),+\rangle$和$\langle \boldsymbol{M}_n(R),\cdot\rangle$都是半群，也都是独异点，其中$+$和$\cdot$分别表示矩阵加法和矩阵乘法。

(3) $\langle P(B),\oplus\rangle$为半群，也是独异点，其中$\oplus$为集合的对称差运算。

(4) $\langle \mathbf{Z}_n,\oplus\rangle$为半群，也是独异点，其中 $\mathbf{Z}_n=\{0,1,\cdots,n-1\}$，$\oplus$为模 n 加法。

(5) $\langle A^A,\circ\rangle$为半群，也是独异点，其中$\circ$为函数的复合运算。

(6) $\langle \mathbf{R}^*,\circ\rangle$为半群，其中 $\mathbf{R}^*$ 为非零实数集合，$\circ$运算的定义如下：$\forall x,y\in \mathbf{R}^*$，$x\circ y=y$。

(7) 设 α 为 S 上的特定变换，归纳定义 α^k 如下：$\alpha^0=1$，$\alpha^r=\alpha^{r-1}\alpha(r>0)$，则 $\alpha^m\alpha^n=\alpha^{m+n}$。于是，$\langle\alpha\rangle=\{\alpha^k\mid k\in\mathbf{N}\}$及其上的变换复合，加上 $\alpha^0=1$，构成独异点。

例 8.17　设 $A=\{a,b,\cdots,y,z\}$是 26 个英文字母的集合，A 中的元素称为字符，A 中有限个字符组成的序列称为字符串，$\varnothing$表示空串。

$$A^*=\{x\mid x\text{ 是 }A\text{ 中的字符串}\}$$

$A^+=A^*-\{\varnothing\}$，定义 A 上的运算“$\circ$”为两个字符串的顺序连接。

例如，$\alpha=$“add”，$\beta=$“tion”，则 $\alpha\circ\beta=$“addtion”。

从而，$\circ$是 A^* 或 A^+ 上的二元运算，且$(\alpha\circ\beta)\circ\gamma=\alpha\circ(\beta\circ\gamma)$，
即三个字符串的顺序连接，所以$(A^*,\circ)$和$(A^+,\circ)$是半群。

注意：① 在 A^* 上不满足交换律。

② $\varnothing$是$(A^*,\circ)$上的单位元，因$\varnothing\circ\alpha=\alpha\circ\varnothing=\alpha$。

例 8.18　在 $\mathbf{R}^+$ 上定义两个二元运算 $*$ 和$\circ$，$a*b=a^b$，$a\circ b=2^{a+b}$，$\forall a,b\in\mathbf{R}^+$，试判断$(\mathbf{R}^+,*)$，$(\mathbf{R}^+,\circ)$是否为半群。

解：运算 $*$ 和$\circ$不满足结合律，例如 $2,3,4\in\mathbf{R}^+$，

$$2*(3*4)=2*(3^4)=2*81=2^{81}$$

$$(2*3)*4=(2^3)*4=(2^3)^4=2^{12}$$

$$(2\circ 3)\circ 4=(2^{2+3})\circ 4=32\circ 4=2^{32+4}=2^{36}$$

$$2\circ(3\circ 4)=2\circ(2^{3+4})=2\circ 128=2^{2+128}=2^{130}$$

所以，$(\mathbf{R}^+,*)$、$(\mathbf{R}^+,\circ)$均不是半群。

2. 半群与独异点的性质

由于半群 $V=\langle S,\circ\rangle$中的运算$\circ$是可结合的，可以定义元素的幂，对任意 $x\in S$，规定：$x^1=x$

$$x^{n+1}=x^n\circ x,\quad n\in\mathbf{Z}^+$$

由于独异点 V 中含有单位元 e，对于任意的 $x\in S$，可以定义 x 的零次幂，即

$$x^0=e$$

$$x^{n+1}=x^n\circ x\qquad n\in\mathbf{N}$$

用数学归纳法不难证明 x 的幂遵从以下运算规则：

$$x^n \circ x^m = x^{n+m}$$
$$(x^n)^m = x^{nm}$$

对半群而言，$m,n \in \mathbf{Z}^+$，对独异点而言，$m,n \in \mathbf{N}$。

普通乘法的幂、关系的幂、矩阵乘法的幂等都遵从这个幂运算规则。

例 8.19 设$<S,*>$为一半群，且对任意 $x,y \in S$，若 $x \neq y$，则 $x*y \neq y*x$。

(1) 求证 S 中的所有元素均为等幂元(a 称为**等幂元**，如果 $a*a=a$)。

(2) 对任意元素 $x,y \in S$，$x*y*x=x$，$y*x*y=y$。

证明：(1) 对任意 $a \in S$，假设 $a*a \neq a$，由已知条件得 $(a*a)*a \neq a*(a*a)$，此与半群结合律矛盾，故 $a*a=a$，即 S 中的所有元素均为等幂元。

(2) 假设 $x*y*x \neq x$，由已知条件得 $(x*y*x)*x \neq x*(x*y*x)$，但

$$(x*y*x)*x=(x*y)*(x*x)=x*y*x, x*(x*y*x)$$
$$=(x*x)*(y*x)=x*y*x,$$

矛盾，故 $x*y*x=x$。同理可证，$y*x*y=y$。

8.3.2 子系统与直积

半群的子代数叫作子半群。独异点的子代数叫作子独异点。根据子代数的定义不难看出，如果 $V=<S,\circ>$是半群，$T \subseteq S$，只要 T 对 V 中的运算$\circ$封闭，那么$<T,\circ>$就是 V 的子半群。而对独异点 $V=<S,\circ,e>$来说，$T \subseteq S$，不仅 T 要对 V 中的运算$\circ$封闭，而且 $e \in T$，这时$<T,\circ,e>$才构成 V 的子独异点。

例 8.20 设半群 $V_1=<S,\cdot>$，独异点 $V_2=<S,\cdot,\boldsymbol{e}>$。其中$\cdot$为矩阵乘法，$\boldsymbol{e}$ 为 2 阶单位矩阵，

$$S=\left\{\begin{bmatrix} a & 0 \\ 0 & d \end{bmatrix} \middle| a,d \in \mathbf{R}\right\}$$

令

$$T=\left\{\begin{bmatrix} a & 0 \\ 0 & 0 \end{bmatrix} \middle| a \in \mathbf{R}\right\}$$

则 $T \subseteq S$，且 T 对矩阵乘法$\cdot$是封闭的，所以$<T,\cdot>$是 $V_1=<S,\cdot>$的子半群。易见，在$<T,\cdot>$中存在自己的单位元$\begin{bmatrix} 1 & 0 \\ 0 & 0 \end{bmatrix}$，所以$<T,\cdot,\begin{bmatrix} 1 & 0 \\ 0 & 0 \end{bmatrix}>$也构成一个独异点，但它不是 $V_2=<S,\cdot,\boldsymbol{e}>$的子独异点，因为 V_2 中的单位元 $\boldsymbol{e}=\begin{bmatrix} 1 & 0 \\ 0 & 1 \end{bmatrix} \notin T$。

定义 8.11 设 $V_1=<S_1,\circ>$，$V_2=<S_2,*>$是半群(或独异点)，令 $S=S_1 \times S_2$，定义 S 上的$\cdot$运算如下：$<a,b>,<c,d> \in S$，$<a,b>\cdot<c,d>=<a\circ c,b*d>$，称$<S,\cdot>$为 V_1 和 V_2 的直积，记作 $V_1 \times V_2$。

不难证明 $V_1 \times V_2$ 是半群。

若 V_1 和 V_2 是独异点，其单位元分别为 e_1 和 e_2，则$<e_1,e_2>$是 $V_1 \times V_2$ 中的单位元，因此 $V_1 \times V_2$ 也是独异点。

例 8.21 设$<S,*>$是一个半群，如果 S 是一个有限集，则必有 $a \in S$，使得 $a*a=a$。

证明：设$|S|=n$，因为$<S,*>$是半群，任取$b\in S$，由运算$*$的封闭性以及S为有限集可知，$b,b^2,b^3,\cdots,b^n,b^{n+1}\in S$，根据鸽巢原理，$\exists i,j$，使得$b^i=b^j(j>i)$。

令$p=j-i$，$b^i=b^p*b^i$，两边同乘以$b,b^2,b^3,\cdots$，$b^q=b^p*b^q$，$(q\geqslant i)$

$$p\geqslant 1,k\geqslant 1,kp\geqslant i,b^{kp}=b^p*b^{kp}=b^p*(b^p*b^{kp})=b^{2p}*b^{kp}=b^{2p}*(b^p*b^{kp})$$
$$=\cdots=b^{kp}*b^{kp}$$

令$a=b^{kp}$，则$a*a=a$。证毕。

8.4 群

8.4.1 群的定义

定义 8.12 设$<G,*>$是代数系统，$*$为二元运算。如果$*$运算是可结合的，存在单位元$e\in G$，并且对G中的任何元素x，都有$x^{-1}\in G$，则称G为群，即群$<G,*>$满足下列条件：

① 运算$*$满足封闭性。

② 运算$*$满足结合律。

③ 存在单位元。

④ G中的每个元素都存在逆元。

例 8.22 (1) $<\mathbf{Z},+>$是群，单位元是0，逆元是相反数。同样，$<\mathbf{Q},+>$，$<\mathbf{R},+>$也是群。

(2) $<\mathbf{R}_+,x>$是群，单位元是1，逆元是倒数。

(3) $<\boldsymbol{M}_n(R),+>$是群，单位元是零矩阵，逆元是负矩阵。

(4) $<P(A),\oplus>$是群，其中$P(A)$是A的幂集，$\oplus$是对称差运算。因$\forall B\in P(A)$，$B\oplus\varnothing=\varnothing\oplus B=B$，$B\oplus B=\varnothing$，所以单位元是$\varnothing$，每个元素的逆元就是其本身。

(5) $<\boldsymbol{M}_n(R),\cdot>$不是群，存在单位元是单位矩阵$\boldsymbol{I}_n$，逆元是逆矩阵，但有的方阵不存在逆矩阵。如果$\boldsymbol{M}_n(R)$的子集$\boldsymbol{S}_n(R)$=所有可逆矩阵的全体，则$<\boldsymbol{S}_n(R),\cdot>$是群，其运算封闭，且每个矩阵均存在逆矩阵。

(6) $<\mathbf{Z}_6,+_6>$是群，其中$Z_6=\{0,1,2,3,4,5\}$。单位元是0，$1+_6 5=0$，$2+_6 4=0$，$3+_6 3=0$。所以1,5互为逆元，2,4互为逆元，3的逆元是3，0的逆元是0，所以$<\mathbf{Z}_6,+_6>$是群。

(7) $R=\left\{0,\frac{\pi}{3},\frac{2\pi}{3},\pi,\frac{4\pi}{3},\frac{5\pi}{3}\right\}$，$R$中的元素表示绕(0,0)逆时针旋转的角度。$\forall a,b\in R$，$a☆b$表示连续旋转$a$和$b$得到的总旋转角度。规定旋转360°等于原来的状态，即视图没有经过旋转。可以验证$<R,☆>$构成群。$a☆b=(a+b)\bmod \pi$，单位元是0，$\frac{\pi}{3}$与$\frac{5\pi}{3}$互逆，$\frac{2\pi}{3}$与$\frac{4\pi}{3}$互逆，π的逆元是π。

例 8.23 设$<G,*>$是群，$a\in G$。现定义一种新的二元运算$\circ$：$x\circ y=x*a*y$，$\forall x,y\in G$。证明$<G,\circ>$也是群。

证明：显然，$\circ$是 G 上的一个二元运算。$\forall x,y,z\in G$，

$(x\circ y)\circ z=(x\circ y)*a*z=(x*a*y)*a*z=x*a*(y*a*z)=x*a*(y\circ z)=x\circ(y\circ z)$，故运算$\circ$满足结合律。

$\forall x\in G, x\circ a^{-1}=x*a*a^{-1}=x*e=x, a^{-1}\circ x=a^{-1}*a*x=e*x=x$，故 a^{-1} 是单位元。

$\forall x\in G, x\circ(a^{-1}*x^{-1}*a^{-1})=x*a*(a^{-1}*x^{-1}*a^{-1})=x*e*(x^{-1}*a^{-1})=a^{-1}$，

$(a^{-1}*x^{-1}*a^{-1})\circ x=(a^{-1}*x^{-1}*a^{-1})*a*x=(a^{-1}*x)*e*x=a^{-1}$，故 $a^{-1}*x^{-1}*a^{-1}$ 是 x 关于$\circ$的逆元。

综上所述，$<G,\circ>$是群。

例 8.24 设 $G=\{a,b,c,d\}$，$\cdot$ 为 G 上的二元运算，它由表 8.8 给出，不难证明 G 是一个群。由表 8.8 可以看出 G 的运算具有以下特点：e 为 G 中的单位元；运算是可交换的；G 中任何元素的逆元就是它自己；在 a,b,c 三个元素中，任何两个元素运算的结果都等于另一个元素，称这个群为 Klein 四元群，简称**四元群**。

表 8.8 Klein 四元群运算表

$\cdot$	e	a	b	c
e	e	a	b	c
a	a	e	c	b
b	b	c	e	a
c	c	b	a	e

定义 8.13 (1) 若 G 是有限集，则称 G 是有限群，否则称为无限群。群 G 的基数称为群 G 的阶，有限群 G 的阶记作$|G|$。

(2) 只含单位元的群称为平凡群。

(3) 若群 G 中的二元运算是可交换的，则称 G 为交换群或阿贝尔(Abel)群。

$<\mathbf{Z},+>$，$<\mathbf{R},+>$是无限群，$<\mathbf{Z}_n,\oplus>$是有限群，也是 n 阶群。Klein 四元群是四阶群。$<\{0\},+>$是平凡群。上述所有的群都是交换群，但 $n(n\geqslant 2)$阶实可逆矩阵的集合关于矩阵乘法构成的群是非交换群，因为矩阵乘法不满足交换律。

定义 8.14 设 G 是群，$a\in G$，$n\in\mathbf{Z}$，则 a 的 n 次幂

$$a^n=\begin{cases} e & n=0 \\ a^{n-1}a & n>0 \\ (a^{-1})^m & n<0, n=-m \end{cases}$$

与半群和独异点不同的是：群中的元素可以定义负整数次幂。例如，在$<\mathbf{Z}_3,\oplus>$中有 $2^{-3}=(2^{-1})^3=1^3=1\oplus 1\oplus 1=0$，而在$<\mathbf{Z},+>$中有 $3^{-5}=(3^{-1})^5=(-3)^5=(-3)+(-3)+(-3)+(-3)+(-3)=-15$。

定义 8.15 设 G 是群，$a\in G$，使得等式 $a^k=e$ 成立的最小正整数 k 称为 a 的阶，记作$|a|=k$，这时也称 a 为 **k 阶元**。若不存在这样的正整数 k，则称 a 为**无限阶元**。

例如，在$<\mathbf{Z},+>$中，0 是 1 阶元，其他的整数都是无限阶元。在 Klein 四元群中，e

为 1 阶元,其他元素都是 2 阶元。

例 8.25　求群$<\mathbf{N}_6, \oplus_6>$中各个元素的阶。

解:群$<\mathbf{N}_6, \oplus_6>$中的幺元是 0,其阶数为 1。

现考查元素 2,易知,

$$2^3 = 2 \oplus_6 2 \oplus_6 2 = 0$$

$$2^6 = 2^3 \oplus_6 2^3 = 0 \oplus_6 0 = 0$$

$$2^9 = 2^3 \oplus_6 2^3 \oplus_6 2^3 = 0 \oplus_6 0 \oplus_6 0 = 0$$

$$\cdots\cdots$$

由此可见,存在正整数 $k=3,6,9\cdots$,使得 $2^k=0$,其中最小正整数为 3,所以元素 2 的阶数为 3。再考查元素 3 的阶数。由于

$$3^2 = 3 \oplus_6 3 = 0$$

$$3^4 = 3^2 \oplus_6 3^2 = 0 \oplus_6 0 = 0$$

$$3^6 = 3^2 \oplus_6 3^2 \oplus_6 3^2 = 0 \oplus_6 0 \oplus_6 0 = 0$$

所以元素 3 的阶数为 2。

读者可自己验证,群$<\mathbf{N}_6, \oplus_6>$中,元素 1 的阶数为 6,元素 4 的阶数为 3,元素 5 的阶数为 6。

8.4.2　群的性质

下面分别给出群的幂运算规则,群方程存在唯一解,消去律,群中元素的阶的性质。

定理 8.4　设 G 为群,则 G 中的幂运算满足:

(1) $\forall a \in G, (a^{-1})^{-1} = a$。

(2) $\forall a, b \in G, (ab)^{-1} = b^{-1}a^{-1}$。

(3) $\forall a \in G, a^n a^m = a^{n+m}, n, m \in \mathbf{Z}$。

(4) $\forall a \in G, (a^n)^m = a^{nm}, n, m \in \mathbf{Z}$。

(5) 若 G 为交换群,则$(ab)^n = a^n b^n$。

证明:(1) $(a^{-1})^{-1}$是 a^{-1}的逆元,a 也是 a^{-1}的逆元。根据逆元的唯一性,等式得证。

(2)$(b^{-1}a^{-1})(ab) = b^{-1}(a^{-1}a)b = b^{-1}b = e$,同理,$(ab)(b^{-1}a^{-1}) = e$,故 $b^{-1}a^{-1}$是 ab 的逆元。根据逆元的唯一性,等式得证。

关于(3)、(4)、(5)中的等式,先利用数学归纳法对自然数 n 和 m 证出相应的结果,然后讨论 n 或 m 为负数的情况。证明留作思考题。

定理 8.5　设 G 为群,$\forall a, b \in G$,方程 $ax=b$ 和 $ya=b$ 在 G 中有解且仅有唯一解。

证明:先证 $a^{-1}b$ 是方程 $ax=b$ 的解。将 $a^{-1}b$ 代入方程左边的 x,得

$$a(a^{-1}b) = (aa^{-1})b = eb = b$$

所以 $a^{-1}b$ 是该方程的解。下面证明唯一性。

假设 c 是方程 $ax=b$ 的解,必有 $ac=b$,从而有

$$c = ec = (a^{-1}a)c = a^{-1}(ac) = a^{-1}b$$

同理可证,ba^{-1}是方程 $ya=b$ 的唯一解。

例 8.26 设群 $G=<P(\{a,b\}),\oplus>$,其中$\oplus$为集合的对称差运算。解下列群方程:

$$\{a\}\oplus X=\varnothing, Y\oplus\{a,b\}=\{b\}。$$

解:$X=\{a\}^{-1}\oplus\varnothing=\{a\}\oplus\varnothing=\{a\}$。

$Y=\{b\}\oplus\{a,b\}^{-1}=\{b\}\oplus\{a,b\}=\{a\}$。

定理 8.6 设 G 为群,则 G 中适合消去律,即对任意 $a,b,c\in G$,有

(1) 若 $ab=ac$,则 $b=c$。

(2) 若 $ba=ca$,则 $b=c$。

证明留作练习。

例 8.27 设 G 为群,$a,b\in G$,且 $(ab)^2=a^2b^2$,证明 $ab=ba$。

证明:由$(ab)^2=a^2b^2$,得 $abab=aabb$,根据群中的消去律得 $ba=ab$,即 $ab=ba$。

例 8.28 设 $G=\{a_1,a_2,\cdots,a_n\}$是 n 阶群,令 $a_iG=\{a_ia_j\mid j=1,2,\cdots,n\}$,证明 $a_iG=G$。

证明:由群中运算的封闭性,有 $a_iG\subseteq G$。假设 $a_iG\subset G$,即$|a_iG|<n$,必有 $a_j,a_k\in G$,使得 $a_ia_j=a_ia_k(j\neq k)$,由消去律得 $a_j=a_k$,与$|G|=n$ 矛盾。

定理 8.7 设 G 为群,$a\in G$ 且$|a|=r$。设 k 是整数,则

(1) $a^k=e$,当且仅当 $r|k$。

(2) $|a|=|a^{-1}|$。

证明:(1) 充分性。由于 $r|k$,必存在整数 m,使得 $k=mr$,所以有

$$a^k=a^{mr}=(a^r)^m=e^m=e。$$

必要性。根据除法,存在整数 m 和 i,使得

$$k=mr+i,\quad 0\leqslant i\leqslant r-1$$

从而有 $e=a^k=a^{mr+i}=(a^r)^m a^i=ea^i=a^i$,因为$|a|=r$,所以必有 $i=0$。这就证明了 $r|k$。

(2) 由$(a^{-1})^r=(a^r)^{-1}=e^{-1}=e$ 可知 a^{-1}的阶存在。令$|a^{-1}|=t$,根据上面的证明有 $t|r$。这说明 a 的逆元的阶是 a 的阶的因子。而 a 又是 a^{-1} 的逆元,所以 a 的阶也是 a^{-1}的阶的因子,故有 $r|t$,从而证明了 $r=t$,即$|a|=|a^{-1}|$。

例 8.29 设 G 是群,$a,b\in G$ 是有限阶元。证明

(1) $|b^{-1}ab|=|a|$;

(2) $|ab|=|ba|$。

证明:(1) 设$|a|=r$,$|b^{-1}ab|=t$,则有

$$(b^{-1}ab)^r=(b^{-1}ab)(b^{-1}ab)\cdots(b^{-1}ab)=b^{-1}a^rb=b^{-1}ab=e。$$

根据定理 8.7 得 $t|r$。另一方面,由 $a=b(b^{-1}ab)b^{-1}=(b^{-1})^{-1}(b^{-1}ab)b^{-1}$可知,$(b^{-1})^{-1}(b^{-1}ab)b^{-1}$的阶是 $b^{-1}ab$ 的阶的因子,即 $r|t$,从而有$|b^{-1}ab|=|a|$。

(2) 设$|ab|=r$,$|ba|=t$,则有

$$(ab)^{t+1}=(ab)(ab)\cdots(ab)=a(ba)(ba)\cdots(ba)b=a(ba)^tb=aeb=ab。$$

由消去律得$(ab)^t=e$,从而可知 $r|t$。

同理可证 $t|r$,因此$|ab|=|ba|$。

例 8.30 设$<A,*>$是群,且$|A|=2n$,n 为正整数。证明:在 A 中至少存在 $a\neq e$,使得 $a*a=e$,其中 e 是单位元。

例 8.30 证明

例 8.31　设 G 为群，$a,b\in G$，且 $ab=ba$。如果 $|a|=n$，$|b|=m$，且 n 与 m 互质，证明 $|ab|=nm$。

证明：设 $|ab|=d$，由 $ab=ba$ 可知 $(ab)^{nm}=(a^n)^m(b^m)^n=e^me^n=e$，从而有 $d\mid nm$。

又由 $a^db^d=(ab)^d=e$ 可知 $a^d=b^{-d}$，即 $|a^d|=|b^{-d}|=|b^d|$。

再根据 $(a^d)^n=(a^n)^d=e^d=e$，得 $|a^d|\mid n$。

同理，有 $|b^d|\mid m$。从而知道 $|a^d|$ 是 n 和 m 的公因子。因为 n 与 m 互质，所以 $|a^d|=1$。这就证明了 $a^d=e$，从而 $n\mid d$。同理可证 $m\mid d$，即 d 是 n 和 m 的公倍数。由于 n 与 m 互质，所以必有 $nm\mid d$。

综合前面的结果得 $d=nm$，即 $|ab|=nm$。

8.4.3　子群的定义

定义 8.16　设 G 是群，H 是 G 的非空子集，如果 H 关于 G 中的运算构成群，则称 H 是 G 的子群，记作 $H\leqslant G$。若 H 是 G 的子群，且 $H\subset G$，则称 H 是 G 的真子群，记作 $H<G$。

例如，$n\mathbf{Z}$（n 是自然数）是整数加群 $<\mathbf{Z},+>$ 的子群。当 $n\neq1$ 时，$n\mathbf{Z}$ 是 $\mathbf{Z}$ 的真子群。

任何群 G 都存在子群。G 和 $\{e\}$ 都是 G 的子群，称为 G 的平凡子群。

在子独异点的定义中，要求子独异点必须与独异点有相同的幺元，而在子群的定义中却没有提出这样的要求。这是因为可以证明，对于群 G 的子集 A，如果 $(A,*)$ 是群，那么 $(A,*)$ 必与 $(G,*)$ 有相同的幺元，读者可自己证明。

例 8.32　$(\mathbf{R},+)$ 是群，$\mathbf{Q}\subseteq\mathbf{R}$，$(\mathbf{Q},+)$ 是子群，$(\mathbf{Z},+)$ 也是子群。$\mathbf{N}\subseteq\mathbf{R}$，但 $(\mathbf{N},+)$ 不是子群，因为没有单位元。

例 8.33　$(\mathbf{Z}_6,+_6)$ 是群。若 $H_1=\{0,2,4\}$，则 $(H_1,+_6)$ 是子群，因 $2+_62=4\in H_1$，$4+_64=2\in H_1$，2，4 互为逆元等。但 $H_2=\{0,1,5\}$ 不是子群，$1+_61=2\notin H_2$，$5+_65=4\notin H_2$，H_2 对运算 $+_6$ 不封闭。可以验证 $(\{0,3\},+_6)$ 也是子群。

定理 8.8（子群判定定理）　设 $(G,*)$ 是群，有 $H\subseteq G$，$(H,*)$ 是子群的充要条件是以下三条同时成立：(1) H 非空；(2) 如果 $a\in H$，$b\in H$，则 $a*b\in H$；(3) 若 $a\in H$，则 $a^{-1}\in H$。

证明：必要性显然成立，下面证明充分性。

由(1) H 非空，取 $a\in H$，由(3) $a^{-1}\in H$，由(2)因 $a,a^{-1}\in H$，则 $a*a^{-1}\in H$，所以 $e\in H$，H 存在单位元，从而 $(H,*)$ 是子群。

推论　$(G,*)$ 是群，$H\subseteq G$，$(H,*)$ 是子群的充要条件是

(1) H 非空；(2) $\forall x,y\in H$，均有 $x*y^{-1}\in H$。

例 8.34　设 G 为群，$\forall x\in G$，令 $H=\{x^k\mid k\in\mathbf{Z}\}$，试证明 H 为 G 的子群。

证明：$\forall x^m,x^l\in H$，则 $x^m*(x^l)^{-1}=x^m*x^{-l}=x^{m-l}\in H$，由推论得 H 是 G 的子群。

定理 8.9　设 G 为群，$a\in G$，令 $H=\{a^k\mid k\in\mathbf{Z}\}$，即 a 是所有的幂构成的集合，则 H 是 G 的子群，称为由 a 生成的子群，记作 $<a>$。

证明：首先由 $a\in<a>$ 知道 $<a>\neq\varnothing$。任取 $a^m,a^l\in<a>$，则

$a^m(a^l)^{-1}=a^m a^{-l}=a^{m-l}\in\langle a\rangle$,可知$\langle a\rangle\subseteq G$。

例如整数加群,由2生成的子群是$\langle 2\rangle=\{2k\mid k\in\mathbf{Z}\}=2\mathbf{Z}$。群$\langle\mathbf{Z}_6,\oplus\rangle$中,由2生成的子群由$2^0=0,2^1=2,2^2=4,2^3=0,\cdots\cdots$构成,即$\langle 2\rangle=\{0,2,4\}$。Klein四元群$G=\{e,a,b,c\}$的所有生成子群是$\langle e\rangle=\{e\}$,$\langle a\rangle=\{e,a\}$,$\langle b\rangle=\{e,b\}$,$\langle c\rangle=\{e,c\}$。

定理8.10 设G为群,令C是与G中所有的元素都可交换的元素构成的集合,即$C=\{a\mid a\in G\wedge\forall x\in G(ax=xa)\}$,则$C$是$G$的子群,称为$G$的中心。

证明:首先,由e与G中所有元素的交换性可知$e\in C$。C是G的非空子集。

任取$a,b\in C$,为证明$ab^{-1}\in G$,只需证明ab^{-1}与G中所有的元素都可交换。

$$\forall x\in G,\text{有 } (ab^{-1})x=ab^{-1}x=ab^{-1}(x^{-1})^{-1}=a(x^{-1}b)^{-1}=a(bx^{-1})^{-1}$$
$$=a(xb^{-1})=(ax)b^{-1}=(xa)b^{-1}=x(ab^{-1})$$

由判定定理可知$C\subseteq G$。

对于阿贝尔群G,因为G中所有的元素互相都可交换,所以G的中心就等于G。但是,对某些非交换群G,它的中心是$\{e\}$。

定理8.11 设G是群,H、K是G的子群。证明

(1) $H\cap K$也是G的子群。

(2) $H\cup K$是G的子群,当且仅当$H\subseteq K$或$K\subseteq H$。

证明:(1) 由$e\in H\cap K$知$H\cap K$非空。

任取$a,b\in H\cap K$,则$a\in H,a\in K,b\in H,b\in K$。由于$H$和$K$是$G$的子群,必有$ab^{-1}\in H$和$ab^{-1}\in K$,从而推出$ab^{-1}\in H\cap K$。根据判定定理,命题得证。

(2) 充分性是显然的。只证必要性,用反证法。假设$H\nsubseteq K$且$K\nsubseteq H$,那么存在h和k使得$h\in H\wedge h\notin K$,且$k\in K\wedge k\notin H$。这就推出了$hk\notin H$。不然,由$h^{-1}\in H$可得$k=h^{-1}(hk)\in H$,与假设矛盾。同理可证$hk\notin K$,从而得到$hk\notin H\cup K$。这与$H\cup K$是子群矛盾。

8.4.4 特殊的群

1. 循环群

定义8.17 设G是群,若存在$a\in G$,使得$G=\{a^k\mid k\in Z\}$,则称G是**循环群**,记作$G=\langle a\rangle$,称a为G的**生成元**。

循环群$G=\langle a\rangle$根据生成元a的阶可以分成两类:n阶循环群和无限循环群。设$G=\langle a\rangle$是循环群,若a是n阶元,则$G=\{a^0=e,a^1,a^2,\cdots,a^{n-1}\}$,那么$|G|=n$,称$G$为$n$**阶循环群**。若$a$是无限阶元,则$G=\{a^{\pm 0}=e,a^{\pm 1},a^{\pm 2},\cdots\}$,$a$称$G$为**无限循环群**。

例8.35 证明整数加群$\langle\mathbf{Z},+\rangle$是循环群。

证明:前面已证$\langle\mathbf{Z},+\rangle$是群,单位元为0。考查$1\in\mathbf{Z}$,

$$1^0=0 \qquad 1^1=1$$
$$1^2=1+1=2 \quad \cdots \quad 1^n=n \quad \cdots$$
$$1^{-1}=-1 \qquad 1^{-2}=(-1)+(-1)=-2$$
$$\cdots \qquad 1^{-n}=-n \quad \cdots$$

由此可见，元素 1 是群$<\mathbf{Z},+>$的生成元，同理，可以验证-1也是群$<\mathbf{Z},+>$的生成元。

例 8.36　设有代数系统$(\mathbf{Z},*)$，运算$*$的定义如下：

$a,b\in\mathbf{Z},a*b=a+b-2$，试证$(\mathbf{Z},*)$是循环群。

证明：$\forall a,b\in\mathbf{Z},(a*b)*c=(a+b-2)*c=a+b+c-4$

$$a*(b*c)=a*(b+c-2)=a+b+c-4$$

所以$*$满足结合律。

$\forall a\in\mathbf{Z},a*2=a+2-2=a$，$2*a=a$，所以单位元是 2，

$\forall a\in\mathbf{Z},(4-a)*a=(4-a)+a-2=2$，所以$a$的逆元是$4-a$，

所以$(\mathbf{Z},*)$是群。

对于任何正数n，$1^n=2-n$，即$n=1^{2-n}$，所以 1 是生成元，也可以验证 3 也是生成元，$3^n=n+2$。

下面的定理给出了求循环群的生成元的方法。

定理 8.12　设$G=<a>$是循环群。

(1) 若G是无限循环群，则G只有两个生成元，即a和a^{-1}。

(2) 若G是n阶循环群，则G含有$\varphi(n)$个生成元。对于任何小于或等于n且与n互质的正整数r，a^r是G的生成元。

$\varphi(n)$是**欧拉函数**。对于任何正整数n，$\varphi(n)$是小于或等于n且与n互质的正整数个数。例如$n=12$，小于或等于 12 且与 12 互质的数有 4 个：1,5,7,11，所以$\varphi(12)=4$。

证明：(1) 显然，$<a^{-1}>\subseteq G$。为证明$G\subseteq<a^{-1}>$，只需证明对任何$a^k\in G$，a^k都可以表示成a^{-1}的幂。由元素幂运算规则，有$a^k=(a^{-1})^{-k}$，从而得到$G=<a^{-1}>$，a^{-1}是G的生成元。

再证明G只有a和a^{-1}这两个生成元。假设b也是G的生成元，则$G=<b>$。由$a\in G$可知，存在整数t，使得$a=b^t$。又由$b\in G=<a>$知，存在整数m，使得$b=a^m$，从而得到

$$a=b^t=(a^m)^t=a^{mt}$$

由G中的消去律得$a^{mt-1}=e$，因为G是无限群，所以必有$mt-1=0$，从而证明了$m=t=1$或$m=t=-1$，即$b=a$或$b=a^{-1}$。

(2) 证明留给读者。

例 8.37　(1) 设$G=<\mathbf{Z}_9,\oplus>$是模 9 的整数加群，则$\varphi(9)=6$。小于或等于 9 且与 9 互质的数是 1,2,4,5,7,8。根据定理 8.12，G的生成元是 1,2,4,5,7 和 8。

(2) 设$G=3\mathbf{Z}=\{3z\mid z\in\mathbf{Z}\}$，$G$上的运算是普通加法。那么，$G$只有两个生成元：3 和$-3$。

定理 8.13　设$G=<a>$是循环群，则G的子群仍是循环群。

证明：设H是$G=<a>$的子群。$H=\{e\}$或$H=G$时，显然H是循环群。

否则取H中的最小幂元a^m，下面证明a^m是H的生成元。易见$<a^m>\subseteq H$，为证明$H\subseteq<a^m>$，只需证明H中的任何元素都可以表示成a^m的整数次幂。任取$a^S\in H$，由除法可知存在整数q和r，使得$s=qm+r$，其中$0\leqslant r\leqslant m-1$，因此有

$$a^r=a^{S-qm}=a^S(a^m)^{-q}$$

由 $a^S, a^m \in H$ 且 H 是 G 的子群可知 $a^r \in H$，因为 a^m 是 H 中最小的幂元，所以必有 $r=0$，这就推出 $a^S=(a^m)^q \in \langle a^m \rangle$。

由此得 $H \subseteq \langle a^m \rangle$。证毕。

定理 8.14 若 $G=\langle a \rangle$ 是 n 阶循环群，则对 n 的每个正因子 d，G 恰好含有一个 d 阶子群。

证明：设 a 是 $(G,*)$ 的生成元，于是有

$$G=\{a, a^2, \cdots, a^n\}$$

因为 d 能整除 n，所以可以设 $n=pd$，令 $A=\{a^p, a^{2p}, \cdots, a^{dp}\}$。

由于 $a^{dp}=a^n=e$，容易验证运算 $*$ 对于 A 是封闭的，由此可知，$(A,*)$ 是 $(G,*)$ 的 d 阶子群。

例如，$G=\mathbf{Z}_{12}$ 是 12 阶循环群。12 的正因子是 1,2,3,4,6 和 12，因此 G 的子群是：

1 阶子群 $\langle 12 \rangle = \langle 0 \rangle = \{0\}$

2 阶子群 $\langle 6 \rangle = \{0,6\}$

3 阶子群 $\langle 4 \rangle = \{0,4,8\}$

4 阶子群 $\langle 3 \rangle = \{0,3,6,9\}$

6 阶子群 $\langle 2 \rangle = \{0,2,4,6,8,10\}$

12 阶子群 $\langle 1 \rangle = \mathbf{Z}_{12}$

2. 置换群

置换群在代数、几何中有十分重要的应用。例如，任意 n 次方程有没有根式解的问题就要用到这种群。此外，置换群中每个元素都可以具体表示出来，从而方便计算。

定义 8.18 设 $S=\{1,2,\cdots,n\}$，S 上的任何双射函数 $\sigma: S \to S$ 称为 S 上的 **n 元置换**。一般将 n 元置换 σ 记为

$$\sigma=\begin{pmatrix} 1 & 2 & \cdots & n \\ \sigma(1) & \sigma(2) & \cdots & \sigma(n) \end{pmatrix}$$

例如 $S=\{1,2,3,4,5\}$，则

$$\sigma=\begin{pmatrix} 1 & 2 & 3 & 4 & 5 \\ 5 & 3 & 2 & 1 & 4 \end{pmatrix},\quad \tau=\begin{pmatrix} 1 & 2 & 3 & 4 & 5 \\ 4 & 3 & 1 & 2 & 5 \end{pmatrix}$$

都是 5 元置换。

定义 8.19 设 σ、τ 是 n 元置换，则 σ 和 τ 的复合 $\sigma \circ \tau$ 也是 n 元置换，称为 σ 与 τ 的**乘积**，记作 $\sigma\tau$。

例如上面的 5 元置换 σ 和 τ，有

$$\sigma\tau=\begin{pmatrix} 1 & 2 & 3 & 4 & 5 \\ 5 & 1 & 3 & 4 & 2 \end{pmatrix},\quad \tau\sigma=\begin{pmatrix} 1 & 2 & 3 & 4 & 5 \\ 1 & 2 & 5 & 3 & 4 \end{pmatrix}。$$

定义 8.20 设 S_n 表示集合 S 上的 n 元置换，运算 $\circ$ 表示函数的复合，称群 $(S_n,\circ)$ 为 S 上的 **n 次对称群**。$(S_n,\circ)$ 的任何子群称为 S 上的 **n 次置换群**。

定义 8.21 设 σ 是 $S=\{1,2,\cdots,n\}$ 上的 n 元置换，若

$$\sigma(i_1)=i_2, \sigma(i_2)=i_3, \cdots, \sigma(i_{k-1})=i_k, \sigma(i_k)=i_1$$

且保持 S 中的其他元素不变，则称 σ 为 S 上的 **k 阶轮换**，记作 $(i_1 i_2 \cdots i_k)$。若 $k=2$，这时也称 σ 为 S 上的**对换**。

例如 5 元置换 $\sigma=\begin{pmatrix}1&2&3&4&5\\2&3&4&1&5\end{pmatrix}$，$\tau=\begin{pmatrix}1&2&3&4&5\\3&2&1&4&5\end{pmatrix}$ 分别是 4 阶和 2 阶轮换 $\sigma=(1\ 2\ 3\ 4)$，$\tau=(1\ 3)$。

8.4.5　陪集与拉格朗日定理

1. 陪集的定义

定义 8.22　设 H 是 G 的子群，$a\in G$。令 $Ha=\{ha \mid h\in H\}$，称 Ha 是子群 H 在 G 中的右陪集，称 a 为 Ha 的代表元素。

例 8.38

(1) 设 $G=\{e,a,b,c\}$ 是 Klein 四元群，$H=\langle a\rangle$ 是 G 的子群。H 所有的右陪集是：

$$He=\{e,a\}=H,\ Ha=\{a,e\}=H,\ Hb=\{b,c\},\ Hc=\{c,b\}$$

不同的右陪集只有两个，即 H 和 $\{b,c\}$。

(2) 设 $A=\{1,2,3\}$，$f_1,f_2,\cdots,f_6$ 是 A 上的双射函数。其中

$$f_1=\{\langle 1,1\rangle,\langle 2,2\rangle,\langle 3,3\rangle\},f_2=\{\langle 1,2\rangle,\langle 2,1\rangle,\langle 3,3\rangle\}$$
$$f_3=\{\langle 1,3\rangle,\langle 2,2\rangle,\langle 3,1\rangle\},f_4=\{\langle 1,1\rangle,\langle 2,3\rangle,\langle 3,2\rangle\}$$
$$f_5=\{\langle 1,2\rangle,\langle 2,3\rangle,\langle 3,1\rangle\},f_6=\{\langle 1,3\rangle,\langle 2,1\rangle,\langle 3,2\rangle\}$$

令 $G=\{f_1,f_2,\cdots,f_6\}$，则 G 关于函数的复合运算构成群。考虑 G 的子群 $H=\{f_1,f_2\}$，做出 H 的全体右陪集如下：

$$Hf_1=\{f_1\circ f_1,f_2\circ f_1\}=\{f_1,f_2\}=H$$
$$Hf_2=\{f_1\circ f_2,f_2\circ f_2\}=\{f_2,f_1\}=H$$
$$Hf_3=\{f_1\circ f_3,f_2\circ f_3\}=\{f_3,f_5\}$$
$$Hf_4=\{f_1\circ f_4,f_2\circ f_4\}=\{f_4,f_6\}$$
$$Hf_5=\{f_1\circ f_5,f_2\circ f_5\}=\{f_5,f_3\}$$
$$Hf_6=\{f_1\circ f_6,f_2\circ f_6\}=\{f_6,f_4\}$$

易见，$Hf_1=Hf_2$，$Hf_3=Hf_5$，$Hf_4=Hf_6$，不同的右陪集只有三个，每个右陪集都是 G 的子集。

2. 陪集的基本性质

定理 8.15　设 H 是群 G 的子群，则

(1) $He=H$；

(2) $\forall a\in G$ 有 $a\in Ha$。

证明：(1) $He=\{he \mid h\in H\}=\{h \mid h\in H\}=H$

(2) 任取 $a\in G$，由 $a=ea$ 和 $ea\in Ha$ 得 $a\in Ha$

定理 8.16　设 H 是群 G 的子群，则 $\forall a,b\in G$ 有

$$a\in Hb\Leftrightarrow ab^{-1}\in H\Leftrightarrow Ha=Hb$$

证明：先证 $a\in Hb\Leftrightarrow ab^{-1}\in H$。

$$a\in Hb\Leftrightarrow \exists h(h\in H\wedge a=hb)\Leftrightarrow \exists h(h\in H\wedge ab^{-1}=h)\Leftrightarrow ab^{-1}\in H$$

再证 $a\in Hb\Leftrightarrow Ha=Hb$。

充分性。若 $Ha=Hb$,由 $a\in Ha$ 可知必有 $a\in Hb$。

必要性。由 $a\in Hb$ 可知存在 $h\in H$,使得 $a=hb$,即 $b=h^{-1}a$。任取 $h_1a\in Ha$,则有

$$h_1a=h_1(hb)=(h_1h)b\in Hb$$

从而得到 $Ha\subseteq Hb$。反之,任取 $h_1b\in Hb$,则有

$$h_1b=h_1(h^{-1}a)=(h_1h^{-1})a\in Ha$$

从而得到 $Hb\subseteq Ha$。

综上所述,$Ha=Hb$ 得证。

定理 8.16 给出了两个右陪集相等的充分必要条件,并且说明在右陪集中的任何元素都可以作为它的代表元素。因为例 8.38 中的 $f_3\in Hf_5$,所以 $Hf_3=Hf_5$,同时有 $f_3\circ f_5{}^{-1}=f_3\circ f_6=f_2\in H$。

定理 8.17 设 H 是群 G 的子群,在 G 上定义二元关系 R:

$\forall a,b\in G,\langle a,b\rangle\in R\Leftrightarrow ab^{-1}\in H$,则 R 是 G 上的等价关系,且 $[a]_R=Ha$。

推论 设 H 是群 G 的子群,则

(1) $\forall a,b\in G,Ha=Hb$ 或 $Ha\cap Hb=\varnothing$。

(2) $\cup\{Ha\mid a\in G\}=G$。

根据以上定理和推论可以知道,给定群 G 的一个子群 H,H 的所有右陪集的集合 $\{Ha\mid a\in G\}$ 恰好构成 G 的一个划分。考虑 Klein 四元群 $G=\{e,a,b,c\}$,$H=\{e,a\}$ 是 G 的子群。H 在 G 中的右陪集是 H 和 Hb,其中 $Hb=\{b,c\}$,那么 $\{H,Hb\}$ 构成了 G 的一个划分。而且,划分的各单元与 H 具有同样数目的元素。由此可导出下列重要的拉格朗日定理。

定理 8.18 证明

3. 拉格朗日定理

定理 8.18 设 $(H,*)$ 为有限群 $(G,*)$ 的一个子群,$|G|=n$,$|H|=m$,则 $m\mid n$。

8.4.6 正规子群与商群

1. 正规子群

回顾例 8.38 的群 $G=\{f_1,f_2,\cdots,f_6\}$。令 $H=\{f_1,f_2\}$,则和 H 的右陪集相比,不难看出有

$$Hf_1=f_1H,\quad Hf_2=f_2H$$

$$Hf_3\neq f_3H,\quad Hf_4\neq f_4H,\quad Hf_5\neq f_5H,\quad Hf_6\neq f_6H$$

一般来说,对于群 G 的每个子群 H,不能保证有 $Ha=aH$。但是,对某些特殊的子群 H,$\forall a\in G$ 都有 $Ha=aH$,称这些子群为 G 的正规子群。

定义 8.23 设 H 是群 G 的子群。如果 $\forall a\in G$ 都有 $Ha=aH$,则称 H 是 G 的**正规子群**,记作 $H\trianglelefteq G$。

任何群 G 都有正规子群,因为 G 的两个平凡子群,即 G 和 $\{e\}$,都是 G 的正规子群。如果 G 是阿贝尔群,则 G 的所有子群都是正规子群。

例 8.39 设 $A=\{1,2,3\}$,$f_1,f_2,\cdots,f_6$ 是 A 上的双射函数,定义与例 8.38 中的(2)相同。

令 $G=\{f_1,f_2,\cdots,f_6\}$,则 G 关于函数的复合运算构成群。G 的全体子群是:

$$H_1=\{f_1\},\quad H_2=\{f_1,f_2\},\quad H_3=\{f_1,f_3\}$$
$$H_4=\{f_1,f_4\},\quad H_5=\{f_1,f_5,f_6\},\quad H_6=G$$

不难验证，H_1、H_5 和 H_6 是 G 的正规子群，而 H_2、H_3 和 H_4 不是正规子群。

2. 正规子群的判定定理

定理 8.19　设 N 是群 G 的子群，N 是群 G 的正规子群当且仅当 $\forall g\in G$，$\forall n\in N$ 有 $gng^{-1}\in N$。

证明：必要性。任取 $g\in G$，$n\in N$，由 $gN=Ng$ 可知，存在 $n_1\in N$，使得 $gn=n_1g$，从而有 $gng^{-1}=n_1gg^{-1}=n_1\in N$。

充分性，即证明 $\forall g\in G$ 有 $gN=Ng$。

任取 $gn\in gN$，由 $gng^{-1}\in N$ 可知，存在 $n_1\in N$，使得 $gng^{-1}=n_1$，从而得 $gn=n_1g\in Ng$。这就推出 $gN\subseteq Ng$。反之，任取 $ng\in Ng$，由于 $g^{-1}\in G$ 必有 $(g^{-1})n(g^{-1})^{-1}\in N$，即 $g^{-1}ng\in N$。所以，存在 $n_1\in N$，使得 $g^{-1}ng=n_1$，从而有 $ng=gn_1\in gN$。这就推出 $Ng\subseteq gN$。

综上所述，$\forall g\in G$ 有 $gN=Ng$。

例 8.40　设 G 是全体 n 阶实可逆矩阵的集合关于乘法构成的群，其中 $n\geqslant 2$。令

$$H=\{\boldsymbol{x}\mid \boldsymbol{x}\in G\wedge \det\boldsymbol{x}=1\}$$

其中 $\det\boldsymbol{x}$ 表示矩阵 $\boldsymbol{x}$ 的行列式，则 H 是 G 的正规子群。

证明：设 $\boldsymbol{E}$ 表示 n 阶单位矩阵，则 $\boldsymbol{E}\in H$，H 非空。任取 $\boldsymbol{M}_1,\boldsymbol{M}_2\in H$，则

$$\det(\boldsymbol{M}_1\boldsymbol{M}_2{}^{-1})=\det\boldsymbol{M}_1\det\boldsymbol{M}_2{}^{-1}=1,$$

所以 $\boldsymbol{M}_1\boldsymbol{M}_2{}^{-1}\in H$。由子群判别定理可知，$H\leqslant G$。

下面证明 H 是正规的。任取 $X\in G$，$M\in H$，则

$$\det(XMX^{-1})=\det X\cdot\det M\cdot\det X^{-1}=\det X\cdot\det X^{-1}=\det(XX^{-1})=\det\boldsymbol{E}=1$$

所以 $XMX^{-1}\in H$。由判定定理，H 是 G 的正规子群。

例 8.41　设 N 是群 G 的子群，若 G 的其他子群都不与 N 等势，则 N 是 G 的正规子群。

证明：任取 $g\in G$，易证 gNg^{-1} 是 G 的子群，下面证 $N\approx gNg^{-1}$。

$\forall n\in N$，令 $f(n)=gng^{-1}$，则 f 是 N 到 gNg^{-1} 的映射。若 $f(n_1)=f(n_2)$，则有 $gn_1g^{-1}=gn_2g^{-1}$，从而推出 $n_1=n_2$，即 f 是单射。任取 $gng^{-1}\in gNg^{-1}$，则有 $n\in N$ 且 $f(n)=gng^{-1}$，这就证明了 f 是满射，从而 $N\approx gNg^{-1}$。

根据已知条件，必有 $gNg^{-1}=N$，所以 $N\trianglelefteq G$。

定理 8.20　设 φ 是群 G_1 到 G_2 的同态，H 是 G_1 的子群，则

(1) $\varphi(H)$ 是 G_2 的子群。

(2) 若 H 是 G_1 的正规子群，且 φ 是满同态，则 $\varphi(H)$ 是 G_2 的正规子群。

定理 8.20 证明

3. 商群

正规子群之所以重要，是因为由正规子群可以得到陪集，并且可以在陪集上定义一个群，这个群称为商群，且群和它的商群之间存在一种自然的同态映射。

设 G 是群，N 是 G 的正规子群，令 G/N 是 N 在 G 中的全体右陪集（或左陪集）构成的集合，即 $G/N=\{Ng\mid g\in G\}$，在 G/N 上定义二元运算$\circ$如下：对于任意的 Na，$Nb\in$

G/N，$Na \circ Nb = Nab$，可以证明G/N关于$\circ$运算构成一个群。

首先，必须验证$\circ$运算是良定义的。因为$\circ$运算是涉及类的运算，必须证明该运算与类的代表元素的选择无关。换句话说，若$Na = Nx$，$Nb = Ny$，则有$Na \circ Nb = Nx \circ Ny$。

任取$a, b, x, y \in G$，则有

$$\begin{aligned} Na = Nx \land Nb = Ny &\Rightarrow \exists n_1 \exists n_2 (a = n_1 x \land b = n_2 y) \\ &\Rightarrow Nab = Nn_1 x n_2 y = Nn_1 n_2' xy \text{（由于 } N \text{ 是正规的）} \\ &\Rightarrow Nab = Nxy \Rightarrow Na \circ Nb = Nx \circ Ny \end{aligned}$$

易见，G/N关于$\circ$运算是封闭的。再证明$\circ$运算是可结合的。任取$a, b, c \in G$，

$$(Na \circ Nb) \circ Nc = Nab \circ Nc = N(ab)c = Nabc$$

$$Na \circ (Nb \circ Nc) = Na \circ Nbc = Na(bc) = Nabc$$

所以有$(Na \circ Nb) \circ Nc = Na \circ (Nb \circ Nc)$。

$Ne = N$是G/N中关于$\circ$运算的单位元。$\forall Na \in G/N$，Na^{-1}是Na的逆元。综上所述，G/N关于$\circ$运算构成群，称为G的商群。

定义 8.24 设$<H, *>$是群$<G, *>$的一个正规子群，G/H表示G的所有陪集的集合，则$<G/H, \odot>$是一个群，称为商群，其中"$\odot$"定义为

$$\forall aH, bH \in G/H, \quad aH \odot bH = (a * b)H。$$

例 8.42 设$<\mathbf{Z}, +>$是整数加群，令$3\mathbf{Z} = \{3z \mid z \in \mathbf{Z}\}$，则$3\mathbf{Z}$是$\mathbf{Z}$的正规子群。$\mathbf{Z}$关于$3\mathbf{Z}$的商群$\mathbf{Z}/3\mathbf{Z} = \{\bar{0}, \bar{1}, \bar{2}\}$，其中$\bar{i} = [i] = \{3z + i \mid z \in \mathbf{Z}\}$ $i = 0, 1, 2$。且商群$\mathbf{Z}/3\mathbf{Z}$中的运算$\oplus$见表8.9。

表 8.9 商群 Z/3Z 中的运算

$\oplus$	$\bar{0}$	$\bar{1}$	$\bar{2}$
$\bar{0}$	$\bar{0}$	$\bar{1}$	$\bar{2}$
$\bar{1}$	$\bar{1}$	$\bar{2}$	$\bar{0}$
$\bar{2}$	$\bar{2}$	$\bar{0}$	$\bar{1}$

8.4.7 群的同态与同构实例

例 8.43 (1) $G_1 = <\mathbf{Z}, +>$是整数加群，$G_2 = <\mathbf{Z}_n, \oplus>$是模$n$的整数加群。令

$$\varphi: \mathbf{Z} \to \mathbf{Z}_n, \varphi(x) = (x) \bmod n$$

则φ是G_1到G_2的同态。因为$\forall x, y \in \mathbf{Z}$，有

$$\varphi(x + y) = (x + y) \bmod n = (x) \bmod n \oplus (y) \bmod n = \varphi(x) \oplus \varphi(y)。$$

(2) 设G_1、G_2是群，e_2是G_2的单位元。令

$$\varphi: G_1 \to G_2, \varphi(a) = e_2, \forall a \in G_1$$

则φ是G_1到G_2的同态，称为零同态。因为$\forall a, b \in G_1$，有

$$\varphi(ab) = e_2 = e_2 e_2 = \varphi(a)\varphi(b)$$

例 8.44 设$G = <\mathbf{Z}_n, \oplus>$是模$n$整数加群，可以证明恰含有$n$个$G$的自同态，即

$$\varphi: \mathbf{Z}_n \to \mathbf{Z}_n, \varphi(x) = (px) \bmod n, p = 0, 1, \cdots, n - 1$$

例 8.45 设 G 为群，$a\in G$。令 $\varphi: G\to G$，$\varphi(x)=axa^{-1}$，$\forall x\in G$，则 φ 是 G 的自同构，称为 G 的**内自同构**。

证明：$\forall x,y\in G$，有 $\varphi(xy)=a(xy)a^{-1}=(axa^{-1})(aya^{-1})=\varphi(x)\varphi(y)$，所以 φ 是 G 的自同态。

任取 $y\in G$，则 $a^{-1}ya\in G$，且满足 $\varphi(a^{-1}ya)=a(a^{-1}ya)a^{-1}=y$，所以 φ 是满射的。

若 $\varphi(x)=\varphi(y)$，即 $axa^{-1}=aya^{-1}$，由 G 中的消去律必有 $x=y$，从而证明了 φ 是单射的。

综上所述，φ 是 G 的自同构。

如果 G 是阿贝尔群，对于上面的内自同构 φ，必有 $\varphi(x)=axa^{-1}=aa^{-1}x=x$，这说明阿贝尔群的内自同构只有一个，就是恒等映射。

考虑模 3 整数加群 $<\mathbf{Z}_3,\oplus>$，$\mathbf{Z}_3$ 有 3 个自同态，即 $\varphi_p=(px)\bmod 3$，$p=0,1,2$。

$$p=0,\varphi_0=\{<0,0>,<1,0>,<2,0>\}$$
$$p=1,\varphi_1=\{<0,0>,<1,1>,<2,2>\}$$
$$p=2,\varphi_2=\{<0,0>,<1,2>,<2,1>\}$$

在这三个自同态中，φ_1 和 φ_2 是 $\mathbf{Z}_3$ 的自同构，其中 φ_1 是内自同构，φ_0 是零同态。

例 8.46 设 $G_1=<\mathbf{Q},+>$是有理数加群，$G_2=<\mathbf{Q}^*,\cdot>$是非零有理数乘法群。证明：不存在 G_2 到 G_1 的同构。

证明：假设 φ 是 G_2 到 G_1 的同构，那么有 $\varphi: G_2\to G_1$，$\varphi(1)=0$

于是有 $\varphi(-1)+\varphi(-1)=\varphi((-1)(-1))=\varphi(1)=0$

从而得 $\varphi(-1)=0$，这与 φ 的单射性矛盾。

例 8.47 图 8.1 给出的 4 个四阶群

*	e	a	b	c
e	e	a	b	c
a	a	e	c	b
b	b	c	e	a
c	c	b	a	e

(1) G_1

*	e	a	b	c
e	e	a	b	c
a	a	e	c	b
b	b	c	a	e
c	c	b	e	a

(2) G_2

*	e	a	b	c
e	e	a	b	c
a	a	b	c	e
b	b	c	e	a
c	c	e	a	b

(3) G_3

*	e	a	b	c
e	e	a	b	c
a	a	c	e	b
b	b	e	c	a
c	c	b	a	e

(4) G_4

图 8.1 4 个四阶群

可以证明 G_2 与 G_3、G_4 同构，均同构于$<\mathbf{Z}_4,\oplus_4>$。G_1 为 Klein 四元群。

例 8.48 解答

例 8.48 设 $G=\{e,a,b,c\}$ 是 Klein 四元群。试给出 G 的所有自同构。

定义 8.25 设 φ 是群 G_1 到 G_2 的同态,令 $\ker\varphi=\{x \mid x\in G_1 \wedge \varphi(x)=e_2\}$,其中 e_2 为 G_2 的单位元,称 $\ker\varphi$ 为**同态的核**。

考虑例 8.43 中的 2 个同态。(1)中的 φ: $\mathbf{Z}\to\mathbf{Z}_n$, $\varphi(x)=(x) \bmod n$, $\ker\varphi=\{z \mid z\in \mathbf{Z}\wedge n$ 整除 $z\}=n\mathbf{Z}$。(2)中的 φ: $G_1\to G_2$, $\varphi(a)=e_2$, $a\in G_1$, φ 是零同态,$\ker\varphi=G_1$。

关于同态的核,有以下定理。

定理 8.21 设 φ 是群 G_1 到 G_2 的同态,则

(1) $\ker\varphi \trianglelefteq G_1$。

(2) φ 是单同态,当且仅当 $\ker\varphi=\{e_1\}$,其中 e_1 为 G_1 的单位元。

例 8.49 设 G 是群,N 是 G 的正规子群。令 $g: G\to G/N$, $g(a)=Na$, $\forall a\in G$,则 g 是 G 到 G/N 的同态。因为 $\forall a,b\in G$,有 $g(ab)=Nab=Na\,Nb=g(a)g(b)$,所以称 g 为**自然同态**。

易见,自然同态都是满同态。下面求 $\ker g$。任取 $x\in G$,由

$$x\in \ker g \Leftrightarrow Nx=N \Leftrightarrow x\in N,\text{可知 } \ker g=N。$$

考虑两个平凡的正规子群。设 $g: G\to G/N$ 是自然同态。当 $N=G$ 时,有 $G/N=G/G=\{G\}$,且 $\forall a\in G$ 有 $g(a)=G$,g 是零同态。当 $N=\{e\}$时,$\ker g=\{e\}$。根据定理 8.21,g 是单同态,也是同构。这时 $G/N=\{\{a\}\mid a\in G\}$,且 $\forall a\in G$ 有 $g(a)=\{a\}$。

8.5 环与域

8.5.1 环

定义 8.26 设$<R,+,\cdot>$是代数系统,$+$和$\cdot$是二元运算。如果满足以下条件:

(1) $<R,+>$构成交换群;

(2) $<R,\cdot>$构成半群;

(3) $\cdot$运算关于$+$运算满足分配律。

则称$<R,+,\cdot>$是一个**环**。

为了区别环中的两个运算,通常称$+$运算为环中的加法,$\cdot$运算为环中的乘法。

例 8.50 (1) 整数集合 $\mathbf{Z}$,对于数的加法和乘法是一个环,称为整数环$<\mathbf{Z},+,\times>$。

有理数集、实数集和复数集关于普通的加法和乘法构成环,分别称为有理数环 $\mathbf{Q}$,实数环 $\mathbf{R}$ 和复数环 $\mathbf{C}$。

(2) $n(n\geqslant 2)$阶实矩阵的集合 $\boldsymbol{M}_n(R)$关于矩阵的加法和乘法构成环$<\boldsymbol{M}_n(R),+,\cdot>$,称为 n 阶实矩阵环。

(3) 用 $\mathbf{Z}[x]$表示 x 的所有整系数多项式构成的集合,对于多项式的加法和乘法,构成一个环,称为整系数多项式环,记作$<\mathbf{Z}[x],+,\cdot>$。

(4) 集合的幂集 $P(B)$关于集合的对称差运算和交运算构成环。

(5) 设 $\mathbf{Z}_n=\{0,1,\cdots,n-1\}$,$\oplus$和$\otimes$分别表示模 n 的加法和乘法,则$<\mathbf{Z}_n,\oplus,\otimes>$构成环,称为模 n 的整数环。

为叙述方便，将环中加法的单位元记作 0，乘法的单位元记作 1（如果有）。对环中的任一元素 x，称 x 的加法逆元为**负元**，记作 $-x$。若 x 存在乘法逆元，则将它称为逆元，记作 x^{-1}。类似地，针对环中的加法，用 $x-y$ 表示 $x+(-y)$，nx 表示 $x+x+\cdots+x$（n 个 x），即 x 的 n 次加法幂，并且用 $-xy$ 表示 xy 的负元。

定理 8.22　设 $<R,+,\cdot>$ 是环，则

(1) $\forall a\in R$，$a\cdot 0=0\cdot a=0$；

(2) $\forall a,b\in R$，$(-a)\cdot b=a\cdot(-b)=-(a\cdot b)$；

(3) $\forall a,b,c\in R$，$a\cdot(b-c)=a\cdot b-a\cdot c$，$(b-c)\cdot a=b\cdot a-c\cdot a$。

定义 8.27　设 R 是环，S 是 R 的非空子集。若 S 关于环 R 的加法和乘法也构成一个环，则称 S 为 R 的**子环**。若 S 是 R 的子环，且 $S\subset R$，则称 S 是 R 的**真子环**。

例如，整数环 $\mathbf{Z}$、有理数环 $\mathbf{Q}$ 都是实数环 $\mathbf{R}$ 的真子环。$\{0\}$ 和 $\mathbf{R}$ 也是实数环 $\mathbf{R}$ 的子环，称为**平凡子环**。

定义 8.28　设 R_1 和 R_2 是环。$\varphi: R_1\to R_2$，若对任意 $x,y\in R_1$，有

$$\varphi(x+y)=\varphi(x)+\varphi(y),\quad \varphi(xy)=\varphi(x)\varphi(y)$$

成立，则称 φ 是环 R_1 到 R_2 的**同态映射**，简称**环同态**。

例 8.51　设 $R_1=<\mathbf{Z},+,\cdot>$ 是整数环，$R_2=<\mathbf{Z}_n,\oplus,\otimes>$ 是模 n 的整数环。令

$$\varphi: \mathbf{Z}\to\mathbf{Z}_n,\quad \varphi(x)=(x)\bmod n$$

则 $\forall x,y\in\mathbf{Z}$，有

$$\varphi(x+y)=(x+y)\bmod n=(x)\bmod n\oplus(y)\bmod n=\varphi(x)\oplus\varphi(y)$$
$$\varphi(xy)=(xy)\bmod n=(x)\bmod n\otimes(y)\bmod n=\varphi(x)\otimes\varphi(y)$$

所以，φ 是 R_1 到 R_2 的同态，不难看出 φ 是满同态。

定义 8.29　设 $<R,+,\cdot>$ 是环，

(1) 若环中乘法 $\cdot$ 适合交换律，则称 R 是**交换环**。

(2) 若环中乘法 $\cdot$ 存在单位元，则称 R 是**含幺环**。

(3) 若 $\forall a,b\in R$，$ab=0\Rightarrow a=0\vee b=0$，则称 R 是**无零因子环**。

(4) 若 R 既是交换环、含幺环，也是无零因子环，则称 R 是**整环**。

例 8.52　(1) 整数环 $\mathbf{Z}$、有理数环 $\mathbf{Q}$、实数环 $\mathbf{R}$、复数环 $\mathbf{C}$ 都是交换环、含幺环、无零因子环和整环。

(2) 令 $2\mathbf{Z}=\{2z\mid z\in\mathbf{Z}\}$，则 $2\mathbf{Z}$ 关于普通的加法和乘法构成交换环和无零因子环，但不是含幺环和整环，因为 $1\notin 2\mathbf{Z}$。

(3) 设 n 是大于或等于 2 的正整数，则 n 阶实矩阵的集合 $\boldsymbol{M}_n(R)$ 关于矩阵加法和乘法构成环，它是含幺环，但不是交换环和无零因子环，也不是整环。

(4) $\mathbf{Z}_6$ 关于模 6 加法和乘法构成环，它是交换环、含幺环，但不是无零因子环和整环。因为 $2\otimes 3=0$，但 2 和 3 都不是 0。一般来说，对于模 n 整数环 $\mathbf{Z}_n$，若 n 不是素数，则存在正整数 $s,t(s,t\geqslant 2)$，使得 $st=n$，这样就得到了 $s\otimes t=0$，s、t 是 $\mathbf{Z}_n$ 中的零因子，因此 $\mathbf{Z}_n$ 不是整环。可以证明：$\mathbf{Z}_n$ 是整环，当且仅当 n 是素数。

8.5.2 域

定义 8.30 $<S,+,\cdot>$是代数系数,如满足

(1) $<S,+>$是交换群;

(2) $<S-\{0\},\cdot>$是交换群;

(3) 运算$\cdot$对$+$是可分配的。

则称$<S,+,\cdot>$是域。域就是交换除环。

例 8.54 证明

例 8.53 有理数集 **Q**、实数集 **R**、复数集 **C** 对数的加法和乘法均构成域,但整数集 **Z** 不是域。

例 8.54 证明:有限整环一定是域。

例 8.55 设 p 为素数,证明$<\mathbf{Z}_p,+,\cdot>$是域。

例 8.55 证明

8.6 格与布尔代数

8.6.1 格

1. 格作为偏序集的定义

定义 8.31 设$<S,\leqslant>$是偏序集,如果$\forall x,y\in S$,$\{x,y\}$都有最小上界和最大下界,则称这个偏序集是格。

由于最小上界和最大下界的唯一性,因此可以把求$\{x,y\}$的最小上界和最大下界看成 x 与 y 的二元运算$\vee$和$\wedge$,即求 $x\vee y$ 和 $x\wedge y$ 分别表示 x 与 y 的最小上界和最大下界。这里要说明一点,$\vee$和$\wedge$符号只代表格中的运算,没有其他含义。

例 8.56 设 n 是正整数,S_n 是 n 的正因子的集合。D 为整除关系,则偏序集$<S_n,D>$构成格。$\forall x,y\in S_n$,$x\vee y$ 是 $\mathrm{lcm}(x,y)$,即 x 与 y 的最小公倍数。$x\wedge y$ 是 $\gcd(x,y)$,即 x 与 y 的最大公约数。图 8.2 给出了格$<S_8,D>$,$<S_6,D>$和$<S_{30},D>$。

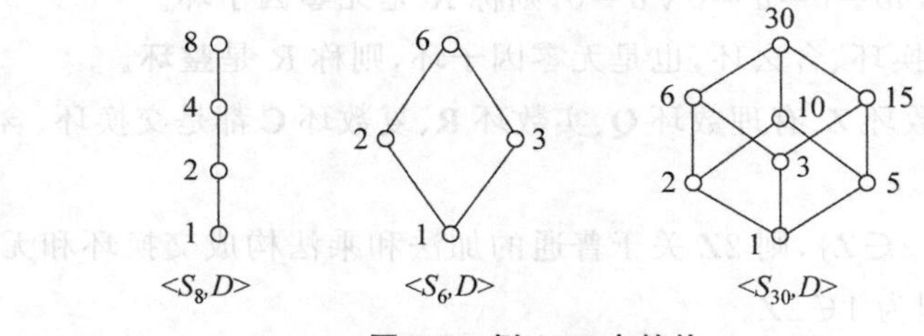

图 8.2 例 8.56 中的格

例 8.57 判断下列偏序集是否构成格,并说明理由。

(1) $<P(B),\subseteq>$,其中 $P(B)$是集合 B 的幂集。

(2) $<\mathbf{Z},\leqslant>$,其中 **Z** 是整数集,$\leqslant$为小于或等于关系。

(3) 偏序集的哈斯图分别在图 8.3 中给出。

解:(1) 是格。$\forall x,y\in P(B)$,$x\vee y$ 就是 $x\cup y$,$x\wedge y$ 就是 $x\cap y$。由于$\cup$和$\cap$运算

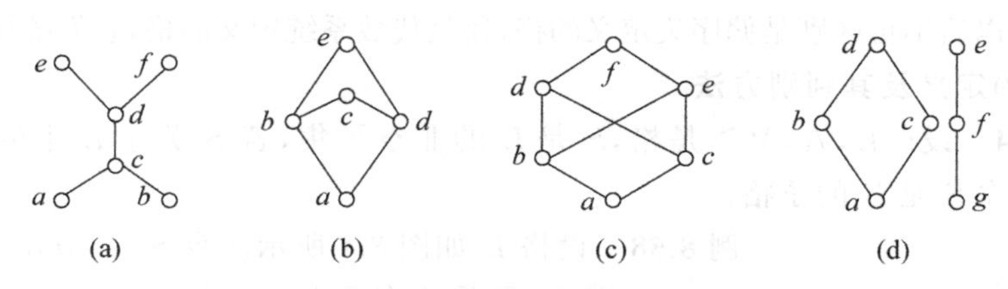

图 8.3　例 8.57(3)中的图

在 $P(B)$ 上是封闭的，所以 $x\cup y, x\cap y\in P(B)$，称 $<P(B),\subseteq>$ 为 B 的幂集格。

(2) 是格。$\forall x,y\in \mathbf{Z}, x\vee y=\max(x,y)$，$x\wedge y=\min(x,y)$，它们都是整数。

(3) 都不是格。(a)中的 $\{a,b\}$ 没有最大下界。(b)中的 $\{b,d\}$ 有两个上界 c 和 e，但没有最小上界。(c)中的 $\{b,c\}$ 有三个上界 d,e,f，但没有最小上界。(d)中的 $\{a,g\}$ 没有最大下界。

定义 8.32　设 f 是含有格中元素以及符号 $=,\leqslant,\geqslant,\vee$ 和 $\wedge$ 的命题。令 f^* 是将 f 中的 $\leqslant$ 替换成 $\geqslant$，$\geqslant$ 替换成 $\leqslant$，$\vee$ 替换成 $\wedge$，$\wedge$ 替换成 $\vee$ 所得到的命题，称 f^* 为 f 的对偶命题。

例如，在格中令 f 是 $(a\vee b)\wedge c\leqslant c$，则 f^* 是 $(a\wedge b)\vee c\geqslant c$。

命题 f 和它的对偶命题遵循下列规则，这个规则叫作**格的对偶原理**。

设 f 是含有格中元素以及符号 $=,\leqslant,\geqslant,\vee$ 和 $\wedge$ 等的命题。若 f 对一切格为真，则 f 的对偶命题 f^* 也对一切格为真。

例如，对一切格 L 都有 $\forall a,b\in L, a\wedge b\leqslant a$，那么，对一切格 L 都有 $\forall a,b\in L, a\vee b\geqslant a$。许多格的性质都互为对偶命题。有了格的对偶原理，在证明格的性质时只证明其中一个命题就可以了。

定理 8.23　设 $<L,\leqslant>$ 是格，则

定理 8.23 证明

(1) $\forall a,b\in L$ 有 $a\vee b=b\vee a$，$a\wedge b=b\wedge a$　　交换律

(2) $\forall a,b,c\in L$ 有 $(a\vee b)\vee c=a\vee(b\vee c)$，
$(a\wedge b)\wedge c=a\wedge(b\wedge c)$　　结合律

(3) $\forall a\in L$ 有 $a\vee a=a$，$a\wedge a=a$　　幂等律

(4) $\forall a,b\in L$ 有 $a\vee(a\wedge b)=a, a\wedge(a\vee b)=a$　　吸收律

(5) $\forall a,b\in L$ 有 $a\leqslant b\Leftrightarrow a\wedge b=a\Leftrightarrow a\vee b=b$

(6) $\forall a,b,c,d\in L$，若 $a\leqslant b$ 且 $c\leqslant d$，则 $a\wedge c\leqslant b\wedge d$，$a\vee c\leqslant b\vee d$

(7) $\forall a,b,c\in L$ 有 $a\vee(b\wedge c)\leqslant(a\vee b)\wedge(a\vee c)$

2. 格作为代数系统的定义

定理 8.24　设 $<S,*,\circ>$ 是具有两个二元运算的代数系统，若 $*$ 和 $\circ$ 运算适合交换律、结合律、吸收律，则可以适当定义 S 中的偏序 $\leqslant$，使得 $<S,\leqslant>$ 构成一个格，且 $\forall a,b\in S$，有 $a\wedge b=a*b$，$a\vee b=a\circ b$。

证明省略。根据定理 8.23，可以给出格的另一个等价定义。

定义 8.33　设 $<S,*,\circ>$ 是代数系统，$*$ 和 $\circ$ 是二元运算，如果 $*$ 和 $\circ$ 满足交换律、结合律和吸收律，则 $<S,*,\circ>$ 构成一个格。

注意，格中的运算满足四条算律，但幂等律可以由吸收律推出，所以定义 8.31 中只满足三

条算律即可。以后不再区别是偏序集定义的格,还是代数系统定义的格,它们统称为格 L。

3. 子格的定义及其判别方法

定义 8.34 设 $<L,\wedge,\vee>$ 是格,S 是 L 的非空子集,若 S 关于 L 中的运算 $\wedge$ 和 $\vee$ 仍构成格,则称 S 是 L 的**子格**。

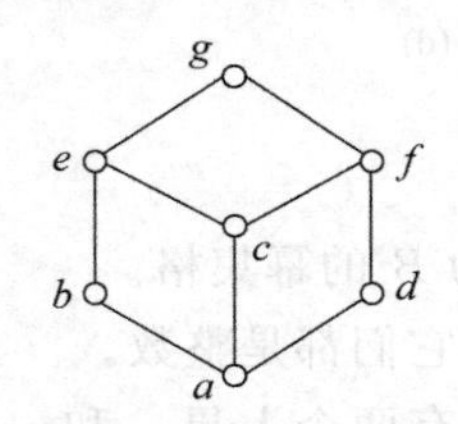

图 8.4 例 8.58 中的格

例 8.58 设格 L 如图 8.4 所示。令 $S_1=\{a,e,f,g\}$,$S_2=\{a,b,e,g\}$,则 S_1 不是 L 的子格,S_2 是 L 的子格。因为对于 e 和 f,有 $e\wedge f=c$,但 $c\notin S_1$。

4. 格同态的定义及其性质

定义 8.35 设 L_1 和 L_2 是格,$f:L_1\to L_2$,若 $\forall a,b\in L_1$,有 $f(a\wedge b)=f(a)\wedge f(b)$,$f(a\vee b)=f(a)\vee f(b)$ 成立,则称 f 为格 L_1 到 L_2 的同态映射,简称格同态。

例 8.59 设 $L_1=\{2n\mid n\in\mathbf{Z}^+\}$,$L_2=\{2n+1\mid n\in\mathbf{Z}^+\}$,则 L_1 和 L_2 关于通常数的小于或等于关系构成格。

令 $f:L_1\to L_2$,$f(x)=x-1$,可以验证 f 是 L_1 到 L_2 的同态映射。

定理 8.25 设 f 是格 L_1 到 L_2 的映射,

(1) 若 f 是格同态映射,则 f 是保序映射,即 $\forall x,y\in L_1$,有

$$x\leqslant y\Rightarrow f(x)\leqslant f(y)$$

(2) 若 f 是双射,则 f 是格同构映射,当且仅当 $\forall x,y\in L_1$,有

$$x\leqslant y\Leftrightarrow f(x)\leqslant f(y)$$

证明留给读者。

定义 8.36 设 L_1 和 L_2 是格,定义 $L_1\times L_2$ 上的运算 $\cap,\cup$:$\forall<a_1,b_1>,<a_2,b_2>\in L_1\times L_2$,

$$<a_1,b_1>\cap<a_2,b_2>=<a_1\wedge a_2,b_1\wedge b_2>$$

$$<a_1,b_1>\cup<a_2,b_2>=<a_1\vee a_2,b_1\vee b_2>$$

称 $<L_1\times L_2,\cap,\cup>$ 为格 L_1 和 L_2 的直积。可以证明 $<L_1\times L_2,\cap,\cup>$ 仍是格。

5. 分配格

一般来说,格中的运算 $\vee$ 对 $\wedge$ 满足分配不等式,即 $\forall a,b,c\in L$,有 $a\vee(b\wedge c)\leqslant(a\vee b)\wedge(a\vee c)$,但是不一定满足分配律。满足分配律的格称为分配格。

定义 8.37 设 $<L,\wedge,\vee>$ 是格,若 $\forall a,b,c\in L$,有

$$a\wedge(b\vee c)=(a\wedge b)\vee(a\wedge c)$$

$$a\vee(b\wedge c)=(a\vee b)\wedge(a\vee c)$$

则称 L 为分配格。

例 8.60 如图 8.5 所示,L_1 和 L_2 是分配格,L_3 和 L_4 不是分配格。因为在 L_3 中,

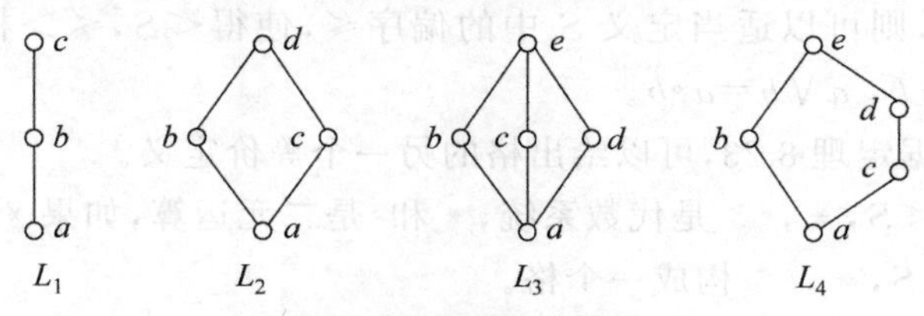

图 8.5 例 8.60 中的格

$$b \wedge (c \vee d) = b \wedge e = b$$
$$(b \wedge c) \vee (b \wedge d) = a \vee a = a$$

而在 L_4 中，

$$c \vee (b \wedge d) = c \vee a = c$$
$$(c \vee b) \wedge (c \vee d) = e \wedge d = d$$

称 L_3 为钻石格，L_4 为五角格。

定理 8.26　设 L 是格，则 L 是分配格，当且仅当 L 中不含有与钻石格或五角格同构的子格。

例 8.61　说明图 8.6 中的格是否为分配格，为什么？

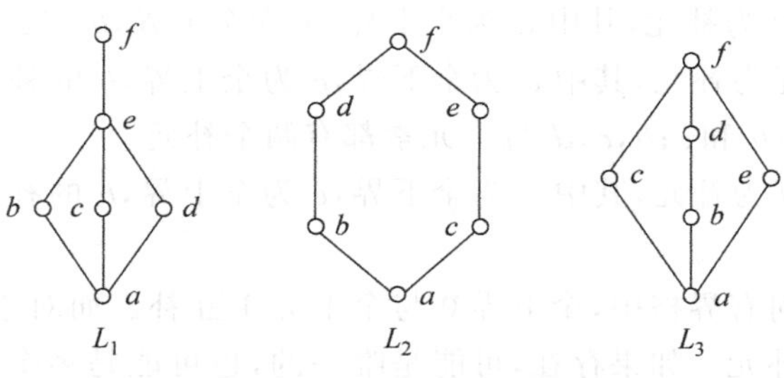

图 8.6　例 8.61 中的格

解：L_1、L_2 和 L_3 都不是分配格。因为 $\{a,b,c,d,e\}$ 是 L_1 的子格，并且同构于钻石格，$\{a,b,c,e,f\}$ 是 L_2 的子格，并且同构于五角格。$\{a,c,b,e,f\}$ 是 L_3 的子格，也同构于钻石格。

定理 8.27　格 L 是分配格，当且仅当 $\forall a,b,c \in L, a \wedge b = a \wedge c$ 且 $a \vee b = a \vee c \Rightarrow b = c$。

6. 有界格

定义 8.38　设 L 是格，若存在 $a \in L$，使得 $\forall x \in L$ 有 $a \leqslant x$，则称 a 为 L 的全下界；若存在 $b \in L$，使得 $\forall x \in L$ 有 $x \leqslant b$，则称 b 为 L 的全上界。

可以证明，格 L 若存在全下界或全上界，则一定是唯一的。一般将格 L 的全下界记为 0，全上界记为 1。

定义 8.39　设 L 是格，若 L 存在全下界和全上界，则称 L 为有界格，并将 L 记为 $<L, \wedge, \vee, 0, 1>$。

不难看出，有限格 L 一定是有界格。设 L 是 n 元格，且 $L = \{a_1, a_2, \cdots, a_n\}$，那么 $a_1 \wedge a_2 \wedge \cdots \wedge a_n$ 是 L 的全下界，而 $a_1 \vee a_2 \vee \cdots \vee a_n$ 是 L 的全上界。因此 L 是有界格。对于无限格 L 来说，有的是有界格，有的不是有界格。如集合 B 的幂集格 $<P(B), \cap, \cup>$，不管 B 是有穷集，还是无穷集，它都是有界格。它的全下界是空集 $\varnothing$，全上界是 B。而整数集 $\mathbf{Z}$ 关于通常数的小于或等于关系构成的格不是有界格，因为不存在最小和最大的整数。

关于有界格，有下面的定理。

定理 8.28　设 $<L, \wedge, \vee, 0, 1>$ 是有界格，则 $\forall a \in L$，有

$$a \wedge 0 = 0,\quad a \vee 0 = a,\quad a \wedge 1 = a,\quad a \vee 1 = 1$$

证明留作练习。

从以上定理可以看到,在有界格中,全下界0是关于$\wedge$运算的零元,$\vee$运算的单位元。而全上界1是关于$\vee$运算的零元,$\wedge$运算的单位元。

7. 有补格

定义 8.40 设$<L,\wedge,\vee,0,1>$是有界格,$a\in L$,若存在$b\in L$,使得

$$a\wedge b=0 \text{ 和 } a\vee b=1$$

成立,则称b是a的补元。

例 8.62 考虑图8.5中的四个格。

L_1中的a与c互为补元,其中a为全下界,c为全上界,b没有补元。

L_2中的a与d互为补元,其中a为全下界,d为全上界,b与c也互为补元。

L_3中的a与e互为补元,其中a为全下界,e为全上界,b的补元是c和d,c的补元是b和d,d的补元是b和c;b,c,d每个元素都有两个补元。

L_4中的a与e互为补元,其中a为全下界,e为全上界,b的补元是c和d,c的补元是b,d的补元也是b。

不难证明,在任何有界格中,全下界0与全上界1互补。而对于其他元素,可能存在补元,也可能不存在补元。如果存在,可能是唯一的,也可能是多个补元。但对于有界分配格,如果它的元素存在补元,则一定是唯一的。

定理 8.29 设$<L,\wedge,\vee,0,1>$是有界分配格。若L中的元素a存在补元,则必存在唯一的补元。

证明:假设b、c是a的补元,则有$a\vee c=1$,$a\wedge c=0$。

又知b是a的补元,故$a\vee b=1$, $a\wedge b=0$。

从而得到$a\vee c=a\vee b$, $a\wedge c=a\wedge b$。

由于L是分配格,根据定理8.29,有$b=c$。

定义 8.41 设$<L,\wedge,\vee,0,1>$是有界格,若L中的所有元素都有补元存在,则称L为有补格。

例如,图8.5中的L_2、L_3和L_4是有补格,L_1不是有补格。图8.6中的L_2和L_3是有补格,L_1不是有补格。

8.6.2 布尔代数

1. 布尔代数的定义

定义 8.42 如果一个格是有补分配格,则称它为布尔格或布尔代数。

根据定理8.29,在分配格中如果一个元素存在补元,则是唯一的。因此,在布尔代数中,每个元素都存在唯一的补元,可以把求补元的运算看作布尔代数中的一元运算。从而可以把一个布尔代数标记为$<B,\wedge,\vee,',0,1>$,其中$\wedge$,$\vee$,0,1和有界格一样,$'$为求补运算,$\forall a\in B$,a'是a的补元。

例8.63解答

例 8.63 设$S_{110}=\{1,2,5,10,11,22,55,110\}$是110的正因子集合。令gcd、lcm分别表示求最大公约数和最小公倍数的运算。问$<S_{110},\mathrm{gcd},\mathrm{lcm}>$是否构成布尔代数?为什么?

例 8.64 设 B 为任意集合，证明 B 的幂集格 $<P(B),\cap,\cup,\sim,\varnothing,B>$ 构成布尔代数，称为集合代数。

证明：$P(B)$ 关于 $\cap$ 和 $\cup$ 构成格，因为 $\cap$ 和 $\cup$ 运算满足交换律、结合律和吸收律。由于 $\cap$ 和 $\cup$ 互相可分配，因此 $P(B)$ 是分配格，且全下界是空集 $\varnothing$，全上界是 B。根据绝对补的定义，取全集为 B，$\forall x\in P(B)$，$\sim x$ 是 x 的补元。从而证明 $P(B)$ 是有补分配格，即是布尔代数。

2. 布尔代数的性质

定理 8.30 设 $<B,\wedge,\vee,',0,1>$ 是布尔代数，则

(1) $\forall a\in B,(a')'=a$。

(2) $\forall a,b\in B,(a\wedge b)'=a'\vee b',(a\vee b)'=a'\wedge b'$。

证明留给读者。

该定理中(1)式称为双重否定律，(2)式称为德摩根律。命题代数与集合代数的双重否定律与德摩根律实际上是这个定理的特例。可以证明德摩根律对有限个元素也是正确的。

3. 布尔代数作为代数系统的定义

定义 8.43 设 $<B,*,\circ>$ 是代数系统，$*$ 和 $\circ$ 是二元运算。若 $*$ 和 $\circ$ 运算满足：

(1) 交换律，即 $\forall a,b\in B$，有 $a*b=b*a$，$a\circ b=b\circ a$

(2) 分配律，即 $\forall a,b,c\in B$，有 $a*(b\circ c)=(a*b)\circ(a*c)$

$$a\circ(b*c)=(a\circ b)*(a\circ c)$$

(3) 同一律，即存在 $0,1\in B$，使得 $\forall a\in B$，有 $a*1=a$，$a\circ 0=a$

(4) 补元律，即 $\forall a\in B$，存在 $a'\in B$ 使得 $a*a'=0$，$a\circ a'=1$，则称 $<B,*,\circ>$ 是一个布尔代数。

可以证明，这个定义与有补分配格的定义是等价的。

4. 布尔代数的子代数

定义 8.44 设 $<B,\wedge,\vee,',0,1>$ 是布尔代数，S 是 B 的非空子集，若 $0,1\in S$，且 S 对 $\wedge$、$\vee$ 和 $'$ 运算都是封闭的，则称 S 是 B 的子布尔代数。

例 8.65 设 $<B,\wedge,\vee,',0,1>$ 是布尔代数，$a,b\in B$，且 $a<b$。令

$$S=\{x\mid x\in B,\text{且 } a\preccurlyeq x\preccurlyeq b\}$$

称 S 为 B 中的区间，可简记为 $[a,b]$。可以证明 $[a,b]$ 是一个布尔代数。其全上界是 a，全下界是 b，$\forall x\in[a,b]$，x 关于这个全上界和全下界的补元是 $(a\vee x')\wedge b$。当 $a=0$ 且 $b=1$ 时，$[a,b]$ 是 B 的子布尔代数。但当 $a\neq 1$ 或 $b\neq 1$ 时，$[a,b]$ 不是 B 的子布尔代数。

例 8.66 考虑 110 的正因子集合 S_{110} 关于 gcd、lcm 运算构成的布尔代数。它有以下的子布尔代数：

$$\{1,110\}$$
$$\{1,2,55,110\}$$
$$\{1,5,22,110\}$$
$$\{1,10,11,110\}$$
$$\{1,2,5,10,11,22,55,110\}$$

5. 布尔代数的同态映射

定义 8.45 设$<B_1,\wedge,\vee,',0,1>$和$<B_2,\cap,\cup,-,\theta,E>$是两个布尔代数。这里的$\cap$、$\cup$、$-$泛指布尔代数$B_2$中的求最大下界、最小上界和补元的运算。$\theta$和$E$分别是$B_2$的全下界和全上界。$f: B_1\to B_2$。如果对于任意的$a,b\in B_1$,有

$$f(a\vee b)=f(a)\cup f(b)$$
$$f(a\wedge b)=f(a)\cap f(b)$$
$$f(a')=-f(a)$$

则称f是布尔代数B_1到B_2的同态映射,简称布尔代数的同态。

类似于其他代数系统,也可以定义布尔代数的单同态、满同态和同构。

6. 有限布尔代数的结构

定义 8.46 设L是格,$0\in L$,若$\forall b\in L$有$0<b\leqslant a\Rightarrow b=a$,则称$a$是$L$中的原子。

考虑图 8.7 中的几个格。其中L_1的原子是a;L_2的原子是a,b,c;L_3的原子是a和b。若L是正整数n的全体正因子关于整除关系构成的格,则L的原子恰为n的全体质因子。若L是集合B的幂集合,则L的原子就是由B中元素构成的单元集。

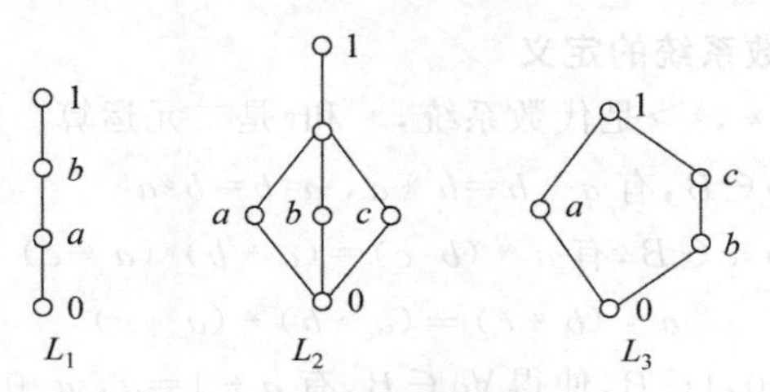

图 8.7 格中的原子

定理 8.31(有限布尔代数的表示定理) 设B是有限布尔代数,A是B的全体原子构成的集合,则B同构于A的幂集代数$P(A)$。

推论:(1) 任何有限布尔代数的基数为$2^n,n\in\mathbf{N}$。

(2) 任何等势的有限布尔代数都是同构的。

图 8.8 给出了 1 元、2 元、4 元和 8 元的布尔代数。

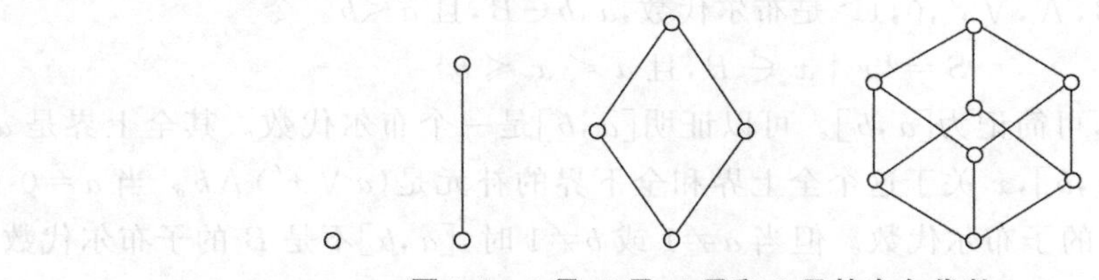

图 8.8 1 元、2 元、4 元和 8 元的布尔代数

布尔代数在计算机科学中有重要的应用。作为计算机设计基础的数字逻辑系统就是布尔代数。

8.7　应用案例

8.7.1　组合电路

任意时刻的输出信号仅取决于该时刻的输入信号，而与电路原始状态无关的数字电路称为组合逻辑电路，简称组合电路。

组合电路的分析方法一般是，根据给定的逻辑电路，逐级写出信号的逻辑表达式或真值表，进而分析电路的逻辑功能。

组合电路的设计一般依下列步骤进行：①根据命题要求列出真值表；②根据真值表列出逻辑表达式；③化简逻辑表达式；④根据化简的逻辑表达式画出逻辑电路图。

定义 8.47　设 $< B, \vee, \wedge, ', 0, 1 >$ 为布尔代数，如下递归地定义 B 上的布尔表达式（Boolean expressions）：

（1）布尔常元和布尔变元（取值于 B 的常元和变元）是布尔表达式。布尔常元常用 a, b, c 等字母表示，布尔变元常用 x, y, z 等字母表示。

（2）如果 α、β 为布尔表达式，那么 (α')，$(\alpha \vee \beta)$，$(\alpha \wedge \beta)$ 也是布尔表达式。

（3）布尔表达式仅由有限次使用（1）、（2）生成。

约定：运算 $'$ 的优先级高于运算 $\vee$、$\wedge$，表达式最外层的括号可省略。

给定布尔表达式并确定其中变元的取值后，该表达式对应一个确定的 B 的元素——布尔表达式的值（对应于变元所取值），因此有下列定义：

定义 8.48　布尔表达式 $f(x_1, x_2, \cdots, x_n)$ 所定义的函数 $f: B \to B$ 称为布尔函数（Boolean functions）。

定义 8.49　布尔表达式 $\alpha_1 \wedge \alpha_2 \wedge \cdots \wedge \alpha_n$ 称为 n 个变元的极小项，其中 α_i 为变元 x_i 或 x_i'，而表达式 $\alpha_1 \vee \alpha_2 \vee \cdots \vee \alpha_n$ 称为 n 个变元的极大项，其中 α_i 为变元 x_i 或 x_i'。

显然，n 个变元的极小项和极大项各有 2^n 个，分别用

$$m_0, m_1, \cdots, m_{e(n)}$$

$$M_0, M_1, \cdots, M_{e(n)} \qquad (e(n) = 2^n - 1)$$

表示它们，它们满足下列性质：

（1）$m_i \wedge m_j = 0, M_i \vee M_j = 1 \quad (i \neq j)$

（2）$\bigvee_{i=0}^{e(n)} m_i = 1, \bigwedge_{i=0}^{e(n)} M_i = 0$

定义 8.50　布尔表达式 $f(x_1, x_2, \cdots, x_n)$ 的主析取范式和主合取范式分别指下列布尔表达式：

$$(a_0 \wedge m_0) \vee (a_1 \wedge m_1) \vee \cdots \vee (a_{e(n)} \wedge m_{e(n)}) \tag{1}$$

$$(a_0 \vee M_0) \wedge (a_1 \vee M_1) \wedge \cdots \wedge (a_{e(n)} \vee M_{e(n)}) \tag{2}$$

其中 a_i 为布尔常元，m_i 与 M_i 分别是极小项与极大项，且两式对 $x_1, x_2, \cdots, x_n$ 一切的取值可能均与 $f(x_1, x_2, \cdots, x_n)$ 等值。

定义 8.50 解答

求布尔代数 $< \{0, a, b, 1\}, \vee, \wedge, ', 0, 1 >$ 上的布尔函数

$$f(x_1, x_2) = ((a \wedge x_1) \vee (b \vee x_1)') \wedge (x_1 \vee x_2)$$

的主析取范式和主合取范式。

8.7.2 物理世界中群的应用

(1) 设 $A=\{1,2,3\}$，$f_1,f_2,\cdots,f_6$ 是 A 上的双射函数。其中

$f_1=\{<1,1>,<2,2>,<3,3>\}$，$f_2=\{<1,2>,<2,1>,<3,3>\}$

$f_3=\{<1,3>,<2,2>,<3,1>\}$，$f_4=\{<1,1>,<2,3>,<3,2>\}$

$f_5=\{<1,2>,<2,3>,<3,1>\}$，$f_6=\{<1,3>,<2,1>,<3,2>\}$

令 $G=\{f_1,f_2,\cdots,f_6\}$，则 G 关于函数的复合运算构成群。请给出该群在物理世界中的解释。

(2) 正六面体的 6 个面分别用红、蓝两种颜色着色，问有多少种不同的方案？

(3) 用红、蓝两种颜色给正六面体的 8 个顶点着色，问有多少种不同的方案？

8.7.3 群码及纠错能力

设 S_n 是长度为 n 的字集，即 $S_n=\{x_1x_2\cdots x_n \mid x_i=0$ 或 $1,i=1,2,\cdots,n\}$，$\forall X,Y\in S_n$，$X=x_1x_2\cdots x_n$，$Y=y_1y_2\cdots y_n$，在 S_n 上定义二元运算 $\circ$ 为

$$Z=X\circ Y=z_1z_2\cdots z_n$$

其中，$z_i=x_i+_2 y_i(i=1,2,\cdots,n)$，而运算符 $+_2$ 为模 2 加运算(即 $0+_2 1=1+_2 0=1$，$0+_2 0=1+_2 1=0$)，我们称运算 $\circ$ 为按位加。

$<S_n,\circ>$ 构成群，其幺元为 $00\cdots0$，每个元素的逆元是其自身。S_n 的任一非空子集 C，如果 $<C,\circ>$ 是群，即 C 是 S_n 的子群，则称码 C 是群码(Group Code)。

请阐述群码的纠错能力。

习题

8.1 判断下列集合对所给的二元运算是否封闭。

(1) 非零整数集合 $\mathbf{Z}^*$ 和普通的除法运算；

(2) 全体 $n\times n$ 实矩阵集合 $\boldsymbol{M}_n(R)$ 和矩阵加法及乘法运算，其中 $n\geqslant 2$；

(3) 正实数集合 $\mathbf{R}^+$ 和 $\circ$ 运算，其中 $\circ$ 运算的定义为

$$\forall a,b\in\mathbf{R}^+, a\circ b=ab-a-b$$

(4) $A=\{a_1,a_2,\cdots,a_n\}$，$n\geqslant 2$。$\circ$ 运算的定义如下：

$$\forall a_i,a_j\in A, a_i\circ a_j=a_i$$

(5) $S=\{0,1\}$，S 关于普通的加法和乘法运算；

(6) $S=\{x \mid x=2^n,n\in\mathbf{Z}^+\}$，$S$ 关于普通的加法和乘法运算。

8.2 列出以下运算的运算表。

(1) $A=\{1,2,\frac{1}{2}\}$，$\forall x\in A$，$\circ x$ 是 x 的倒数，即 $\circ x=\frac{1}{x}$。

(2) $A=\{1,2,3,4\}$，$\forall x,y\in A$ 有 $x\circ y=\max(x,y)$，$\max(x,y)$ 是 x 和 y 中较大的数。

8.3 判断题 8.1 中封闭的二元运算是否适合交换律、结合律和分配律。

8.4 $S=\mathbf{Q}\times\mathbf{Q}$，$\mathbf{Q}$ 为有理数集，$*$ 为 S 上的二元运算，$\forall\langle a,b\rangle,\langle x,y\rangle\in S$，有

$$\langle a,b\rangle * \langle x,y\rangle=\langle ax,ay+b\rangle$$

(1) $*$ 运算在 S 上是否可交换、可结合？是否为幂等的？

(2) $*$ 运算是否有单位元、零元？如果有，请指出，并求 S 中所有可逆元素的逆元。

8.5 $\mathbf{R}$ 为实数集，定义以下 6 个函数 $f_1,\cdots,f_6$。$\forall x,y\in\mathbf{R}$ 有

$$f_1(\langle x,y\rangle)=x+y, f_2(\langle x,y\rangle)=x-y,$$
$$f_3(\langle x,y\rangle)=x\cdot y, f_4(\langle x,y\rangle)=\max(x,y),$$
$$f_5(\langle x,y\rangle)=\min(x,y), f_6(\langle x,y\rangle)=|x-y|。$$

(1) 指出哪些函数是 $\mathbf{R}$ 上的二元运算。

(2) 说明所有 $\mathbf{R}$ 上的二元运算是否为可交换、可结合、幂等的。

(3) 求所有 $\mathbf{R}$ 上二元运算的单位元、零元，以及每个可逆元素的逆元。

8.6 令 $S=\{a,b\}$ 上有 4 个二元运算：$*$，$\circ$，$\cdot$ 和□分别由表 8.10 确定。

表 8.10 题 8.6 中的 4 个二元运算

*	a	b	∘	a	b	·	a	b	□	a	b
a	a	a	a	a	b	a	b	a	a	a	b
b	a	a	b	b	a	b	a	a	b	a	b

(1) 这 4 个运算中哪些运算满足交换律、结合律、幂等律？

(2) 求每个运算的单位元、零元及所有可逆元素的逆元。

8.7 设 $\langle A,*\rangle$ 是一个代数系统，$*$ 可结合，且任意 $x,y\in A$，若 $x*y=y*x$，则 $x=y$。试证明：对任意 $x\in A$，$x*x=x$。

8.8 设 $S=\{a,b,c,d,e\}$，S 上的运算 $*$ 由表 8.11 给定。

表 8.11 题 8.8 中的两个二元运算

*	a	b	c	d	e
a	a	b	c	b	d
b	b	c	a	e	c
c	c	a	b	b	a
d	b	e	b	e	d
e	d	b	a	d	c

(1) 计算 $(a*b)*c$ 和 $a*(b*c)$，由计算结果可否断定 $*$ 运算满足结合律？

(2) 计算 $(b*d)*c$ 和 $b*(d*c)$。

(3) 运算满足交换律吗？为什么？

8.9 已知 S 上的运算 $*$ 满足结合律与交换律，证明：对 S 中的任意元素 a,b,c,d，有

$$(a*b)*(c*d)=((d*c)*a)*b$$

8.10 完成表 8.12，使之定义的运算 $*_1$、$*_2$ 满足结合律。

表 8.12 题 8.10 中的两个二元运算

$*_1$	*a*	*b*	*c*	*d*	$*_2$	*a*	*b*	*c*	*d*
a	*a*	*b*	*c*	*d*	*a*	*b*	*a*	*c*	*d*
b	*b*	*a*	*d*	*c*	*b*	*b*	*a*	*c*	*d*
c	*c*	*d*	*a*	*b*	*c*				
d					*d*	*d*	*c*	*c*	*d*

8.11 设集合 S 有 n 个元素,问:可定义多少个 S 上的二元运算?可定义多少个 S 上的满足交换律的二元运算?

8.12 S 及其上的运算 $*$ 如下定义,问各种定义下的 $*$ 运算是否满足结合律、交换律,$<S,*>$中是否有幺元、零元,S 中哪些元素有逆元?哪些元素没有逆元?

(1) S 为 $\mathbf{I}$(整数集),$x*y=x-y$

(2) S 为 $\mathbf{Q}$(有理数集),$x*y=\dfrac{x+y}{2}$

(3) S 为 $\mathbf{N}$(自然数集),$x*y=2^{xy}$

(4) S 为 $\mathbf{N}$(自然数集),$x*y=x$

8.13 设代数系统$(\mathbf{R}^*,\circ)$,其中 $\mathbf{R}^*$ 是非 0 实数集,二元运算$\circ$为 $\forall a,b\in\mathbf{R}^*$,$a\circ b=ab$,试问运算$\circ$是否满足交换律、结合律,并求单位元以及可逆元素的逆元。

8.14 设 $S=\{1,2,\cdots,10\}$,问下面定义的运算能否与 S 构成代数系统$<S,*>$?如果能构成代数系统,则说明 $*$ 运算是否满足交换律、结合律,并求 $*$ 运算的单位元和零元。

(1) $x*y=\gcd(x,y)$,$\gcd(x,y)$是 x 与 y 的最大公约数。

(2) $x*y=\mathrm{lcm}(x,y)$,$\mathrm{lcm}(x,y)$是 x 与 y 的最小公倍数。

(3) $x*y=$大于或等于 x 和 y 的最小整数。

(4) $x*y=$质数 p 的个数,其中 $x\leqslant p\leqslant y$。

8.15 下面各集合都是 $\mathbf{N}$ 的子集,它们能否构成代数系统 $V=<\mathbf{N},+>$的子代数:

(1) $\{x\,|\,x\in\mathbf{N}\wedge x$ 可以被 16 整除$\}$

(2) $\{x\,|\,x\in\mathbf{N}\wedge x$ 与 8 互质$\}$

(3) $\{x\,|\,x\in\mathbf{N}\wedge x$ 是 40 的因子$\}$

(4) $\{x\,|\,x\in\mathbf{N}\wedge x$ 是 30 的倍数$\}$

8.16 设 $V_1=<\{1,2,3\},\circ,1>$,其中 $x\circ y$ 表示取 x 和 y 中较大的数。$V_2=<\{5,6\},*,6>$,其中 $x*y$ 表示取 x 和 y 中较小的数。求 V_1 和 V_2 的所有子代数。指出哪些是平凡子代数,哪些是真子代数。

8.17 设 $V=<\mathbf{Z},+,\cdot>$,其中$+$和$\cdot$分别代表普通加法和乘法,对下面给定的每个集合,确定它是否构成 V 的子代数,为什么?

(1) $S_1=\{2n\,|\,n\in\mathbf{Z}\}$

(2) $S_2=\{2n+1\,|\,n\in\mathbf{Z}\}$

(3) $S_3=\{-1,0,1\}$

8.18　证明：$f: \mathbf{R}_+ \to \mathbf{R}, f(x)=\log_2 x$ 为代数结构 $\langle \mathbf{R}_+, \cdot \rangle$ 到 $\langle \mathbf{R}, + \rangle$ 的同态（这里，$\mathbf{R}_+$ 为正实数集，$\mathbf{R}$ 为实数集，·、+为数乘运算和数加运算）。它是否为一同构映射？为什么？

8.19　$A=\{a,b,c\}$，问代数系统 $\langle \{\varnothing, A\}, \cup, \cap \rangle$ 和 $\langle \{\{a,b\}, A\}, \cup, \cap \rangle$ 是否同构？

8.20　设 $A=\{0,1\}$，试给出半群 $\langle A^A, \circ \rangle$ 的运算表，其中∘为函数的复合运算。

8.21　f_1、f_2 都是从代数系统 $\langle A, ☆ \rangle$ 到代数系统 $\langle B, * \rangle$ 的同态。设 g 是从 A 到 B 的一个映射，使得对任意 $a \in A$，都有 $g(a)=f_1(a) * f_2(a)$。证明：如果 $\langle B, * \rangle$ 是一个可交换半群，那么 g 是一个由 $\langle A, ☆ \rangle$ 到 $\langle B, * \rangle$ 的同态。

8.22　证明：含幺半群的可逆元素集合构成一子半群，即 $\langle \mathrm{inv}(S), * \rangle$ 为半群 $\langle S, * \rangle$ 的子半群。

8.23　设 $\langle S, * \rangle$ 为一半群，$z \in S$ 为左（右）零元。证明：对任一 $x \in S$，$x * z(z * x)$ 也为左（右）零元。

8.24　设 $\langle S, * \rangle$ 为一半群，a,b,c 为 S 中给定的元素，证明：若 a,b,c 满足 $a * c = c * a$，$b * c = c * b$，那么 $(a * b) * c = c * (a * b)$。

8.25　设 $\langle \{a,b\}, * \rangle$ 为一半群，且 $a * a = b$ 证明：

（1）$a * b = b * a$；

（2）$b * b = b$。

8.26　证明：独异点元素可逆，当且仅当它是幺元的因子。

8.27　设 $\langle S, * \rangle$ 为一半群，且 S 中有元素 a，使得对于任意 $x \in S$，均有 S 中元素 u, v 满足 $a * u = v * a = x$，证明：$\langle S, * \rangle$ 为一独异点。（提示：考虑 $x=a$ 时的 u 和 v。）

8.28　证明：可交换的独异点 S 的所有幂等元的集合是 S 的子独异点。

8.29　令 $\langle S_1, *_1 \rangle, \langle S_2, *_2 \rangle, \langle S_3, *_3 \rangle$ 是三个半群，$f: S_1 \to S_2$，$g: S_2 \to S_3$ 是同态。证明：$f \circ g$ 是由 S_1 到 S_3 的同态。

8.30　令 $\langle S_1, *_1 \rangle, \langle S_2, *_2 \rangle, \langle S_3, *_3 \rangle$ 是三个半群，$f: S_1 \to S_2$，$g: S_2 \to S_3$ 是同构。证明：$f \circ g$ 是由 S_1 到 S_3 的同构。

8.31　设 $V=\langle P(B), \oplus \rangle$ 是代数系统，B 是集合，⊕是对称差运算，试证明 V 为群。

8.32　已知 $f(x)=ax+b(a \neq 0)$，给出直线变换的集合 $G=\{f \mid f(x)=ax+b \wedge a,b \in \mathbf{R} \wedge a \neq 0\}$，证明：$G$ 对函数复合运算∘构成一个群。

8.33　设 G 是群，$a,b \in G$，且 $(ab)^2=a^2b^2$，证明：$ab=ba$。

8.34　设 $\langle G, * \rangle$ 为群。若在 G 上定义运算 ○，使得对任何元素 $x,y \in G$，$x \bigcirc y = y * x$。证明：$\langle G, \bigcirc \rangle$ 也是群。

8.35　对群 $\langle G, * \rangle$ 的任意元素 a,b，以及任何正整数 m,n，$a^m * a^n = a^{m+n}$。

8.36　设 $\langle G, * \rangle$ 为一群。证明：

（1）若对任意 $a \in G$ 有 $a^2=e$，则 G 为阿贝尔群。

（2）若对任意 $a,b \in G$ 有 $(a * b)^2 = a^2 * b^2$，则 G 为阿贝尔群。

8.37　求出 $\langle \mathbf{N}_5, +_5 \rangle$，$\langle \mathbf{N}_{12}, +_{12} \rangle$ 的所有子群。

8.38　设 $\langle G, * \rangle$ 为群，定义集合 $s=\{x \mid x \in G \wedge \forall y(y \in G \to x * y = y * x)\}$。证明：$\langle S, * \rangle$ 为 $\langle G, * \rangle$ 的子群。

8.39 设 a 是群中的无限阶元素,证明:当 $m \neq n$ 时,$a^m \neq a^n$。

8.40 设$<H, *>$是群$<G, *>$的子群,$<K, *>$为$<H, *>$的子群,求证:

(1) $<K, *>$为$<G, *>$的子群。

(2) $KH=HK=H$(这里,$KH=\{k*h \mid k \in K \wedge h \in H\}$,$HK$ 类似)。

8.41 含无限阶元素的群必为无限群,且必有无限多个子群,试证明之。

8.42 设 p 为质数,证明:p^n 阶的群中必有 p 阶的元素,从而必有 p 阶的子群(n 为正整数)。

8.43 求证:一个子群的左陪集元素的逆元组成这个子群的一个右陪集。

8.44 设$<H_1, *>$,$<H_2, *>$都是群$<G, *>$的子群,求证:子群$<H_1 \cap H_2, *>$的任一左陪集必为 H_1 的一个左陪集与 H_2 的一个左陪集的交。

8.45 设 $G=\langle b \rangle$是 18 阶循环群,试求出 G 的全部生成元和全部子群,并证明任何子群均为正规子群。

8.46 设$<H, *>$为群$<G, *>$的子群,求证:H 为正规子群,当且仅当对任何元素 $g \in G$ 有 $g^{-1}Hg \subseteq H$。

8.47 设 $G=<\mathbf{Z}_{24}, \oplus>$为模 24 整数加群。

(1) 求 G 的所有生成元。

(2) 求 G 的所有非平凡的子群。

8.48 设 $G=\langle a \rangle$是 15 阶循环群。

(1) 求出 G 的所有的生成元。

(2) 求出 G 的所有子群。

8.49 设群$<G, *>$除单位元外每个元素的阶均为 2,则$<G, *>$是交换群。

8.50 证明:在元素不少于两个的群中不存在零元。

8.51 在一个群$<G, *>$中,设 A 和 B 都是 G 的子群。若 $A \cup B=G$,则 $A=G$ 或 $B=G$。

8.52 设$<H, *>$,$<K, *>$都是群$<G, *>$的正规子群,证明:$<H \cap K, *>$必定是群$<G, *>$的正规子群。

8.53 令 $G=\{\mathbf{Z}, +\}$是整数加群。求商群 $\mathbf{Z}/4\mathbf{Z}$,$\mathbf{Z}/12\mathbf{Z}$ 和 $4\mathbf{Z}/12\mathbf{Z}$。

8.54 设 G 是非零数乘法群,判断下列映射 f 是否为 G 到 G 的同态映射。

(1) $f(x)=|x|$

(2) $f(x)=2x$

(3) $f(x)=x^2$

(4) $f(x)=1/x$

(5) $f(x)=-x$

(6) $f(x)=x+1$

8.55 设$<G, *>$为群,$f: G \to G$ 为一同态映射。证明:对任一元素 $a \in G$,$f(a)$的阶都不大于 a 的阶。

8.56 证明$(\mathbf{Z}, \oplus, \otimes)$是环,其中 $\mathbf{Z}$ 是整数集,运算$\oplus$、$\otimes$定义如下:$a \oplus b=a+b-1$,$a \otimes b=a+b-ab$。

8.57 设$<\mathbf{R}, +, *>$是实数环,令 $S=\{a+b\sqrt{3} \mid a \in \mathbf{Q} \wedge b \in \mathbf{Q}\}$,证明$<S, +, *>$是$<\mathbf{R}, +, *>$的子环。

8.58 判断下列集合和给定的运算是否构成环、整环和域，如果不能构成，请说明理由。

(1) $A=\{x \mid x=2n+1 \land n \in \mathbf{Z}\}$，运算为数的加法和乘法。

(2) $A=\{a+b\sqrt{2} \mid a,b \in \mathbf{Z}\}$，运算为数的加法和乘法。

(3) $A=\{a+b\mathrm{i} \mid a,b \in \mathbf{Z}\}$，其中 $\mathrm{i}^2=-1$，运算为复数的加法和乘法。

(4) $A=M_2(Z)$，2 阶整数矩阵的集合，运算为矩阵加法和乘法。

8.59 $Q(\sqrt{3})=\{a+b\sqrt{3} \mid a,b \in \mathbf{Q}\}$，其中 $\mathbf{Q}$ 是有理数集，证明：$(\mathbf{Q},+,\times)$ 是域，$+$ 和 $\times$ 分别是数的加法和乘法。

8.60 图 8.9 中给出 6 个偏序集的哈斯图。判断其中哪些是格。如果不是格，请说明理由。

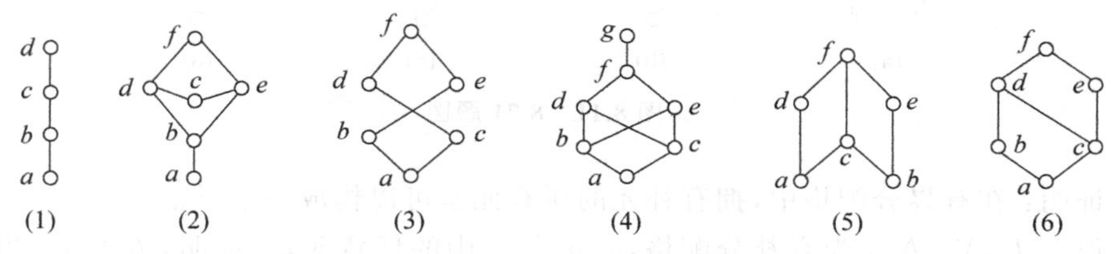

图 8.9　8.60 题图

8.61 下列各集合对整除关系都构成偏序集，判断哪些偏序集是格。

(1) $L=\{1,2,3,4,5\}$

(2) $L=\{1,2,3,6,12\}$

(3) $L=\{1,2,3,4,6,9,12,18,36\}$

(4) $L=\{1,2,2^2,\cdots,2^n\}, n \in \mathbf{Z}^+$

8.62 令 $x<y$ 表示 $x \leqslant y$ 且 $x \neq y$，对格 L 中的任意元素 a,b，证明：$a \land b<a$ 且 $a \land b<b$，当且仅当 a 与 b 是不可比较的，即 $a \leqslant b, b \leqslant a$ 都不能成立。

8.63 设 L 是格，$a,b,c \in L$，且 $a \leqslant b \leqslant c$，证明：$a \lor b=b \land c$。

8.64 针对图 8.10 中的格 L_1, L_2 和 L_3，求出它们的所有子格。

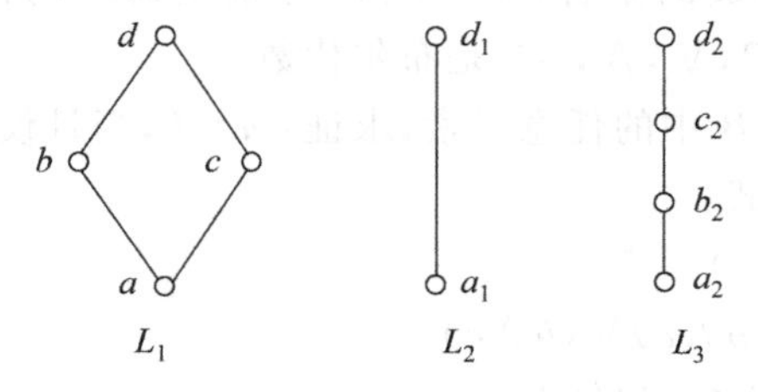

图 8.10　8.64 题图

8.65 证明：格 L 的两个子格的交仍为 L 的子格。

8.66 设格 L_1 与 L_2 同态，求证：若 L_1 有幺元(零元)，那么 L_2 也有幺元(零元)。

8.67 设 a,b 为格 L 中的两个元素，证明：$S=\{x \mid x \in L \text{ 且 } a \leqslant x \leqslant b\}$ 可构成 L 的一个子格。

8.68 设$<L,\lor,\land>$为分配格，a 为 L 中一确定元素。定义函数 $f: L \to L; g: L \to L$，使得对任一 $x \in L, f(x)=x \land a, g(x)=x \lor a$。求证：$f$、$g$ 都是 L 上的自同态，

从而它们的像都是 L 的子格。

8.69 对分配格 L 中的任意元素 a,b,c,证明:若 $a\wedge c=b\wedge c, a\vee c=b\vee c$,则 $a=b$。

8.70 证明:格 $<L,\vee,\wedge>$ 为分配格,当且仅当对 L 中的任意元素 a,b,c,有

$$(a\wedge b)\vee(b\wedge c)\vee(c\wedge a)=(a\vee b)\wedge(b\vee c)\wedge(c\vee a)。$$

8.71 图 8.11 中各哈斯图是否表示有补格?

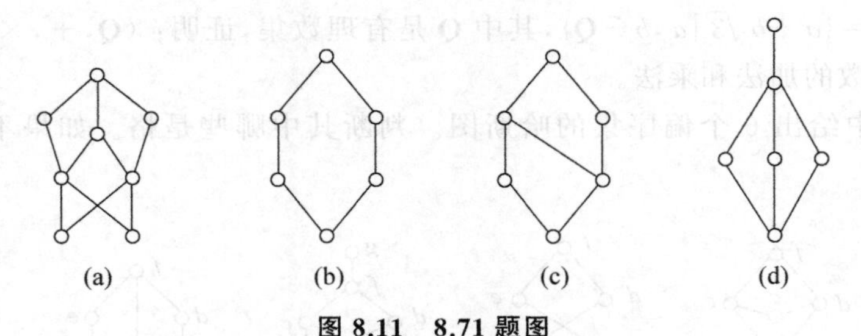

图 8.11　8.71 题图

8.72 证明:在有界分配格中,拥有补元的所有元素可以构成一个子格。

8.73 设 $<L,\vee,\wedge>$ 为有补分配格,a,b 为 L 中的任意元素,证明:$b'\leqslant a'$,当且仅当 $a\wedge b'=0$,当且仅当 $a'\vee b=1$。

8.74 对以下各小题给定的集合和运算,判断它们是哪一类代数系统(半群,独异点,群,环,域,格,布尔代数),并说明理由。

(1) $S_1=\{0,1,-1\}$,运算为普通加法和乘法。

(2) $S_2=\{a_1,a_2,\cdots,a_n\}$,$\forall a_i,a_j\in S_2, a_i*a_j=a_i$。这里的 n 是给定的正整数,且 $n\geqslant 2$。

(3) $S_3=\mathbf{R}$,$*$ 为普通加法。

(4) $S_4=\{1,2,5,7,10,14,35,70\}$,$\circ$ 和 $*$ 分别表示求最小公倍数和最大公约数运算。

(5) $S_5=\{0,1,2\}$,$*$ 为模 3 加法,$\circ$ 为模 3 乘法。

8.75 设 P 是所有命题构成的集合,$\vee$、$\wedge$ 和 $\neg$ 分别是命题的析取、合取和否定联结词。证明:代数系统 $<P,\vee,\wedge,\neg>$ 是布尔代数。

8.76 设 a、b 为布尔代数 B 中的任意元素,求证:$a=b$,当且仅当 $(a\wedge b')\vee(a'\wedge b)=0$。

8.77 化简下列布尔表达式:

(1) $(l\wedge a)\vee(0\wedge a')$

(2) $(a\wedge b)\vee(a'\wedge b\wedge c)\vee(b\wedge c)$

(3) $((a\wedge b')\vee c)\wedge(a\vee b')\wedge c$

(4) $(a\wedge b)'\vee(a\vee b)'$

8.78 设 a,b,c,d 为布尔代数 B 中的任意元素,求证:当 $c\vee a=b, c\wedge a=0, d\vee a=b, d\wedge a=0$ 时,有 $b\wedge a=a, b\wedge c=c, c=d$。

8.79 设 h 是布尔代数 B_1 和 B_2 的格同态,同时 $h(0)=0, h(1)=1$。证明:h 是 B_1、B_2 之间的布尔同态。

8.80 设 $<B,\vee,\wedge,',0,1>$ 为布尔代数,定义 B 上环和运算 $\oplus$:对任意 $a,b\in B$,

$$a\oplus b=(a\wedge b')\vee(a'\wedge b)$$

(1) 证明：$<B,\oplus>$为一阿贝尔群。

(2) 证明：$<B,\oplus,\wedge>$为一含幺交换环。

8.81 设$<B,\vee,\wedge,',0,1>$为布尔代数，$a\in B$，称 a 是**极小的**，如果 $a\neq 0$ 且对于任意 $x\in B$，有 $x\leqslant a$ 蕴涵 $x=a$ 或 $x=0$，证明：a 是极小的，当且仅当 a 是原子。

8.82 设$<B,\vee,\wedge,',0,1>$为布尔代数，$k\in B$，$h: B\to B$ 为如下定义的映射；对任何 $x\in B$，有

$$h(x)=x\vee k$$

(1) 问 h 是否为一布尔同态，为什么？

(2) 证明：$<h(B),\vee,\wedge,',k,1>$为一布尔代数。

8.83 设 a、b 为布尔代数 B 的两个常元，且 $a\wedge b=a$，证明下列方程组：

$$\begin{cases}x\vee a=b\\x\wedge a=0\end{cases}$$

有唯一解 $x=a'\wedge b$。

计算机编程题

计算机编程题 8.1 参考代码

8.1 编写程序，构造 3 元布尔函数的表。

8.2 给定有限二元运算表，编程判断该二元运算表是否满足结合律。

8.3 正六面体的 6 个面分别用红、蓝两种颜色着色，问有多少种不同的方案？编程求解实现，并输出具体的方案。

8.4 编程计算 x^n 的个位数是多少？（其中 x 的取值范围为[5～20]的任意整数，n 的取值范围为[400～600]的任意整数）。提示：使用同余关系求解。

8.5 编程实现判断所输入的一个图书的 ISDN 号是否正确？

注：图书的 ISDN 号由 13 个数字组成，一般由 5 部分组成，例如某书的 ISDN 号为 978-7-04-021689-9，其中 978 表示前导数字，7 表示中国，04 表示 XX 出版社，021689 表示××出版社给该图书分配的编号，最后一位 9 表示校验码。检测图书的 ISDN 号是否正确，主要通过校验码。

第 9 章

自动机、文法和语言

本章考虑这样一种设备，它不仅具有输入输出，还具有有限个内部状态，输出不仅取决于当前的输入，也依赖于以往的输入历史。所以，它们的行为具有随时间变化的能力，这样的设备称为有限状态机。有限状态自动机是特殊类型的有限状态机，它与语言的具体类型紧密关联。稍后本章将更详细地讨论有限状态机、有限状态自动机和语言。

9.1 串和语言

1. 串

通常称表示符号的有限集合为字母表或字符类，符号的典型例子有英文字母和标点符号。集合{0，1}是二进制字母表，ASCII 码表是计算机字母表的一个例子。

定义 9.1 字母表上的串是指该字母表符号的有穷序列。对于字母表 A，串记为 A^*。

串 s 的长度是出现在 s 中符号的个数，通常记为 $|s|$。例如，banana 是长度为 6 的串，空串是长度为 0 的特殊串，用 ε 表示。

定义 9.2 如果 x 和 y 都是串，那么 x 和 y 的连接是把 y 加到 x 后面形成的串。串 x 和 y 的连接记为 $x \cdot y$，或 xy。

例如，$x=a_1a_2\cdots a_n$，$y=b_1b_2\cdots b_m$，则 $xy=a_1a_2\cdots a_nb_1b_2\cdots b_m$。对连接运算而言，空串是一个恒等元素，也就是 $s\varepsilon=\varepsilon s=s$。

定义 9.3 语言表示字母表上的一个串集，属于该语言的串称为该语言的句子或字。

这个定义相当宽，实质上，一个语言的定义应该包含三方面：第一个是词汇的集合，即字母表 S，它是语言的最基本部件；第二个是 S^* 的一个子集，这是语言中正确构造的句子的集合；第三个是正确构造的句子的意义。

例如，S 是所有英语词汇的集合，正确构造的句子的集合，是所有符合英语语法规则的句子。句子的意义取决于句子构造以及词汇的意义。句子

"Reads the John book new."不是正确构造的句子。句子"The new book reads John."是正确构造的句子,但是没有意义。

句子的意义称为语言的语义(semantics)。程序设计语言是计算机科学的基础,包括BASIC、FORTRAN、Java、C++、Python,以及其他的通用或专用语言。学习用程序语言编程,实际是学习语言的句法。对于 FORTRAN 这样的编译语言,多数句法错误可以由编译器发现,并提供出错信息。程序语言的语义更加难以研究。一行程序语言的意义,一般涉及一系列事件,即在计算机中解释执行这行程序得到的结果。

下面讨论语言的形式文法。

9.2　形式文法

当表述一种语言时,无非是说明这种语言的句子,如果语言只含有有穷多个句子,则只需列出句子的有穷集,但对于含有无穷句子的语言来说,存在如何给出它的有穷表示的问题。

定义 9.4　文法 G 定义为四元组(N,T,P,S)。其中 N 为**非终结符号**(或语法实体,或变量)集;T 为**终结符号**集;$[(N\cup T)^*-T^*]\times(N\cup T)^*$的一个有限子集 P 称为**产生式**(也称**规则**)的集合;S 为初始状态。

N 和 T 不含公共的元素,即 $N\cap T=\varnothing$。通常用 V 表示 $N\cup T$,V 称为文法 G 的字母表或字汇表。其中规则也称重写规则、产生式或生成式,是形如 $\alpha\rightarrow\beta$ 或 $\alpha::=\beta$ 的(α,β)有序对,其中 α 是字母表 V 的正闭包中的一个符号,β 是 V^* 中的一个符号。α 称为规则的左部,β 称为规则的右部。

以自然语言为例,人们无法列出全部句子,但是人们可以给出一些规则,用这些规则说明(或者定义)句子的组成结构,例如:"我是大学生"是汉语的一个句子。汉语句子可以是由主语后随谓语而成,构成谓语的是动词和直接宾语,这种句子的构成规则如下:

< 句子 > ∷ = < 主语 >< 谓语 >
< 主语 > ∷ = < 代词 >|< 名词 >
< 代词 > ∷ = 我 | 你 | 他
< 名词 > ∷ = 王明 | 大学生 | 工人 | 英语
< 谓语 > ∷ = < 动词 >< 直接宾语 >
< 动词 > ∷ = 是 | 学习
< 直接宾语 > ∷ = < 代词 >|< 名词 >

其中,< >表示所括符号串是非终结符号串;| 表示左右两边符号串序列是可替换的。

根据上述句子构成规则可知,"我是大学生"符合规则,而"我大学生是"不符合规则。

例 9.1　一个整数定义为由一个可选的符号(+或−)后跟一串数字(0 到 9)所组成的串。下面的文法生成所有的整数。

<数字>∷=0|1|2|3|4|5|6|7|8|9
<整数>∷=<有符号整数>|<无符号整数>
<有符号整数>∷=+<无符号整数>|−<无符号整数>

<无符号整数>::=<数字>|<数字><无符号整数>

开始符号是整数。

例如,−123 的导出是

<整数>⇒<有符号整数>

⇒−<无符号整数>

⇒−<数字><无符号整数>

⇒−<数字><数字><无符号整数>

⇒−<数字><数字><数字>

⇒−1<数字><数字>

⇒−12<数字>

⇒−123

不同型式的产生式决定了不同型式的文法。

(1) **0 型文法** 对产生式 $\alpha\to\beta$ 左端和右端不加任何限制,这种文法对应的语言是递归可枚举语言。在编译理论中,图灵机(或双向下推机)可以识别这种语言。

(2) **1 型文法** 如果产生式形如:

$$\alpha A\beta\to\alpha B\beta,\quad \alpha,\beta\in(N\cup T)^*,\quad A\in N,\ B\in(N\cup T)^*$$

则叫作上下文相关文法(context sensitive grammar),对应的语言是上下文敏感语言。

(3) **2 型文法** 如果产生式形如:$A\to\alpha$,$\alpha\in(N\cup T)^*$,$A\in N$

左端不含终结符且只有一个非终结符,这种文法叫上下文无关文法(context-free grammar)。

(4) **3 型文法** 如果产生式形如:$A\to\alpha$ 或 $A\to\alpha B\mid B\alpha$,$\alpha\in T^*$,$A,B\in N$

左端不含终结符且只有一个非终结符。右端最多也只有一个非终结符,且不在最左端,就在最右端。这种文法叫作正则文法(regular grammar),对应为正则语言。有限自动机可识别这种语言。

0 型和 1 型文法非常难于研究,对它们知之甚少。它们包含许多无实用价值的病态例子。后面仅研究 2 型和 3 型文法。在这些类型中有句子导出树,它们足够丰富,能够刻画实际程序设计语言的本质。

例 9.2 所有产生式的非终结符均可置换为终结符表达式。

设 $N=\{S,R,Q\}$,$T=\{a,b,c\}$,$P=\{S\to Ra,S\to Q,R\to Qb,Q\to c\}$。

则有 $S\to Ra\to Qba\to cba\mid S\to Q\to c$

$R\to Qb\to cb$

$Q\to c$

下面再介绍另一类文法。

定义 9.5 一个上下文无关交互式 Lindenmayer 文法 $G=(N,T,P,\sigma)$,其组成为

(1) 一个有限的非终结符号集合 N。

(2) 一个有限的终结符号集合 T 满足 $N\cap T=\varnothing$。

(3) 一个有限的产生式 $A\to B$ 的集合 P,其中 $A\in N\cup T$ 且 $B\in(N\cup T)^*$。

(4) 一个开始符号 $\sigma\in N$。

上下文无关交互式文法与上下文无关文法的区别是,上下文无关交互式文法准许形式 $A\to B$ 的产生式,其中 A 是终结符号或者非终结符号。(在上下文无关文法中,A 必须

是非终结的)

上下文无关交互式文法导出串的规则也区别于短语结构文法中导出串的规则。在上下文无关交互式文法中,为了导出串 β,在 α 中的所有符号必须同时替换。形式化的定义如下。

定义 9.6　设 $G=(N,T,P,\sigma)$是上下文无关交互式 Lindenmayer 文法。

如果 $\alpha=x_1\cdots x_n$,并有 P 中的产生式 $x_i\to\beta_i$　对于 $i=1,\cdots,n$

则写为 $\alpha\Rightarrow\beta_1\cdots\beta_n$,并说 $\beta_1\cdots\beta_n$ 是从α 直接导出的。

如果对于 $i=1,\cdots,n-1,\alpha_{i+1}$是从 α_i 直接导出的,

则说 α_n 是从α_1 直接导出的,写为 $\alpha_1\Rightarrow\alpha_n$

称 $\alpha_1\Rightarrow\alpha_2\Rightarrow\cdots\Rightarrow\alpha_n$ 是 α_n 的导出。

由 G 生成的语言写为$L(G)$,由 T 上从σ 导出的所有串组成。

例 9.3　von Koch 雪花。设

$$N=\{D\}$$

$$T=\{d,+,-\}$$

$$P=\{D\to D-D++D-D,\ D\to d,\ +\to+,\ -\to-\}$$

将 $G=(N,T,P,D)$看成上下文无关交互式 Lindenmayer 文法。作为一个从 D 导出的例子,有

$$D\Rightarrow D-D++D-D\Rightarrow d-d++d-d$$

于是

$$d-d++d-d\in L(G)$$

现在说明 $L(G)$中串的意义。将符号 d 解释为在当前方向画一条固定长度直线的命令,将+解释为向右旋转 60°的命令;而将−解释为向左旋转 60°的命令。如果从左边开始并且第一次移动是水平向右,当解释串 $d-d++d-d$ 时,得到图 9.1(a)表示的曲线。

$L(G)$中下一个最长串是 $d-d++d-d-d-d++d-d++d-d++d-d-d-d++d-d$

它的导出是 $D\Rightarrow D-D++D-D$

$$\Rightarrow D-D++D-D-D-D++D-D++D-D++D-D-D-D++D-D$$

$$\Rightarrow d-d++d-d-d-d++d-d++d-d++d-d-d-d++d-d$$

因为所有的符号必须同时使用产生式替换,所以不可能有较短的串。如果将某些 D 用d 替换,而其他的 D 用$D-D++D-D$ 替换,设只有一个终止串,因为 d 并不出现在任何产生式的左边,所以就不会从结果串导出任何串。

解释串 $d-d++d-d-d-d++d-d++d-d++d-d-d-d++d-d$,得到图 9.1(b)表示的曲线。

解释 $L(G)$的随后的最长串得到的曲线由图 9.1(c)～(e)表示。这些曲线称为 von Koch 雪花。

类似于 von Koch 雪花的曲线被称为分形曲线(fractal curve)。分形曲线的特征是其一部分类似于整体。例如,如图 9.2 所示,当 von Koch 雪花指定的部分被取出并放大后,它类似于原图。

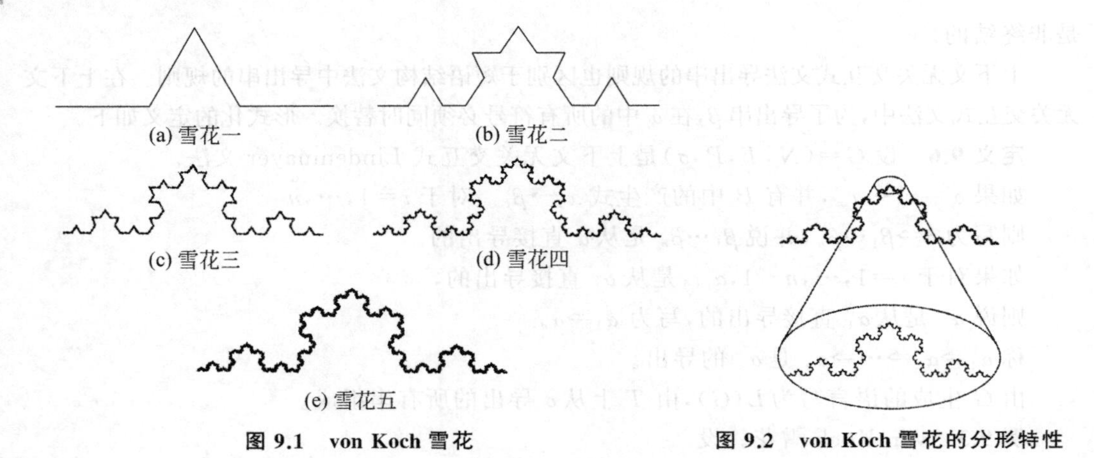

图 9.1 von Koch 雪花　　**图 9.2 von Koch 雪花的分形特性**

上下文无关交互式 Lindenmayer 文法在 1968 年由 A.Lindenmayer 为了刻画植物生长的模型而创建。这些文法能用于计算机图形学中生成图像。

9.3 有限状态机

用正则文法表示的集合称为正则集合,程序设计语言就是一个正则集合。一个串是否属于一个给定语法的语言,这个问题一般难以回答。但是,对于正则语法和正则语言,可以构造一个"识别器",判定一个串是否属于一个给定语法的语言。有限状态机作为一种识别装置,它能准确地识别正则集。一个有限状态机(finite-state machine)是具有一个基本内部记忆的机器抽象的模型。引入有限状态自动机这个理论,正是为词法分析程序的自动构造寻找特殊的方法和工具。

定义 9.7 一个有限状态机定义为 $M=(I,O,S,f,g,\sigma)$,其中:

(1) 一个有限输入符号集合 I;

(2) 一个有限输出符号集合 O;

(3) 一个有限状态集合 S;

(4) 一个从 $S\times I$ 到 S 的状态函数 f;

(5) 一个从 $S\times I$ 到 O 的输出函数 g;

(6) 一个初始状态 $\sigma\in S$。

例 9.4 设 $I=\{a,b\}$,$O=\{0,1\}$,$S=\{\sigma_0,\sigma_1\}$。由表 9.1 给出的规则定义一对函数 $f:S\times I\to S$ 和 $g:S\times I\to O$,则 $M=(I,O,S,f,g,\sigma_0)$是一个有限状态机。

表 9.1 例 9.4 的状态转换表

S	**I**			
	f		**g**	
	a	**b**	**a**	**b**
σ_0	σ_0	σ_1	0	1
σ_1	σ_1	σ_1	1	0

表 9.1 的解释意味着

$$f(\sigma_0,a)=\sigma_0 \quad g(\sigma_0,a)=0,$$
$$f(\sigma_0,b)=\sigma_1 \quad g(\sigma_0,b)=1,$$
$$f(\sigma_1,a)=\sigma_1 \quad g(\sigma_1,a)=1,$$
$$f(\sigma_1,b)=\sigma_1 \quad g(\sigma_1,b)=0。$$

下个状态和输出函数能够用转移图(transition diagram)定义。在形式定义转移图之前,先说明如何构造一个转移图。

转移图是一个有向图,顶点是状态。初始状态由一个箭头指出。如果处在状态 σ 且输入 I 引起输出 o,并且转到状态 σ',则从顶点 σ 至顶点 σ' 画一条有向边并标记 i/o。

例 9.5　对于例 9.4 的有限状态机,画出转移图。

如果在状态 σ_0 输入 a,由表 9.1 可知输出 0 且保持状态 σ_0,则在顶点 σ_0 画一个有向圈并标记 $a/0$ (见图 9.3)。另一方面,如果处于状态 σ_0 并且输入 b,则输出 1 并转到状态 σ_1。于是,从 σ_0 到 σ_1 画一条有向边并标记 $b/1$。考虑所有的可能性,得到图 9.3 所示的转移图。

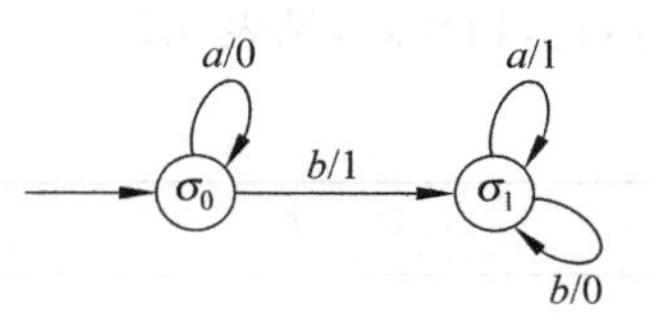

图 9.3　例 9.4 的转移图

定义 9.8　令 $M=(I,O,S,f,g,\sigma)$ 是一个有限状态机。M 的转移图是一个有向图 G,它的顶点是 S 的成员,一个箭头指定初始状态 σ。如果存在一个使 $f(\sigma_1,i)=\sigma_2$ 的输入 i,则 G 中存在一条有向边 (σ_1,σ_2)。在这种情形下,如果 $g(\sigma_1,i)=o$,则边 (σ_1,σ_2) 标记为 i/o。

能够将有限状态机 $M=(I,O,S,f,g,\sigma)$ 看成一个简单的计算机。从状态 σ 开始,输入 I 上的一个串,生成一个输出串。

定义 9.9　设 $M=(I,O,S,f,g,\sigma)$ 是一个有限状态机。M 的一个输入串是 I 上的一个串。如果存在 $\sigma_0,\cdots,\sigma_n \in s$,使

$$\sigma_0=\sigma$$
$$\sigma_i=f(\sigma_{i-1},x_i) \quad 对于\ i=1,2,\cdots,n$$
$$y_i=g(\sigma_{i-1},x_i) \quad 对于\ i=1,2,\cdots,n$$

则串 $y_1,y_2,\cdots,y_n$ 是 M 对应于输入串 $\alpha=x_1,x_2,\cdots,x_n$ 的输出串。

例 9.6　对于例 9.4 的有限状态机,求对应于输入串 $aababba$ 的输出串。

起初,处于状态 σ_0。第一个输入符号是 a。在 M 的转移图中位于从 σ_0 出发的输出边上标记 a/x,表明如果 a 是输入,则 x 是输出。在这种情形下,0 是输出,于是该边指向下一个状态 σ_0。之后,a 又是输入。如前,输出 0 并维持状态 σ_0 之后,b 是输入。在这种情形下,输出 1 并改变到状态 σ_1。继续这种方式,得出的输出串是 0011001。

例 9.7　设计一个有限状态机实现串行加法。用转移图表示这个有限状态机。

因为串行加法每次接受两位输入,若输入集合是{00,01,10,11},则输出集合是{0,1}。

已知输入 xy,执行两个动作之一:或者将 x 加 y,或者将 x 加 y 再加 1,这依赖于进位是 0,还是 1。于是有两个状态,即 C(进位)和 NC(无进位)。初始状态是 NC。现在能够画出转移图中的顶点,并指定初始状态(见图 9.4)。

NC　C

图 9.4　串行加法器有限状态机的两个状态

下面考虑在每个顶点的可能输入。例如,如果对 NC 输

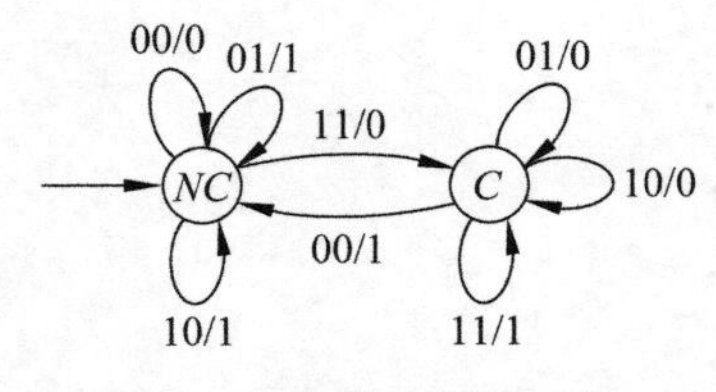

图 9.5 实现串行加法的有限状态机

入 00,应该输出 0 并维持状态 NC,于是 NC 就有标记 00/0 的圈。如果对 C 输入 11,计算 1+1+1=11。在这种情形下输出 1 并维持状态 C。于是 C 有一个标记 11/1 的圈。如果在状态 NC 并输入 11,则应该输出 0 并移到状态 C。考虑所有的可能性,得到图 9.5 所示的转移图。

注意:在有些教材中对有限状态机的定义不包含输出函数 g,即将有限状态机定义为 $M=(I,O,S,f,\sigma)$,其中 I 为有限输入符号集合;O 为有限输出符号集合;S 为有限状态集合;f 为从 $S\times I$ 到 S 的状态函数;$\sigma\in S$ 为初始状态。

例 9.8 令 $S=\{s_0,s_1\}$,$I=\{0,1\}$。f 定义为 $f(s_0,0)=s_0$,$f(s_1,0)=s_1$,$f(s_0,1)=s_1$,$f(s_1,1)=s_0$,见表 9.2。

表 9.2 状态变换表

f	0	1
s_0	s_0	s_1
s_1	s_1	s_0

该有限状态机有两个状态 s_0、s_1,有两个输入 0,1。输入 0 状态保持不变,输入 1 使得状态翻转。可以把例 9.8 的机器看作一个电路的模型,该电路如图 9.6 所示。两个输出端的电压总是一个高一个低。1 点高电压、2 点低电压,或者 2 点高电压、1 点低电压。前者是状态 s_0,后者是状态 s_1。输入标记 1 表示输入脉冲,这使得输出电压翻转。输入标记 0 表示没有输入脉冲,则输出电压保持不变。这个电路称为 T 触发器。

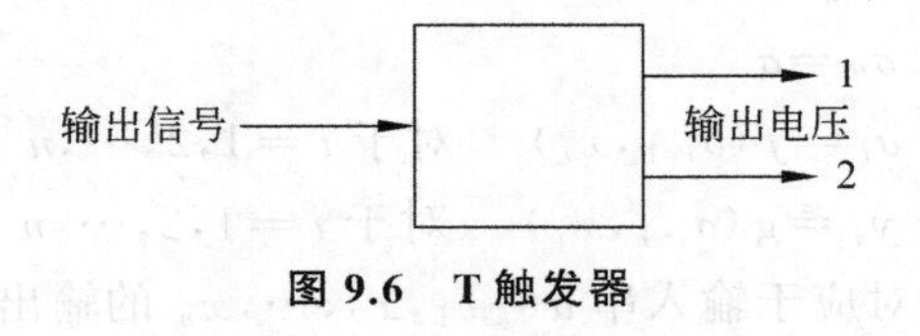

图 9.6 T 触发器

9.4 有限状态自动机

一个有限状态自动机(finite-state automaton)是特殊类型的有限状态机。

定义 9.10 有限状态自动机 $A=(I,O,S,f,g,\sigma)$ 是一个有限状态机,其输出符号的集合是{0,1},并且当前的状态决定最后的输出。最后输出为 1 的那些状态称为接受状态。

例 9.9 画出由表 9.3 定义的有限状态机 A 的转移图。初始状态是 σ_0,证明 A 是一个有限状态自动机,并确定接受状态的集合。

表 9.3　例 9.9 的转移函数

S	I			
	f		g	
	a	b	a	b
σ_0	σ_1	σ_0	1	0
σ_1	σ_2	σ_0	1	0
σ_2	σ_2	σ_0	1	0

转移图由图 9.7 表示。如果在状态 σ_0，则最后的输出是 0。如果在状态 σ_1 或 σ_2，则最后的输出是 l；于是 A 是一个有限状态自动机。接受状态是 σ_1 和 σ_2。

例 9.9 表明，如果输出符号集合是$\{0,1\}$，并且如果对每个状态 σ，所有输入到 σ 的边都有相同的输出标号，则由此转移图定义的有限状态机是有限状态自动机。

有限状态自动机的转移图通常被绘制为将接受状态放进双圈内且忽略输出符号。图 9.7 所示的转移图以这种方式重画时，得到图 9.8 所示的转移图。

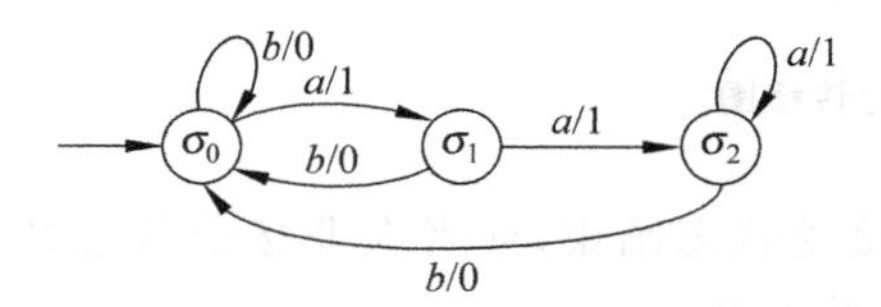

图 9.7　例 9.9 的转移图

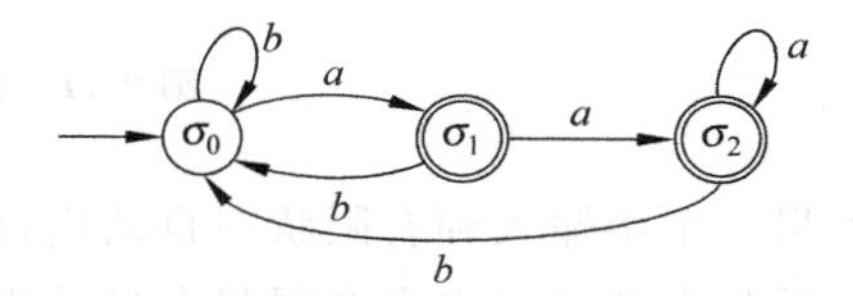

图 9.8　重画图 9.7 的转移图，接受状态放进双圈内并忽略输出符号

例 9.10　将图 9.9 所示的有限状态自动机的转移图画为有限状态机的转移图。

因为 σ_2 是接受状态，所以用输出 1 标记它的所有进入边。因为状态 σ_0 和 σ_1 不是接受状态，所以用输出 0 标记它们的所有进入边，于是得到图 9.10 所示的转移图。

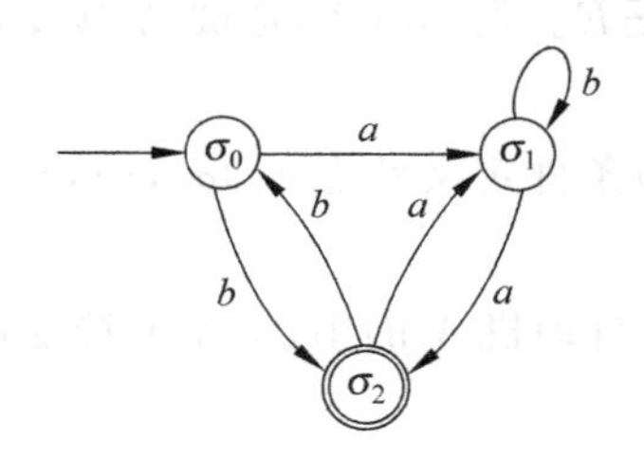

图 9.9　有限状态自动机

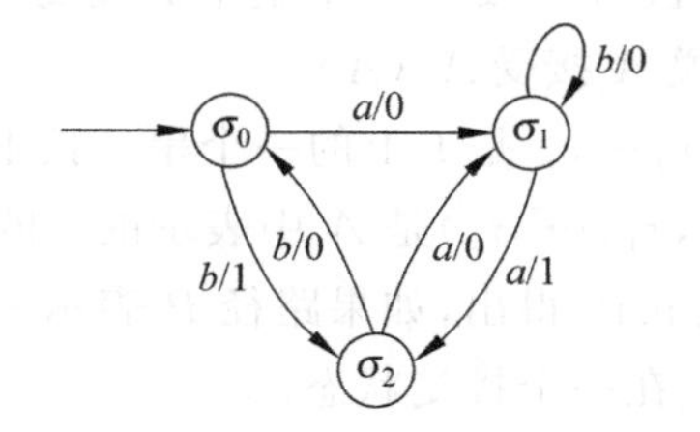

图 9.10　例 9.10 的有限状态自动机，重画为有限状态机的转移图

定义 9.11　另一种形式认为有限状态自动机 A 的组成为

(1) 一个有限输入符号集合 I；

(2) 一个有限状态集合 S；

(3) 一个从 $S\times I$ 到 S 的下一状态函数 f；

(4) S 的接受状态的子集 E；

(5) 一个初始状态 $\sigma \in S$。

如果使用这种形式描述特征,可写成 $A=(I,S,f,E,\sigma)$。

例 9.11 $I=\{a,b\}$,$S=\{\sigma_0,\sigma_1,\sigma_2\}$,$E=\{\sigma_2\}$,$\sigma=\sigma_0$,且 f 由表 9.4 定义,则有限状态自动机 $A=(I,S,f,E,\sigma)$的转移图如图 9.11 所示。

表 9.4 例 9.11 的下一状态函数 f

S	I	
	a	b
σ_0	σ_0	σ_1
σ_1	σ_0	σ_2
σ_2	σ_0	σ_2

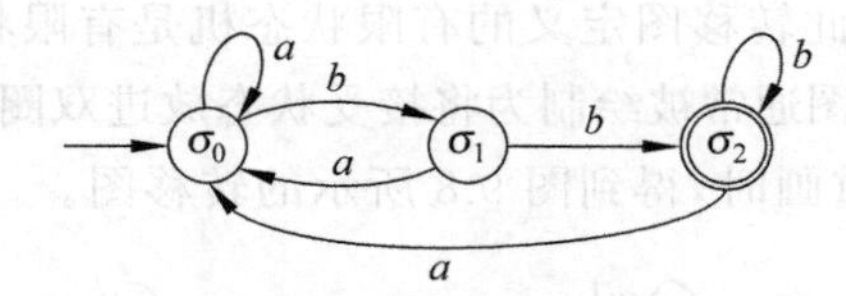

图 9.11 例 9.11 的转移图

如果一个串输入到有限状态自动机,或者在接受状态结束,或者在非接受状态结束。这个最后状态的情况决定有限状态自动机是否接受该串。

定义 9.12 设 $A=(I,S,f,E,\sigma)$是一个有限状态自动机。设 $\alpha=x_1\cdots x_n$ 是 I 上的一个串。如果存在状态 $\sigma_0,\sigma_1,\cdots,\sigma_n$ 满足

(1) $\sigma_0=\sigma$;

(2) 对于 $i=1,2,\cdots,n$,有 $f(\sigma_{i-1},x_i)=\sigma_i$;

(3) $\sigma_n \in E$。

则说 α 被 A 接受。一个空串被接受,当且仅当 $\sigma \in E$。设 $Ac(A)$是被 A 接受的串的集合,并且说 A 接受 $Ac(A)$。

设 $\alpha=x_1\cdots x_n$ 是 I 上的一个串。按上述(1)和(2)条件定义状态 $\sigma_0,\sigma_1,\cdots,\sigma_n$,称(有向)路径$(\sigma_0,\sigma_1,\cdots,\sigma_n)$是 A 中表示的 α 的路径。

从定义 9.12 得出,如果路径 P 表示一个有限状态自动机 A 的串 α,则 A 接受 α,当且仅当 P 终止在一个接受状态。

例 9.12 串 $abaa$ 能被图 9.8 所示的有限状态自动机接受吗?

从状态 σ_0 开始。当输入 a 时,转到状态 σ_1。当输入 b 时,转到状态 σ_0。当输入 a 时,转到状态 σ_1。最后,当输入最后的符号 a 时,转到状态 σ_2。路径$(\sigma_0,\sigma_1,\sigma_0,\sigma_1,\sigma_2)$表示串 $abaa$。因为最后的状态 σ_2 是接受状态,串 $abaa$ 被图 9.8 的有限状态自动机所接受。

例 9.13 串 $\alpha=abbabba$ 能被图 9.8 的有限状态自动机接受吗?

表示 α 的路径终止在 σ_1。因为 σ_1 不是接受状态,所以串 α 不被图 9.8 的有限状态自动机接受。

下面给出两个说明设计问题的例子。

例 9.14 设计一个有限状态自动机，准确接受$\{a,b\}$上不含 a 的串。

这个想法要使用两个状态：

A：发现一个 a；

NA：没有发现 a。

状态 NA 是初始状态并且是仅有的接受状态。再画出边，如图 9.12 所示。注意，该有限状态自动机正确地接受空串。

例 9.15 设计一个有限状态自动机，准确接受$\{a,b\}$上含有奇数个 a 的串。

这时的两个状态是：

E：偶数个 a 被发现；

O：奇数个 a 被发现。

初始状态是 E，接受状态是 O。得到图 9.13 表示的转移图。

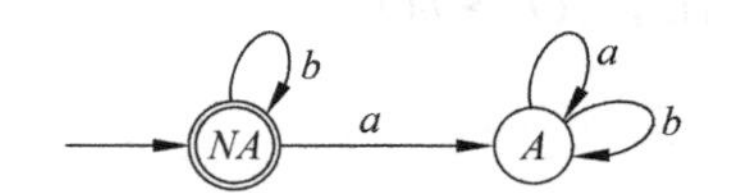

图 9.12 准确接受$\{a,b\}$上不含 a 的串的有限状态自动机

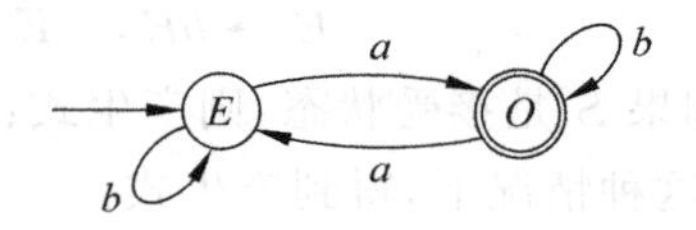

图 9.13 准确接受$\{a,b\}$上有奇数个 a 的串的有限状态自动机

一个确定的有限状态自动机从任何状态出发，对于任何输入符号，最多只有一个转换。可以用下面的算法模拟有限状态自动机的行为。

算法 9.1 模拟有限状态自动机。

输入：输入串 x，由文件结束符 eof 结尾。一个有限状态自动机 A，其开始状态是 s_0，其接受状态集合是 F。

输出：如果 A 接受 x，则回答 yes，否则回答 no。

```
s :=s0;
c :=nextchar();
while c ≠ eof do
    s :=move(s,c);  //函数 move(s,c)根据状态 s 和符号 c 给出一个新状态
    c :=nextchar()  //函数 nextchar()返回输入串 x 中的下一个字符
end;
if s 属于 E then
    return“yes”
else return“no”.
```

一个有限状态自动机本质上是决定一个给定串是否被接受的一个算法。如果两个有限状态自动机能准确地接受完全相同的串，则说它们是等价的。

定义 9.13 如果 $Ac(A)=Ac(A')$，则有限状态自动机 A 和 A'是等价的。

如果定义有限状态自动机集合上的关系 R 为：如果 A 和 A'等价，则 ARA'，那么 R 是一个等价关系。每个等价类由相互等价的有限状态自动机的集合组成。

9.5 不确定有限状态自动机

本节将证明正则文法和有限状态自动机本质上是相同的,它们中的任何一个都是正则语言的规范描述。开始先用一个例子表明如何将一个有限状态自动机转换为一个正则文法。

例 9.16 写出图 9.13 所示有限状态自动机给出的正则文法。

终结符号是输入符号$\{a,b\}$。状态 E 和 O 变为非终结符号,初始状态 E 变为开始符号。产生式对应于有向边,如果存在从 S 到 S' 的一条标记 x 的边,则写出一条产生式:$S\rightarrow xS'$。

在这种情况下,得到产生式:

$$E\rightarrow bE,\quad E\rightarrow aO,\quad O\rightarrow aE,\quad O\rightarrow bO \tag{9.1}$$

另外,如果 S 是接受状态,则产生式:$S\rightarrow\lambda$。

在这种情况下,得到产生式:

$$O\rightarrow\lambda \tag{9.2}$$

则文法 $G=(N,T,P,E)$,其中 $N=\{O,E\}$,$T=\{a,b\}$,P 由产生式(9.1)和式(9.2)组成,生成语言 $L(G)$,它与图 9.13 所示的有限状态自动机接受的串的集合是相同的。

定理 9.1 设 A 是一个有限状态自动机,以转移图的形式给出。

设 σ 是初始状态,T 是输入符号的集合,N 是状态的集合。

如果存在从 S 到S'的标记x 的边,则定义一条产生式$S\rightarrow xS'$,并且如果 S 是接受状态,定义 $S\rightarrow\lambda$,P 是这些产生式的集合。

设 G 是正则文法$G=(N,T,P,\sigma)$,则由 A 接受的串集合等于$L(G)$。

下面考虑相反的情形。已知正则文法 G,要构造一个有限状态自动机A,使$L(G)$是由 A 准确接受的串集合。

例 9.17 考虑由 $T=\{a,b\}$,$N=\{\sigma,C\}$,产生式$\sigma\rightarrow b\sigma$,$\sigma\rightarrow aC$,$C\rightarrow bC$,$C\rightarrow b$ 和开始符号σ 定义的正则文法。

非终结符号σ 变为初始状态。对每条形如 $S\rightarrow xS'$的产生式,画一条从 S 到 S'的标记x 的边。产生式$\sigma\rightarrow b\sigma$,$\sigma\rightarrow aC$,$C\rightarrow bC$ 给出了如图 9.14 所示的图。

产生式$C\rightarrow b$ 等价于两个产生式$C\rightarrow bF$,$F\rightarrow\lambda$。F 是一个附加的非终结符号。产生式$\sigma\rightarrow b\sigma$,$\sigma\rightarrow aC$,$C\rightarrow bC$,$C\rightarrow bF$ 给出了如图 9.15 所示的图。产生式 $F\rightarrow\lambda$ 告知F 应该是一个接受状态。

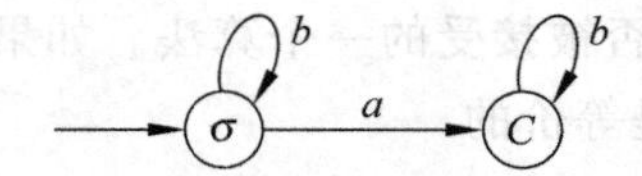

图 9.14 对应产生式 $\sigma\rightarrow b\sigma$,$\sigma\rightarrow aC$,$C\rightarrow bC$ 的图

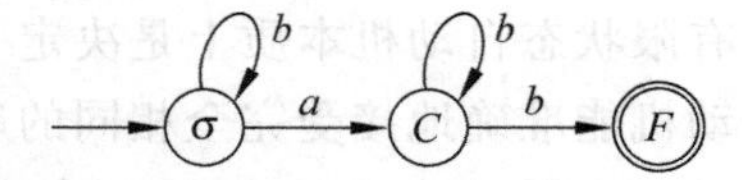

图 9.15 对应文法 $\sigma\rightarrow b\sigma$,$\sigma\rightarrow aC$,$C\rightarrow bC$,$C\rightarrow bF$ 的不确定有限状态自动机

可是图 9.15 不是一个有限状态自动机。这里有几个问题。顶点 C 没有标记a 的输出边且顶点F 完全没有输出边。还有,顶点 C 有两个标记b 的输出边。类似于图 9.15 定义了另一类自动机，称为不确定有限状态自动机（nondeterministic finite-state automaton）。术语“不确定”的理由是，当处于某个状态时，存在多个输出边具有相同的标记 x。如果 x 是一个输入，则情景就是不确定的，必须选择下一个状态。例如，如果在图 9.15 中处于状态 C 且 b 是输入，就要选择下一个状态，可能维持状态 C 或者转到状态 F。

定义 9.14　一个不确定有限状态自动机 A 的组成为

(1) 一个有限输入符号集合 I；

(2) 一个有限状态集合 S；

(3) 一个从 $S\times I$ 到 S 的下一状态函数 f；

(4) S 的子集接受状态集 E；

(5) 一个初始状态 $\sigma\in S$。

写成 $A=(I,S,f,E,\sigma)$。

不确定有限状态自动机和有限状态自动机的唯一区别是，在有限状态自动机内，下一个状态函数给出唯一确定的状态；而在不确定有限状态自动机内，下一个状态函数给出一个状态的集合。

例 9.18　已知一不确定有限状态自动机 A，$I=\{a,b\}$，$S=\{\sigma,C,D\}$，$E=\{C,D\}$。初始状态是 σ，且下一个状态函数由表 9.5 定义。

表 9.5　例 9.18 的状态函数

S	**I**	
	a	***b***
σ	$\{\sigma,C\}$	$\{D\}$
C	$\varnothing$	$\{C\}$
D	$\{C,D\}$	$\varnothing$

则该不确定有限状态自动机 A 的转移图可由图 9.16 表示。

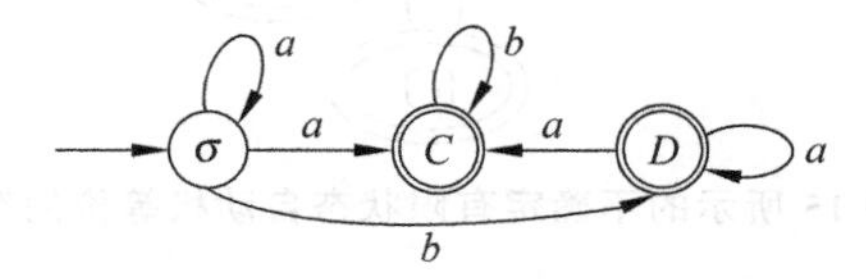

图 9.16　例 9.18 的不确定有限状态自动机的转移图

如果在一个不确定有限状态自动机 A 的转移图中存在一个表示串 α 的路径，它在初始状态开始，而在一个接受状态结束，则串 α 被 A 接受，形式化的定义如下。

定义 9.15　设 $A=(I,S,f,E,\sigma)$是不确定有限状态自动机。空串被 A 接受，当且仅当 $\sigma\in A$。如果 $\alpha=x_1\cdots x_n$ 是 I 上的非空串并存在状态 $\sigma_0,\sigma_1,\cdots,\sigma_n$ 满足条件

(a) $\sigma_0=\sigma$；

(b) $\sigma_i\in f(\sigma_{i-1},x_i)$，对于 $i=1,2,\cdots,n$；

(c) $\sigma_n\in E$；

则称 α 被 A 接受。设 $Ac(A)$是被 A 接受的串的集合，并且说 A 接受 $Ac(A)$。

如果A和A'是不确定有限状态自动机,且$Ac(A)=Ac(A')$,则说明A和A'是等价的。如果$\alpha=x_1\cdots x_n$是I上的非空串并存在状态$\sigma_0,\sigma_1,\cdots,\sigma_n$满足条件(a)和(b),则称路径$(\sigma_0,\sigma_1,\cdots,\sigma_n)$是$A$中表示$\alpha$的路径。

例 9.19 串$\alpha=bbabb$被图9.15所示的不确定有限状态自动机接受,因为路径$(\sigma,\sigma,\sigma,C,C,F)$表示$\alpha$,它在接受状态结束。注意路径$P=(\sigma,\sigma,\sigma,C,C,C)$也表示$\alpha$,但是$P$并不在接受状态结束。虽然如此,串$\alpha$仍被接受,因为至少存在一条表示$\alpha$的路径,它在接受状态结束。如果不存在表示$\beta$的路径或者表示$\beta$的每条路径都在非接受状态结束,则串$\beta$不被接受。

例 9.20 串$\alpha=abba$能否被图9.17所示的不确定有限状态自动机接受?

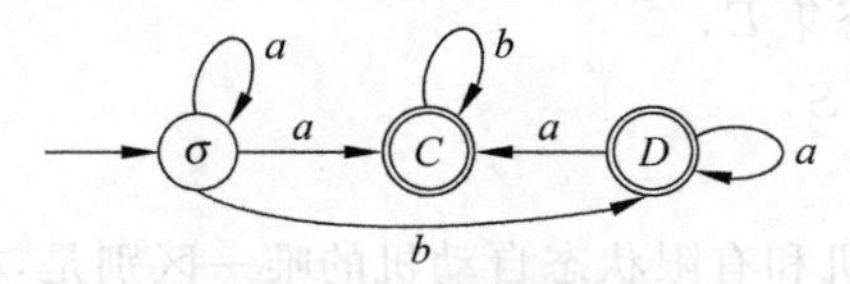

图 9.17 不确定有限状态自动机转移图

串$\alpha=abba$不被图9.17所示的不确定有限状态自动机接受。在σ开始,当输入a,存在两个选择:转到C或维持在σ。如果转到C,当输入两个b时,决定移动并依然维持在C。但是,现在当输入最后的a时,不存在沿它可移动的边。另一方面,假设当输入第一个a时,维持在σ,则当输入b时,移动到D。但是,现在当输入下一个b时,不存在沿它可移动的边。因此,在图9.17中不存在表示α的路径,串α不被图9.18所示的有限状态自动机接受。

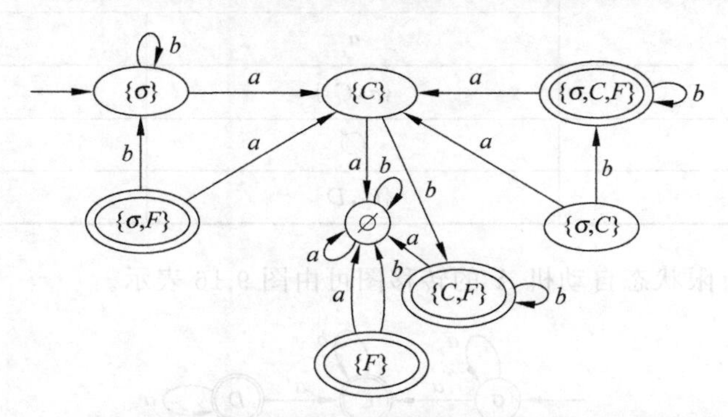

图 9.18 和图 9.15 所示的不确定有限状态自动机等价的有限状态自动机

例 9.21 串$\alpha=aabaabbb$被图9.17所示的不确定有限状态自动机接受。读者应找出表示α的路径,它在状态C结束。

将例9.19的构造正式地描述为一个定理。

定理 9.2 设$G=(N,T,P,\sigma)$是正则文法。设

$$I=T$$
$$S=N\cup\{F\},\text{其中 }F\notin N\cup T$$
$$f(S,x)=\{S'\mid S\to xS'\in P\}\cup\{F\mid S\to x\in P\}$$
$$E=\{F\}\cup\{S'\mid S\to\lambda\in P\}$$

则不确定有限状态自动机$A=(I,S,f,E,\sigma)$准确地接受串$L(G)$。

看起来似乎不确定有限状态自动机比有限状态自动机是一个更加一般的概念。但是，9.6 节将证明给出一个不确定有限状态自动机 A，能够构造一个等价于 A 的有限状态自动机。

9.6　语言和自动机之间的关系

9.5 节说明了如果 A 是一个有限状态自动机，则存在一个正则文法 G，使得以 $L(G)=Ac(A)$。作为其中一部分的逆，如果 G 是一个正则文法，则存在一个不确定有限状态自动机 A，使得 $L(G)=Ac(A)$。本节将证明如果 G 是一个正则文法，则存在一个有限状态自动机 A，使得 $L(G)=Ac(A)$。这个结果可从定理 9.2 通过证明任意不确定有限状态自动机都能够转换为等价的有限状态自动机而推出。首先举例说明该方法。

例 9.22　求出和图 9.15 所示的不确定有限状态自动机等价的有限状态自动机。输入符号集合不变。状态由原状态集合 $S=\{\sigma,C,F\}$ 的所有子集组成：

$$\varnothing,\{\sigma\},\{C\},\{F\},\{\sigma,C\},\{\sigma,F\},\{C,F\},\{\sigma,C,F\}$$

初始状态是 $\{\sigma\}$，接受状态是含有原不确定有限状态自动机的接受状态 S 的所有子集

$$\{F\},\{\sigma,F\},\{C,F\},\{\sigma,C,F\}$$

如果 $X=\varnothing=Y$ 或者

$$\bigcup_{S\in X} f(S,x)=Y$$

则从 X 到 Y 画一条边并标记 x，得到图 9.18 所示的有限状态自动机。状态

$$\{F\},\{\sigma,C\},\{\sigma,F\},\{\sigma,C,F\}$$

为永远不能达到、可被删除的状态。于是得到图 9.19 所示的简化的、等价的有限状态自动机。

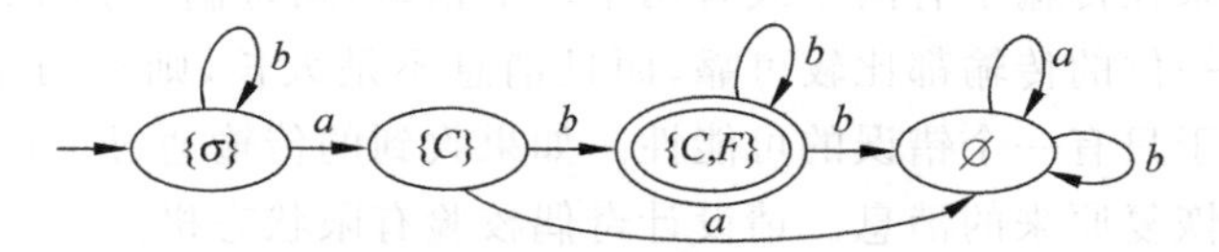

图 9.19　**图 9.18 的简化版(删除不可到达的状态)**

下面的定理是这个结果和 9.5 节结果的总结。

定理 9.3　语言 L 是正则的，当且仅当存在一个有限状态自动机准确地接受 L 中的串。

例 9.23　设 L 是图 9.20 所示的有限状态自动机接受的串的集合。构造一个有限状态自动机接受串 $L^R=\{x_n\cdots x_1 \mid x_1\cdots x_n\in L\}$。

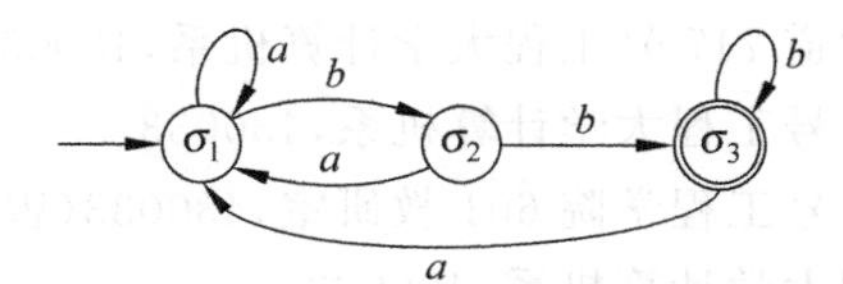

图 9.20　**例 9.23 所示的接受 L 的有限状态自动机**

将 A 转换到一个接受 L^R 的有限状态自动机。如果在 A 中存在表示 $\alpha=x_1\cdots x_n$ 的

路径 P，它在 σ_1 开始而在 σ_3 结束，则 α 被 A 接受。如果在 σ_3 开始并反向追踪 P，在 σ_1 结束并按次序 L_2 处理边。于是仅需要使图 9.20 的所有箭头反向，并使 σ_3 是开始状态，且 σ_1 是接受状态(见图 9.21)。结果是接受 L^R 的不确定有限状态自动机。

在求出等价的有限状态自动机并删除不可达的状态之后，得到图 9.22 所示的等价的有限状态自动机。

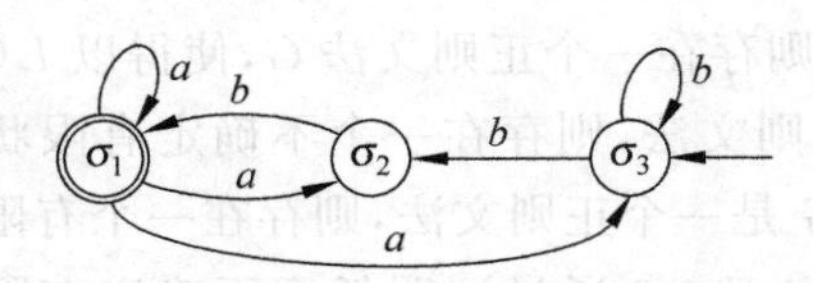

图 9.21 接受 L^R 的不确定有限状态自动机

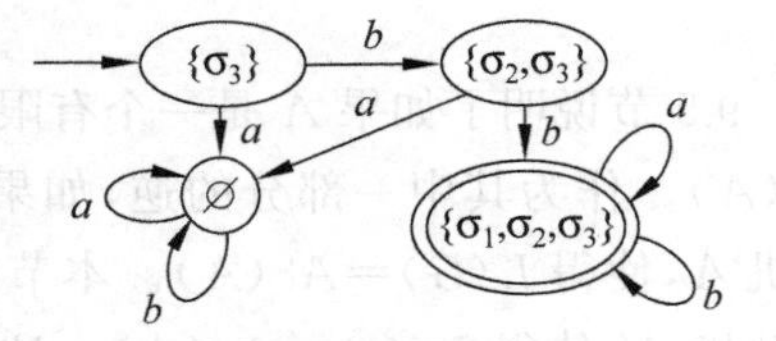

图 9.22 接受 L^R 的有限状态自动机

9.7 应用案例

9.7.1 奇偶校验机

在电子设备之间传输的数据通常表示为 0 和 1 的序列需要某种检测传输错误的方法。在此描述一种简单的方法。在发送消息前，对消息中的 1 进行计数。如果 1 的个数是奇数，则在消息的末尾加一个 1；如果 1 的个数是偶数，则加一个 0。所以，所有的传输都将含有偶数个 1。

应用案例 9.7.1 解答

传输收到后，重新对 1 进行计数，以判断有偶数个 1，还是奇数个 1。这种方法称为奇偶校验(parity check)。如果有奇数个 1，则在传输中必定有错误。在这种情况下，可以请求重传。当然，如果在传输中有两个或者两个以上错误，则奇偶校验无法向接受者报告错误。但是，如果每一位的传输都比较可靠，而且消息不是太长，则有两个或者两个以上错误的可能性，远小于只有一个错误的可能性。如果收到的传输通过了奇偶校验，则丢弃传输的最后一位，以恢复原来的消息。请设计奇偶校验有限状态机。

9.7.2 识别地址的有限状态机

地址的识别和分析是本地搜索必不可少的技术。判断一个地址的正确性同时非常准确地提炼出相应的地理信息(如省、市、街道、门牌号等)有时很麻烦。例如，我收到的邮件和包裹上面有如下地址：

湖北省武汉市解放大道 717 号工程大学计算机系，430033

武汉市解放大道 717 号工程大学计算机系，430033

武汉市解放大道 717 号工程学院 601 教研室，430033(曾经的单位名称)

武汉市解放大道工程大学计算机系，430033

武汉市硚口区解放大道工程大学计算机系，430000(估计不知道准确的邮编)

这些地址写得都不太清楚，但是邮件和包裹我都收到了，说明邮递员可以识别。请阐述识别地址的有限状态机。

9.7.3 语音识别

在语音识别领域使用一种特殊的有限状态机——赋权有限状态转换器(Weighted Finite State Transducer,WFST)。请阐述 WFST 及其构造与用法。

习题

9.1 确定给定的文法是否是上下文有关的、上下文无关的、正则的,或者不是它们中的任何一种,给出适用的所有特征。

(1) $T=\{a,b\}$,$N=\{\sigma,A\}$,σ 为开始符号,产生式 $\sigma\to b\sigma$,$\sigma\to aA$,$A\to a\sigma$,$A\to bA$,$A\to a$,$\sigma\to b$。

(2) $T=\{a,b,c\}$,$N=\{\sigma,A,B\}$,σ 为开始符号,产生式 $\sigma\to BAB$,$\sigma\to ABA$,$A\to AB$,$B\to BA$,$A\to aA$,$A\to ab$,$B\to b$。

9.2 对于题 9.1(1)给出的文法 G,证明串 $bbabbab$ 在 $L(G)$中。

9.3 对于题 9.1(2)给出的文法 G,证明串 $abbbaabab$ 在 $L(G)$中。

9.4 已知有限状态机 $I=\{a,b\}$,$S=\{s_0,s_1,s_2\}$,

$$f_a(s_0)=s_0, f_a(s_1)=s_2, f_a(s_2)=s_1,$$
$$f_b(s_0)=s_1, f_b(s_1)=s_0, f_b(s_2)=s_2,$$

试画出状态转移图。

9.5 根据机器的状态转换表 9.6,画出机器的有向图。

表 9.6 9.5 题状态转换表

S	I	
	0	1
S_0	S_0	S_1
S_1	S_1	S_2
S_2	S_2	S_0

9.6 根据机器的状态转换表 9.7,画出机器的有向图。

表 9.7 9.6 题状态转换表

S	I		
	a	b	c
S_0	S_0	S_1	S_2
S_1	S_2	S_1	S_1
S_2	S_1	S_1	S_2
S_3	S_2	S_0	S_1

9.7 根据机器的有向图 9.23,给出机器的状态转换表。

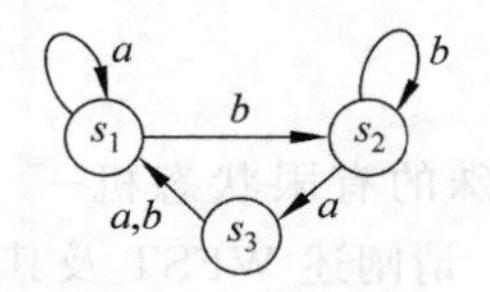

图 9.23　9.7 题图

9.8 画出下列有限状态机(I,O,S,f,g,σ_0)的转移图。

(1) 设$I=\{a,b\}$,$O=\{0,1\}$,$S=\{s_0,s_1,s_2\}$,见表 9.8。

表 9.8　9.8 题状态转换表 1

S	I			
	f		g	
	a	b	a	b
s_0	s_1	s_1	0	1
s_1	s_2	s_1	1	1
s_2	s_0	s_0	0	0

(2) 设$I=\{a,b,c\}$,$O=\{0,1\}$,$S=\{s_0,s_1,s_2\}$,如表 9.9 所示。

表 9.9　9.8 题状态转换表 2

S	I					
	f			g		
	a	b	c	a	b	c
s_0	s_0	s_1	s_2	0	1	0
s_1	s_1	s_1	s_0	1	1	1
s_2	s_2	s_1	s_0	1	0	0

9.9 根据机器的有向图 9.24,给出机器的状态转换表。

9.10 对如图 9.25 所示的有限状态机,求出集合$\mathcal{I}$、$\mathcal{O}$和$\mathcal{S}$,初始状态,以及定义下一个状态和输出函数的表。

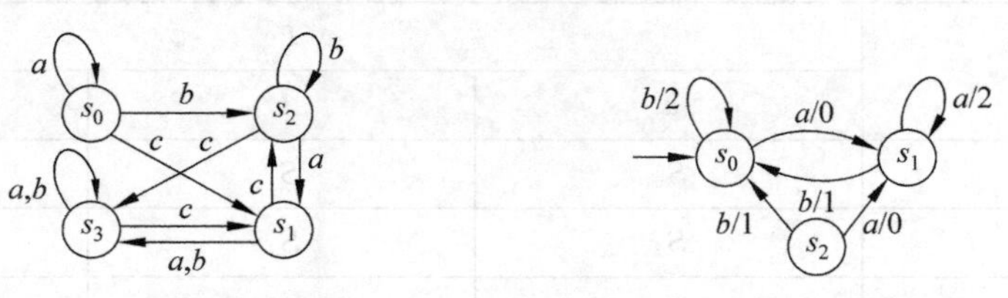

图 9.24　9.9 题图　　　**图 9.25　9.10 题图**

9.11 对于题 9.10 中已给的有限状态机,对以下输入串求输出串。

（1）*baaba*；

（2）*aabbaaaba*。

9.12 设计一个有限状态机，使其具有给定的性质：无论何时见到 101 时都输出 1；否则输出 0。

9.13 重画转移图（见图 9.26）为有限状态自动机的转移图。

9.14 重画有限状态自动机的转移图（见图 9.27）为有限状态机的转移图。

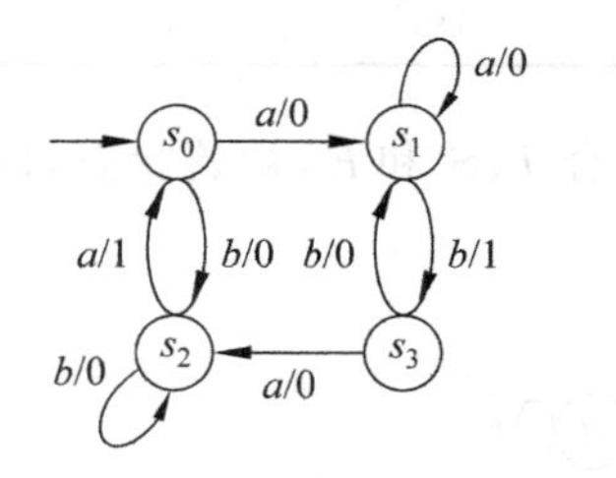

图 9.26 9.13 题图

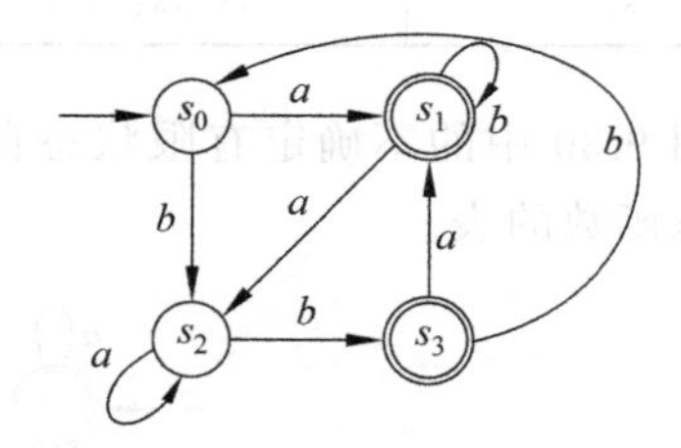

图 9.27 9.14 题图

9.15 确定图 9.28 给定的有限状态自动机是否接受指定的串。

（1）*aaabbbaab*；

（2）*aaabbaab*；

（3）*baababbb*。

9.16 验证图 9.29 中所示两图的有限状态自动机是等价的。

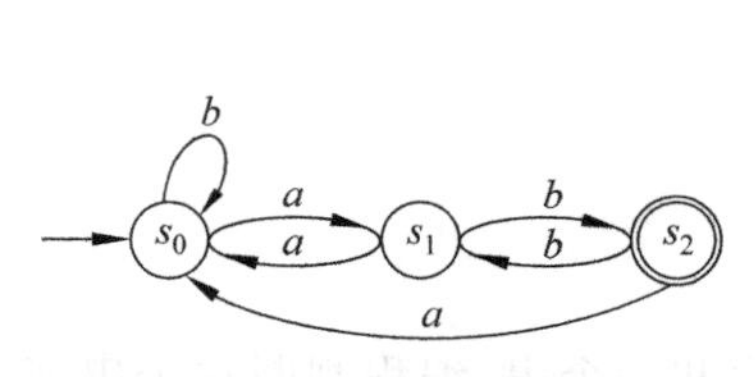

图 9.28 9.15 题图

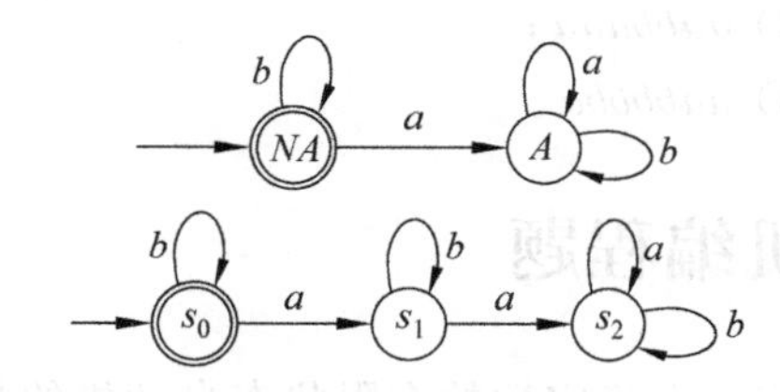

图 9.29 9.16 题图

9.17 设计一个有限状态自动机，准确接受$\{a,b\}$上含有偶数个 a 的串。

9.18 画出不确定有限状态自动机(I,S,f,E,s_0)的转移图。

（1）$I=\{a,b\}$，$S=\{s_0, s_1, s_2\}$，$E=\{s_0\}$，见表 9.10。

表 9.10 9.18 题状态转换表 1

S	I	
	a	b
s_0	$\varnothing$	$\{s_1, s_2\}$
s_1	$\{s_2\}$	$\{s_0, s_1\}$
s_2	$\{s_0\}$	$\varnothing$

（2）$I=\{a,b,c\}$，$S=\{s_0, s_1, s_2\}$，$E=\{s_0\}$，见表 9.11。

表 9.11　9.18 题状态转换 2

S	I		
	a	b	c
s_0	$\{s_1\}$	$\varnothing$	$\varnothing$
s_1	$\{s_0\}$	$\{s_2\}$	$\{s_0, s_2\}$
s_2	$\{s_0, s_1, s_2\}$	$\{s_0\}$	$\{s_0\}$

9.19　求出图 9.30 中的不确定有限状态自动机集合 I、S 和 E，初始状态，以及定义下一个状态函数的表。

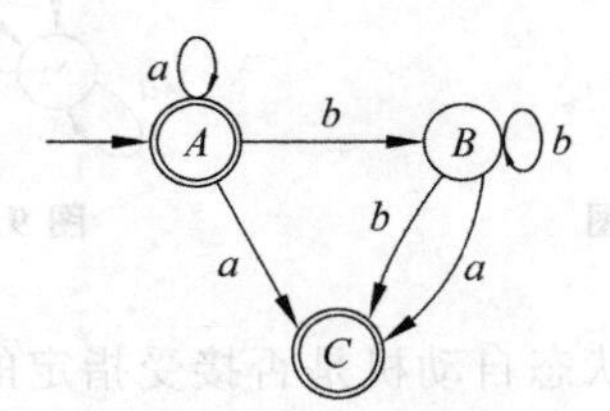

图 9.30　9.19 题图

9.20　以下串能被 9.19 题中的不确定有限状态自动机接受吗？

(1) *aaabba*；

(2) *aabbaaa*；

(3) *aabbbba*。

计算机编程题 9.1 参考代码

计算机编程题

9.1　给定一个确定性的有限状态自动机的状态表和一个串，编程判断这个串能否由此自动机识别。

9.2　给定一个非确定性的有限状态自动机的状态表和一个串，编程判断这个串能否由此自动机识别。

9.3　给定一个正则表达式，编程构造一个非确定性的有限状态自动机，识别这个表达式表示的集合。

9.4　给定一个正则文法，编程构造一个有限状态自动机，识别这个文法生成的语言。

9.5　给定一个有限状态自动机，编程构造一个正则文法，生成这个自动机所识别的语言。

第 10 章 数论与密码学

本章主要讨论素数、最小公倍数、最大公约数、因式分解、一次同余方程、中国剩余定理、欧拉定理以及数论在密码学中的应用等内容。

10.1 素数

定义 10.1 令 n 和 d 是整数，$d \neq 0$。如果存在一个整数 q 满足 $n=dq$，则称 d 整除 n，q 是商，d 是 n 的一个因子或者约数。d 整除 n，记作 $d|n$。d 不能整除 n，记作 $d \nmid n$。

例 10.1 由于 $21=3\times7$，3 整除 21，记作 $3|21$，商是 7，称 3 是 21 的一个因子或者约数。

定理 10.1 令 m、n 和 d 是正整数。

(1) 如果 $d|m$ 且 $d|n$，那么 $d|(m+n)$。

(2) 如果 $d|m$ 且 $d|n$，那么 $d|(m-n)$。

(3) 如果 $d|m$，那么 $d|mn$。

定义 10.2 对于一个大于 1 的整数，如果它的因子只有 1 和其本身则其被称为素数。一个大于 1 的不是素数的整数称为合数。

例 10.2 整数 23 是一个素数，因为只有 1 和其本身是它的因子。整数 34 是一个合数，因为它可以被 17 整除，17 既不是 1，也不是 34。

如果整数 $n>1$ 是合数，那么它有一个正因子 d 既不是 1，也不是其本身。由于 d 是正的且 $d\neq1$，$d>1$，又因为 d 是 n 的一个因子，所以 $d\leqslant n$。由于 $d\neq n$，$d<n$，因此，判断一个正整数 n 是否是合数，只需验证整数 2，3，…，$n-1$ 中的任何一个是否可以整除 n。如果序列中存在某个整数能整除 n，那么 n 就是合数。如果序列中没有整数可以整除 n，那么 n 就是素数。

试验发现：为了判断一个整数 $n>1$ 是否是素数，只检查 2，3，…，$\lfloor\sqrt{n}\rfloor$ 就足够了。

定理 10.2 一个大于 1 的正整数 n 是合数，当且仅当它有因子 d，满足 $2\leqslant d\leqslant\sqrt{n}$。

证明：必须证明：如果 n 是合数，那么 n 有一个因子 d，满足 $2 \leqslant d \leqslant \sqrt{n}$，而且，如果 n 有一个因子 d，满足 $2 \leqslant d \leqslant \sqrt{n}$，那么 n 就是合数。首先证明：如果 n 是合数，那么 n 有一个因子 d，满足 $2 \leqslant d \leqslant \sqrt{n}$。假设 n 是合数，例 10.2 说明 n 有一个因子 d' 满足 $2 \leqslant d' < n$。下面对这种情况进行讨论。如果 $d' \leqslant \sqrt{n}$，那么 n 有一个因子 $d(d=d')$ 满足 $2 \leqslant d \leqslant \sqrt{n}$。另一种情况是 $d' > \sqrt{n}$。由于 d' 整除 n，根据定义 10.1，存在一个整数 q 满足 $n=d'q$，因此 q 也是 n 的一个因子。可以断定 $q \leqslant \sqrt{n}$。为了证明 $q \leqslant \sqrt{n}$，可以采用反证法。因此，假设 $q > \sqrt{n}$，将 $d' > \sqrt{n}$ 和 $q > \sqrt{n}$ 相乘，得到

$$n = d'q > \sqrt{n}\sqrt{n} = n$$

这是一个矛盾，因此 $q \leqslant \sqrt{n}$。所以，n 有一个因子 $d(d=q)$，满足 $2 \leqslant d \leqslant \sqrt{n}$。

还需要证明：如果 n 有一个因子 d，满足 $2 \leqslant d \leqslant \sqrt{n}$，那么 n 就是合数。如果 n 有因子 d，满足 $2 \leqslant d \leqslant \sqrt{n}$，根据定义 10.2，$n$ 就是一个合数。(证毕)

定理 10.3(算术基本定理) 任何一个大于1的整数都可以写成素数乘积的形式。此外，如果这些素数按非递减顺序写出，这种分解就是唯一的。用符号表示，如果

$$n = p_1 p_2 \cdots p_i$$

其中 p_k 是素数，$p_1 \leqslant p_2 \leqslant \cdots \leqslant p_i$，且

$$n = p'_1 p'_2 \cdots p'_j$$

其中 p'_k 是素数，$p'_1 \leqslant p'_2 \leqslant \cdots \leqslant p'_j$，那么 $i=j$，并且

$$p_k = p'_k, \quad 对所有的\ k=1,\cdots,i$$

定理 10.4 素数的个数是无限的。

证明：只要能够证明如果 p 是素数，则存在一个比 p 大的素数就够了。为此，令

$$p_1, p_2, \cdots, p_n$$

代表所有比 p 小或等于 p 的不同素数。考虑整数

$$m = p_1 p_2 \cdots p_n + 1$$

注意，m 被 p_i 除时，余数是1：

$$m = p_i q + 1, \quad q = p_1 p_2 \cdots p_{i-1} p_{i+1} \cdots p_n$$

因此，对所有的 $i=1$ 到 n，p_i 不能整除 m。令 p' 表示 m 的一个素数因子(m 自身可以是素数，也可以不是素数)，那么 p' 不等于任何一个 p_i，$i=1,2,\cdots,n$。由于 $p_1,p_2,\cdots,p_n$ 是所有比 p 小或相等的素数，因此必须有 $p' > p$。(证毕)

10.2 最大公约数与最小公倍数

定义 10.3 两个整数 m 和 n (不全为0) 的最大公约数是能够整除 m 和 n 的最大正整数，记为 $\gcd(m,n)$。m 和 n 的一个公倍数是一个可以同时被 m 和 n 整除的整数。m 和 n 的最小公倍数是 m 和 n 的最小的正的公倍数，记为 $\mathrm{lcm}(m,n)$。

当检查分数 m/n (其中 m 和 n 是整数时)是不是最简时，会用到最大公约数的概念。

定理 10.5 令 m 和 n 是整数，$m>1$，$n>1$，并且有素数因子

$$m = p_1^{a1} p_2^{a2} \cdots p_n^{an}$$

和

$$n = p_1^{b_1} p_2^{b_2} \cdots p_n^{b_n}$$

（如果素数 p_i 不是 m 的因子，则令 $a_i=0$。类似地，如果素数 p_i 不是 n 的因子，则令 $b_i=0$），那么

$$\gcd(m,n) = p_1^{\min(a_1,b_1)} p_2^{\min(a_2,b_2)} \cdots p_n^{\min(a_n,b_n)}$$

$$\operatorname{lcm}(m,n) = p_1^{\max(a_1,b_1)} p_2^{\max(a_2,b_2)} \cdots p_n^{\max(a_n,b_n)}$$

例 10.3　通过观察 30 和 105 的素数因子，寻找它们的最大公约数与最小公倍数。

$$30 = 2 \cdot 3 \cdot 5 \qquad 105 = 3 \cdot 5 \cdot 7$$

解：3 与 5 同时是 30 和 105 的公约数，由于没有 30 和 105 的更大的公共的素数因子的乘积，因此可得 $3 \cdot 5 = 15$ 就是 30 和 105 的最大公约数。

$$\operatorname{lcm}(30,105) = 210。$$

定理 10.6　对任意正整数 m 和 n，

$$\gcd(m,n) \cdot \operatorname{lcm}(m,n) = mn$$

证明：如果 $m=1$，那么 $\gcd(m,n)=1$ 且 $\operatorname{lcm}(m,n)=n$，因此

$$\gcd(m,n) \cdot \operatorname{lcm}(m,n) = 1 \cdot n = mn$$

同样，如果 $n=1$，

$$\gcd(m,n) \cdot \operatorname{lcm}(m,n) = 1 \cdot m = mn$$

所以，假设 $m>1, n>1$。

将计算 gcd 的公式和 lcm 的公式（定理 10.5）（这需要 $m>1$ 和 $n>1$）组合起来，并且注意到 $\min(x,y)+\max(x,y)=x+y$，对所有的 x 和 y，最后这个等式成立，因为 $\{\min(x,y), \max(x,y)\}$ 中的一个等于 x，另外一个等于 y。下面利用这些等式证明。

将 m 和 n 写成素数因子

$$m = p_1^{a_1} p_2^{a_2} \cdots p_n^{a_n} \quad 和 \quad n = p_1^{b_1} p_2^{b_2} \cdots p_n^{b_n}$$

（如果素数 p_i 不是 m 的因子，则令 $a_i=0$。类似地，如果 p_i 不是 n 的因子，则令 $b_i=0$）。根据定理 10.5，有

$$\begin{aligned}
\gcd(m,n)\operatorname{lcm}(m,n) &= [p_1^{\min(a_1,b_1)} \cdots p_n^{\min(a_n,b_n)}][p_1^{\max(a_1,b_1)} \cdots p_n^{\max(a_n,b_n)}] \\
&= p_1^{\min(a_1,b_1)+\max(a_1,b_1)} \cdots p_n^{\min(a_n,b_n)+\max(a_n,b_n)} \\
&= p_1^{a_1+b_1} \cdots p_n^{a_n+b_n} \\
&= [p_1^{a_1} \cdots p_n^{a_n}][p_1^{b_1} \cdots p_n^{b_n}] \\
&= mn
\end{aligned}$$

那么，根据定理 10.6，就可以计算最小公倍数：

$$\operatorname{lcm}(m,n) = \frac{mn}{\gcd(m,n)}$$

对寻找两个整数的最大公因子来说，欧几里得算法是一个古老的、有名的且有效的算法。

定理 10.7　如果 a 是一个非负整数，b 是一个正整数，$r = a \bmod b$，那么

$$\gcd(a,b) = \gcd(b,r) \tag{10.1}$$

证明：依据商和余数定理，存在 q 和 r，满足

$$a=bq+r,\quad 0\leqslant r<b$$

如果可以证明 a 和 b 的公因子集合等于 b 和 r 的公因子集合，就可以证明这个定理。

令 c 是 a 和 b 的一个公因子。根据定理10.1中的(1)，有 $c|bq$。由于 $c|a$ 且 $c|bq$，根据定理10.1中的(2)，$c|a-bq(=r)$。所以，c 是 b 和 r 的一个公因子。反过来，如果 c 是 b 和 r 的一个公因子，那么 $c|bq$ 且 $c|bq+r(=a)$，所以 c 是 a 和 b 的一个公因子。因此，a 和 b 的公因子集合等于 b 和 r 的公因子集合。因此，

$$\gcd(a,b)=\gcd(b,r)$$

例 10.4 由于 105 mod 30=15，根据式(10.1)有

$$\gcd(105,30)=\gcd(30,15)$$

由于 30 mod 15=0，根据式(10.1)有

$$\gcd(30,15)=\gcd(15,0)$$

经检查可得 gcd(15,0)=15。因此，

$$\gcd(105,30)=\gcd(30,15)=\gcd(15,0)=15$$

接下来证明式(10.1)。

下面形式化地说明欧几里得算法，即算法10.1。

算法 10.1(欧几里得算法) 这个算法是寻求两个非负整数 a 和 b 的最大公因子，其中 a 和 b 不同时为0。

输入：a 和 b(非负整数，且不同时为0)；

输出：a 和 b 的最大公因子。

```
gcd(a,b){
    if (a<b)
      swap(a,b)          //让 a 是两数中较大的数
  while (b≠0){
      r=a mod b
      a=b
      b=r
          }
  return a
      }
```

定理 10.8 如果 a 和 b 是非负整数，不同时为0，则存在整数 s 和 t，使得

$$\gcd(a,b)=sa+tb$$

证明：令 x 是存在整数 s 和 t 满足 $x=sa+tb$ 的所有正整数中最小的一个。令 c 是 a 和 b 的一个公约数。因为 $c|a$，$c|b$，由定理10.1有 $c|x$，于是 $c\leqslant x$。

有 $a=qx+r$，其中 $0\leqslant r<x$。解出 $r=a-qx=a-q(sa+tb)=(1-qs)a-qtb$。如果 r 不是0，则 $r<x$ 且 r 也是 a 的倍数与 b 的倍数之和。与对 x 的假设矛盾，故只有 $r=0$，$x|a$。x 是 a 和 b 的公约数，又因为 $c\leqslant x$，x 是 a 和 b 的最大公约数，即 $x=\gcd(a,b)$。

推论 整数 a 和 b 互素的充分必要条件是存在整数 x 和 y，使得 $xa+yb=1$。

10.3　同余

定义 10.4　设 n 是大于 1 的整数，并且 a 和 b 是整数。如果 a 和 b 被 n 除，有相同的余数，则称 a 和 b 是模 n 同余的，记作 $a\equiv b(\bmod n)$。

该定义的一个更有用的等价形式是：$a\equiv b(\bmod n)$，当且仅当 $n\mid(a-b)$。例如，$-1\equiv 4\ (\bmod 5)$，$6\equiv 18(\bmod 12)$，$19\equiv -5(\bmod 12)$。

同余理论在密码学，特别是公钥密码学中有非常重要的应用。同余的概念也经常出现在日常生活中。例如，计算从现在起过 n 天和过 m 天是否是星期中的同一天？显然，当 n 和 m 是模 7 同余时，答案是肯定的。又如，角度的度量，是适于模 360°的。

注意：(1) 可以将“n 整除 a”写成“$a\equiv 0(\bmod n)$”。

(2) 同余“$\equiv$”具有的性质类似于等号“$=$”具有的性质。例如，允许两边同时加上或减去同一个量，或者同时乘以同一个常数。于是，如果 a，b 和 c 是整数，并且

$$a\equiv b\ (\bmod n)$$

则根据同余的定义，a 和 b 被 n 除有相同的余数，于是

$$a+c\equiv(b+c)\ (\bmod n)$$
$$a-c\equiv(b-c)\ (\bmod n)$$
$$ca\equiv cb(\bmod n)$$

如同将要看到的，除的情况就比较复杂。

设 m 是一任意整数，并且将它平方，m^2 模 4 可能是什么情况？根据以上分析容易得出这样的结论：m^2 模 4 的值仅依赖于 m 模 4 的值。例如，如果 $m\equiv 0\ (\bmod 4)$，则存在某个整数 k，使得 $m=4k$。于是

$$m^2=(4k)^2=16k^2\equiv 0\ (\bmod 4)$$

如果 $m\equiv 1\ (\bmod 4)$，则存在某个整数 k，使得 $m=4k+1$。于是

$$m^2=(4k+1)^2=4(4k^2+2k)+1\equiv 1\ (\bmod 4)$$

如果 $m\equiv 2\ (\bmod 4)$，则存在某个整数 k，使得 $m=4k+2$。于是

$$m^2=(4k+2)^2=4(4k^2+4k)+4\equiv 0\ (\bmod 4)$$

如果 $m\equiv 3\ (\bmod 4)$，则存在某个整数 k，使得 $m=4k+3$。于是

$$m^2=(4k+3)^2=4(4k^2+6k)+9\equiv 9\equiv 1\ (\bmod 4)$$

结论：对任意整数 m，m^2 模 4 等于 0 或 1。因此，如果一个整数 k 是两个整数的平方和，不妨设 $k=n^2+m^2$，则 k 模 4 的可能是

$$0+0\equiv 0\equiv 0\ (\bmod 4);0+1\equiv 1\equiv 1\ (\bmod 4)$$
$$1+0\equiv 1\equiv 1\ (\bmod 4);1+1\equiv 2\equiv 2\ (\bmod 4)$$

这说明 k 模 4 等于 3 是不可能的，即两个整数的平方和不可能是 $4k+3$ 的形式。

定义 10.5　设 a 和 b 是整数，并且 n 是大于 0 的整数，称形式为 $ax\equiv b(\bmod n)$ 的方程式为同余方程式。

例如，对于同余方程式 $2x\equiv 0\ (\bmod 4)$，x 有无数多个解：$x=0,2,-2,4,-4,6,-6,\cdots$。然而，可以将这些解划分为两类，即$\{0,4,-4,8,-8,\cdots\}$和$\{2,-2,6,-6,\cdots\}$。其中，在每个类中的所有整数之间都是模 4 同余的。在第 1 类中，每个整数都可被 4 整

除;在第2类中,每个整数被4除的余数都是2,即第1类中的每个整数与第2类中的每个整数都不是模4同余的。所以,可以认为同余方程式 $2x\equiv 0 \pmod 4$ 本质上只有两个解,其中每个解都是整数的同余类。于是,有以下定义。

定义 10.6 设 n 是大于1的整数,并且 a 是任意整数,称所有与 a 模 n 同余的整数构成的集合:

$$[a]_n=\{b \mid b\equiv a \pmod n\}$$

为 a 模 n 的同余类。

将所有模 n 的同余类作为元素构成的集合记作 Z_n。由于一个整数被 n 除的余数恰有 n 种可能,所以这个集合是 n 元集。

显然,$[a]_n=[b]_n$,当且仅当 $a\equiv b \pmod n$。

例 10.5 如果 $n=2$,则有两个同余类:一个是$[0]_2$,所有偶数构成的集合;一个是$[1]_2$,所有奇数构成的集合。

例 10.6 如果 $n=10$,则有10个同余类。在一个给定的同余类中的所有正整数,如果是十进制表示,则它们都具有相同的最后一位数字。

定义 10.7 设 n 是大于1的整数,并且 a 和 b 是任意整数。a 模 n 的同余类与 b 模 n 的同余的和与积的定义如下:

$$[a]_n+[b]_n=[a+b]_n$$
$$[a]_n[b]_n=[ab]_n$$

有时也用$[a]_n\cdot[b]_n$ 或$[a]_n\times[b]_n$ 表示同余类的积$[a]_n[b]_n$。

定理 10.9 设 n 是大于1的整数,a,b 和 c 是任意整数,假设$[a]_n=[c]_n$,则

(1) $[a]_n+[b]_n=[c]_n+[b]_n$

(2) $[a]_n[b]_n=[c]_n[b]_n$

证明:(1) 因为$[a]_n=[c]_n$,所以 $n\mid(c-a)$,因此存在某个整数 k,使得 $c=a+k\cdot n$,于是

$$\begin{aligned}[c]_n+[b]_n&=[c+b]_n &&\text{(根据同余类加法的定义)}\\&=[a+k\cdot n+b]_n\\&=[a+b+k\cdot n]_n\\&=[a+b]_n &&\text{(根据同余类的定义)}\\&=[a]_n+[b]_n &&\text{(根据同余类加法的定义)}\end{aligned}$$

(2) $[c]_n[b]_n=[cb]_n=[(a+kn)b]_n=[ab+nkb]_n=[ab]_n=[a]_n[b]_n$(证毕)

定理 10.10 如 $a\equiv b \pmod n$,$c\equiv d \pmod n$,则 $a+c\equiv b+d \pmod n$,$a-c\equiv b-d \pmod n$,$ac\equiv bd \pmod n$,$a^k\equiv b^k \pmod n$,其中 k 是非负整数。

例 10.7 3^{455} 的个位数是多少?

解:设 3^{455} 的个位数为 x,则有 $3^{455}\equiv x \pmod{10}$。由 $3^4\equiv 1 \pmod{10}$ 和定理10.10有

$$3^{455}=3^{4\times 113+3}\equiv 3^3\equiv 7 \pmod{10}$$

故 3^{455} 的个位数是7。

10.4 一次同余方程和中国剩余定理

10.4.1 一次同余方程

定义 10.8 如果一个方程的形式为 $ax \equiv b(\text{mod } n)$，其中，$a$，$b$ 和 n 为整数，并且 $n \nmid a$，x 取整数值，则称这样的方程为模 n 的一次同余方程，简称为同余方程。按照同余类的形式，这个方程式可以写成$[a]_n X = [b]_n$，其中解 X 现在应当是一个同余类。

这种方程解的可能是：

(1) 无解，如 $2x \equiv 1(\text{mod } 4)$；

(2) 恰有一个解，如 $2x \equiv 1(\text{mod } 5)$；

(3) 多于一个解，如 $2x \equiv 0(\text{mod } 4)$。

定理 10.11 设 $d = \gcd(a, n)$，一次同余方程 $ax \equiv b(\text{mod } n)$有解，当且仅当 $d \mid b$。如果 $d \mid b$，则方程有 d 个模 n 的同余解，并且所有这些解全都是模 n/d 同余的。

证明：(必要性)假设 c 是方程 $ax \equiv b(\text{mod } n)$的一个解，则 $ac \equiv b(\text{mod } n)$。因为 $n \mid (ac - b)$，则存在整数 k，使得 $ac - b = kn$。重写成 $b = ac - kn$。又由于 $d = \gcd(a, n)$，所以 d 整除这个等式右边的每一项，于是导出 $d \mid b$。

(充分性)假设 $d \mid b$，不妨设存在整数 h，使得 $b = hd$。由于 $d = \gcd(a, n)$，所以存在整数 k 和 t，使得 $d = ka + tn$。用 h 乘等式两边得到 $b = kah + tnh$，于是得到 $a(kh) \equiv b(\text{mod } n)$。说明 kh 是方程 $ax \equiv b(\text{mod } n)$的一个解。(第 1 部分证毕)

现在假设 c 是一次同余方程 $ax \equiv b(\text{mod } n)$的一个解，于是存在某个整数 k，使得 $ac = kn + b$。根据前面的证明，有 $d \mid b$，因此可以用 d 除等式两边，得到整数形式的等式：

$$(a/d)c = k(n/d) + b/d$$

于是$(a/d)c \equiv b/d(\text{mod } (n/d))$，即原始同余方程的每个解也是同余方程

$$(a/d)x \equiv b/d(\text{mod } (n/d))$$

的解。

反之，通过步骤逆转，容易看出后一个同余方程的每个解也是原始同余方程的解。所以，解实际上是模 n/d 的同余类。这样，一个同余类可以派生出 d 个不同的模 n 的同余类，即如果 c 是同余方程$(a/d)x \equiv b/d(\text{mod } (n/d))$的一个解，则

$$c, c + (n/d), c + 2(n/d), c + 3(n/d), \cdots, c + (d-1)(n/d)$$

是模 n 的不同的解，也是模 n 的所有解。通过解的形式容易看出，这些解全都是模 n/d 同余的。(证毕)

例 10.8 求解 $6x \equiv 5(\text{mod } 15)$。

解：由于 $d = \gcd(6, 15) = 3$，并且 $3 \nmid 5$，根据定理 10.10，方程无解。

例 10.9 解同余方程 $6x \equiv 9(\text{mod } 15)$。

解：由于 $d = \gcd(6, 15) = 3$，并且 $3 \mid 9$，根据定理 10.10，该方程有 3 个模 15 的解。

10.4.2 中国剩余定理

关于中国剩余定理(也称孙子定理),其最早见于《孙子算经》(我国南北朝时期的数学著作)的"物不知数"题:"今有物,不知其数,三三数之剩二,五五数之剩三,七七数之剩二,问物几何?"

答案:二十三。

将"物不知数"问题用同余式组表示就是:

$$\begin{cases} x \equiv 2(\bmod 3) \\ x \equiv 3(\bmod 5) \\ x \equiv 2(\bmod 7) \end{cases}$$

本节讨论求解方程个数为2的最简单的同余方程组。将以下定理称为中国剩余定理,它是数论中最重要的定理之一。

定理 10.12(中国剩余定理) 设 $m \geqslant 2$ 和 $n \geqslant 2$ 是互素的两个整数,则对于任意整数 a 和 b,一次同余方程组

$$\begin{cases} x \equiv a(\bmod m) \\ x \equiv b(\bmod n) \end{cases}$$

有唯一的模 mn 的解。

证明:因为 m 和 n 互素,所以存在整数 k 和 t,使得 $km+tn=1$。容易验证,$c=bkm+atn$ 是同余方程组中的方程 $x \equiv a(\bmod m)$ 的解。这是因为 $c \equiv atn(\bmod m)$,并且由 $km+tn=1$ 得 $tn \equiv 1(\bmod m)$。因此 $c \equiv a \times 1 \equiv a(\bmod m)$。类似地,可以证明 c 也是同余方程组中的方程 $x \equiv b(\bmod n)$ 的解。因此,$c=bkm+atn$ 是上述一次同余方程组的解。

为了证明上述一次同余方程组的模 mn 的解是唯一的,假设 c 和 d 都是解,那么,$c \equiv a(\bmod m)$ 和 $d \equiv a(\bmod m)$。因此,$c-d \equiv 0(\bmod m)$。类似地,有 $c-d \equiv 0(\bmod n)$。于是,$m \mid (c-d)$ 并且 $n \mid (c-d)$。又因为 m 和 n 互素,所以 $mn \mid (c-d)$,因此 c 和 d 属于模 mn 的同一个同余类。

反之,如果 c 是方程组的一个解,并且如果 $d \equiv c(\bmod mn)$,则存在整数 k,使得 $d=c+kmn$。并且用 m 或 n 除 d 所得余数与用 m 或 n 除 c 所得余数相同。所以,d 是方程组的解,证得解的唯一性。(证毕)

例 10.10 解同余方程组

例 10.10 解答

$$\begin{cases} x \equiv 2(\bmod 7) \\ x \equiv 0(\bmod 9) \\ 2x \equiv 6(\bmod 8) \end{cases}$$

例 10.11 解《孙子算经》中的"物不知数"问题,即求一次同余方程组

$$\begin{cases} x \equiv 2(\bmod 3) \\ x \equiv 3(\bmod 5) \\ x \equiv 2(\bmod 7) \end{cases}$$

的正整数解。

解：因为数 3,5 和 7 是两两互素的，所以能够应用定理 10.11 到方程组中的前两个方程上：$(-3)\times 3+2\times 5=1$，然后分别用 3 和 2 乘式中的两项，于是得出 $3\times(-3)\times 3+2\times 2\times 5\equiv 35(\mathrm{mod}\ 3\times 5)$ 是解，即 $x\equiv 35(\mathrm{mod}\ 15)$。再解同余方程组

$$\begin{cases} x\equiv 35(\mathrm{mod}\ 15) \\ x\equiv 2(\mathrm{mod}\ 7) \end{cases}$$

应用定理 10.11 得出 $x\equiv 233(\mathrm{mod}\ 105)\equiv 23(\mathrm{mod}\ 105)$ 是解。

10.5　欧拉定理和费马小定理

对任意正整数 n，把 $\{0,1,\cdots,n-1\}$ 中与 n 互素的个数记作 $\phi(n)$，称作欧拉(Euler)函数。如 $\phi(1)=\phi(2)=1$，$\phi(3)=\phi(4)=2$。显然，当 n 为素数时，$\phi(n)=n-1$；当 n 为合数时，$\phi(n)<n-1$。

定理 10.13(欧拉定理)　设 a 与 n 互素，则

$$a^{\phi(n)}\equiv 1(\mathrm{mod}\,n)$$

证明：设 $r_1,r_2,\cdots,r_{\phi(n)}$ 是 $\{0,1,\cdots,n-1\}$ 中与 n 互素的 $\phi(n)$ 个数。由于 a 与 n 互素，对每一个 $1\leqslant i\leqslant\phi(n)$，$ar_i$ 也与 n 互素，故存在 $1\leqslant\tau(i)\leqslant\phi(n)$，使得 $ar_i\equiv r_{\tau(i)}(\mathrm{mod}\ n)$。$\tau$ 是 $\{1,2,\cdots,\phi(n)\}$ 上的一个映射。要证 τ 是一个单射，即当 $i\neq j$ 时，$\tau(i)\neq\tau(j)$。

由定理 10. 10，a 的模 n 逆 a^{-1} 存在。显然，a^{-1} 也与 n 互素。当 $i\neq j$ 时，假设 $\tau(i)=\tau(j)$，则有 $ar_i\equiv ar_j(\mathrm{mod}\ n)$。两边同乘 a^{-1}，得 $r_i\equiv r_j(\mathrm{mod}\ n)$，矛盾。得证 τ 是 $\{1,2,\cdots,\phi(n)\}$ 上的单射，当然，它也是 $\{1,2,\cdots,\phi(n)\}$ 上的双射，从而有

$$a^{\phi(n)}\prod_{i=1}^{\phi(n)}r_i\equiv\prod_{i=1}^{\phi(n)}ar_i\equiv\prod_{i=1}^{\phi(n)}r_i(\mathrm{mod}\ n)$$

而 $\prod_{i=1}^{\phi(n)}r_i$ 与 n 互素，故 $a^{\phi(n)}\equiv 1(\mathrm{mod}\ n)$。

当 p 为素数时，$\phi(n)=p-1$。于是，得到下述定理。

定理 10.14(费马小定理)　设 p 是素数，a 与 p 互素，则

$$a^{p-1}\equiv 1(\mathrm{mod}\ p) \tag{10.2}$$

定理的另一种形式是，设 p 是素数，则对任意的整数 a，

$$a^p\equiv a(\mathrm{mod}\ p) \tag{10.3}$$

当 a 与 p 互素时，式(10.2)与式(10.3)等价。当 a 与 p 不互素时，必有 $p|a$，从而 $a\equiv 0(\mathrm{mod}\ p)$，式(10.2)自然成立。

费马小定理提供了一种不用因子分解就能肯定一个数是合数的新途径。例如，考虑 9(假设不知道它是合数)，取 $a=2$，计算

$$a^{9-1}\equiv 4(\mathrm{mod}\ 9)$$

由费马小定理，可以断定 9 是合数。但是，这里没有提供对 9 如何进行因子分解的任何信息。后面将介绍欧拉定理和费马小定理在 RSA 公钥密码及素数测试中的应用。

10.6 数论在密码学中的应用

10.6.1 公钥密码学

密码学是研究保证通信安全的密码系统的学科。在一个密码系统中,发送者在发送消息之前对消息进行转换,希望使得只有授权的接收者可以重构得到原来的消息。这称为发送者对消息加密,接收者对消息进行解密。如果一个密码系统是安全的,未授权的接收者不能够发现解密技术,这样即使他们得到加密的消息,也不能对它解密。

在早先简单的系统里,发送者和接收者每人都有一个密钥,对每一个可能传送的字符规定了一个替换的字符。而且,发送者和接收者不透露这个密钥。这样的密钥称为私有的。

例 10.12 如果一个密钥定义成

字符:ABCDEFGHIJKL MNOPQRSTUVWXYZ

替换为:EIJFUAXVHWP GSRKOBTQYDMLZNC

消息 SEND MONEY 就被加密成 QARUESKRAM。加密的消息 SKRANEKRELIN 被解密成 MONEY ON WAY。

如上例中的简单系统是很容易被击破的,因为特定的字符和字符组合比其他字符出现的频率高。另外,关于私有密码的问题,一般必须在消息发送前安全地送到发送者和接收者。

公钥体系是现代密码学最重要的发明和进展。1976 年,Diffie 和 Hellman 为解决密钥的分发与管理问题,提出一种密钥交换协议,允许在不安全的媒体上通过通信双方交换信息,安全地传送秘密密钥。在此新思想的基础上,很快出现了非对称密钥密码体制,即公钥密码体制。在公钥体制中,加密密钥不同于解密密钥,将加密密钥公之于众,谁都可以使用;而解密密钥只有解密人自己知道。它们分别称为 PK 公开密钥(public key)和 SK 秘密密钥(secret key)。

10.6.2 RSA 密码

迄今为止的所有公钥密码体系中,RSA 系统是最著名、使用最广泛的一种。RSA 公开密钥密码系统是由 R. Rivest、A. Shamir 和 L. Adleman 三位教授于 1977 年提出的。RSA 的取名就是这三位发明者的姓的第一个字母。

在 RSA 系统里,每个参与者有一个公开的加密密钥和一个私有的解密密钥。为了发送一个消息,所有人需要做的是在一个公开的分布表里找到接收者的加密密钥。接收者用隐藏的解密密钥对消息解密。

消息用数字表示。例如,每个字符可以用一个数表示。如果有一个空格表示成 1,A 为 2,B 为 3,一直下去;消息 SEND MONEY 可以表示成 20,6,15,5,1,14,16,15,6,26。如果需要,几个整数可以组合成一个整数

$$20061505011416150626$$

下面描述 RSA 系统是如何工作的。首先给出一个具体的例子，然后讨论它是如何工作的。每个参与的接收者选取两个素数 p 和 q，计算 $z=pq$。由于 RSA 系统的安全性依赖于即便知道 z 的人，也不能得到 p 和 q，因此 p 和 q 一般都选取 100 位或更大的数字。接着，接收者计算 $\phi=(p-1)(q-1)$，选择整数 n，使得 $\gcd(n, \phi)=1$。在实际应用中，经常选择 n 为素数。这对数 z、n 可以公开。最后，接收者计算唯一的数字 s，$0<s<\phi$，满足 $ns \bmod \phi=1$。s 需要保密，用来解密消息。

为了传送一个整数 a（其中 $0\leqslant a\leqslant z-1$）给持有公开密钥 z、n 的人，发送者计算 $c=a^n \bmod z$，并发送 c。为了解密消息，接收者计算 $c^s \bmod z$，可以证明等于 a。

RSA 公钥密码是 Ron Rivest、Adi Shamir 和 Len Adleeman 于 1978 年提出的，也是最有希望的一种公钥密码。它的基础是欧拉定理（定理 10.13），它的安全性依赖大数因子分解的困难性。

取两个大素数 p 和 $q(p\neq q)$，记 $n=pq$，$\phi(n)=(p-1)(q-1)$。选择正整数 w，w 与 $\phi(n)$ 互素，设 d 是 w 的模 $\phi(n)$ 逆，即 $dw\equiv 1(\bmod \phi(n))$。

RSA 密码算法如下：首先将明文数字化，然后把明文分成若干段，每一个明文段的值小于 n。对每一个明文段 m，

加密算法　　$c=E(m)=m^w(\bmod n)$

解密算法　　$D(c)=m^d(\bmod n)$

其中，加密密钥 w 和 n 是公开的，p，q，$\phi(n)$ 和 d 是保密的。

下面证明解密算法是正确的，即 $m=c^d(\bmod n)$。由于 $m<n$，故只需证明 $c^d\equiv m\ (\bmod n)$，即 $m^{dw}\equiv m\ (\bmod n)$。因为 $dw\equiv 1(\bmod \phi(n))$，所以存在整数 k，使得 $dw=k\phi(n)+1$。分两种讨论如下。

(1) m 与 n 互素。由欧拉定理

$$m^{\phi(n)}\equiv 1\ (\bmod n)$$

即可得到

$$m^{dw}\equiv m^{k\phi(n)+1}\equiv m\ (\bmod n)$$

(2) m 与 n 不互素。由于 $m<n$，$n=pq$，p 和 q 是素数且 $p\neq q$，故 m 必含 p 和 q 中的一个为因子，且只含其中的一个为因子。不妨设 $m=cp$ 且 q 与 m 互素。由费马小定理

$$m^{q-1}\equiv 1(\bmod q)$$

于是，

$$m^{k\phi(n)}\equiv m^{k(p-1)(q-1)}\equiv 1^{k(p-1)}\equiv 1\ (\bmod q)$$

从而存在整数 h，使得

$$m^{k\phi(n)}\equiv hq+1$$

两边同乘以 m，并注意到 $m=cp$，

$$m^{k\phi(n)+1}=hcpq+m=hcn+m$$

得证

$$m^{k\phi(n)+1}\equiv m\ (\bmod n)$$

即

$$m^{dw}\equiv m\ (\bmod n)$$

RSA 公钥密码的加密算法和解密算法都要作模幂乘运算 $a^b \pmod n$。设 b 的二进制表示为 $b_{r-1}\cdots b_1 b_0$，即

$$b=b_0+b_1\times 2+\cdots+b_{r-1}\times 2^{r-1}$$

于是，

$$a^b \equiv a^{b0}\times(a^2)^{b1}\times\cdots\times(a^{2^{r-1}})\pmod n$$

令 $A_0=a, A_i\equiv(A_{i-1})^2 \pmod n, i=1,2,\cdots,r-1$，则有

$$a^b\equiv A_0^{b_0}\times A_1^{b1}\times\cdots\times A_{r-1}^{b_{r-1}}\pmod n$$

这里，

$$A_i^{b_i}=\begin{cases}A_i, & b_i=1\\ 1, & b_i=0\end{cases}\quad i=0,1,\cdots,r-1$$

RSA 公钥密码的安全性依赖于大整数分解的困难性。如果已知分解式 $n=pq$，容易计算出 w 的模 $\phi(n)=(p-1)(q-1)$ 逆 d。现在还没有在不知道分解式 $n=pq$ 的情况下解密的方法。按照现在的能力分解一个 400 位的整数需要上亿年的时间，因此，当 p 和 q 是 200 位的素数时，就目前的水平而言，RSA 密码是安全的。随着因子分解能力的提高，可能需要使用更大的素数。

应用案例10.7.1解答

10.7 应用案例

10.7.1 密码系统与公开密钥

现代密码学可分为密码编码学和密码分析学，对应于密码方案的设计学科和密码方案的破译学科，其中密码编码学采用的加密方法通常是用一定的数学计算操作改变原始信息。简单的加、解密过程如图 10.1 所示。其中，待加密的消息称作明文，被加密以后的消息称为密文。发送方用加密密钥，通过加密设备或算法将明文加密成密文后发送出去。接收方在收到密文后，用解密密钥使用解密算法将密文解密，恢复为明文。请概述加、解密及公开密钥的基本原理。

发送方 → 明文 → 加密（加密密钥）→ 密文（攻击者）→ 解密（解密密钥）→ 明文 → 接收方

图 10.1 简单的加、解密过程

10.7.2 单向陷门函数在公开密钥密码系统中的应用

单向陷门函数是指“可逆”函数 F 对于属于它定义域的任意一个 x，可以很容易算出它的值域 $F(x)=y$，对于所属值域的任意一个 y，如果没有获得陷门，则不可能求出它的逆运算，若有一额外数据 z(称为陷门)，则可以很容易求出 F 的逆运算 $x=F^{-2}(y)$。基于这一特性，单向陷门函数在公开密钥系统的设计中有广泛的应用。现给定两个素数

$p=47, q=59$，利用 RSA 加密算法对它们进行加密和解密的变换，并证明 RSA 算法的加密与解密变换的有效性。

习题

10.1　证明 $N=137$ 为素数。

10.2　10!的二进制表示中从最低位数起有多少个连续的 0？

10.3　求 30 和 105 的最大公约数 gcd(30,105)。

10.4　求 gcd(540,504)和 lcm(540,504)。

10.5　证明 $10!+1\equiv 0 \pmod{11}$。

10.6　写出利用欧几里得算法求 gcd(252,198)的过程。

10.7　解一次同余方程组

$$\begin{cases} x \equiv 3 \bmod 7 \\ x \equiv 6 \bmod 25 \end{cases}$$

10.8　解同余方程组

$$\begin{cases} x \equiv 3 \bmod 8 \\ x \equiv 11 \bmod 20 \\ x \equiv 1 \bmod 15 \end{cases}$$

10.9　某人每工作 8 天后休息 2 天。一次他恰好是周六和周日休息。问：这次之后他至少要多少天后才能恰好赶上周日休息？

10.10　利用费马小定理计算：

(1) $2^{325} \pmod 5$；

(2) $3^{516} \pmod 7$；

(3) $8^{1003} \pmod{11}$。

计算机编程题

计算机编程题 10.1 参考代码

10.1　对不超过 100 的每个素数 p，编写程序判断 2^p-1 是否为素数。

10.2　给定一个正整数，利用试除法编写程序判断其是否为素数。

10.3　编写程序，尽可能多地寻找形如 n^2+1 的素数，其中 n 是正整数。现在还不知道是否存在无限多个这样的素数。

10.4　给定一则消息以及小于 26 的整数 k，利用移位密码及密钥 k 加密该消息。给定一则用移位密码及密钥 k 加密的消息，并解密之。

10.5　通过编写程序寻找两个各有 200 位数字的素数 p 和 q，以及大于 1 且与 $(p-1)(q-1)$ 互素的整数 e 构造一个有效的 RSA 加密密钥。

10.6　给定一则消息和整数 $n=pq$，其中 p 和 q 是奇素数，以及大于 1 且与 $(p-1)(q-1)$ 互素的整数 e，利用 RSA 密码系统及密钥 (n, e) 加密该消息。

附　　录

历史注记

“历史注记”实质上是帮助理解数学，其目的是给出内在的洞察。这些注记不是给出砖石和逻辑的灰浆，而是给出宏大的庙宇；它们用广阔的视野补足细节；它们一改日复一日与符号和过程打交道的模式，注入了崇高主题，给人以激情。

由于“注记”不能代替系统的攻读和技术的掌握，它更像是一个万花筒，它的色彩缤纷的闪光给人以启发、激情和灵感——而这正是一切教育的主要目的。

1. 命题逻辑、谓词逻辑的历史注记

2. 集合、关系和函数的历史注记

历史注记 1 命题逻辑内容显示

历史注记 2 集合内容显示

3. 组合计数的历史注记

4. 图论的历史注记

历史注记 3 组合计数内容显示

历史注记 4 图论内容显示

5. 树的历史注记

6. 代数系统的历史注记

历史注记 5 树内容显示

历史注记 6 代数系统内容显示

7. 自动机、文法和语言的历史注记

8. 数论与算法的历史注记

历史注记 7 自动机内容显示

历史注记 8 数论内容显示

参考文献

[1] 贲可荣,袁景凌,高志华. 离散数学解题指导[M]. 2版. 北京:清华大学出版社,2016.

[2] 贲可荣,张彦铎. 人工智能[M]. 3版. 北京:清华大学出版社,2018.

[3] 贲可荣,毛新军,张彦铎,等. 人工智能实践教程[M]. 北京:机械工业出版社,2016.

[4] 屈婉玲,耿素云,张立昂. 离散数学[M]. 北京:清华大学出版社,2005.

[5] 耿素云,屈婉玲,王捍贫. 离散数学教程[M]. 北京:北京大学出版社,2003.

[6] 教育部高等学校计算机科学与技术教学指导委员会编制. 高等学校计算机科学与技术专业核心课程教学实施方案[Z]. 北京:高等教育出版社,2009.

[7] Kenneth H Rosen.离散数学及其应用[M]. 徐六通,杨娟,吴斌,译. 7版. 北京:机械工业出版社,2018.

[8] Eric Lehman,F Thomson Leighton,Albert R Meyer. 计算机科学中的数学:信息与智能时代的必修课[M]. 唐李洋,刘杰,谭昶,等译. 北京:电子工业出版社,2018.

[9] Jenkyns T,Stephenson B. Fundamentals of Discrete Math for Computer Science: A Problem-Solving Primer[M]. Springer London, 2013.

[10] Kenneth H Rosen. Discrete Mathematics and Its Applications[M]. 北京:机械工业出版社,2003.

[11] Richard Johnsonbaugh. 离散数学[M].石纯一,金涬,张新良,译. 6版. 北京:电子工业出版社,2005.

[12] John A Dossey,Albert D Otto,Lawrence E Spence,et al. 离散数学[M]. 章炯民,王新伟,曹立,译. 4版. 北京:清华大学出版社,2005.

[13] Bernard Kolman,Robert C Busby,Sharon Ross. Discrete Mathematical Structures[M]. 北京:清华大学出版社,1997.

[14] 左孝凌,李为鑑,刘永才. 离散数学[M]. 上海:上海科学技术文献出版,2001.

[15] 许蔓苓. 离散数学[M]. 北京:北京航空航天大学出版社,2004.

[16] 董晓蕾,曹珍富. 离散数学[M]. 北京:机械工业出版社,2009.

[17] 王元元. 计算机科学中的现代逻辑学[M]. 北京:科学出版社,2001.

[18] Herbert B Enderton. A Mathematical Introduction to Logic.Second Edition[M]. 北京:人民邮电出版社,2006.

[19] Imre Lakatos. 证明与反驳(Proofs and Refutations)[M]. 康宏逵,译. 上海:上海译文出版社,1987.

[20] 王浩. 哥德尔[M]. 康宏逵,译. 上海:上海译文出版社,2002.

[21] 马库斯. 可能世界的逻辑[M]. 康宏逵,译. 上海:上海译文出版社,1993.

[22] Raymond M Smullyan. 这本书叫什么?——奇谲的逻辑谜题[M]. 康宏逵,译. 上海:上海辞书出版社,2011.

[23] 卢开澄,卢华明. 组合数学[M]. 3版. 北京:清华大学出版社,2002.

[24] Morris Kline. 现代世界中的数学[M]. 齐民友,译. 上海:上海教育出版社,2004.

[25] 陈恭亮. 信息安全数学基础[M]. 北京:清华大学出版社,2004.

[26] 潘承洞,潘承彪. 初等数论[M]. 2版.北京:北京大学出版社,2003.

[27] 吴军. 数学之美[M]. 北京:人民邮电出版社,2012.

[28] David Easley,Jon Kleinberg. 网络、群体与市场——揭示高度互联世界的行为原理与效应机制[M]. 李晓明,王卫红,杨韫利,译. 北京:清华大学出版社,2011.

[29] 贲可荣,陈火旺.机器定理证明中的一般问题[J].计算机科学,1992,19(5):56-61.

[30] 贲可荣,王献昌,陈火旺.有关知道逻辑和"知道"问题的探讨[J].计算机工程与科学,1993,15(1):71-75.

[31] 贲可荣,陈火旺,王兵山.命题时态逻辑矢列式演算系统[J].中国科学:数学 物理学 天文学 技术科学,1994(10):1092-1098.

[32] 贲可荣,陈火旺.命题时态逻辑定理证明新方法[J].软件学报,1994,5(7):21-28.

[33] 贲可荣,孙宁.计算机科学中的待解问题综述[J].计算机工程与科学,2005,27(4):3-5.

[34] 贲可荣,熊伟.图灵奖得主主要成就综述[J].计算机科学,2000,27(9):18-20.

[35] 高志华,贲可荣.离散数学方法在净室技术中的应用概述[J].计算机科学,2006,33(8.专集):56-60.

[36] 贲可荣,何智勇.软件工程——基于项目的面向对象研究方法[M].北京:机械工业出版社,2009.

[37] 贲可荣,谢茜.通过应用案例提高离散数学教学效果[J].软件导刊,2016,15(12):35-37.

[38] 刘炯朗.魔术中的数学[J].中国计算机学会通讯,2015,11(12):38-43.

[39] 陈钢.形式化数学和证明工程[J].中国计算机学会通讯,2016,12(9):40-44.

[40] 史树明.算数、下棋与识文断句——谈数学应用题的人工智能求解[J].中国计算机学会通讯,2016,12(12):62-67.

[41] 陈钢,裘宗燕,宋晓宇,等.来自启智会的报告:形式化工程数学[J].中国计算机学会通讯,2017,013(010):92-93.

[42] 邓燚,陈宇.零知识证明:从数学,密码学到金融科技[J].中国计算机学会通讯,2018,14(10):20-22.

图书资源支持

感谢您一直以来对清华版图书的支持和爱护。为了配合本书的使用，本书提供配套的资源，有需求的读者请扫描下方的“书圈”微信公众号二维码，在图书专区下载，也可以拨打电话或发送电子邮件咨询。

如果您在使用本书的过程中遇到了什么问题，或者有相关图书出版计划，也请您发邮件告诉我们，以便我们更好地为您服务。

我们的联系方式：

地　　址：北京市海淀区双清路学研大厦 A 座 714

邮　　编：100084

电　　话：010-83470236　010-83470237

客服邮箱：2301891038@qq.com

QQ：2301891038（请写明您的单位和姓名）

资源下载：关注公众号“书圈”下载配套资源。

资源下载、样书申请

书圈

获取最新书目

观看课程直播